ARM Cortex-M4 微控制器
深度实战

温子祺　冼安胜　林秩谦　编著

北京航空航天大学出版社

内 容 简 介

本书以新唐公司的 NuMicro M451 系列微控制器 M453VG6AE 为蓝本，结合 SmartM-M451 旗舰开发板，由浅入深、系统地介绍 ARM Cortex-M4 内核微控制器开发环境的搭建及各种功能器件的应用。

本书为《ARM Cortex-M4 微控制器原理与实践》的姊妹篇，丰富了前篇的内容，因此，当涉及 ARM Cortex-M4 体系结构时，请阅读前篇，本书着重讲解近年来常见硬件的开发。本书大部分的内容均来自作者的项目经验，因而许多 C 语言代码都能够直接应用到工程项目中，且代码风格良好。本书不是单纯的理论讲解，它还介绍了如何实现图片显示、触摸按键、FreeRTOS 移植与应用、智能家居下常用无线串口模组的使用、FM 收音机、FM 空中音频传输、MPU6050 六轴传感器姿态解算与计步器的实现、uIP 网络编程、CAN 总线、红外数据收发、USB 协议、音频编解码、摄像头编程、蓝牙通信、2.4 GHz 通信等。其中出版社官方下载专区提供的本书各章节的实例代码、硬件设计电路图及芯片资料，可使读者在短时间内迅速掌握 NuMicro M451 系列微控制器的应用技巧，同时，读者也可从作者官网（www.smartmcu.com）上了解本书对应的学习套件。

本书既可作为大学本、专科微控制器课程的教材，又可作为相关技术人员的参考与学习用书。

图书在版编目(CIP)数据

ARM Cortex-M4 微控制器深度实战 / 温子祺, 冼安胜, 林秩谦编著. -- 北京：北京航空航天大学出版社, 2017.11

ISBN 978-7-5124-2574-3

Ⅰ.①A… Ⅱ.①温… ②冼… ③林… Ⅲ.①微控制器—研究 Ⅳ.①TP332.3

中国版本图书馆 CIP 数据核字(2017)第 256104 号

版权所有，侵权必究。

ARM Cortex-M4 微控制器深度实战
温子祺　冼安胜　林秩谦　编著
责任编辑　宋淑娟

*

北京航空航天大学出版社出版发行

北京市海淀区学院路 37 号（邮编 100191）　http://www.buaapress.com.cn
发行部电话：(010)82317024　传真：(010)82328026
读者信箱：emsbook@buaacm.com.cn　邮购电话：(010)82316936

涿州市新华印刷有限公司印装　各地书店经销

*

开本：710×1 000　1/16　印张：44.25　字数：943 千字
2018 年 1 月第 1 版　2018 年 1 月第 1 次印刷　印数：3 000 册
ISBN 978-7-5124-2574-3　　定价：118.00 元

若本书有倒页、脱页、缺页等印装质量问题，请与本社发行部联系调换。联系电话：(010)82317024

前　言

嵌入式领域的发展日新月异，你也许还没有注意到，如果你想一想 MCU 系统十年前的样子并与当今的 MCU 系统比较一下，就会发现 PCB 设计、元件封装、集成度、时钟速度和内存大小已经经历了好几代的变化。在这方面最热门的话题之一是，现在仍在使用 8 位 MCU 的用户何时才能摆脱传统架构而转向使用更先进的 32 位微控制器架构，如基于 ARM Cortex-M 的 MCU 系列。在过去几年里，嵌入式开发者向 32 位 MCU 的迁移一直呈现强劲势头，采取这一行动的最强有力的理由是市场和消费者对嵌入式产品复杂性的需求大大增加。随着嵌入式产品的彼此互联越来越多、功能越来越丰富，目前的 8 位和 16 位 MCU 已经无法满足处理要求，即使 8 位或 16 位 MCU 能够满足当前的项目需求，但也存在限制未来产品升级和代码重复使用的严重风险；第二个常见理由是嵌入式开发者开始认识到迁移到 32 位 MCU 带来的好处，且不说 32 位 MCU 能提供超过 10 倍的性能，单说这种迁移本身就能带来更低的功耗、更小的程序代码、更短的软件开发时间，以及更好的软件重用性。

随着近年来制造工艺的不断进步，ARM Cortex-M 微控制器的成本也在不断降低，已经与 8 位和 16 位微控制器处于同等水平；而且，基于 ARM 器件的选择余地、性能范围和可用性也在不断扩大或提高。如今，有越来越多的微控制器供应商提供基于 ARM 的微控制器产品，这些产品能提供选择范围更广的外设、性能、内存大小、封装和成本，等等。另外，基于 ARM Cortex-M 的微控制器还具有专门针对微控制器应用的一些特性，这些特性使 ARM 微控制器具有日益广泛的应用范围。与此同时，基于 ARM 微控制器的价格在过去 5 年里已大幅降低，并且面向开发者的低成本甚至免费开发工具也越来越多。

与其他架构相比，选择基于 ARM 的微控制器也是更好的投资。现今，针对 ARM 微控制器开发的软件代码可在未来多年内供为数众多的微控制器供应商重复使用。随着 ARM 架构的应用更加广泛，聘请具有 ARM 架构行业经验的软件工程师也比聘请其他架构的工程师更加容易，这也使得嵌入式开发者的产品和资产能够更加面向未来。

前言

本书的微控制器选型以新唐公司 ARM Cortex-M4 内核的 NuMicro M451 系列微控制器为蓝本。此前，本人已经编写了《51 单片机 C 语言创新教程》《ARM Cortex-M0 微控制器原理与实践》《ARM Cortex-M0 微控制器深度实战》《ARM Cortex-M4 微控制器原理与实践》等 4 本书籍，并在北京航空航天大学成功出版。

本书为《ARM Cortex-M4 微控制器原理与实践》的姊妹篇，丰富了前篇的内容，因此，当涉及 ARM Cortex-M4 体系结构时，读者可阅读前篇，本书着重讲解近年来常见硬件的开发。本书的主要特色是边学边做，各章节中规中矩，遵循由简到繁、循序渐进的编排方式。本书大部分的内容均来自本人的项目开发经验，因而许多 C 语言代码能够直接应用到工程项目中，且代码风格良好。本书不是单纯的理论讲解，它还介绍了如何实现图片显示、触摸按键、FreeRTOS 移植与应用、智能家居下常用无线串口模组的使用、FM 收音机、FM 空中音频传输、MPU6050 六轴传感器姿态解算与计步器的实现、uIP 网络编程、CAN 总线、红外数据收发、USB 协议、音频编解码、摄像头编程、蓝牙通信、2.4 GHz 通信等，这些内容在很多同类书籍中并不具备，而这恰恰也是踏入社会在工作中经常要接触的内容。其中配套的网上资料提供各章节的实例代码，可使读者在短时间内迅速掌握 NuMicro M451 系列微控制器的应用技巧，并有配套开发板供读者选择。

天下大事，必作于细。无论是从微控制器入门与深入的角度出发，还是从实践性与技术性的角度出发，都是本书的亮点。本书是作者多年工作经验的积累，用尽了心血编写而成。读者学习本书就是继承了作者的思路与经验，找到了学习微控制器的快捷路径，可以花最少的时间获得最佳的学习效果，节省不必要的摸爬滚打的时间。

参与本书编写工作的主要人员有温子祺、冼安胜、林秩谦、杨伟展等 4 人，最终方案的确定和本书的定稿全部由温子祺负责。感谢新唐科技股份有限公司的贾雪巍先生，他在从写书到出版的过程中提出了很多有价值的参考意见，让此书不断完善。

本书主要取材于实际的项目开发经验，对于微控制器编程的程序员来说是很好的参考资料。本书例程不但编程规范良好，而且代码具有良好的移植性，移植到不同的平台都十分方便。最后希望本书能对微控制器应用推广起到一定的作用。由于程序代码较复杂，图表较多，难免会有纰漏，恳请读者批评指正，并可通过 E-mail 地址 wenziqi@hotmail.com 进行反馈；同时欢迎大家访问作者官网 www.smartmcu.com，我们希望能够得到您的参与和帮助。

温子祺

2017 年 3 月 23 日

目 录

第 1 章　新唐 M451 系列微控制器 ······················ 1

  1.1　M451 系列芯片特性 ······························· 1
  1.2　M451 旗舰板硬件平台 ···························· 9

第 2 章　环境搭建 ··· 12

  2.1　安装 NuLink ··· 12
  2.2　平台的搭建 ·· 13
  2.3　工程的创建与运行 ································· 14
  2.4　硬件仿真 ··· 22
  2.5　启动流程 ··· 25
  2.6　ISP 下载程序 ··· 36

第 3 章　位图编解码及内存模块 ·························· 39

  3.1　简　介 ··· 39
  3.2　结　构 ··· 41
  3.3　实　验 ··· 44
    3.3.1　位图显示 ······································ 44
    3.3.2　屏幕截图 ······································ 53
  3.4　内存模块 ··· 65
    3.4.1　模块设计 ······································ 65
    3.4.2　位图快速显示 ······························ 68

第 4 章　JPEG 解码 ·· 75

  4.1　简　介 ··· 75
  4.2　文件格式 ··· 78
  4.3　解码过程 ··· 81
  4.4　实验:显示 JPEG 图片 ··························· 82

目 录

第 5 章　GIF 解码 ·· 86

5.1　简　介 ·· 86
5.2　实验:显示 GIF 图片 ································ 87

第 6 章　触摸按键 ·· 91

6.1　概　述 ·· 91
6.2　功能描述 ··· 93
6.3　实验:触摸按键识别 ································ 97

第 7 章　温湿度传感器 ··· 107

7.1　简　介 ·· 107
7.2　串行接口 ··· 108
7.3　实验:显示温湿度 ··································· 110

第 8 章　红外编解码 ·· 116

8.1　简　介 ·· 116
8.1.1　红外遥控器原理 ···························· 116
8.1.2　遥控距离的影响因素 ····················· 118
8.1.3　红外接收头 ································ 119
8.2　实验:红外捕捉 ······································ 119
8.3　NEC 协议 ·· 128
8.4　实验:NEC 协议解码 ······························· 130

第 9 章　音乐播放器及录音机 ································ 139

9.1　VS1053 简介 ··· 139
9.2　实　验 ·· 140
9.2.1　简易播放器 ································ 140
9.2.2　高级播放器带歌词显示 ·················· 159
9.3　WAV 文件 ··· 172
9.4　实验:录音机 ··· 176

第 10 章　FM ·· 188

10.1　RDA5820 简介 ····································· 188
10.2　实　验 ·· 190
10.2.1　FM 收音机 ······························· 190

10.2.2　FM 空中音频传输 ··· 201

第 11 章　MPU6050 六轴传感器 ··· 207

11.1　MPU6050 简介 ··· 207

11.1.1　特　征 ··· 207

11.1.2　数据读取的初始化 ··· 209

11.1.3　重要寄存器简介 ·· 210

11.2　DMP 使用简介 ··· 214

11.3　实验：姿态解算 ·· 217

11.4　计步器简介 ·· 226

11.5　实验：计步器 ··· 227

第 12 章　摄像头 ··· 232

12.1　概　述 ·· 232

12.2　OV7670 简介 ··· 234

12.2.1　OV7670 的特点 ··· 234

12.2.2　OV7670 的功能模块 ··· 234

12.2.3　OV7670 的图像数据输出格式 ··· 236

12.2.4　SM-OV7670 摄像头模块 ·· 238

12.3　SCCB ··· 240

12.3.1　概　述 ··· 240

12.3.2　引脚描述 ·· 241

12.3.3　通信过程 ·· 242

12.4　AL422 简介 ··· 245

12.4.1　特　点 ··· 246

12.4.2　系统实现 ·· 247

12.5　实验：摄像头抓拍 ·· 249

第 13 章　PS/2 接口 ··· 260

13.1　简　介 ·· 260

13.2　PS/2 键盘接口 ·· 266

13.3　实验：PS/2 键盘 ·· 271

第 14 章　RS485 ··· 281

14.1　简　介 ·· 281

14.1.1　特　性 ··· 281

目 录

14.1.2 MAX485 ·················· 284
14.2 实验:简单数据传输 ·················· 285

第 15 章 CAN ·················· 293

15.1 概　述 ·················· 293
15.2 CAN 协议 ·················· 294
　　15.2.1 总线物理特性 ·················· 294
　　15.2.2 冲突检测 ·················· 295
　　15.2.3 帧结构 ·················· 295
　　15.2.4 错误检测 ·················· 300
　　15.2.5 错误计数 ·················· 301
　　15.2.6 错误抑制 ·················· 301
　　15.2.7 波特率 ·················· 302
15.3 新唐 CAN 的特点 ·················· 303
15.4 实验:CAN 数据收发 ·················· 304

第 16 章 蓝牙 2.0 通信 ·················· 314

16.1 简　介 ·················· 314
　　16.1.1 起　源 ·················· 316
　　16.1.2 优　势 ·················· 317
16.2 工作原理 ·················· 318
16.3 版　本 ·················· 320
16.4 SM-HC05 蓝牙 2.0 模块 ·················· 323
　　16.4.1 简　介 ·················· 323
　　16.4.2 AT 指令 ·················· 323
16.5 实　验 ·················· 325
　　16.5.1 AT 指令测试 ·················· 325
　　16.5.2 PC 与蓝牙模块通信 ·················· 331
　　16.5.3 手机与蓝牙模块通信 ·················· 340

第 17 章 蓝牙 4.0 通信 ·················· 343

17.1 简　介 ·················· 343
17.2 SM-BLE 蓝牙 4.0 模块 ·················· 345
17.3 AT 指令 ·················· 346
17.4 实　验 ·················· 348
　　17.4.1 AT 指令测试 ·················· 348

17.4.2　苹果/安卓手机蓝牙模块通信 ……………………………………………… 351

第 18 章　无线 2.4 GHz 通信 ……………………………………………………… 359

18.1　概　述 ………………………………………………………………………… 359
18.2　实验:数据传输 ……………………………………………………………… 367
18.3　无线串口 ……………………………………………………………………… 377
18.4　星形组网 ……………………………………………………………………… 379
18.5　握手协议 ……………………………………………………………………… 380
　　18.5.1　向从机 0~5 发送数据 ……………………………………………… 380
　　18.5.2　从从机 0~5 获取数据 ……………………………………………… 381
　　18.5.3　设置模块角色 ……………………………………………………… 382
18.6　实验:一对多通信 …………………………………………………………… 382

第 19 章　uIP 与无线 WiFi 网络通信 …………………………………………… 397

19.1　uIP 概述 ……………………………………………………………………… 397
19.2　uIP 移植 ……………………………………………………………………… 399
19.3　uIP 层次结构 ………………………………………………………………… 400
　　19.3.1　实现设备驱动与 uIP 对接的接口程序 …………………………… 400
　　19.3.2　应用层要调用的函数 ……………………………………………… 404
　　19.3.3　主要结构体 ………………………………………………………… 407
　　19.3.4　uIP 的初始化函数与配置宏定义 ………………………………… 411
19.4　uIP 主程序循环 ……………………………………………………………… 413
19.5　网络芯片 ENC28J60 ………………………………………………………… 415
　　19.5.1　功能描述 …………………………………………………………… 417
　　19.5.2　SPI 指令集与命令序列 …………………………………………… 423
19.6　uIP 实验 ……………………………………………………………………… 425
　　19.6.1　TCP 服务器通信 …………………………………………………… 425
　　19.6.2　TCP 客户端通信 …………………………………………………… 438
　　19.6.3　UDP 通信 …………………………………………………………… 450
19.7　WiFi 概述 …………………………………………………………………… 459
19.8　SM-ESP8266 无线模块 ……………………………………………………… 459
　　19.8.1　简　介 ……………………………………………………………… 459
　　19.8.2　AT 指令 …………………………………………………………… 462
19.9　无线 WiFi 实验:TCP 服务器通信 ………………………………………… 465

目 录

第 20 章　USB 协议 ………………………………………………… 478
20.1　概　　述 ………………………………………………… 478
20.2　数据流模型 ………………………………………………… 481
20.3　四种传输类型 ………………………………………………… 483
20.4　框　　架 ………………………………………………… 485
20.5　命　　令 ………………………………………………… 487
20.6　USB 描述符 ………………………………………………… 490
20.6.1　设备描述符 ………………………………………………… 492
20.6.2　配置描述符 ………………………………………………… 495
20.6.3　接口描述符 ………………………………………………… 496
20.6.4　端点描述符 ………………………………………………… 498
20.6.5　字符串描述符 ………………………………………………… 500

第 21 章　USB 设备通信 ………………………………………………… 502
21.1　概　　述 ………………………………………………… 502
21.2　特　　征 ………………………………………………… 504
21.3　功能描述 ………………………………………………… 505
21.4　实　　验 ………………………………………………… 508
21.4.1　USB 鼠标 ………………………………………………… 508
21.4.2　USB 键盘 ………………………………………………… 520
21.4.3　USB 闪存盘 ………………………………………………… 529
21.4.4　USB 转串口 ………………………………………………… 537
21.4.5　USB 数据收发 ………………………………………………… 544

第 22 章　USB 主机通信 ………………………………………………… 552
22.1　概　　述 ………………………………………………… 552
22.2　功能描述 ………………………………………………… 553
22.3　实验：简易音乐播放器 ………………………………………………… 554

第 23 章　FreeRTOS 嵌入式操作系统 ………………………………………………… 563
23.1　FreeRTOS 特色 ………………………………………………… 567
23.2　任务管理 ………………………………………………… 567
23.2.1　任务函数 ………………………………………………… 567
23.2.2　基本任务状态 ………………………………………………… 570
23.2.3　任务创建 ………………………………………………… 570

- 23.2.4 任务的优先级 …… 578
- 23.2.5 非运行状态 …… 581
- 23.2.6 空闲任务及空闲任务钩子函数 …… 588
- 23.2.7 改变任务优先级 …… 591
- 23.2.8 删除任务 …… 596
- 23.2.9 调度算法概述 …… 600
- 23.3 队列管理 …… 602
  - 23.3.1 概述 …… 602
  - 23.3.2 使用队列 …… 604
  - 23.3.3 复合数据类型的数据传输 …… 612
  - 23.3.4 大型数据单元传输 …… 620
- 23.4 中断管理 …… 621
  - 23.4.1 延迟中断处理 …… 621
  - 23.4.2 计数信号量 …… 630
  - 23.4.3 在中断服务程序中使用队列 …… 636
  - 23.4.4 中断嵌套 …… 642
- 23.5 资源管理 …… 643
  - 23.5.1 基本概念 …… 643
  - 23.5.2 临界区与挂起调度器 …… 646
  - 23.5.3 互斥量 …… 648
- 23.6 内存管理 …… 656
  - 23.6.1 概述 …… 656
  - 23.6.2 内存分配方案范例 …… 657
- 23.7 软件定时器 …… 660
  - 23.7.1 概述 …… 660
  - 23.7.2 例程 …… 661
- 23.8 错误排查 …… 663
  - 23.8.1 概述 …… 663
  - 23.8.2 栈溢出 …… 663
  - 23.8.3 其他常见错误 …… 665
- 23.9 FreeRTOSConfig.h …… 666
- 23.10 Cortex-M 内核注意事项 …… 682
  - 23.10.1 有效优先级 …… 682
  - 23.10.2 与数值相反的优先级值和逻辑优先级设置 …… 683
  - 23.10.3 Cortex-M 内部优先级概述 …… 684
  - 23.10.4 临界区 …… 686

目 录

23.11 编码标准及风格指南 …………………………………………… 686
    23.11.1 编码标准 ……………………………………………… 686
    23.11.2 命名规则 ……………………………………………… 687
    23.11.3 数据类型 ……………………………………………… 688
    23.11.4 风格指南 ……………………………………………… 688

附录 A 开发板实物照片 ………………………………………………… 689

附录 B 姊妹篇 …………………………………………………………… 691

附录 C 单片机多功能调试助手 ………………………………………… 692

附录 D 综合实验界面 …………………………………………………… 693

参考文献 …………………………………………………………………… 694

第 1 章

新唐 M451 系列微控制器

作为一家全球微控制器领先企业,新唐提供基于 ARM Cortex-M4 内核的新一代 NuMicro 32 位的微控制器。新唐的 Cortex-M4 微控制器提供宽范围工作电压(2.5~5.5 V)、工业级温度(-40~105 ℃)、高精度内部振荡器,具有强抗干扰性,如图 1.1.1 所示。

M451 系列分为 M451B 基础系列、M451U USB 系列、M451C CAN 系列和 M451A 全功能系列,适用于工业控制、工业自动化、消费类产品、网络设备、能源电力、马达控制等应用领域。

图 1.1.1 新唐 M451 系列 MCU1

M451 系列产品特性:含有浮点运算单元和 DSP 的 ARM Cortex-M4 内核,最高运行频率可至 72 MHz,内建 128 KB/256 KB Flash 存储器、32 KB SRAM,快速 USB OTG、CAN 和其他外设单元;同时还配备大量的外围设备,如 USB OTG、USB 主机/设备、定时器、看门狗定时器、RTC、PDMA、EBI、UART、智能卡接口、SPI、I²C、PWM、GPIO、12 位 ADC、12 位 DAC、触摸按键传感器、模拟比较器、温度传感器、低电压复位、欠压电压检测。

1.1 M451 系列芯片特性

M451 系列芯片特性如下:
- ➢ 内核:
  - ● ARM Cortex-M4F 内核最高运行频率可达 72 MHz;
  - ● 支持带硬件除法器的 DSP 扩展功能;
  - ● 支持 IEEE 754 兼容浮点运算单元(FPU);
  - ● 支持内存保护单元(MPU);
  - ● 一个 24 位系统定时器;
  - ● 支持通过 WFI 和 WFE 指令进入低功耗睡眠模式;
  - ● 单周期 32 位硬件乘法器;

第 1 章　新唐 M451 系列微控制器

- 支持可编程的嵌套中断控制器(NVIC)16 级优先级;
- 支持可编程屏蔽中断。

➤ 内置 LDO(Low Dropout Regulator,低压线性稳压器),宽工作电压范围从 2.5 V 至 5.5 V。

➤ Flash 存储器:
- 128 KB/256 KB Flash 内存;
- 代码/数据空间可配置;
- 4 KB Flash LDROM;
- 支持通过 SWD/ICE 接口 2 线 ICP 烧录;
- 支持在系统编程 (ISP)和在应用编程 (IAP);
- 2 KB 的 Flash 页擦除功能;
- 支持通过外部编程器快速并口编程。

➤ Mask ROM:
- 16 KB 内置 Mask ROM;
- 支持新唐 UART0、SPI0、I2C0、CAN 和 USB 引导码;
- 支持 ISP/IAP 库;
- 支持直接从 Mask ROM 启动。

➤ SRAM 存储器:
- 内置 32 KB SRAM;
- 支持 16 KB 空间硬件奇偶校验检测;
- 支持字节、半字和字操作;
- 支持奇偶校验检测错误发生后产生异常;
- 支持 PDMA 模式;
- 带两个给内存模块专用的外部片选引脚;
- 每个 Bank 支持操作空间达 1 MB,实际外部操作空间大小依据封装输出引脚的多少而定;
- 支持 8/16 位数据宽度;
- 支持 16 位数据宽度数据写入模式;
- 支持 PDMA 模式;
- 支持地址/数据复用模式;
- 支持每个内存模块时序参数独立设置。

➤ PDMA (Peripheral DMA):
- 在内存与外设之间建立了 12 个独立的可配置自动数据传输渠道;
- 支持"正常""分散-收集"(Scatter – Gather)传输模式;
- 支持两种类型的优先级模式:固定优先级和循环(Round-Robin)模式;
- 支持字节、半字和字访问;

- 源地址和目的地址自动递增；
- 支持单次和突发传输模式。

➢ 时钟控制：
- 内置 22.118 4 MHz 内部高速 RC 振荡器（HIRC）用于系统运行（在 −40～ +105 ℃时的误差小于 2%）；
- 内置 10 kHz 内部低速 RC 振荡器（LIRC）用于看门狗及掉电唤醒等功能；
- 外部 4～24 MHz 高速晶体（HXT）用于精准的时序操作；
- 外部 32.768 kHz 低速晶体（LXT）用于 RTC 功能和低功耗系统运行；
- 支持一组 PLL，高至 144 MHz，用于高性能的系统运行，时钟源可以选择 HIRC 和 HXT；
- 支持高/低速外部时钟失效检测；
- 支持检测到时钟失效后产生异常（NMI）；
- 支持时钟输出。

➢ 电压调节接口：
- 通过专用电源输入引脚（VDDIO）使得部分 I/O 输出电压用户可配置到 1.8～5.5 V；
- 支持 UART1、SPI0、SPI1、I2C1 或 I2C0 接口。

➢ GPIO：
- 四种 I/O 模式；
- TTL/施密特触发输入可选；
- I/O 口作为中断源可选择边沿/电平触发；
- 支持强灌电流和强拉电流 I/O（5 V 时达 20 mA）；
- 电平转换速率控制软件可选；
- 支持 5 V-tolerance 功能；
- 支持 LQFP100/64/48 对应多达 85/55/42 个 GPIO。

➢ PDMA（外设 DMA）：
- 支持 12 个独立配置通道，用于内存和外设间的自动数据搬移；
- 支持普通和 Scatter-Gather 传输模式；
- 支持两种优先级：固定优先级和轮流模式；
- 支持字节、半字和字操作；
- 支持源地址与目的地址自动递增功能；
- 支持单次和 Burst 传输方式。

➢ Timer：
- 支持 4 个 32 位定时器，每个定时器包括一个 24 位向上计数器和一个 8 位预分频计数器；
- 每个定时器时钟源独立可选；

- 有 One-shot、Periodic、Toggle 和 Continuous Counting 四种工作模式；
- 带事件计数功能，以记录外部事件引脚所发生的事件；
- 支持输入捕捉功能来捕捉或复位计数器的值。

➢ 看门狗定时器：
- 支持 LIRC（默认选择）、HCLK/2048 和 LXT 多个时钟源可选；
- 有从 1.6 ms～26.0 s（与时钟源有关）8 个可选时间溢出周期；
- 可从 Power-down 或 Idle 模式唤醒；
- 看门狗溢出后中断或复位可选。

➢ 窗口看门狗定时器：
- 支持 HCLK/2048（默认选择）和 LIRC 多个时钟源可选；
- 窗口范围可通过 6 位计数器和一个 11 位预分频计数器设置；
- 可从 Power-down 或 Idle 模式唤醒；
- 看门狗溢出后中断或复位可选。

➢ RTC：
- 支持外部电源引脚 VBAT 给模块单独供电；
- 支持通过设置频率补偿寄存器 FCR（Frequency Compensation Register）进行软件补偿；
- 支持 RTC 计数（时，分，秒）和日历计数（年，月，日）；
- 支持报警寄存器（年，月，日，时，分，秒）；
- 12 小时或 24 小时两种模式可选；
- 有自动闰年计算功能；
- 支持 1/128、1/64、1/32、1/16、1/8、1/4、1/2 和 1 秒 8 个周期滴答中断时间可选；
- 支持唤醒功能；
- 带 80 B 备用寄存器；
- 有可编程备用寄存器擦除功能；
- 支持 32 kHz 振荡器增益控制；
- 支持 Temperature 引脚检测功能。

➢ PWM：
- 支持多达 12 个独立的 16 位分辨率的 PWM 输出；
- 支持最高工作频率达 144 MHz；
- 带一个 12 位的时钟预分频计数器；
- 支持单次和自动装载两种工作模式；
- 支持向上、向下、上-下三种计数模式；
- 支持同步功能；
- 支持 12 位的死区插入时间；
- 支持外部引脚、模拟比较器和系统安全事件源刹车功能；

- 支持 PWM 刹车条件解除后自动恢复功能；
- 支持屏蔽功能和每个 PWM 引脚三态使能；
- 支持 PWM 事件中断；
- 支持触发 EADC/DAC 开始转换；
- 支持多达 12 个独立输入捕捉通道，每个通道可设置为上升沿/下降沿捕捉，可设置计数器重载功能；
- 带一个 16 位解析度的捕捉计数器；
- 支持捕捉中断；
- 支持捕捉 PDMA 模式。

➢ UART：
- 支持多达四个串口：UART0、UART1、UART2 和 UART3；
- 支持 16 字节 FIFO，可设置触发等级；
- 支持自动流控功能（CTS 和 RTS）；
- 支持 IrDA (SIR) 功能；
- 支持 RS485 的 9 位模式和方向控制；
- UART0 和 UART1 支持 LIN 功能；
- 可编程波特率最高可达系统时钟的 1/16；
- 支持唤醒功能；
- 支持 PDMA 模式。

➢ I^2C：
- 支持两个 I^2C 接口；
- 支持主/从模式；
- 主/从间双向数据传输；
- 支持多主总线（无中心主机）；
- 支持多主机间同时传输数据仲裁，避免总线上串行数据被破坏；
- 总线采用串行时钟同步，允许设备间以不同速率进行通信；
- 串行时钟同步可采用握手机制来暂停和恢复串行传输；
- 可编程时钟允许以各种速度控制传输；
- 支持多地址识别功能（四个从机地址带 Mask 选项）；
- 支持 SMBus 和 PMBus 功能；
- 最高速率可达 1 Mb/s；
- 多地址睡眠唤醒功能。

➢ SPI：
- 含有 1 路 SPI 控制器 SPI0；
- 支持 SPI 主/从机工作模式；
- 支持 2 位传输模式；

- 支持双 I/O 和四 I/O 传输模式；
- 一个事务传输的数据长度可配置为 8~32 位；
- 提供独立的 8 级深度发送和接收 FIFO 缓存；
- 支持 MSB 或 LSB 优先传输；
- 支持字节重排序功能；
- 支持字节或字间隔功能；
- 支持唤醒功能；
- 支持 PDMA 模式；
- 支持 3 线、无片选信号、双向接口；
- 当配置为主机模式时，传输速率最高可达 32 MHz，当配置为从机模式时，传输速率最高可达 16 MHz（MCU 工作在 VDD = 5 V）。

➤ SPI/I²S：
- 支持多达两套 SPI 控制器：SPI1 和 SPI2；
- 支持主或从工作模式；
- 字传输位长度可设置为 8~32 位；
- 提供独立的 4 级接收和发送 FIFO 缓存；
- 支持 MSB 或 LSB 优先传输；
- 支持字节重排序功能；
- 支持字节或字间隔功能；
- 支持 3 线、无片选信号、双向接口；
- 当配置为主机模式时，传输速率最高可达 36 MHz，当配置为从机模式时，传输速率最高可达 18 MHz(MCU 工作在 VDD=5 V)；
- 支持两套 I²S 通过 SPI 控制器：SPI1 和 SPI2；
- 带外部音频 CODEC 接口；
- 可处理 8、16、24 和 32 位大小数据长度；
- 支持单声道和立体声音频数据；
- 支持 PCM 模式 A、PCM 模式 B、I²S 和 MSB 数据格式；
- 每路又提供两个 4 字的 FIFO 数据缓存，一个用于发送，另一个用于接收；
- 当缓存数据达到设置长度后，会产生一个中断请求；
- 每路支持两个 PDMA 请求，一个用于发送，另一个用于接收。

➤ CAN 2.0：
- 带一套 CAN 控制器；
- 支持 CAN 协议 v2.0 A 和 B 部分；
- 位速率最高可达 1 Mb/s；
- 支持 32 个报文对象；
- 每个报文对象都有自己的标示符掩码；

- 支持可编程 FIFO 模式(链接报文对象);
- 支持中断功能;
- 有禁用时间触发 CAN 应用下的自动重传模式;
- 支持睡眠唤醒功能。

➢ USB 2.0 全速(Full Speed)控制器:
- 包含一套 USB 2.0 全速带 OTG 功能的控制器;
- 全速主机与 Open HCI 1.0 规范兼容;
- 与 USB 规范 v2.0 兼容;
- OTG 与 USB OTG Supplement 1.3 兼容;
- 带片上 USB 收发器;
- 支持控制、批量输入/输出、中断和同步传输方式;
- 支持总线无信号超过 3 ms 时自动挂起功能;
- 带有 8 个可编程端点;
- 带有 512 字节内部 SRAM 作为 USB 缓冲区;
- 支持遥控唤醒功能;
- 片上提供 5 V 转 3.3 V LDO 用于 USB PHY。

➢ EBI:
- 带两个给内存模块专用的外部片选引脚;
- 每个 Bank 支持操作空间达 1 MB,实际外部操作空间依据封装输出引脚的多少而定;
- 支持 8/16 位数据宽度;
- 支持 16 位数据宽度数据写入模式;
- 支持 PDMA 模式;
- 支持地址/数据复用模式;
- 支持每个内存模块时序参数的独立设置。

➢ ADC:
- 模拟输入电压范围:$0 \sim V_{ref}$(最大为 AVDD);
- 支持 12 位分辨率的 ADC 转换;
- 12 位分辨率和 10 位精度保证;
- 5.0 V 电压下最快可达 1 MS/s 转换速率;
- 有多达 16 个外部单端模拟输入通道;
- 有多达 8 个差分模拟输入通道组;
- 支持单个 ADC 中断;
- 带有外部参考电压 V_{REF};
- 支持内部 Band-gap 和电压分压参考电压;
- 可通过软件、外部引脚、定时器 0~3 溢出和 PWM 触发来启动 A/D 转换;

第1章 新唐 M451 系列微控制器

- 支持 3 种内部输入：VBAT、Band-gap 输入和温度传感器输入；
- 支持 PDMA 传输。

➤ DAC：
- 支持 12 位电压型 DAC；
- 轨到轨的解决时间为 8 μs；
- 带外部参考电压 V_{REF}；
- 缓冲模式下的最大输出电压为 AVDD−0.2 V；
- 可通过软件或 PDMA 触发开始转换。

➤ 触摸按键：
- 支持多达 16 个触摸按键；
- 每个通道的灵敏度可调节；
- 扫描速度可调以适应不同的应用；
- 支持任意触摸按键唤醒以适应低功耗应用；
- 支持手动/单次或周期按键扫描设置；
- 自动键扫描和中断模式可选。

➤ 模拟比较器：
- 有多达两个轨对轨的模拟比较器；
- 正端点对应多路 I/O；
- 支持 I/O 引脚、Band-gap、Voltage 分压和 DAC 输出到负端点；
- 速度和功耗可设置；
- 当比较结果改变时将产生中断（中断条件可设置）；
- 支持睡眠唤醒功能；
- 支持 break 事件触发和 PWM 循环控制。

➤ 循环冗余计算单元：
- 支持四种通用多项式 CRC-CCITT、CRC-8、CRC-16 和 CRC-32；
- 可设置初始值；
- 可设置输入数据和 CRC 校验的序列反向；
- 可设置输入数据和 CRC 校验支持补码；
- 支持 8/16/32 位数据宽度；
- 校验和发送错误时会产生一次中断。

➤ 一个内置温度传感器，误差为 ±1 ℃。

➤ 掉电检测：
- 有 4 个等级：4.4 V/3.7 V/2.7 V/2.2 V；
- 支持掉电中断或复位功能。

➤ 低压复位：复位门槛电压为 2.0 V。

➤ 工作温度范围为 −40～105 ℃。

表 1.1.1 是新唐 M451 系列 MCU 芯片选型。M4 旗舰板板载新唐最高配的 M453VG6AE 芯片,Flash 为 256 KB,引脚数高达 100,并带有 CAN、USB 等高级功能。

表 1.1.1 新唐 M451 系列 MCU 芯片选型

型号	闪存/KB	SRAM/KB	ISP 引导 ROM/KB	I/O 口/个	定时器/个	UART②/个	SC(ISO-7816)②/个	SPI/组	I²C/组	CAN	LIN/个	I²S/个	USB	PWM/路	模拟比较器/路	DAC(12位)/路	ADC(12位)③/路	触摸按键/个	RTC	ICP/IAP/ISP	封装
M453LG6AE	256	32	4	34	4	3+1	1	2	2	√			OTG	10	2	1	8	6	√	√	LQFP 48
M453LE6AE	128	32	4	34	4	3+1	1	2	2	√			OTG	10	2	1	8	6	√	√	LQFP 48
M453RG6AE	256	32	4	48	4	4+1	1	3	2	√	√		OTG	12	2	1	12	11	√	√	LQFP 48
M453RE6AE	128	32	4	48	4	4+1	1	3	2	√	√		OTG	12	2	1	12	11	√	√	LQFP 48
M453VG6AE	256	32	4	80	4	4+1	1	3	2	√	√		OTG	12	2	1	16	16	√	√	LQFP 48
M453VE6AE	128	32	4	80	4	4+1	1	3	2	√	√		OTG	12	2	1	16	16	√	√	LQFP 48

注:① 4个 UART+1个 SC UART;
② 支持全双工 UART 模式;
③ 支持 8 通路、12 通路、16 通路。

1.2 M451 旗舰板硬件平台

M4 旗舰板硬件电路板如图 1.2.1 所示。
M4 旗舰板特性如下:
- CPU 为 NuMicro M453VG6AE,默认频率为 72 MHz,频率可超频到 96 MHz;Flash 为 256 KB;RAM 为 32 KB。
- 外拓 SPI Flash 为 W25Q64,容量为 8 MB(用于存储大量数据)。
- 1个红外接收头,并配备一款小巧的红外遥控器。
- 1个红外发射头(用于红外发射和模拟红外遥控器)。
- 1个 EEPROM 芯片 AT24C02,容量为 256 B。
- 1个 2.4G 无线模块接口,芯片为 nRF24L01+,可远距离数据传输。
- 1个蓝牙 2.0/4.0 模块接口(可与手机、计算机通信,亦可在两个模块之间进行通信)。
- 1个 485 接口,采用 MAX485 芯片。
- 2个 RS232(串口)接口,采用 MAX232 芯片。
- 1个 PS/2 接口,可外接鼠标、键盘。
- 1个数字温湿度传感器,芯片为 DHT11。

第1章 新唐 M451 系列微控制器

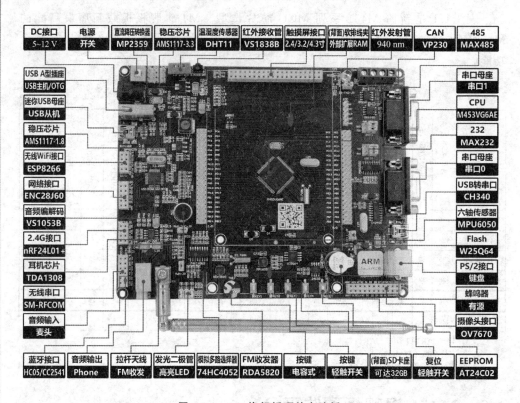

图 1.2.1　M4 旗舰板硬件电路板

- 1 个标准的 2.4/3.2/4.3 寸 LCD 屏接口，支持触摸屏。
- 1 个 USB 转串口，采用 CH340 芯片，可用于程序下载和代码调试。
- 1 个 SD 卡接口（用于大容量数据存储，支持 FAT 文件系统）。
- 1 个网络模块接口（用于以太网数据通信）。
- 1 个无线串口接口（可与 PC 通信，亦可多点通信，实现无线组网）。
- 1 个 VS1053B 音频编解码芯片（支持播放 MP3、WAV、WMA、FLAC 等多种音频格式，并带有录音功能）。
- 1 个音频输入麦头。
- 1 个耳机输出接口。
- 1 个 TDA1308 耳机芯片（音质直逼中端 HiFi）。
- 1 个 USB 从机接口（支持外挂 U 盘）。
- 1 个 USB 主机/OTG 接口（支持模拟为串口、U 盘、键盘、鼠标等多种设备）。
- 1 个有源蜂鸣器。
- 1 个直流电源输入接口。
- 1 个 CAN 接口，芯片为 VP230。
- 1 个 WiFi 接口，芯片为 ESP8266（可连接手机、计算机、物联网等常用解决方案）。

- 1个六轴传感器 MPU6050 芯片(应用领域为四轴飞行器、二轴平衡车、体感游戏等)。
- 1个外部拓展 RAM 接口(默认内存容量为 1 MB)。
- 1个摄像头接口(默认芯片为 OV7670)。
- 1个 FM 收发器,芯片为 RDA5820(用于 FM 频道收音,语音对讲机)。
- 1个 DC 接口(5~12 V)。
- 1组 5 V 电源供应/接入口。
- 1组 3.3 V 电源供应/接入口。
- 1个 RTC 后备电池座,并带电池。
- 1个复位按钮,可用于复位 MCU。
- 4个普通按键。
- 1个触摸按键。
- 1个电源指示灯,3个高亮发光二极管。
- 除晶振占用的 I/O 口外,其余所有 I/O 口全部引出。

第 2 章

环境搭建

2.1 安装 NuLink

使用 Keil 下载代码的前提是必须安装 Nu-Link_Keil_Driver，否则代码下载功能得不到支持。

安装 NuLink 的步骤是：

第一步：安装 Nu-Link_Keil_Driver。双击图标 ![icon]，一直按照提示将该软件安装完毕。

第二步：安装成功后，在安装目录下可找到与 NuLink 相应的文件，如图 2.1.1 所示。

图 2.1.1 安装完 Nu-Link_Keil_Driver 后显示的位于安装目录下的文件

第三步：使用 NuLink 通过排线或杜邦线对 SmartM-M451 系列开发板（当前开发板为旗舰板）的 SWD 接口进行连接，连接的 4 个引脚分别为 VCC、DAT、CLK、GND，如图 2.1.2 所示。

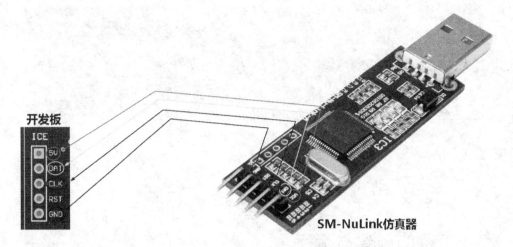

图 2.1.2　NuLink 仿真器与 SmartM-M451 旗舰板连接

2.2　平台的搭建

双击 Keil 图标，弹出 Keil Logo 图片，如图 2.2.1 所示。

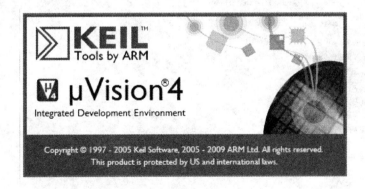

图 2.2.1　Keil Logo

当看到 Keil 的启动图片时，会自动进入 Keil 的开发环境，如图 2.2.2 所示。

第 2 章 环境搭建

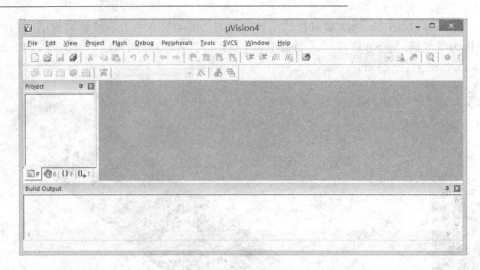

图 2.2.2　Keil 开发环境

2.3　工程的创建与运行

创建工程和运行的步骤是：

第一步：选择"Project"→"New uVision Project"菜单项，弹出"Create New Project"对话框，如图2.3.1 所示。

图 2.3.1　新建工程

第二步:输入工程名"SmartMcu",单击"保存"按钮退出,弹出"Select a CPU Data Base File"对话框,在下拉列表框中选中"NuMicro Cortex-M DataBase",如图 2.3.2 所示。

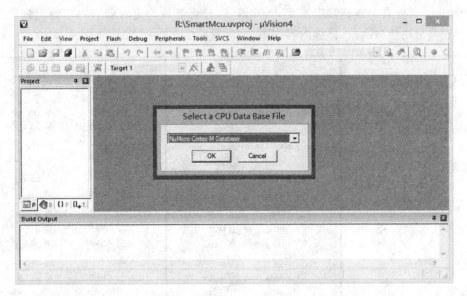

图 2.3.2 选择 CPU 数据库文件

第三步:在弹出的"Select Device for Target 'Targe 1'"对话框中选中"Nuvoton",然后选中"M451RG6AE",单击"OK"按钮,如图 2.3.3 所示。

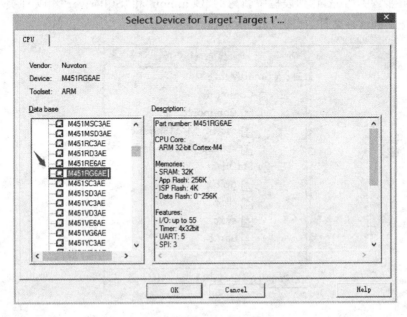

图 2.3.3 选择当前 CPU

第 2 章 环境搭建

第四步：复制 SmartMcu 提供的 System 和 StdDriver 文件夹到当前工程目录中。System 文件夹包含常用的类型定义、CPU 频率初始化和延时函数等调用。StdDriver 文件夹中都是常用的 CMSIS 函数，包含芯片的定时器、串口、看门狗、SPI 和 I^2C 等常用接口函数，详细内容如图 2.3.4 所示。

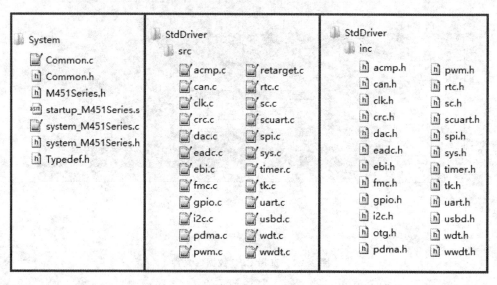

图 2.3.4 System 和 StdDriver 文件夹中的内容

第五步：在"Project"列表栏中新建的"Common"和"StdDriver"组文件夹中添加相应的 *.c 和 *.s 文件，如图 2.3.5 所示。

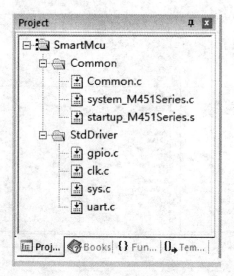

图 2.3.5 工程选项卡

第六步：右击"Project"列表栏中的"SmartMcu"工程，选中"Options for Target 'SmartMcu'"快捷菜单项，弹出如图 2.3.6 所示对话框。

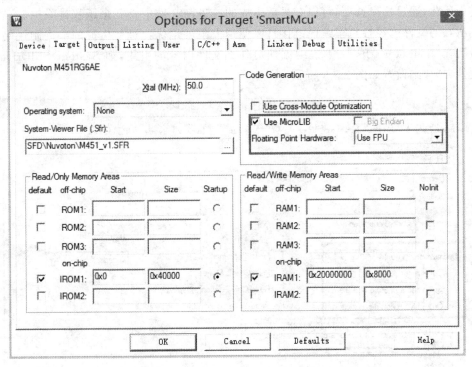

图 2.3.6　进入工程设置选项

第七步：单击"Output"标签切换选项卡，选中"Create HEX File"复选框以便使用其他工具下载程序，如图 2.3.7 所示。

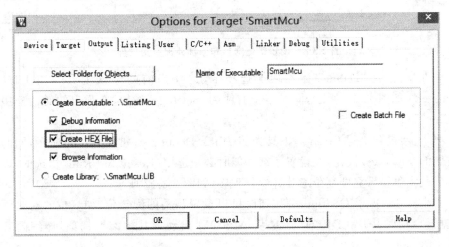

图 2.3.7　选中"Create HEX File"复选框

第 2 章 环境搭建

第八步:单击"C/C++"标签切换选项卡,设置优化选项为"Level 2(-O2)",选中"One ELF Section per Function"复选框。选中该选项的主要目的是对冗余函数进行优化,通过这个选项,可以在最后生成的二进制文件中将冗余函数排除掉(虽然其所在的文件已经参与了编译链接),以便最大限度地优化最后生成的二进制代码。最后在"Include Paths"文本框中添加对外部文件内容的引用,如 System、StdDriver 文件夹,详细设置如图 2.3.8 所示。

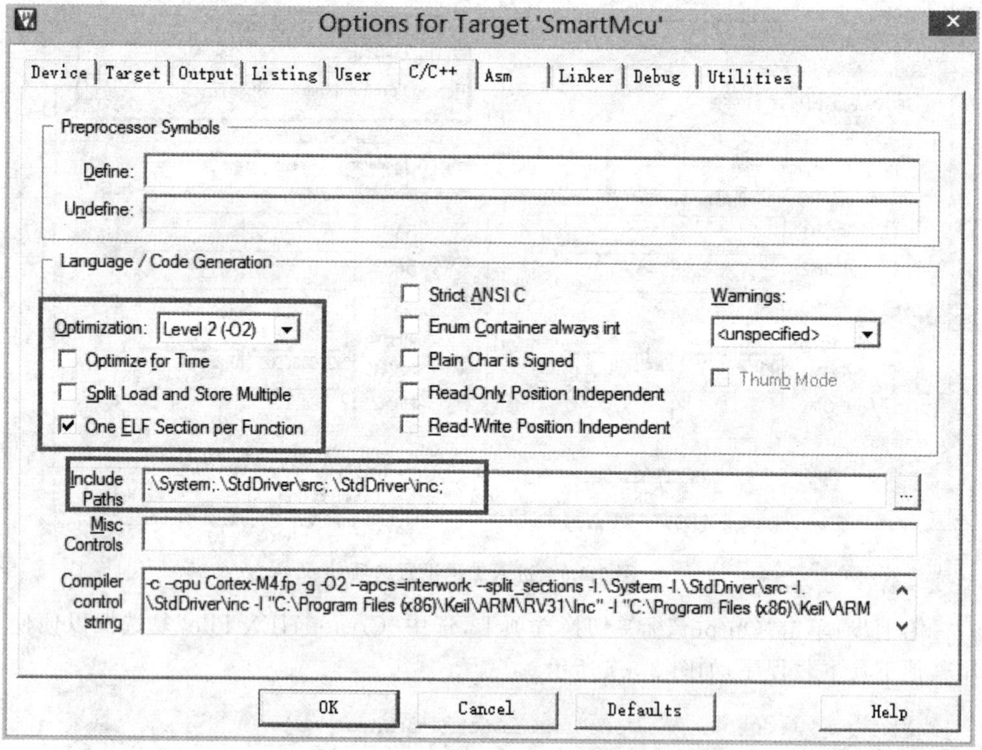

图 2.3.8 设置优化选项和添加外部引用文件

第九步:单击"Debug"标签切换选项卡,选择当前的调试工具为"NULink Debugger",如图 2.3.9 所示,同时单击右侧的"Settings"按钮,在弹出的对话框中选择"Chip Type"为"M451",如图 2.3.10 所示。

第十步:设置烧写 Flash 的工具为 NULink Debugger,如图 2.3.11 所示,同时单击右侧的"Settings"按钮,在设置下载功能时必须选中"Reset and Run"复选框,以保证在下载完程序后立即复位芯片并执行程序,如图 2.3.12 所示。

第十一步:单击"Configure"按钮时可以设置相关的配置位,如复位时对时钟源的选择,启动时是从 LDROM 还是从 APROM 启动等其他配置选项,详细内容如图 2.3.13 所示。

第 2 章 环境搭建

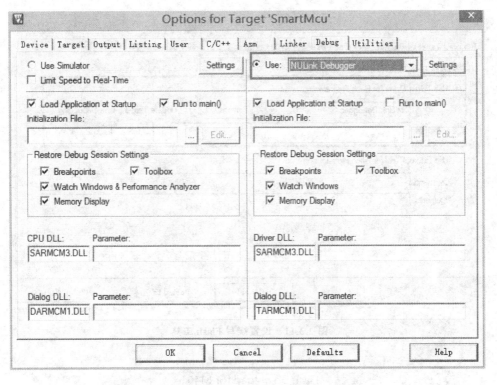

图 2.3.9 选择调试工具

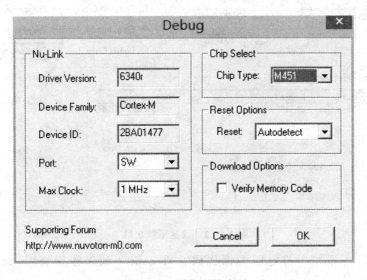

图 2.3.10 选择芯片类型

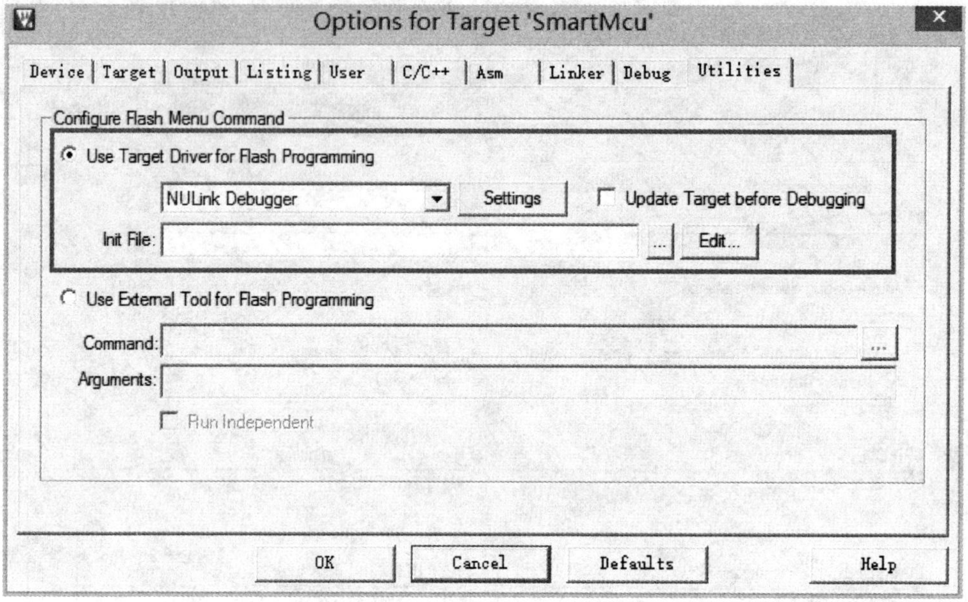

第 2 章 环境搭建

图 2.3.11 设置烧写 Flash 工具

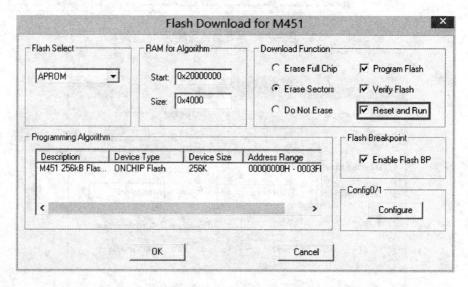

图 2.3.12 设置下载功能

第十二步：添加串口打印实例代码文件 main.c 到工程列表中，如图 2.3.14 所示。

第 2 章 环境搭建

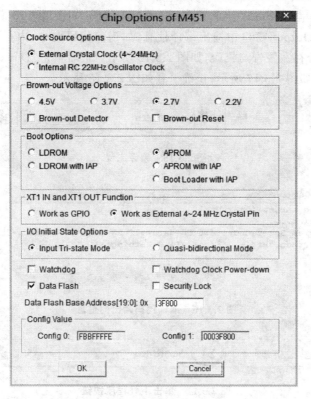

图 2.3.13 配置位的设置

图 2.3.14 添加串口打印实例代码文件 main.c 到工程列表中

第2章 环境搭建

第十三步:单击"Build"工具按钮,编译工程代码,如图 2.3.15 所示。若代码正确,则在 Build Output 窗口中输出编译信息,如当前代码大小、内存占用多少,并显示当前代码是否存在警告与错误,如图 2.3.16 所示。最后单击"Download"工具按钮进行程序下载,如图 2.3.17 所示,正确下载如图 2.3.18 所示。

图 2.3.15　编译工程

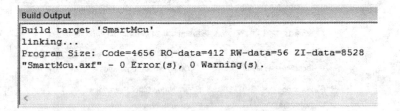

图 2.3.16　编译代码输出的信息

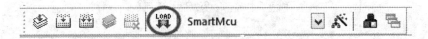

图 2.3.17　单击下载程序按钮

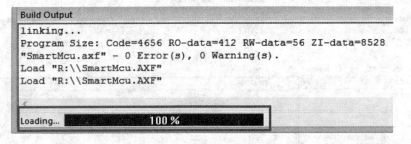

图 2.3.18　下载程序显示的进度

2.4　硬件仿真

单片机仿真器是一种在电子产品开发阶段代替单片机芯片进行软硬件调试的开发工具。配合集成开发环境使用仿真器可以对单片机程序进行单步跟踪调试,也可以使用断点、全速等调试手段,并可观察各种变量、RAM 及寄存器的实时数据,跟踪程序的执行情况;同时还可以对硬件电路进行实时调试。利用单片机仿真器可以迅速找到并排除程序中的逻辑错误,大大缩短单片机开发的周期。在现场只利用烧录

第 2 章 环境搭建

器反复烧写单片机,而通过肉眼观察结果进行开发的方法大大增加了调试的难度,延长了整个开发周期,并且不容易发现程序中许多隐含的错误,特别对于单片机开发经验不丰富的初学者来说更加困难。由此可见,单片机仿真器在单片机系统开发中发挥着重要的作用。

使用 Keil 进行仿真时,必须安装好 NuLink for Keil 的驱动,同时将仿真器与开发板的 ICE 接口进行连接,详情请参考"2.1 安装 NuLink"章节。当一切准备好后,可使用 SmartMcu 提供的任何代码进行硬件仿真。

硬件仿真的步骤是:

第一步:打开"TIMER"→"定时计数"工程,然后单击"Debug"工具按钮,如图 2.4.1 所示,这时可发现该工程的视图已发生了重大变化,显示的寄存器窗口、汇编窗口和调用堆栈窗口等如图 2.4.2 所示。

图 2.4.1 单击"Debug"按钮

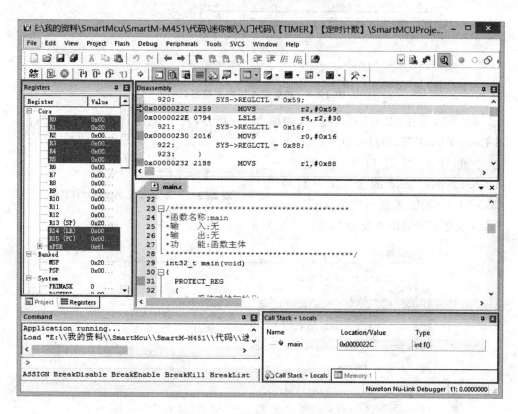

图 2.4.2 工程视窗发生的变化

第二步：单击某代码行，为代码添加断点，用于阻塞代码一直执行，以便在单步执行时观察当前变量的变化，如图 2.4.3 所示；同时右击变量 g_vbTimer0Event 弹出快捷菜单，选中"Add 'g_vbTimer0Event'到 Watch 1"即可添加该变量到观察窗口 1 中，如图 2.4.4 所示。

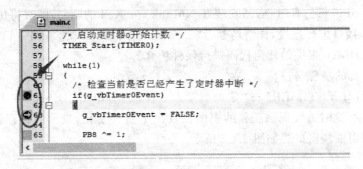

图 2.4.3　添加断点

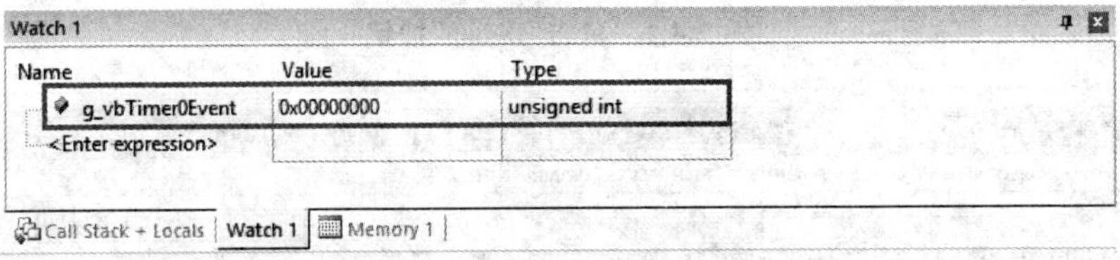

图 2.4.4　将变量添加到观察窗口

第三步：单击"Run"工具按钮，如图 2.4.5 所示，然后发现代码执行到"if(g_vbTimer0Event)"行时暂停，如图 2.4.6 所示，这时通过观察窗口 1 来观察 g_vbTimer0Event 变量的变化，不断单击"Run"工具按钮，可观察到 g_vbTimer0-Event 变量不断地由 0 变为 1，或由 1 变为 0，如图 2.4.7 和图 2.4.8 所示。

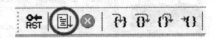

图 2.4.5　单击"Run"工具按钮执行程序

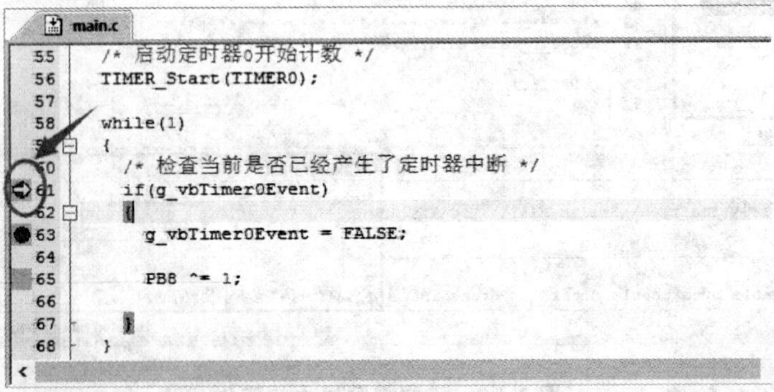

图 2.4.6　代码执行到断点位置

第 2 章　环境搭建

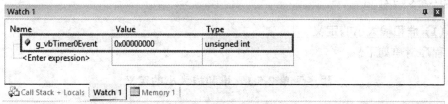

图 2.4.7　g_vbTimer0Event 值为 0

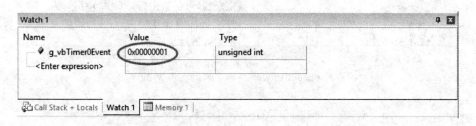

图 2.4.8　g_vbTimer0Event 值为 1

2.5　启动流程

一般的嵌入式开发流程是先建立一个工程,再编写源文件,然后进行编译,把所有的 *.s 文件和 *.c 文件编译成一个 *.o 文件,再对目标文件进行链接和定位,编译成功后会生成一个 *.hex 文件和调试文件。接下来要进行调试,如果成功的话,就可以将它固化到 Flash 存储器中。

启动代码是用来初始化电路和为用高级语言编写的软件做好运行前准备的一小段汇编程序,是任何处理器上电复位时的程序运行入口点。例如,在刚上电的过程中,PC 机会将系统的一个运行频率锁定为一个固定值,该设定频率的过程就是在汇编源代码中,也就是在启动代码中完成的。

启动代码的作用一般是:
➢ 堆和栈的初始化;
➢ 向量表的定义;
➢ 地址重映射及中断向量表的转移;
➢ 设置系统时钟频率;
➢ 中断寄存器的初始化;
➢ 进入 C 应用程序。

第 2 章 环境搭建

1. 启动代码分析

(1) 堆和栈大小的定义

程序清单如下。

程序清单 2.5.1 堆和栈大小的定义

```
Stack_Size      EQU     0x00001000      ;定义栈大小为 0x1000 字节

                AREA    STACK,NOINIT,READWRITE,ALIGN = 3
                                        ;定义栈,可初始化为 0,8 字节对齐
Stack_Mem       SPACE   Stack_Size      ;分配 0x1000 个连续字节,并初始化为 0
__initial_sp                            ;汇编代码地址标号

Heap_Size       EQU     0x00001000      ;定义堆的大小为 0x1000 字节

                AREA    HEAP,NOINIT,READWRITE,ALIGN = 3
                                        ;定义堆,可初始化为 0,8 字节对齐
__heap_base
Heap_Mem        SPACE   Heap_Size       ;分配 0x1000 个连续字节,并初始化为 0
__heap_limit



                PRESERVE8               ;指定当前文件堆栈 8 字节对齐
                THUMB                   ;告诉汇编器下面是 32 位的 Thumb 指令,如
                                        ;果需要,汇编器将插入位以保证对齐
```

(2) 中断向量表定义

程序清单如下。

程序清单 2.5.2 中断向量表定义

```
;Vector Table Mapped to Address 0 at Reset

                AREA    RESET,DATA,READONLY ;定义复位向量段,只读
                EXPORT  __Vectors           ;定义一个可以在其他文件中使用的全局
                                            ;标号。此处表示中断地址
                EXPORT  __Vectors_End
                EXPORT  __Vectors_Size

__Vectors       DCD     __initial_sp        ;给__initial_sp 分配 4 字节 32 位的地
                                            ;址 0x0
                DCD     Reset_Handler       ;给标号 Reset_Handler 分配地址为
```

```
                                    ;0x00000004
        DCD     NMI_Handler         ;给标号 NMI Handler 分配地址为
                                    ;0x00000008
        DCD     HardFault_Handler   ;Hard Fault Handler
        DCD     MemManage_Handler   ;MPU Fault Handler
        DCD     BusFault_Handler    ;Bus Fault Handler
        DCD     UsageFault_Handler  ;Usage Fault Handler
        DCD     0                   ;这种形式就是保留地址,不给任何标号
                                    ;分配
        DCD     0                   ;Reserved
        DCD     0                   ;Reserved
        DCD     0                   ;Reserved
        DCD     SVC_Handler         ;SVCall Handler
        DCD     DebugMon_Handler    ;Debug Monitor Handler
        DCD     0                   ;Reserved
        DCD     PendSV_Handler      ;PendSV Handler
        DCD     SysTick_Handler     ;SysTick Handler

        ;External Interrupts
        DCD     BOD_IRQHandler      ;0: Brown Out detection
        DCD     IRC_IRQHandler      ;1: Internal RC
        DCD     PWRWU_IRQHandler    ;2: Power down wake up
        DCD     RAMPE_IRQHandler    ;3: RAM parity error
        DCD     CLKFAIL_IRQHandler  ;4: Clock detection fail
        DCD     Default_Handler     ;5: Reserved
        DCD     RTC_IRQHandler      ;6: Real Time Clock
        DCD     TAMPER_IRQHandler   ;7: Tamper detection
        DCD     WDT_IRQHandler      ;8: Watchdog timer
        DCD     WWDT_IRQHandler     ;9: Window watchdog timer
        DCD     EINT0_IRQHandler    ;10: External Input 0
        DCD     EINT1_IRQHandler    ;11: External Input 1
        DCD     EINT2_IRQHandler    ;12: External Input 2
        DCD     EINT3_IRQHandler    ;13: External Input 3
        DCD     EINT4_IRQHandler    ;14: External Input 4
        DCD     EINT5_IRQHandler    ;15: External Input 5
        DCD     GPA_IRQHandler      ;16: GPIO Port A
        DCD     GPB_IRQHandler      ;17: GPIO Port B
        DCD     GPC_IRQHandler      ;18: GPIO Port C
        DCD     GPD_IRQHandler      ;19: GPIO Port D
        DCD     GPE_IRQHandler      ;20: GPIO Port E
        DCD     GPF_IRQHandler      ;21: GPIO Port F
        DCD     SPI0_IRQHandler     ;22: SPI0
```

```
DCD     SPI1_IRQHandler         ;23: SPI1
DCD     BRAKE0_IRQHandler       ;24:
DCD     PWM0P0_IRQHandler       ;25:
DCD     PWM0P1_IRQHandler       ;26:
DCD     PWM0P2_IRQHandler       ;27:
DCD     BRAKE1_IRQHandler       ;28:
DCD     PWM1P0_IRQHandler       ;29:
DCD     PWM1P1_IRQHandler       ;30:
DCD     PWM1P2_IRQHandler       ;31:
DCD     TMR0_IRQHandler         ;32: Timer 0
DCD     TMR1_IRQHandler         ;33: Timer 1
DCD     TMR2_IRQHandler         ;34: Timer 2
DCD     TMR3_IRQHandler         ;35: Timer 3
DCD     UART0_IRQHandler        ;36: UART0
DCD     UART1_IRQHandler        ;37: UART1
DCD     I2C0_IRQHandler         ;38: I2C0
DCD     I2C1_IRQHandler         ;39: I2C1
DCD     PDMA_IRQHandler         ;40: Peripheral DMA
DCD     DAC_IRQHandler          ;41: DAC
DCD     ADC00_IRQHandler        ;42: ADC0 interrupt source 0
DCD     ADC01_IRQHandler        ;43: ADC0 interrupt source 1
DCD     ACMP01_IRQHandler       ;44: ACMP0 and ACMP1
DCD     Default_Handler         ;45: Reserved
DCD     ADC02_IRQHandler        ;46: ADC0 interrupt source 2
DCD     ADC03_IRQHandler        ;47: ADC0 interrupt source 3
DCD     UART2_IRQHandler        ;48: UART2
DCD     UART3_IRQHandler        ;49: UART3
DCD     Default_Handler         ;50: Reserved
DCD     SPI2_IRQHandler         ;51: SPI2
DCD     Default_Handler         ;52: Reserved
DCD     USBD_IRQHandler         ;53: USB device
DCD     USBH_IRQHandler         ;54: USB host
DCD     USBOTG_IRQHandler       ;55: USB OTG
DCD     CAN0_IRQHandler         ;56: CAN0
DCD     Default_Handler         ;57: Reserved
DCD     SC0_IRQHandler          ;58:
DCD     Default_Handler         ;59: Reserved.
DCD     Default_Handler         ;60:
DCD     Default_Handler         ;61:
DCD     Default_Handler         ;62:
DCD     TK_IRQHandler           ;63:
```

```
__Vectors_End

__Vectors_Size     EQU       __Vectors_End - __Vectors
```

(3) 中断向量表的转移
程序清单如下。

程序清单 2.5.3　中断向量表的转移

```
                AREA    |.text|,CODE,READONLY


;Reset Handler

Reset_Handler   PROC                            ;标记一个函数的开始
    EXPORT  Reset_Handler          [WEAK]       ;[WEAK]选项表示当所有的源文件都没有定
                                                ;义这样一个标号时,编译器也不会给出错
                                                ;误信息,而是在多数情况下将该标号置 0;
                                                ;若该标号是被 B 或 BL 指令引用,则将 B 或
                                                ;BL 指令置为 NOP 操作。EXPORT 用于提示编
                                                ;译器该标号可以被外部文件引用
    IMPORT  SystemInit                          ;通知编译器要使用的标号在其他文件中
    IMPORT  __main
    LDR     R0, = SystemInit                    ;使用"="表示 LDR 目前是伪指令而不是标
                                                ;准指令。这里是把 SystemInit 的地址
                                                ;给 R0
    BLX     R0
    LDR     R0, = __main
    BX      R0                                  ;BX 是 ARM 指令集和 Thumb 指令集之间程序
                                                ;的跳转
    ENDP


;Dummy Exception Handlers (infinite loops which can be modified)

NMI_Handler     PROC                            ;标记一个函数的开始
    EXPORT  NMI_Handler            [WEAK]
    B       .                                   ;等同于 while(1)循环
    ENDP
HardFault_Handler\
    PROC
    EXPORT  HardFault_Handler      [WEAK]
    B       .
```

```
                ENDP
MemManage_Handler\
                PROC
                EXPORT   MemManage_Handler          [WEAK]
                B        .
                ENDP
BusFault_Handler\
                PROC
                EXPORT   BusFault_Handler           [WEAK]
                B        .
                ENDP
UsageFault_Handler\
                PROC
                EXPORT   UsageFault_Handler         [WEAK]
                B        .
                ENDP
SVC_Handler     PROC
                EXPORT   SVC_Handler                [WEAK]
                B        .
                ENDP
DebugMon_Handler\
                PROC
                EXPORT   DebugMon_Handler           [WEAK]
                B        .
                ENDP
PendSV_Handler\
                PROC
                EXPORT   PendSV_Handler             [WEAK]
                B        .
                ENDP
SysTick_Handler\
                PROC
                EXPORT   SysTick_Handler            [WEAK]
                B        .
                ENDP


Default_Handler PROC

                EXPORT   BOD_IRQHandler             [WEAK]
                EXPORT   IRC_IRQHandler             [WEAK]
                EXPORT   PWRWU_IRQHandler           [WEAK]
                EXPORT   RAMPE_IRQHandler           [WEAK]
```

```
EXPORT    CLKFAIL_IRQHandler      [WEAK]
EXPORT    RTC_IRQHandler          [WEAK]
EXPORT    TAMPER_IRQHandler       [WEAK]
EXPORT    WDT_IRQHandler          [WEAK]
EXPORT    WWDT_IRQHandler         [WEAK]
EXPORT    EINT0_IRQHandler        [WEAK]
EXPORT    EINT1_IRQHandler        [WEAK]
EXPORT    EINT2_IRQHandler        [WEAK]
EXPORT    EINT3_IRQHandler        [WEAK]
EXPORT    EINT4_IRQHandler        [WEAK]
EXPORT    EINT5_IRQHandler        [WEAK]
EXPORT    GPA_IRQHandler          [WEAK]
EXPORT    GPB_IRQHandler          [WEAK]
EXPORT    GPC_IRQHandler          [WEAK]
EXPORT    GPD_IRQHandler          [WEAK]
EXPORT    GPE_IRQHandler          [WEAK]
EXPORT    GPF_IRQHandler          [WEAK]
EXPORT    SPI0_IRQHandler         [WEAK]
EXPORT    SPI1_IRQHandler         [WEAK]
EXPORT    BRAKE0_IRQHandler       [WEAK]
EXPORT    PWM0P0_IRQHandler       [WEAK]
EXPORT    PWM0P1_IRQHandler       [WEAK]
EXPORT    PWM0P2_IRQHandler       [WEAK]
EXPORT    BRAKE1_IRQHandler       [WEAK]
EXPORT    PWM1P0_IRQHandler       [WEAK]
EXPORT    PWM1P1_IRQHandler       [WEAK]
EXPORT    PWM1P2_IRQHandler       [WEAK]
EXPORT    TMR0_IRQHandler         [WEAK]
EXPORT    TMR1_IRQHandler         [WEAK]
EXPORT    TMR2_IRQHandler         [WEAK]
EXPORT    TMR3_IRQHandler         [WEAK]
EXPORT    UART0_IRQHandler        [WEAK]
EXPORT    UART1_IRQHandler        [WEAK]
EXPORT    I2C0_IRQHandler         [WEAK]
EXPORT    I2C1_IRQHandler         [WEAK]
EXPORT    PDMA_IRQHandler         [WEAK]
EXPORT    DAC_IRQHandler          [WEAK]
EXPORT    ADC00_IRQHandler        [WEAK]
EXPORT    ADC01_IRQHandler        [WEAK]
EXPORT    ACMP01_IRQHandler       [WEAK]
EXPORT    ADC02_IRQHandler        [WEAK]
EXPORT    ADC03_IRQHandler        [WEAK]
```

```
                EXPORT  UART2_IRQHandler        [WEAK]
                EXPORT  UART3_IRQHandler        [WEAK]
                EXPORT  SPI2_IRQHandler         [WEAK]
                EXPORT  USBD_IRQHandler         [WEAK]
                EXPORT  USBH_IRQHandler         [WEAK]
                EXPORT  USBOTG_IRQHandler       [WEAK]
                EXPORT  CAN0_IRQHandler         [WEAK]
                EXPORT  SC0_IRQHandler          [WEAK]
                EXPORT  TK_IRQHandler           [WEAK]

BOD_IRQHandler
IRC_IRQHandler
PWRWU_IRQHandler
RAMPE_IRQHandler
CLKFAIL_IRQHandler
RTC_IRQHandler
TAMPER_IRQHandler
WDT_IRQHandler
WWDT_IRQHandler
EINT0_IRQHandler
EINT1_IRQHandler
EINT2_IRQHandler
EINT3_IRQHandler
EINT4_IRQHandler
EINT5_IRQHandler
GPA_IRQHandler
GPB_IRQHandler
GPC_IRQHandler
GPD_IRQHandler
GPE_IRQHandler
GPF_IRQHandler
SPI0_IRQHandler
SPI1_IRQHandler
BRAKE0_IRQHandler
PWM0P0_IRQHandler
PWM0P1_IRQHandler
PWM0P2_IRQHandler
BRAKE1_IRQHandler
PWM1P0_IRQHandler
PWM1P1_IRQHandler
PWM1P2_IRQHandler
TMR0_IRQHandler
```

```
TMR1_IRQHandler
TMR2_IRQHandler
TMR3_IRQHandler
UART0_IRQHandler
UART1_IRQHandler
I2C0_IRQHandler
I2C1_IRQHandler
PDMA_IRQHandler
DAC_IRQHandler
ADC00_IRQHandler
ADC01_IRQHandler
ACMP01_IRQHandler
ADC02_IRQHandler
ADC03_IRQHandler
UART2_IRQHandler
UART3_IRQHandler
SPI2_IRQHandler
USBD_IRQHandler
USBH_IRQHandler
USBOTG_IRQHandler
CAN0_IRQHandler
SC0_IRQHandler
TK_IRQHandler
                B       .
                ENDP


                ALIGN
```

(4) 堆和栈的初始化

程序清单如下。

程序清单 2.5.4 堆和栈的初始化

```
;User Initial Stack & Heap

                IF      :DEF:__MICROLIB     ;"DEF"的用法——":DEF:X"表示如果定义了
                                            ;X 则为真,否则为假

                EXPORT  __initial_sp
                EXPORT  __heap_base
                EXPORT  __heap_limit
```

第 2 章 环境搭建

```
                ELSE

                IMPORT   __use_two_region_memory
                EXPORT   __user_initial_stackheap

__user_initial_stackheap PROC
                LDR      R0, = Heap_Mem
                LDR      R1, = (Stack_Mem + Stack_Size)
                LDR      R2, = (Heap_Mem + Heap_Size)
                LDR      R3, = Stack_Mem
                BX       LR
                ENDP

                ALIGN                                    ;填充字节使地址对齐

                ENDIF


                END
```

2. __user_initial_stackheap 函数分析

__user_initial_stackheap 函数用于设置堆和栈,详细代码如下。

程序清单 2.5.5 __user_initial_stackheap 函数

```
/*
 * This can be defined to override the standard memory models' way
 * of determining where to put the initial stack and heap.
 *
 * The input parameters R0 and R2 contain nothing useful. The input
 * parameters SP and SL are the values that were in SP and SL when
 * the program began execution (so you can return them if you want
 * to keep that stack).
 *
 * The two "limit" fields in the return structure are ignored if
 * you are using the one-region memory model: the memory region is
 * taken to be all the space between heap_base and stack_base.
 */
struct __initial_stackheap {
    unsigned heap_base;               /* low-address end of initial heap */
    unsigned stack_base;              /* high-address end of initial stack */
```

```
        unsigned heap_limit;                    /* high-address end of initial heap */
        unsigned stack_limit;                   /* low-address end of initial stack */
    };

    extern __value_in_regs struct __initial_stackheap
    __user_initial_stackheap(unsigned /* R0 */, unsigned /* SP */, unsigned /* R2 */, unsigned /* SL */);
```

由于 ARM 应用的灵活性,可以通过分散加载文件来定义代码和变量的位置,所以堆栈的地址并不固定,这样,当在 ARM C 库里的函数用到堆栈的地址时,就用上面定义的变量来代替,而且一般的 STARTUP.s 文件都只是初始化栈,也就是 SP,而没有初始化堆,所以在本函数里初始化堆还是有必要的,而且本函数的作用主要是返回堆栈的地址,并且该地址除了初始化,还可以有其他的作用,毕竟在 C 语言里直接取 SP 的地址不太方便。如果没有跳转语句"B __main"的话,就没有调用 C 库,也就不用初始化 C 库。而不调用__main 就直接进入 main,当然也是可以实现的。正常进入用户应用程序的 main 过程如图 2.5.1 所示。

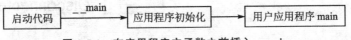

图 2.5.1　在应用程序主函数之前插入__main

__main 是编译系统提供的一个函数,负责完成库函数的初始化并最后自动跳向 main 函数,在这种情况下用户程序的主函数名必须是 main。用户可以根据需要选择是否使用__main。如果想让系统自动完成系统调用(如库函数)的初始化过程,则可以直接使用__main;如果所有的初始化步骤都是由用户自己显式地完成,则可以跳过__main。当然,在使用__main 时,可能会涉及一些库函数的移植和重定向问题。在__main 中的程序执行流程如图 2.5.2 所示。

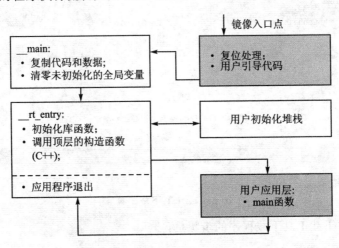

图 2.5.2　有系统调用参与的程序执行流程

2.6 ISP 下载程序

在线系统编程 ISP(In System Programming)是一种无需将存储芯片(如 EPROM)从嵌入式设备上取出就能对其进行编程的过程。在线系统编程需要在目标板上有额外的电路来完成编程任务。其优点是,即使器件焊接在电路板上,仍可对其(重新)进行编程。可在线系统编程是 Flash 存储器的固有特性(通常无需额外的电路),Flash 存储器几乎都采用这种方式进行编程。

新唐公司下载工具支持 USB 下载与串口下载,下载代码支持应用程序区(APROM)和数据存储区(Data Flash),并提供设置配置位的功能,如图 2.6.1 所示。

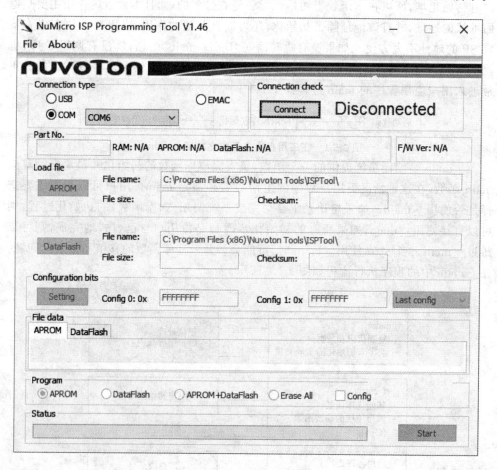

图 2.6.1　ISP 下载工具

使用 ISP 下载工具下载程序的步骤是:

第一步：当 ISP 下载工具还没有检测到 MCU 进入下载模式的应答时，"Connection check"的默认状态显示为"Disconnected"，如图 2.6.2 所示。

第二步：单击"Connect"按钮，ISP 下载工具会不断通过串口向 MCU 下发连接指令，此时手动复位 MCU（MCU 已经被正确配置为 LDROM 启动，并且烧写了正确的 LDROM 代码，否则不能做出正确的连接应答。注：SmartM-M451 旗舰板在出货时默认已经烧写好 LDROM 代码），"Connection check"的状态显示为"Connectcd"，如图 2.6.3 所示。

图 2.6.2　连接状态 Disconnected　　　　图 2.6.3　连接状态为 Connected

第三步：单击"APROM"按钮选择要下载的文件，如"TIMER.bin"，这时"File data"区域中会显示与下载文件相关的信息，如图 2.6.4 所示。

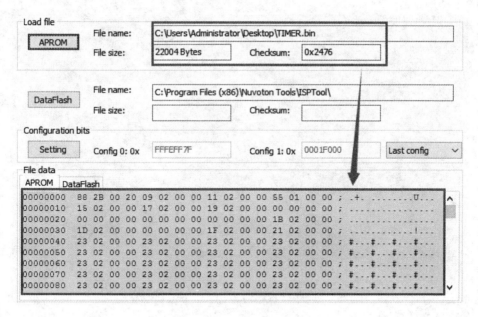

图 2.6.4　载入下载文件

第四步：在"Program"区域中选中"APROM"和"Config"选项，如图 2.6.5 所示。

图 2.6.5　选中编程选项

第 2 章　环境搭建

第五步：单击"Start"按钮，如图 2.6.6 所示，下载完毕后将会显示"PASS"字样，如图 2.6.7 所示。

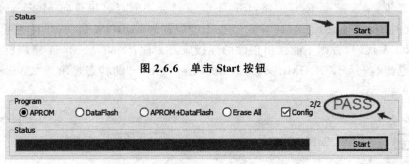

图 2.6.6　单击 Start 按钮

图 2.6.7　下载完毕显示 PASS 字样

第 3 章

位图编解码及内存模块

3.1 简 介

位图图像(bitmap)亦称为点阵图像或绘制图像,是由被称作像素(图片元素)的单个点组成的。这些点可以进行不同的排列和染色以构成图样。当放大位图时,可以看见赖以构成整个图像的无数单个方块。扩大位图尺寸的效果是增大单个像素,从而使线条和形状显得参差不齐。然而,如果从稍远的位置观看它,位图图像的颜色和形状又显得是连续的。

在红绿色盲体检时,工作人员会给你一个本子,在这个本子上有一些图像,这些图像都是由一个个的点组成的,这与位图图像其实是差不多的。由于每一个像素都是单独染色的,所以可以通过以每次一个像素的频率来操作选择区域,进而产生近似相片的逼真效果,诸如加深阴影和加重颜色。缩小位图尺寸也会使原图变形,因为此举是通过减少像素来使整个图像变小的。同样,由于位图图像是以排列的像素集合体形式创建的,所以不能单独操作(如移动)局部位图。一般情况下,位图是用工具拍摄后得到的,如数码相机拍摄的照片。位图 LOGO 实例如图 3.3.1 所示。

图 3.1.1　位图 LOGO 实例

1. 颜色编码

(1) RGB

RGB 是位图颜色的一种编码方法,即用红、绿、蓝三原色的光学强度来表示一种颜色。这是最常见的位图编码方法,可以直接用于屏幕显示。更详细的 RGB 介绍请见书籍《ARM Cortex-M4 微控制器原理与实践》中的图 27.2.1。

第3章 位图编解码及内存模块

(2) CMYK

CMYK是位图颜色的一种编码方法,即用青、品红、黄、黑四种颜料的含量来表示一种颜色。这是常用的位图编码方法之一,可以直接用于彩色印刷。

2. 图像属性

(1) 索引颜色/颜色表

采用索引颜色/颜色表进行图像压缩是位图常用的一种压缩方法,即从位图图片中选择最有代表性的若干种颜色(通常不超过256种)编制成颜色表,然后将图片中原有的颜色用颜色表的索引来表示。这样,原图片可以被大幅度有损压缩。这种压缩方法适合于网页图形等颜色数较少的图形,不适合照片等色彩丰富的图形。

(2) Alpha通道

采用Alpha通道就是在原有图片编码方法的基础上,增加像素的透明度信息。在图形处理中,通常把RGB三种颜色信息称为红通道、绿通道和蓝通道,相应地把透明度信息称为Alpha通道。多数使用颜色表的位图格式都支持Alpha通道。

(3) 色彩深度

色彩深度又叫色彩位数,即位图中要用多少个二进制位来表示每个点的颜色,它是分辨率的一个重要指标。常用的有1位(单色)、2位(4色,CGA)、4位(16色,VGA)、8位(256色)、16位(增强色)、24位和32位(真彩色)等。色深16位以上的位图还可以根据其中分别表示RGB三原色或CMYK四原色(有的还包括Alpha通道)的位数进一步分类,如16位位图图片还可分为R5G6B5、R5G5B5X1(有1位不携带信息)、R5G5B5A1、R4G4B4A4,等等。

3. 分辨率

在处理位图时要着重考虑分辨率,输出图像的质量取决于处理过程开始时所设置的分辨率的高低。分辨率是一个笼统的术语,它指一个图像文件中所包含的细节和信息的大小,以及输入、输出或显示设备所能产生的细节程度。在操作位图时,分辨率既会影响最后输出的图像质量,也会影响文件的大小。处理位图时需要三思而后行,因为给图像选择的分辨率通常在整个过程中都伴随着文件。无论是在一个300 dpi的打印机上,还是在一个2 570 dpi的照排设备上印刷位图文件,文件总是以创建图像时所设的分辨率大小来印刷,除非打印机的分辨率低于图像的分辨率。如果希望最终输出的图像看起来与屏幕上显示的一样,那么在开始工作前就需要了解图像的分辨率与不同设备分辨率之间的关系。显然,矢量图就不必考虑这么多,矢量图与位图的对比如表3.1.1所列。

表 3.1.1　矢量图与位图之间的对比

图像类型	组成	优点	缺点	常用制作工具
位图	像素	只要有足够多的不同色彩的像素，就可以制作出色彩丰富的图像，逼真地表现自然界的景象	缩放和旋转容易失真，同时文件容量较大	Photoshop、画图等
矢量图像	数学向量	文件容量较小，在进行放大、缩小或旋转等操作时，图像不会失真	不易制作色彩变化太多的图像	Flash、CorelDraw 等

3.2　结　构

典型的 BMP 图像文件由四部分组成：

① 位图头文件数据结构，它包含 BMP 图像文件的类型和显示内容等信息。

② 位图信息数据结构，它包含 BMP 图像的宽、高、压缩方法，以及颜色定义等信息。

③ 调色板，这部分是可选的，有些位图需要调色板，有些位图，比如真彩色图（24 位的 BMP）就不需要调色板。

④ 位图数据，这部分内容根据 BMP 位图使用位数的不同而不同，在 24 位图中直接使用 RGB，而其他小于 24 位的图则使用调色板中的颜色索引值，即图像数据，该数据紧跟在位图头文件、位图信息头和颜色表（如果有颜色表的话）之后，记录图像的每一个像素值。对于有颜色表的位图，其位图数据就是该像素颜色在调色板中的索引值；对于真彩色图，其位图数据就是实际的 R、G、B 值（三个分量的存储顺序是 B、G、R）。

根据 BMP 的结构，可以自定义以下结构体类型，分别是 BMP 信息头 BITMAP-INFOHEADER、BMP 头文件 BITMAPFILEHEADER 和颜色表 REGQUAD。

1. BMP 信息头

程序清单如下。

程序清单 3.2.1　BMP 信息头

```
typedef __packed struct
{
```

```
    UINT32   biSize;          //说明 BITMAPINFOHEADER 结构所需要的字数
    long     biWidth;         //说明图像的宽度,以像素为单位
    long     biHeight;        //说明图像的高度,以像素为单位
    UINT16   biPlanes;        //为目标设备说明位面数,其值将总设为 1
    UINT16   biBitCount;      //说明比特数/像素,其值为 1、4、8、16、24 或 32
    UINT32   biCompression;   //说明图像数据压缩的类型,其值可以是下述值之一:
//BI_RGB:没有压缩;
//BI_RLE8:每个像素有 8 位的 RLE 压缩编码,压缩格式由 2 字节组成(重复像素计数和颜色
//索引);
//BI_RLE4:每个像素有 4 位的 RLE 压缩编码,压缩格式由 2 字节组成;
//BI_BITFIELDS:每个像素的位数由指定的掩码决定
    UINT32 biSizeImage;       //说明图像的大小,以字节为单位。当用 BI_RGB 格式时,可
                              //设置为 0
    long   biXPelsPerMeter;   //说明水平分辨率,用像素/米表示
    long   biYPelsPerMeter;   //说明垂直分辨率,用像素/米表示
    UINT32 biClrUsed;         //说明位图实际使用的颜色表中的颜色索引数
    UINT32 biClrImportant;    //说明对图像显示有重要影响的颜色索引的数目,如果是 0,
                              //则表示都重要
}BITMAPINFOHEADER;
```

2. BMP 头文件

程序清单如下。

程序清单 3.2.2 BMP 头文件

```
typedef __packed struct
{
    UINT16   bfType;          //文件标志.只针对 'BM',用来识别 BMP 位图类型
    UINT32   bfSize;          //文件大小,占 4 字节
    UINT16   bfReserved1;     //保留
    UINT16   bfReserved2;     //保留
    UINT32   bfOffBits;       //从文件开始到位图数据(bitmap data)开始之间的偏移量
}BITMAPFILEHEADER;
```

3. 颜色表

程序清单如下。

程序清单 3.2.3 颜色表

```
typedef __packed struct
```

```
{
    UINT8 rgbBlue;              //指定蓝色强度
    UINT8 rgbGreen;             //指定绿色强度
    UINT8 rgbRed;               //指定红色强度
    UINT8 rgbReserved;          //保留,设置为 0
}RGBQUAD;
```

4. 位图数据

位图数据记录了位图的每一个像素值,记录顺序是:在扫描行内从左到右,在扫描行之间从下到上。位图的一个像素值所占的字节数是:

- 当 biBitCount=1 时,8 个像素占 1 字节;
- 当 biBitCount=4 时,2 个像素占 1 字节;
- 当 biBitCount=8 时,1 个像素占 1 字节;
- 当 biBitCount=16 时,1 个像素占 2 字节;
- 当 biBitCount=24 时,1 个像素占 3 字节;
- 当 biBitCount=32 时,1 个像素占 4 字节。

(1) biBitCount=1

表示位图最多有两种颜色,默认情况下是黑色和白色,也可以自己定义这两种颜色。图像信息头的调色板中将有两个调色板项,称为索引 0 和索引 1。图像数据阵列中的每一位表示一个像素。如果一个位是 0,则显示时就使用索引 0 的 RGB 值;如果一个位是 1,则使用索引 1 的 RGB 值。

(2) biBitCount=16

表示位图最多有 65 536 种颜色。每个像素用 16 位(2 字节)表示,这种格式叫高彩色,或者叫增强型 16 位色,或者叫 64K 色。这种格式的情况比较复杂,当 biCompression 成员的值是 BI_RGB 时,该图像的信息头没有调色板。在 16 位中,最低的 5 位表示蓝色分量,中间的 5 位表示绿色分量,最高的 5 位表示红色分量,一共占用 15 位,最高一位保留,设为 0。这种格式也被称作 555 的 16 位位图。如果 biCompression 成员的值是 BI_BITFIELDS,那么情况就复杂了,首先是原来调色板的位置被三个 DWORD 变量占据,称为红、绿、蓝掩码,分别用于描述红、绿、蓝分量在 16 位中所占的位置。在 Windows 95(或 98)中,系统可接受两种格式的位域:555 和 565。在 555 格式下,红、绿、蓝的掩码分别是 0x7C00、0x03E0、0x001F;而在 565 格式下,它们则分别为 0xF800、0x07E0、0x001F。在读取一个像素之后,可以分别用掩码"与"上像素值,从而提取出想要的颜色分量(当然还要再经过适当的左、右移操作)。在 NT 系统中,则没有格式限制,只不过要求掩码之间不能重叠。(注:这种格式的图像使用起来比较麻烦,不过因为它的显示效果接近于真彩,而图像数据又比真彩图像小得多,所以,它更多地被用于游戏软件。)

第 3 章 位图编解码及内存模块

（3）biBitCount=32

表示位图最多有 4 294 967 296（2 的 32 次方）种颜色。这种位图的结构与 16 位位图结构非常相似，当 biCompression 成员的值是 BI_RGB 时，该图像也没有调色板，32 位中有 24 位用于存放 RGB 值，顺序是：最高位保留，红色 8 位、绿色 8 位、蓝色 8 位。这种格式也被称为 888 的 32 位图。如果 biCompression 成员的值是 BI_BITFIELDS，则原来调色板的位置将被三个 DWORD 变量占据，称为红、绿、蓝掩码，分别用于描述红、绿、蓝分量在 32 位中所占的位置。

在 Windows 95（或 98）中，系统只接受 888 格式，也就是说三个掩码的值只能是 0xFF0000、0xFF00、0xFF。而在 NT 系统中，只要注意使掩码之间不产生重叠即可。（注：这种图像格式比较规整，因为它是 DWORD 对齐的，所以在内存中进行图像处理时可进行汇编级的代码优化（简单）。）

当定义好 BMP 信息头 BITMAPINFOHEADER、BMP 头文件 BITMAPFILEHEADER 和颜色表 REGQUAD 之后，可以再次将它们统一在一起，定义一个新的结构体 BITMAPINFO 去包含它们，代码如下。

程序清单 3.2.4 位图信息

```
typedef __packed struct
{
    BITMAPFILEHEADER bmfHeader;
    BITMAPINFOHEADER bmiHeader;
    UINT32 RGB_MASK[3];                //调色板用于存放 RGB 掩码
    //RGBQUAD bmiColors[256];
}BITMAPINFO;
```

3.3 实 验

3.3.1 位图显示

【实验要求】基于 SmartM-M451 系列开发板：读取 SD 卡位图并通过 LCD 屏显示。

1. 硬件设计

（1）TFT 引脚接口电路

TFT 引脚接口电路如图 3.3.1 所示。TFT 引脚功能描述如表 3.3.1 所列。

第 3 章 位图编解码及内存模块

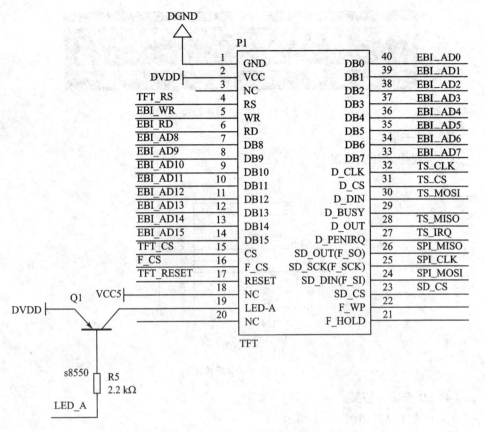

图 3.3.1 TFT 引脚接口电路

表 3.3.1 TFT 引脚功能描述

M4 引脚	TFT 引脚	说 明
PD11	TFT_RS	TFT 命令或数据选择
PD6	TFT_WR	TFT 写数据使能
PD7	TFT_RD	TFT 读数据使能
PA[0:7]	TFT_DB[0:7]	TFT 数据引脚[0:7]
PC[0:7]	TFT_DB[8:15]	TFT 数据引脚[8:15]
PD8	TFT_CS	TFT 片选引脚
PC14	TFT_LED	TFT 背光控制
PF2	TFT_RST	TFT 复位引脚

(2) TFT 引脚接口位置

TFT 引脚接口位置如图 3.3.2 所示。

第3章 位图编解码及内存模块

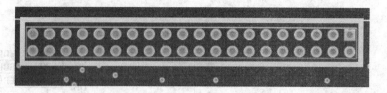

图 3.3.2　TFT 引脚接口位置

(3) SD 卡硬件设计

SD 卡硬件设计图如图 3.3.3 所示。

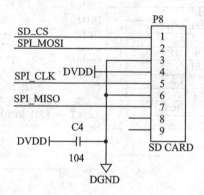

图 3.3.3　SD 卡硬件设计

(4) SD 卡硬件位置

SD 卡硬件位置如图 3.3.4 所示。

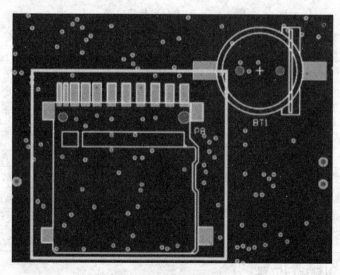

图 3.3.4　SD 卡硬件位置

2. 软件设计

代码位置:\SmartM-M451\代码\进阶\【TFT】【显示 SD 卡 BMP】。

注:关于 LCD 屏与 SD 卡的详细讲解,请阅读书籍《ARM Cortex-M4 微控制器原理与实践》,温子祺等著。

(1) BMP 解码函数

该函数用于位图的解码并同步显示。由于位图文件放在 SD 卡中,所以必须通过调用 FatFS 的相关函数对卡中数据进行读取,如 f_open、f_read、f_lseek。对于 Windows 常用的 16 位位图和 24 位位图,该函数也能进行解释,可通过对读取到的位图头文件信息 biBitCount 来判断,如果 biBitCount=16,则为 16 位位图;如果 biBitCount=24,则为 24 位位图。当读取一个像素之后,可以分别用掩码"与"上像素值,从而提取出想要的颜色分量(当然还要再经过适当的左、右移操作),再通过调用 LcdDrawPoint 函数来显示像素,BMP_Decode 函数如下。

程序清单 3.3.1　位图解码函数

```
UINT8 BMP_Decode(UINT32 x,UINT32 y,CONST UINT8 * pszBmpPath)
{

    UINT32 br;
    UINT8  color_byte;
    UINT16 color;
    UINT8  res;
    UINT8 * pBuf;                    //数据读取存放地址
    UINT16 readlen = 1200;           //一次从 SD 卡读取的字节数

    UINT8 biCompression = 0;         //记录压缩方式

    UINT8 * bmpbuf;                  //数据解码地址
    FIL * fBmp = &g_Fil;

    UINT32 ImgHeight,ImgWidth;


    BITMAPINFO * pbmp;               //临时指针

    pBuf = g_ucBmpReadBuf;

    /* 打开文件 */
    res = f_open(fBmp,pszBmpPath,FA_READ);
```

第 3 章 位图编解码及内存模块

```c
        /* 打开成功 */
        if(res == 0)
        {
            /* 读出 BITMAPINFO 信息 */
            f_read(fBmp,pBuf,sizeof(BITMAPINFO),(UINT32 *)&br);

            /* 得到 BMP 的头部信息 */
            pbmp = (BITMAPINFO *)pBuf;

            /* 彩色位 16/24/32 */
            color_byte = pbmp->bmiHeader.biBitCount/8;

            /* 压缩方式 */
            biCompression = pbmp->bmiHeader.biCompression;

            /* 得到图片高度 */
            ImgHeight = pbmp->bmiHeader.biHeight;

            /* 得到图片宽度 */
            ImgWidth = pbmp->bmiHeader.biWidth;

            /* 位图文件数据偏移 54 字节 */
            f_lseek(fBmp,pbmp->bmfHeader.bfOffBits);

            /* 关闭 LCD 显示 */
            LcdDisplayOn(0);

            /* 设置 LCD 显示从右到左、从上到下 */
            LcdDirectionSet(R2L_T2B);

            /* 设置位图显示的 x、y 起始坐标和显示区域 */
            LcdAddressSet(x,y,x + ImgWidth - 1,y + ImgHeight - 1);

            while(1)
            {
                /* 读出 readlen 字节 */
                f_read(fBmp,pBuf,readlen,&br);

                if(br<readlen)
                {
                    res = 1;
```

```
    }

    bmpbuf = pBuf;

    /* 24位BMP图片 */
    if(color_byte == 3)
    {
        while(br)
        {
            color = ( * bmpbuf ++ )>>3;                          //B
            color += ((UINT16)( * bmpbuf ++ )<<3) & 0X07E0;      //G
            color += (((UINT16) * bmpbuf ++ )<<8) & 0XF800;      //R


            if(br >= 3) br -= 3;
            else br = 0;
        }
    }
    /* 16位BMP图片 */
    else if(color_byte == 2)
    {
        while(br)
        {
            /* RGB:5,5,5 */
            if(biCompression == BI_RGB)
            {
                color = ((UINT16) * bmpbuf&0X1F);                //R
                color += ((((UINT16) * bmpbuf ++ )&0XE0)<<1;     //G
                color += ((UINT16) * bmpbuf ++ )<<9;             //R,G
            }
            /* RGB:5,6,5 */
            else
            {
                color = * bmpbuf ++;                             //G,B
                color += ((UINT16) * bmpbuf ++ )<<8;             //R,G


            }

            if(br >= 2) br -= 2;
            else br = 0;


            LcdWriteData(color);
```

```
                    }
                }
                else
                {
                    f_close(fBmp);

                    break;
                }

                if(res)
                {
                    break;
                }
            }

            f_close(fBmp);
        }
        else
        {
            res = 0;
        }

        res = 1;

        /* 设置 LCD 显示从左到右、从上到下 */
        LcdDirectionSet(L2R_T2B);

        /* 开启 LCD 显示 */
        LcdDisplayOn(1);

        return res;
    }
```

(2) 完整代码

完整代码如下。

程序清单 3.3.2　完整代码

```
#include "SmartM_M4.h"

/*----------------------------------------*/
```

```
/*                      全局变量                      */
/* ------------------------------------------------- */

STATIC FATFS g_fs[2];



/* ------------------------------------------------- */
/*                      函数                          */
/* ------------------------------------------------- */



/*******************************************
* 函数名称:main
* 输入:无
* 输出:无
* 功能:函数主体
*******************************************/
INT32 main(void)
{

    PROTECT_REG
    (
        /* 系统时钟初始化 */
        SYS_Init(PLL_CLOCK);

        /* 串口 0 初始化 */
        UART0_Init(115200);
    )

    /* LCD 初始化 */
    LcdInit(LCD_FONT_IN_FLASH,LCD_DIRECTION_180);


    /* 打开 LCD 背光灯 */
    LCD_BL(0);

    /*   SPI Flash 初始化 */
    while(disk_initialize(FATFS_IN_FLASH))
    {
        printf("spi flash init fail\r\n");
        Delayms(500);
    }
```

```c
    /*    挂载 SPI Flash    */
    f_mount(FATFS_IN_FLASH,&g_fs[0]);

    /*    SD 初始化 */
    while(disk_initialize(FATFS_IN_SD))
    {
        printf("sd init fail\r\n");
        Delayms(500);
    }

    /*    挂载 SD */
    f_mount(FATFS_IN_SD,&g_fs[1]);

    LcdCleanScreen(WHITE);
    LcdFill(0,0,LCD_WIDTH-1,20,RED);
    LcdShowString(80,3,"位图显示",YELLOW,RED);

    while(1)
    {
        /* 显示 SD 卡 Picture 目录中的 1.bmp */
        BMP_Decode(0,0,"1:/Picture/1.bmp");
        Delayms(1000);

        /* 显示 SD 卡 Picture 目录中的 2.bmp */
        BMP_Decode(0,0,"1:/Picture/2.bmp");
        Delayms(1000);

        /* 显示 SD 卡 Picture 目录中的 3.bmp */
        BMP_Decode(0,0,"1:/Picture/3.bmp");
        Delayms(1000);
    }
}
```

(3) 代码分析

代码分析如下：

① 调用 BMP_Decode 函数进行位图显示，显示的起始坐标为(0,0)，图片是存储在 SD 卡中的/Picture/1.bmp。

② 调用 BMP_Decode 函数进行位图显示，显示的起始坐标为(0,0)，图片是存储在 SD 卡中的/Picture/2.bmp。

③ 调用 BMP_Decode 函数进行位图显示，显示的起始坐标为(0,0)，图片是存储在 SD 卡中的/Picture/3.bmp。

3. 下载验证

通过 NuLink 仿真下载器将程序下载到 SmartM-M451 旗舰板上后，可观察到 TFT 屏每隔 1 s 循环播放图片 1.bmp～3.bmp，如图 3.3.5～图 3.3.7 所示。

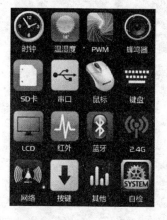 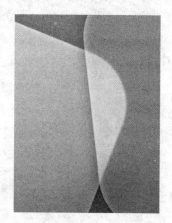 

图 3.3.5　图片 1.bmp　　　　图 3.3.6　图片 2.bmp　　　　图 3.3.7　图片 3.bmp

3.3.2　屏幕截图

【实验要求】基于 SmartM-M451 系列开发板：将触摸描点实验显示的像素点保存为位图并存储到 SD 卡中。

1. 硬件设计

参考"3.3.1　位图显示"章节的硬件设计内容。

2. 软件设计

代码位置：\SmartM-M451\代码\进阶\【TFT】【屏幕截图】。

(1) 颜色转换

RGB 三色空间在 Windows 下的颜色阵列存储格式其实是 BGR，也就是说，对于 RGB 位图，其像素数据格式如图 3.3.8 所示。

蓝色	绿色	红色

图 3.3.8　BGR 格式

而从 TFT 屏幕读取的像素点的格式却为 RGB，因此在存储为位图时必须先将 RGB 格式的像素点转换为 BGR 格式的像素点，以适合 Windows 位图文件的存储与

第 3 章 位图编解码及内存模块

显示,格式转换代码如下。

程序清单 3.3.3　RGB 转 BGR 函数

```
/*******************************************
* 函数名称:RGB2BGR
* 输入:RGB      -BGR 颜色
* 输出:无
* 功能:RGB 转 BGR 格式
*******************************************/
UINT16 RGB2BGR(UINT16 bgr)
{
    UINT16   r,g,b,rgb;

    /* 蓝色数据获取 5 位 */
    b = (bgr>>0) & 0x1f;

    /* 绿色数据获取 6 位 */
    g = (bgr>>5) & 0x3f;

    /* 红色数据获取 5 位 */
    r = (bgr>>11) & 0x1f;

    /* 重新将颜色数据进行排序 */
    rgb = (b<<11) + (g<<5) + (r<<0);

    return(rgb);
}
```

(2) 获取屏幕像素点

获取 TFT 屏幕数据的方法可以参考《ARM Cortex-M4 微控制器原理与实践》的 20.3.1 小节中的"图 20.3.4　I80 接口读数据时序",在此不再赘述。当前获取像素点的 RGB 数据与获取 TFT 屏幕的 ID 信息基本一样,其流程如图 3.3.9 所示。

根据图 3.3.9,在向 LCD 传送坐标后,接着发送读显存命令(0x2E),执行一次假读(Dummy Read)操作,再执行读图像数据(Image Data)操作,这次获取的数据才是所要得到的像素点颜色值,而且必须连续读 3 次,详细代码如下。

第3章 位图编解码及内存模块

图 3.3.9 获取屏幕像素点

程序清单 3.3.4 LcdReadPoint 函数

```
/*******************************************
* 函数名称:LcdReadPoint
* 输入:x    -横坐标
      y    -纵坐标
* 输出：  返回颜色值
* 功能:读取 LCD 某一坐标的颜色
*******************************************/
UINT16  LcdReadPoint(UINT16 x,UINT16 y)
{

    UINT16 r,g,b;
    UINT16 Lcd_x = x,Lcd_y = y;

    /* 检测屏幕是否翻转 180 度 */
    if(g_unLcdDirection == LCD_DIRECTION_180)
    {
        Lcd_x = LCD_WIDTH - x - 1;
        Lcd_y = LCD_HEIGHT - y - 1;
    }


    LcdWriteCmd(0x002A);
    /* 设置 x 坐标起始地址 */
    LcdWriteData((UINT8)(Lcd_x>>8));
    LcdWriteData((UINT8) Lcd_x);

    /* 设置 x 坐标结束地址 */
```

```c
    LcdWriteData((UINT8)(Lcd_x>>8));
    LcdWriteData((UINT8) Lcd_x);


    LcdWriteCmd(0x002B);
    /* 设置 y 坐标起始地址 */
    LcdWriteData((UINT8)(Lcd_y>>8));
    LcdWriteData((UINT8) Lcd_y);
    /* 设置 y 坐标结束地址 */
    LcdWriteData((UINT8)(Lcd_y>>8));
    LcdWriteData((UINT8) Lcd_y);

    /* 准备向显存进行读操作 */
    LcdWriteCmd(0x002E);
#if     EBI_ENABLE
    /* 第一次为假读,该数据无效 */
    LcdReadData();

    /* 第二次为有效的 RG 数据的值,R 在前、G 在后,各占 8 位 */
    r = LcdReadData();
    g = r & 0xFF;
    g = g<<8;
    /* 第三次为有效的 B 数据的值 */
    b = LcdReadData();
#else
    /* 设置 16 位 PA[0:7]和 PC[0:7]为输出模式 */
    GPIO_SetMode(PA,BYTE0_Msk,GPIO_MODE_INPUT);
    GPIO_SetMode(PC,BYTE0_Msk,GPIO_MODE_INPUT);
    LCD_WR(1);
    LCD_RS(1);

    /* 第一次为假读,该数据无效 */
    LCD_RD(0);Delayus(10);
    LCD_RD(1);Delayus(10);

    LCD_RD(0);Delayus(10);
    LCD_RD(1);Delayus(10);

    r = (_GET_BYTE0(GPIO_GET_IN_DATA(PC))<<8)|(_GET_BYTE0(GPIO_GET_IN_DATA(PA)));

    /* 设置 16 位 PA[0:7]和 PC[0:7]为输出模式 */
    GPIO_SetMode(PA,BYTE0_Msk,GPIO_MODE_OUTPUT);
```

```
    GPIO_SetMode(PC,BYTE0_Msk,GPIO_MODE_OUTPUT);
#endif
    /* 普通 LCD 采用 RGB2BGR */
    //return RGB2BGR(r);

    /* ILI9341 采用以下转换 */
    return (((r>>11)<<11)|((g>>10)<<5)|(b>>11));
}
```

(3) 位图编码函数

关于位图的编码,只要将当前位图的头部数据、颜色数据准确写入文件中即可,详细位图的结构信息请参阅书籍《ARM Cortex-M4 微控制器原理与实践》的 31.2 节。代码的编写必须严格按照头部数据的格式进行,代码如下。

程序清单 3.3.5　位图编码函数

```
/************************************************
* 函数名称:BMP_Code
* 输入:szPath      - 保存的文件名路径
      x           - 保存位置的起始横坐标
      y           - 保存位置的起始纵坐标
      width       - 图片宽度
      height      - 图片高度
* 输出:    1       - 成功
          0       - 失败
* 功能:位图编码
************************************************/
UINT8 BMP_Code(CONST CHAR * szPath,UINT16 x,UINT16 y,UINT16 width,UINT16 height)
{
    FIL          * f_bmp;
    UINT16       usBmpHeadSize;          //bmp 头大小
    BITMAPINFO   StBmpInfo;              //bmp 头
    UINT8        res = 0;
    UINT16       tx,ty;                  //图像尺寸
    UINT16       * pBuf;                 //数据缓存区地址
    UINT16       pixcnt;                 //像素计数器
    UINT16       bi4width;               //水平像素字节数
    UINT32       bw;

    pBuf = (UINT16 *)g_ucBmpReadBuf;
    f_bmp = &g_Fil;

    /* 得到 bmp 文件头的大小 */
```

```c
usBmpHeadSize = sizeof(StBmpInfo);

/* 清零 */
memset((UINT8 *) &StBmpInfo,0,sizeof(StBmpInfo));

/* 信息头大小 */
StBmpInfo.bmiHeader.biSize = sizeof(BITMAPINFOHEADER);

/* bmp 的宽度 */
StBmpInfo.bmiHeader.biWidth = width;

/* bmp 的高度 */
StBmpInfo.bmiHeader.biHeight = height;

/* 恒为 1 */
StBmpInfo.bmiHeader.biPlanes = 1;

/* bmp 为 16 位色 */
StBmpInfo.bmiHeader.biBitCount = 16;

/* 每个像素的位值由指定的掩码决定 */
StBmpInfo.bmiHeader.biCompression = BI_BITFIELDS;

/* bmp 数据区大小 */
StBmpInfo.bmiHeader.biSizeImage = StBmpInfo.bmiHeader.biHeight *
StBmpInfo.bmiHeader.biWidth *
StBmpInfo.bmiHeader.biBitCount/8;

/* bmp 格式标志 */
StBmpInfo.bmfHeader.bfType = ((UINT16)'M'<<8) + 'B';

/* 整个 bmp 的大小 */
StBmpInfo.bmfHeader.bfSize = usBmpHeadSize + StBmpInfo.bmiHeader.biSizeImage;

/* 文件头到数据区的偏移 */
StBmpInfo.bmfHeader.bfOffBits = usBmpHeadSize;

/* 红色掩码 */
StBmpInfo.RGB_MASK[0] = 0X00F800;

/* 绿色掩码 */
StBmpInfo.RGB_MASK[1] = 0X0007E0;
```

```c
/* 蓝色掩码 */
StBmpInfo.RGB_MASK[2] = 0X00001F;

/* 尝试打开之前的文件 */
res = f_open(f_bmp,(const TCHAR *)szPath,FA_WRITE|FA_CREATE_ALWAYS);

/* 由于 Windows 在进行行扫描时的最小单位为 4 字节,所以当图片宽乘以每个像素的
   字节数不等于 4 的整数倍时,要在每行的后面补上缺少的字节,以 0 填充(一般来说
   当图像宽度为 2 的幂时不需要对齐)。位图文件里的数据在写入时已经进行了行对
   齐,也就是说在加载位图数据时不需要再做行对齐。但是这样一来,图片数据的长度
   就不是宽×高×每个像素的字节数了。
*/
if((StBmpInfo.bmiHeader.biWidth * 2) % 4)
{
    /* 实际要写入的宽度像素数,必须为 4 的倍数 */
    bi4width = ((StBmpInfo.bmiHeader.biWidth * 2)/4 + 1) * 4;
}
else
{
    /* 刚好为 4 的倍数    */
    bi4width = StBmpInfo.bmiHeader.biWidth * 2;
}

/* 检查文件是否创建成功 */
if(res == FR_OK)
{
    /* 写入 bmp 首部 */
    res = f_write(f_bmp,(UINT8 *) &StBmpInfo,usBmpHeadSize,&bw);

    /* 保存像素点时 EBI 总线要降速,否则读取数据不正确 */
    EBI_Open(EBI_BANK0,EBI_BUSWIDTH_16BIT,EBI_TIMING_NORMAL,0,EBI_CS_ACTIVE_LOW);

    for(ty = y;StBmpInfo.bmiHeader.biHeight && ty<height;ty++)
    {
        pixcnt = 0;

        for(tx = x + width - 1;pixcnt! = (bi4width/2);)
        {
            if(pixcnt<StBmpInfo.bmiHeader.biWidth)
            {
                /* 读取坐标点的值 */
```

```
                        pBuf[pixcnt] = LcdReadPoint(tx,ty);
                }
                else
                {
                        /* 补充白色的像素 */
                        pBuf[pixcnt] = 0Xffff;


                }
                pixcnt ++;
                tx --;
        }

        StBmpInfo.bmiHeader.biHeight --;

        /* 写入数据 */
        res = f_write(f_bmp,(UINT8 *)pBuf,bi4width,&bw);
    }

    /* 设置 EBI Bank0 速度为快速 */
    EBI_Open(EBI_BANK0,EBI_BUSWIDTH_16BIT,EBI_TIMING_FAST,0,EBI_CS_ACTIVE_LOW);

    f_close(f_bmp);
}
else
{
    return 0;
}

return 1;
}
```

(4) 完整代码

屏幕截图的完整代码如下。

程序清单 3.3.6 完整代码

```
#include "SmartM_M4.h"


/*---------------------------------------*/
/*               全局变量                 */
/*---------------------------------------*/


#define EN_SCREEN_SHOT         1
```

```
STATIC FATFS g_fs[2];



/* ---------------------------------------- */
/*                   函数                    */
/* ---------------------------------------- */
/*******************************************
* 函数名称:LcdTouchPoint
* 输入:无
* 输出:无
* 功能:获取屏幕触摸
*******************************************/
VOID LcdTouchPoint(VOID)
{
    UINT32 i;

    PIX Pix;      //当前触控坐标的取样值

    i = 0;

    while(i<3000)
    {
        if(XPT_IRQ_PIN() == 0)
        {
            i = 0;

            if(XPTPixGet(&Pix) == TRUE)
            {
                Pix = XPTPixConvertToLcdPix(Pix);

                if(LcdGetDirection() == LCD_DIRECTION_180)
                {
                    Pix.x = LCD_WIDTH - Pix.x;
                    Pix.y = LCD_HEIGHT - Pix.y;
                }

                /*   绘制触摸点  */
                LcdDrawBigPoint(Pix.x,Pix.y,BLUE);
            }
```

```c
            }

        i++;
        Delayms(1);

#if EN_SCREEN_SHOT
        /* 检查 KEY2 键是否被按下,进行屏幕截图 */
        if(PE8 == 0)
        {
            /* 屏幕截图操作 */
            BMP_Code("1:/cap.bmp",0,0,240,320);

            /* 显示当前屏幕截图成功 */
            LcdFill(0,0,LCD_WIDTH-1,20,BLUE);
            LcdShowString(80,3,"屏幕截图成功",YELLOW,BLUE);

            Delayms(1000);

            /* 恢复显示正常的标题 */
            LcdFill(0,0,LCD_WIDTH-1,20,RED);
            LcdShowString(35,3,"TFT屏触摸描点+屏幕截图",YELLOW,RED);
        }
#endif
    }

    LcdCleanScreen(WHITE);
    LcdFill(0,0,LCD_WIDTH-1,20,RED);
    LcdShowString(35,3,"TFT屏触摸描点+屏幕截图",YELLOW,RED);
}


/*********************************************
* 函数名称:main
* 输入:无
* 输出:无
* 功能:函数主体
*********************************************/
INT32 main(void)
{
```

```
PROTECT_REG
(
    /*    系统时钟初始化 */
    SYS_Init(PLL_CLOCK);

    /*    串口初始化 */
    UART0_Init(115200);
)

SPI0_CS_PIN_RST();

/*    LED 初始化 */
LedInit();

/*    LCD 初始化 */
while(FALSE == LcdInit(LCD_FONT_IN_FLASH,LCD_DIRECTION_180))
{
    Led1(1);Led2(1);Led3(1);Delayms(500);
    Led1(0);Led2(0);Led3(0);Delayms(500);

}

/*    使能 LCD 背光 */
LCD_BL(0);

/*    LCD 屏显示白色 */
LcdCleanScreen(WHITE);

/*    XPT2046 初始化 */
XPTSpiInit();

/*    SPI Flash 初始化 */
while(disk_initialize(FATFS_IN_FLASH))
{
    Led1(1);Delayms(500);
    Led1(0);Delayms(500);
}

/*    SD 卡初始化 */
```

第3章 位图编解码及内存模块

```
    while(disk_initialize(FATFS_IN_SD))
    {
        Led2(1);Delayms(500);
        Led2(0);Delayms(500);
    }

    /*   挂载 SPI Flash 和 SD 卡 */
    f_mount(0,&g_fs[0]);
    f_mount(1,&g_fs[1]);


    /*   显示标题 */
    LcdFill(0,0,LCD_WIDTH-1,20,RED);
    LcdShowString(40,3,"屏幕截图实验[请触摸屏幕]",YELLOW,RED);
    LcdShowString(40,140,"按下 KEY1 屏幕截图",RED,WHITE);
    Delayms(1000);
    Delayms(1000);
    LcdCleanScreen(WHITE);

#if EN_SCREEN_SHOT
    /*   PD2 引脚初始化为输入模式,用于屏幕截图 */
    GPIO_SetMode(PD,BIT2,GPIO_MODE_INPUT);
#endif



    while(1)
    {
        /*   检测触摸操作 */
        if(XPT_IRQ_PIN()==0)
        {
            LcdTouchPoint();
        }
    }
}
```

(5) 代码分析

当前代码只需在之前的"触摸描点实验"中添加截图操作即可。主动截图操作必须使用按键进行截图的动作,并保存到 SD 卡中,该截图动作放在 LcdTouchPoint 函数内即可。

3. 下载验证

通过 SM-NuLink 仿真下载器将程序下载到 SmartM-M451 旗舰板上后,用手指在触摸屏上滑动,能够实时绘制出当前的点和显示当前的坐标值,例如当前绘制的是"M451"文字,同时按下按键 1 保存屏幕截图到 SD 卡中,屏幕截图如图 3.3.10 所示。

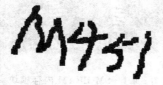

图 3.3.10　屏幕截图

3.4　内存模块

很多 ARM Cortex-M 芯片的内存大小往往不会达到 MB 级别,这导致在一些关键场合不能使用更大的缓存来提高程序执行的效率,例如 3.3.1 小节中的位图显示,每次显示的位图都来源于 SD 卡或其他存储介质,而访问 SD 卡的 SPI 速度只有 9 MHz,致使读取图片时需要从 FAT 文件系统多次读取而耗费很多时间,影响显示速度。为了解决这一难题,可以通过 EBI 接口为 M4 芯片挂载外置内存,就像给计算机增加内存条一样。当前外置内存可以使用 SM-ERAM 内存模块,如图 3.4.1 所示。

3.4.1　模块设计

如图 3.4.1 所示,内存模块由 SRAM 芯片 IS61WV51216BLL 和两片锁存器 74HC373 芯片构成。内存模块原理图如图 3.4.2 所示。

IS61WV512BLL 的 A0～A18 为地址引脚,I/O0～I/O15 为数据引脚,右下角部分的引脚为片选、读/写使能引脚,这也说明驱动 SRAM 芯片和驱动 TFT 屏都使用 EBI 接口。介绍 EBI 功能的更详细内容请参阅书籍《ARM Cortex-M4 微控制器原

第3章 位图编解码及内存模块

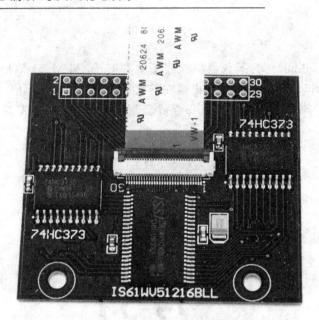

图 3.4.1 SM-ERAM 内存模块

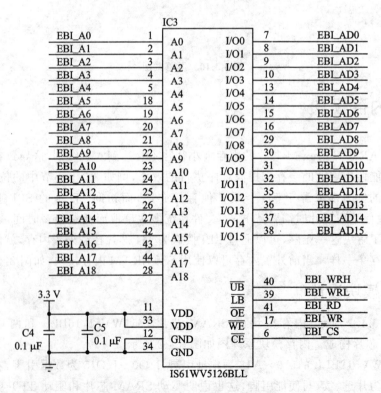

图 3.4.2 IS61WV512BLL 芯片电路

理与实践》的第 20 章。当使用 EBI 接口驱动外部器件时,16 位数据宽度的时序控制波形如图 3.4.3 所示。

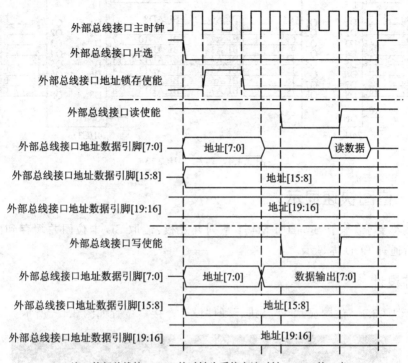

注：外部总线接口(EBI)的时钟为系统高速时钟(HCLK)的一半，
并可由外部总线接口控制寄存器(EBI_CTLx)进行配置。

图 3.4.3　16 位数据宽度的时序控制波形

图 3.4.3 是一个设置 16 位数据宽度的例子。在该例中，EBI_AD 总线用作地址 [19:0] 和数据 [15:0]。当 EBI_ALE 置高时，EBI_AD 为地址输出。在地址锁存后，EBI_ALE 置低并在读取访问操作时，EBI_AD 总线转换成高阻以等待设备输出数据，或者用于写数据输出。

由于驱动 TFT 屏可以使用如图 3.4.3 所示的驱动方式，所以步骤为先地址后数据。但是驱动 SRAM 芯片要求实现地址接口(A0～A18)与数据接口(I/O0～I/O15)的引脚数据同时有效，解决这一问题的办法就是为 SRAM 芯片添加两片 74HC373 锁存器，如图 3.4.4 所示。

74HC373 为三态输出的八数据 D 透明锁存器，当 $\overline{OE}$ 引脚为低电平时，Q1～Q7 引脚为正常逻辑状态，可以用来驱动负载或总线。当锁存允许端 LE 为高电平时，Q 随数据 D 而变；当 LE 为低电平时，Q 被锁存在已建立的数据电平上。结合图 3.4.3，当 EBI_ALE 引脚为高电平时，M4 输出的是地址值；当 EBI_ALE 为低电平时，M4 输出或输入的是数据值。

综上所述，两片 74HC373 的 D1～D8 引脚必须连接 SRAM 的数据引脚，Q1～Q8 必须连接 SRAM 的地址引脚。

第3章 位图编解码及内存模块

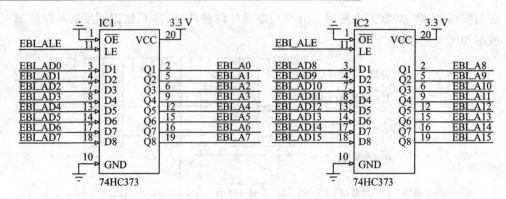

图 3.4.4 两片 74HC373

3.4.2 位图快速显示

【实验要求】基于 SmartM-M451 系列开发板：读取 SD 卡位图并缓存到内存模块，然后通过 LCD 屏显示。

1. 硬件设计

参考"3.3.1 位图显示"小节进行硬件设计。接口位置如图 3.4.5 所示。

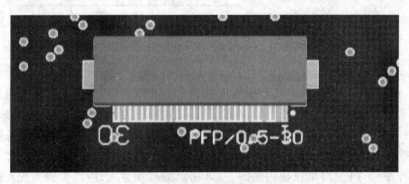

图 3.4.5 内存模块接到开发板排线的位置

2. 软件设计

代码位置：\SmartM-M451\代码\进阶\【TFT】【显示位图】【内存模块】。

(1) EBI 的 Bank1 初始化

可通过书籍《ARM Cortex-M4 微控制器原理与实践》第 20 章了解 EBI 接口的使用方法。

EBI 映射地址的分布为 0x6000_0000～0x601F_FFFF，内存空间共 2 MB。当系统的请求地址位于 EBI 的内存空间内时，相应的 EBI 芯片选择信号有效，EBI 状态机工作，不同的片选信号对应的地址映射如表 3.4.1 所列。

第 3 章 位图编解码及内存模块

表 3.4.1 片选信号对应的地址映射

片选信号	地址映射
EBI_nCS0	0x6000_0000～0x600F_FFFF
EBI_nCS1	0x6010_0000～0x601F_FFFF

为了映射整个 EBI 内存空间，8 位数据宽度的设备需 20 位地址宽度，16 位数据宽度的设备需 19 位地址宽度。对于输出小于 20 位地址的设备，EBI 将设备映射到镜像空间。例如，对于一个 18 位地址的 EBI 设备，EBI 将同时将外设（Bank0/EBI_nCS0）映射到 0x6000_0000～0x6003_FFFF、0x6004_0000～0x6007_FFFF、0x6008_0000～0x600B_FFFF 和 0x600C_0000～0x600F_FFFF 上。

由于 EBI 的 Bank0 已经被 TFT 屏占用，因此内存模块的驱动接口只能使用 EBI 的 Bank1。地址映射对应的空间为 0x6010_0000～0x601F_FFFF，声明 3 个大容量缓冲区映射到 EBI 的 Bank1 空间的代码如程序清单 3.4.1 所列，EBI 的 Bank1 初始化如程序清单 3.4.2 所列。

程序清单 3.4.1 声明 3 个大容量缓冲区

```
STATIC UINT8    g_ucEramBmpBuf1[240000] __attribute__((at(0x60100000UL)));
STATIC UINT8    g_ucEramBmpBuf2[240000] __attribute__((at(0x60100000UL + 240000)));
STATIC UINT8    g_ucEramBmpBuf3[240000] __attribute__((at(0x60100000UL + 240000 * 2)));
```

程序清单 3.4.2 外部 RAM 初始化

```
VOID ERAM_Init(VOID)
{
    PROTECT_REG
    (
        CLK_EnableModuleClock(EBI_MODULE);
    )

    /* EBI AD0～7 pins on PA.0～7 */
    SYS->GPA_MFPL &= ~(SYS_GPA_MFPL_PA0MFP_Msk | SYS_GPA_MFPL_PA1MFP_Msk | SYS_GPA_MFPL_PA2MFP_Msk | SYS_GPA_MFPL_PA3MFP_Msk | SYS_GPA_MFPL_PA4MFP_Msk | SYS_GPA_MFPL_PA5MFP_Msk | SYS_GPA_MFPL_PA6MFP_Msk | SYS_GPA_MFPL_PA7MFP_Msk);

    SYS->GPA_MFPL |= SYS_GPA_MFPL_PA0MFP_EBI_AD0 | SYS_GPA_MFPL_PA1MFP_EBI_AD1 | SYS_GPA_MFPL_PA2MFP_EBI_AD2 | SYS_GPA_MFPL_PA3MFP_EBI_AD3 | SYS_GPA_MFPL_PA4MFP_EBI_AD4 | SYS_GPA_MFPL_PA5MFP_EBI_AD5 | SYS_GPA_MFPL_PA6MFP_EBI_AD6 | SYS_GPA_MFPL_PA7MFP_EBI_AD7;

    /* EBI AD8～15 pins on PC.0～7 */
```

```
    SYS ->GPC_MFPL & = ~(SYS_GPC_MFPL_PC0MFP_Msk | SYS_GPC_MFPL_PC1MFP_Msk | SYS_GPC_
MFPL_PC2MFP_Msk | SYS_GPC_MFPL_PC3MFP_Msk | SYS_GPC_MFPL_PC4MFP_Msk | SYS_GPC_MFPL_PC5MFP_
Msk | SYS_GPC_MFPL_PC6MFP_Msk | SYS_GPC_MFPL_PC7MFP_Msk);
    SYS ->GPC_MFPL |= SYS_GPC_MFPL_PC0MFP_EBI_AD8 | SYS_GPC_MFPL_PC1MFP_EBI_AD9 | SYS_GPC
_MFPL_PC2MFP_EBI_AD10 | SYS_GPC_MFPL_PC3MFP_EBI_AD11 | SYS_GPC_MFPL_PC4MFP_EBI_AD12 | SYS
_GPC_MFPL_PC5MFP_EBI_AD13 | SYS_GPC_MFPL_PC6MFP_EBI_AD14 | SYS_GPC_MFPL_PC7MFP_EBI_
AD15;

    /* EBI AD16~19 pins on PD.12~15 */
    SYS ->GPD_MFPH & = ~(SYS_GPD_MFPH_PD12MFP_Msk | SYS_GPD_MFPH_PD13MFP_Msk | SYS_
GPD_MFPH_PD14MFP_Msk | SYS_GPD_MFPH_PD15MFP_Msk);

    SYS ->GPD_MFPH | = SYS_GPD_MFPH_PD12MFP_EBI_ADR16 | SYS_GPD_MFPH_PD13MFP_EBI_
ADR17 | SYS_GPD_MFPH_PD14MFP_EBI_ADR18 | SYS_GPD_MFPH_PD15MFP_EBI_ADR19;

    /* EBI nWR and nRD pins on PD.6 and PD.7 */
    SYS ->GPD_MFPL & = ~(SYS_GPD_MFPL_PD6MFP_Msk | SYS_GPD_MFPL_PD7MFP_Msk);
    SYS ->GPD_MFPL |= SYS_GPD_MFPL_PD6MFP_EBI_nWR | SYS_GPD_MFPL_PD7MFP_EBI_nRD;

    /* EBI nWRL and nWRH pins on PB.0 and PB.1 */
    SYS ->GPB_MFPL & = ~(SYS_GPB_MFPL_PB0MFP_Msk | SYS_GPB_MFPL_PB1MFP_Msk);
    SYS ->GPB_MFPL |= SYS_GPB_MFPL_PB0MFP_EBI_nWRL | SYS_GPB_MFPL_PB1MFP_EBI_nWRH;

    /* EBI nCS1 pin on PE.0 */
    SYS ->GPE_MFPL & = ~(SYS_GPE_MFPL_PE0MFP_Msk);
    SYS ->GPE_MFPL |= SYS_GPE_MFPL_PE0MFP_EBI_nCS1;

    /* EBI ALE pin on PD.9 */
    SYS ->GPD_MFPH & = ~(SYS_GPD_MFPH_PD9MFP_Msk);
    SYS ->GPD_MFPH |= SYS_GPD_MFPH_PD9MFP_EBI_ALE;

    /* EBI MCLK pin on PD.3 */
    SYS ->GPD_MFPL & = ~(SYS_GPD_MFPL_PD3MFP_Msk);
    SYS ->GPD_MFPL |= SYS_GPD_MFPL_PD3MFP_EBI_MCLK;

    /* 初始化 EBI 的 Bank1 用于访问外部 SRAM,16 位数据宽度,
       EBI 时钟为 HCLK 的 2 分频,EBI 的片选有效电平为低电平
    */
    EBI_Open(  EBI_BANK1,
               EBI_BUSWIDTH_16BIT,
```

```
                    EBI_TIMING_NORMAL,
                    0,
                    EBI_CS_ACTIVE_LOW);
}
```

(2) 加载位图到内存模块缓冲区

加载位图到内存模块缓冲区的代码如下。

程序清单 3.4.3 加载图片到缓冲区

```
UINT8 BMP_Load_To_ERAM(UINT8 * pszPath,UINT8 * pBuf)
{
    FIL     fBmp;

    UINT8   rt;

    UINT8   * pBmp = pBuf;

    UINT32 br;

    /* 打开文件 */
    rt = f_open(&fBmp,pszPath,FA_READ);

    if(rt != FR_OK)
    {
        printf("[BMP_Load_To_ERAM][ERROR]:open bmp fail\r\n");

        return 1;
    }


    /*  将整个文件复制到内存 */
    f_read(&fBmp,pBmp,fBmp.fsize,(UINT32 *)&br);


    if(br != fBmp.fsize)
    {
        printf("[BMP_Load_To_ERAM][ERROR]:Read bmp to eram fail\r\n");

        return 2;
    }
```

第 3 章 位图编解码及内存模块

```
    /*    关闭文件 */
    f_close(&fBmp);

    return 0;
}
```

(3) 从缓冲区执行位图解码

从缓冲区执行位图解码的代码如下。

程序清单 3.4.4 从缓冲区执行位图解码

```
UINT8 BMP_Decode_With_ERAM(UINT32 x,UINT32 y,UINT8 * pBuf)
{
    UINT32   unImageHeight,unImageWidth,unBitCount;
    UINT8    ucBiCompression = 0;
    UINT8    * pBmp = pBuf;
    UINT32   unColor;
    UINT32   br;

    if(pBmp == NULL)
    {
        printf("[BMP_Decode_With_ERAM][ERROR]:ERAM is null\r\n");

        return 1;
    }

    unImageHeight   = ((BITMAPINFO * )pBmp)->bmiHeader.biHeight;
    unImageWidth    = ((BITMAPINFO * )pBmp)->bmiHeader.biWidth;
    unBitCount      = ((BITMAPINFO * )pBmp)->bmiHeader.biBitCount;
    ucBiCompression = ((BITMAPINFO * )pBmp)->bmiHeader.biCompression;

    /* 偏移 54 字节,指向位图 RGB 区域 */
    pBmp += 54;

    /*    篇幅限制,剩余部分代码与 BMP_Decode 一样,在此省略 */
    ...

    return 0;
}
```

(4) 主函数

主函数代码如下。

程序清单 3.4.5 main 函数

```c
/***********************************
* 函数名称:main
* 输入:无
* 输出:无
* 功能:函数主体
***********************************/
int32_t main(void)
{

    PROTECT_REG
    (
    /* 系统时钟初始化 */
    SYS_Init(PLL_CLOCK);

    /* 串口初始化 */
    UART0_Init(115200);
    )
    /* LCD 初始化 */
    LcdInit(LCD_FONT_IN_FLASH,LCD_DIRECTION_180);
    LCD_BL(0);
    LcdCleanScreen(BLUE);

    while(disk_initialize(FATFS_IN_FLASH))
    {
        Led1(1);Delayms(500);
        Led1(0);Delayms(500);
    }

    /* SD 卡初始化 */
    while(disk_initialize(FATFS_IN_SD))
    {
        Led2(1);Delayms(500);
        Led2(0);Delayms(500);
    }

    /* 挂载 SPI Flash */
    f_mount(0,&g_fs[0]);

    /* 挂载 SD 卡 */
    f_mount(1,&g_fs[1]);
```

```
        Delayms(1000);

        /*    外部内存初始化 */
        ERAM_Init();

        BMP_Load_To_ERAM("1:/Picture/1.bmp",g_ucEramBmpBuf1);
        BMP_Load_To_ERAM("1:/Picture/2.bmp",g_ucEramBmpBuf2);
        BMP_Load_To_ERAM("1:/Picture/3.bmp",g_ucEramBmpBuf3);

        printf("BMP decode with eram test\r\n");

        while(1)
        {
            /*   显示 1.bmp */
            BMP_Decode_With_ERAM(0,0,g_ucEramBmpBuf1);

            /*   显示 2.bmp */
            BMP_Decode_With_ERAM(0,0,g_ucEramBmpBuf2);

            /*   显示 3.bmp */
            BMP_Decode_With_ERAM(0,0,g_ucEramBmpBuf3);
        }
    }
```

3. 下载验证

通过 NuLink 仿真下载器将程序下载到 SmartM-M451 旗舰板上后，观察到 TFT 屏每隔 0.2 s 循环播放图片 1.bmp～3.bmp，如图 3.3.5～图 3.3.7 所示，这个显示过程极为迅速，整个显示过程读者可以自行测试。

第 4 章

JPEG 解码

4.1 简 介

JPEG(发音为 jay-peg)是一种针对相片图像而广泛使用的有损压缩的标准方法,该名称全称是 Joint Photographic Experts Group(联合图像专家小组)。此团队创立于 1986 年,1992 年发布了 JPEG 的标准,并在 1994 年获得了 ISO 10918 - 1 的认定。使用 JPEG 格式压缩的图片文件一般也称为 JPEG File,最普遍使用的扩展名格式为.jpg,如图 4.1.1 所示。

图 4.1.1　JPEG 图片

1. 功　能

虽然可以提高或降低 JPEG 文件压缩的级别,但是,文件大小是以牺牲图像质量为代价的,压缩比率可以高达 100∶1(JPEG 格式可在 10∶1 到 20∶1 的比率下轻松地压缩文件而使图片质量不下降)。JPEG 压缩可以很好地处理写实摄影作品。但是,对于颜色较少、对比度强烈、实心边框或纯色区域大的较简单的作品,JPEG 压缩无法提供理想的结果。有时,压缩比率会低至 5∶1,严重损失图片的完整性。这一损失产生的原因是,JPEG 压缩方案可以很好地压缩类似的色调,但是不能很好地处理亮度的强烈差异或纯色区域。

2. 优　点

摄影作品或写实作品支持高级压缩,利用可变的压缩比可以控制文件的大小。支持交错(对于渐近式 JPEG 文件),广泛支持 Internet 标准。

由于 JPEG 图片体积小,所以它在万维网中被用来存储和传输照片的格式。

3. 缺　点

有损耗压缩会使原始图片的质量下降。当编辑和重新保存一个 JPEG 文件时,JPEG 会降低原始图片的质量,质量下降后的图片如图 4.1.2 所示。这种下降是累积性的。JPEG 不适于所含颜色很少、具有大块颜色相近的区域或亮度差异十分明显的较简单的图片。

4. 相关格式

JPEG 格式又可分为标准 JPEG、渐进式 JPEG 及 JPEG2000 三种格式：

图 4.1.2　JPEG 图片

(1) 标准 JPEG 格式

当从网页下载此格式的图片时，只能由上而下依序显示图片，直到图片资料全部下载完毕才能看到全貌。

(2) 渐进式 JPEG 格式

渐进式 JPEG 格式为标准 JPEG 格式的改良格式，当从网页下载此格式的图时，先呈现图片的粗略外观，之后再慢慢呈现完整的内容（就像 GIF 格式的交错显示），而且保存成渐进式 JPEG 格式的档案比保存成标准 JPEG 格式的档案要小，所以如果要在网页上使用图片，常使用这种格式。

(3) JPEG2000 格式

这是新一代的影像压缩方法，压缩品质更好，并可改善在无线传输时，常因信号不稳定而造成马赛克及位置错乱的情况，改善了传输的品质。此外，以往在浏览线上地图时总要花许多时间等待全图下载，而 JPEG2000 格式具有 Random Access 的特性，可让浏览者先从服务器下载 10% 的图片资料，在模糊的全图中找到需要的部分后，再重新下载这部分资料即可，如此一来可以大幅缩短浏览地图的时间。

5. 压缩步骤

由于 JPEG 的无损压缩方法并不比其他的压缩方法更优秀，因此下面再来看看它的有损压缩。以一幅 24 位彩色图像为例，JPEG 的压缩步骤如下。

(1) 颜色转换

由于 JPEG 只支持 YUV 颜色模式的数据结构，而不支持 RGB 图像数据结构，所以在将彩色图像进行压缩之前，必须先对颜色模式进行数据转换。各个值的转换可通过下面的转换公式计算得出：

$$Y = 0.299R + 0.587G + 0.114B$$
$$U = -0.169R - 0.3313G + 0.5B$$
$$V = 0.5R - 0.4187G - 0.0813B$$

其中，Y 表示亮度，U 和 V 表示颜色。

转换完之后还需进行数据采样，一般的采样比例是 4:1:1 或 4:2:2。由于在执行完此项工作后，每两行数据只保留一行，因此，采样后的图像数据量将压缩为原来的一半。

(2) DCT 变换

DCT(Discrete Cosine Transform)变换是将图像信号在频率域上进行变换,分离出高频和低频信息,然后再对图像的高频部分(即图像细节)进行压缩,以达到压缩图像数据的目的的处理过程。

首先将图像划分为多个 8×8 的矩阵,然后对每一个矩阵作 DCT 变换(变换公式在此略),变换后得到一个频率系数矩阵,其中的频率系数都是浮点数。

(3) 量　化

由于在后面编码过程中使用的码本都是整数,因此需要对变换后的频率系数进行量化,将之转换为整数。

由于进行数据量化后,矩阵中的数据都是近似值,与原始图像数据之间有所差异,这一差异是造成图像压缩后失真的主要原因,如图 4.1.3 所示。

图 4.1.3　量化前后对比

在量化过程中,质量因子的选取至为重要。值选得过大,可以大幅度提高压缩比,但是图像质量较差;值选得越小(最小为 1),图像重建质量越好,但是压缩比越低。对此,ISO 制定了一组供 JPEG 代码实现者使用的标准量化值。

(4) 编　码

从前面的过程可以看到,从颜色转换完成到编码之前,图像并没有得到进一步的压缩,DCT 变换和量化可以说是为编码阶段做准备。

编码采用两种机制:一是 0 值的行程长度编码;二是熵编码(Entropy Coding)。

0 值的行程长度编码是:在 JPEG 中,采用迂回序列,即以矩阵对角线的法线方向按"之"字形来排列矩阵中的元素。这样做的优点是使靠近矩阵左上角、值较大的元素排列在行程的前面,而行程后面所排列的矩阵元素基本上为 0 值。行程长度编码是非常简单和常用的编码方式,在此不再赘述。

熵编码实际上是一种基于统计特性的编码方法。在 JPEG 中也允许采用 HUFFMAN 编码或算术编码。

4.2 文件格式

JPEG 文件的存储格式有很多种,最常用的是 JFIF 格式,即 JPEG File Interchange Format。JPEG 文件大体可以分为两个部分:

① 标记码:由两字节构成,其中,前一个字节是固定值 0xFF,代表一个标记码的开始,后一个字节的不同值代表着不同的含义。需要提醒的是,连续的多个 0xFF 可以理解为一个 0xFF,并表示一个标记码的开始。另外,标记码在文件中一般以标记代码的形式出现,例如,SOI 的标记代码是 0xFFD8,如果 JPEG 文件中出现了 0xFFD8,则代表此处是一个 SOI 标记。

② 压缩数据:在一个完整的两字节标记码的后面,就是该标记码对应的压缩数据了,它记录了关于文件的若干信息。

一些典型的标记码及其所代表的含义如下:

1) SOI(Start Of Image),图像开始,标记代码为固定值 0xFFD8,用 2 字节表示。

2) APP0(Application 0),应用程序保留标记 0,标记代码为固定值 0xFFE0,用 2 字节表示。在该标记代码之后包含 9 个具体的字段:

① 数据长度:2 字节,表示字段①~⑨共 9 个字段的总长度,即不包含标记代码但包含本字段。

② 标示符:5 字节,为固定值 0x4A6494600,表示字符串"JFIF0"。

③ 版本号:2 字节,一般为 0x0102,表示 JFIF 的版本号为 1.2;但也可能为其他数值,从而代表其他版本号。

④ X、Y 方向的密度单位:1 字节,只有三个值可选,0:无单位;1:每英寸的点数;2:每厘米的点数。

⑤ X 方向像素密度:2 字节,取值范围未知。

⑥ Y 方向像素密度:2 字节,取值范围未知。

⑦ 缩略图水平像素数目:1 字节,取值范围未知。

⑧ 缩略图垂直像素数目:1 字节,取值范围未知。

⑨ 缩略图 RGB 位图:长度可能是 3 的倍数,保存了一个 24 位的 RGB 位图;如果没有缩略位图(这种情况更常见),则字段⑦、⑧的取值均为 0。

3) APPn(Application n),在应用程序保留标记 n(n=1~15),标记代码为 2 字节,取值为 0xFFE1~0xFFFF。在该标记代码之后包含 2 个字段:

① 数据长度,2 字节,表示字段①、②共 2 个字段的总长度,即不包含标记代码,但包含本字段。

② 详细信息:数据长度−2 字节,内容不定。

4) DQT(Define Quantization Table),定义量化表,标记代码为固定值 0xFFDB。

在该标记代码之后包含 2 个具体字段：

① 数据长度：2 字节，表示字段①和多个字段②的总长度，即不包含标记代码，但包含本字段。

② 量化表：数据长度－2 字节，其中包括以下内容：

ⓐ 精度及量化表 ID，1 字节，高 4 位表示精度，只有两个可选值，取值 0 表示 8 位，取值 1 表示 16 位；低 4 位表示量化表 ID，取值范围为 0～3。

ⓑ 表项长度，64×(精度取值＋1)字节，例如，8 位精度的量化表，其表项长度为 64×(0+1)＝64 字节。

本标记段中，字段②可以重复出现，表示多个量化表，但最多只能出现 4 次。

5) SOF (Start Of Frame)，帧图像开始，标记代码为固定值 0xFFC0。在该标记代码之后包含 6 个具体字段：

① 数据长度：2 字节，表示字段①～⑥共 6 个字段的总长度，即不包含标记代码，但包含本字段。

② 精度：1 字节，代表每个数据样本的位数，通常是 8 位。

③ 图像高度：2 字节，表示以像素为单位的图像高度，如果不支持 DNL 就必须大于 0。

④ 图像宽度：2 字节，表示以像素为单位的图像宽度，如果不支持 DNL 就必须大于 0。

⑤ 颜色分量个数：1 字节，由于 JPEG 采用 YCrCb 颜色空间，所以这里恒定为 3。

⑥ 颜色分量信息：颜色分量个数×3 字节，这里通常为 9 字节，并依次表示如下一些信息：

ⓐ 颜色分量 ID：1 字节。

ⓑ 水平/垂直采样因子：1 字节，高 4 位代表水平采样因子，低 4 位代表垂直采样因子。

ⓒ 量化表：1 字节，当前分量使用的量化表 ID。

本标记段中，字段⑥应该重复出现 3 次，因为这里有 3 个颜色分量。

6) DHT (Define Huffman Table)，定义 Huffman 表，标记代码为固定值 0xFFC4。在该标记代码之后包含 2 个字段：

① 数据长度，2 字节，表示字段①、②共 2 个字段的总长度，即不包含标记代码，但包含本字段。

② Huffman 表，数据长度 2 字节，包含以下字段：

ⓐ 表 ID 和表类型，1 字节，高 4 位表示表的类型，取值只有两个，取值 0 表示 DC（直流），取值 1 表示 AC（交流）；低 4 位表示 Huffman 表 ID。需要提醒的是，DC 表和 AC 表应分开进行编码。

ⓑ 不同位数的码字数量，16 字节。

ⓒ 编码内容,16 个不同位数的码字数量之和(字节)。

本标记段中,字段②可以重复出现,一般需要重复 4 次。

7) DRI (Define Restart Interval),定义差分编码累计复位的间隔,标记代码为固定值 0xFFDD。在该标记代码之后包含 2 个具体字段:

① 数据长度:2 字节,取值为固定值 0x0004,表示字段①、②共 2 个字段的总长度,即不包含标记代码,但包含本字段。

② 在 MCU 块的单元中重新开始间隔:2 字节,如果取值为 n,就代表每 n 个 MCU 块就有一个 RSTn 标记,第 1 个标记是 RST0,第 2 个是 RST1,RST7 之后再从 RST0 开始重复。如果没有本标记段,或者间隔值为 0,就表示不存在重新开始间隔和标记 RST。

8) SOS (Start Of Scan),扫描开始,标记代码为固定值 0xFFDA。在该标记代码之后包含 4 个具体字段:

① 数据长度:2 字节,表示字段①~④共 4 个字段的总长度。

② 颜色分量数目:1 字节,只有 3 个可选值,取值 1 表示灰度图;取值 3 表示 YCrCb 或 YIQ;取值 4 表示 CMYK。

③ 颜色分量信息,包括以下字段:

ⓐ 颜色分量 ID:1 字节。

ⓑ 直流/交流系数表 ID:1 字节,高 4 位表示直流分量的 Huffman 表 ID,低 4 位表示交流分量的 Huffman 表 ID。

④ 压缩图像数据,包括以下字段:

ⓐ 谱选择开始:1 字节,为固定值 0x00。

ⓑ 谱选择结束:1 字节,为固定值 0x3F。

ⓒ 谱选择:1 字节,为固定值 0x00。

本标记段中,字段③应该重复出现,有多少个颜色分量,就重复出现几次;本段结束之后,就是真正的图像信息了;图像信息直至遇到 EOI 标记才结束。

9) EOI (End Of Image),图像结束,标记代码为固定值 0xFFD9。

另外,需要说明的是,在 JPEG 中 0xFF 具有标记的意思,所以在压缩数据流(真正的图像信息)中如果出现了 0xFF,就需要做特别处理。方法是,如果在图像数据流中遇到 0xFF,则应该检测其紧接着的字符是什么,如果是:

① 0x00,表示 0xFF 是图像流的组成部分,需要进行译码;

② 0xD9,表示与 0xFF 组成标记 EOI,即代表图像流的结束,同时,图像文件结束;

③ 0xD0~0xD7,组成 RSTn 标记,需要忽视整个 RSTn 标记,即不对当前 0xFF 和紧接着的 0xDn 两字节进行译码,并按 RST 标记的规则调整译码变量。

④ 0xFF,忽略当前 0xFF,对后一个 0xFF 进行判断。

⑤ 其他数值,忽略当前 0xFF,保留紧接着的数值用于译码。

需要说明的是，在 JPEG 文件格式中，对一个字（16 位）的存储使用的是 Motorola 格式，而不是 Intel 格式，也就是说，一个字的高字节（高 8 位）在数据流的前面，低字节（低 8 位）在数据流的后面，与平时习惯的 Intel 格式有所不同。这种字节顺序问题的起因在于早期的硬件发展上。在 8 位 CPU 时代，许多 8 位 CPU 都可以处理 16 位的数据，但它们显然是分两次进行处理的。这时就出现了先处理高位字节还是先处理低位字节的问题。以 Intel 为代表的厂家生产的 CPU 采用先低字节后高字节的方式；而以 Motorola、IBM 为代表的厂家生产的 CPU 则采用了先高字节后低字节的方式。Intel 的字节顺序也称为 little-endian（小端格式），而 Motorola 的字节顺序就叫作 big-endian（大端格式）。而 JPEG/JFIF 文件格式则采用了 big-endian。下面的函数实现了从 Intel 格式到 Motolora 格式的转换。

程序清单 4.2.1　JPEG 不同格式的转换

```
USHORT Intel2Moto(USHORT val)
{
    BYTE highBits = BYTE(val / 256);
    BYTE lowBits = BYTE(val % 256);
    return lowBits * 256 + highBits;
}
```

4.3　解码过程

解码过程如下：

1）从文件头读出文件的相关信息。JPEG 文件数据分为文件头和图像数据两大部分，其中文件头记录了图像的版本、长、宽、采样因子、量化表、哈夫曼表等重要信息。所以解码前必须将文件头信息读出，以备图像数据解码过程之用。

2）从图像数据流读取一个最小编码单元（MCU），并提取出各个颜色分量单元。

3）将颜色分量单元从数据流恢复成矩阵数据。使用文件头给出的哈夫曼表，对分割出来的颜色分量单元进行解码，把其恢复成 8×8 的数据矩阵。

4）对 8×8 的数据矩阵进一步解码。此部分解码工作以 8×8 的数据矩阵为单位，其中包括相邻矩阵的直流系数差分解码、使用文件头给出的量化表反量化数据、反 Zig-zag 编码、隔行正负纠正、反向离散余弦变换等 5 个步骤，最终输出的仍然是一个 8×8 的数据矩阵。

5）颜色系统 YCrCb 向 RGB 转换。将一个 MCU 的各个颜色分量单元解码的结果整合起来，将图像颜色系统从 YCrCb 向 RGB 转换。

6）排列整合各个 MCU 的解码数据。不断读取数据流中的 MCU 并对其解码，直至读完所有 MCU 为止，将各 MCU 解码后的数据正确排列成完整的图像。

JPEG 的解码本身是比较复杂的，这里 FATFS 的作者提供了一个轻量级的

第 4 章　JPEG 解码

JPG/JPEG 解码库 TjpgDec，最少仅需 3 KB 的 RAM 和 3.5 KB 的 Flash 即可实现 JPG/JPEG 解码。本例程采用 TjpgDec 作为 JPG/JPEG 的解码库。

4.4　实验：显示 JPEG 图片

【实验要求】基于 SmartM-M451 系列开发板：显示 SD 卡中的 JPEG 图片。

1. 硬件设计

参考"3.3.1　位图显示"小节的硬件设计内容。

2. 软件设计

代码位置：\SmartM-M451\代码\进阶\【TFT】【显示 SD 卡 JPEG】。

(1) JPEG 解码函数

由于 JPEG 代码比较复杂，同时篇幅过长，有兴趣的读者可以自行阅读。重点调用的函数为 jpg_decode，函数原型如下：

```
u8 jpg_decode(const u8 *filename,u8 fast)
```

参数说明：
- filename：文件路径。
- fast：是否使用快速解码。默认使用标准解码，若使用快速解码，则与 TFT 屏的扫描方式有关。该参数默认为 0。

(2) 完整代码

完整代码如下。

程序清单 4.4.1　完整代码

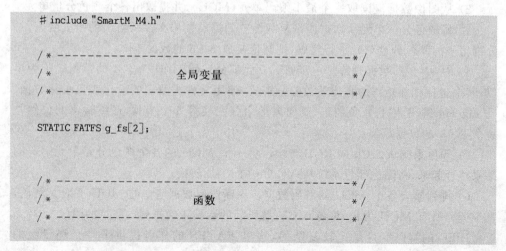

```c
/***********************************************
* 函数名称:main
* 输入:无
* 输出:无
* 功能:函数主体
***********************************************/
INT32 main(void)
{

    PROTECT_REG
    (
        /* 系统时钟初始化 */
        SYS_Init(PLL_CLOCK);

        /* 串口 0 初始化 */
        UART0_Init(115200);
    )

    /* LCD 初始化 */
    LcdInit(LCD_FONT_IN_FLASH,LCD_DIRECTION_180);

    /* 打开 LCD 背光灯 */
    LCD_BL(0);

    /* W25QXX 初始化 */
    while(disk_initialize(FATFS_IN_FLASH))
    {
        printf("W25QXX init fail\r\n");
        Delayms(500);
    }

    /* SD 初始化 */
    while(disk_initialize(FATFS_IN_SD))
    {
        printf("SD init fail\r\n");
        Delayms(500);
    }

    /* 挂载 W25QXX 和 SD */
    f_mount(FATFS_IN_FLASH,&g_fs[0]);
    f_mount(FATFS_IN_SD,&g_fs[1]);
```

第 4 章　JPEG 解码

```c
/*    显示标题   */
LcdCleanScreen(WHITE);
LcdFill(0,0,LCD_WIDTH-1,20,RED);
LcdShowString(80,3,"JPEG图片显示",YELLOW,RED);


while(1)
{
    /*   显示 1.jpg  */
    jpg_decode("1:/Picture/1.jpg",0);
    Delayms(1000);

    /*   显示 2.jpg  */
    jpg_decode("1:/Picture/2.jpg",0);
    Delayms(1000);

    /*   显示 3.jpg  */
    jpg_decode("1:/Picture/3.jpg",0);
    Delayms(1000);
}
```

(3) main 函数分析

main 函数分析如下：

1）调用 jpg_decode 函数传入的路径为"1:/Picture/1.jpg"，表示显示 SD 卡 Picture 目录中的 1.jpg 文件，第二个参数为 0 表示不使用快速解码；若为 1，则使用快速解码。

2）调用 jpg_decode 函数传入的路径为"1:/Picture/2.jpg"，表示显示 SD 卡 Picture 目录中的 2.jpg 文件，第二个参数为 0 表示不使用快速解码；若为 1，则使用快速解码。

3）调用 jpg_decode 函数传入的路径为"1:/Picture/3.jpg"，表示显示 SD 卡 Picture 目录中的 3.jpg 文件，第二个参数为 0 表示不使用快速解码；若为 1，则使用快速解码。

3. 下载验证

通过 NuLink 仿真下载器将程序下载到 SmartM-M451 旗舰板上后，观察到 TFT 屏每隔 1 s 循环播放图片 1.jpg～3.jpg，如图 4.4.1～图 4.4.3 所示。

图 4.4.1　图片 1.jpg

图 4.4.2　图片 2.jpg

图 4.4.3　图片 3.jpg

第5章

GIF 解码

5.1 简介

GIF(Graphics Interchange Format)的原义是"图像互换格式",是 CompuServe 公司在 1987 年开发的图像文件格式。GIF 文件的数据是一种基于 LZW 压缩算法的连续色调的无损压缩格式,其压缩率一般在 50% 左右。它不属于任何应用程序,目前几乎所有相关软件都支持它,公共领域有大量的软件在使用 GIF 图像文件。GIF 图像文件的数据是经过压缩的,而且是采用了可变长度等压缩算法。GIF 格式的另一个特点是其在一个 GIF 文件中可以存储多幅彩色图像,如果把存于一个文件中的多幅图像数据逐幅读出并显示到屏幕上,就可构成一种最简单的动画。

GIF 格式自 1987 年由 CompuServe 公司引入后,一方面,因其体积小且成像相对清晰,特别适合于初期慢速的互联网,因此大受欢迎。它采用无损压缩技术,只要图像不多于 256 色,就可以既减小文件的大小,又保证成像的质量(当然,现在也存在一些 hack 技术,可在一定条件下克服 256 色的限制)。然而,256 色的限制大大局限了 GIF 文件的应用范围,如彩色相机等(当然,采用无损压缩技术的彩色相机照片亦不适合通过网络传输)。另一方面,由于在高彩图片上有着不俗表现的 JPEG 格式却在简单折线上的效果难以令人满意,因此 GIF 格式普遍适用于图表、按钮等只需少量颜色的图像(如黑白照片)。

1. 历史

在早期,GIF 所用的 LZW 压缩算法是 CompuServe 公司开发的一种免费算法。然而令很多软件开发商感到意外的是,GIF 文件所采用的压缩算法忽然成了 Unisys 公司的专利。据 Unisys 公司称,他们已注册了 LZW 算法中的 W 部分。如果要开发生成(或显示) GIF 文件的程序,则需向该公司支付版税。由此,人们开始寻求一种新技术,以降低开发成本。PNG(Portable Network Graphics,便携网络图形)标准就是在这个背景下应运而生的。它一方面满足了市场对更少的法规限制的需要,另一方面也带来了更少的技术上的限制,如颜色数量等。

2003 年 6 月 20 日,LZW 算法在美国的专利权因到期而失效,在欧洲、日本及加拿大的专利权亦分别在 2004 年的 6 月 18 日、6 月 20 日和 7 月 7 日到期失效。尽管如此,PNG 文件格式凭借其技术上的优势,已然跻身于网络上第三广泛应用的格式。

2. 分　类

GIF 分为静态 GIF 和动画 GIF 两种,扩展名为.gif,是一种压缩位图格式,支持透明背景图像,适用于多种操作系统,"体型"很小,网上的很多小动画都是 GIF 格式。其实 GIF 是将多幅图像保存为一个图像文件,从而形成动画,最常见的就是通过将一帧帧的动画串联起来的搞笑 GIF 图,所以归根结底 GIF 仍然是图片文件格式。但 GIF 只能显示 256 色。与 JPEG 格式一样,这是一种在网络上非常流行的图形文件格式。

GIF 主要分为两个版本,即 GIF 89a 和 GIF 87a。
- GIF 87a:是在 1987 年制定的版本。
- GIF 89a:是在 1989 年制定的版本。在这个版本中,为 GIF 文档扩充了图形控制区块、备注、说明、应用程序编程接口等 4 个区块,并提供了对透明色和多帧动画的支持。

若想更详细地了解 GIF 文件格式及其解码,可查阅本书配套的网上资料中的"GIF 文件格式详解",在此不再赘述。

5.2　实验:显示 GIF 图片

【实验要求】基于 SmartM-M451 系列开发板:显示 SD 卡中的 GIF 图片。

1. 硬件设计

参考"3.3.1　位图显示"小节的硬件设计内容。

2. 软件设计

代码位置:\SmartM-M451\代码\进阶\【TFT】【显示 SD 卡 GIF】。

(1) GIF 解码函数

由于 GIF 代码比较复杂,同时篇幅过长,因此有兴趣的读者可以自行阅读。重点调用的函数为 gif_decode,其函数原型如下:

```
u8 gif_decode(const u8 *filename,u16 x,u16 y,u16 width,u16 height)
```

参数说明:
- filename:文件路径。
- x:显示 GIF 的起始坐标 x。
- y:显示 GIF 的起始坐标 y。
- width:GIF 的宽度。

第 5 章 GIF 解码

● height:GIF 的高度。

(2) 完整代码

完整代码如下:

程序清单 5.2.1 完整代码

```
#include "SmartM_M4.h"
/* ------------------------------------- */
/*                  全局变量                */
/* ------------------------------------- */
STATIC FATFS g_fs[2];
/* ------------------------------------- */
/*                   函数                  */
/* ------------------------------------- */

/*******************************************
* 函数名称:main
* 输入:无
* 输出:无
* 功能:函数主体
*******************************************/
INT32 main(void)
{
    PROTECT_REG
    (
        /* 系统时钟初始化 */
        SYS_Init(PLL_CLOCK);

        /* 串口 0 初始化 */
        UART0_Init(115200);
    )

    /* LCD 初始化 */
    LcdInit(LCD_FONT_IN_FLASH,LCD_DIRECTION_0);

    /* 打开 LCD 背光灯 */
    LCD_BL(0);

    /* W25QXX 初始化 */
    while(disk_initialize(FATFS_IN_FLASH))
    {
        printf("W25QXX init fail\r\n");
```

```
        Delayms(500);
    }

    /*  SD 初始化  */
    while(disk_initialize(FATFS_IN_SD))
    {
        printf("SD init fail\r\n");
        Delayms(500);
    }

    /*  挂载 W25QXX 和 SD  */
    f_mount(FATFS_IN_FLASH,&g_fs[0]);
    f_mount(FATFS_IN_SD,&g_fs[1]);

    /*  显示标题  */
    LcdCleanScreen(WHITE);
    LcdFill(0,0,LCD_WIDTH-1,20,RED);
    LcdShowString(80,3,"GIF 图片显示",YELLOW,RED);

    while(1)
    {
        /*  显示 1.gif  */
        gif_decode("1:/Picture/1.gif",40,60,160,120);

        /*  显示 2.gif  */
        gif_decode("1:/Picture/2.gif",40,60,160,120);
    }
}
```

(3) 代码分析

代码分析如下:

1) 调用 gif_decode 函数对 SD 卡中的/Picture/1.gif 文件进行显示,起始坐标为 (40,60),GIF 文件宽度为 160、高度为 120。

2) 调用 gif_decode 函数对 SD 卡中的/Picture/2.gif 文件进行显示,起始坐标为 (40,60),GIF 文件宽度为 160、高度为 120。

3. 下载验证

通过 NuLink 仿真下载器将程序下载到 SmartM-M451 旗舰板上后,观察到 TFT 屏不断地在播放 GIF 动画,这里列出 GIF 动画播放的截图,如图 5.2.1～图 5.2.4 所示。

第 5 章 GIF 解码

图 5.2.1 截图 1

图 5.2.2 截图 2

图 5.2.3 截图 3

图 5.2.4 截图 4

第 6 章

触摸按键

6.1 概述

对于电子产品设计人员而言,过去的机械式开关一直是他们的首选。因为机械式开关提供了不少应用优势,如简单、直接、成本低、使用方便,以及能为用户提供真实的物理反应,等等。但同时,机械式开关也存在诸多缺点,如磨损问题导致长期耐用性差,设计灵活性不高,容易受潮湿、水、油污或灰尘的影响,存在系统噪声、反应速度慢及仅适合低速工作等问题。鉴于此,设计人员在探寻其他的设计选择,如触摸传感技术。

实际上,触摸传感器早已被广泛使用很多年了。但直到近些年来,随着触摸技术在便携设备显示屏上应用的爆发性增长,这项技术才越来越受关注,由此展开的技术开发及创新也越来越多。设计人员不仅争相利用触摸传感技术来为手机、平板电脑乃至笔记本电脑用户提供更加先进、智能的用户接口,如图 6.1.1 所示,而且越来越多的开发者将触摸传感技术用于数码相框、数码相机、游戏机、安防、汽车仪表盘及白家电等众多应用领域。

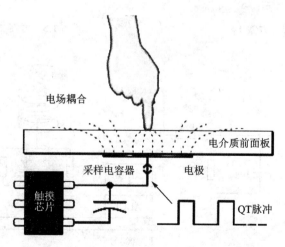

图 6.1.1 常见的电容触摸屏

相较于机械式按键和电阻式触摸按键,电容式触摸按键不仅耐用,造价低廉,机

第6章 触摸按键

构简单易于安装,防水防污,而且还能提供如滚轮、滑动条的功能。但是电容式触摸按键也存在很多问题,因为没有机械构造,所有的检测都靠电量的微小变化,所以对各种干扰敏感得多。新唐公司针对家电应用特别是电磁炉应用,推出了一个基于M451系列32位通用微控制器平台的电容式触摸感应方案,该方案无须增加专用触摸芯片,仅用简单的外围电路即可实现电容式触摸感应功能,方便客户二次开发。

电容式触摸感应按键的基本原理是:当人体(手指)接触金属感应片时,由于人体相当于一个接大地的电容,因此会在感应片和大地之间形成一个电容,感应电容量通常有几皮法到几十皮法。利用这个最基本的原理,在外部搭建相关电路,就可以根据电容量的变化来检测是否有人体接触金属感应片。

1. 常见的硬件解决方案

常见的硬件解决方案有4种,如图6.1.2~图6.1.5所示。

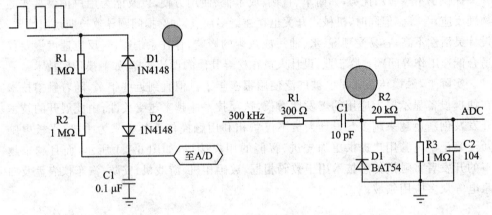

图 6.1.2 方案 1   图 6.1.3 方案 2

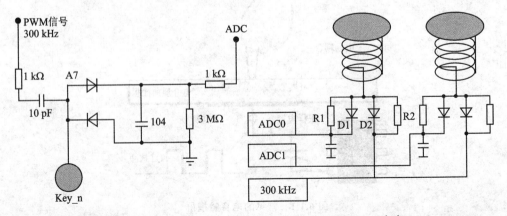

图 6.1.4 方案 3   图 6.1.5 方案 4

2. 解决方案原理

一般在实际应用时,都是用如图 6.1.5 所示的感应弹簧来加大手指按下的面积。感应弹簧等效于一块对地的金属板,对地有一个电容 CP,而在手指按下后,再并联一个对地的电容 CF,如图 6.1.6 所示。

现在对电路图 6.1.6 进行说明。CP 为金属板和分布电容,CF 为手指电容,两者并联在一起与图 6.1.3 中的

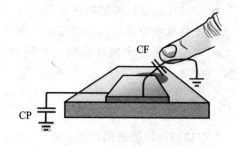

图 6.1.6　触摸过程示意图

C1 一起对输入的 300 kHz 方波进行分压,经过 D1 整流,R2、C2 滤波后送给 ADC,当手指压上去后,送给 ADC 的电压降低,这时程序就可以检测出按键动作了。

按正常情况来说,只要具有 ADC 功能的单片机都可以使用上述的解决方案来实现触摸按键,但有一点需要注意,上述方案无疑增加了硬件的设计成本,而新唐公司的 M451 系列芯片则提供了触摸按键的完整解决方案,触摸按键数目达到 16 个,且硬件设计简单。

6.2　功能描述

电容触摸按键传感控制器支持多种可编程的灵敏度等级,应用于手指直接触摸或有绝缘体包裹的电极靠近感应。它支持最多 16 个带单次扫描或可编程周期扫描的触摸按键,并且任何一个按键都可以唤醒系统以用于低功耗应用。

当一个手指触摸到键盘时,通过触摸按键控制器感应到键盘的电容值会比不触摸时大。电容值可通过触摸按键控制器的模拟前端电路测量,用户可通过读取感应电容值来区分是否有手指触摸事件发生。

每个通道都有一个高/低感应阈值控制,支持按键自动扫描直到有任何满足阈值设定的情况出现。因此,由于不需要产生触摸按键控制器中断,所以处理器可以保持正常运行或者在掉电模式下降低电源消耗。

触摸按键控制器的灵敏等级是可编程的。为了用于更高的灵敏度或扫描速度,按键扫描时间也是可编程的,同时具有唤醒 CPU 功能。

注:本节中寄存器名中的 X 表示通道 0～16。

1. 特　性

- 支持最多 16 个触摸按键。
- 支持灵活设置参考通道,至少需要设置一个参考通道。

第6章 触摸按键

- 每个通道的灵敏等级可编程。
- 可编程的扫描速度用于不同的应用。
- 支持任意触摸按键唤醒以用于低功耗应用。
- 支持单次按键扫描和可编程周期按键扫描。
- 可编程按键中断选择用于按键扫描结束,按键扫描可以带也可以不带阈值控制。

2. 内部框图

触摸按键的内部框图如图 6.2.1 所示。

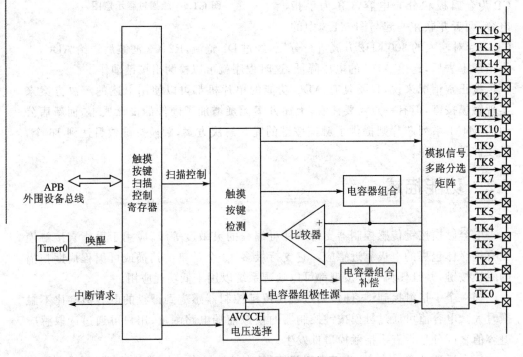

图 6.2.1 触摸按键内部框图

3. 按键扫描模式

(1) 单次扫描模式

在这个模式中,用户需要将 TKEN(TK_CTL[31])和 SCAN(TK_CTL[24])置1,并且根据灵敏度的应用要求来设置 TK_CTL 的其他位以及 TK_REFCTL、TK_CCBDAT0、TK_CCBDAT1、TK_CCBDAT2、TK_CCBDAT3、TK_CCBDAT4、TK_IDLESEL 和 TK_POLCTL。通过设置寄存器 TKSENx(TK_CTL[16:0])的相应位而被使能了的那些通道,将在扫描初始化完成后依次被成功扫描。一旦开始扫描通道,BUSY(TK_STATUS[0])将被置1,直到扫描完成。扫描完成后,寄存器 SCIF

(TK_STATUS[1])将被置 1,并且将感应的数据存放在 TK_CTL 中被使能了的那些通道的数据寄存器 TK_DATn 中,TK_DATn 读有效,n 表示数字 0~4。通过设置寄存器 SCINTEN(TK_INTEN[1])为高,SCIF(TK_STATUS[1])可产生中断。

(2) 周期扫描模式

这个模式可以支持自动周期扫描,用户可通过设置 TKEN(TK_CTL[31])和 TMRTRGEN(TK_CTL[25])为高来实现。此外可根据应用要求来设置 TK_CTL 的其他位以及 TK_REFCTL、TK_CCBDAT0、TK_CCBDAT1、TK_CCBDAT2、TK_CCBDAT3、TK_CCBDAT4、TK_IDLESEL 和 TK_POLCTL,用户必须设定适当的 Timer0 来决定扫描周期的间隔时间。另外,用户可以在低功耗系统中使用按键扫描唤醒功能。通过设置适当的高/低阈值控制,周期扫描甚至在系统睡眠状态下都保持工作,直到系统被中断唤醒,即手指触摸达到阈值要求。直至中断标志复位后,按键扫描才停止工作。

4. 触摸按键扫描的参考通道

重点注意:在 PCB 布局时需注意至少有一个通道作为参考通道。如果用户没有指定参考通道,则 TK16 将被自动默认为参考通道。在应用中如果没有指定物理参考通道,则触摸按键控制器将会失灵。

5. IDLE 状态和极性控制

这些键盘在 IDLE 状态下并不总是保持感应,它们的输出电平可以在寄存器 TK_IDLESEL 中预设。对于分离感应配置,它们的输出电平分离为两个状态:IDLE 状态和极性状态(如果它们在寄存器 TK_POLCTL 中激活了极性控制),它们的输出电平是在寄存器 TK_POLSEL 中预设的。

6. 感应时间

感应时间指每次键盘感应所需的时间,由 SENPTCTL (TK_REFCTL[29:28])和 SENTCTL (TK_REFCTL[25:24])组成。感应时间短则灵敏度低且电源消耗低,反之亦然。感应时间的计算公式为:
$$感应时间 = SENTCTL \times SENPTCTL$$

7. 灵敏度配置

灵敏度可以通过设置适当的感应时间来调整。另外,通过预设 CBPOLSEL (TK_POLCTL[5:4])来适当选择电容器组的极性源也会影响灵敏度。用户可以选择 AVCCH 作为电容器组的极性源,为了获得多种灵敏度选择,还可将 AVCCH 调整到适当电平。AVCCH 电平由 AVCCHSEL (TK_CTL[22:20])预设。

第6章 触摸按键

8. 扫描中断类型

(1) 无阈值控制扫描完成中断

当按键扫描完成时,SCIF(TK_STATUS[1])就会被置位,如果 SCINTEN (TK_INTEN[1])被置1,则产生一个中断。

(2) 带阈值控制扫描完成中断

与 SCIF(TK_STATUS[1])不同,当且仅当相应的扫描结果达到其控制要求的阈值时,TKIFx(TK_STATUS[24:8])才会被置位。另外,当按键触摸/释放电势被检测到时,应通过设置 SCTHIEN(TK_INTEN[0])而不是 SCINTEN(TK_INTEN [1])来产生中断。边沿触发模式或电平触发模式都可通过 THIMOD(TK_INTEN [31])来选择。每个通道的高/低阈值控制可通过寄存器 TK_THm_n 来预设,m,n 表示两个相邻的通道号,如 TK_TH0_1。

(3) 边沿触发模式

在这个模式中,当且仅当任何一个相应的 TKDATx 自从大于 LTHx 后第一次大于 HTHx,或者自从小于 HTHx 后第一次小于 LTHx 时,TKIFx 被置1。HTHx 表示按键触摸产生电势,LTHx 表示按键电势发生释放。如图 6.2.2 所示,这个模式仅当为按键触摸/释放电势时才非常利于产生中断,并且降低系统电源消耗。

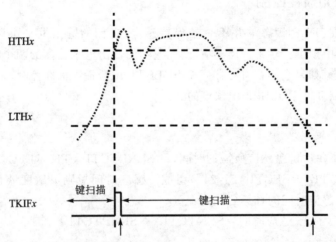

↑ 通过对触摸按键中断标志位(TKIFx)执行写1操作来清除状态。

图 6.2.2 边沿触发模式中触摸按键阈值控制

(4) 电平触发模式

在这个模式中,如果 TKDATx 大于 HTHx,则 TKIFx 被置1。TKDATx 大于 HTHx 表示按键触摸产生电势,如图 6.2.3 所示。

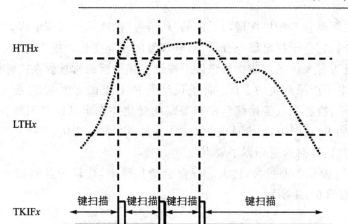

图 6.2.3　电平触发模式中触摸按键阈值控制

9. 低功耗方案

触摸按键可以很容易地实现在低功耗系统中不停地扫描。用户可通过用 Timer0 唤醒触摸按键控制器来做周期扫描。触摸按键控制器只在被唤醒时需要用 HIRC（内部高速 RC 振荡电路）来进行按键扫描，使系统保持掉电状态。如果扫描到按键触摸事件发生，则产生中断；否则触摸按键控制器将结束按键扫描而不产生中断，并且让自己进入掉电模式。

(1) 通过按键触摸/释放唤醒

使能阈值控制器来产生中断，系统保持掉电状态直到任意按键触摸/释放电势被检测到为止。

(2) 通过任意按键触摸唤醒

为了降低系统电源消耗，用户可通过设置 SCANALL（TK_REFCTL[23]）来设置任意键唤醒功能。所有通道被使能并扫描（但不指定为参考通道），并且扫描数据在 TKDAT0（TK_DAT0[7:0]）中有效。CCBDAT0（TK_CCBDAT0[7:0]）可能与正常值不同，需要单独校准。通过这个模式，也可以实现相邻检测。

6.3　实验：触摸按键识别

【实验要求】基于 SmartM-M451 系列开发板：检测触摸按键的按下与释放，并能够控制 LED 灯的亮灭。

1. 硬件设计

如图 6.1.3 所示在 PCB 上构建的电容器，电容式触摸感应按键实际上只是 PCB

第6章 触摸按键

上的一小块"覆铜焊盘",触摸按键与周围的"地信号"构成一个感应电容,当手指靠近电容上方区域时,它会干扰电场,从而引起电容量的相应变化。根据这个电容量的变化,可以检测是否有人体接近或接触该触摸按键。接地板通常放置在按键板的下方,用于屏蔽其他电子产品产生的干扰。此类设计受 PCB 上的寄生电容、温度及湿度等环境因素的影响,检测系统需持续监控和跟踪此变化并作出基准值调整。基准电容值由特定结构的 PCB 产生,当介质变化时,电容大小亦发生变化。

在进行硬件设计时应遵循以下要点。

要点 1:焊盘面积不能过大,过大的焊盘会增加噪声,建议焊盘面积为 10 mm× 10 mm 左右,如图 6.3.1 所示。

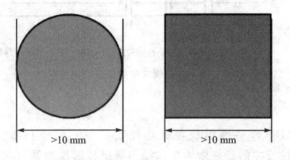

图 6.3.1 默认焊盘大小

要点 2:走线长度不能大于 30 cm,宽度不小于 0.15 mm,如图 6.3.2 所示。

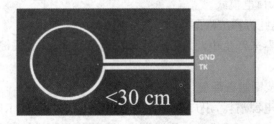

图 6.3.2 走线要求

要点 3:在选择参考触摸按键时,推荐使通道 7、通道 8 或通道 16 达到更高的灵敏度,不过选择其他通道作为参考也不影响实际效果。焊盘面积默认为 2 mm× 2 mm 即可,太大的焊盘会增加噪声,降低灵敏度,参考触摸按键 PCB 设计如图 6.3.3 所示。

要点 4:触摸按键的焊盘若有过孔,那么该过孔必须贴近焊盘边沿或在焊盘的中心位置,如图 6.3.4 所示。同时过孔不能太多,太多的过孔会增加分布电容,影响触摸按键的灵敏度。

(1) 触摸按键硬件设计

触摸按键与参考按键如图 6.3.5 所示,其描述如表 6.3.1 所列。

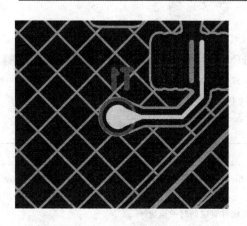

图 6.3.3　参考触摸按键 PCB 设计

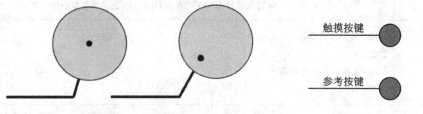

图 6.3.4　焊盘存在过孔的摆放位置　　　图 6.3.5　触摸按键与参考按键

表 6.3.1　触摸按键与参考按键

M4	描　述
PC8	触摸按键（TOUCH_PAD）
PB15	参考按键（TOUCH_REF）

（2）触摸按键的位置

触摸按键和参考按键的焊盘位置分别如图 6.3.6 和图 6.3.7 所示。

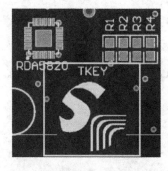　　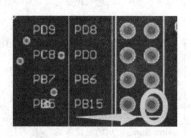

图 6.3.6　触摸按键焊盘位置　　　　图 6.3.7　参考按键位置

第6章 触摸按键

2. 软件设计

代码位置：\SmartM-M451\代码\进阶\【TFT】【触摸按键】。

(1) 重点库函数

重点库函数介绍如表 6.3.2 所列。

表 6.3.2 重点库函数

序号	函数描述
1	void CLK_EnableModuleClock(uint32_t u32ModuleIdx) 位置：clk.c。 功能：使能当前硬件对应的时钟模块。 参数： u32ModuleIdx：使能当前某个时钟模块，若使能定时器 0，则填入参数为 TMR0_MODULE；若使能串口 0，则填入参数为 UART0_MODULE，更多的参数值请参考 clk.c 文件
2	void TK_Open(void) 位置：tk.c。 功能：使能触摸按键功能。 参数：无
3	int32_t TKLIB_Init(uint32_t u32addr) 位置：tklib.h。 功能：调用 Data Flash 中存储的参数初始化触摸按键，若当前 Data Flash 中没有存储参数，则使用标准值来初始化触摸按键。 参数： u32addr：触摸按键参数在 Data Flash 中的地址。 返回值：若等于 −1，则初始化失败；若大于 0，则初始化成功
4	void TKLIB_SetGlobal(const TKLIB_GLOBAL_SETTING * tkGlobalSetting) 位置：tklib.h。 功能：设置触摸按键控制寄存器。 参数： tkGlobalSetting：触摸按键全局设置参数值
5	void TKLIB_SetKeyConfig(const TKLIB_KEY_CONFIG * tkKeyConfig, int32_t u8keyNum) 位置：tklib.h。 功能：为指定的触摸按键设置配置值。 参数： tkKeyConfig：触摸按键配置值。 u8keyNum：指定的触摸按键

续表 6.3.2

序号	函数描述
6	void TKLIB_SetParam(const TKLIB_PARAM * tkParam) 位置：tklib.h 功能：为触摸按键的流控制设置参数。 参数： tkParam：触摸按键参数
7	TK_ENABLE_SCAN_KEY(u32Mask) 位置：tk.h 功能：扫描指定的触摸按键。 参数： u32Mask：触摸按键掩码
8	void TKLIB_AutoCalibration(void) 位置：tilib.h。 功能：自动计算每个触摸按键的电容补偿值。 参数：无
9	uint32_t TKLIB_DetectKey(uint32_t * pu32NTouchMsk) 位置：tklib.h。 功能：检查哪个触摸按键被触发。 参数： pu32NTouchMsk：保存当前按键的状态，按压或释放状态。 返回值：当前被触发的触摸按键

（2）完整代码

完整代码如下。

程序清单 6.3.1　完整代码

```
#include "SmartM_M4.h"

STATIC FATFS      g_fs[2];

#define TKLIB_CHANCONFIG_OFFSET      5
#define TKLIB_LTH                    3
#define TKLIB_HTH                    6
#define TKLIB_DEFAULT_CCB            90
```

```c
/* --------------------------------------- */
/*                全局变量                  */
/* --------------------------------------- */

VOLATILE UINT8 g_ucTimerTrigFlag = 0;

/* --------------------------------------- */
/*                 函数                    */
/* --------------------------------------- */
//默认值
CONST TKLIB_GLOBAL_SETTING defaultTKLib_GlobalSetting = {
    TKLIB_AVCCH_3_16,           //3/16VDD
    TKLIB_PULSET_1,             //1us pulset
    TKLIB_SENSET_128,           //128 senset
    TKLIB_POLCAP_VDD,
    0x40,                       //REF_CB
};

CONST TKLIB_KEY_CONFIG defaultTKLib_KeyConfig[TKLIB_TOL_NUM_KEY + 1] =
{
    //请查阅代码
}

CONST TKLIB_PARAM defaultTKLib_Param = {
    50, //TargetValue
    0,  //RawDataIIRFactor
    3,  //BaseLineCpThr
    6,  //Reserved
    2,  //DebouncePress
    2,  //DebounceRelease
    80, //RunTimeTuneCnt
    0   //ForceTuneCnt
};

#define TK_ADDR_PARAM_DFLASH    0x3F800


/*********************************************
* 函数名称:main
* 输入:无
* 输出:无
* 功能:函数主体
**********************************************/
```

```c
INT32 main(void)
{
    UINT32 i,unTouchKeyMsk,unTouchKeyStsChgMsk;

    PROTECT_REG
    (
    /* 系统时钟初始化 */
    SYS_Init(PLL_CLOCK);

    /* 使能 TouchKey 时钟模块 */
    CLK_EnableModuleClock(TK_MODULE);

    /* 使能 PC8 引脚为 TK7 */
    SYS->GPC_MFPH &= ~(SYS_GPC_MFPH_PC8MFP_Msk);
    SYS->GPC_MFPH |= (SYS_GPC_MFPH_PC8MFP_TK7);

    /* 使能 PB15 引脚为 TK2 */
    SYS->GPB_MFPH &= ~(SYS_GPB_MFPH_PB15MFP_Msk);
    SYS->GPB_MFPH |= (SYS_GPB_MFPH_PB15MFP_TK2);
    )

    /* 初始化 TouchKey */
    TK_Open();


    /* 串口 0 初始化 */
    UART0_Init(115200);

    if(TKLIB_Init(TK_ADDR_PARAM_DFLASH) < 0)
    {
        /* 全局变量设置值 */
        TKLIB_SetGlobal((TKLIB_GLOBAL_SETTING *)&defaultTKLib_GlobalSetting);

        /* 通道配置值 */
        for(i = 0; i<TKLIB_TOL_NUM_KEY; i++)
        {
            TKLIB_SetKeyConfig((TKLIB_KEY_CONFIG *)&defaultTKLib_KeyConfig[i],i);
        }

        /* 全局参数配置值 */
        TKLIB_SetParam((TKLIB_PARAM *)&defaultTKLib_Param);
```

```c
    }
    
    /* 使能 TK2 用于扫描 */
    TK_ENABLE_SCAN_KEY(1<<7);
    
    /* 设置为自动计算结果 */
    TKLIB_AutoCalibration();
    
    /* LCD 初始化 */
    LcdInit(LCD_FONT_IN_FLASH,LCD_DIRECTION_180);
    
    /* 打开 LCD 背光灯 */
    LCD_BL(0);
    
    while(disk_initialize(FATFS_IN_FLASH))
    {
        Led1(1);Delayms(500);
        Led1(0);Delayms(500);
    }
    
    /*   SD 卡初始化 */
    while(disk_initialize(FATFS_IN_SD))
    {
        Led2(1);Delayms(500);
        Led2(0);Delayms(500);
    }
    
    /*   挂载 SPI Flash */
    f_mount(0,&g_fs[0]);
    
    /*   挂载 SD 卡 */
    f_mount(1,&g_fs[1]);
    
    LcdCleanScreen(WHITE);
    LcdFill(0,0,LCD_WIDTH - 1,20,RED);
    LcdShowString(80,3,"触摸按键实验",YELLOW,RED);
    
    LcdFillCircle(120,170,90,GREEN);
    
    while(1)
    {
        Delayms(10);
```

```
    /* 获取当前按键状态 */
    unTouchKeyStsChgMsk = TKLIB_DetectKey(&unTouchKeyMsk);

    /* 检查 TK8 是否被释放或被触发 */
    if(unTouchKeyStsChgMsk & 1<<7)
    {
        if(unTouchKeyMsk&(1ul<<7))
        {
            /*     显示红色填充圆形 */
            LcdFillCircle(120,170,90,RED);
            printf("TK7 is touched\n");
        }
        else
        {
            /*     显示绿色填充圆形 */
            LcdFillCircle(120,170,90,GREEN);
            printf("TK7 is released\n");
        }
    }
}
```

(3) 代码分析

代码分析如下：

① 设置 SYS->GPD_MFPH 寄存器，使能 PD8 引脚用于触摸按键 8，使能 PD9 引脚用于触摸按键 9。

② 调用 TK_Open 函数使能触摸按键功能。

③ 从这里开始重点注意调用的是新唐公司写好的触摸按键的静态库文件，虽然该库文件没有开源，但是通过 tklib.h 可以知道这些函数的使用方法。TKLIB_Init 函数用于初始化触摸按键的所有参数，而这些参数需要从 Data Flash 中的 0x3F800 地址处读取。若有正确的触摸按键参数存储在 Data Flash 中，则调用里面的参数来初始化触摸按键，且返回值大于 0；如果没有正确的参数存储在 Data Flash 中，则需要在代码中进行相关的初始化。

④ TKLIB_SetGlobal 函数用来设置全局变量值，每个触摸按键的 AVCCH 电压都选择为 3/16VDD，触摸按键感应脉冲宽度时间控制为 1 μs，触摸按键感应时间控制为 128 μs，设置参考全局的触摸按键的电容补偿值为 0x40，寄存器为 TK_CCBDAT4。

第 6 章 触摸按键

⑤ TKLIB_SetKeyConfig 函数用于设置触摸按键的属性。应重点注意的是,当有触摸按键作为参考对象时,必须加上宏定义 TKLIB_SENMODE_REF;否则加上宏定义 TKLIB_SENMODE_POL 作为正常触发的触摸按键。

⑦ TKLIB_SetParam 函数用于设置触摸按键的流控制功能。

⑧ 一切设置准备就绪后,就可调用 TK_ENABLE_SCAN_KEY 函数来使能对 TK8 触摸按键进行扫描。

⑨ 调用 TKLIB_AutoCalibration 函数将自动计算每个触摸按键的电容补偿值。

⑩ 调用 TKLIB_DetectKey 函数获知哪个触摸按键被触发。

3. 下载验证

通过 NuLink 仿真下载器将程序下载到 SmartM-M451 旗舰板上后,当用手指按压触摸按键时,LCD 屏幕显示红色填充圆形,如图 6.3.8 所示;当手指离开触摸按键时,LCD 屏幕显示绿色填充圆形,如图 6.3.9 所示。

图 6.3.8 触摸按键按下

图 6.3.9 触摸按键释放

第 7 章

温湿度传感器

7.1 简 介

DHT11 数字温湿度传感器(见图 7.1.1)是一款含有已校准数字信号输出的温湿度复合传感器。它采用专用的数字模块采集技术和温湿度传感技术,确保产品具有极高的可靠性和卓越的长期稳定性。该传感器包括一个电阻式感湿元件和一个 NTC 测温元件,并与一个高性能 8 位单片机相连,因此具有品质卓越、响应超快、抗干扰能力强、性价比极高等优点。每个 DHT11 传感器都在极为精确的湿度校验

图 7.1.1 DHT11 实物图

室中进行校准,校准系数以程序的形式储存在 OTP 内存中,传感器内部在检测信号的处理过程中要调用这些校准系数。单线制串行接口使系统集成变得简单快捷,超小的体积、极低的功耗,以及信号传输距离可达 20 m 以上,使其成为各类应用甚至最为苛刻的应用场合的最佳选择。产品为 4 针单排引脚封装,连接方便,其引脚说明如表 7.1.1 所列,也可根据用户需求而提供特殊的封装形式。

表 7.1.1 DHT11 温湿度传感器引脚

引 脚	名 称	注 释
1	VDD	供电 3~5.5 V DC
2	DATA	串行数据,单总线
3	NC	空脚,请悬空
4	GND	接地,电源负极

DHT11 数字温湿度传感器的应用领域包括:
- 暖通空调;
- 测试及检测设备;
- 汽车;
- 数据记录器;
- 消费品;

第7章 温湿度传感器

- 自动控制；
- 气象站；
- 家电；
- 湿度调节器；
- 医疗；
- 除湿器。

注意事项：

气体的相对湿度在很大程度上依赖于温度。因此在测量湿度时，应尽可能保证湿度传感器在同一温度下工作。如果与释放热量的电子元件共用一个印刷线路板，那么在安装时应尽可能将DHT11远离电子元件，而将其安装在热源下方，同时保持外壳通风良好。为降低热传导，DHT11与印刷电路板连接的其他部分的铜镀层应尽可能最小，并在两者之间留出一道缝隙。

7.2 串行接口

DHT11的DATA引脚用于微处理器与DHT11之间的通信和同步，采用单总线数据格式，一次通信时间4 ms左右。数据分小数部分和整数部分，当前的小数部分用于以后扩展，现读出为零，温湿度传感器的一次完整数据传输为40位。

数据的具体格式是：

① 8位湿度整数数据；
② 8位湿度小数数据（注：小数部分用于以后扩展，现读出为零）；
③ 8位温度整数数据；
④ 8位温度小数数据（注：小数部分用于以后扩展，现读出为零）；
⑤ 8位校验和。

当数据传送正确时，校验和数据等于"8位湿度整数数据＋8位湿度小数数据＋8位温度整数数据＋8位温度小数数据"所得结果的末8位。

如图7.2.1所示，在用户MCU发送一次开始信号后，DHT11从低速模式转换到高速模式，并等待主机的开始信号结束后发送响应信号，送出40位的数据，然后触发

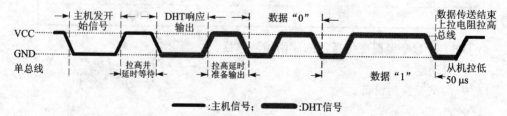

图 7.2.1　DHT11 通信过程

一次信号采集,这时用户可选择读取部分数据。在从模式下,DHT11接收到开始信号后触发一次温湿度采集;如果没有接收到主机发送的开始信号,则DHT11不会主动进行温湿度采集。DHT11采集数据后将转换到低速模式。

如图7.2.2所示,总线空闲状态为高电平,主机把总线拉低等待DHT11响应,主机把总线拉低必须大于18 ms,以保证DHT11能检测到主机的开始信号。DHT11接收到主机的开始信号后,等待开始信号结束,然后发送80 μs低电平的响应信号。主机发送开始信号结束后,延时等待20~40μs,之后读取DHT11的响应信号。主机发送开始信号后可以切换到输入模式,也可以输出高电平,同时总线由上拉电阻拉高。

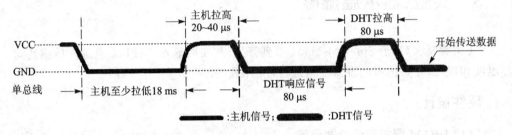

图 7.2.2　主机通信起始过程

总线为低电平,说明DHT11发送响应信号,DHT11发送响应信号后,再把总线拉高80 μs,准备发送数据,每一位数据都以50 μs低电平时隙开始,高电平的长短决定了数据位是0还是1,格式如图7.2.3和图7.2.4所示。如果读取的响应信号为高电平,则DHT11没有响应,请检查线路是否连接正常。当最后一位数据传送完毕后,DHT11拉低总线50 μs,随后总线由上拉电阻拉高进入空闲状态。

数字"0"信号的表示方法如图7.2.3所示。

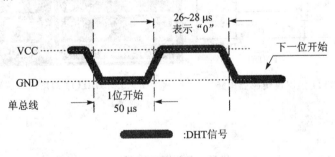

图 7.2.3　数字信号"0"

数字"1"信号的表示方法如图7.2.4所示。

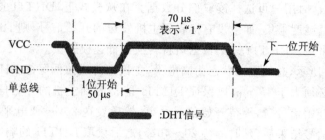

图 7.2.4　数字信号"1"

7.3　实验：显示温湿度

【实验要求】基于 SmartM-M451 系列开发板：实时显示 DHT11 温湿度传感器的温度和湿度，并将读出的温湿度值通过柱形图显示。

1. 硬件设计

（1）DHT11 温湿度传感器电路

DHT11 温湿度传感器电路如图 7.3.1 所示。

（2）DHT11 温湿度传感器位置

DHT11 温湿度传感器位置如图 7.3.2 所示。

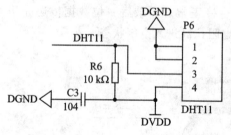

图 7.3.1　DHT11 温湿度传感器电路　　图 7.3.2　DHT11 温湿度传感器位置

2. 软件设计

代码位置：\SmartM-M451\代码\进阶\【TFT】【DHT11 温湿度】。

（1）读取 DHT11 温湿度传感器数值

结合图 7.2.1 的 DHT11 通信过程，编写读取 DHT11 的温湿度的函数如程序清单 7.3.1 所列。

程序清单 7.3.1　读取 DHT11 的温湿度的函数

```
/******************************************
* 函数名称:DHT11ReadTempAndHumi
* 输入:pBuf  -数据接收缓冲区
* 输出：   1     -成功
          0     -失败
* 功能:DHT11 返回湿度和温度值
******************************************/
UINT8 DHT11ReadTempAndHumi(UINT8 * pBuf)
{
    UINT8 i = 0,ucCheckValue = 0,ucTimeouts = 0;

    /* 拉低数据线大于18 ms发送开始信号 */
    DHT11_DAT_D(1);
    DHT11_DAT_W(0);
    Delayms(20);

    /* 释放数据线,用于检测低电平的应答信号 */
    DHT11_DAT_W(1);
    DHT11_DAT_D(0);

    /* 延时20~40 μs,等待一段时间后检测应答信号,
    应答信号是从机拉低数据线 80 μs */
    Delayus(40);

    /* 检测应答信号,应答信号是低电平 */
    if(DHT11_DAT_R() != 0)
    {
        return 0;
    }
    else
    {
        /* 有应答信号,并等待应答信号结束 */
        while(DHT11_DAT_R() == 0 && ucTimeouts ++ < 20)
        {
            Delayus(10);
        }
        /* 检测计数器是否超过了设定的范围 */
        if(ucTimeouts >= 10)
        {
```

```
        DHT11_DAT_D(1);
        DHT11_DAT_W(1);

        return 0;
    }
    ucTimeouts = 0;

    /* 释放数据线 */
    DHT11_DAT_D(1);
    DHT11_DAT_W(1);
    Delayus(20);
    DHT11_DAT_D(0);

    /* 应答信号后会有一个 80 μs 的高电平,等待高电平结束 */
    while(DHT11_DAT_R() != 0 && ucTimeouts++ < 20)
    {
        Delayus(10);
    }

    /* 检测计数器是否超过了设定的范围 */
    if(ucTimeouts >= 10)
    {
        DHT11_DAT_D(1);
        DHT11_DAT_W(1);

        return 0;
    }

    /* 读出湿、温度值 */
    for(i = 0; i < 5; i++)
    {
        pBuf[i] = DHT11ReadVal();

        if(g_ucDHT11Sta == DHT11_ERROR)
        {
            DHT11_DAT_D(1);
            DHT11_DAT_W(1);

            return 0;
        }

    /* 读出的最后一个值是校验值不需加上去 */
```

```
                if(i != 4)
                {
                    /* 若读出的 5 字节数据中的前 4 字节数据之和
                       等于第 5 字节数据,则表示成功 */
                    ucCheckValue += pBuf[i];
                }
            }

            /* 在没有发生函数调用失败时进行校验 */
            if(ucCheckValue == pBuf[4])
            {
                DHT11_DAT_D(1);
                DHT11_DAT_W(1);

                /* 正确读出 DHT11 输出的数据 */
                return 1;
            }

            return 0;
        }
```

(2) 显示温湿度值和柱形图

显示温湿度值和柱形图的代码如下。

程序清单 7.3.2　显示温湿度值和柱形图

```
/*******************************************
* 函数名称:LcdDrawDHT11
* 输入:usTemp - 温度值
      usHumi - 湿度值
* 输出:无
* 功能:LCD 绘制温湿度值
*******************************************/
VOID LcdDrawDHT11(UINT16 usTemp,UINT16 usHumi)
{
    UINT8 usTempY,usHumiY;
    UINT8 buf[32] = {0};


    /* 1.绘制温湿度边框图 */


    LcdFill(40,110,99,110,GBLUE);
```

第7章 温湿度传感器

```
        LcdFill(40,110,40,LCD_HEIGHT-1,GBLUE);
        LcdFill(99,110,99,LCD_HEIGHT-1,GBLUE);
        LcdShowString(10,105,"90%",GBLUE,WHITE);
        LcdShowString(10,304,"20%",GBLUE,WHITE);


        LcdFill(170,120,229,120,RED);
        LcdFill(170,120,170,LCD_HEIGHT-1,RED);
        LcdFill(229,120,229,LCD_HEIGHT-1,RED);
        LcdShowString(135,115,"50℃",RED,WHITE);
        LcdShowString(140,304,"0℃",RED,WHITE);

        /* 2.绘制温湿度柱形图 */

        usHumiY = (usHumi-200)/10*3;        //因为湿度默认从20%开始,所以
                                            //必须减去200,每1%绘制3个Y值
        LcdFill(40,LCD_HEIGHT-usHumiY,99,LCD_HEIGHT-1,GBLUE);
        LcdFill(41,111,98,LCD_HEIGHT-usHumiY-1,WHITE);

        usTempY = (usTemp/10)*4;            //温度为0~50℃,每1℃绘制4个Y值
        LcdFill(170,LCD_HEIGHT-usTempY,229,LCD_HEIGHT-1,RED);
        LcdFill(171,121,228,LCD_HEIGHT-usTempY-1,WHITE);

        /* 3.显示数据 */
        LcdFill(42,90,122,106,WHITE);
        sprintf(buf,"%d.%d",usHumi/10,usHumi%10);
        strcat(buf,"%RH");
        LcdShowString(42,90,buf,GBLUE,WHITE);

        LcdFill(180,100,239,116,WHITE);
        sprintf(buf,"%d.%d℃",usTemp/10,usTemp%10);
        LcdShowString(180,100,buf,RED,WHITE);
    }
```

3. 下载验证

通过 NuLink 仿真下载器将程序下载到 SmartM-M451 旗舰板上后,LCD 屏显示当前的温度和湿度值,并用柱形图表示,如图 7.3.3 所示。

第 7 章 温湿度传感器

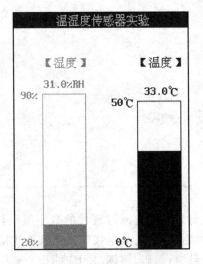

图 7.3.3 温湿度显示

第 8 章

红外编解码

8.1 简 介

遥控器是一种无线发射装置。它通过现代的数字编码技术,将按键信息进行编码,再通过红外线二极管发射光波,光波经接收机的红外线接收器将收到的红外信号转变成电信号,进入处理器进行解码,解调出相应的指令来控制机顶盒等设备以完成所需的操作。红外遥控器实物如图 8.1.1 所示。

8.1.1 红外遥控器原理

很多电器都采用红外线遥控,那么红外线遥控的工作原理是什么呢? 首先来看看什么是红外线。

人的眼睛能看到的可见光按波长从长到短排列,依次为红、橙、黄、绿、青、蓝、紫。其中红光的波长范围为 0.62~0.76 μm;紫光的波长范围为 0.38~0.46 μm。比紫光波长还短的光叫紫外线,比红光波长还长的光叫红外线。

红外线遥控就是利用波长为 0.76~1.5 μm 之间的近红外线来传送控制信号的。

常用的红外线遥控系统一般分为发射和接收两部分。

1. 发射部分

发射部分的主要元件为红外发光二极管,如图 8.1.2 所示。它实际上是一只特殊的发光二极管,由于其内部材料不同于普通发光二极管,因而当在其两端施加一定电压时,它便发出红外线,而不是可见光。

图 8.1.1 红外遥控器

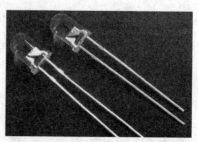

图 8.1.2 红外发射头

目前大量使用的红外发光二极管发出的红外线的波长为 940 nm 左右,其外形与普通发光二极管相同,只是颜色不同。

红外发光二极管一般有黑、深蓝和透明三种颜色。

判断红外发光二极管好坏的方法与判断普通二极管一样,用万用表电阻挡量一下红外发光二极管的正、反向电阻即可。

红外发光二极管的发光效率要用专门的仪器才能精确测定,在业余条件下只能采用拉距法来粗略判定。

2. 接收部分

接收部分的红外接收管是一种光敏二极管。

在实际应用中,要给红外接收二极管加反向偏压才能正常工作,亦即红外接收二极管在电路中应用时是反向应用的,只有这样才能获得较高的灵敏度。

红外接收二极管一般有圆形和方形两种。

由于红外发光二极管的发射功率一般都较小(15 mW 左右),所以红外接收二极管接收到的信号比较微弱,因此就要增加高增益放大电路。

前些年常采用 μPC1373H、CX20106A 等红外接收专用放大电路。最近几年不论是业余制作还是正式产品,大都采用成品红外接收头,如图 8.1.3 所示。

成品红外接收头的封装大致有两种:一种采用铁皮屏蔽,另一种采用塑料封装。它们均有三只引脚,即电源正(VDD)、电源负(GND)和数据输出(VO 或 OUT)。红外接收头的引脚排列因型号不同而不尽相同,可参考厂家的使用说明。成品红外接收头的优点

图 8.1.3 红外接收头

是不需要复杂的调试和外壳屏蔽,使用起来如同一只三极管,非常方便。但在使用时应注意成品红外接收头的载波频率。

红外遥控常用的载波频率为 38 kHz,这是由发射端所使用的 455 kHz 晶振来决定的。

在发射端要对晶振进行整数分频,分频系数一般取 12,所以 455 kHz ÷ 12 ≈ 37.9 kHz ≈ 38 kHz。也有一些遥控系统采用 36 kHz、40 kHz、56 kHz 等,一般由发射端晶振的振荡频率决定。

红外遥控的特点是不影响周边环境、不干扰其他电器设备。由于其无法穿透墙壁,故不同房间的家用电器可使用通用的遥控器而不会产生相互干扰;电路调试简单,只要按给定电路连接无误,一般无需任何调试即可投入工作;编解码容易,可进行多路遥控。

由于各生产厂家生产了大量红外遥控专用集成电路,需要时只要按图索骥即可,

因此,红外遥控在家用电器室内近距离(小于 10 m)遥控中得到了广泛应用。

多路控制的红外遥控系统的红外发射部分一般有许多按键,代表不同的控制功能。当发射端按下某一键时,相应地在接收端有不同的输出状态。

接收端的输出状态大致可分为脉冲、电平、自锁、互锁、数据 5 种形式。"脉冲"输出指当按发射端的按键时,接收端对应的输出端输出一个"有效脉冲",宽度一般在 100 ms 左右。"电平"输出指当按发射端的按键时,接收端对应的输出端输出"有效电平",当发射端松开键时,接收端的"有效电平"消失。此处的"有效脉冲"和"有效电平"可能是高,也可能是低,取决于相应输出引脚的静态状况,若静态时为低,则"高"为有效;若静态时为高,则"低"为有效。大多数情况下"高"为有效。"自锁"输出指发射端每按一次某一个键,接收端对应的输出端改变一次状态,即原来为高电平变为低电平,原来为低电平变为高电平。此种输出适合用作电源开关和静音控制等。有时亦称这种输出形式为"反相"。"互锁"输出指多个输出互相清除,在同一时间内只有一个输出有效。电视机的选台就属此种情况,其他还有调光、调速和音响的输入选择等。

"数据"输出指把一些发射键编上号码,利用接收端的几个输出形成一个二进制数来代表不同的按键。

一般情况下,接收端除了有几位数据输出外,还应有一位"数据有效"输出端,以便后级适时地取数据。这种输出形式一般用于与单片机或微机接口。

除了以上的输出形式外,还有"锁存"和"暂存"两种形式。所谓"锁存"输出指对发射端每次发生的信号,接收端对应的输出端予以"储存",直至收到新的信号为止。"暂存"输出与上述介绍的"电平"输出类似。

8.1.2 遥控距离的影响因素

影响遥控器遥控距离(Remote distance of RF Remote Control)的因素主要有如下几个:

1. 发射功率

发射功率大则距离远;但耗电大,容易产生干扰。

2. 接收灵敏度

接收器的接收灵敏度提高,可使遥控距离增大;但容易因受干扰而造成误动或失控。

3. 天　线

采用直线形天线,并且相互平行,可使遥控距离增大;但占据空间大。在使用中把天线拉长、拉直可增加遥控距离。

4. 高　度

天线越高,遥控距离越远;但会受到客观条件限制。

5. 阻　挡

目前使用的无线遥控器使用国家规定的UHF频段,其传播特性与光近似,直线传播,绕射较小,发射器与接收器之间若有墙壁阻挡则遥控距离将大打折扣;如果是钢筋混凝土墙壁,则由于导体对电波有吸收作用,使得影响更甚。

8.1.3　红外接收头

红外接收头的特性是:
- 为小型设计;
- 内置专用IC;
- 可宽角度及长距离接收;
- 抗干扰能力强;
- 能抵挡环境干扰光线;
- 可低电压工作。

红外接收头可应用于以下方面:
- 视听器材(音箱、电视、录影机、碟机);
- 家庭电器(冷气机、电风扇、电灯);
- 其他红外线遥控产品。

红外接收头实例如图8.1.4所示。

图 8.1.4　VS1838B 红外接收头

8.2　实验:红外捕捉

【实验要求】基于SmartM-M451系列开发板:开发板将接收到的红外遥控器的不同按键信息通过LCD屏进行反馈。

1. 硬件设计

(1) 红外发射头电路设计

红外发射头电路设计如图8.2.1所示。

红外发射头其实也是LED,其工作电流一般设计为几毫安至十几毫安。如果使用M4直接驱动则太勉强了,应以三极管放大后再驱动红外发射头。M4引脚与红外发射头引脚连接如表8.2.1所列。

(2) 红外接收头电路设计

红外接收头电路设计如图8.2.2所示。M4引脚与红外接收头引脚连接如表8.2.2所列。

第 8 章 红外编解码

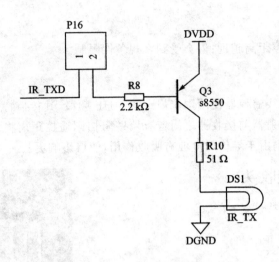

图 8.2.1 红外发射头电路设计

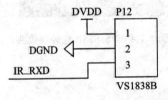

图 8.2.2 红外接收头电路设计

表 8.2.1 M4 引脚与红外发射头引脚连接

M4	红外发射头
PD15	IR_TXD

表 8.2.2 M4 引脚与红外接收头引脚连接

M4	红外接收头
PB2	IR_RXD

(3) 红外发射头和接收头的位置

红外发射头和接收头的位置分别如图 8.2.3 和图 8.2.4 所示。

图 8.2.3 红外发射头位置

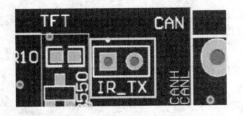

图 8.2.4 红外接收头位置

2. 软件设计

代码位置:\SmartM-M451\代码\进阶\【TFT】【红外发射】。

代码位置:\SmartM-M451\代码\进阶\【TFT】【红外接收】。

(1) 红外接收函数设计

a. 红外接收引脚初始化

由于接收红外信号的时间是任意时刻,因此有必要用到中断触发功能来保证接收红外信号的实时性,代码如程序清单 8.2.1 所列。

程序清单 8.2.1　IRInit 函数

```
/***********************************************
* 函数名称:IRInit
* 输入:无
* 输出:无
* 功能:红外接收初始化
***********************************************/
VOID IRInit(VOID)
{
    /*   使能 PB.2 引脚中断功能,触发方式为下降沿触发   */
    GPIO_SetMode(PB,BIT2,GPIO_MODE_INPUT);
    GPIO_EnableInt(PB,2,GPIO_INT_FALLING);

    /*   使能 PORTB 的中断请求   */
    NVIC_EnableIRQ(GPB_IRQn);
}
```

b. PORTB 中断服务函数

PORTB 中断服务函数用于记录 PB.2 引脚触发中断的次数,并保存到 g_ucIRCount 变量中,代码如下。

程序清单 8.2.2　PORTB 中断服务函数

```
/***********************************************
* 函数名称:GPB_IRQHandler
* 输入:无
* 输出:无
* 功能:PORTB 中断服务函数
***********************************************/
void GPB_IRQHandler(void)
{
    /*   检查 PB.2 引脚是否产生中断   */
    if(GPIO_GET_INT_FLAG(PB,BIT2))
    {
        GPIO_CLR_INT_FLAG(PB,BIT2);

        /*   记录中断次数   */
```

第 8 章 红外编解码

```
            g_ucIRCount ++;
    }
    else
    {
        /*    若没有期待的中断,则清空当前 PORTB 引脚的所有中断标志位 */
        PB->INTSRC = PB->INTSRC;
    }
}
```

c. main 函数

在 while(1)循环中检查 g_vbTimer0Event 是否置 1,若被置 1,则定时器 0 到达 1 s 定时,接着判断 g_ucIRCount 数值的大小,若小于 5,则为信号不良;若大于或等于 5,则为信号良好,并将红外接收计数值 g_ucIRCount 和信号状态显示到 LCD 屏幕上,代码如程序清单 8.2.3 所列。

程序清单 8.2.3　main 函数

```
/*******************************************
* 函数名称:main
* 输入:无
* 输出:无
* 功能:函数主体
********************************************/
int32_t main(void)
{
    UINT8 buf[32] = {0};

    PROTECT_REG
    (
        /*    系统时钟初始化 */
        SYS_Init(PLL_CLOCK);

        /* 使能定时器 0~定时器 3 的时钟模块 */
        CLK_EnableModuleClock(TMR0_MODULE);

        /* 设置定时器 0 的时钟模块 */
        CLK_SetModuleClock(TMR0_MODULE,CLK_CLKSEL1_TMR0SEL_HXT,0);
    )

    /* 初始化所有涉及 SPI0 的片选引脚 */
    SPI0_CS_PIN_RST();
```

```c
/*      LCD 初始化 */
LcdInit(LCD_FONT_IN_FLASH,LCD_DIRECTION_180);
LCD_BL(0);
LcdCleanScreen(BLACK);

/*      W25Q64 初始化 */
while(disk_initialize(FATFS_IN_FLASH))
{
    Led1(1);Delayms(500);
    Led1(0);Delayms(500);
}


/*      挂载 W25Q64 */
f_mount(FATFS_IN_FLASH,&g_fs[0]);


/*      IR 初始化 */
IRInit();

/*      显示标题 */
LcdFill(0,0,LCD_WIDTH-1,20,RED);
LcdShowString(80,3,"红外接收实验",YELLOW,RED);

/*      设置定时器 0 为定时计数模式且 1 秒内产生 1 次中断 */
TIMER_Open(TIMER0,TIMER_PERIODIC_MODE,1);

/*      使能定时器 0 中断 */
TIMER_EnableInt(TIMER0);

/*      使能定时器 0 嵌套向量中断 */
NVIC_EnableIRQ(TMR0_IRQn);

/*      启动定时器 0 开始计数 */
TIMER_Start(TIMER0);

/*      PD15 输出模式 */
GPIO_SetMode(PD,BIT15,GPIO_MODE_OUTPUT);


while(1)
{
```

```c
/* 检查当前是否已经产生了定时器中断 */
if(g_vbTimer0Event)
{
    g_vbTimer0Event = FALSE;

    IRIRQDisable();

    LcdFill(60,120,LCD_WIDTH-1,180,BLACK);

    /* 检测计数值,默认 20 */
    if(g_ucIRCount<5)
    {
        Bell(1);

        LcdShowString(75,120,"红外信号不良",RED,BLACK);

    }
    else
    {
        Bell(0);

        LcdShowString(75,120,"红外信号良好",GREEN,BLACK);

    }

    /* 显示计数值 */
    sprintf(buf,"红外接收计数值:%d",g_ucIRCount);

    g_ucIRCount = 0;

    LcdShowString(60,160,buf,GBLUE,BLACK);

    IRIRQEnable();

}
}
```

(2) 红外发射函数设计

a. 红外发射函数的编写

红外发射头发射的是 38 kHz 频率红外信号,单个周期为 1/38 kHz≈26 μs,则单个周期内高电平持续 13 μs,低电平持续 13 μs,编写代码如程序清单 8.2.4 所列。

程序清单 8.2.4　红外发射函数

```
/*********************************************
* 函数名称:IRSendPulseHigh
* 输入:t      -输出时间
* 输出:无
* 功能:输出红外脉冲
*********************************************/
VOID IRSendPulseHigh(UINT16 t)
{
    UINT16 i;
    UINT16 j = t/26;

    /* 发送红外脉冲 */
    for(i = 0;i<j;i++)
    {
        IR_SEND_PIN(1);
        Delayus(13);
        IR_SEND_PIN(0);
        Delayus(13);
    }
}
```

b. main 函数

在 while(1) 循环中,实现每隔 50 ms 发送一次红外脉冲信号,代码如程序清单 8.2.5 所列。

程序清单 8.2.5　main 函数

```
/*********************************************
* 函数名称:main
* 输入:无
* 输出:无
* 功能:函数主体
*********************************************/
int32_t main(void)
{

    PROTECT_REG
    (
        /* 系统时钟初始化 */
        SYS_Init(PLL_CLOCK);

        /* 串口初始化 */
```

```
        UART0_Init(115200);
)

SPI0_CS_PIN_RST();

Delayms(1000);

/*    LED 初始化 */
LedInit();

/*    XPT2046 初始化 */
XPTSpiInit();

/*    LCD 初始化 */
LcdInit(LCD_FONT_IN_FLASH,LCD_DIRECTION_180);
LCD_BL(0);
LcdCleanScreen(BLACK);


while(disk_initialize(FATFS_IN_FLASH))
{
    Led1(1);Delayms(500);
    Led1(0);Delayms(500);
}

/*    挂载 SPI Flash */
f_mount(0,&g_fs[0]);


/*    IR初始化 */
IRInit();

LcdFill(0,0,LCD_WIDTH-1,20,RED);
LcdShowString(80,3,"红外发射实验",YELLOW,RED);
LcdShowString(50,160,"正在发射红外信号...",GREEN,BLACK);

while(1)
{

    IRSendPulse(260);
    Delayms(50);
}
}
```

3. 下载验证

(1) 红外接收端

通过 NuLink 仿真下载器将程序下载到 SmartM-M451 旗舰板上后，LCD 屏显示当前红外信号的状态和红外接收信号的计数值，如图 8.2.5 所示，板载的红外接收头必须朝向对方的红外发射头。

当使用配送的遥控器或者另外的 M4 开发板发射红外信号时，接收端对红外信号进行计数，并显示红外信号的状态，如图 8.2.6 所示。

图 8.2.5 红外信号不良

图 8.2.6 红外信号良好

(2) 红外发射端

通过 NuLink 仿真下载器将程序下载到另外一块 SmartM-M451 旗舰板上后，LCD 屏显示"正在发射红外信号…"，如图 8.2.7 所示，此时红外发射头必须对着对方的红外接收头。

图 8.2.7 红外发射信号

8.3 NEC 协议

现有的红外遥控包括两种方式：PWM（脉冲宽度调制）和 PPM（脉冲位置调制）。两种形式编码的代表分别为 NEC 和 PHILIPS 的 RC-5、RC-6，以及将来的 RC-7。

PWM：以发射红外载波的占空比表示"0"和"1"。为了节省能量，一般情况下，发射红外载波的时间固定，通过改变不发射载波的时间来改变占空比。例如常用的电视遥控器，TOSHIBA 的 TC9012，其引导码为载波发射 4.5 ms，不发射 4.5 ms；其"0"为载波发射 0.56 ms，不发射 0.565 ms；其"1"为载波发射 0.56 ms，不发射 1.69 ms。

PPM：以发射载波的位置表示"0"和"1"。从发射载波到不发射载波为"0"，从不发射载波到发射载波为"1"。其发射载波和不发射载波的时间相同，都为 0.68 ms，也就是发射每位的时间是固定的。

1. VS1838B 红外接收头

脉冲宽度调制方式的遥控芯片，其典型代表为 VS1838B，其他类型的芯片都大同小异。这里就以 VS1838B 红外接收头进行分析。VS1838B 内含高速、高灵敏度 PIN 光电二极管，以及低功耗、高增益前置放大 IC，采用环氧树脂封装，外加外屏蔽抗干扰设计，如图 8.1.4 所示。该产品已经通过 REACH 和 SGS 认证，属于环保产品，在红外遥控系统中作为接收器使用。

VS1838B 红外接收头的特性是：
- 环氧树脂封装，外加外屏蔽抗干扰设计；
- 宽工作电压，为 2.7~5.5 V；
- 低功耗，宽角度及长距离接收；
- 抗干扰能力强，能抵挡环境干扰；
- 输出匹配 TTL、CMOS 电平，低电平有效。

VS1838B 红外接收头可应用于以下方面：
- 视听器材（音箱、电视、DVD、卫星接收机等）；
- 家用电器（空调、电风扇、灯饰等）；
- 其他红外线遥控产品。

2. NEC 协议概述

(1) NEC 协议载波：38 kHz

红外发射端的逻辑"1"和逻辑"0"的表示如图 8.3.1 所示。

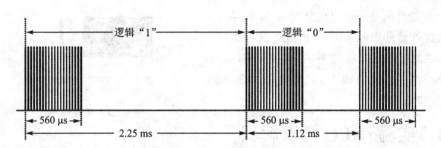

图 8.3.1 红外发射的逻辑"1"和逻辑"0"

逻辑"1"的时长为 2.25 ms，脉冲时间为 560 μs；逻辑"0"的时长为 1.12 ms，脉冲时间为 560 μs。所以可根据脉冲时间的长短来解码。同时推荐红外发射的载波占空比为1/3～1/4。

(2) NEC 协议格式

NEC 协议格式如图 8.3.2 所示。

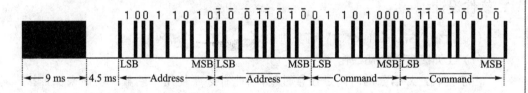

图 8.3.2 NEC 协议格式

首次红外发射端发送的是 9 ms 的红外脉冲，其后是 4.5 ms 的无红外脉冲，接下来就是 8 位的地址码 Address(Address 从低有效位开始发)，而后是 8 位的地址码的反码$\overline{\text{Address}}$(Address 主要用于校验是否出错)，然后是 8 位的命令码 Command (Command 也是从低有效位开始发)，而后也是 8 位 的命令码的反码$\overline{\text{Command}}$($\overline{\text{Command}}$主要用于校验是否出错)。

以上是一个正常的序列，但可能存在一种情况：如果一直按着一个键，则发送的是以 110 ms 为周期的重复码，如图 8.3.3 所示，也就是说，在发送一次命令码之后，不会再发送命令码，而是每隔 110 ms 时间发送一段重复码。重复码格式如图 8.3.4 所示。

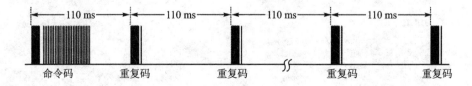

图 8.3.3 持续按键下的重复码

第8章 红外编解码

重复码由 9 ms 的红外脉冲和 2.25 ms 的无红外脉冲以及 560 μs 的红外脉冲组成。

注意：为了提高接收灵敏度，VS1838B 红外一体接收头的输入为"高电平"，输出为相反的"低电平"。

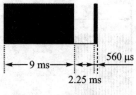

图 8.3.4 重复码格式

8.4 实验：NEC 协议解码

【实验要求】基于 SmartM-M451 系列开发板：开发板将接收到的红外遥控器的不同按键信息通过 LCD 屏进行反馈。

1. 硬件设计

参考"8.2 实验：红外捕捉"章节中的硬件设计内容。

2. 软件设计

代码位置：\SmartM-M451\代码\进阶\【TFT】【红外解码】。

(1) 红外接收引脚初始化

由于接收红外信号的时间是任意时刻，因此有必要使用中断触发功能来保证接收红外信号的实时性，代码如程序清单 8.2.1 所列。

(2) 红外解码

该函数将红外接收引脚接收到的高、低电平进行解码，以捕获引导码、地址码和命令码，代码如程序清单 8.4.1 所列。

程序清单 8.4.1 红外解码

```
/************************************
* 函数名称：IRDecode
* 输入：无
* 输出：无
* 功能：红外解码
************************************/
VOID IRDecode(VOID)
{
    UINT8 ucIRBuf[4];
    UINT8 ucTimeouts = 0;
    UINT8 i,j;

    /*     开始判断是否为 NEC 波形引导码的前 9 ms 和后 4.5 ms */
    ucTimeouts = 0;              //计数时间清 0
```

```c
while(!IR1_PIN)
{
    /*    调用 0.1 ms 延时计数,每调用 ucTimeouts 一次加 1 */
    Delayus(100);
    ucTimeouts ++;
}

/*    NEC 引导码前 9 ms,ucTimeouts 约等于 90,给一个误差值,用 80~100 之间来判断 */
if(ucTimeouts<80 || ucTimeouts>100)
{
    return;
}

ucTimeouts = 0;

while(IR1_PIN)
{
    /*    调用 0.1 ms 延时计数,每调用 ucTimeouts 一次加 1 */
    Delayus(100);
    ucTimeouts ++;

    /*    NEC 引导码的后 4.5 ms,ucTimeouts 约等于 5 ms */
    if(ucTimeouts>50)
    {
        return;
    }
}

/*    NEC 引导码的后 4.5 ms,ucTimeouts 约等于 4 ms */
if(ucTimeouts<40)
{
    return;
}

/*    开始接收 4 字节内容 */
for(i = 0;i<4;i ++)
{
    for(j = 0;j<8;j ++)
    {
        /*    低电平开始,等待高电平接收    */
        while(!IR1_PIN);
```

第 8 章　红外编解码

```
        ucTimeouts = 0;

        /*    高电平开始,等待低电平接收 */
        while(IR1_PIN)
        {
            /*    调用 0.1 ms 延时计数,每调用 ucTimeouts 一次加 1 */
            Delayus(100);
            ucTimeouts ++;

            if(ucTimeouts>20)
            {
                return;
            }
        }

        ucIRBuf[i]>> = 1;

        if(ucTimeouts>10)
        {
            ucIRBuf[i]|= 0x80;
        }

    }
}

/* 接收数据成功 */
g_ucIRData = ucIRBuf[2];

g_bIRRecvEnd = TRUE;
}
```

(3) 获取红外接收的数据

当 IRDecode 函数解码成功后,IRDataGet 将成功返回红外接收的"数据-命令码",代码如程序清单 8.4.2 所列。

程序清单 8.4.2　IRDataGet 函数

```
/*****************************************
* 函数名称:IRDataGet
* 输入:pBuf      -接收数据缓冲区
* 输出:  TRUE    -成功
```

```
          FAlSE  -失败
*功能：获取红外接收的数据
******************************************/
BOOL IRDataGet(UINT8 * pBuf)
{
    if(g_bIRRecvEnd == FALSE)
    {
        return FALSE;
    }

    *pBuf = g_ucIRData;

    g_bIRRecvEnd = FALSE;

    return TRUE;
}
```

（4）绘制界面

开发板配套使用的红外遥控器如图 8.4.1 所示。

虽然可以通过 IRDecode 红外解码函数知道数据的结果，但为了能更直观地识别哪个按键被按下，这里通过 LCD 屏模拟了遥控器的外观，如图 8.4.2 所示。

图 8.4.1　遥控器外观图

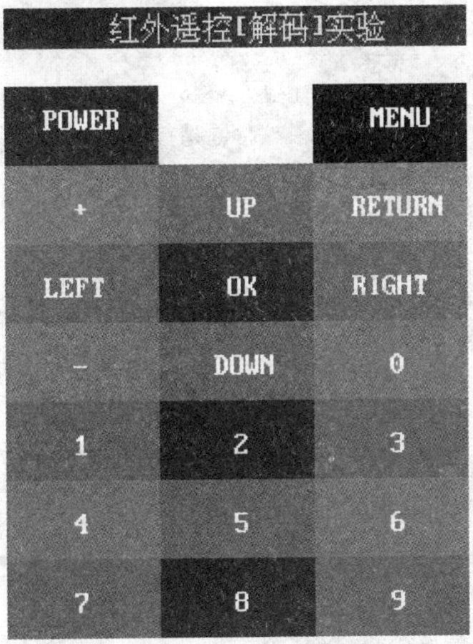

图 8.4.2　LCD 模拟遥控器外观图

第8章 红外编解码

针对 LCD 屏模拟遥控器,有必要编写其相关函数。由于按键过多,同时代码又都基本相同,所以这里只列出几个函数,更多的函数请查看源代码。具体代码如下。

程序清单 8.4.3　LcdKeyPower、LcdKeyMenu、LcdKeyAdd 等函数

```
/*******************************************
* 函数名称:LcdKeyPower
* 输入:b    - 该按键是否按下
* 输出:无
* 功能:LCD 显示 Power 键
*******************************************/
VOID LcdKeyPower(BOOL b)
{
    if(b)
    {
        LcdFill(0,40,79,79,BLACK);
        Delayms(1000);Delayms(500);

    }

    LcdFill(0,40,79,79,RED);
    LcdShowString(20,50,"POWER",WHITE,RED);
}
/*******************************************
* 函数名称:LcdKeyMenu
* 输入:b    - 该按键是否按下
* 输出:无
* 功能:LCD 显示 Menu 键
*******************************************/
VOID LcdKeyMenu(BOOL b)
{
    if(b)
    {
        LcdFill(160,40,239,79,BLACK);
        Delayms(1000);Delayms(500);

    }

    LcdFill(160,40,239,79,BLUE);
    LcdShowString(190,50,"MENU",WHITE,BLUE);
}
/*******************************************
* 函数名称:LcdKeyAdd
```

```
* 输入:b    - 该按键是否按下
* 输出:无
* 功能:LCD 显示'+'键
*********************************************/
VOID LcdKeyAdd(BOOL b)
{
    if(b)
    {
        LcdFill(0,80,79,119,BLACK);
        Delayms(1000);Delayms(500);
    }

    LcdFill(0,80,79,119,GREEN);

    LcdShowString(35,95,"+",WHITE,GREEN);
}
```

(5) main 函数

在 main 函数中,通过判断 IRDataGet 是否成功来得到红外数据,若成功得到了红外数据,则通过 LCD 屏显示接收到的数据,同时反馈 LCD 屏模拟红外遥控器按键的状态,代码如下。

程序清单 8.4.4 main 函数

```
/*********************************************
* 函数名称:main
* 输入:无
* 输出:无
* 功能:函数主体
*********************************************/
int32_t main(void)
{
    UINT8 buf[32] = {0};
    UINT8 ucIRData = 0;

    PROTECT_REG
    (
    /*    系统时钟初始化 */
    SYS_Init(PLL_CLOCK);
    )

    /*    初始化所有涉及 SPI0 的片选引脚 */
    SPI0_CS_PIN_RST();
```

```c
/*      LCD 初始化  */
LcdInit(LCD_FONT_IN_FLASH,LCD_DIRECTION_180);
LCD_BL(0);
LcdCleanScreen(WHITE);

/*      W25Q64 初始化  */
while(disk_initialize(FATFS_IN_FLASH))
{
    Led1(1);Delayms(500);
    Led1(0);Delayms(500);
}


/*      挂载 W25Q64  */
f_mount(FATFS_IN_FLASH,&g_fs[0]);

/*      IR 初始化  */
IRInit();

/*      显示标题  */
LcdFill(0,0,LCD_WIDTH-1,20,RED);
LcdShowString(55,3,"红外遥控[解码]实验",YELLOW,RED);

/*      显示模拟按键  */
LcdKeyRst();

while(1)
{
    /*      检查是否接收到红外数据  */
    if(IRDataGet(&ucIRData))
    {
        IRIRQDisable();

        /*  显示接收到的命令码  */
        sprintf(buf,"数据:%02X",ucIRData);

        LcdShowString(90,20,buf,RED,WHITE);

        /*  显示遥控器哪个按键被按下  */
        if(ucIRData == 0x00) LcdKeyPower(TRUE);
        if(ucIRData == 0x02) LcdKeyMenu(TRUE);
```

```
            if(ucIRData == 0x04) LcdKeyAdd(TRUE);
            if(ucIRData == 0x05) LcdKeyUp(TRUE);
            if(ucIRData == 0x06) LcdKeyReturn(TRUE);

            if(ucIRData == 0x08) LcdKeyLeft(TRUE);
            if(ucIRData == 0x09) LcdKeyOK(TRUE);
            if(ucIRData == 0x0A) LcdKeyRight(TRUE);

            if(ucIRData == 0x0C) LcdKeyReduce(TRUE);
            if(ucIRData == 0x0D) LcdKeyDown(TRUE);
            if(ucIRData == 0x0E) LcdKey0(TRUE);

            if(ucIRData == 0x10) LcdKey1(TRUE);
            if(ucIRData == 0x11) LcdKey2(TRUE);
            if(ucIRData == 0x12) LcdKey3(TRUE);

            if(ucIRData == 0x14) LcdKey4(TRUE);
            if(ucIRData == 0x15) LcdKey5(TRUE);
            if(ucIRData == 0x16) LcdKey6(TRUE);

            if(ucIRData == 0x18) LcdKey7(TRUE);
            if(ucIRData == 0x19) LcdKey8(TRUE);
            if(ucIRData == 0x1A) LcdKey9(TRUE);

            IRIRQEnable();

        }
    }
}
```

3. 下载验证

通过 NuLink 仿真下载器将程序下载到 SmartM-M451 旗舰板上后，LCD 屏显示模拟遥控器界面，如图 8.4.2 所示。

当在配送的遥控器上按下任意键时，模拟遥控器按键会变为黑色以表示对应遥控器按下的按键，例如若按下遥控器的方向左键，则 LCD 屏幕显示遥控器界面中的"LEFT"键变为黑色，并显示接收到的数据为"08"，如图 8.4.3 所示。

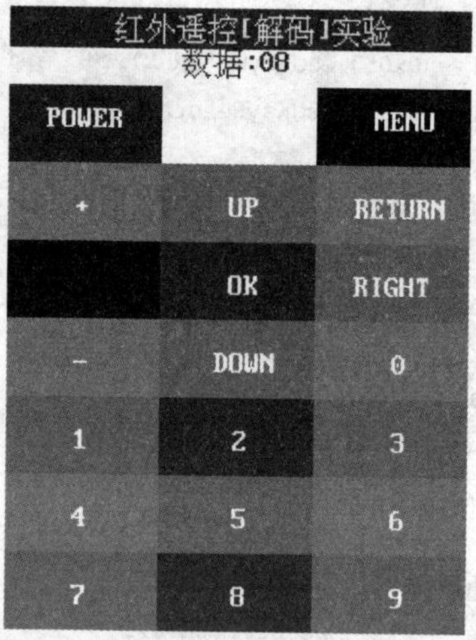

第 8 章 红外编解码

图 8.4.3 显示按下的按键和数据

第9章

音乐播放器及录音机

MP3、MP4 及数码相机曾经是奢侈品,但是随着科技的发展,这些东西已成为普通手机的附属品。而作为"手艺人",了解这些高性能芯片则是很有必要的,因为了解它既拓展了自己的眼界,也提升了自己对嵌入式系统的认识。在 SmartM-M451 旗舰板上就搭载了一颗高性能 MP3 音乐播放器芯片 VS1053,这是一款真正的数字产品,还可以作为录音机使用。音乐播放器的实例如图 9.1.1 所示。

图 9.1.1 音乐播放器

9.1 VS1053 简介

VS1053 是继 VS1003 后荷兰公司 VLSI 出品的又一款高性能解码芯片。该芯片可以实现对 MP3/OGG/WMA/FLAC/WAV/AAC/MIDI 等音频格式的解码,同时还可以支持 ADPCM/OGG 等格式的编码,性能相对以往的 VS1003 提升不少。VS1053 拥有 1 个高性能的 DSP 处理器核 VS_DSP,16 KB 的指令 RAM,0.5 KB 的数据 RAM,通过 SPI 控制,具有 8 个可用的通用 I/O 口和 1 个串口,芯片内部还带有 1 个可变采样率的立体声 ADC(支持咪头/咪头+线路/2 线路)、1 个高性能立体声 DAC 及音频耳机放大器。

VS1053 的特性如下:

- 支持众多音频格式解码,包括 OGG/MP3/WMA/WAV/FLAC(需要加载 patch)/MIDI/AAC 等。
- 支持对话筒输入或线路输入的音频信号进行 OGG(需要加载 patch)/IMA ADPCM 编码。
- 高低音控制。
- 带有 EarSpeaker 空间效果(用耳机虚拟现场空间效果)。
- 单时钟操作频率为 12~13 MHz。
- 带有内部 PLL 锁相环时钟倍频器。
- 低功耗。

第 9 章　音乐播放器及录音机

- 内含高性能片上立体声 DAC，两声道间无相位差。
- 支持过零交差侦测和平滑的音量调整。
- 内含能驱动 30 Ω 负载的耳机驱动器。
- 可模拟、数字、I/O 单独供电。
- 带有为用户代码和数据准备的 16 KB 片上 RAM。
- 带有可扩展外部 DAC 的 I^2S 接口。
- 带有用于控制和传输数据的串行接口(SPI)。
- 可被用作微处理器的从机。
- 带有特殊应用的 SPI Flash 引导。
- 带有供调试使用的 UART 接口。
- 新功能可通过软件和 8 个 GPIO 口来添加。

VS1053 相对于其前辈 VS1003，增加了对编解码格式的支持（比如支持 OGG/FLAC 和 OGG 编码，但 VS1003 不支持）；增加了 GPIO 口的数量，达到 8 个（VS1003 只有 4 个）；增加了内部指令的 RAM 容量，达到 16 KB（VS1003 只有 5.5 KB）；增加了 I^2S 接口（VS1003 没有）；支持 EarSpeaker 空间效果（VS1003 不支持），等等。同时，VS1053 的 DAC 相对于 VS1003 有很大提高，对于同样的歌曲，用 VS1053 播放时听起来的效果比用 VS1003 播放时好得多。

VS1053 的引脚封装与 VS1003 的完全兼容，所以如果以前用的是 VS1003，则只需把 VS1003 换成 VS1053 即可实现硬件更新，而电路板完全不用修改。不过需要注意的是，VS1003 的 CVDD 是 2.5 V，而 VS1053 的 CVDD 是 1.8 V，所以还需把稳压芯片也变一下，其他都可以照旧。

VS1053 通过 SPI 接口来接收输入的音频数据流，它可以是一个系统的从机，也可以作为独立的主机，这里只把它当作从机使用。通过 SPI 口向 VS1053 不停地输入音频数据，会自动解码，然后从输出通道输出音乐，这时接上耳机就能听到所播放的歌曲了。

SmartM-M451 旗舰开发板自带了一颗 VS1053 音频编解码芯片，所以，可直接通过开发板来播放各种音频格式的音乐，实现一个音乐播放器。

9.2　实　验

9.2.1　简易播放器

【实验要求】基于 SmartM-M451 系列开发板：播放 SD 卡中的 MP3 文件，并能通过触摸屏切换歌曲，调整播放音量。

1. 硬件设计

VS1053 的控制电路设计如图 9.2.1 所示，VS1053 通过 7 根线与 MCU 连接，分别是：SPI_MISO、SPI_MOSI、SPI_CLK、VS_XCS、VS_XDCS、VS_DREQ 和 VS_RST。这 7 根线与 MCU 的连接关系如表 9.2.1 所列。

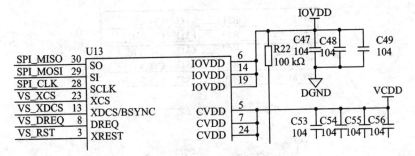

图 9.2.1　VS1053 的控制电路设计

表 9.2.1　M4 与 VS1053 引脚连接

M4	VS1053
PB5	SPI_MOSI
PB6	SPI_MISO
PB7	SPI_CLK
PE1	VS_XCS
PE2	VS_XDCS
PE3	VS_DREQ
PD10	VS_RST

VS1053 的左、右声道输出引脚为 MP3_LEFT 和 MP3_RIGHT，如图 9.2.2 所示。

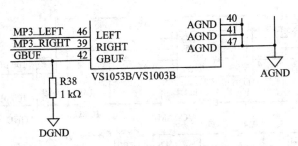

图 9.2.2　VS1053 声音输出

结合图 9.2.2、图 9.2.3 和图 9.2.4，当 VS1053 连接到音频选择器(74HC4052)上时，MP3_LEFT 和 MP3_RIGHT 都要串联一个 1 kΩ 的电阻，以防输入到功放的信号发生瞬间突变而产生高电位,损坏功放 IC,比如前级的运放在通电或掉电的瞬间很容易产生冲击信号,如果没有这个 1 kΩ 电阻,IC 就有可能损坏。另外,1 kΩ 的电阻在这里并不算大,甚至为了使输入到功放 IC 的电压不会太高而用到 4.7 kΩ。通常功放 IC 的输入阻抗大于 20 kΩ,所以串联一个 1 kΩ 电阻后,根据分压公式,对输入到功放 IC 的电压影响很小。

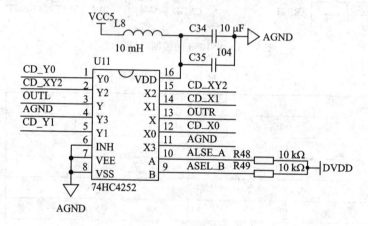

图 9.2.3　VS1053 左/右声道限流

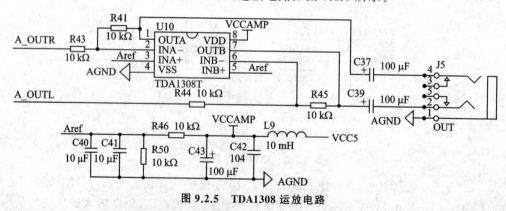

图 9.2.4　音频选择器

图 9.2.4 中的 OUTR 和 OUTL 是来自音频选择器(74HC4052)的输出端。当 VS1053 进行音频输出时,CD_Y0 和 CD_X0 作为音频选择器的输入端。音频选择器(74HC4052)与耳机驱动(TDA1308)的连接电路如图 9.2.5 所示。

图 9.2.5　TDA1308 运放电路

第 9 章 音乐播放器及录音机

由于当前的音频电路较为复杂,故这里再作总体的描述。SmartM-M451 旗舰开发板选择 74HC4052 来做音频选择器。74HC4052 是一个 4 路输入、2 路输出的模拟选择器,可实现 4 组立体声源的切换。SmartM-M451 旗舰开发板上有 3 路音源输出:FM 收音机、MP3(VS1053)输出、PWM DAC 输出,可通过 74HC4052 实现对这 3 路音源的切换。图 9.2.4 中的 ASEL_A 和 ASEL_B 是其控制信号,分别连接到 M4 的 PE12 和 PE13 引脚上,用于控制音源切换。OUTL 和 OUTR 是 74HC4052 的输出端,被分为两路,一路接到 FM 发射的音频输入端,另一路接到耳机驱动的输入端(A_OUTR 和 A_OUTL,见图 9.2.5)。TDA1308T 是一款性能十分优异(秒杀 TDA2822、TDA7050 等)的 AB 类数字音频专用耳放 IC,SmartM-M451 旗舰开发板搭载这颗耳机驱动芯片,其 MP3 播放的音质可以打败市面上很多中低端的 MP3 播放器。A_OUTR 和 A_OUTL 是来自 74HC4052 的输出信号,作为 TDA1308 的输入端,经过 TDA1308T 驱动后,输出到耳机插座。在硬件上并不需要做其他变动,只需将耳机插到开发板的耳机插口,将开发板板载的天线拉出来,然后下载本章的实验例程,就可以听广播了。

在图 9.2.1 中,VS_RST 是 VS1053 的复位信号线,低电平有效。VS_DREQ 数据请求信号线,用来通知主机 VS1053 是否可以接收数据。SPI_MISO、SPI_MOSI 和 SPI_CLK 则是 VS1053 的 SPI 接口,并在 VS_XCS 和 VS_XDCS 的控制下执行不同的操作。VS1053 的 SPI 支持两种模式:

- VS1002 有效模式(即新模式)。
- VS1001 兼容模式。

这里仅介绍 VS1002 有效模式(此模式也是 VS1053 的默认模式)。表 9.2.2 是在新模式下 VS1053 的 SPI 信号线功能描述。

表 9.2.2 VS1053 的 SPI 信号线功能描述

SDI 引脚	SCI 引脚	说 明
XDCS	XCS	低有效的片选信号。 高电平将强制串行接口结束当前操作,并进入备用模式,它将强行使串行输出/输入处于高阻状态。若将 VS1053 设置为共享 SPI 模式,则不使用 XDCS 引脚。XDCS 引脚信号可通过将 XCS 反向来获得
SCK		串行时钟输入。 此时钟也是作用于内部寄存器接口的主时钟。SCK 电平在平常可以是脉状或平静的。不管在哪种情况下,只要在 XCS 信号变低后,首个时钟上升沿就被定义为首个位
SI		串行输入。如果片选有效,则 SI 在时钟 SCK 的上升沿上取样
—	SO	串行输出。 在读取时,数据逐位移动输出在时钟 SCK 的下降沿上。而在写入时,则处于高阻态

第 9 章 音乐播放器及录音机

VS1053 的 SPI 数据传送分为 SDI 和 SCI，分别用来传输数据和命令。SDI 和前面介绍的 SPI 协议一样，只不过 VS1053 的数据传输是通过 DREQ 控制的，主机在判断 DREQ 有效（高电平）之后直接发送即可（一次可发送 32 字节）。这里重点介绍一下 SCI。SCI 串行总线命令接口包含一个指令字节、一个地址字节和一个 16 位的数据字。读/写操作可读/写单个寄存器，在 SCK 的上升沿读出数据位，所以主机必须在下降沿刷新数据。SCI 的字节数据总是高位在前、低位在后。第一个指令字节只有 2 个指令，也就是读和写，读为 0x03，写为 0x02。

一个典型的 SCI 读时序如图 9.2.6 所示。

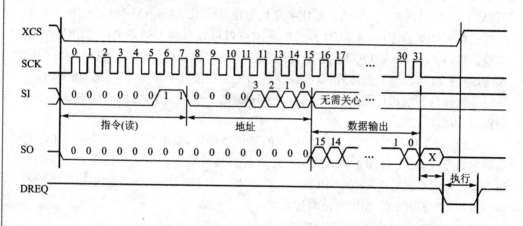

图 9.2.6　SCI 读时序

从图 9.2.6 可以看出，VS1053 使用下列时序对寄存器进行读取操作。首先，XCS 信号线被拉到低电平来片选此设备；随后，将读取操作码（0x3）加上 8 位宽度的地址组成的 16 位字通过 SI 信号线发送到设备；在地址被读取之后，SI 信号线上发送的任何数据都将被芯片忽略；而被确认的地址中的 16 位宽度数据将在 SO 信号线上移动输出。

XCS 信号应当在数据移动送出之后驱动到高电平。

DREQ 在读取操作期间会被芯片短暂地拉到低电平，这是非常短的时间，并不需要去关注。

SCI 的写时序如图 9.2.7 所示。

写入 VS1053 的寄存器的操作要使用如图 9.2.7 所示的顺序。XCS 信号线先下拉到低电平选中该设备。将写操作码（0x2）加上 8 位地址组成的 16 位字通过 SI 信号线发送到 VS1053。

在这个数据字移位发送的最后一个时钟结束之后，XCS 应该上拉到高电平来结束这个写入顺序。

在最后一个位元发送结束后，在这个寄存器被更新期间，DREQ 引脚会被拉到

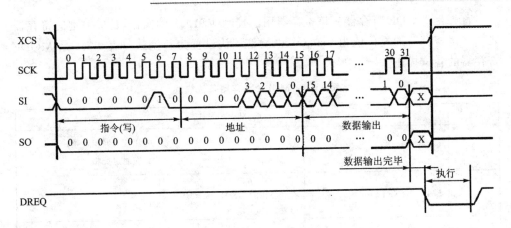

图 9.2.7 SCI 写时序

低电平并维持此状态,即图中标识为"执行"的部分,维持时间的长短依赖于各寄存器和它所包含的内容。

VS1053 的 SPI 读/写需要集合 SCI 寄存器,其所有 SCI 寄存器如表 9.2.3 所列。

表 9.2.3 常用 SCI 寄存器

寄存器	类型	复位值	缩写	描述
0x00	R/W	0x0800	MODE	模式控制
0x01	R/W	0x000C	STATUS	VS1053 状态
0x02	R/W	0x0000	BASS	内置低音/高音控制
0x03	R/W	0x0000	CLOCKF	时钟频率+倍频数
0x04	R/W	0x0000	DECODE_TIME	解码时间长度(秒)
0x05	R/W	0x0000	AUDATA	各种音频数据
0x06	R/W	0x0000	WRAM	RAM 写/读
0x07	R/W	0x0000	WRAMADDR	RAM 写/读的基址
0x08	R	0x0000	HDAT0	流的数据标头 0
0x09	R	0x0000	HDAT1	流的数据标头 1
0x0A	R/W	0x0000	AIADDR	应用程序起始地址
0x0B	R/W	0x0000	VOL	音量控制
0x0C	R/W	0x0000	AICTRL0	应用控制寄存器 0
0x0D	R/W	0x0000	AICTRL1	应用控制寄存器 1
0x0E	R/W	0x0000	AICTRL2	应用控制寄存器 2
0x0F	R/W	0x0000	AICTRL3	应用控制寄存器 3

VS1053 总共有 16 个 SCI 寄存器,这里不介绍全部,仅介绍几个本章需要用到的寄存器。

第 9 章 音乐播放器及录音机

首先是 MODE 寄存器。该寄存器用于控制 VS1053 的操作,是最关键的寄存器之一。该寄存器的复位值为 0x0800,也就是默认设置为新模式。表 9.2.4 是 MODE 寄存器的各位描述。

表 9.2.4 MODE 寄存器各位描述

位	名 称	功 能	描 述
0	SM_DIFF	差分	0:正常的同相音频; 1:左通道反相
1	SM_LAYER12	允许 MPEG I&II	0:不允许; 1:允许
2	SM_RESET	软件复位	0:不复位; 1:复位
3	SM_CANCEL	取消当前文件的解码	0:不取消; 1:取消
4	SM_EARSPEAKER_LO	EarSpeaker 低设定	0:关闭; 1:激活
5	SM_TEST	允许 SDI 测试	0:禁止; 1:允许
6	SM_STREAM	流模式	0:不是; 1:是
7	SM_EARSPEAKER_HI	EarSpeaker 高设定	0:关闭; 1:激活
8	SM_DACT	DCLK 的有效边沿	0:上升沿; 1:下降沿
9	SM_SDIORD	SDI 位顺序	0:MSB 在前; 1:MSB 在后
10	SM_SDISHARE	共享的 SPI 片选	0:不共享; 1:共享
11	SM_SDINEW	VS1002 本地 SPI 模式	0:非本地模式; 1:本地模式
12	SM_ADPCM	ADPCM 激活	0:不激活; 1:激活
13	—	—	—

续表 9.2.4

位	名称	功能	描述
14	SM_LINE1	麦克风/线路 1 选择	0：MICP； 1：LINE1
15	SM_CLK_RANGE	输入时钟范围	0：12～13 MHz； 1：24～26 MHz

对于 MODE 寄存器，这里只介绍第 2 位和第 11 位，也就是 SM_RESET 和 SM_SDINEW，其他位使用默认的即可。SM_RESET 可以提供一次软复位，建议在每播放一首歌曲之后，软复位一次。SM_SDINEW 为模式设置位，这里选择的是 VS1002 新模式(本地模式)，所以设置该位为 1(默认的设置)。对于其他位的详细介绍，请参考 VS1053 的数据手册。

接着介绍 BASS 寄存器。该寄存器用于设置 VS1053 的高低音效，其各位描述如表 9.2.5 所列。

表 9.2.5 BASS 寄存器各位描述

位	名称	描述
15:12	ST_AMPLITUDE	高音控制，1.5 dB 步进(取值-8～7，为 0 表示关闭)
11:8	ST_FREQLIMIT	最低频限，1 000 Hz 步进(取值 0～15)
7:4	SB_AMPLITUDE	低音加重，1 dB 步进(取值 0～15，为 0 表示关闭)
3:0	SB_FREQLIMIT	最低频限，10 Hz 步进

通过 BASS 寄存器的设置，可以随意配置自己喜欢的音效(其实就是高低音的调节)。VS1053 的 EarSpeaker 效果则由 MODE 寄存器控制，请参考表 9.2.4。

下面介绍 CLOCKF 寄存器。该寄存器用来设置与时钟频率和倍频等相关的信息，其各位描述如表 9.2.6 所列。

表 9.2.6 CLOCKF 寄存器

位	名称	描述	说明
15:13	SC_MULT	时钟倍频数	CLKI=XTALI×(SC_MULT×0.5+1)
12:11	SC_ADD	允许倍频	倍频增量=SC_ADD×0.5
10:0	SC_FREQ	时钟频率	当时钟频率为 12.288 MHz 时，此部分设置为 0

对于 CLOCKF 寄存器，重点说明 SC_FREQ。SC_FREQ 是以 4 kHz 为步进的一个时钟寄存器，当外部时钟不是 12.288 MHz 时，其计算公式为

$$SC\_FREQ=(XTALI-8\ 000\ 000)/4\ 000$$

公式中 XTALI 的单位为 Hz。表 9.2.6 中的 CLKI 是内部时钟频率，XTALI 是外部

晶振的时钟频率。由于开发板使用的是 12.288 MHz 的晶振,所以这里设置此寄存器的值为 0x9800,也就是设置内部时钟频率为输入时钟频率的 3 倍,倍频增量为 1.0 倍。

下面介绍 DECODE_TIME 寄存器。该寄存器是一个存放解码时间的寄存器,以秒为单位,通过读取该寄存器的值就可以得到解码时间。不过它是一个累计时间,所以需要在每首歌播放之前把它清空,以得到这首歌的准确解码时间。

HDAT0 和 HDTA1 是两个数据流头寄存器,不同的音频文件,读出来的值意义不同,可通过这两个寄存器来获取音频文件的码率,从而可计算出音频文件的总长度。对于这两个寄存器的详细介绍,请参考 VS1053 的数据手册。

最后介绍 VOL 寄存器。该寄存器用于控制 VS1053 的输出音量,可以分别控制左、右声道的音量,每个声道的控制范围为 0～254,每个增量代表 0.5 dB 的衰减,所以该值越小,代表音量越大,比如若设置为 0x0000,则音量最大;而设置为 0xFEFE,则音量最小。

注意:如果设置 VOL 的值为 0xFFFF,则将使芯片进入掉电模式!

关于 VS1053 的更详细介绍,请参考 VS1053 的数据手册。

下面介绍如何通过最简单的步骤来控制 VS1053 播放一首歌曲。

(1) 复位 VS1053

这里包括了硬复位和软复位,是为了使 VS1053 的状态回到原始状态,准备解码下一首歌曲。这里建议在每首歌曲播放之前都执行一次硬复位和软复位,以便更好地播放音乐。

(2) 配置 VS1053 的相关寄存器

这里配置的寄存器包括 VS1053 的模式寄存器(MODE)、时钟寄存器(CLOCKF)、音调寄存器(BASS)和音量寄存器(VOL)等。

(3) 发送音频数据

经过以上两步后,下面就是往 VS1053 中传送音频数据了,只要是 VS1053 支持的音频格式,直接传送即可,因为 VS1053 会自动识别并进行播放,前提是发送的数据要在 DREQ 信号控制下有序地进行,不能乱发。这个规则很简单:只要 DREQ 变高,就向 VS1053 发送 32 字节,然后继续等待 DREQ 变高,直到音频数据发送完。

经过以上三步就可以播放音乐了。

2. 软件设计

代码位置:\SmartM-M451\代码\进阶\【TFT】播放 SD 歌曲】。

由于 M4 驱动 VS1053 涉及的代码较多,这里选择重点函数进行讲解。

(1) 向 VS1053 写命令

向 VS1053 写命令的代码如下:

程序清单 9.2.1　向 VS1053 写命令

```
VOID VS_WR_Cmd(UINT8 address,UINT16 data)
{
    /* 等待空闲 */
    while(VS_DREQ() == 0);

    /* 低速 */
    VS_SPI_SpeedLow();
    VS_XDCS(1);
    VS_XCS(0);

    /* 发送 VS10XX 的写命令 */
    VS_SPI_ReadWriteByte(VS_WRITE_COMMAND);

    /* 地址 */
    VS_SPI_ReadWriteByte(address);

    /* 发送高 8 位 */
    VS_SPI_ReadWriteByte(data>>8);

    /* 第 8 位 */
    VS_SPI_ReadWriteByte(data);
    VS_XCS(1);

    /* 高速 */
    VS_SPI_SpeedHigh();
}
```

(2) 向 VS1053 写数据

向 VS1053 写数据的代码如下。

程序清单 9.2.2　向 VS1053 写数据

```
VOID VS_WR_Data(UINT8 data)
{
    /* 高速 */
    VS_SPI_SpeedHigh();
    VS_XDCS(0);
    VS_SPI_ReadWriteByte(data);
    VS_XDCS(1);
}
```

(3) 读 VS1053 寄存器

读 VS1053 寄存器的代码如下。

程序清单 9.2.3 读 VS1053 寄存器

```
UINT16 VS_RD_Reg(UINT8 address)
{
    UINT16 temp = 0;

    /* 非等待空闲状态 */
    while(VS_DREQ() == 0);

    /* 低速 */
    VS_SPI_SpeedLow();
    VS_XDCS(1);
    VS_XCS(0);

    /* 发送 VS10XX 的读命令 */
    VS_SPI_ReadWriteByte(VS_READ_COMMAND);

    /* 地址 */
    VS_SPI_ReadWriteByte(address);

    /* 读取高字节 */
    temp = VS_SPI_ReadWriteByte(0xff);
    temp = temp << 8;

    /* 读取低字节 */
    temp += VS_SPI_ReadWriteByte(0xff);
    VS_XCS(1);

    /* 高速      */
    VS_SPI_SpeedHigh();
    return temp;
}
```

(4) 向 VS1053 发送音频数据

向 VS1053 发送音频数据的代码如下。

程序清单 9.2.4 向 VS1053 发送音频数据

```
UINT8 VS_Send_MusicData(UINT8 * buf)
{
    UINT8 n;
```

```
    /* 送数据给 VS10XX */
    if(VS_DREQ() != 0)
    {
        VS_XDCS(0);
        for(n = 0;n<32;n++)
        {
            VS_SPI_ReadWriteByte(buf[n]);
        }
        VS_XDCS(1);
    }
    else
        return 1;

    /* 成功发送了 */
    return 0;
}
```

(5) VS1053 设置音量

VS1053 设置音量的代码如下。

程序清单 9.2.5　VS1053 设置音量

```
VOID VS_Set_Vol(UINT8 volx)
{
    UINT16 volt = 0;              //暂存音量值
    volt = 254 - volx;            //取反,得到最大值
    volt<<= 8;
    volt += 254 - volx;           //得到音量设置后的大小
    VS_WR_Cmd(SPI_VOL,volt);      //设音量
}
```

(6) 实现 MP3 文件播放

执行对 VS1053 一连串的操作,实现 MP3 文件播放的代码如下。

程序清单 9.2.6　播放 MP3 文件

```
UINT8 MP3PlayFile(INT8 *pszPath)
{
    UINT16 br;
    UINT8  res,rval = 0xFF;
    UINT32 i;

    if(FR_OK == f_open(&g_fil,(const TCHAR *)pszPath,FA_READ))
    {
```

```c
    /* 重启播放 */
    VS_Restart_Play();

    /* 设置音量等信息 */
    VS_Set_All();

    /* 复位解码时间 */
    VS_Reset_DecodeTime();

    /* 进行高速通信 */
    VS_SPI_SpeedHigh();

    while(1)
    {
        /* 读出 1 024 字节 */
        res = f_read(&g_fil,g_szBuf,sizeof g_szBuf,(UINT32 *)&br);

        i = 0;

        do//主播放循环
        {
            /* 给 VS10XX 发送音频数据,每次发送 32 字节 */
            if(VS_Send_MusicData(g_szBuf + i) == 0)
            {
                i += 32;
            }
        }while(i<sizeof g_szBuf);

        /* 检查有否播放控制操作 */
        if(g_unPlayCtrl != PLAY_CTRL_NONE)
            break;

        /* 检查是否播放到文件末尾 */
        if(br != sizeof g_szBuf)
        {
            rval = 0;

            break;
        }
    }
}
```

```
    f_close(&g_fil);

    return rval;
}
```

(7) 主函数

main 函数实现 VS1053 的初始化和音频通道切换初始化,然后在 while(1) 死循环中实现音量控制与歌曲切换,详细代码如下。

程序清单 9.2.7 main 函数

```
int32_t main(void)
{
    UINT8    buf[64] = {0};
    UINT32   rt = 0;

    PROTECT_REG
    (
        /* 系统时钟初始化 */
        SYS_Init(PLL_CLOCK);

        CLK_EnableModuleClock(TMR0_MODULE);
        CLK_SetModuleClock(TMR0_MODULE,CLK_CLKSEL1_TMR0SEL_HXT,0);

        /* 串口初始化 115 200 bps */
        UART0_Init(115200);
    )

    SPI0_CS_PIN_RST();

    /*   XPT2046 初始化 */
    XPTSpiInit();

    /*   LED 初始化 */
    LedInit();

    /*   LCD 初始化 */
    LcdInit(LCD_FONT_IN_FLASH,LCD_DIRECTION_180);
    LCD_BL(0);
    LcdCleanScreen(BLACK);

    /* SPI Flash 初始化 */
    while(disk_initialize(FATFS_IN_FLASH))
```

```c
    {
        Led1(1);Delayms(500);
        Led1(0);Delayms(500);
    }

    /*   SD 卡初始化  */
    while(disk_initialize(FATFS_IN_SD))
    {
        Led2(1);Delayms(500);
        Led2(0);Delayms(500);
    }

    /*   挂载 SPI Flash */
    f_mount(0,&g_fs[0]);

    /*   挂载 SD 卡  */
    f_mount(1,&g_fs[1]);

    /*   显示标题  */
    LcdFill(0,0,LCD_WIDTH-1,20,RED);
    LcdShowString(60,2,"音乐播放器实验",YELLOW,RED);

    /*   显示按键  */
    LcdKeyLeft(FALSE);
    LcdKeyRight(FALSE);
    LcdKeyAdd(FALSE);
    LcdKeyReduce(FALSE);

    /*   搜索当前 SD 卡的 MP3 文件,并统计个数  */
    g_unMusicTotal = MP3FoundFile();

    if(g_unMusicTotal)
    {
        sprintf(buf,"当前有%d首歌曲,准备开始播放...",g_unMusicTotal);
        LcdShowString(0,60,buf,GBLUE,BLACK);
    }
    else
    {
        LcdShowString(0,60,"没有发现任何歌曲!",GBLUE,BLACK);
    }

    /*   显示当前音量  */
```

```c
sprintf(buf,"当前音量:%d",g_unVolumeCur);
LcdShowString(0,100,buf,GBLUE,BLACK);

/* 音频通道切换初始化 */
AudioSelect_Init();
AudioSelect_Set(AUDIO_MP3);

/* VS1053B 初始化成功 */
VS_Init();

Delayms(1000);

/* 定时器 0 每 1 s 产生 100 次中断,即 10 ms 中断一次 */
TIMER_Open(TIMER0,TIMER_PERIODIC_MODE,100);
TIMER_EnableInt(TIMER0);

/* 使能定时器 0 中断 */
NVIC_EnableIRQ(TMR0_IRQn);

/* 启动定时器 0 计数 */
TIMER_Start(TIMER0);

while(1)
{
    if(g_unMusicCur < g_unMusicTotal)
    {
        /* 显示正在播放的歌曲 */
        LcdFill(0,60,LCD_WIDTH-1,80,BLACK);
        memset(buf,0,sizeof buf);
        sprintf(buf,"正在播放 %s",g_szMP3Tbl[g_unMusicCur]);
        LcdShowString(0,60,buf,GBLUE,BLACK);

        /* 选择要播放的歌曲 */
        memset(buf,0,sizeof buf);
        sprintf(buf,"1:/Music/%s",g_szMP3Tbl[g_unMusicCur]);


        if( g_unPlayCtrl == PLAY_CTRL_MUSIC_LAST || g_unPlayCtrl == PLAY_CTRL_
            MUSIC_NEXT)
        {
            g_unPlayCtrl = PLAY_CTRL_NONE;
        }
```

```c
            if(0 == MP3PlayFile(buf))
            {
                g_unMusicCur ++;
            }
        }

        /* 增大音量操作 */
        if( g_unPlayCtrl == PLAY_CTRL_VOLUME_ADD)
        {
            g_unPlayCtrl = PLAY_CTRL_NONE;

            if(g_unVolumeCur<250)
            {
                g_unVolumeCur += 10;

                /* 设置VS1053B音量 */
                VS_Set_Vol(g_unVolumeCur);
            }

            /* 显示当前音量 */
            LcdFill(0,100,LCD_WIDTH-1,120,BLACK);
            sprintf(buf,"当前音量:%d",g_unVolumeCur);
            LcdShowString(0,100,buf,GBLUE,BLACK);
        }

        /* 减小音量操作 */
        if( g_unPlayCtrl == PLAY_CTRL_VOLUME_REDUCE)
        {
            g_unPlayCtrl = PLAY_CTRL_NONE;

            if(g_unVolumeCur>10)
            {
                g_unVolumeCur -= 10;

                /* 设置VS1053B音量 */
                VS_Set_Vol(g_unVolumeCur);
            }

            /* 显示当前音量 */
            LcdFill(0,100,LCD_WIDTH-1,120,BLACK);
            sprintf(buf,"当前音量:%d",g_unVolumeCur);
```

第9章 音乐播放器及录音机

```
                LcdShowString(0,100,buf,GBLUE,BLACK);
        }
    }
}
```

(8) 定时器 0 中断服务函数

当实现 MP3 文件一直播放时,为了保证触摸屏的点击能够实时检测到,有必要通过定时器 0 实现每 10 ms 进行扫描,详细代码如下。

程序清单 9.2.8 定时器 0 中断服务函数

```
/*******************************************
* 函数名称:TMR0_IRQHandler
* 输入:无
* 输出:无
* 功能:定时器 0 中断服务函数
*******************************************/
void TMR0_IRQHandler(void)
{
    PIX Pix;
    UINT8 buf[64] = {0};

    if(TIMER_GetIntFlag(TIMER0) == 1)
    {
        if(XPT_IRQ_PIN() == 0)
        {
            if(XPTPixGet(&Pix) == TRUE)
            {
                Pix = XPTPixConvertToLcdPix(Pix);

                if(LcdGetDirection() == LCD_DIRECTION_180)
                {
                    Pix.x = 239 - Pix.x;
                    Pix.y = 319 - Pix.y;
                }

                if(Pix.y>280 && Pix.y<319)
                {
                    /* 切换为前一首歌曲 */
                    if(Pix.x>0 && Pix.x <59)
                    {
                        g_unPlayCtrl = PLAY_CTRL_MUSIC_LAST;
                        if(g_unMusicCur)
```

第 9 章　音乐播放器及录音机

```
                {
                    g_unMusicCur--;
                }
            }

            /* 增大音量 */
            if(Pix.x>60 && Pix.x<119)
            {
                g_unPlayCtrl = PLAY_CTRL_VOLUME_ADD;
            }
            /* 减小音量 */
            if(Pix.x>120 && Pix.x<179)
            {
                g_unPlayCtrl = PLAY_CTRL_VOLUME_REDUCE;
            }
            /* 切换为下一首歌曲 */
            if(Pix.x>180 && Pix.x<239)
            {
                g_unPlayCtrl = PLAY_CTRL_MUSIC_NEXT;

                if(g_unMusicCur<g_unMusicTotal)
                {
                    g_unMusicCur++;

                }
            }
        }
    }
    /* 清除定时器 0 标志位 */
    TIMER_ClearIntFlag(TIMER0);
}
```

3. 下载验证

通过 NuLink 仿真下载器将程序下载到 SmartM-M451 旗舰板上,同时 SD 卡的 Music 文件夹中必须包含可以播放的 MP3 文件,并且耳机接入板载的绿色耳机接口,屏幕显示当前播放的歌曲名称,底部显示歌曲切换和音量控制按键,如图 9.2.8 所示。

第 9 章 音乐播放器及录音机

图 9.2.8 音乐播放控制界面(无歌词显示)

9.2.2 高级播放器带歌词显示

【实验要求】基于 SmartM-M451 系列开发板:播放 SD 卡中的 MP3 文件,能够通过触摸屏切换歌曲,调整播放音量,并能够同步显示歌词。

1. 硬件设计

参考"9.2.1 简易播放器"小节的硬件设计内容。

2. 软件设计

代码位置:\SmartM-M451\代码\进阶\【TFT】【播放 SD 歌曲带歌词显示】。

(1) 歌词结构

为了使当前播放器能够显示歌词,就必须了解歌词文件的内部结构。

LRC 是一种歌词档案格式,含有用作将歌词和声音/影像档案作同步处理的时间标签(Time-tag)。

LRC 歌词是一种包含"[＊:＊]"形式标签(tag)的、基于纯文本的歌词专用格式,最早由郭祥祥先生(Djohan)提出并在其程序中得到应用。这种歌词文件既可以用来实现卡拉 OK 功能(需要专门程序),又能以普通文字处理软件查看和编辑。当然,实际操作时通常使用专门的 LRC 歌词编辑软件进行高效编辑。以下具体介绍 LRC 格式中的"标签"。

a. 时间标签(Time-tag)

时间标签的形式为"[mm:ss]"或"[mm:ss.fff]"(分钟数:秒数)。数字须为非负整数,比如"[12:34.5]"是有效的,而"[0x0C:−34.5]"则是无效的,时间标签可以位

第 9 章 音乐播放器及录音机

于某行歌词中的任意位置。一行歌词可以包含多个时间标签(比如歌词中的叠句部分)。根据这些时间标签,用户端程序会按顺序依次高亮显示歌词,从而实现卡拉OK 功能。注意,标签无须排序。

b. 标识标签(ID-tags)

标识标签的格式为"[标识名:值]",大小写等价。以下是预定义的标签:

① [ar:艺人名];

② [ti:曲名];

③ [al:专辑名];

④ [by:编者(指编辑 LRC 歌词的人)];

⑤ [offset:时间补偿值],其单位是毫秒,正值表示整体提前,负值相反。此标签用于总体调整显示的快慢。

简单来说,LRC 歌词文件就是时间和歌词的组合。

综上所述,这里列出当前歌曲对应的歌词文件,其内部结构同样带有 ar、ti、al、by、时间值等标签,详细如下。

```
[ti:光辉岁月]
[ar:黄家驹]
[al:]
[by:http://www.smartmcu.com]
[00:23.98]钟声响起归家的讯号
[00:31.76]在他生命里
[00:34.71]仿佛带点唏嘘
[00:39.25]黑色肌肤给他的意义
[00:44.80]是一生奉献肤色斗争中
[00:51.57]年月把拥有变做失去
……
```

(2) 歌词读取

虽然歌词文件看似简单清晰,但当涉及代码编程时就不是想象的那么简单了,既然歌词文件内部包含多个标签,就必须对 ti、ar、al、by 等标签进行识别,而显示的重点更是歌词部分。歌词读取时用到如下函数。

a. LyricAnalyzeHeader 函数

该函数用于提取标识标签信息,代码如下。

程序清单 9.2.9　LyricAnalyzeHeader 函数

```
UINT32 LyricAnalyzeHeader(FIL * pFil)
{
    UINT8  * p = NULL;
    UINT32 i = 0,j = 0,k = 0;
    UINT32 unHeaderCount = 0;
```

```c
/* 检查当前的头部信息 */
for(i = 0; i<5; i++)
{
    /* 获取每行的头部信息 */
    if(!f_gets(g_szBuf,512,pFil))
        continue;
    for(j = 0; j<5; j++)
    {
        /* 进行字符串比较 */
        p = strstr(g_szBuf,g_szLrcInfoStrTbl[j]);
        if(p)
        {
            /* 若标签为 offset */
            if(j == 4)
                p += 8;
            /* 若标签非 offset */
            else
                p += 4;
            k = 0;
            while(*p != ']')
            {
                if(j == 0) g_StLrcInfo.ti[k++] = *p++;
                if(j == 1) g_StLrcInfo.ar[k++] = *p++;
                if(j == 2) g_StLrcInfo.al[k++] = *p++;
                if(j == 3) g_StLrcInfo.by[k++] = *p++;
                if(j == 4) g_StLrcInfo.offset[k++] = *p++;
            }
            /* 位或标志已经保存了的头部信息 */
            unHeaderCount |= 1<<j;
            break;
        }
    }
    /* 发现获取头部信息不齐全,读取到的是歌词行 */
    if(j == 5)
    {
        LyricTimeAndTextGet(g_szBuf);
        break;
```

第 9 章　音乐播放器及录音机

```
        }
    }
    return unHeaderCount;
}
```

b. LyricTimeAndTextGet 函数

该函数用于提取 LRC 文件中的时间值和歌词并保存。特别需要说明的是,时间值是以 10 ms 为最小单位的,详细代码如下。

程序清单 9.2.10　LyricTimeAndTextGet 函数

```
BOOL LyricTimeAndTextGet(UINT8 * pStr)
{
    UINT8 * p = pStr;
    UINT32 min,sec,ms;
    UINT32 i = 0;

    /* 发现当前为空指针或不符合歌词格式 */
    if(!p || *p! = '[')
        return FALSE;

    p++;
    /* 获取分 */
    min = ((*p) - '0') * 10;
    p++;
    min += (*p) - '0';
    p++;


    p++;
    /* 获取秒 */
    sec = ((*p) - '0') * 10;
    p++;
    sec += (*p) - '0';
    p++;


    p++;
    /* 获取毫秒 */
    ms = ((*p) - '0') * 10;
    p++;
    ms += (*p) - '0';
    p++;
```

```c
    p ++;
    /* 以 10 ms 为单位计算总时间 */
    g_StLrcInfo.lrc_time[g_StLrcInfo.lrc_total] = (min * 60 * 100) + (sec * 100) + ms;

    while( * p && * p! = '\r' && * p! = '\n')
        g_StLrcInfo.lrc_buf[g_StLrcInfo.lrc_total][i ++ ] = * p ++;

    g_StLrcInfo.lrc_total ++;

    return TRUE;
}
```

c. LyricOpen 函数

该函数用于读取存储介质(如 SPI Flash、SD 卡、U 盘等)上的 LRC 文件,然后调用 LyricAnalyzeHeader 和 LyricTimeAndTextGet 函数,以对 LRC 文件进行分析,并提取标识和歌词,详细代码如下。

程序清单 9.2.11 LyricOpen 函数

```c
BOOL LyricOpen(UINT8 * pLyricPath)
{
    FIL fil;

    /* 清空临时缓冲区 */
    memset(g_szBuf,0,sizeof g_szBuf);

    memset(&g_StLrcInfo,0,sizeof g_StLrcInfo);

    /* 打开歌词文件 */
    if(FR_OK == f_open(&fil,pLyricPath,FA_READ))
    {
        /* 获取头部信息 */
        if(LyricAnalyzeHeader(&fil))
        {
            while(f_gets(g_szBuf,512,&fil))
            {
                LyricTimeAndTextGet(g_szBuf);
            }

            /* 关闭歌词文件 */
            f_close(&fil);
            LyricPrintf();
```

```
                return TRUE;
        }

        /* 关闭歌词文件 */
        f_close(&fil);
    }

    /* 打开文件失败,则返回 FALSE */
    return FALSE;
}
```

(3) 歌词显示

为了实时显示歌词,必须使用 g_vunTimeCount 变量记录当前播放音乐的时间,并与 g_StLrcInfo.lrc_time 中存储的对应歌词的时间进行比较,若比较成功,则获取 g_StLrcInfo.lrc_buf 中存储的歌词并显示到 LCD 屏上,详细代码如下。

程序清单 9.2.12　歌词显示

```
VOID MP3ShowLrc(UINT32 unTime)
{
    UINT32 i = 0;

    for(i = 0; i<g_StLrcInfo.lrc_total; i ++ )
    {
        if(g_vunTimeCount == g_StLrcInfo.lrc_time[i])
        {
            LcdFill(0,220,LCD_WIDTH - 1,260,BLACK);
            LcdShowString(0,220,g_StLrcInfo.lrc_buf[i],YELLOW,BLACK);
        }
    }
}
```

对 MP3ShowLrc 函数的调用放在了 MP3PlayFile 函数中,代码如下。

程序清单 9.2.13　播放音乐同时显示歌词

```
UINT8 MP3PlayFile(INT8 * pszPath)
{
    UINT16 br;
    UINT8  res,rval = 0xFF;
    UINT32 i;

    if(FR_OK == f_open(&g_fil,(const TCHAR * )pszPath,FA_READ))
```

```c
{
    /* 重启播放 */
    VS_Restart_Play();

    /* 设置音量等信息 */
    VS_Set_All();

    /* 复位解码时间 */
    VS_Reset_DecodeTime();

    /* 进行高速通信 */
    VS_SPI_SpeedHigh();

    while(1)
    {
        /* 读出1 024字节 */
        res = f_read(&g_fil,g_szBuf,sizeof g_szBuf,(UINT32 *)&br);

        i = 0;

        do//主播放循环
        {
            /* 给VS10XX发送音频数据,每次发送32字节 */
            if(VS_Send_MusicData(g_szBuf + i) == 0)
            {
                i += 32;
            }

            /* 实时显示歌词 */
            MP3ShowLrc(g_vunTimeCount);

        }while(i<sizeof g_szBuf);

        /* 检查有播放控制操作 */
        if(g_unPlayCtrl != PLAY_CTRL_NONE)
            break;

        /* 检查是否播放到文件末尾 */
        if(br != sizeof g_szBuf)
        {
            rval = 0;
```

第 9 章　音乐播放器及录音机

```
                break;
            }
        }
    }

    f_close(&g_fil);

    return rval;
}
```

(4) 定时器 0 中断服务函数

定时器 0 中断服务函数的代码如下。

程序清单 9.2.14　定时器 0 中断服务函数

```
/*********************************************
* 函数名称:TMR0_IRQHandler
* 输入:无
* 输出:无
* 功能:定时器 0 中断服务函数
**********************************************/
VOID TMR0_IRQHandler(VOID)
{
    PIX Pix;

    if(TIMER_GetIntFlag(TIMER0) == 1)
    {
        g_vunTimeCount ++;

        if(XPT_IRQ_PIN() == 0)
        {
            if(XPTPixGet(&Pix) == TRUE)
            {
                Pix = XPTPixConvertToLcdPix(Pix);

                if(LcdGetDirection() == LCD_DIRECTION_180)
                {
                    Pix.x = 239 - Pix.x;
                    Pix.y = 319 - Pix.y;
                }

                if(Pix.y>280 && Pix.y<319)
                {
```

```c
        /* 切换为前一首歌曲 */
        if(Pix.x>0 && Pix.x<59)
        {
            g_unPlayCtrl = PLAY_CTRL_MUSIC_LAST;

            if(g_unMusicCur)
            {
                g_unMusicCur--;
            }
        }

        /* 增大音量 */
        if(Pix.x>60 && Pix.x<119)
        {
            g_unPlayCtrl = PLAY_CTRL_VOLUME_ADD;
        }
        /* 减小音量 */
        if(Pix.x>120 && Pix.x<179)
        {
            g_unPlayCtrl = PLAY_CTRL_VOLUME_REDUCE;
        }
        /* 切换为下一首歌曲 */
        if(Pix.x>180 && Pix.x<239)
        {
            g_unPlayCtrl = PLAY_CTRL_MUSIC_NEXT;

            if(g_unMusicCur<2)
            {
                g_unMusicCur++;

            }
        }
    }
}

    /* 清除定时器0标志位 */
    TIMER_ClearIntFlag(TIMER0);
}
```

(5) main 函数

main 函数的代码如下。

程序清单 9.2.15　main 函数

```c
int32_t main(VOID)
{
    UINT8   buf[64] = {0};
    UINT32  rt = 0;

    PROTECT_REG
    (
        /*  系统时钟初始化 */
        SYS_Init(PLL_CLOCK);

        CLK_EnableModuleClock(TMR0_MODULE);
        CLK_SetModuleClock(TMR0_MODULE,CLK_CLKSEL1_TMR0SEL_HXT,0);

        /* 串口初始化 115 200 b/s */
        UART0_Init(115200);
    )

    SPI0_CS_PIN_RST();

    /*    XPT2046 初始化  */
    XPTSpiInit();

    /*    LED 初始化  */
    LedInit();

    /*    LCD 初始化  */
    LcdInit(LCD_FONT_IN_SD,LCD_DIRECTION_180);
    LCD_BL(0);
    LcdCleanScreen(BLACK);

    /* SPI Flash 初始化 */
    while(disk_initialize(FATFS_IN_FLASH))
    {
        Led1(1);Delayms(500);
        Led1(0);Delayms(500);
    }

    /*    SD 卡初始化  */
    while(disk_initialize(FATFS_IN_SD))
    {
```

```
        Led2(1);Delayms(500);
        Led2(0);Delayms(500);
}

/* 挂载 SPI Flash */
f_mount(0,&g_fs[0]);

/* 挂载 SD 卡 */
f_mount(1,&g_fs[1]);

/* 显示标题 */
LcdFill(0,0,LCD_WIDTH-1,20,RED);
LcdShowString(20,2,"音乐播放器实验[带歌词显示]",YELLOW,RED);

/* 显示按键 */
LcdKeyLeft(FALSE);
LcdKeyRight(FALSE);
LcdKeyAdd(FALSE);
LcdKeyReduce(FALSE);


/* 显示当前音量 */
sprintf(buf,"当前音量:%d",g_unVolumeCur);
LcdShowString(0,70,buf,GBLUE,BLACK);

/* 音频通道切换初始化 */
AudioSelect_Init();
AudioSelect_Set(AUDIO_MP3);

/* VS1053B 初始化成功 */
VS_Init();


/* 定时器 0 每 1 s 产生 100 次中断,即 10 ms 中断一次 */
TIMER_Open(TIMER0,TIMER_PERIODIC_MODE,100);
TIMER_EnableInt(TIMER0);

/* 使能定时器 0 中断 */
NVIC_EnableIRQ(TMR0_IRQn);

/* 启动定时器 0 计数 */
TIMER_Start(TIMER0);
```

```c
        while(1)
        {
            if(g_unMusicCur < 2)
            {

                /* 显示正在播放的歌曲 */
                LcdFill(0,40,LCD_WIDTH-1,60,BLACK);
                memset(buf,0,sizeof buf);
                sprintf(buf,"正在播放 %s",g_szMP3Tbl[g_unMusicCur]);
                LcdShowString(0,40,buf,GBLUE,BLACK);

                if( g_unPlayCtrl == PLAY_CTRL_MUSIC_LAST || g_unPlayCtrl == PLAY_CTRL_MUSIC_NEXT)
                {
                    g_unPlayCtrl = PLAY_CTRL_NONE;
                }

                /* 清空歌词显示区域 */
                LcdFill(0,220,LCD_WIDTH-1,260,BLACK);

                /* 打开歌词 */
                LyricOpen(g_szLrcTbl[g_unMusicCur]);

                g_vunTimeCount = 0;

                /* 播放歌曲 */
                if(0 == MP3PlayFile(g_szMP3Tbl[g_unMusicCur]))
                {
                    g_unMusicCur ++;
                }
            }
            else
            {
                g_unMusicCur = 0;
            }

            /* 增大音量操作 */
            if( g_unPlayCtrl == PLAY_CTRL_VOLUME_ADD)
            {
                g_unPlayCtrl = PLAY_CTRL_NONE;

                if(g_unVolumeCur<250)
```

```
            {
                g_unVolumeCur += 10;

                /* 设置 VS1053B 音量 */
                VS_Set_Vol(g_unVolumeCur);
            }

            /* 显示当前音量 */
            LcdFill(0,70,LCD_WIDTH-1,90,BLACK);
            sprintf(buf,"当前音量:%d",g_unVolumeCur);
            LcdShowString(0,70,buf,GBLUE,BLACK);
        }

        /* 减小音量操作 */
        if( g_unPlayCtrl == PLAY_CTRL_VOLUME_REDUCE)
        {
            g_unPlayCtrl = PLAY_CTRL_NONE;

            if(g_unVolumeCur>10)
            {
                g_unVolumeCur -= 10;

                /* 设置 VS1053B 音量 */
                VS_Set_Vol(g_unVolumeCur);
            }

            /* 显示当前音量 */
            LcdFill(0,70,LCD_WIDTH-1,90,BLACK);
            sprintf(buf,"当前音量:%d",g_unVolumeCur);
            LcdShowString(0,70,buf,GBLUE,BLACK);
        }
    }
}
```

3. 下载验证

通过 NuLink 仿真下载器将程序下载到 SmartM-M451 旗舰板上，同时 SD 卡的 Music 文件夹中必须包含可以播放的 MP3 文件和歌词文件，并且耳机接入板载的绿色耳机接口，屏幕显示当前播放的歌曲名称，底部显示歌曲切换和音量控制按键，当播放歌曲时，歌词以黄色字体进行同步显示，如图 9.2.9 所示。

图 9.2.9　音乐播放控制界面（带歌词显示）

9.3　WAV 文件

数码录音笔,也称为数码录音棒或数码录音机,是数字录音器的一种,造型如笔形,但并非为单纯的笔形,携带方便,除具有录音功能外,还拥有多种功能,如激光笔、FM 调频和 MP3 播放等。与传统录音机相比,数码录音笔是通过数字存储方式来记录音频的。

数码录音笔通过对模拟信号采样、编码将模拟信号通过模/数转换器转换为数字信号,并进行一定的压缩后进行存储。而数字信号即使经过多次复制,声音信息也不会受到损失,依然可以保持原样。

WAV 即 WAVE,是计算机领域最常用的数字化声音文件格式之一,是微软专门为 Windows 系统定义的波形文件格式(Waveform Audio),其文件扩展名为"﹡.wav"。该格式文件符合 RIFF(Resource Interchange File Format)文件规范,用于保存 Windows 平台的音频信息资源,被 Windows 平台及其应用程序所广泛支持。该格式也支持 MSADPCM,CCITT A LAW 等多种压缩运算法,支持多种音频数字、采样频率和声道,标准格式化的 WAV 文件与 CD 文件格式一样,也是 44.1 kHz 的采样频率,16 位量化数字,因此在声音文件质量方面与 CD 相差无几!

SmartMcu 的 M451 旗舰板上板载的 VS1053 支持 2 种格式的 WAV 录音:PCM 格式和 IMA ADPCM 格式,其中 PCM(脉冲编码调制)格式是最基本的 WAV 文件格式,这种文件直接存储采样的声音数据而不经过任何压缩;而 IAM ADPCM 格式则使用了压缩算法,压缩比率为 4:1。

本章主要讨论 PCM,因为这个最简单。下面将利用 VS1053 实现 16 位、8 kHz

采样频率的单声道 WAV 录音(PCM 格式)。要想实现 WAV 录音,需先了解 WAV 文件的格式。WAV 文件由若干 Chunk 组成,按照其在文件中出现的位置包括:RIFF WAVE Chunk、Format Chunk、Fact Chunk(可选)和 Data Chunk。每个 Chunk 由块标识符、数据大小和数据三部分组成,如图 9.3.1 所示。

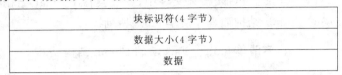

图 9.3.1　Chunk 结构示意图

块标识符由 4 个 ASCII 码构成,数据大小则标出紧跟其后的数据长度(单位为字节),注意该长度不包含块标识符和数据大小的长度,即不包含最前面的 8 字节,所以实际 Chunk 的大小为数据大小加 8。

首先来看看 RIFF 块(RIFF WAVE Chunk)。该块以"RIFF"为标志,紧跟 WAV 文件的大小(该大小是 WAV 文件的总大小-8),然后数据段以"WAVE"为标志,表示是 WAV 文件。RIFF 块的 Chunk 结构如程序清单 9.3.1 所列。

程序清单 9.3.1　RIFF 块的 Chunk 结构

```
/* RIFF 块 */
typedef __packed struct
{
    UINT32 ChunkID;          //Chunk ID:这里固定为"RIFF",即 0x46464952
    UINT32 ChunkSize;        //集合大小:文件总大小-8
    UINT32 Format;           //格式:WAVE,即 0x45564157
}ChunkRIFF;
```

其次来看看 Format 块(Format Chunk)。该块为可选块,以"fmt "作为标志,用于描述当前 WAV 文件的各种格式参数,如音频格式、单声道、双声道、采样频率等。Format 块的 Chunk 结构如程序清单 9.3.2 所列。

程序清单 9.3.2　Format 块的 Chunk 结构

```
/* Format 块 */
typedef __packed struct
{
    UINT32 ChunkID;          //Chunk ID:这里固定为"fmt",即 0x20746D66
    UINT32 ChunkSize;        //子集合大小(不包括 ID 和 Size):这里为 20
    UINT16 AudioFormat;      //音频格式:0x10,表示线性 PCM;0x11 表示 IMA ADPCM
    UINT16 NumOfChannels;    //通道数量:1,表示单声道;2,表示双声道
    UINT32 SampleRate;       //采样频率:0x1F40,表示 8 kHz
    UINT32 ByteRate;         //字节速率
    UINT16 BlockAlign;       //块对齐(字节)
```

第 9 章　音乐播放器及录音机

```
    UINT16 BitsPerSample;         //单个采样数据大小;4 位 ADPCM,设置为 4
}ChunkFMT;
```

接下来再看看 Fact 块(Fact Chunk)。该块为可选块,以"fact"为标志。不是每个 WAV 文件都有该块,在非 PCM 格式文件中,一般会在 Format 结构后面加入一个 Fact 块。该块的 Chunk 结构如程序清单 9.3.3 所列。

程序清单 9.3.3　Fact 块的 Chunk 结构

```
/* fact 块 */
typedef __packed struct
{
    UINT32 ChunkID;              //Chunk ID:这里固定为"fact",即 0x74636166
    UINT32 ChunkSize;            //子集合大小(不包括 ID 和 Size);这里为 4
    UINT32 DataFactSize;         //数据转换为 PCM 格式后的大小
}ChunkFACT;
```

DataFactSize 是这个 Chunk 中最重要的数据,如果这是某种压缩格式的声音文件,那么从这里就可以知道它解压缩后的大小。这对解压时的计算会有很大好处!不过由于本章使用的是 PCM 格式,所以不存在这个块。

最后来看看数据块(Data Chunk)。该块是真正保存 WAV 文件数据的地方,以"data"为标志,其后是数据的大小,紧接着是 WAV 文件数据。根据 Format Chunk 中的声道数以及采样位数,WAV 文件数据位的采样位置可以分成如表 9.3.1 所列的几种形式。

表 9.3.1　WAV 文件数据采样格式

采样位数	声道数	采样位置			
8 位量化	单声道	采样 1	采样 2	采样 3	采样 4
		声道 0	声道 0	声道 0	声道 0
	双声道	采样 1		采样 2	
		声道 0(左)	声道 1(右)	声道 0(左)	声道 1(右)
16 位量化	单声道	采样 1		采样 2	
		声道 0(低字节)	声道 0(高字节)	声道 0(低字节)	声道 0(高字节)
	双声道	采样 1			
		声道 0 (左,低字节)	声道 0 (左,高字节)	声道 1 (右,低字节)	声道 1 (右,高字节)

本章采用的是 16 位、单声道,所以每个采样为 2 字节,低字节在前,高字节在后。数据块的 Chunk 结构如程序清单 9.3.4 所列。

程序清单 9.3.4　Data 块结构

```
/* data 块 */
typedef __packed struct
{
    UINT32 ChunkID;           //Chunk ID:这里固定为"data",即 0x61746164
    UINT32 ChunkSize;         //子集合大小(不包括 ID 和 Size):文件大小-60.
}ChunkDATA;
```

通过以上学习,对 WAV 文件已有了大概了解。接下来看看如何使用 VS1053 实现 WAV(PCM 格式)录音。

1. 激活 PCM 录音

激活 VS1053 的 PCM 录音需要设置的寄存器和相关位如表 9.3.2 所列。

表 9.3.2　VS1053 激活 PCM 录音相关寄存器

寄存器	位　域	说　明
SCI_MODE	2,12,14	开始 ADPCM 模式,选择"咪/线路 1"
SCI_AICTRL0	15:0	采样频率为 8 000～48 000 Hz(在录音启动时读取)
SCI_AICTRL1	15:0	录音增益(1 024 相当于 1 倍),为 0 时是自动增益控制(AGC)
SCI_AICTRL2	15:0	自动增益放大器的最大值(1 024 相当于 1 倍,65 535 相当于 64 倍)
SCI_AICTRL3	1:0	0=联合立体声(共用 AGC),1=双声道(各自的 AGC),2=左声道,3=右声道
	2	0=IMA ADPCM 模式,1=线性 PCM 模式
	15:3	保留,设置为 0

通过设置 SCI_MODE 寄存器的 2、12、14 位来激活 PCM 录音,SCI_MODE 的各位描述请参考 VS1053 的数据手册。SCI_AICTRL0 寄存器用于设置采样频率,本章用的是 8 kHz 采样频率,所以设置该值为 8 000 即可。SCI_AICTRL1 寄存器用于设置 AGC,1 024 相当于自动增益放大器的最大值增加 1 倍,这里建议设置 AGC 为 4 (4×1 024)左右比较合适。SCI_AICTRL2 用于设置自动 AGC 时的最大值,当设置为 0 时表示最大为 64(65 536),该值可以按需要自行设置。最后,对于 SCI_AICTRL3,本章用到的是咪头线性 PCM 单声道录音,所以设置该寄存器值为 6。

通过对这几个寄存器的设置,就激活了 VS1053 的 PCM 录音。不过,VS1053 的 PCM 录音有一个小 BUG,必须通过加载补丁才能解决;如果不加载补丁,那么 VS1053 就不输出 PCM 数据。VLSI 提供了这个补丁,只需通过软件加载即可。

2. 读取 PCM 数据

在激活了 PCM 录音之后,VS1053 内部的寄存器 SCI_HDAT0 和 SCI_HDAT1

便有了新的功能。VS1053 的 PCM 采样缓冲区由 1 024 个 16 位数据组成,如果 SCI_HDAT1 大于 0,则说明可以从 SCI_HDAT0 中读取至少 SCI_HDAT1 个 16 位数据,如果数据没有被及时读取,则将溢出,并返回空状态。

注意:如果 SCI_HDAT1≥896,则最好等待缓冲区溢出,以免数据混叠。所以,只需判断 SCI_HDAT1 的值非零,然后从 SCI_HDAT0 中读取对应长度的数据,即完成一次数据读取,依次循环,即可实现 PCM 数据的持续采集。

实现 WAV 录音需要经过以下步骤。

(1) 设置 VS1053 的 PCM 采样参数

这一步要设置 PCM 的格式(线性 PCM)、采样频率(8 kHz)、采样位数(16 位)、通道数(单声道)等重要参数,同时还要选择采样通道(咪头)和对 AGC 的设置等。可以说这里的设置直接决定了 WAV 文件的性质。

(2) 激活 S1053 的 PCM 模式,加载补丁

通过激活 VS1053 的 PCM 格式,让其开始进行 PCM 数据采集,同时,由于 VS1053 存在的 BUG,需要加载补丁,以实现正常的 PCM 数据接收。

(3) 创建 WAV 文件,并保存 WAV 文件的头部信息

在前两步设置成功之后,即可正常从 SCI_HDAT0 读取所需要的 PCM 数据了。不过在此之前需要先创建一个新文件,并写入 WAV 文件的头部信息,然后才能开始向 WAV 文件写入 PCM 数据。

(4) 读取 PCM 数据

经过前面几步的处理,这一步就比较简单了,只需不停地从 SCI_HDAT0 中读取数据,然后再保存到 WAV 文件中即可。不过这里还需要做文件大小的统计,以便最后写入 WAV 文件头部。

(5) 计算整个文件的大小,重新保存 WAV 文件头部并关闭文件

在结束录音时,必须知道本次录音的大小(数据大小和整个文件的大小),然后更新 WAV 文件头部,重新写入文件。需要注意的是,因为是 FAT 文件系统,所以在创建文件之后必须通过调用 f_close 函数,文件才会真正体现在文件系统中,否则文件是不会被创建的! 所以最后还需要调用 f_close 函数,以保存文件。

9.4 实验:录音机

【实验要求】基于 SmartM-M451 系列开发板:实现录音与播放录音功能。

1. 硬件设计

(1) VS1053 录音电路

VS1053 录音电路如图 9.4.1 所示。

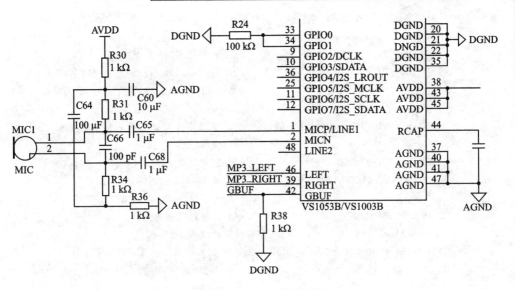

图 9.4.1　VS1053 录音电路

(2) 麦克风位置

麦克风位置如图 9.4.2 所示。

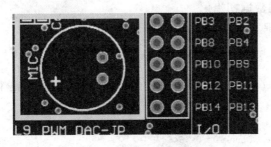

图 9.4.2　VS1053 麦克风位置

2. 软件设计

代码位置：\SmartM-M451\代码\进阶\【TFT】【录音机】。

(1) 激活 PCM 录音模式

激活 PCM 录音模式的代码如下。

程序清单 9.4.1　激活 PCM 录音模式

```
VOID VS_Enter_Rec_Mode(UINT16 agc)
{
    //如果是 IMA ADPCM,则采样率计算公式如下:
    //采样率 = CLKI/256 * d
    //假设 d = 0,并 2 倍频,外部晶振为 12.288 MHz,那么 Fc = (2 * 12288000)/256 * 6 = 16 kHz
```

第9章 音乐播放器及录音机

```
                //如果是线性PCM,则采样率直接写采样值
    VS_WR_Cmd(SPI_BASS,0x0000);
    VS_WR_Cmd(SPI_AICTRL0,8000);             //设置采样率,设置为8 kHz
    VS_WR_Cmd(SPI_AICTRL1,agc);              //设置增益,0为自动增益,1 024相当于1倍,
                                             //512相当于0.5倍,最大值为65 535,相当于
                                             //64倍
    VS_WR_Cmd(SPI_AICTRL2,0);                //设置增益最大值,0代表最大值为65 536,相
                                             //当于64倍
    VS_WR_Cmd(SPI_AICTRL3,6);                //左通道(MIC单声道输入)
    VS_WR_Cmd(SPI_CLOCKF,0x2000);            //设置VS10XX的时钟,MULT:2倍频;
                                             //ADD:不允许;CLK:12.288 MHz
    VS_WR_Cmd(SPI_MODE,0x1804);              //MIC,录音激活
    Delayms(5);                              //等待至少1.35 ms
    VS_Load_Patch((UINT16 *)wav_plugin,40);  //VS1053的WAV录音需要补丁
}
```

该函数就是用前面介绍的方法,激活 VS1053 的 PCM 模式。本章使用的是 8 kHz 采样率,16 位单声道线性 PCM 模式,AGC 通过函数参数来设置。最后加载补丁(用于修复 VS1053 的录音 BUG)。

(2) WAV 头部数据初始化

WAV 头部数据初始化的代码如下。

程序清单 9.4.2 WAV 头部数据初始化

```
VOID VS_Wav_Init(__WaveHeader * wavhead)              //初始化WAV头
{

    wavhead->riff.ChunkID = 0x46464952;               //"RIFF"
    wavhead->riff.ChunkSize = 0;                      //还未确定,最后需要计算
    wavhead->riff.Format = 0x45564157;                //"WAVE"
    wavhead->fmt.ChunkID = 0x20746D66;                //"fmt "
    wavhead->fmt.ChunkSize = 16;                      //大小为16字节
    wavhead->fmt.AudioFormat = 0x01;                  //0x01表示PCM
    wavhead->fmt.NumOfChannels = 1;                   //单声道
    wavhead->fmt.SampleRate = 8000;                   //8 kHz采样率
    wavhead->fmt.ByteRate = wavhead->fmt.SampleRate * 2;   //16位,即2字节
    wavhead->fmt.BlockAlign = 2;                      //块大小,2字节为一个块
    wavhead->fmt.BitsPerSample = 16;                  //16位PCM
    wavhead->data.ChunkID = 0x61746164;               //"data"
    wavhead->data.ChunkSize = 0;                      //数据大小,还需要计算

}
```

该函数初始化 WAV 头的绝大部分数据，这里设置了该 WAV 文件为 8 kHz 采样率，16 位线性 PCM 格式。另外由于录音还未真正开始，所以文件大小和数据大小都还是未知的，需要等录音结束后才知道。该函数的 __WaveHeader 结构体就是由前面介绍的三个 Chunk 组成的，其结构如程序清单 9.4.3 所列。

程序清单 9.4.3　WAV 文件头部

```
/* WAV 头 */
typedef __packed struct
{
    ChunkRIFF riff;              //RIFF 块
    ChunkFMT fmt;                //Format 块
    //ChunkFACT fact;            //Fact 块线性 PCM,此处没有这个结构体
    ChunkDATA data;              //Data 块
}__WaveHeader;
```

(3) 录音操作

如下的 WAV_Record 函数实现录音，该函数是录音机实现的主循环函数，其代码如下。

程序清单 9.4.4　录音操作

```
UINT8 WAV_Record(VOID)
{
    __WaveHeader wavhead;
    UINT8     ucRecAgc = 4;
    UINT16    w;
    UINT16    idx = 0;
    UINT8     szRecBuf[512] = {0};
    UINT32    unSectorCount = 0;
    UINT32    bw = 0;
    UINT8     rt = 0xFF;

    /* 激活录音模式,默认增益为 recagc 倍,当前增益为 4 倍 */
    VS_Enter_Rec_Mode(1024 * ucRecAgc);

    /* 等待 buf 较为空闲再开始 */
    while(VS_RD_Reg(SPI_HDAT1)>>8);

    /* 初始化 WAV 数据 */
    VS_Wav_Init(&wavhead);

    /* 在 SD 卡的 Record 目录中创建 1.wav 文件,具有写属性 */
```

```c
rt = f_open(&g_fil,"1:/Record/1.wav",FA_CREATE_ALWAYS | FA_WRITE);

/* 若创建失败,则进行函数返回 */
if(rt != FR_OK)
    return rt;

/* 向新创建的WAV文件写入头部数据 */
rt = f_write(&g_fil,(const void *)&wavhead,sizeof(__WaveHeader),&bw);

while(1)
{
    do
    {
        /* 等待缓冲区溢出,以免数据混叠 */
        w = VS_RD_Reg(SPI_HDAT1);
    }while(w < 256 || w >= 896);
    idx = 0;

    /* 一次读取512字节 */
    while(idx<512)
    {
        w = VS_RD_Reg(SPI_HDAT0);
        szRecBuf[idx ++] = w&0XFF;
        szRecBuf[idx ++] = w>>8;
    }

    /* 向新创建的WAV文件写入录音数据 */
    rt = f_write(&g_fil,szRecBuf,512,&bw);

    /* 检查是否写入出错 */
    if(rt)
        break;

    /* 扇区数自加1,每扇区占用512字节 */
    unSectorCount ++;

    /* 若当前状态为停止录音,则结束对WAV文件写入数据 */
    if(g_unRecCtrlStatus == REC_CTRL_STOP)
    {
        /* 整个文件的大小-8 */
        wavhead.riff.ChunkSize = unSectorCount * 512 + 36;
```

```
                    /* 数据大小 */
                    wavhead.data.ChunkSize = unSectorCount * 512;

                    /* 偏移到文件头 */
                    f_lseek(&g_fil,0);

                    /* 向 WAV 文件重新写入头部数据 */
                    f_write(&g_fil,(const void * )&wavhead,sizeof(__WaveHeader),&bw);

                    /* 关闭 WAV 文件 */
                    f_close(&g_fil);

                    rt = 0;
                    break;
                }
            }
            return rt;
        }
```

(4) 录音播放

录音过后,使用如下的 WAV_Play 函数进行播放,详细代码如下。

程序清单 9.4.5　录音播放

```
UINT8 WAV_Play(INT8 * pszPath)
{
    UINT16 br;
    UINT8  rt,rval = 0xFF;
    UINT32 i;

    if(FR_OK == f_open(&g_fil,(const TCHAR * )pszPath,FA_READ))
    {
        /* 芯片硬复位 */
        VS_HD_Reset();
        Delayms(100);

        /* 芯片软复位 */
        VS_Soft_Reset();
        Delayms(100);

        /* 重启播放 */
        VS_Restart_Play();
```

```c
/* 设置音量等信息 */
VS_Set_All();

/* 复位解码时间 */
VS_Reset_DecodeTime();

/* 设置高速运行 */
VS_SPI_SpeedHigh();

while(1)
{
    /* 读取文件数据每次 1 024 字节 */
    rt = f_read(&g_fil,g_szBuf,sizeof g_szBuf,(UINT32 *)&br);
    i = 0;

    /* 主播放循环 */
    do
    {
        /* 给 VS10XX 发送音频数据,每次发送 32 字节 */
        if(VS_Send_MusicData(g_szBuf + i) == 0)
        {
            i += 32;
        }
    /* 循环发送 1 024 字节 */
    }while(i<sizeof g_szBuf);

    /* 若检查到当前状态为停止播放状态,则跳出循环 */
    if(g_unRecCtrlStatus == REC_CTRL_PLAY_STOP)
    {
        break;
    }

    /* 若检查到读取文件小于 1 024 字节或者读取错误,则跳出循环 */
    if(br != sizeof g_szBuf || rt != 0)
    {
        rval = 0;
        break;
    }
```

```
        }
    }

    /*  关闭文件  */
    f_close(&g_fil);

    return rval;
}
```

(5) 主函数

主函数实现各硬件模块的初始化,并在 while(1)循环体中实现声音的录入与播放,详细代码如下。

程序清单 9.4.6   main 函数

```
/********************************************
* 函数名称:main
* 输入:无
* 输出:无
* 功能:函数主体
********************************************/
int32_t main(void)
{
    UINT32 rt;

    PROTECT_REG
    (
        /*  系统时钟初始化  */
        SYS_Init(PLL_CLOCK);

        CLK_EnableModuleClock(TMR0_MODULE);
        CLK_SetModuleClock(TMR0_MODULE,CLK_CLKSEL1_TMR0SEL_HXT,0);
    )

    /*   XPT2046 初始化  */
    XPTSpiInit();

    /*   LED 初始化  */
    LedInit();

    /*   LCD 初始化  */
    LcdInit(LCD_FONT_IN_FLASH,LCD_DIRECTION_180);
    LCD_BL(0);
```

```c
LcdCleanScreen(BLACK);

while(disk_initialize(FATFS_IN_FLASH))
{
    Led1(1);Delayms(500);
    Led1(0);Delayms(500);
}

/*    SD 卡初始化  */
while(disk_initialize(FATFS_IN_SD))
{
    Led2(1);Delayms(500);
    Led2(0);Delayms(500);
}

/*    挂载 SPI Flash */
f_mount(0,&g_fs[0]);

/*    挂载 SD 卡  */
f_mount(1,&g_fs[1]);

LcdFill(0,0,LCD_WIDTH - 1,20,RED);
LcdShowString(80,2,"录音机实验",YELLOW,RED);
LcdKeyLeft(FALSE);
LcdKeyRight(FALSE);
LcdKeyAdd(FALSE);
LcdKeyReduce(FALSE);

/* 音频通道切换初始化 */
AudioSelect_Init();
AudioSelect_Set(AUDIO_MP3);

/* VS1053B 初始化成功 */
VS_Init();

Delayms(1000);

/* 定时器 0 每 1 秒产生 100 次中断,即 10 ms 中断一次 */
TIMER_Open(TIMER0,TIMER_PERIODIC_MODE,100);
TIMER_EnableInt(TIMER0);

/* 使能定时器 0 NVIC 中断 */
```

```c
    NVIC_EnableIRQ(TMR0_IRQn);
    
    /* 启动定时器0计数 */
    TIMER_Start(TIMER0);
    
    while(1)
    {
        if(g_unRecCtrlStatus == REC_CTRL_START)
        {
            LcdKeyLeft(TRUE);
            LcdFill(0,60,LCD_WIDTH-1,80,BLACK);
            LcdShowString(10,60,"录音中...",GBLUE,BLACK);
            rt = WAV_Record();
            g_unRecCtrlStatus = REC_CTRL_NONE;
            LcdFill(0,60,LCD_WIDTH-1,80,BLACK);
            if(rt)
            {
                LcdShowString(10,60,"录音失败!",GBLUE,BLACK);
            }
            else
            {
                LcdShowString(10,60,"录音成功!",GBLUE,BLACK);
            }
        }
        
        if(g_unRecCtrlStatus == REC_CTRL_PLAY_START)
        {
            LcdKeyReduce(TRUE);
            
            LcdFill(0,60,LCD_WIDTH-1,80,BLACK);
            LcdShowString(10,60,"正在播放录音",GBLUE,BLACK);
            WAV_Play("1:/Record/1.wav");
            g_unRecCtrlStatus = REC_CTRL_NONE;
            LcdFill(0,60,LCD_WIDTH-1,80,BLACK);
            LcdShowString(10,60,"播放完毕!",GBLUE,BLACK);
        }
        
        if(g_unRecCtrlStatus == REC_CTRL_STOP)
        {
            LcdKeyAdd(TRUE);
            g_unRecCtrlStatus = REC_CTRL_NONE;
            LcdFill(0,60,LCD_WIDTH-1,80,BLACK);
            LcdShowString(10,60,"停止录音",GBLUE,BLACK);
        }
```

```
            if(g_unRecCtrlStatus == REC_CTRL_PLAY_STOP)
            {
                LcdKeyRight(TRUE);
                g_unRecCtrlStatus = REC_CTRL_NONE;
                LcdFill(0,60,LCD_WIDTH - 1,80,BLACK);
                LcdShowString(10,60,"停止播放录音",GBLUE,BLACK);
            }
        }
    }
```

(6) 定时器 0 中断服务函数

当实现音频文件一直播放时,为了保证触摸屏的点击能够实时监测,有必要通过定时器 0 实现每 10 ms 进行扫描,详细代码如下。

程序清单 9.4.7　定时器 0 中断服务函数

```
void TMR0_IRQHandler(void)
{
    PIX Pix;

    if(TIMER_GetIntFlag(TIMER0) == 1)
    {
        if(XPT_IRQ_PIN() == 0)
        {

            if(XPTPixGet(&Pix) == TRUE)
            {
                Pix = XPTPixConvertToLcdPix(Pix);
                g_vbTouchEvent = 1;

                if(LcdGetDirection() == LCD_DIRECTION_180)
                {
                    Pix.x = 239 - Pix.x;
                    Pix.y = 319 - Pix.y;
                }

                if(Pix.y>280 && Pix.y<319)
                {
                    /* 开始录音 */
                    if(Pix.x>0 && Pix.x<59)
                    {
                        g_unRecCtrlStatus = REC_CTRL_START;
                    }
                    /* 停止录音 */
```

```
            if(Pix.x>60 && Pix.x<119)
            {
                g_unRecCtrlStatus = REC_CTRL_STOP;
            }
            /* 播放录音 */
            if(Pix.x>120 && Pix.x<179)
            {
                g_unRecCtrlStatus = REC_CTRL_PLAY_START;
            }
            /* 停止播放录音 */
            if(Pix.x>180 && Pix.x<239)
            {
                g_unRecCtrlStatus = REC_CTRL_PLAY_STOP;
            }
        }
    }
    /* 清除定时器 0 标志位 */
    TIMER_ClearIntFlag(TIMER0);
}
```

3. 下载验证

通过 NuLink 仿真下载器将程序下载到 SmartM-M451 旗舰板上，耳机接入板载的绿色耳机接口，屏幕底部显示录音和播放控制按钮，若点击"REC>"按钮，则进行录音，如图 9.4.3 所示，并在 SD 卡的 Record 目录中创建 1.wav 文件。当录音完毕后，显示录音成功，如图 9.4.4 所示。可以通过点击"PLAY>"按钮实现录音播放。

图 9.4.3　录音中

图 9.4.4　录音成功

第 10 章

FM

FM 是 Frequency Modulation 的缩写,即调频的意思。收音机里常用的术语有 FM 调频,MW(Medium Wave)中波,SW(Short Wave)短波,LW(Long Wave)长波;AM(Amplitude Modulation)调幅。AM 和 FM 指的是无线电学上两种不同的调制方式。FM 指一般的调频广播(频率为 76~108 MHz,在我国为 87.5~108 MHz)。短波的波长为 10~100 m,中波的波长为 200~600 m。HF 的波长为 10~100 m,把 HF 也称为短波。频率为 150~284 kHz 的叫长波。

图 10.1.1 FM 收音机

常见的 FM 收音机如图 10.1.1 所示,就是一个采用 FM 调频载波方式传输无线电信号的收音机。由于采用的波长较短,因此,其传输信号的质量相比采用 AM 波长的收音机要好很多,但是因为是短波,所以传播距离比较短。目前,一些手机中同样有 FM 调频收音机的功能。

使载波频率按照调制信号改变的调制方式叫调频。已调波频率变化的大小由调制信号的大小决定,变化的周期由调制信号的频率决定。已调波的振幅保持不变。调频波的波形就像是个被压缩得不均匀的弹簧。调频波用英文字母 FM 表示。

10.1 RDA5820 简介

RDA5820 是北京锐迪科推出的一款集成度非常高的立体声 FM 收/发芯片。该芯片具有以下特点:

- FM 发射和接收一体;
- 支持 65~115 MHz 的全球 FM 接收频段,收/发天线共用;
- 支持 I^2C/SPI 接口;
- 支持 32.768 kHz 晶振;
- 数字音量及自动 AGC 控制;
- 支持立体声/单声道切换,带软件静音功能;
- 支持 I^2S 接口(输入/输出);

- 内置 LDO,使用电压范围宽(2.7～5.5 V);
- 高功率 32 Ω 负载音频输出,可直接驱动耳机;
- 集成度高,功耗低,尺寸小(4 mm×4 mm,QFN 封装),应用简单。

RDA5820 的应用范围很宽,在很多手机、MP3、MP4 甚至平板电脑上都有应用。RDA5820 的引脚分布如图 10.1.2 所示。

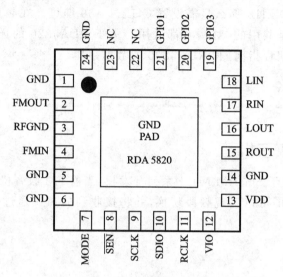

图 10.1.2 RDA5820 的引脚图

RDA5820 支持 2 种通信模式:SPI 和 I^2C。在 SmartM-M451 旗舰开发板上使用的是 RDA5820 的 I^2C 模式。通过将图 10.1.2 中 RD5820 的 MODE 引脚接 GND,RDA5820 即进入 I^2C 模式,此时 SCLK 充当 I^2C 的 SCL,SDIO 充当 I^2C 的 SDA。RDA5820 的 I^2C 地址为 0x11(不包含最低位),对应读为 0x23,写为 0x20。RDA5820 的模式通过 40H(寄存器地址为 0x40)寄存器的 CHIP_FUNC[3:0] 位来设置。RDA5820 可以工作于 RX、TX、PA 和 DAC 等模式,本章只介绍 RX 模式和 TX 模式。通过设置 CHIP_FUNC[3:0]=0 即可定义当前工作模式为 FM 接收模式,在该模式下即可实现 FM 收音机功能。通过设置 CHIP_FUNC[3:0]=1 即可定义当前工作模式为 FM 发送模式,在该模式下即可实现 FM 的电台功能。

可以通过软件配置 03H(寄存器地址为 0x30)寄存器来选择 FM 频段。搜台(seek)的步进长度(100 kHz、200 kHz 或 50 kHz)由寄存器 SPACE[1:0] 来选择,频段由寄存器 CHAN[9:0] 来选择,频率范围(76～91 MHz、87～108 MHz、76～108 MHz 或用户自定义 65～115 MHz 范围内频段)由寄存器 BAND[1:0] 来选择。自定义的频段由寄存器 53H(chan_bottom)和 54H(chan_top)来设置,单位为 100 kHz,即定义为 65～76 MHz,可设置 BAND[1:0]=3(用户自定义频段),并设置 chan_bottom=0x028A,chan_top=0x02F8。

频点计算方法如下(该公式也适用于 FM 频点的读取):

第 10 章 FM

$$FMfreq = SPACE \times CHAN + FMBTM$$

其中 FMfreq 是 FM 频率(MHz);SPACE 是步进长度(kHz);CHAN 是频点值;FMBTM 是在 BAND 中所选频段的最低频率,当 BAND=0 时,FMBTM=87 MHz,当 BAND=1 时,FMBTM=76 MHz,当 BAND=2 时,FMBTM=CHAN_BOTTOM×0.1(MHz)。例如,若要设置 FM 频率为 93.0 MHz,则假设 BAND=0,SPACE=100 kHz,那么只需设置 CHAN=60 即可。在频点设置部分,FM 接收与 FM 发送是共用的,对两者都适用。关于 RDA5820 的详细使用说明,请参考《RDA5820 编程指南》和 RDA5820 的数据手册。

10.2 实 验

10.2.1 FM 收音机

【实验要求】基于 SmartM-M451 系列开发板:当前 FM 收音机能够自动搜索有效频段,点击触摸屏可以实现频段切换,并将接收到的声音通过耳机或喇叭进行播放。

1. 硬件设计

RDA5820 电路设计如图 10.2.1 所示。

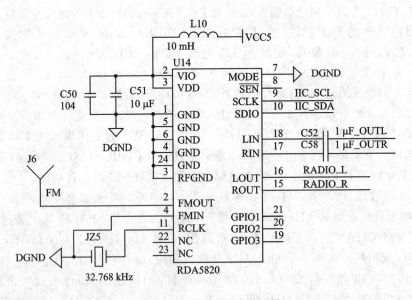

图 10.2.1 RDA5820 电路设计

第 10 章 FM

这里的 RDA5820 与之前介绍的 24C02 共用 I²C 总线,它们都接在 M4 的 PD4 和 PD5 两个引脚上,图 10.2.1 中的 OUTL 和 OUTR 接在 RDA5820 的 LIN 和 RIN 引脚上,OUTL 和 OUTR 是来自音频选择器(74HC4052)的输出端,作为 FM 发射时的音源输入。另外,RADIO_L 和 RADIO_R 是 FM 收音机的音频输出,它们接在音频选择器的一对输入上。音频选择器(74HC4052)和耳机驱动器(TDA1308)的连接电路分别如图 10.2.2 和图 10.2.3 所示。

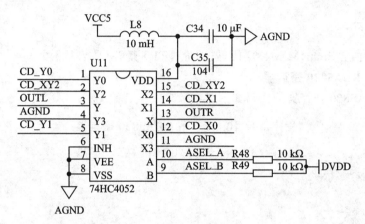

图 10.2.2 音频选择器

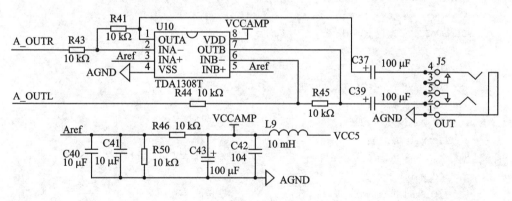

图 10.2.3 TDA1308 耳机驱动器

SmartM-M451 旗舰开发板选择 74HC4052 作为音频选择器。74HC4052 是一个 4 路输入、2 路输出的模拟选择器,可以实现 4 组立体声音源的切换。SmartM-M451 旗舰开发板有 3 路音源输出:FM 收音机、MP3(VS1053)输出和 PWM DAC 输出,通过 74HC4052 可实现这 3 路音源的切换。图 10.2.2 中的 ASEL_A 和 ASEL_B 是控制信号,分别连接在 M4 的 PE12 和 PE13 引脚上,用于控制音源切换。OUTL 和 OUTR 是 74HC4052 的输出端,被分为两路,一路接到 FM 发射的音频输入端,另外一路接到耳机驱动器的输入端(A_OUTL 和 A_OUTR)。

第10章 FM

TDA1308 是一款性能十分优异(秒杀 TDA2822 和 TDA7050 等)的 AB 类数字音频专用耳机驱动器,SmartM-M451 旗舰开发板搭载这颗耳机驱动器,其 MP3 播放的音质可以打败市面上很多中低端的 MP3 播放器。其 A_OUTR 和 A_OUTL 引脚是来自 74HC4052 的输出信号,作为 TDA1308 的输入端,经过 TDA1308 驱动后,输出到耳机插座上。硬件上,不需要做其他变动,只需找个耳机插到开发板的耳机插口中,再将开发板板载的天线拉出来,然后下载本章的实验例程,就可以听广播了。

2. 软件设计

代码位置:\SmartM-M451\代码\进阶\【TFT】【FM 收音机】。

(1) 写 RDA5820 寄存器

写 RDA5820 寄存器的代码如下。

程序清单 10.2.1　写 RDA5820 寄存器

```
/*************************************
* 函数名称:RDA5820_WR_Reg
* 输入: addr    -寄存器地址
        val     -数值
* 输出:无
* 功能:写 RDA5820 寄存器
*************************************/
VOID RDA5820_WR_Reg(UINT8 addr,UINT16 val)
{
    IIC_Start();
    IIC_Send_Byte(RDA5820_WRITE);      //发送写命令
    IIC_Wait_Ack();
    IIC_Send_Byte(addr);               //发送地址
    IIC_Wait_Ack();
    IIC_Send_Byte(val>>8);             //发送高字节
    IIC_Wait_Ack();
    IIC_Send_Byte(val&0XFF);           //发送低字节
    IIC_Wait_Ack();
    IIC_Stop();                        //产生一个停止条件
}
```

(2) 读 RDA5820 寄存器

读 RDA5820 寄存器的代码如下。

程序清单 10.2.2　读 RDA5820 寄存器

```
/*************************************
* 函数名称:RDA5820_RD_Reg
```

```
* 输入:addr      -寄存器地址
* 输出:寄存器数值
* 功能:读 RDA5820 寄存器
*********************************************/
UINT16 RDA5820_RD_Reg(UINT8 addr)
{
    UINT16 res;
    IIC_Start();
    IIC_Send_Byte(RDA5820_WRITE);       //发送写命令
    IIC_Wait_Ack();
    IIC_Send_Byte(addr);                //发送地址
    IIC_Wait_Ack();
    IIC_Start();
    IIC_Send_Byte(RDA5820_READ);        //发送读命令
    IIC_Wait_Ack();
    res = IIC_Read_Byte(1);             //读高字节,发送 ACK
    res<<= 8;
    res|= IIC_Read_Byte(0);             //读低字节,发送 NACK
    IIC_Stop();                         //产生一个停止条件
    return res;                         //返回读到的数据
}
```

(3) 设置 RDA5820 的工作频段

设置 RDA5820 的工作频段的代码如下。

程序清单 10.2.3 设置 RDA5820 的工作频段

```
/*********************************************
* 函数名称:RDA5820_Band_Set
* 输入:band    0,87～108 MHz;
              1,76～91 MHz;
              2,76～108 MHz;
* 输出:无
* 功能:设置 RDA5820 的工作频段
*********************************************/
VOID RDA5820_Band_Set(UINT8 band)
{
    UINT16 temp;
    temp = RDA5820_RD_Reg(0x03);        //读取 0x03 的内容
    temp& = 0xFFF3;
    temp|= band<<2;
    RDA5820_WR_Reg(0x03,temp);          //设置 BAND
}
```

第 10 章 FM

(4) 设置 RDA5820 的步进频率

设置 RDA5820 的步进频率的代码如下。

程序清单 10.2.4　设置 RDA5820 的步进频率

```
/************************************************
* 函数名称:RDA5820_Space_Set
* 输入:band    0,100 kHz;
              1,200 kHz;
              3,50 kHz;
* 输出:无
* 功能:设置 RDA5820 的步进频率
*************************************************/
VOID RDA5820_Space_Set(UINT8 spc)
{
    UINT16 temp;
    temp = RDA5820_RD_Reg(0x03);     //读取 0x03 的内容
    temp& = 0xFFFC;
    temp|= spc;
    RDA5820_WR_Reg(0x03,temp);       //设置 BAND
}
```

(5) 设置 RDA5820 的频率

设置 RDA5820 的频率的代码如下。

程序清单 10.2.5　设置 RDA5820 的频率

```
/************************************************
* 函数名称:RDA5820_Freq_Set
* 输入:freq    -频率值(单位为 10 kHz)
              比如 10805,表示 108.05 MHz
* 输出:无
* 功能:设置 RDA5820 的频率
*************************************************/
VOID RDA5820_Freq_Set(UINT16 freq)
{
    UINT16 temp;
    UINT8 spc = 0,band = 0;
    UINT16 fbtm,chan;
    temp = RDA5820_RD_Reg(0x03);        //读取 0x03 的内容
    temp& = 0x001F;
    band = (temp>>2) & 0x03;            //得到频带
    spc = temp & 0x03;                  //得到分辨率
```

```
    if(spc == 0)spc = 10;
    else if(spc == 1) spc = 20;
    else spc = 5;

    if(band == 0) fbtm = 8700;
    else if(band == 1 || band == 2) fbtm = 7600;
    else
    {
        fbtm = RDA5820_RD_Reg(0x53);        //得到 bottom 频率
        fbtm *= 10;
    }
    if(freq<fbtm) return;
    chan = (freq - fbtm)/spc;               //得到 CHAN 应该写入的值
    chan &= 0x3FF;                          //取低 10 位
    temp |= chan<<6;
    temp |= 1<<4;                           //TONE ENABLE
    RDA5820_WR_Reg(0x03,temp);              //设置频率
    Delayms(20);                            //等待 20 ms
    while((RDA5820_RD_Reg(0x0B) & (1<<7)) == 0);//等待 FM_READY

}
```

(6) 主函数

主函数的代码如下。

程序清单 10.2.6　主函数

```
/***********************************************
* 函数名称:main
* 输入:无
* 输出:无
* 功能:函数主体
***********************************************/
int32_t main(void)
{
    UINT8    buf[64] = {0};
    UINT16   freqset = 8780;

    PIX Pix;

    PROTECT_REG
    (
    /* 系统时钟初始化 */
```

第 10 章 FM

```c
SYS_Init(PLL_CLOCK);

CLK_EnableModuleClock(TMR0_MODULE);
CLK_SetModuleClock(TMR0_MODULE,CLK_CLKSEL1_TMR0SEL_HXT,0);
)

SPI0_CS_PIN_RST();

/*    XPT2046 初始化 */
XPTSpiInit();

/*    LED 初始化 */
LedInit();

/*    LCD 初始化 */
LcdInit(LCD_FONT_IN_FLASH,LCD_DIRECTION_180);
LCD_BL(0);
LcdCleanScreen(BLACK);


/*    SD 卡初始化 */
while(disk_initialize(FATFS_IN_FLASH))
{
    Led1(1);Delayms(500);
    Led1(0);Delayms(500);
}

/*    挂载 SD 卡 */
f_mount(0,&g_fs);

/*    显示界面 */
LcdFill(0,0,LCD_WIDTH-1,20,RED);
LcdShowString(60,2,"FM 收音机实验",YELLOW,RED);
LcdKeyLeft(FALSE);
LcdKeyRight(FALSE);
LcdKeyAdd(FALSE);
LcdKeyReduce(FALSE);

/*    音频通道切换初始化 */
AudioSelect_Init();
AudioSelect_Set(AUDIO_RADIO);
```

```c
/* RDA5820 初始化 */
while(RDA5820_Init())
{
    Led3(1);Delayms(500);
    Led3(0);Delayms(500);
}

/* 设置频段为 87～108 MHz */
RDA5820_Band_Set(0);

/* 设置步进为 100 kHz */
RDA5820_Space_Set(0);

/* 信号增益设置为 3 */
RDA5820_TxPGA_Set(3);

/* 发射功率为最大 */
RDA5820_TxPAG_Set(63);

/* 设置为接收模式 */
RDA5820_RX_Mode();

LcdShowString(0,60,"正在自动搜索电台…",GBLUE,BLACK);

/* 搜索有效的电台 */
while(1)
{
    /* 频率增加 100 kHz */
    if(freqset<10800)
        freqset += 10;
    /* 回到起点 */
    else
        freqset = 8700;

    /* 设置频率 */
    RDA5820_Freq_Set(freqset);

    /* 等待调频信号稳定 */
    Delayms(10);

    /* 是一个有效电台 */
    if(RDA5820_RD_Reg(0x0B) & (1<<8))
```

```c
            {
                g_usFMChannle[g_usFMTotal] = freqset;
                g_usFMTotal ++;
            }
            
            if(freqset >= 10800)
            {
                break;
            }
        }
        
        LcdFill(0,60,LCD_WIDTH - 1,80,BLACK);
        
        /* 显示当前有效的电台数目 */
        if(g_usFMTotal)
        {
            sprintf(buf,"当前有效电台数目:%d",g_usFMTotal);
            LcdShowString(0,60,buf,GBLUE,BLACK);
        }
        else
        {
            LcdShowString(0,60,"没有发现任何电台!",GBLUE,BLACK);
        }
        
        /* 设置电台音量   */
        RDA5820_Vol_Set(g_ucFMVolume);
        sprintf(buf,"当前音量:%d",g_ucFMVolume);
        LcdShowString(0,100,buf,GBLUE,BLACK);
        
        /* 设置接收频段 */
        RDA5820_Freq_Set(g_usFMChannle[g_usFMCur]);
        sprintf(buf,"当前FM频段:%0.2fMHz",(FP32)g_usFMChannle[g_usFMCur]/100);
        LcdShowString(0,140,buf,GBLUE,BLACK);
        
        while(1)
        {
            /* 检查是否有触摸操作 */
            if(XPT_IRQ_PIN() == 0)
            {
                if(XPTPixGet(&Pix) == TRUE)
                {
                    Pix = XPTPixConvertToLcdPix(Pix);
```

```
if(LcdGetDirection() == LCD_DIRECTION_180)
{
    Pix.x = 239 - Pix.x;
    Pix.y = 319 - Pix.y;
}
if(Pix.y>280 && Pix.y<319)
{
    /* 切换为上一个频段 */
    if(Pix.x>0 && Pix.x <59)
    {
        if(g_usFMCur)
        {
            /* 上一个频段 */
            g_usFMCur--;

            /* 设置频段 */
            RDA5820_Freq_Set(g_usFMChannle[g_usFMCur]);
            LcdFill(0,140,LCD_WIDTH-1,160,BLACK);
            sprintf(buf,"当前 FM 频段:% 0.2fMHz",(FP32)g_
                    usFMChannle[g_usFMCur]/100);
            LcdShowString(0,140,buf,GBLUE,BLACK);
        }
        LcdKeyLeft(TRUE);
    }
    /* 增大音量 */
    if(Pix.x>60 && Pix.x <119)
    {
        if(g_ucFMVolume<15)
        {
            /* FM 音量加 1 */
            g_ucFMVolume+=1;
            RDA5820_Vol_Set(g_ucFMVolume);

            /* 显示当前音量 */
            LcdFill(0,100,LCD_WIDTH-1,120,BLACK);
            sprintf(buf,"当前音量:%d",g_ucFMVolume);
            LcdShowString(0,100,buf,GBLUE,BLACK);
        }
        LcdKeyAdd(TRUE);
    }
    /* 减小音量 */
    if(Pix.x>120 && Pix.x <179)
```

```
            {
                if(g_ucFMVolume)
                {
                    /* FM 音量减 1 */
                    g_ucFMVolume -= 1;

                    /* 设置 FM 音量 */
                    RDA5820_Vol_Set(g_ucFMVolume);

                    /* 显示当前音量 */
                    LcdFill(0,100,LCD_WIDTH-1,120,BLACK);
                    sprintf(buf,"当前音量:%d",g_ucFMVolume);
                    LcdShowString(0,100,buf,GBLUE,BLACK);
                }
                LcdKeyReduce(TRUE);
            }
            /* 切换为下一个频段 */
            if(Pix.x>180 && Pix.x<239)
            {
                if(g_usFMCur<g_usFMTotal)
                {
                    /* 下一个频段 */
                    g_usFMCur++;
                }

                if(g_usFMCur<g_usFMTotal)
                {
                    /* FM 切换频段 */
                    RDA5820_Freq_Set(g_usFMChannle[g_usFMCur]);

                    /* 显示当前频段 */
                    LcdFill(0,140,LCD_WIDTH-1,160,BLACK);
                    sprintf(buf,"当前FM频段:%0.2fMHz",(FP32)g_
                            usFMChannle[g_usFMCur]/100);
                    LcdShowString(0,140,buf,GBLUE,BLACK);
                }
                LcdKeyRight(TRUE);
            }
        }
    }
}
```

3. 下载验证

通过 NuLink 仿真下载器将程序下载到 SmartM-M451 旗舰板上,耳机接入板载的绿色耳机接口,屏幕底部显示频道切换与音量控制按钮,同时自动搜索电台,如图 10.2.4 所示。搜索完毕后,将显示搜索到的有效电台数目,并对搜索到的第一个频道进行收听,如图 10.2.5 所示。

图 10.2.4　自动搜索电台

图 10.2.5　电台收听

10.2.2　FM 空中音频传输

【实验要求】基于 SmartM-M451 系列开发板:播放歌曲的同时调用板载的 FM 芯片,通过特定的频段(如 88 MHz)进行空中音频传输;收听方可以使用另外一块 SmartM-M451 旗舰开发板并调频到特定频段进行收听,或者如果手机支持 FM 功能,则也可以将手机调频到特定频段进行收听。

1. 硬件设计

参考"9.2.1　简易播放器"小节的硬件设计内容。
参考"10.2.1　FM 收音机"小节的硬件设计内容。

2. 软件设计

代码位置:\SmartM-M451\代码\进阶\【TFT】【FM 空中音频传输】。

调用 AudioSelect_Set 函数设置 74HC4052 音频选择器的输入源 MP3 (VS1053B 芯片),同时 74HC4052 的输出通路连接到 RDA5820 芯片的 LIN 和 RIN 引脚上。当播放 MP3 时,只要使用手机内置的 FM 功能或额外的 SmartM-M451 旗

第10章 FM

舰板进行接收,即可听到当前开发板播放的音乐。音频通道切换代码如下。

程序清单10.2.7 音频通道切换

```
/*音频通道切换初始化*/
AudioSelect_Init();
AudioSelect_Set(AUDIO_MP3);
```

在 main 函数中设置好 FM 的参数,默认频段为 108 MHz,然后播放 SD 卡中的 MP3 文件即可实现空中音频传输了,代码如下。

程序清单10.2.8 主函数

```
/*********************************************
* 函数名称:main
* 输入:无
* 输出:无
* 功能:函数主体
*********************************************/
int32_t main(void)
{
    UINT8   buf[64] = {0};
    UINT32  rt = 0;
    UINT16  freqset = 0;

    PROTECT_REG
    (
    /* 系统时钟初始化 */
    SYS_Init(PLL_CLOCK);

    CLK_EnableModuleClock(TMR0_MODULE);
    CLK_SetModuleClock(TMR0_MODULE,CLK_CLKSEL1_TMR0SEL_HXT,0);
    )

    SPI0_CS_PIN_RST();

    /*   XPT2046 初始化  */
    XPTSpiInit();

    /*   LED 初始化  */
    LedInit();

    /*   LCD 初始化  */
    LcdInit(LCD_FONT_IN_FLASH,LCD_DIRECTION_180);
```

```c
LCD_BL(0);
LcdCleanScreen(BLACK);

while(disk_initialize(FATFS_IN_FLASH))
{
    Led1(1);Delayms(500);
    Led1(0);Delayms(500);
}

/*   SD卡初始化 */
while(disk_initialize(FATFS_IN_SD))
{
    Led2(1);Delayms(500);
    Led2(0);Delayms(500);
}

/*   挂载 SPI Flash */
f_mount(0,&g_fs[0]);

/*   挂载 SD 卡 */
f_mount(1,&g_fs[1]);

LcdFill(0,0,LCD_WIDTH-1,20,RED);
LcdShowString(60,2,"FM 空中音频传输实验",YELLOW,RED);
LcdKeyLeft(FALSE);
LcdKeyRight(FALSE);
LcdKeyAdd(FALSE);
LcdKeyReduce(FALSE);

/* 查找 SD 卡的 Music 目录中有多少个 MP3 文件 */
g_unMusicTotal = MP3FoundFile();

if(g_unMusicTotal)
{
    sprintf(buf,"当前有 %d 首歌曲,准备开始播放…",g_unMusicTotal);
    LcdShowString(0,60,buf,GBLUE,BLACK);
}
else
{
    LcdShowString(0,60,"没有发现任何歌曲!",GBLUE,BLACK);

    while(1);
```

```c
    }
    sprintf(buf,"当前音量:%d",g_unVolumeCur);
    LcdShowString(0,100,buf,GBLUE,BLACK);

    /* 音频通道切换初始化 */
    AudioSelect_Init();
    AudioSelect_Set(AUDIO_MP3);

    /* FM 芯片 RDA5820 初始化 */
    while(RDA5820_Init())
    {
        printf("RDA5820 ERROR\r\n");
        Delayms(500);
    }

    /* 设置频段为 87~108 MHz */
    RDA5820_Band_Set(0);

    /* 设置步进为 100 kHz */
    RDA5820_Space_Set(0);

    /* 信号增益设置为 3 */
    RDA5820_TxPGA_Set(3);

    /* 发射功率为最大 */
    RDA5820_TxPAG_Set(63);

    /* 设置为发射模式 */
    RDA5820_TX_Mode();

    /* 设置频率为 108 MHz */
    freqset = 10800;
    RDA5820_Freq_Set(freqset);

    sprintf(buf,"当前 FM 频道:%0.2fMHz",(FP32)freqset/100);
    LcdShowString(0,140,buf,GBLUE,BLACK);

    Delayms(1000);

    /* VS1053B 初始化成功 */
    VS_Init();
```

```
Delayms(1000);

/* 定时器 0 每 1 s 产生 100 次中断,即 10 ms 中断一次 */
TIMER_Open(TIMER0,TIMER_PERIODIC_MODE,100);
TIMER_EnableInt(TIMER0);

/* 使能定时器 0 向量中断 */
NVIC_EnableIRQ(TMR0_IRQn);

/* 启动定时器 0 进行计数 */
TIMER_Start(TIMER0);

while(1)
{
    if(g_unMusicCur < g_unMusicTotal)
    {
        /* 显示正在播放的歌曲 */
        LcdFill(0,60,LCD_WIDTH-1,80,BLACK);
        memset(buf,0,sizeof buf);
        sprintf(buf,"正在播放 %s",g_szMP3Tbl[g_unMusicCur]);
        LcdShowString(0,60,buf,GBLUE,BLACK);


        /* 选择要播放的歌曲 */
        memset(buf,0,sizeof buf);

        sprintf(buf,"1:/Music/%s",g_szMP3Tbl[g_unMusicCur]);

        if(0 == MP3PlayFile(buf))
        {
            g_unMusicCur++;
        }
        g_unPlayCtrl = PLAY_CTRL_NONE;
    }
}
```

3. 下载验证

通过 NuLink 仿真下载器将程序下载到 SmartM-M451 旗舰板上,同时 SD 卡的 Music 文件夹必须包含可以播放的 MP3 文件,且耳机接入板载的绿色耳机接口,屏幕显示当前播放的歌曲名及当前 FM 频道为 88.00 MHz,底部显示歌曲切换与音量控制按钮,如图 10.2.6 所示。FM 接收方如果用另外一套旗舰板运行 FM 收音机程序,则需指定 FM 频道为 88.00 MHz,手机亦然。

图 10.2.6　程序显示界面

第 11 章

MPU6050 六轴传感器

MPU6050 是 InvenSense 公司推出的全球首款整合性六轴运动处理组件，相较于多组件方案，免除了组合陀螺仪与加速器轴之间的时差问题，减少了安装空间。MPU6050 内部整合了三轴陀螺仪和三轴加速度传感器，并含有 I²C 接口，可用于连接外部磁力传感器，并利用自带的数字运动处理器 DMP（Digital Motion Processor）硬件加速引擎，通过主 I²C 接口，向应用端输出完整的九轴融合演算数据。有了 DMP，就可以使用 InvenSense 公司提供的运动处理资料库，非常方便地实现姿态解算，从而减轻运动处理运算对操作系统的负荷，同时大大降低开发难度。图 11.1.1 是陀螺仪的实例。

图 11.1.1　陀螺仪的实例

11.1　MPU6050 简介

11.1.1　特　征

MPU6050 的特点包括：

- 以数字形式输出六轴或九轴（需外接磁传感器）的旋转矩阵、四元数（quaternion）、欧拉角格式（Euler Angle forma）的融合演算数据（需 DMP 支持）。
- 具有 131 LSB/[(°)·s^{-1}]（LSB 表示最小有效位）敏感度及全向感测范围为 ±250 (°)/s、±500 (°)/s、±1 000 (°)/s 和 ±2 000 (°)/s 的三轴角速度感测器（陀螺仪）。
- 集成可程序控制范围为 ±2g、±4g、±8g 和 ±16g 的三轴加速度传感器。
- 移除加速器与陀螺仪的轴间敏感度，降低设定给予的影响和感测器的飘移。
- 自带的数字运动处理器引擎可减轻 MCU 的复杂融合演算数据、感测器同步化和姿势感应等的负荷。
- 内建运作时间偏差和磁力感测器校正演算技术，免除客户须另外进行校正的需求。

第 11 章 MPU6050 六轴传感器

- 自带一个数字温度传感器。
- 带数字输入同步引脚(Sync 引脚)支持视频电子影像稳定技术和 GPS。
- 可程序控制的中断(interrupt),支持姿势识别、摇摄、画面放大/缩小、滚动、快速下降中断、high-G 中断、零动作感应、触击感应和摇动感应功能。
- VDD 供电电压为(1±5%)2.5 V、(1±5%)3.0 V、(1±5%)3.3 V,VLOGIC 可低至(1±5%)1.8 V。
- 陀螺仪工作电流为 5 mA,陀螺仪待机电流为 5 μA;加速器工作电流为 500 μA,加速器省电模式电流为 40 μA@10 Hz。
- 自带 1 024 字节的 FIFO,有助于降低系统功耗。
- 含有高达 400 kHz 的 I²C 通信接口。
- 超小封装尺寸:4 mm×4 mm×0.9 mm (QFN)。

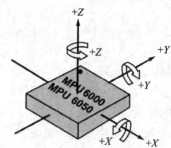

图 11.1.2 MPU6050 的检测轴

MPU6050 传感器的检测轴如图 11.1.2 所示,其内部框图如图 11.1.3 所示。

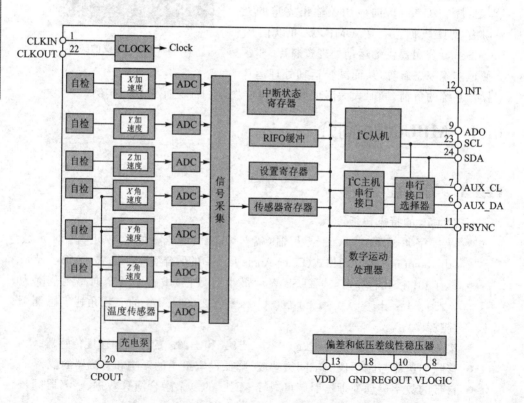

图 11.1.3 MPU6050 内部框图

图 11.1.3 中，SCL 和 SDA 引脚连接 MCU 的 I^2C 接口，MCU 通过该接口来控制 MPU6050。引脚 AUX_CL 和 AUX_DA 连接 MCU 的另一个 I^2C 接口，该接口用来连接外部从设备，比如磁传感器，这样就可以组成一个九轴传感器。引脚 VLOGIC 接 I/O 口电压，最低可达 1.8 V，一般直接接 VDD 即可。AD0 是从 I^2C 接口（接 MCU）的地址控制引脚，该引脚控制 I^2C 地址的最低位。如果 AD0 连接了 GND，则 MPU6050 的 I^2C 地址是 0x68；如果 AD0 连接了 VDD，则 I^2C 地址是 0x69。注意：这里的地址不包含数据传输的最低位（最低位用来表示读/写）。

11.1.2　数据读取的初始化

利用 M4 读取 MPU6050 的加速度和角速度传感器数据（非中断方式）需要的初始化步骤如下。

1. 初始化 I^2C 接口

MPU6050 采用 I^2C 与 M4 通信，所以需要先初始化与 MPU6050 连接的 SDA 和 SCL 数据线，这部分内容在 10.2 节已经介绍过。由于这里 MPU6050 与 FM 共用一个 I^2C 接口，所以初始化 I^2C 接口的方法与 FM 的完全一样，详见 10.2 节。

2. 复位 MPU6050

这一步将 MPU6050 内部所有寄存器恢复默认值，通过对电源管理寄存器 1 (0x6B) 的第 7 位写 1 来实现。复位后，电源管理寄存器 1 恢复默认值(0x40)，然后必须设置该寄存器为 0x00，以唤醒 MPU6050 进入正常工作状态。

3. 设置角速度传感器(陀螺仪)和加速度传感器的满量程范围

这一步将设置两个传感器的满量程范围(FSR)，分别通过陀螺仪配置寄存器 (0x1B) 和加速度传感器配置寄存器 (0x1C) 来设置。一般设置陀螺仪的满量程范围为 ±2 000 (°)/s，加速度传感器的满量程范围为 ±2g。

4. 设置其他参数

这里还需要配置的参数有：关闭中断、关闭 AUX I^2C 接口、禁止 FIFO、设置陀螺仪采样率和设置数字低通滤波器(DLPF)等。本章不采用中断方式读取数据，所以关闭中断；也不用 AUX I^2C 接口外接其他传感器，所以也关闭该接口。这两个操作分别通过中断使能寄存器(0x38)和用户控制寄存器(0x6A)来实现。MPU6050 可以使用 FIFO 来存储传感器数据，不过本章并没有用到，所以关闭所有 FIFO 通道，这通过 FIFO 使能寄存器(0x23)来实现，由于默认值都是 0(即禁止 FIFO)，所以用默认值即可。陀螺仪的采样率通过采样率分频寄存器(0x19)来设置，该采样率一般设置为 50 Hz。数字低通滤波器则通过配置寄存器(0x1A)来设置，一般设置为带宽的 1/2。

5. 配置系统时钟源,使能角速度传感器和加速度传感器

系统时钟源同样通过电源管理寄存器 1(0x6B)来设置,该寄存器的最低三位用于选择系统时钟源,默认值是 0(内部 8 MHz RC 振荡),不过一般设置为 1,表示选择 x 轴陀螺 PLL 作为时钟源,以获得更高精度的时钟。使能角速度传感器和加速度传感器这两个操作可通过电源管理寄存器 2(0x6C)来设置,设置对应位为 0 即可开启。至此,MPU6050 的初始化已完成,可以正常工作了(其他未设置的寄存器全部采用默认值即可),接下来就可以读取相关寄存器来得到加速度传感器、角速度传感器和温度传感器的数据了。不过,下面先简单介绍几个重要的寄存器。

11.1.3 重要寄存器简介

1.电源管理寄存器 1

该寄存器地址为 0x6B,其各位描述如表 11.1.1 所列。其中,DEVICE_RESET 位用来控制复位,设置为 1 时复位 MPU6050,复位结束后,其硬件自动将该位清零。SLEEEP 位用来控制 MPU6050 的工作模式,复位后该位为 1,即进入睡眠模式(低功耗),所以需要清零该位以进入正常工作模式。TEMP_DIS 位用于设置是否使能温度传感器,设置为 0 则使能。CLKSEL[2:0]位用于选择系统时钟源,选择关系如表 11.1.2 所列。

表 11.1.1 电源管理寄存器 1 各位描述

寄存器 (十六进制)	寄存器 (十进制)	位7	位6	位5	位4	位3	位2	位1	位0
6B	107	DEVICE_ RESET	SLEEP	CYCLE	—	TEMP_DIS	CLKSEL[2:0]		

表 11.1.2 MPU6050 系统时钟源选择

CLKSEL[2:0]	时钟源
000	内部 8 MHz RC 晶振
001	PLL,使用 x 轴陀螺作为参考
010	PLL,使用 y 轴陀螺作为参考
011	PLL,使用 z 轴陀螺作为参考
100	PLL,使用外部 32.768 kHz 作为参考
101	PLL,使用外部 19.2 MHz 作为参考
110	保留
111	关闭时钟,保持时序产生电路复位状态

默认时使用内部 8 MHz RC 晶振的精度不高,所以一般选择 $x/y/z$ 轴陀螺

PLL 作为参考时钟源,一般设置 CLKSEL=001。

2. 陀螺仪配置寄存器

该寄存器地址为 0x1B,其各位描述如表 11.1.3 所列。对于该寄存器,只关心 FS_SEL[1:0]这两位,它们用于设置陀螺仪的满量程范围,设置值与范围值的对应关系为:

- 0:±250 (°)/s;
- 1:±500 (°)/s;
- 2:±1 000 (°)/s;
- 3:±2 000 (°)/s。

表 11.1.3 陀螺仪配置寄存器各位描述

寄存器 (十六进制)	寄存器 (十进制)	位7	位6	位5	位4	位3	位2	位1	位0
1B	27	XG_ST	YG_ST	ZG_ST	FS_SEL[1:0]		—	—	—

一般设置为 3,即±2 000 (°)/s,因为陀螺仪的 ADC 为 16 位分辨率,所以得到的灵敏度为 65 536/4 000 (°)/s (LSB)=16.4 (°)/s (LSB)。

3. 加速度传感器配置寄存器

该寄存器地址为 0x1C,其各位描述如表 11.1.4 所列。对于该寄存器,只关心 AFS_SEL[1:0]这两位,它们用于设置加速度传感器的满量程范围,设置值与范围值的对应关系为:

- 0:±2g;
- 1:±4g;
- 2:±8g;
- 3:±16g。

表 11.1.4 加速度传感器配置寄存器各位描述

寄存器 (十六进制)	寄存器 (十进制)	位7	位6	位5	位4	位3	位2	位1	位0
1C	28	XA_ST	YA_ST	ZA_ST	AFS_SEL[1:0]		—		

一般设置为 0,即±2g,因为加速度传感器的 ADC 也是 16 位分辨率,所以得到的灵敏度为 65 536/4g (LSB)=16 384g (LSB)。

4. FIFO 使能寄存器

该寄存器地址为 0x23,其各位描述如表 11.1.5 所列。该寄存器用于控制 FIFO 使能。在简单读取传感器数据时可以不用 FIFO,设置对应位为 0 即可禁止 FIFO,

第 11 章　MPU6050 六轴传感器

设置为 1 则使能 FIFO。注意,加速度传感器的 3 个轴全由 1 位(ACCEL_FIFO_EN)来控制,只要该位置 1,则加速度传感器的 3 个通道就都开启了 FIFO。

表 11.1.5　FIFO 使能寄存器各位描述

寄存器 (十六进制)	寄存器 (十进制)	位7	位6	位5	位4	位3	位2	位1	位0
23	35	TEMP_FIFO_EN	XG_FIFO_EN	YG_FIFO_EN	ZG_FIFO_EN	ACCEL_FIFO_EN	SLV2_FIFO_EN	SLV1_FIFO_EN	SLV0_FIFO_EN

5. 陀螺仪采样率分频寄存器

该寄存器地址为 0x19,其各位描述如表 11.1.6 所列。该寄存器用于设置 MPU6050 的陀螺仪采样频率,计算公式为

$$采样频率 = 陀螺仪输出频率/(1+SMPLRT\_DIV)$$

表 11.1.6　陀螺仪采样率分频寄存器各位描述

寄存器 (十六进制)	寄存器 (十进制)	位7	位6	位5	位4	位3	位2	位1	位0
19	25	\multicolumn{8}{c}{SMPLRT_DIV[7:0]}							

这里陀螺仪的输出频率是 1 kHz 还是 8 kHz 与数字低通滤波器(DLPF)的设置有关,当 DLPF_CFG=0/7 时,输出频率为 8 kHz,其他情况时为 1 kHz;而且 DLPF 的滤波频率一般设置为采样率的一半。假定采样率设置为 50 Hz,那么 SMPLRT_DIV=1 000/50−1=19。

6. 配置寄存器

该寄存器地址为 0x1A,其各位描述如表 11.1.7 所列。这里主要关心数字低通滤波器的设置位 DLPF_CFG[2:0],加速度传感器和陀螺仪都是根据这 3 位的配置进行过滤的。DLPF_CFG 的不同配置对应的过滤情况如表 11.1.8 所列。

表 11.1.7　配置寄存器各位描述

寄存器 (十六进制)	寄存器 (十进制)	位7	位6	位5	位4	位3	位2	位1	位0
1A	26	—	—	EXT_SYNC_SET[2:0]			DLPF_CFG[2:0]		

表 11.1.8　DLPF_CFG 配置表

DLPF_CFG[2:0]	加速度传感器(f_n=1 kHz)		角速度传感器(陀螺仪)		
	带宽/Hz	延迟/ms	带宽/Hz	延迟/ms	f_g/kHz
000	260	0	256	0.98	8
001	184	2.0	188	1.9	1
010	94	3.0	98	2.8	1

续表 11.1.8

DLPF_CFG[2:0]	加速度传感器(f_a=1 kHz)		角速度传感器(陀螺仪)		f_g/kHz
	带宽/Hz	延迟/ms	带宽/Hz	延迟/ms	
011	44	4.9	42	4.8	1
100	21	8.5	20	8.3	1
101	10	13.8	10	13.4	1
110	5	19.0	5	18.6	1
111	保留		保留		8

这里,加速度传感器的输出频率(f_a)固定为 1 kHz,角速度传感器的输出频率(f_g)根据 DLPF_CFG 的配置有所不同。一般设置角速度传感器的带宽为其采样率的一半,如前所述,如果设置采样率为 50 Hz,那么带宽就应该设置为 25 Hz,取近似值 20 Hz,因此就应该设置 DLPF_CFG=100。

7. 电源管理寄存器 2

该寄存器地址为 0x6C,其各位描述如表 11.1.9 所列。该寄存器的 LP_WAKE_CTRL 位用于控制低功耗时的唤醒频率,本章用不到。余下的 6 位分别控制加速度传感器和陀螺仪的 $x/y/z$ 轴是否进入待机模式,这里全部都不进入待机模式,所以全部设置为 0 即可。

表 11.1.9 电源管理寄存器 2 各位描述

寄存器 (十六进制)	寄存器 (十进制)	位7	位6	位5	位4	位3	位2	位1	位0
6C	108	LP_WAKE_CTRL[1:0]		STBY_XA	STBY_YA	STBY_ZA	STBY_XG	STBY_YG	STBY_ZG

8. 陀螺仪数据输出寄存器

这总共由 6 个寄存器组成,地址为 0x43~0x48,通过读取这 6 个寄存器即可读到陀螺仪 $x/y/z$ 轴的值,比如读 x 轴的数据,可以通过读取 0x43(高 8 位)和 0x44(低 8 位)寄存器来得到,其他轴以此类推。

9. 加速度传感器数据输出寄存器

这也由 6 个寄存器组成,地址为 0x3B~0x40,通过读取这 6 个寄存器即可读到加速度传感器 $x/y/z$ 轴的值,比如读 x 轴的数据,可以通过读取 0x3B(高 8 位)和 0x3C(低 8 位)寄存器来得到,其他轴以此类推。

10. 温度传感器数据输出寄存器

温度传感器的值可以通过读取 0x41(高 8 位)和 0x42(低 8 位)寄存器来得到,温

度换算公式为

$$\text{Temperature} = 36.53 + \text{regval}/340$$

其中,Temperature 为计算得到的温度值,单位为℃,regval 为从 0x41 和 0x42 中读到的温度传感器值。

11.2 DMP 使用简介

经过上述介绍,已经可以读出 MPU6050 的加速度传感器和角速度传感器的原始数据了。不过这些原始数据对于想研究四轴之类的初学者来说用处不大,其实最希望得到的是姿态数据,也就是欧拉角:航向角(yaw)、横滚角(roll)和俯仰角(pitch)。有了这 3 个角,就可以得到当前四轴的姿态,这才是最终想要的结果。

要想得到欧拉角数据,就要利用原始数据进行姿态融合解算,这项工作较复杂,知识点较多,初学者不易掌握。但是,MPU6050 自带了数字运动处理器,即 DMP,并且,InvenSense 公司还提供了一个 MPU6050 的嵌入式运动驱动库,结合 MPU6050 的 DMP,可以将原始数据直接转换为四元数输出,而在得到四元数之后,就可以方便地计算出欧拉角,得到 yaw、roll 和 pitch 了。

使用内置的 DMP 大大简化了四轴的代码设计,并且 MCU 无需姿态解算过程,可大大降低 MCU 的负担,从而有更多的时间处理其他事件,提高了系统的实时性。使用 MPU6050 的 DMP 输出的四元数是 q30 格式的,也就是将浮点数放大 2^{30} 倍。而在换算成欧拉角之前,必须先将四元数转换为浮点数,也就是先除以 2^{30},然后再进行计算,计算公式代码如下。

程序清单 11.2.1 计算得到俯仰角/横滚角/航向角

```
q0 = quat[0] / q30; //将 q30 格式转换为浮点数
q1 = quat[1] / q30;
q2 = quat[2] / q30;
q3 = quat[3] / q30;

//计算得到俯仰角/横滚角/航向角
pitch = asin(-2 * q1 * q3 + 2 * q0 * q2) * 57.3;                              //俯仰角
roll = atan2(2 * q2 * q3 + 2 * q0 * q1, -2 * q1 * q1 - 2 * q2 * q2 + 1) * 57.3;
                                                                              //横滚角
yaw = atan2(2 * (q1 * q2 + q0 * q3), q0 * q0 + q1 * q1 - q2 * q2 - q3 * q3) * 57.3;
                                                                              //航向角
```

其中 quat[0]～quat[3]是 MPU6050 的 DMP 解算后的四元数,为 q30 格式,所以要除以一个 2^{30},其中 q30 是一个常量,为 1 073 741 824,即 2^{30},然后代入公式,计算出

欧拉角。上述计算公式代码中的"57.3"是弧度转换为角度的转换值,即 $180/\pi$,这样计算得到的结果是以度(°)为单位的。

关于四元数与欧拉角的公式推导,这里不进行讲解,感兴趣的朋友可以自行查阅相关资料。InvenSense 公司提供的 MPU6050 的嵌入式运动驱动库是基于 MSP430 的,需要先将其移植才能用到开发板上。官方 DMP 的驱动库移植起来比较简单,主要是实现 4 个函数:i2c_write、i2c_read、delay_ms 和 get_ms,具体细节在此不详细介绍,移植后的驱动库代码放在本例程的 HARDWARE MPU6050 eMPL 文件夹内,共 6 个文件,如图 11.2.1 所示。

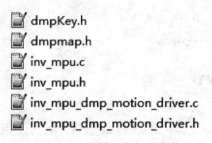

图 11.2.1 移植后的驱动库代码

该驱动库中重点是两个 c 文件:inv_mpu.c 和 inv_mpu_dmp_motion_driver.c。其中在 inv_mpu.c 文件中添加的几个函数里,重点是两个函数:mpu_dmp_init 和 mpu_dmp_get_data,下面进行简单介绍。

mpu_dmp_init 是 MPU6050 DMP 初始化函数,该函数代码如下。

程序清单 11.2.2　DMP 初始化

```
u8 mpu_dmp_init(void)
{
    u8 res = 0;

    /*    初始化 IIC 总线 */
    IIC_Init();

    /*    初始化 MPU6050 */
    if(mpu_init() == 0)
    {
        /*    设置所需要的传感器 */
        res = mpu_set_sensors(INV_XYZ_GYRO | INV_XYZ_ACCEL);
        if(res) return 1;

        /*    设置 FIFO */
        res = mpu_configure_fifo(INV_XYZ_GYRO | INV_XYZ_ACCEL);
```

```c
        if(res) return 2;

        /*    设置采样率 */
        res = mpu_set_sample_rate(DEFAULT_MPU_HZ);
        if(res) return 3;

        /*    加载 DMP 固件 */
        res = dmp_load_motion_driver_firmware();
        if(res) return 4;

        /*    设置陀螺仪方向 */
        res = dmp_set_orientation(inv_orientation_matrix_to_scalar(gyro_orientation));
        if(res) return 5;

        /*    设置 DMP 功能 */
        res = dmp_enable_feature(DMP_FEATURE_6X_LP_QUAT | DMP_FEATURE_TAP |
            DMP_FEATURE_ANDROID_ORIENT | DMP_FEATURE_SEND_RAW_ACCEL |
            DMP_FEATURE_SEND_CAL_GYRO | DMP_FEATURE_GYRO_CAL);
        if(res) return 6;

        /* 设置 DMP 输出频率(最大不超过 200 Hz) */
        res = dmp_set_fifo_rate(DEFAULT_MPU_HZ);
        if(res) return 7;

        /* 自检 */
        res = run_self_test();
        if(res) return 8;

        /* 使能 DMP */
        res = mpu_set_dmp_state(1);
        if(res) return 9;
    }

    return 0;
}
```

mpu_dmp_init 函数首先通过 IIC_Init 函数(需外部提供)初始化与 MPU6050 连接的 I²C 接口,然后调用 mpu_init 函数来初始化 MPU6050,之后就是设置 DMP 所用的传感器、FIFO、采样率和加载固件等一系列操作。在所有操作都正常之后,通过 mpu_set_dmp_state(1)使能 DMP 功能,使能成功以后便可以通过 mpu_dmp_get_data

函数来读取姿态解算后的数据了。

mpu_dmp_get_data 的函数代码如下。

程序清单 11.2.3　读取姿态解算后的数据

```
u8 mpu_dmp_get_data(float * pitch,float * roll,float * yaw)
{
    float q0 = 1.0f,q1 = 0.0f,q2 = 0.0f,q3 = 0.0f;
    unsigned long sensor_timestamp;
    short gyro[3],accel[3],sensors;
    unsigned char more;
    long quat[4];
    if(dmp_read_fifo(gyro,accel,quat,&sensor_timestamp,&sensors,&more)) return 1;
    if(sensors & INV_WXYZ_QUAT)
    {
        q0 = quat[0] / q30;      //将 q30 格式转换为浮点数
        q1 = quat[1] / q30;
        q2 = quat[2] / q30;
        q3 = quat[3] / q30;

        /* 计算得到俯仰角/横滚角/航向角 */
        * pitch = asin(- 2 * q1 * q3 + 2 * q0 * q2) * 57.3;                // pitch
        * roll  = atan2(2 * q2 * q3 + 2 * q0 * q1,- 2 * q1 * q1 -
                        2 * q2 * q2 + 1) * 57.3;                            // roll
        * yaw   = atan2(2 *(q1 * q2 + q0 * q3),q0 * q0 + q1 * q1 - q2 * q2 -
                        q3 * q3) * 57.3;                                    //yaw
    }else return 2;

    return 0;
}
```

mpu_dmp_get_data 函数用于得到 DMP 姿态解算后的俯仰角、横滚角和航向角。值得注意的是，本函数局部变量较多，所以在使用时，如果出现死机的情况，则可将堆栈设置得大一点（在 startup_M451Series.s 文件中设置，默认值是 8 KB）。本函数就用到了前面介绍的将四元数转换为欧拉角的公式，即将 dmp_read_fifo 函数读到的 q30 格式的四元数转换成欧拉角。

利用以上两个函数就可以读取到姿态解算后的欧拉角了，使用非常方便。

11.3　实验：姿态解算

【实验要求】基于 SmartM-M451 系列开发板：获取 MPU6050 的六轴传感器的数

第 11 章 MPU6050 六轴传感器

据,并显示计算得到的横滚角、俯仰角和航向角的数据,借用"匿名四轴"软件工具在计算机上显示当前的姿态。

1. 硬件设计

(1) MPU6050 电路设计

MPU6050 电路设计如图 11.3.1 所示。

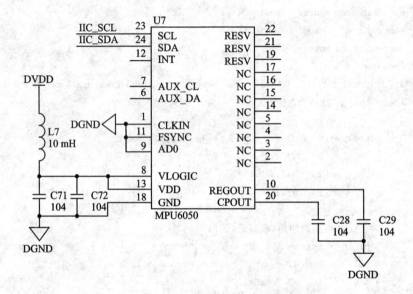

图 11.3.1　MPU6050 电路设计

MPU6050 与 M4 引脚的连接如表 11.3.1 所列。

表 11.3.1　MPU6050 与 M4 引脚的连接

M4	MPU6050
PD4	IIC_SCL
PD5	IIC_SDA

(2) MPU6050 器件位置

MPU6050 器件位置如图 11.3.2 所示。

2. 软件设计

代码位置:\SmartM-M451\代码\进阶\【TFT】【MPU6050】。

(1) MPU6050 初始化

在使用 MPU6050 六轴传感器之前,必须先对其初始化,然后才能读取传感器数据,详细代码如下。

第 11 章 MPU6050 六轴传感器

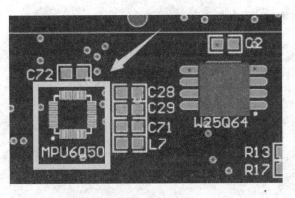

图 11.3.2 MPU6050 器件位置

程序清单 11.3.1 MPU6050 初始化

```
UINT8 MPU_Init(VOID)
{
    UINT8 rt;

    /*    初始化 IIC 总线 */
    IIC_Init();

    /*    复位 MPU6050 */
    MPU_Write_Byte(MPU_PWR_MGMT1_REG,0x80);
    Delayms(100);

    /*    唤醒 MPU6050 */
    MPU_Write_Byte(MPU_PWR_MGMT1_REG,0x00);

    /*    陀螺仪传感器, ±2 000 dps */
    MPU_Set_Gyro_Fsr(3);

    /*    加速度传感器, ±2g */
    MPU_Set_Accel_Fsr(0);

    /*    设置采样率 50 Hz */
    MPU_Set_Rate(50);

    /*    关闭所有中断 */
    MPU_Write_Byte(MPU_INT_EN_REG,0x00);

    /*    I2C 主模式关闭 */
```

```
    MPU_Write_Byte(MPU_USER_CTRL_REG,0x00);

    /*   关闭 FIFO  */
    MPU_Write_Byte(MPU_FIFO_EN_REG,0x00);

    /*   INT 引脚低电平有效  */
    MPU_Write_Byte(MPU_INTBP_CFG_REG,0x80);

    /*   获取器件 ID  */
    rt = MPU_Read_Byte(MPU_DEVICE_ID_REG);

    printf("MPU6050 Device ID = %x\r\n",rt);

    /*   器件 ID 正确  */
    if(rt == MPU_ADDR)
    {
        /*   设置 CLKSEL,PLL x 轴为参考  */
        MPU_Write_Byte(MPU_PWR_MGMT1_REG,0x01);

        /*   加速度与陀螺仪都工作  */
        MPU_Write_Byte(MPU_PWR_MGMT2_REG,0x00);

        /*   设置采样率为 50 Hz  */
        MPU_Set_Rate(50);
    }else
        return 1;
    return 0;
}
```

(2) MPU_Write_Len 函数

此函数用于指定器件和地址,并连续写数据,它可用于实现 DMP 部分的 i2c_write 函数,代码如下。

程序清单 11.3.2　MPU_Write_Len 函数

```
UINT8 MPU_Write_Len(UINT8 addr,UINT8 reg,UINT8 len,UINT8 * buf)
{
    UINT8 i;

    /*   发送启动信号  */
    IIC_Start();
```

```
/*    发送器件地址+写命令 */
IIC_Send_Byte((addr<<1)|0);

/* 等待应答 */
if(IIC_Wait_Ack())
{
    IIC_Stop();
    return 1;
}

/*    发送寄存器地址 */
IIC_Send_Byte(reg);

/*    等待应答 */
IIC_Wait_Ack();


for(i = 0;i<len;i++)
{
    /*   发送数据 */
    IIC_Send_Byte(buf[i]);

    /*    等待应答 */
    if(IIC_Wait_Ack())
    {
        IIC_Stop();
        return 1;
    }
}

/* 发送停止信号 */
IIC_Stop();

return 0;
}
```

(3) MPU_Read_Len 函数

此函数用于指定器件和地址,并连续读数据,它可用于实现 DMP 部分的 i2c_read 函数,代码如下。

程序清单 11.3.3　MPU_Read_Len 函数

```c
UINT8 MPU_Read_Len(UINT8 addr,UINT8 reg,UINT8 len,UINT8 *buf)
{
    /*  发送启动信号  */
    IIC_Start();

    /*  发送器件地址+写命令  */
    IIC_Send_Byte((addr<<1)|0);

    /*  等待应答  */
    if(IIC_Wait_Ack())
    {
        IIC_Stop();
        return 1;
    }

    /*  发送寄存器地址  */
    IIC_Send_Byte(reg);

    /*  等待应答  */
    IIC_Wait_Ack();

    /*  发送启动信号  */
    IIC_Start();

    /*  发送器件地址+读命令  */
    IIC_Send_Byte((addr<<1)|1);

    /* 等待应答 */
    IIC_Wait_Ack();

    while(len)
    {
        /*  读数据,发送 nACK  */
        if(len==1)
            *buf = IIC_Read_Byte(0);
        /*  读数据,发送 ACK   */
        else
            *buf = IIC_Read_Byte(1);
        len--;
        buf++;
    }
```

```
    /* 产生一个停止条件 */
    IIC_Stop();

    return 0;
}
```

(4) 获取 MPU6050 的温度值

MPU6050 内置了温度传感器,这样就节省了一个温度传感器元件,降低了成本。在读取温度值数据时,共需读取 2 字节,并按照 MPU6050 数据手册提供的公式进行计算,即温度值=36.53+(数据值)/340,详细代码如下。

程序清单 11.3.4　获取 MPU6050 温度值

```
short MPU_Get_Temperature(VOID)
{
    UINT8 buf[2];
    short raw;
    float temp;

    MPU_Read_Len(MPU_ADDR,MPU_TEMP_OUTH_REG,2,buf);

    raw = ((u16)buf[0]<<8) | buf[1];
    temp = 36.53 + ((double)raw)/340;

    return temp * 100;
}
```

(5) 获取 MPU6050 的 x、y、z 坐标轴原始数据

获取 MPU6050 的 x、y、z 坐标轴原始数据的代码如下。

程序清单 11.3.5　获取 MPU6050 的 x、y、z 坐标轴原始数据

```
UINT8 MPU_Get_Gyroscope(short *gx,short *gy,short *gz)
{
    UINT8 buf[6],rt;

    rt = MPU_Read_Len(MPU_ADDR,MPU_GYRO_XOUTH_REG,6,buf);

    if(rt == 0)
    {
        *gx = ((u16)buf[0]<<8) | buf[1];
        *gy = ((u16)buf[2]<<8) | buf[3];
        *gz = ((u16)buf[4]<<8) | buf[5];
    }

    return rt;
}
```

第 11 章　MPU6050 六轴传感器

(6) 获取 MPU6050 的 x、y、z 坐标轴加速度数据

获取 MPU6050 的 x、y、z 坐标轴加速度数据的代码如下。

程序清单 11.3.6　获取 MPU6050 的 x、y、z 坐标轴加速度数据

```
UINT8 MPU_Get_Accelerometer(short * ax,short * ay,short * az)
{
    UINT8 buf[6],rt;

    rt = MPU_Read_Len(MPU_ADDR,MPU_ACCEL_XOUTH_REG,6,buf);

    if(rt == 0)
    {
        * ax = ((u16)buf[0]<<8) | buf[1];
        * ay = ((u16)buf[2]<<8) | buf[3];
        * az = ((u16)buf[4]<<8) | buf[5];
    }

    return rt;;
}
```

(7) inv_mpu.c 执行相应的宏替换

inv_mpu.c 执行相应宏替换的代码如下。

程序清单 11.3.7　inv_mpu.c 执行相应的宏替换

# define log_i	printf
# define log_e	printf
# define i2c_write	MPU_Write_Len
# define i2c_read	MPU_Read_Len
# define Delayms	Delayms
# define get_ms	mget_ms

3. 下载验证

通过 SM-NuLink 仿真器下载程序到 SmartM-M451 旗舰板上，开发板连接 3.2 in(1 in＝25.4 mm)的触摸屏，将 USB 转串口线连接到 PC 上，在 PC 端运行匿名四轴上位机软件，串口配置波特率为 115 200 b/s。单击"打开串口"、"高级收码"按钮，在该软件的状态栏中显示接收串口数据的数目、温度和串口属性。在软件左侧实时显示 3D 四轴飞行器的姿态，在软件中间有 3 个表盘实时显示横滚角、俯仰角和航向角数据，最右侧显示三个方向的陀螺仪值与加速度值，如图 11.3.3 所示。

当用手捧着 SmartM-M451 旗舰开发板往左方移动时，开发板实时将 MPU6050 三个方向的陀螺仪值、加速度值、横滚角、俯仰角和航向角数据通过串口 0 发送到 PC

第 11 章　MPU6050 六轴传感器

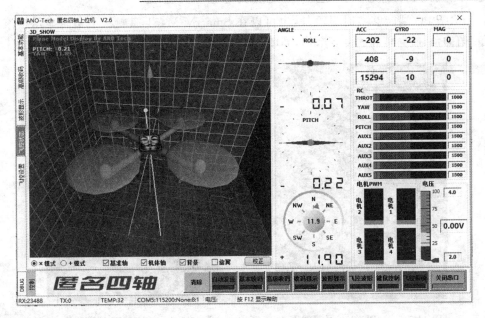

图 11.3.3　PC 界面状态显示 1

端，PC 端的匿名四轴软件实时调整 3D 四周飞行器的姿态，将横滚角、俯仰角和航向角数据反馈到软件中间的三个表盘上，表盘指针实时变化，每个表盘的下方显示当前的实时角度。软件右上方实时显示三个方向的陀螺仪值和加速度值，如图 11.3.4 所示。

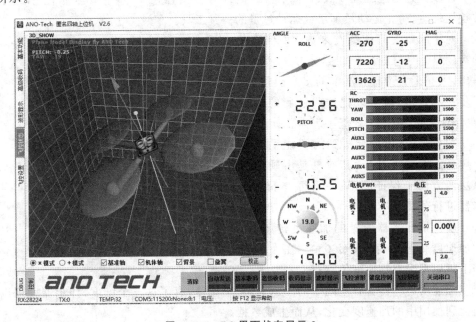

图 11.3.4　PC 界面状态显示 2

第 11 章　MPU6050 六轴传感器

除了 PC 端能够实时显示外，也可以在 SmartM-M451 旗舰板上实时显示横滚角、俯仰角、航向角和温度等数据，如图 11.3.5 和图 11.3.6 所示。

图 11.3.5　MPU6050 屏幕截图 1

图 11.3.6　MPU6050 屏幕截图 2

11.4　计步器简介

计步器是通过统计步数、距离、速度、时间等数据，测算卡路里或热量消耗，用于掌控运动量，防止运动量不足或运动过量的一种工具。

对于渴望健康的朋友来说，每天保持一定的运动量是最好的减肥和健身方法。医学统计得出，人一天大约有 300 卡的多余热量，如果每天步行一万步，就可以把这些过剩的热量消耗掉。图 11.4.1 是一款智能手表内置计步器。

简单来说，市场上买到的智能手表和智能手环都能够精准计步，其效果是由硬件和软件算法两方面来保证的，缺一不可。下面就对计步器进行分析。

硬件指计步器内置的加速度传感器，常见的加速度传感器有 MPU6050。在大多数中高档手机里都配有加速度传感器。

图 11.4.1　智能手表内置计步器

加速度传感器含有空间中的 x、y、z 三个维度，有了这三个维度，计步器就可以捕捉到使用中的加速度变化，从而生成数据。

软件算法：现在很多计步器都会根据三轴加速度实时捕捉到的三个维度的各

项数据,经过滤波、峰谷检测等过程,使用各种算法和科学缜密的逻辑运算,最终将这些数据转变成可读数字,以步数、距离、消耗的卡路里等数值呈现在最终用户面前。

11.5 实验:计步器

【实验要求】基于 SmartM-M451 系列开发板:获取 MPU6050 六轴传感器的数据,并记录统计步数和行走路程。

1. 硬件设计

参考"11.3 实验:姿态解算"小节的硬件设计内容。

2. 软件设计

(1) 获取步数

在 DMP 函数库中使用 dmp_get_pedometer_step_count 函数获取行走的步数。该函数位于 inv_mpu_dmp_motion_driver.c 文件中,函数原型如程序清单 11.5.1 所列。

程序清单 11.5.1　dmp_get_pedometer_step_count 函数原型

```c
int dmp_get_pedometer_step_count(unsigned long *count)
{
    unsigned char tmp[4];
    if (!count)
        return -1;

    if (mpu_read_mem(D_PEDSTD_STEPCTR,4,tmp))
        return -1;

    count[0] = ((unsigned long)tmp[0] << 24) | ((unsigned long)tmp[1] << 16) |
               ((unsigned long)tmp[2] << 8) | tmp[3];
    return 0;
}
```

在获取步数的函数 dmp_get_pedometer_step_count 中,其内容非常简单,就是直接调用 mpu_read_mem 函数来读取 MPU6050 中记录的步数。

在开始记录步数前需要先设置初值,以保证正确记录步数,初值往往设置为 0,即从零开始记录步数。设置步数初值的函数如程序清单 11.5.2 所列。

第 11 章　MPU6050 六轴传感器

程序清单 11.5.2　dmp_set_pedometer_step_count 函数

```c
int dmp_set_pedometer_step_count(unsigned long count)
{
    unsigned char tmp[4];

    tmp[0] = (unsigned char)((count >> 24) & 0xFF);
    tmp[1] = (unsigned char)((count >> 16) & 0xFF);
    tmp[2] = (unsigned char)((count >> 8) & 0xFF);
    tmp[3] = (unsigned char)(count & 0xFF);

    return mpu_write_mem(D_PEDSTD_STEPCTR,4,tmp);
}
```

dmp_set_pedometer_step_count 函数调用了 mpu_write_mem 函数来对步数初值进行设置，整个过程也非常简单。

（2）计算路程

除了上述记录步数外，路程也是一个非常重要的指标。路程的计算也非常简单，公式如下：

$$路程 = 步数 \times 步距$$

其中，步数可以通过 dmp_get_pedometer_step_count 函数获得，步距可以通过自己测量来获取精确的数据，路程则通过上述公式可以轻易计算出来。

正常人的步距为 $0.7 \sim 0.8$ m，那么假设当前步距为 0.7 m，若行走了 1 000 步，则根据路程公式可以计算出当前的路程 $= 0.7 \text{ m} \times 1\,000 = 700$ m。

（3）主函数

在 main 函数中实现获取步数，进而计算行走路程，详细代码如程序清单 11.5.3 所列。

程序清单 11.5.3　main 函数

```c
/*******************************************
* 函数名称:main
* 输入:无
* 输出:无
* 功能:函数主体
*******************************************/
int32_t main(VOID)
{

    UINT8   buf[128] = {0};
    UINT32 unStepCount = 0;
```

```c
UINT32 unStepCountTmp = 0;
UINT32 rt;
FP32   fJourney = 0;

PROTECT_REG
(
    /*   系统时钟初始化  */
    SYS_Init(PLL_CLOCK);

    /*   串口 0 初始化  */
    UART0_Init(115200);
)


/*    LED 灯初始化  */
LedInit();

/*    所有涉及 SPI0 的 CS 引脚恢复为复位状态  */
SPI0_CS_PIN_RST();

/*    LCD 初始化  */
LcdInit(LCD_FONT_IN_FLASH,LCD_DIRECTION_180);

/*    LCD 背光启动  */
LCD_BL(0);

/*    屏幕黑屏  */
LcdCleanScreen(BLACK);

/*    SPI Flash 初始化  */
while(disk_initialize(FATFS_IN_FLASH))
{
    Led1(1);Delayms(500);
    Led1(0);Delayms(500);
}

/*    挂载 SPI Flash  */
f_mount(FATFS_IN_FLASH,&g_fs[0]);
```

```
/*    显示标题 */
LcdFill(0,0,239,20,RED);
LcdShowString(10,3,"MPU6050六轴传感器实验-计步器",YELLOW,RED);

/*    XPT2046初始化 */
XPTSpiInit();

/* MPU6050 DMP初始化 */
while(mpu_dmp_init())
{
    printf("MPU6050 ERROR \r\n");
    Delayms(100);
}

LcdShowString(0,300,"MPU6050初始化成功!",GBLUE,BLACK);

/*    设置计步器步数初值 */
dmp_set_pedometer_step_count(unStepCount);

LcdShowString(0,140,"预设步距: 0.7 m",YELLOW,BLACK);
LcdShowString(0,160,"行走步数: 0 步",YELLOW,BLACK);
LcdShowString(0,180,"行走路程: 0 m",YELLOW,BLACK);
while(1)
{
    /*    获取步数 */
    rt = dmp_get_pedometer_step_count(&unStepCountTmp);

    /*    若获取成功,则显示行走步数与行走路程 */
    if(rt == 0)
    {
        if(unStepCountTmp != unStepCount)
        {
            unStepCount = unStepCountTmp;

            LcdFill(0,160,239,200,BLACK);

            sprintf(buf,"行走步数: %d 步",unStepCount);
            LcdShowString(0,160,buf,YELLOW,BLACK);
```

```
            fJourney = 0.7 * unStepCount;
            sprintf(buf,"行走路程: %4.2f m",fJourney);
            LcdShowString(0,180,buf,YELLOW,BLACK);
        }
    }
}
```

3. 下载验证

通过 SM-NuLink 仿真器下载程序到 SmartM-M451 旗舰板上，接着屏幕显示预设步距为 0.7 m，行走步数为 0 步，行走路程为 0 m，如图 11.5.1 所示。

实验时建议使用移动充电源为开发板供电，这时手握着开发板，按照正常走路时摆动手臂，接着，屏幕显示当前的行走步数和行走路程，如图 11.5.2 所示。

图 11.5.1 计步器初始值

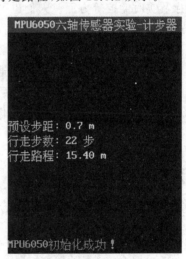
图 11.5.2 计步器演示

第 12 章

摄像头

12.1 概 述

摄像头(CAMERA 或 WEBCAM)如图 12.1.1 所示,它又称为电脑相机、电脑眼、电子眼等,是一种视频输入设备,被广泛运用于视频会议、远程医疗及实时监控等方面。人们也可以彼此通过摄像头在网络上进行有影像、有声音的交谈和沟通;还可以将其用于当前各种流行的数码影像和影音处理。

摄像头的工作原理大致为:景物通过镜头(LENS)生成的光学图像投射到图像传感器表面上后,将其转为电信号,再经过 A/D(模/数)转换后变为数字图像信号,送到数字信号处理芯片(DSP)中加工处理,最后通过 USB 接口传输到计算机中处理,并通过显示器将图像显示出来。

图 12.1.1 摄像头

摄像头的特性如下。

1. 图像解析度/分辨率(resolution)

图像解析度/分辨率包括以下几种:

- SXGA(1 280×1 024),又称 130 万像素;
- XGA(1 024×768),又称 80 万像素;
- SVGA(800×600),又称 50 万像素;
- VGA(640×480),又称 30 万像素(35 万像素指 648×488);
- CIF(352×288),又称 10 万像素;
- SIF/QVGA(320×240);
- QCIF(176×144);
- QSIF/QQVGA(160×120)。

2. 图像格式(image format/colorspace)

RGB24 和 I420 是最常用的两种图像格式。RGB24 表示 R、G、B 三种颜色各

8位,最多可表现256级浓淡,从而可以再现256×256×256种颜色。I420是YUV格式之一。其他格式还有RGB565、RGB444、YUV4:2:2等。

3. 自动白平衡调整(AWB)

自动白平衡调整指在不同色温环境下,要求照白色的物体时在屏幕中的图像也应是白色的。色温表示光谱成分,光的颜色。色温低表示长波光成分多。当色温改变时,光源中三基色(红、绿、蓝)的比例会发生变化,需要通过调节三基色的比例来达到色彩的平衡,这就是白平衡调整的实际意义。

4. 图像压缩方式

JPEG(Joint Photo Graphic Expert Group)是静态图像压缩方式,是一种有损图像的压缩方式,压缩比越大,图像质量越差。当图像精度要求不高或存储空间有限时,可以选择这种格式。大部分数码相机都使用JPEG格式。

5. 彩色深度(色彩位数)

彩色深度反映对色彩的识别能力和对成像色彩的表现能力,实际就是A/D转换器的量化精度,指将信号分成多少个等级,用色彩位数(bit)表示。彩色深度越高,获得的影像色彩越艳丽动人。市场上的摄像头均已达到24位,有的甚至是32位。

6. 图像噪声

图像噪声指图像中的杂点干扰,表现为图像中有固定的彩色杂点。

7. 视 角

摄像头的成像原理与人眼的相同。简单来说视角就是成像范围,它与所使用的镜头有关。

8. 输出/输入接口

输出/输入接口包括以下几种:
- 串行接口(RS232/RS422):传输速率低,为115 kb/s;
- 并行接口(PP):速率可达到1 Mb/s;
- 红外接口(IrDA):速率也是115 kb/s,一般的笔记本电脑有此接口。
- 通用串行总线 USB:即插即用的接口标准,支持热插拔。USB 1.1 的速率可达 12 Mb/s,USB 2.0 的可达 480 Mb/s;
- IEEE 1394(火线)接口(亦称 ilink):传输速率可达 100~400 Mb/s。

12.2 OV7670 简介

OV7670 是 OV(OmniVision)公司生产的一颗 1/6 英寸的 CMOS VGA 图像传感器。该传感器体积小、工作电压低，提供单片 VGA 摄像头和影像处理器的所有功能；通过 SCCB 总线控制，可以输出整帧、子采样、取窗口等方式的各种分辨率为 8 位的影像数据；VGA 图像的传输速率最高可达 30 帧/秒，用户可以完全控制图像质量、数据格式和传输方式；所有图像处理功能包括伽马曲线、白平衡、饱和度、色调等都可以通过 SCCB 接口编程实现。OmmiVision 图像传感器应用其独有的传感器技术，通过减少或消除光学或电子缺陷如固定图案噪声、拖尾、浮散等，来提高图像质量，得到清晰、稳定的彩色图像。

12.2.1 OV7670 的特点

OV7670 的特点有：
- 高灵敏度、低电压，适合嵌入式应用；
- 标准的 SCCB 接口，兼容 I^2C 接口；
- 支持 RawRGB、RGB(GBR4:2:2,RGB565/RGB555/RGB444)、YUV4:2:2 和 YCbCr4:2:2 输出格式；
- 支持 VGA、CIF 以及 CIF 的各种分辨率的输出；
- 支持自动曝光控制、自动增益控制、自动白平衡、自动消除灯光条纹、自动黑电平校正等自动控制功能；
- 支持色调和饱和度、色相、伽马、锐度等的设置；
- 支持闪光灯；
- 支持图像缩放。

OV7670 的功能框图如图 12.2.1 所示。

12.2.2 OV7670 的功能模块

OV7670 传感器包括以下功能模块。

1. 感光阵列(image array)

OV7670 共有 656×488 个像素，其中 640×480 个像素有效(即有效像素为 30 万)。

2. 时序发生器(video timing generator)

时序发生器的功能包括：阵列控制和产生帧率(7 种不同格式输出)、内部信号发生器和分布、帧率时序、自动曝光控制、输出外部时序(VSYNC、HREF/HSYNC 和 PCLK)。

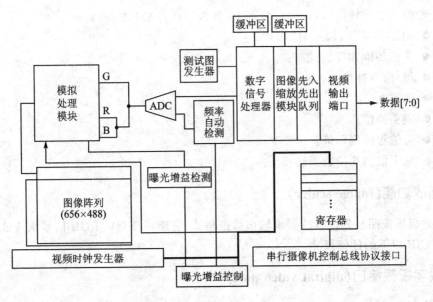

图 12.2.1　OV7670 功能框图

3. 模拟信号处理(analog processing)

模拟信号处理所有模拟功能,同时包括自动增益(AGC)和自动白平衡(AWB)。

4. A/D 转换

原始信号经过模拟处理器模块后,分 G 和 BR 两路进入一个 10 位的 A/D 转换器,A/D 转换器工作于 12 MHz 频率,与像素频率完全同步(转换的频率与帧率有关)。除 A/D 转换器外,模拟处理器模块还有以下三个功能:
- 黑电平校正(BLC);
- U/V 通道延迟;
- A/D 范围控制。

A/D 范围乘积器和 A/D 的范围控制共同设置了 A/D 的范围和最大值,以允许用户根据应用来调整图片亮度。

5. 测试图案发生器(test pattern generator)

测试图案发生器的功能包括:八色彩色条图案、渐变至黑白彩色条图案和输出脚移位"1"。

6. 数字处理器(DSP)

此模块控制由原始信号插值到 RGB 信号的过程,并控制一些图像质量,包括:
- 边缘锐化(二维高通滤波器);

- 颜色空间转换(从原始信号到 RGB 或 YUV/YCbYCr);
- RGB 色彩矩阵以消除串扰;
- 色相和饱和度的控制;
- 黑/白点补偿;
- 降噪;
- 镜头补偿;
- 可编程的伽马值;
- 从十位到八位数据转换。

7. 缩放功能(image scaler)

此模块按照预先设置的要求输出数据格式,它能将 YUV/RGB 信号从 VGA 缩小到 CIF 以下的任何尺寸。

8. 数字视频接口(digital video port)

数字视频接口通过寄存器 COM2[1:0]来调节 IOL/IOH 的驱动电流,以适应用户的负载。

9. SCCB 接口(SCCB interface)

SCCB 接口控制图像传感器芯片的运行,详细使用方法参照本书配套的网上资料名为 *OmniVision Technologies Serial Camera Control Bus* (SCCB) *Specification* 的文档。

10. LED 和闪光灯的输出控制(LED and storbe flash control output)

OV7670 的闪光灯模式可以控制外接闪光灯或闪光 LED 的工作。OV7670 的寄存器通过 SCCB 时序来访问和设置,SCCB 时序与 I²C 时序十分类似,本章不做介绍,请大家参考配套网上资料的相关文档。

12.2.3 OV7670 的图像数据输出格式

首先简单介绍几个定义:
- VGA,即分辨率为 640×480(像素)的输出格式。
- QVGA,即分辨率为 320×240(像素)的输出格式,也就是本章要用到的格式。
- QQVGA,即分辨率为 160×120(像素)的输出格式。
- PCLK,即像素时钟,一个 PCLK 时钟输出一个像素(或半个像素)。
- VSYNC,即帧同步信号。
- HREF/HSYNC,即行同步信号。

OV7670 的图像数据输出(通过 D[7:0])是在 PCLK、VSYNC 和 HREF/

HSYNC 的控制下进行的。

首先看行输出时序,如图 12.2.2 所示。

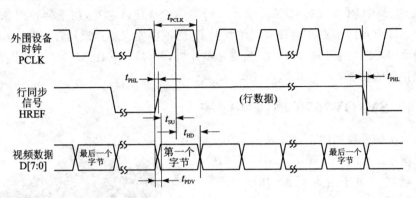

图 12.2.2　OV7670 的行输出时序

从图 12.2.2 可以看出,图像数据在 HREF 为高时输出,当 HREF 变高后,每一个 PCLK 时钟都输出 1 B 数据。比如采用 VGA 时序、RGB565 格式输出,每 2 B 组成一个像素的颜色(高字节在前,低字节在后),这样每行输出共有 640×2 个 PCLK 周期,输出 640×2 B。

再来看帧时序(VGA 模式),如图 12.2.3 所示。

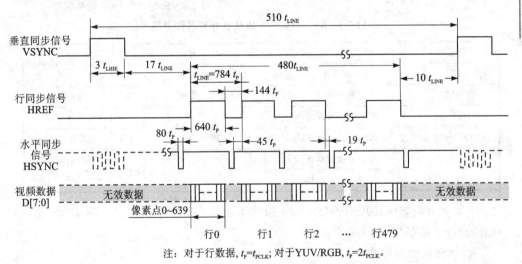

注:对于行数据,$t_P=t_{PCLK}$;对于YUV/RGB,$t_P=2t_{PCLK}$。

图 12.2.3　OV7670 帧时序

图 12.2.3 清楚地表示了 OV7670 在 VGA 模式下的数据输出,注意,图中 HSYNC 和 HREF 其实是同一个引脚产生的信号,只是在不同场合下使用不同的信号方式,本章用到的是 HREF。

因为 OV7670 的像素时钟(PCLK)最高可达 24 MHz,若用 M453 的 I/O 口直接

第12章 摄像头

抓取非常困难,也十分耗费 CPU 的时间(可以通过降低 PCLK 输出频率来实现 I/O 口的抓取,但是不推荐),所以,本章不直接抓取来自 OV7670 的数据,而是通过 FIFO 读取。SM-OV7670 摄像头模块自带了一个 FIFO 芯片,用于暂存图像数据,有了该芯片就可以很方便地获取图像数据了,而不再要求单片机具有高速 I/O,也不会耗费太多 CPU 的时间,可以说,只要是单片机,都可以通过 SM-OV7670 摄像头模块实现拍照的功能。

12.2.4　SM-OV7670 摄像头模块

该模块的外观如图 12.2.4 所示。

从图 12.2.4 可以看出,SM-OV7670 摄像头模块自带了有源晶振,用于产生 12 MHz 时钟作为 OV7670 的 XCLK 输入;自带了稳压芯片,用于给 OV7670 提供稳定的 2.8 V 工作电压;带有一个 FIFO 芯片(AL422B),容量是 384 KB,足够存储 2 帧 QVGA 的图像数据。该模块通过一个 2×9 的双排排针(P1)与外部通信,与外部的通信信号如表 12.2.1 所列。

图 12.2.4　SM-OV7670 摄像头模块

表 12.2.1　SM-OV7670 模块信号及其作用描述

信　号	说　明	作　用	描　述
VCC3.3	模块供电引脚,接 3.3 V 电源	FIFO_WEN	FIFO 写使能
GND	模块地线	FIFO_WRST	FIFO 写指针复位
OV_SCL	SCCB 通信时钟信号	FIFO_RRST	FIFO 读指针复位
OV_SDA	SCCB 通信数据信号	FIFO_OE	FIFO 输出使能(片选)
FIFO_D[7:0]	FIFO 输出数据(8 位)	OV_VSYNC	OV7670 帧同步信号
FIFO_RCLK	读 FIFO 时钟	—	—

下面来看看如何使用 SM-OV7670 摄像头模块(以 QVGA 模式、RGB565 格式为例)。对于该模块,只关心两点:

- 如何存储图像数据。
- 如何读取图像数据。

1. 存储图像数据

SM-OV7670 摄像头模块存储图像数据的过程为:

① 等待 OV7670 同步信号;

② FIFO 写指针复位;

③ FIFO 写使能；
④ 等待第二个 OV7670 同步信号；
⑤ FIFO 写禁止。
通过以上 5 个步骤就完成了一帧图像数据的存储。

2. 读取图像数据

在存储完一帧图像后，就可以开始读取图像数据了，读取过程为：
① FIFO 读指针复位；
② 给 FIFO 读时钟（FIFO_RCLK）；
③ 读取第一个像素的高字节；
④ 给 FIFO 读时钟；
⑤ 读取第一个像素的低字节；
⑥ 给 FIFO 读时钟；
⑦ 读取第二个像素的高字节；
⑧ 循环读取剩余像素；
⑨ 结束。

可以看出，SM-OV7670 摄像头模块数据的读取十分简单，比如对于 QVGA 模式、RGB565 格式，共循环读取 320×240×2 次，就可以读取一帧图像数据，把这些数据写入 LCD 模块，就可以看到摄像头捕捉到的画面了。

OV7670 还可以对输出图像进行各种设置，详见配套网上资料《OV7670 中文数据手册 1.01》和 *OV7670 Software Application Note* 这两个文档，对 AL422B 的操作时序，请参考 AL422B 的数据手册。

了解了 SM-OV7670 模块的数据存储和读取后，就可以开始设计代码了。本章用一个外部中断来捕捉帧同步信号（VSYNC），然后在中断里启动 OV7670 模块的图像数据存储，并等到下一次 VSHNC 信号到来时关闭数据存储，这样，一帧数据就存储完了。在主函数里可以慢慢将这一帧数据读出来，放到 LCD 中显示，同时开始第二帧数据的存储，如此循环，实现摄像头功能。

本章将使用摄像头模块的 QVGA 输出（320 像素×240 像素），其分辨率刚好与 SmartM-M451 旗舰板使用的 LCD 模块分辨率一样，一帧输出就是一屏数据，在提高速度的同时也不浪费资源。

注意：SM-OV7670 摄像头模块自带的 FIFO 无法缓存一帧的 VGA 图像，如果使用 VGA 输出，那么必须在 FIFO 被写满之前就开始读 FIFO 数据，以保证数据不被覆盖。

12.3 SCCB

12.3.1 概述

SCCB(Serial Camera Control Bus)是串行摄像机控制总线协议的英文简称,该协议是简化的 I^2C 协议,SIO_C 是串行时钟输入线,SIO_D 是串行双向数据线,分别相当于 I^2C 协议的 SCL 和 SDA。图 12.3.1 是 SCCB 双总线功能原理图,控制与配置 OV7670 摄像头也正好使用双总线。

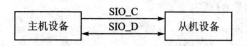

图 12.3.1 SCCB 双总线功能原理图

在某些传输场合中会用到三总线,对比上述 SCCB 双总线功能原理图,会发现多出一根串行片选输出控制线 SCCB_E,如图 12.3.2 所示。

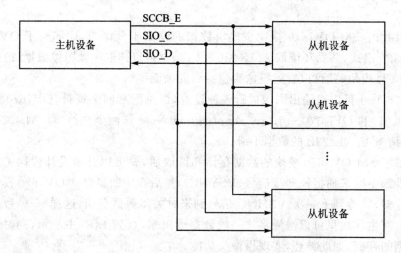

图 12.3.2 SCCB 三总线功能原理图

SCCB 的总线时序与 I^2C 的基本相同,它的响应信号 ACK 被称为一个传输单元的第 9 位,分为 Don't care 和 NA。Don't care 位由从机产生,NA 位由主机产生。由于 SCCB 不支持多字节的读/写,所以 NA 位必须为高电平。另外,SCCB 没有重复起始的概念,因此在 SCCB 的读周期中,当主机发送完片内寄存器地址后,必须发送总线停止条件;否则在发送读命令时,从机将不能产生 Don't care 响应信号。

由于 I^2C 与 SCCB 存在一些细微差别,所以采用 GPIO 模拟 SCCB 总线的方式。SCL 所连接的引脚始终设为输出方式,而 SDA 所连接的引脚则在数据传输过程中需动态改变引脚的输入/输出方式。SCCB 的写周期直接使用 I^2C 总线协议的写周期时序;而 SCCB 的读周期,则增加一个总线停止条件。SCCB 是与 I^2C 相同的一个协议。SIO_C 和 SIO_D 分别为 SCCB 总线的时钟线和数据线。目前,SCCB 总线通信协议只支持 100 kb/s 或 400 kb/s 的传输速率,并且支持两种地址形式:

- 从设备地址(ID Address,8 位),分为读地址和写地址,高 7 位用于选中芯片,第 0 位是读/写(R/W)控制位,用于决定对该芯片进行读或写操作。
- 内部寄存器单元地址(Sub_ Address,8 位),用于决定对内部的哪个寄存器单元进行操作。通常还支持地址单元连续多字节的顺序读/写操作。SCCB 控制总线功能的实现完全依靠 SIO_C 和 SIO_D 这两条总线上电平的状态以及两者之间的相互配合。

12.3.2 引脚描述

主器件引脚描述如表 12.3.1 所列。

表 12.3.1 主器件引脚描述

信号名	信号类型	描 述
SCCB_E	输出	串行片选输出,当总线处于空闲状态时,主机把 SCCB_E 引脚拉高;当启动传输或系统处于悬浮状态时,主机把 SCCB_E 引脚拉低
SIO_C	输出	串行 I/O 信号 1 输出,空闲状态时主机把 SIO_C 引脚拉高;当 SCCB_E 被拉低时,该引脚在高低电平之间变化;当系统处于悬浮状态时,该引脚被拉低
SIO_D	输入/输出	串行 I/O 信号 0 输入和输出,当总线处于空闲状态时,该引脚保持悬浮状态;当系统处于悬浮状态时,该引脚被拉低
PWDN	输出	掉电输出

从器件引脚描述如表 12.3.2 所列。

表 12.3.2 从器件引脚描述

信号名	信号类型	描 述
SCCB_E	输入	串行 片选输入,当系统处于挂起模式时,输入端可以被关闭
SIO_C	输入	串行 I/O 信号 1 输入,当系统处于挂起模式时,输入端可以被关闭
SIO_D	输入/输出	串行 I/O 信号 0 输入和输出,当系统处于挂起模式时,输入端可以被关闭
PWDN	输入	掉电输入

下面主要介绍 SCCB_E 和 SIO_C 两个信号。

1. SCCB_E 信号

低电平有效,一个从高到低的转换表明数据传输开始,一个从低到高的转换表明数据传输结束,数据传输过程中保持低电平,高电平表明总线处于空闲状态。在

SCCB_E 表明数据传输开始之前,主机必须将数据线 SIO_D 置 1,这样可以避免数据传输开始之前总线不确定状态的出现。

2. SIO_C 信号

高电平有效,当处于空闲状态时必须被拉高;当启动传输后,SIO_C 被拉低表明数据传输开始,传输过程中 SIO_C 保持高电平表明一位数据正在传输,所以 SIO_D 的数据变化只能在 SIO_C 为低时发生。一位传输时间定义为 t_{CYC},最小为 10 μs。

12.3.3 通信过程

三总线数据传输时序如图 12.3.3 所示。

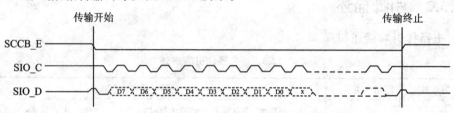

图 12.3.3 三总线数据传输时序

1. 数据传输的起始

数据传输的起始信号时序如图 12.3.4 所示。

SCCB_E 由高到低的变化,表明数据传输的开始,在 SCCB_E 跳变之前,主机必须把 SIO_D 拉高,这样可以避免在数据传输之前传输一个不确定的总线状态;在 SCCB_E 跳变之后,主机必须把 SIO_D 拉高在一个定义的时间段内,用来再次避免一个不确定的总线状态传输。在启动传输过程中有两个时间参数 t_{PRA} 和 t_{PRC}。t_{PRC} 定义为 SIO_D 的预充电时间,表明 SIO_D 必须先于 SCCB_E 被拉高的时间,最小值为 15 ns。t_{PRA} 指在 SIO_D 被拉低之前,SCCB_E 必须被跳变的时间,最小值为 1.25 μs。

2. 数据传输的终止

数据传输的终止信号时序如图 12.3.5 所示。

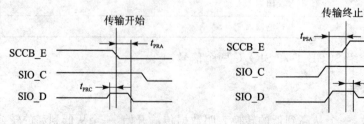

图 12.3.4 数据传输的起始信号　　图 12.3.5 数据传输的终止信号

t_{PSC}是 SCCB_E 去跳变后,SIO_D 保持逻辑高电平的时间,最小为 15 ns。t_{PSA}是在 SIO_D 跳变后,SCCB_E 必须保持低电平的时间,最小为 10 ns。

3. 数据传输周期

数据传输的基本单元是相。这部分讲述三种传输:
- 三相写数据传输;
- 两相写数据传输;
- 两相读数据传输。

4. 传输相

一相包含9位。这9位是由连续的8位数据和跟在最后的第9位构成的。第9位是 NA 位或自由位(DNC),取决于是读还是写。一次传输最多可以传输3个相。这3个相的第9位都是自由位。

SCCB 总线时序图如图 12.3.6 所示,简单的三相(phase)写数据的过程是:在写寄存器的过程中先发送设备的 ID 地址(ID Address),然后发送写数据的目的寄存器地址(Sub-address),最后发送要写入的数据(Write Data)。如果给连续的寄存器写数据,则在写完一个寄存器后,设备(例如 OV7670)会自动把寄存器地址加1,程序可继续写,而不需要再次输入 ID 地址,从而三相写数据变为了两相写数据。如果只需对有限个不连续的寄存器写数据,则对每一个需要更改数据的寄存器,都采用三相写数据的方法,若采用对全部寄存器都写数据则会浪费很多时间和资源,所以只需对需要更改数据的寄存器写数据。

相1: ID地址(ID Address);
相2: 目的寄存器地址(Sub-address)/读数据(Read Data);
相3: 写数据(Write Data)

图 12.3.6 SCCB 总线时序图

5. 两相写传输周期

两相写传输周期如图 12.3.7 所示。两相写传输周期后面跟着两相读周期。发送两相写周期的目的是识别特定从机的特定寄存器。

6. 三相写传输周期

三相写传输周期如图 12.3.8 所示。三相写传输周期是一个完全的写周期,主机能够用这种传输方式写一个字节给一个特定的从机。

第 12 章 摄像头

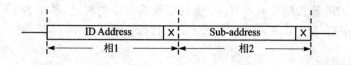

图 12.3.7 两相写传输周期

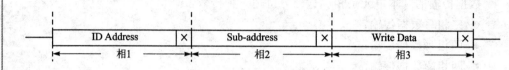

图 12.3.8 三相写传输周期

(1) 相 1(ID Address)

第 1 相是主机发送出去用于寻找将要操作的从机的地址。每一个从机都有一个独特的地址。该地址由 7 位组成，即[7:1]，能够识别 128 个从机。第 8 位，即[0]，是读/写选择位，指明数据的传输方向，0 表示写周期，1 表示读周期。第 9 位必须是自由位。相 1 中 SIO_C 与 SIO_D 引脚时序图如图 12.3.9 所示。

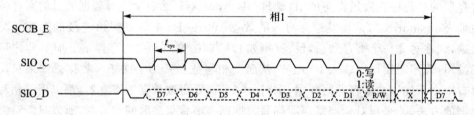

图 12.3.9 相 1

(2) 相 2(Sub-address/Read Data)

主机和从机都能发出第 2 相。主机发送的第 2 相为地址，是主机将要操作的从机。从机发送的第 2 相是读出的寄存器数据，它将被主机收到。从机识别的寄存器地址是根据先前的 3 相或 2 相写周期而来的。如果是主机发送的第 2 相，那么第 9 位是自由位；如果是从机发送的第 2 相，那么第 9 位是 NA 位。三相写字节传输过程如图 12.3.10 所示，两相读字节传输过程如图 12.3.11 所示。

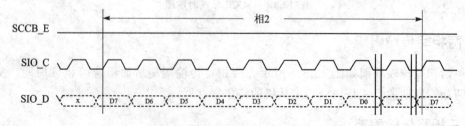

图 12.3.10 三相写字节传输过程

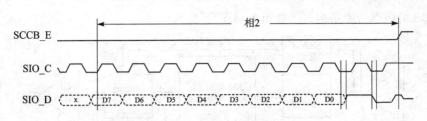

图 12.3.11 两相读字节传输过程

(3) 相 3(Write Data)

只有主机才可以发送第 3 相,第 3 相包含主机要写给从机的数据。第 3 相的第 9 位定义为自由位。相 3 中 SIO_C 和 SIO_D 引脚时序图如图 12.3.12 所示。

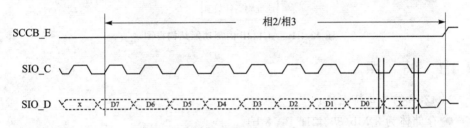

图 12.3.12 相 3

12.4 AL422 简介

在单片机应用系统中,由于图像采集速度、程序存储器和数据存储器的寻址空间的限制,要想完整存储 30 fps、640×480 像素大小的一幅图像是相当困难的,即使运用较高性能的 32 位新唐 M4 芯片在超高频情况下直接采集图像,有时也无法获得一幅完整的图像。而通过在图像采集过程中增加 FIFO 芯片 AL422B 可较好地解决这个问题,该方法相对于采用昂贵的 DSP 而言,降低了图像采集系统的成本,其具体操作流程如下。

M4 芯片监测摄像头的行/场信号控制 FIFO 读取相应的图像;读完所有行后,关闭 FIFO 的读取图像功能,开始由 M4 从 FIFO 中读取图像数据,并进行相应的图像处理,根据图像处理的复杂程度来决定图像处理和图像采集的时间比。由于 FIFO 是先入先出,故 M4 在读取数据时只需通过中断来使能行/场信号,而其绝大部分时间可以用来进行图像处理。本文采取的方法是,在采集完一帧图像后,M4 利用两帧图像的空闲时间和下一帧 FIFO 的采集时间共约 3 帧时间进行图像处理和控制,其结果是图像由原来的 30 fps 变成 10 fps,尽管帧率变慢了,但若不是进行实时录像,则影响不大。

AL422B 是 AverLogic 公司推出的一个存储容量为 393 216 B×8 b 的 FIFO 存储芯片,其所有的寻址和刷新等操作都由集成在芯片内部的控制系统完成。

第 12 章 摄像头

AL422B 的内部功能结构框图如图 12.4.1 所示。

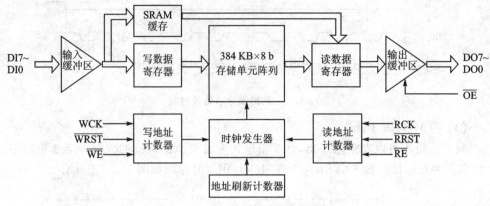

图 12.4.1　AL422B 内部功能结构框图

12.4.1　特　点

AL422B 的主要特点是：
- 存储体为 3 Mb(393 216 B×8 b)。
- 可以存储 VGA、CCIR、NTSC、PAL 和 HDTV 等制式一帧图形的信息。
- 独立的读/写操作，可以接受不同的 I/O 速率。
- 高速异步串行存取。
- 读写周期为 20 ns。
- 存取时间为 15 ns。
- 内部 DRAM 自刷新。

AL422B 的引脚分布如图 12.4.2 所示，其引脚描述如表 12.4.1 所列。

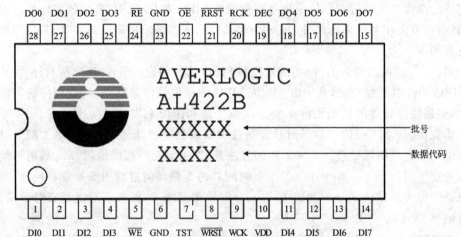

图 12.4.2　AL422B 引脚分布

表 12.4.1 　 AL422B 引脚描述

引脚名称	编号	类型	描述
DI0～DI7	1～4,11～14	输入	数据输入
WCK	9	输入	写时钟
$\overline{WE}$	5	输入(低电平有效)	写使能
$\overline{WRST}$	8	输入(低电平有效)	写复位
DO0～DO7	15～18,25～28	输出(三态)	数据输出
RCK	20	输入	读时钟
$\overline{RE}$	24	输入(低电平有效)	读使能
$\overline{RRST}$	21	输入(低电平有效)	读复位
$\overline{OE}$	22	输入(低电平有效)	输出使能
TST	7	输入	测试引脚
VDD	10	电源	3.3 V 或 5 V
DEC/VDD	19	电源	退耦电容输入引脚
GND	6,23	信号地	地

12.4.2 系统实现

要想在 M4 应用系统中实现数字图像的静态存储,必须解决存储速度和存储容量两大问题。对于速度问题,需要对 OV7670 的数据输出时序进行分析,使其满足要求。VGA 时序图如图 12.4.3 所示,其中 PCLK 为像素时钟信号,其频率与主频一致,即 27 MHz,上升沿时数据输出有效;HREF 为水平参考信号,像素在窗口内有效时为高电平,否则为低电平;D[7:0]为 8 位数据输出信号。

AL422B 写操作时序图如图 12.4.4 所示,其中 WCK 为 AL422B 的写入时钟,周期最大为 1 000 ns,最小为 20 ns(对应主频 50 MHz);其为上升沿时数据写入,随着该时钟输入,其内部的写指针自动增加。可见,AL422B 的速度可以满足设计要求。具体操作时,由单片机的 I/O 口控制 AL422B 的写使能引脚 $\overline{WE}$,使其为低电平,使能写功能,数据端 DI7～0 在 WCK 上升沿时将数据写入。写完一幅图像后,由单片机的 I/O 口控制写复位引脚 $\overline{WRST}$,使其为低电平,使能复位功能,数据写入地址指针将回到 0 地址位。

AL422B 读操作时序图如图 12.4.5 所示,其中 RCK 为 AL422B 的读出时钟,周期最大为 1 000 ns,最小为 20 ns,当 $\overline{RE}$ 和 $\overline{OE}$ 有效时,在其上升沿数据有效,随着该时钟输入,其内部的读指针自动增加。当单片机的主频为 25 MHz 时,还不能直接给

第 12 章 摄像头

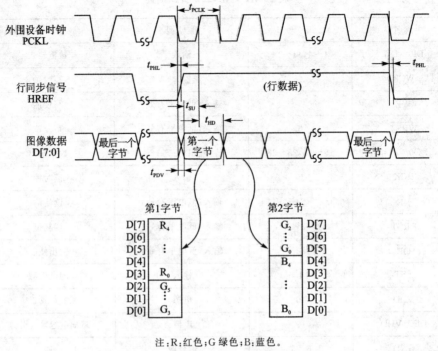

图 12.4.3 VGA 时序图

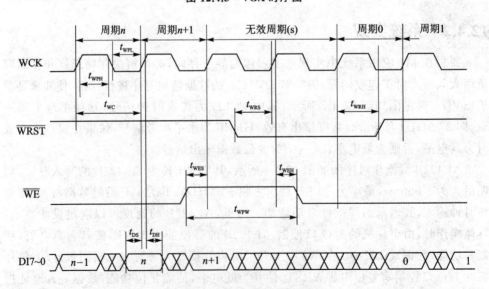

图 12.4.4 AL422B 写操作时序

OV7670 的系统时钟 XCLK 提供时钟,这时采用外部晶振提供 27 MHz 的同频信号给 OV7670。

OV7670 的像素时钟 PCLK 直接与 AL422B 的数据读入时钟 WCK 相连,具体

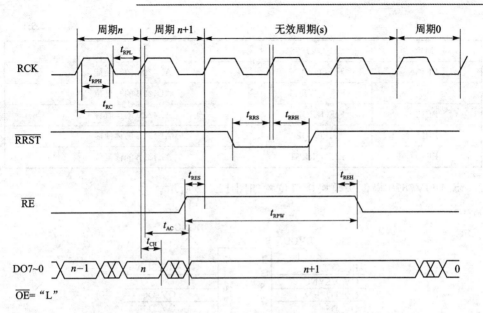

图 12.4.5　AL422B 读操作时序

操作时,由单片机的 I/O 口控制 AL 422B 的读使能 $\overline{RE}$ 和输出数据使能 $\overline{OE}$,使它们为低电平,使能数据读出功能,数据端引脚 DO7~0 在 RCK 上升沿时将数据输出给单片机。读完一幅图像后,由单片机的 I/O 口控制写复位引脚 $\overline{RRST}$,使其为低电平,使能复位,数据读出地址指针将回到 0 地址位。

12.5　实验:摄像头抓拍

【实验要求】基于 SmartM-M451 系列开发板:实时显示 OV7670 摄像头模块的图像数据,点击屏幕能够实现拍照,并将照片保存到 SD 卡中。

1. 硬件设计

SM-OV7670 摄像头模块接口如图 12.5.1 所示。
SM-OV7670 模块与 M4 引脚连接如表 12.5.1 所列。

表 12.5.1　SM-OV7670 模块与 M4 引脚连接

M4	SM-OV7670	描　述
PD5	IIC_SCL	I^2C 时钟引脚
PD4	IIC_SDA	I^2C 数据引脚
PE8	OV_VSYNC	OV7670 垂直同步信号
PB[15:8]	OV[7:0]	OV7670 数据引脚

第 12 章 摄像头

续表 12.5.1

M4	SM-OV7670	描述
PE13	FIFO_WEN	AL422B 的写使能
PE9	FIFO_WRST	AL422B 的写复位
PE12	FIFO_RCLK	AL422B 的读时钟
PE11	FIFO_OE	AL422B 的读使能
PE10	FIFO_RRST	AL422B 的读复位

SM-OV7670 摄像头模块接口位置如图 12.5.2 所示。

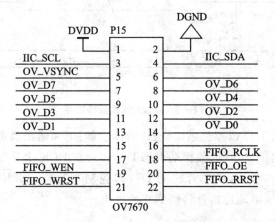

图 12.5.1　SM-OV7670 摄像头模块接口

图 12.5.2　SM-OV7670 摄像头模块接口位置

2. 软件设计

代码位置:\SmartM-M451\代码\进阶\【TFT】【OV7670 拍照保存】。

(1) SCCB 写寄存器

要想正常使用 OV7670,必须先进行正确的配置,配置时使用 SCCB 协议中的三相通信方式:首先主机发送器件 ID,接着发送寄存器地址,最后发送待写入的数据,函数代码如下。

程序清单 12.5.1　SCCB 写寄存器

```
/*********************************
* 函数名称:SCCB_WR_Reg
* 输入: reg     -寄存器
       data    -数值
* 输出:  0      -成功
        1      -失败
* 功能:SCCB 写寄存器
*********************************/
UINT8 SCCB_WR_Reg(UINT8 reg,UINT8 data)
{
    UINT8 res = 0;

    /* 启动 SCCB 传输 */
    SCCB_Start();

    /* 写器件 ID */
    if(SCCB_WR_Byte(SCCB_ID)) res = 1;
    Delayus(100);

    /* 写寄存器地址 */
    if(SCCB_WR_Byte(reg)) res = 1;
    Delayus(100);

    /* 写数据 */
    if(SCCB_WR_Byte(data)) res = 1;
    SCCB_Stop();

    return res;
}
```

(2) SCCB 读寄存器

使用 SCCB 接口读取 OV7670 的寄存器,通信方式类似 I^2C 协议中读取一字节的过程,函数代码如下。

程序清单 12.5.2　SCCB 读寄存器

```
/*********************************
* 函数名称:SCCB_RD_Reg
* 输入: reg     -寄存器
* 输出:     读到的寄存器值
* 功能: SCCB 读寄存器
```

```
                ***************************************/
UINT8 SCCB_RD_Reg(UINT8 reg)
{
    UINT8 val = 0;

    /* 启动 SCCB 传输 */
    SCCB_Start();

    /* 写器件 ID */
    SCCB_WR_Byte(SCCB_ID);
    Delayus(100);

    /* 写寄存器地址 */
    SCCB_WR_Byte(reg);
    Delayus(100);

    /* 停止 SCCB 传输 */
    SCCB_Stop();
    Delayus(100);

    /* 启动 SCCB 传输 */
    SCCB_Start();

    /* 写器件 ID,最低位为 1 执行读操作 */
    SCCB_WR_Byte(SCCB_ID|0x01);
    Delayus(100);

    /* 读取数据 */
    val = SCCB_RD_Byte();

    /* 发送 NACK 信号 */
    SCCB_No_Ack();

    /* 停止 SCCB 传输 */
    SCCB_Stop();

    return val;
}
```

(3) OV7670 初始化

在初始化 OV7670 相关的 I/O 口时(使用 SCCB_Init 函数),最主要的是完成对 OV7670 寄存器序列的初始化。OV7670 的寄存器超过 100 个,如果自行查阅芯片手册去逐个配置会花费大量时间,因此,配置时可参考摄像头厂家提供的实例配置序列(详见配套网上资料中的 *OV7670 Software Application Note*);同时本章用到的配置序列存放在名为 ov7670_init_reg_tbl 的数组中,该数组是一个 2 维数组,存储了初始化序列寄存器及其对应的值,详细代码如下。

程序清单 12.5.3　　OV7670 初始化

```
CONST UINT8 ov7670_init_reg_tbl[][2] =
{
    /* 以下为 OV7670,QVGA,RGB565参数    */
    {0x3a,0x04},
    {0x40,0x10},

    /* QVGA,RGB 输出  */
    {0x12,0x14},

    /* 输出窗口设置 */
    {0x32,0x80},
    ......................    //省略部分


    /* 驱动能力最大  */
    {0x09,0x03},

    {0x6e,0x11},//100
    {0x6f,0x9f},//0x9e for advance AWB

    /* 亮度 */
    {0x55,0x00},

    /* 对比度 */
    {0x56,0x40},

    /* change according to Jim's request */
    {0x57,0x80},
};
```

限于篇幅,余下代码就不一一列出了。这里列出代码的主要目的是使大家大概了解上述数组的结构,数组每个条目的第一个字节为寄存器号(也就是寄存器地址),第二个字节为要设置的值,比如{0x3a,0x04}表示在 0x03 地址写入值 0x04。通过这一长串(110 多个)寄存器的配置,就完成了 OV7670 的初始化。本章配置 OV7670 工作于 QVGA 模式,以 RGB565 格式输出。完成初始化后即可以开始读取 OV7670 的数据了。OV7670 文件夹中的其他代码就不逐个介绍了,请大家参考配套网上资料中的该例程源码。

(4) 用 OV7670 获取一帧图像

若想获取 OV7670 的一帧图像数据,可以监测 OV7670 提供的 VSYNC 垂直同步信号引脚,引脚每一次完整的信号跳变代表一帧的数据传输完成,图 12.5.3 为 OV7670 完整的 VGA 图像传输流程。QVGA 的图像传输流程与 VGA 的基本一致,只是行数据和列数据的数目不同而已。OV7670 数据手册只给出 VGA 部分,QVGA 和 QQVGA 等都要参考该流程图。

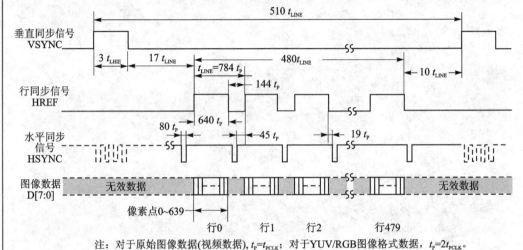

注:对于原始图像数据(视频数据),$t_p=t_{PCLK}$;对于YUV/RGB图像格式数据,$t_p=2t_{PCLK}$。

图 12.5.3 OV7670 获取一帧图像

当 M4 获取 OV7670 的一帧图像数据时,应结合 FIFO 芯片 AL422B 进行同步操作,具体操作流程是:

- 监测 OV7670 的 VSYNC 同步信号引脚一次完整的高低电平跳变,这也代表前一帧数据输出完成,OV7670 可接着输出第二帧图像数据了。
- 使能 FIFO 芯片 AL422B 写数据,并复位其写指针,这意味着该芯片开始执行获取 OV7670 的一帧图像数据。
- 监测 OV7670 的 VSYNC 同步信号引脚一次完整的高低电平跳变,这也代表当前帧数据输出完成了。
- 禁止 FIFO 芯片 AL422B 写数据,并复位其读指针,这意味着 M4 可以从 FIFO 芯片 AL422B 读取一帧的数据,并显示到 LCD 屏上。

显示一帧图像的详细代码如下。

程序清单 12.5.4 显示一帧图像

```
VOID CameraRefresh(VOID)
{
    UINT32 j;
```

```c
UINT16 color;

/* 设置LCD一帧图像的显示区域 */
LcdAddressSet(0,0,LCD_HEIGHT-1,LCD_WIDTH-1);

/* 检测垂直同步信号低电平 */
while(OV7670_VSYNC);

/* 检测垂直同步信号高电平 */
while(OV7670_VSYNC == 0);

/* 允许写入FIFO */
OV7670_WREN(1);

/* 复位写指针 */
OV7670_WRST(0);
Delayus(5);
OV7670_WRST(1);

/* 检测垂直同步信号低电平 */
while(OV7670_VSYNC);
/* 检测垂直同步信号高电平 */
while(OV7670_VSYNC == 0);

/* 禁止写入FIFO */
OV7670_WREN(0);
/* 复位写指针 */
OV7670_WRST(0);
Delayus(5);
OV7670_WRST(1);

/* 开始复位读指针 */
OV7670_RRST(0);
OV7670_RCK(0);
Delayus(5);
OV7670_RCK(1);

Delayus(5);
OV7670_RCK(0);

/* 复位读指针结束 */
OV7670_RRST(1);
```

```
            Delayus(5);
            OV7670_RCK(1);

            for(j = 0;j<76800;j++)
            {
                OV7670_RCK(0);

                /* 读数据:高字节 */
                color = OV7670_DATA;
                OV7670_RCK(1);
                color<< = 8;
                OV7670_RCK(0);

                /* 读数据:低字节 */
                color |= OV7670_DATA;
                OV7670_RCK(1);

                /* 设置像素点颜色 */
                LcdWriteData(color);

                /* 检测到要进行抓拍 */
                if(g_bCapture)
                {
                    g_bCapture = FALSE;
                    LcdDirectionSet(R2L_U2D);
                    BMP_Code("1:/cap.bmp",0,0,240,320);

                    LcdFill(0,295,LCD_WIDTH,LCD_HEIGHT,BLACK);
                    LcdShowString(0,300,"保存 cap.bmp 成功",GBLUE,BLACK);
                    Delayms(1000);
                    BMP_Decode(0,0,"1:/cap.bmp");
                    Delayms(1000);

                    /* 从下到上、从右到左的扫描方式 */
                    LcdDirectionSet(D2U_R2L);
                }
            }
        }
```

(5) 程序主体

main 函数代码如下。

程序清单 12.5.5　main 函数

```c
/***************************************
* 函数名称:main
* 输入:无
* 输出:无
* 功能:函数主体
***************************************/
int32_t main(VOID)
{
    PROTECT_REG
    (
        /* 系统时钟初始化 */
        SYS_Init(PLL_CLOCK);
    )

    /* LED 初始化 */
    LedInit();

    /* LCD 初始化 */
    LcdInit(LCD_FONT_IN_FLASH,LCD_DIRECTION_0);
    LCD_BL(0);
    LcdCleanScreen(BLACK);

    /* SPI Flash 初始化 */
    while(disk_initialize(FATFS_IN_FLASH))
    {
        Led1(1);Delayms(500);
        Led1(0);Delayms(500);
    }

    /* SD 卡初始化 */
    while(disk_initialize(FATFS_IN_SD))
    {
        Led2(1);Delayms(500);
        Led2(0);Delayms(500);
    }

    /* 挂载 SPI Flash */
    f_mount(0,&g_fs[0]);

    /* 挂载 SD 卡 */
```

第 12 章 摄像头

```c
    f_mount(1,&g_fs[1]);

    LcdFill(0,0,LCD_WIDTH-1,20,RED);
    LcdShowString(60,2,"摄像头拍照实验",YELLOW,RED);

    /* 按键初始化 */
    KeyInit();

    /* OV7670 使能 */
    OV7670_CS(0);

    /* OV7670 初始化 */
    while(OV7670_Init())
    {
        Led3(0);Delayms(500);
        Led3(1);Delayms(500);
    }

    /* OV7670 功能引脚电平拉高 */
    OV7670_WREN(1);
    OV7670_WRST(1);

    /* 自动白平衡 */
    OV7670_Light_Mode(0);

    /* 默认色度 */
    OV7670_Color_Saturation(2);

    /* 默认亮度 */
    OV7670_Brightness(2);

    /* 默认对比度 */
    OV7670_Contrast(2);

    /* 默认正常颜色 */
    OV7670_Special_Effects(0);

    /* 从下到上、从右到左的扫描方式 */
    LcdDirectionSet(D2U_R2L);

    /* 延时 2 s */
    Delayms(2000);
```

```
    while(1)
    {
        /* 摄像头数据一直刷新到 LCD 屏幕 */
        CameraRefresh();
    }
}
```

(6) GPIO 中断服务函数

由于摄像头一直在做采集动作,因此必然由一个中断来打断当前的采集,中断服务函数的代码如下。

程序清单 12.5.6 GPIO 中断服务函数

```
/*******************************************
* 函数名称:EINT0_IRQHandler
* 输入:无
* 输出:无
* 功能:外部中断 0 服务函数
*******************************************/
VOID EINT0_IRQHandler(VOID)
{
    /* 检测到 PD2 引脚中断触发 */
    if(GPIO_GET_INT_FLAG(PD,BIT2))
    {
        g_bCapture = TRUE;

        GPIO_CLR_INT_FLAG(PD,BIT2);
    }
}
```

3. 下载验证

通过 SM-NuLink 仿真器下载程序到 SmartM-M451 旗舰板上,并连接 SM-OV7670 摄像头模块,此时,LCD 屏能够实时显示当前摄像头的图像数据,如图 12.5.4 所示,按下旗舰板上的按键 KEY1,能够实现摄像头抓拍,并将抓拍的数据保存到 SD 卡中,文件名为 CAP.bmp。

图 12.5.4 摄像头抓拍图像

第 13 章

PS/2 接口

13.1 简介

PS/2 是较早电脑上常见的接口之一,用于连接鼠标、键盘等设备,如图 13.1.1 所示。

图 13.1.1　PC 上的 PS/2 接口

一般情况下,PS/2 的鼠标接口为绿色,键盘为紫色。PS/2 原是"Personal System 2"的意思,即"个人系统 2",是 IBM 公司在 20 世纪 80 年代推出的一种个人电脑。以前完全开放的 PC 标准让 IBM 觉得利益受到损害,所以 IBM 设计了 PS/2 这种电脑,目的是重新定义 PC 标准,不再采用开放标准的方式。在这种电脑上,IBM 使用了新型 MCA 总线,新的 OS/2 操作系统。PS/2 电脑上使用的键盘、鼠标接口就是现在的 PS/2 接口。因为 PC 标准不开放,所以 PS/2 电脑在市场上失败了;但 PS/2 接口却一直沿用至今。

PS/2 接口是一种 PC 兼容型电脑系统上的接口,可用来连接键盘及鼠标。PS/2 的命名来自于 1987 年 IBM 推出的个人电脑:PS/2 系列。PS/2 鼠标连接通常用来取代旧式的串行鼠标接口(DB-9,RS232);而 PS/2 键盘连接则用来取代为 IBM PC/AT 设计的大型 5 脚 DIN 接口。PS/2 的键盘及鼠标接口在电气特性上十分类似,其中的主要差别在于键盘接口需要双向沟通。在早期,如果对调键盘和鼠标的插槽,则大部分台式机的主板将不能识别键盘及鼠标,但现在已经没有关系了。

目前,PS/2 接口已经慢慢被 USB 所取代,只有少部分的台式机仍然提供 PS/2 接口。有些鼠标可以使用转换器将接口由 USB 转成 PS/2,亦有从 USB 分接成键盘和鼠标用的 PS/2 接口的转接线。不过,由于 USB 接口对键盘最大只能支持 6 键无冲突,而 PS/2 键盘接口可以支持所有按键同时无冲突,且在电脑进行大幅度超频时,USB 的键盘和鼠标比 PS/2 的容易失灵,因此有些场合下 PS/2 键盘接口仍然被

第 13 章 PS/2 接口

保留。PS/2 接口不支持热插拔。

1. 连接器

常用的 PS/2 端口是 6 脚的 Mini-DIN,PC 键盘常用的也是 6 脚的 Mini-DIN。具有 6 脚 Mini-DIN 的键盘通常被叫作"PS/2"键盘。现在流行的键盘(和鼠标)大多是 PS/2 或 USB 的。

PS/2 连接器的引脚定义如表 13.1.1 所列。

表 13.1.1 PS/2 连接器引脚定义

插 头	插 座	6 脚 Mini-DIN(PS/2)
		1—数据; 2—未实现,保留; 3—电源地; 4—电源+5 V; 5—时钟; 6—未实现,保留

在 PS/2 连接器上有 4 个有效引脚:电源地、电源+5 V、数据和时钟。主机提供+5 V,键盘/鼠标的地线连接到主机的电源地上。数据和时钟都是集电极开路(OC)的,因此任何连接到 PS/2 鼠标、键盘或主机上的设备,在时钟和数据线上都要有一个大的上拉电阻(一般取 10 kΩ)。置"0"则将线拉低,置"1"则将线上浮成高电平。参考表 13.1.1 中数据和时钟线的一般接口。

2. 一般性描述

PS/2 鼠标和键盘履行一种双向同步串行协议。换句话说,每次在数据线上发送一位数据,或者每在时钟线上发一个脉冲都会被读入。键盘/鼠标可以发送数据到主机,而主机也可以发送数据到设备,但主机总是在总线上有优先权,它可以在任何时候抑制来自于键盘/鼠标的通信,只要把时钟线拉低即可。从键盘/鼠标发送到主机的数据在时钟信号的下降沿(当时钟从高变低的时候)被读取;从主机发送到键盘/鼠标的数据在时钟信号的上升沿(当时钟从低变高的时候)被读取。不管通信的方向怎样,键盘/鼠标总是产生时钟信号。如果主机要发送数据,就必须先告诉设备开始产生时钟信号(这个过程在后面会详细讲解)。最高时钟频率是 33 kHz,大多数设备工作于 10~20 kHz。如果要制作一个 PS/2 设备,则推荐把频率控制在 15 kHz 左右,这意味着时钟应该高为 40 μs,低至 40 μs。

所有数据安排在数据帧中,每条通信的数据帧包含 11~12 位,这些位的含义如下:

- 1 个起始位,总是为 0;

第 13 章　PS/2 接口

- 8 个数据位,低位在前;
- 1 个校验位,奇校验;
- 1 个停止位,总是为 1;
- 1 个应答位,仅在主机对设备的通信中。

当主机发送数据给键盘/鼠标时,设备回送一个握手信号来应答数据包已经收到,这个位不会出现在设备发送数据到主机的过程中。

3. 设备到主机的通信过程

数据和时钟线都是集电极开路结构(正常保持高电平)。当键盘或鼠标等待发送数据时,它首先检查时钟是否是高电平。如果不是,那么就是主机抑制了通信,设备必须缓冲任何要发送的数据直到重新获得总线的控制权(键盘有 16 字节的缓冲区,而鼠标的缓冲区仅存储最后一个要发送的数据包)。如果时钟线是高电平,则设备可以开始传送数据。

如上所述,键盘和鼠标使用一种每帧包含 11 位的串行协议。这些位的含义是:

- 1 个起始位,总是为 0;
- 8 个数据位,低位在前;
- 1 个校验位,奇校验;
- 1 个停止位,总是为 1。

每位在时钟的下降沿被主机读入,时序如图 13.1.2 和图 13.1.3 所示。

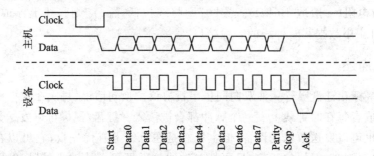

注:当时钟为高时,数据线改变状态;在时钟信号的下降沿数据被锁存。

图 13.1.2　设备到主机的通信

时钟频率为 $10 \sim 16.7$ kHz。从时钟脉冲的上升沿到一个数据转变的时间至少要有 5 μs,从数据变化到时钟脉冲下降沿的时间至少要有 5 μs,并且不大于 25 μs,这个时间必须严格遵循。主机可以在第 11 个时钟脉冲(停止位)之前把时钟线拉低,导致设备放弃发送当前字节(这是非常罕见的)。在停止位发送后,设备在发送下一个数据包之前至少应该等待 50 μs,这将给主机一定时间处理接收到的字节(主机在收到每个包时,通常自动做此事),在处理字节的这段时间内,主机应抑制设备发送。在主机释放抑制后,设备至少应该在发送任何数据之前等待 50 μs。

仿真键盘/鼠标采用下面的过程发送一字节的数据到主机:

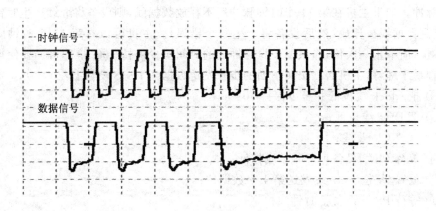

图 13.1.3 "Q"键的扫描码从键盘发送到计算机

① 等待 Clock 线变为高电平,即等待主机释放 Clock 线。
② 延时 50 μs。
③ 判断 Clock 线是否为高电平?No——跳到第①步。
④ 判断 Data 线是否为高电平?No——放弃(跳到从主机读取字节的程序中)。
⑤ 延迟 20 μs,输出起始位(0);再延迟 20 μs,拉低 Clock 线并保持 40 μs 后释放 Clock 线,形成一个脉冲。
⑥ 延时 20 μs,测试 Clock 线是否为高电平?No——跳到第①步。
⑦ 输出第 1 个数据位,然后延时 20 μs,再拉低 Clock 线并保持 40 μs 后释放 Clock 线,形成一个脉冲。
⑧ 重复第⑥~⑦步发送余下的 7 个数据位和校验位。
⑨ 延时 20 μs,测试 Clock 线是否为高电平?No——跳到第①步。
⑩ 输出停止位(1),然后延时 30 μs,再拉低 Clock 线并保持 50 μs 后释放 Clock 线,形成最后一个脉冲。

4. 主机到设备的通信过程

在这里,被发送的数据包有点不同于设备到主机的通信过程。首先,PS/2 设备总是产生时钟信号。如果主机要发送数据,则它必须先把时钟和数据线设置为"请求发送"状态,即

- 通过下拉时钟线至少 100 μs 来抑制通信;
- 通过下拉数据线来应用"请求发送",然后释放时钟。

PS/2 设备应该在不超过 10 ms 的间隔内检查这个状态。当设备检测到这个状态时,它将开始产生标记下的 8 个数据位和 1 个停止位的时钟脉冲。主机仅当时钟线为低时才改变数据线,而数据在时钟脉冲的上升沿被锁存。这与发生在设备到主机的通信过程中的情况正好相反。

在发送停止位后,设备为了应答接收到的字节,就把数据线拉低并产生最后一个

第 13 章　PS/2 接口

时钟脉冲。如果主机在第 11 个时钟脉冲后不释放数据线，则设备将继续产生时钟脉冲，直到数据线被释放（然后设备将产生一个错误）。主机可以在第 11 个时钟脉冲（应答位）前中止一次传送，只要下拉时钟线的时间至少保持 100 μs 即可。要使得这个过程易于理解，主机必须按照下面的步骤发送数据到 PS/2 设备上：

① 把 Clock 线拉低并至少保持 100 μs；
② 把 Data 线拉低；
③ 释放 Clock 线；
④ 等待 PS/2 设备把 Clock 线拉低；
⑤ 设置/复位 Data 线发送第 1 个数据位；
⑥ 等待 PS/2 设备把时钟线拉高；
⑦ 等待 PS/2 设备把时钟线拉低；
⑧ 重复第⑤~⑦步发送余下的 7 个数据位和校验位；
⑨ 释放 Data 线，即发送停止位(1)；
⑩ 等待 PS/2 设备把 Clock 线拉高；
⑪ 等待 PS/2 设备把 Data 线拉低；
⑫ 等待 PS/2 设备把 Clock 线拉低；
⑬ 等待 PS/2 设备释放 Clock 线和 Data 线。

图 13.1.4 分别以时序的方式表示了由主机产生的时序信号及由 PS/2 设备产生的数据信号。注意应答位时序的改变发生在 Clock 线为高的时候（不同于其他 11 位是在 Clock 线为低的时候）。

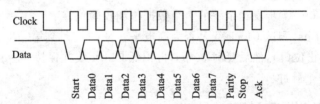

图 13.1.4　主机到设备的通信

图 13.1.5 描述了两个重要的定时条件：(a)和(b)。(a)是从主机最初把 Clock 线拉低，到 PS/2 设备开始产生时钟脉冲（即 Clock 线被 PS/2 设备拉低）的时间，这段时间间隔必须不大于 15 ms。(b)是发送数据包的时间，8 位数据位和校验位的总时间必须不大于 2 ms。如果这两个条件不满足，则主机将产生一个错误。在收到包后，主机为了处理数据应立刻把时钟线拉低来抑制通信。如果主机发送的命令要求有一个应答，则这个应答必须在主机释放 Clock 线后的 20 ms 之内被收到；如果没有收到，则主机产生一个错误。在设备到主机通信的情况下，时钟改变后的 5 μs 内不应该发生数据改变的情况。

如果要仿真一个鼠标或键盘，则推荐按如下过程从主机读入数据：

第 13 章 PS/2 接口

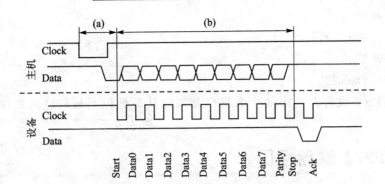

图 13.1.5 主机到设备通信的详细过程

- 在主程序中,至少每 10 ms 检测一次 Data 线是否为低;
- 如果 Data 线已被主机拉低,则从主机读取 1 字节的数据。

具体过程如下:

① 等待 Clock 线变为高电平,即等待主机释放 Clock 线。
② Data 线仍然为低吗? No——有错误发生;放弃。
③ 读入 8 个数据位(在读入这些位后,测试时钟线是否被主机拉低,如果被拉低,则意味着放弃这次传送)。
④ 读入校验位。
⑤ 读入停止位。
⑥ Data 线仍为低吗? Yes——继续产生 Clock 信号,直到 Data 线变为高电平,然后产生一个错误。
⑦ 输出应答位。
⑧ 检查校验位(如果校验位不正确,则产生一个错误)。
⑨ 延迟 45 μs(给主机时间抑制下次的传送)。

按如下次序读取每一位(8 个数据位、校验位和停止位):

① 延迟 20 μs。
② 把 Clock 线拉低。
③ 延迟 40 μs。
④ 释放 Clock 线。
⑤ 延迟 20 μs。
⑥ 读 Data 线。

按如下次序发送应答位:

① 延迟 15 μs。
② 把 Data 线拉低。
③ 延迟 5 μs。
④ 把 Clock 线拉低。

第 13 章　PS/2 接口

⑤ 延迟 40 μs。
⑥ 释放 Clock 线。
⑦ 延迟 5 μs。
⑧ 释放 Data 线。

注意：PS/2 设备发送的 8 个数据位是按照从最低位到最高位的顺序依次发出的。

13.2　PS/2 键盘接口

本章力图囊括 AT 和 PS/2 键盘各方面的问题，包含如低级别信号和协议、扫描码、命令集、初始化、兼容性问题和其他各种信息，还包含关于 PC 键盘控制器的信息，这是因为它们的关联非常密切。

1. 相关的历史

现今仍在使用中的绝大多数流行的键盘包括：
- USB 键盘，最后出现的键盘，被所有新式的计算机支持（Macintosh 和 IBM 及其兼容机）。它们有自己相关的复杂接口，本节不做介绍。
- IBM 机器兼容键盘，也叫"AT 键盘"或"PS/2 键盘"，所有的现代 PC 都支持这个设备。它们是最容易使用的接口，也是本节的主题。
- ADB 键盘，连接到老式 Macintosh 系统的 Apple 桌面总线，本节也不做介绍。

IBM 引入了一种新型的键盘配置于其主要桌面计算机型号。最早的 IBM PC 和后来的 IBM XT 使用的是"XT 键盘"。它们很古老并与现代的键盘一点都不同，关于 XT 键盘本节未论及。后来出现了 IBM AT 系统，再后来出现了 IBM PS/2。这些引进的键盘人们至今还在使用，这也是本节的主题。AT 键盘和 PS/2 键盘是十分相似的设备；但是 PS/2 使用了更小的连接器，并且支持少量附加的特征。虽然如此，它仍保留了与 AT 系统的向后兼容，以及一些曾经流行的附加特征（因为软件总要保持向后兼容）。表 13.2.1 是 IBM 三种主要键盘的概要。

表 13.2.1　IBM 三种键盘概要

IBM PC/XT 键盘（1981 年）	IBM AT 键盘（1984 年） （不向后兼容 XT 系统）	IBM PS/2 键盘（1987 年） （兼容 AT 系统，不兼容 XT 系统）
83 键	84～101 键	84～101 键
5 脚 DIN 连接器	5 脚 DIN 连接器	6 脚 Mini-DIN 连接器
简单的单向串行协议	双向串行协议	双向串行协议
采用第一套扫描码集	采用第二套扫描码集	采用可选的第三套扫描码集
没有从主机到键盘的命令	有 8 个从主机到键盘的命令	有 17 个从主机到键盘的命令

PS/2 键盘最初是 AT 键盘的扩展，它支持少量附加的从主机到键盘的命令，并以小型连接器为特征，这两种设备只有这两个区别。但是计算机硬件决不会像兼容性那样有更多的标准化。正是由于这个原因，今天买到的任何键盘都与 PS/2 和 AT 系统兼容，但可能不完全支持原始键盘的所有特征。

今天，"AT 键盘"和"PS/2 键盘"仅涉及它们连接器的大小。任何给定的键盘支持或不支持哪些设置及命令只是个人的猜测。例如，有一个键盘带有一个 PS/2 风格的连接器，它仅完全支持七个命令，部分支持两个命令，对其他的命令只是"应答"。作为对照，另有一个键盘带有一个 AT 风格的连接器，它支持原始 PS/2 设备的每个特征/命令（还加上少量额外的命令）。这就明确地说明了现代键盘是兼容的，但不是标准的。如果所开发的工程依赖于某些不一般的特征，则它可能在某些系统上工作，而在另一些系统上不能工作。

2. 现代 AT-PS/2 兼容键盘

任意数目的按键（通常是 101 或 104），5 脚或 6 脚连接器，通常包括适配器双向串行协议，只有第二套扫描码集能保证应答所有的命令，但可能不是所有的都起作用。

XT 键盘使用了一套与 AT 和 PS/2 系统中采用的完全不同的协议，因此该键盘不与较新的 PC 兼容；但是在某些键盘控制器中通过一个转换过程可以既支持 XT 又支持 AT-PS/2 键盘（通过开关、跳线或自适应），同样，这些键盘在这两类系统中都可以工作（再次重申，是通过开关或者自适应）。如果拥有 XT 的 PC 或键盘，则不要被它愚弄了，因为 XT 键盘并不兼容现代计算机。

3. 一般性描述

键盘上包含一个大型的按键矩阵，它们由安装在电路板上的处理器（叫作"键盘编码器"）来监视。具体的处理器在键盘与键盘之间是多样化的，但它们基本上都做着同样的事情：监视哪些按键被按下或释放了，并在适当的时候传送数据到主机。如果有必要，处理器处理所有的去抖动并在它的 16 字节缓冲区里缓冲数据。主板上包含一个"键盘控制器"，负责解码所有来自键盘的数据，并告诉软件什么事件发生了。在主机和键盘之间的通信使用 IBM 的协议。

最初，IBM 使用 Intel 8048 微处理器作为它的键盘编码器。以下是现代键盘编码器的简短清单：

```
Holtek: HT82K28A,HT82K628A,HT82K68A,HT82K68E
EMC: EM83050,EM83050H,EM83052H,EM8305H,
Intel: 8048,8049
Motorola:6868,68HC11,6805
Zilog: Z8602,Z8614,Z8615,Z86C15,Z86E23
```

IBM 使用 Intel 的 8042 微控制器作为它的键盘控制器,现在已经被兼容设备取代,并整合到主板的新品组中。键盘控制器是本文稍后论及的内容。

4. 电气接口/协议

AT 和 PS/2 键盘使用了与 PS/2 鼠标一样的协议,详见 13.1 节的内容。

5. 扫描码

键盘的处理器花费很多时间来扫描或监视按键矩阵。如果它发现有键被按下、释放或按住,则键盘将给计算机发送"扫描码"的信息包。扫描码有两种不同的类型:"通码"和"断码"。当一个键被按下或按住时就发送通码;当一个键被释放时就发送断码。每个按键被分配了唯一的通码和断码,这样,主机通过查找唯一的扫描码就可以断定是哪个按键了。每个键的一整套的通断码组成了"扫描码集"。现在有三套标准的扫描码集,分别是第一套、第二套和第三套,所有现代的键盘都默认使用第二套扫描码。

那么每个按键的扫描码是否能计算出来呢?不幸的是,没有一个简单的公式可以计算出扫描码。如果想要知道某个特定按键的通码和断码,那么就不得不通过查表来获得:

- 第一套扫描码集,原始的 XT 扫描码集,某些现代的键盘仍支持;
- 第二套扫描码集,所有现代键盘都默认的扫描码集;
- 第三套扫描码集,可选的 PS/2 扫描码集(很少使用)。

AT 键盘只支持第二套扫描码集,PS/2 键盘默认使用第二套且支持所有这三套扫描码集。许多现代键盘的行为都与 PS/2 设备一样,但也有少数键盘不支持第一套、第三套或这两套都不支持。同样,如果曾经做过低级的 PC 编程,那么可能会注意到键盘控制器默认支持第一套扫描码集,这是因为键盘控制器会将所有进来的扫描码转换到第一套(这是为了与 XT 系统的软件保持兼容)。但是,它仍旧下发第二套扫描码到键盘的串行线上。

6. 通码、断码和机打重复率

只要一个键被按下,这个键的通码就被发送给计算机。通码只表示键盘上的一个按键,并不表示印刷在按键上的那个字符。这就意味着在通码与 ASCII 码之间没有已定义好的关联,直到主机把扫描码翻译成一个字符或命令为止。

虽然多数第二套通码都只有一字节宽,但也有少数"扩展按键"的通码是两字节或四字节宽。这类通码的第一个字节总是 E0H。正如键一被按下通码就被发往计算机一样,只要键一被释放,断码就会被发送。每个键都有它自己唯一的通码和断码。幸运的是,不用总通过查表来找出按键的断码,因为在通码和断码之间存在着必然的联系。多数第二套断码有两字节长,它们的第一个字节是 F0H,第二个字节是这个键的通码。扩展按键的断码通常有三字节，前两个字节是 E0H 和 F0H，最后一个字节是这个按键通码的最后一个字节。作为一个例子，表 13.2.2 列出了几个按键的第二套通码和断码。

表 13.2.2 通码、断码实例

按 键	通 码	断 码
"A"	1C	F0,1C
"5"	2E	F0,2E
"F10"	09	F0,09
"Right Ctrl"	E0,14	E0,F0,14

那么通码和断码是以怎样的序列发送到计算机上，使得字符"G"出现在字处理软件中的呢？

因为这是一个大写字母，所以会产生这样的事件次序：按下"Shift 键"，按下"G 键"，释放"G 键"，释放"Shift 键"。与这些事件相关的扫描码如下："Shift 键"的通码（12H），"G 键"的通码（04H），"G 键"的断码（F0H 04H），"Shift 键"的断码（F0H 12H）。因此发送到计算机的数据应该是：12H 04H F0H 04H F0H 12H。

如果按下了一个键，则这个键的通码被发送到计算机上。当按下并按住这个键时，这个键就变成了机打，这意味着键盘将一直发送这个键的通码直到它被释放或者其他键被按下。要想证实这一点，只要打开一个文本编辑器，然后按下"A 键"并保持，字符 a 立刻出现在屏幕上。在一个短暂的延迟后，屏幕上接着出现一整串"a"，直到释放"A 键"为止。这里有两个重要的参数：机打延时，是第一个 a 和第二个 a 之间的延迟；机打速率，是在机打延时后每秒有多少字符出现在屏幕上。机打延时的范围可以从 0.25 s 到 1.00 s；机打速率的范围可以从 2.0 cps（字符每秒）到 30.0 cps。可以用"Set Typematic Rate/Delay"（0xF3）命令来改变机打速率和延时。机打的数据不被键盘缓冲。在多个键被按下的情况下，只有最后一个被按下的键变成机打。当这个键被释放时，机打重复就停止了，即使其他的键依然还按着。

实际上，在第一套和第二套扫描码里没有"Pause/Break 键"的断码。当这个键被按下时，发送它的通码；当它被释放时，什么都不发送。

7. 复 位

在上电或软件复位（见"Reset"命令）后，键盘执行叫作 BAT（基本保证测试）的诊断自检，并载入如下的默认值：机打延迟为 500 ms，机打速率为 10.9 cps。

当进入 BAT 时，键盘点亮它的三个 LED 指示器，并在完成 BAT 后关闭它们。此时，BAT 给主机发送完成代码 0xAA（BAT 成功）或 0xFC（有错误）。

多数键盘在 BAT 完成代码发送前都忽略它们的时钟和数据线，所以，"抑制"条件(时钟线被拉低)可能不能防止键盘发送它们的 BAT 完成代码。

8. 命令集

从主机发送到键盘的每个字节都从键盘获得一个 0xFA("应答")的回应,唯一例外的是键盘对"Resend"和"Echo"命令的回应。主机在给键盘发送下一个字节之前要等待"应答",键盘应答任何命令后清除自己的输出缓冲区。下面列出了所有可能被发给键盘的命令:

- 0xFF(Reset),引起键盘进入"Reset"模式(见"复位"部分)。
- 0xFE(Resend),只能用在主机接收键盘数据出现了错误后发送。键盘的响应就是给主机重新发送最后的扫描码或命令回应。但是 0xFE 绝不会作为"Resend"命令的回应而被发送。
- *0xFD(SetKey TypeMake),允许主机指定一个按键只发送通码。这个按键不发送断码或进行机打重复。指定的按键采用它的第三套扫描码集。
- *0xFC(SetKey TypeMake/Break),类似于"SetKey TypeMake"命令,但只有通码和断码是使能的(机打被禁止了)。
- *0xFB(SetKey Type Typematic),类似于 0xFD 和 0xFC 命令,但通码和机打是使能的,而断码则被禁止了。
- *0xFA(Set AllKeys Typematic/Make/Break),默认设置。所有键的通码、断码和机打重复都被使能(除"PrintScreen"键外,它在第一套和第二套扫描码集中没有断码)。
- *0xF9(Set AllKeysMake),所有键都只发送通码,断码和机打重复被禁止。
- *0xF8(Set AllKeysMake/Break),类似于 0xFA 和 0xF9 命令,除了只是机打重复被禁止外。
- *0xF7(Set AllKeys Typematic),类似于 0xFA、0xF9 和 0xF8 命令,只是断码被禁止,通码和机打重复是使能的。
- 0xF6(SetDefault),载入默认的机打速率/延时(10.9 cps/500 ms)、按键类型(所有按键都使能机打/通码/断码),以及第二套扫描码集。
- 0xF5(Disable),键盘停止扫描,载入默认值(见"SetDefault"命令),等待进一步的指令。
- 0xF4(Enable),在用 0xF5 命令禁止键盘后,重新使能键盘。
- 0xF3(Set Typematic Rate/Delay),主机在这条命令后会发送一个字节的参数来定义机打速率和延时,具体含义分别如表 13.2.3 和表 13.2.4 所列。

表 13.2.3 机打速率

位 0~4	速率/cps	位 0~4	速率/cps	位 0~4	速率/cps	位 0~4	速率/cps
00H	2.0	08H	4.0	10H	8.0	18H	16.0
01H	2.1	09H	4.3	11H	8.6	19H	17.1
02H	2.3	0AH	4.6	12H	9.2	1AH	18.5
03H	2.5	0BH	5.0	13H	10.0	1BH	20.0
04H	2.7	0CH	5.5	14H	10.9	1CH	21.8
05H	3.0	0DH	6.0	15H	12.0	1DH	24.0
06H	3.3	0EH	6.7	16H	13.3	1EH	26.7
07H	3.7	0FH	7.5	17H	15.0	1FH	30.0

表 13.2.4 机打延时

位 5~6	延时/s
00b	0.25
01b	0.50
10b	0.75
11b	1.00

- *0xF2(ReadID),键盘回应两字节的设备 ID:0xAB 0x83。
- *0xF0(SetScan CodeSet),主机在这个命令后发送一字节的参数,指定键盘使用哪套扫描码集。参数字节可以是 0x01、0x02 或 0x03,分别选择扫描码集第一套、第二套或第三套。如果要获得当前正在使用的扫描码集,则只要发送带 0x00 参数的本命令即可。
- 0xEE(Echo),键盘用"Echo"(0xEE)的回应。
- 0xED(Set/Reset LEDs),主机在本命令后跟随一字节的参数,用于指示键盘上 Num Lock、Caps Lock 和 Scroll Lock LED 指示器的状态。

注:带"*"的命令最初只可用于 PS/2 键盘。

13.3 实验:PS/2 键盘

【实验要求】基于 SmartM-M451 系列开发板:开发板插上键盘后,能够自动识别按下的数字键,如"0"~"9"。

1. 硬件设计

PS/2 接口电路设计如图 13.3.1 所示。M4 处理器与 PS/2 接口引脚连接如表 13.3.1 所列。

第 13 章 PS/2 接口

表 13.3.1 M4 与 PS/2 接口引脚连接

M4	PS/2 接口	描述
PE5	PS2_CLK	PS/2 时钟信号
PB11	PS2_DAT	PS/2 数据信号

PS/2 接口位置如图 13.3.2 所示。

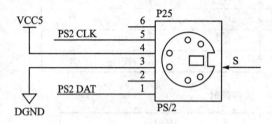

图 13.3.1 PS/2 电路设计

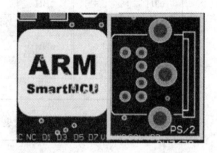

图 13.3.2 PS/2 接口位置

2. 软件设计

代码位置：\SmartM-M451\代码\进阶\【TFT】【PS2 键盘】。

(1) PS/2 发送命令

PS/2 发送命令的代码如下。

程序清单 13.3.1 PS/2 发送命令

```
/***********************************
* 函数名称:PS2SendCmd
* 输入:cmd    -命令码
* 输出:   0   -成功
         其他 -失败
* 功能:PS/2 发送命令
***********************************/
UINT8 PS2SendCmd(UINT8 cmd)
{
    UINT8 i;
    UINT8 ucHightCount = 0;            //记录 1 的个数

    /* 设置 CLK 为输出 */
    PS2_CLK_D(1);
    /* 设置 DAT 为输出 */
    PS2_DAT_D(1);
```

```c
/* 拉低时钟线 */
PS2_CLK_W(0);
/* 保持至少 100 μs */
Delayus(150);
/* 拉低数据线 */
PS2_DAT_W(0);
Delayus(10);
/* 释放时钟线,这里 PS/2 设备得到第 1 位,开始位 */
PS2_CLK_D(0);
/* 等待时钟被拉低 */
if(PS2WaitClk(0) == 0)
{
    for(i = 0;i<8;i++)
    {
        if(cmd&0x01)
        {
            PS2_DAT_W(1);
            ucHightCount ++;
        }
        else
        {
            PS2_DAT_W(0);
        }

        cmd>> = 1;
        /* 等待时钟被拉高,发送 8 个位 */
        PS2WaitClk(1);
        /* 等待时钟被拉低 */
        PS2WaitClk(0);
    }
    /* 发送校验位,第 10 位 */
    if((ucHightCount % 2) == 0)
    {
        PS2_DAT_W(1);
    }
    else
    {
        PS2_DAT_W(0);
    }
```

```c
        /* 等待时钟被拉高,第 10 位 */
        PS2WaitClk(1);
        /* 等待时钟被拉低,第 10 位 */
        PS2WaitClk(0);
        /* 发送停止位,第 11 位 */
        PS2_DAT_W(1);
        /* 等待时钟被拉高,第 11 位 */
        PS2WaitClk(1);
        /* 设置 DAT 为输入 */
        PS2_DAT_D(0);
        /* 等待时钟被拉低 */
        PS2WaitClk(0);

        if(PS2_DAT_R() == 0)
        {
            /* 等待时钟被拉高,第 12 位 */
            PS2WaitClk(1);
        }
        else
        {
            /* 发送失败 */
            PS2EnableReport();

            return 1;
        }
    }
    else
    {
        /* 发送失败 */
        PS2EnableReport();

        return 2;
    }

    /* 发送成功 */
    PS2EnableReport();

    return 0;
}
```

(2) PS2KeyBoardInit 函数

该函数用于初始化 PS/2 键盘,调用 PS2SendCmd 函数可以发送复位指令、关闭所有 LED、获取键盘 ID、设置打字速度等,代码如下。

程序清单 13.3.2　PS/2 键盘初始化

```
/*******************************
* 函数名称:PS2KeyBoardInit
* 输入:cmd    -命令码
* 输出:0      -成功
       其他   -失败
* 功能:PS/2 键盘初始化
********************************/
UINT8 PS2KeyBoardInit(UINT8 * pucPS2KeyBoardID)
{

    PS2Init();

    /* 复位指令 */
    PS2SendCmd(0xED);
    if(PS2GetByte() != 0xFA) return 1;//传输失败
    /* 关闭所有 LED */
    PS2SendCmd(0x00);
    if(PS2GetByte() != 0xFA) return 2;//传输失败
    /* 读取 ID */
    PS2SendCmd(0xF2);
    if(PS2GetByte() != 0xFA) return 3;//传输失败

    * pucPS2KeyBoardID = PS2GetByte();
    /* 复位指令 */
    PS2SendCmd(0xED);
    if(PS2GetByte() != 0xFA) return 4;//传输失败
    /* 点亮 NumLock LED */
    PS2SendCmd(0x02);
    if(PS2GetByte() != 0xFA) return 5;//传输失败
    /* 打字速度设置 */
    PS2SendCmd(0xF3);
    if(PS2GetByte() != 0xFA) return 6;//传输失败
    /* 打字速度延迟 500 ms */
    PS2SendCmd(0x20);
    if(PS2GetByte() != 0xFA) return 7;//传输失败
    /* 键盘使能 */
```

第 13 章 PS/2 接口

```
        PS2SendCmd(0xF4);
        if(PS2GetByte() != 0xFA) return 8;//传输失败
        /* 打字速度设置 */
        PS2SendCmd(0xF3);
        if(PS2GetByte() != 0xFA) return 9;//传输失败
        /* 打字速度延迟 250 ms */
        PS2SendCmd(0x00);
        if(PS2GetByte() != 0xFA) return 10;//传输失败

        return 0;//初始化成功
    }
```

(3) PS2KeyBoardDataDecode 函数

该函数用于将 PS/2 键盘读取到的通码转换为我们知道的数字,如 0x45 对应数字键"0",0x16 对应数字键"1",以此类推,代码如下。

程序清单 13.3.3 PS/2 键盘按键识别

```
STATIC UINT8 CONST g_ucPS2KeyBoardValue[10] =
{
    0x45,0x16,0x1E,0x26,0x25,0x2E,0x36,0x3D,0x3E,0x46
};


/**********************************************
* 函数名称:PS2KeyBoardDataDecode
* 输入:ucPS2ReadValue - 按键通码值
* 输出:   数字值 - 成功
         0xFF   - 失败
* 功能:PS/2 键盘按键识别
**********************************************/
UINT8 PS2KeyBoardDataDecode(UINT8 ucPS2Value)
{
    UINT8 i;

    for(i = 0; i<10; i++)
    {
        if(ucPS2Value == g_ucPS2KeyBoardValue[i])

        return  i;
    }

    return 0xFF;
}
```

(4) PS2Show 函数

该函数用于显示 PS/2 键盘的按键。按键有两种状态,一种是按下状态,另一种是释放状态。在这里使用到状态机,分别对按下状态和释放状态进行处理,代码如下。

程序清单 13.3.4 PS2Show 函数

```
/*******************************************
* 函数名称:PS2Show
* 输入:ucPS2ReadValue - 按键值
* 输出:无
* 功能:显示 PS/2 键盘按键
*******************************************/
VOID PS2Show(UINT8 ucPS2ReadValue)
{
    STATIC BOOL    bKeyIsPress = FALSE;
    STATIC UINT8   sta = 0;
    STATIC UINT8   buf[32] = {0};
    STATIC UINT32  x = 0,y = 40;

    if(ucPS2ReadValue != 0xFF)
    {
        if(ucPS2ReadValue == 0xF0)
        {
            sta = 1;
        }

        switch(sta)
        {
            case 0: if(bKeyIsPress == FALSE)
            {
                bKeyIsPress = TRUE;

                if((ucPS2ReadValue = PS2KeyBoardDataDecode(ucPS2ReadValue)) != 0xFF)
                {
                    /* 按键按下 */

                    //自行添加代码……
                }
            }

            break;
```

```
            case 1:      sta = 2;
            break;
            
            case 2:      if((ucPS2ReadValue = PS2KeyBoardDataDecode(ucPS2ReadValue)) != 
                             0xFF)
            {
                /* 按键释放 */
                sprintf(buf," % d",ucPS2ReadValue);
                LcdShowString(x,y,buf,RED,WHITE);
                x += 16;
                
                if(x> = LCD_WIDTH - 16)             //换行
                {
                    x = 0;
                    y += 20;
                    if(y> = LCD_HEIGHT)
                    {
                        y = 40;
                    }
                }
            }
            
            sta = 0;
            bKeyIsPress = FALSE;
            break;
            
            default:break;
        }
    }
}
```

(5) 主函数

main 函数中完成 PS/2 键盘的初始化后,获取键盘 ID 并显示,在 while(1) 循环中,调用 PS2GetByte 函数接收 PS/2 键盘数据并通过 PS2Show 函数显示,代码如下。

程序清单 13.3.5 main 函数

```
/******************************************
* 函数名称:main
* 输入:无
* 输出:无
```

```
* 功能:函数主体
*******************************************/
INT32 main(VOID)
{
    UINT8 ucPS2KeyBoardID = 0;
    UINT8 buf[32] = {0};

    PROTECT_REG
    (
    /*  系统时钟初始化  */
    SYS_Init(PLL_CLOCK);

    )

    UART0_Init(115200);

    /*   LED 初始化  */
    LedInit();

    /*   LCD 初始化  */
    LcdInit(LCD_FONT_IN_FLASH,LCD_DIRECTION_180);
    LcdCleanScreen(WHITE);
    LCD_BL(0);

    /*   SPI Flash 初始化  */
    while(disk_initialize(FATFS_IN_FLASH))
    {
        Led1(1);Delayms(500);
        Led1(0);Delayms(500);
    }

    /*   挂载 SPI Flash  */
    f_mount(0,&g_fs[0]);

    LcdCleanScreen(WHITE);

    LcdShowString(60,10,"请接入 PS/2 键盘",RED,WHITE);
    /*   PS2 初始化  */
    while(PS2KeyBoardInit(&ucPS2KeyBoardID))
    {
```

第13章 PS/2 接口

```
        Led3(1);Delayms(500);
        Led3(0);Delayms(500);
    }

    /*   PS/2 键盘 ID  */
    sprintf(buf,"PS/2 键盘(ID:%X)实验",ucPS2KeyBoardID);
    LcdFill(50,10,LCD_WIDTH - 1,30,WHITE);
    LcdShowString(50,10,buf,BLUE,WHITE);

    Delayms(400);

    while(1)
    {
        /* 获取 PS/2 键盘按键值并显示 */
        PS2Show(PS2GetByte());
    }
}
```

3. 下载验证

通过 SM-NuLink 仿真器下载程序到 SmartM-M451 旗舰板上，PS/2 接口接上键盘，LCD 屏显示当前键盘 ID 为"AB"，如图 13.3.3 所示。

当点击键盘数字"1"时，LCD 显示数字"1"；当点击键盘数字"2"时，LCD 显示数字"2"；其他数字亦然，详见图 13.3.4。

图 13.3.3　PS/2 键盘实验，检测到键盘 ID 为 AB

图 13.3.4　显示接收到的数据

第 14 章

RS485

14.1 简 介

智能仪表是随着20世纪80年代初单片机技术的成熟而发展起来的,现在世界仪表市场基本被智能仪表所垄断,究其原因就是企业信息化的需要,企业在仪表选型时的一个必要条件是要具有联网通信接口。最初的输入数据是模拟信号,输出的是简单过程量;后来仪表采用了RS232接口,这种接口可以实现点对点的通信方式,但这种方式不能实现联网功能;随后出现的RS485(见图14.1.1)解决了这个问题。

图 14.1.1　RS485 转换器

14.1.1 特 性

1. RS485 接口

RS485接口组成的半双工网络,一般是两线制(以前有四线制接法,只能实现点对点的通信方式,现很少采用),多采用屏蔽双绞线传输。这种接线方式为总线式拓扑结构,它在同一总线上最多可以挂接32个节点。在RS485通信网络中一般采用的是主从通信方式,即一个主机带多个从机。很多情况下,连接RS485通信链路时只是简单地用一对双绞线将各个接口的"A""B"端连接起来。RS485接口连接器采用DB-9的9芯插头座,与智能终端连接的RS485终端接口采用DB-9(孔)插座,与键盘连接的RS485键盘接口采用DB-9(针)插头。另外一个问题是信号地,上述连接方法在许多场合下都能正常工作,但却埋下了很大的隐患,这是由以下两方面原因造成的:

① 共模干扰:RS485接口采用差分方式传输信号,并不需要相对于某个参照点

来检测信号,系统只需检测两线之间的电位差即可。但人们往往忽视了收发器有一定的共模电压范围,RS485 收发器的共模电压范围为 $-7\sim+12$ V,只有满足上述条件,整个网络才能正常工作。当网络线路中的共模电压超出此范围时,就会影响通信的稳定可靠,甚至损坏接口。

② EMI(电磁兼容性):发送驱动器输出信号中的共模部分需要一个返回通道,如果没有一个低阻的返回通道(信号地),那么信号中的共模部分就会以辐射的形式返回源端,整个总线就会像一个巨大的天线向外辐射电磁波。

由于 PC 默认只带有 RS232 接口,因此有两种方法可以得到 PC 上位机的 RS485 电路:

① 通过 RS232/RS485 转换电路将 PC 串口 RS232 信号转换成 RS485 信号,对于情况较复杂的工业环境,最好选用防浪涌带隔离栅的产品。

② 通过 PCI 多串口卡,可以直接选用输出信号为 RS485 类型的扩展卡。

2. RS485 电缆

在低速、短距离、无干扰的场合可以采用普通的双绞线;反之,在高速、长线传输时,必须采用带阻抗匹配(一般为 120 Ω)的 RS485 专用电缆;而在干扰严重的恶劣环境下,还应采用铠装型双绞屏蔽电缆。在使用 RS485 接口时,对于特定的传输线路,从 RS485 接口到负载,其数据信号传输所允许的最大电缆长度与信号传输的波特率成反比,这个长度数据主要受信号失真及噪声等因素影响。理论上,通信速率在 100 kb/s 及以下时,RS485 的最长传输距离可达 1 200 m;但在实际应用中,传输距离也因芯片及电缆的传输特性而有所差异。在传输过程中可以采用增加中继的方法对信号进行放大,最多可以加 8 个中继,也就是说,理论上 RS485 的最大传输距离可以达到 9.6 km。如果确实需要长距离传输,则可以采用光纤为传播介质,并在收发两端各加一个光电转换器。多模光纤的传输距离是 $5\sim10$ km,而采用单模光纤则可达 50 km 的传播距离。

3. RS485 布网

网络拓扑一般采用终端匹配的总线型结构,不支持环形或星形网络。在构建网络时,应注意如下几点:

① 采用一条双绞线电缆作总线,将各个节点串接起来,从总线到每个节点的引出线长度应尽量短,以便使引出线中的反射信号对总线信号的影响最小。有些网络的连接尽管不正确,但在短距离、低速率的情况下仍可以正常工作;但随着通信距离的延长或通信速率的提高,其不良影响会越来越严重,主要原因是信号在各支路末端反射后与源信号叠加,造成信号质量下降。

② 总线特性阻抗的连续性,在阻抗不连续点处会发生信号反射。下列几种情况易产生这种不连续性:总线的不同区段采用了不同电缆,某一段总线上有过多收发器

紧靠在一起安装,过长的分支线引出到总线。

③ 终端负载电阻问题。在设备少、距离短的情况下,在不加终端负载电阻时,整个网络也能很好地工作;但随着距离的增加,性能将降低。理论上,在每个接收数据信号的中点进行采样时,只要反射信号在开始采样时衰减到足够低就可以不考虑匹配;但在实际应用上则难以掌握,美国 MAXIM 公司有篇文章提到一条经验性的原则,可以用来判断在什么样的数据速率和电缆长度时需要进行匹配:当信号的转换时间(上升或下降时间)超过电信号沿总线单向传输所需时间的 3 倍以上时,就可以不加匹配。一般终端匹配采用终端电阻方法,RS485 应在总线电缆的开始和末端都并接终端电阻。终端电阻在 RS485 网络中取 120 Ω,这相当于电缆特性阻抗的电阻,因为大多数双绞线的电缆特性阻抗为 100~120 Ω。这种匹配方法简单有效,但有一个缺点就是,匹配电阻要消耗较大功率,这对于功耗限制比较严格的系统来说不太适合。一种比较省电的匹配方式是 RC 匹配,就是利用一只电容 C 隔断直流成分,可以节省大部分功率。但电容 C 的取值是个难点,需要在功耗和匹配质量间进行折中。还有一种采用二极管的匹配方法,这种方法虽未实现真正的"匹配",但它利用二极管的钳位作用能迅速削弱反射信号,达到改善信号质量的目的,节能效果显著。最近,一些公司已完成基于部分企业信息化的工作,工厂中已经铺设了延伸到车间每个办公室和控制室的局域网,推出了用串口服务器来取代多串口卡的方案。这主要是利用企业已有的局域网资源来减少线路投资,降低成本,相当于通过 TCP/IP 把多串口卡放到了现场。

4. RS485 总线

在要求通信距离为几十米到上千米时,广泛采用 RS485 串行总线标准。RS485 采用平衡发送和差分接收,因此具有抑制共模干扰的能力。加上总线收发器具有高灵敏度,能检测低至 200 mV 的电压,故传输信号能在千米以外得到恢复。市场上一般的 RS485 采用半双工工作方式,任何时候都只能有一点处于发送状态,因此,发送电路须由使能信号加以控制。RS485 用于多点互连时非常方便,可以省掉许多信号线。应用 RS485 可以联网构成分布式系统,其最多允许并联 32 台驱动器和 32 台接收器。

5. 传输电缆的长度

在使用 RS485 接口时,对于特定的传输路径,从发生器到负载的数据信号传输所允许的最大电缆长度是数据信号速率的函数,这个长度数据主要受信号失真及噪声等因素的限制。

6. 功 能

PC 与智能设备的通信多借助 RS232、RS485 或以太网等方式实现,采用何种方

第 14 章 RS485

式主要取决于设备的接口规范。但 RS232、RS485 只能代表通信的物理介质层和链路层,如果要实现数据的双向访问,就必须自己编写通信应用程序,但这种程序多数都不符合 ISO/OSI 的规范,只能实现较单一的功能,适用于单一的设备类型,程序不具备通用性。在用 RS232 或 RS485 设备连成的设备网中,如果设备数量超过 2 台,就必须使用 RS485 做通信介质,RS485 网的设备之间要想互通信息,只有通过"主(Master)"设备中转才能实现。这个主设备通常是 PC,而在这种设备网中只允许存在一个主设备,其余全部是"从(Slave)"设备。而现场总线技术是以 ISO/OSI 模型为基础的,具有完整的软件支持系统,能够解决总线控制、冲突检测和链路维护等问题。

7. 区 别

RS232、RS422 和 RS485 是电气标准,它们之间的主要区别就是逻辑如何表示。

RS232 使用 12 V、0、−12 V 电压来表示逻辑(−12 V 表示逻辑 1,12 V 表示逻辑 0),全双工,最少 3 条通信线(RX、TX、GND),因为使用绝对电压来表示逻辑,以及干扰和导线电阻等原因,通信距离不远,低速时几十米也是可以的。

RS422 是在 RS232 后推出的,它使用 TTL 差动电平来表示逻辑,就是用两根线的电压差来表示逻辑,因为 RS422 被定义为全双工的,所以最少要有 4 根通信线(一般额外多一根地线),一个驱动器可以驱动最多 10 个接收器(即接收器为 1/10 单位负载),通信距离与通信速率有关,一般距离短时可以使用高速率进行通信,速率低时可以进行较远距离的通信,一般可达数百至上千米。

RS485 是在 RS422 后推出的,继承了 RS422 的绝大部分特性,主要差别是 RS485 可以是半双工的,而且一个驱动器的驱动能力至少可以驱动 32 个接收器(即接收器为 1/32 单位负载),当使用阻抗更高的接收器时则可以驱动更多的接收器。所以现在大多数全双工 RS485 驱动/接收器对都标为"RS422/485",因为全双工 RS485 的驱动/接收器对一定可以用在 RS422 网络中。

14.1.2 MAX485

MAX485 是芯片接口的一种类型,如图 14.1.2 所示。

MAX485 接口芯片是 Maxim 公司的一种 RS485 芯片。

MAX485、MAX487~MAX491 以及 MAX1487 是用于 RS485 与 RS422 通信的低功耗收发器,每个器件中都有一个驱动器和一个接收器。MAX483、MAX487、MAX488 以及 MAX489 具有限摆率驱动器,可以减小 EMI,并降低由不恰当的终端匹配电缆引起的反射,实现最高 250 kb/s 的无差错数据传输。MAX481、MAX485、MAX490、MAX491、MAX1487 的驱动器摆率不受限制,可以实现最高 2.5 Mb/s 的传输速率。

图 14.1.2 MAX485 芯片

这些收发器在驱动器禁用的空载或满载状态下,吸取的电源电流在 120 mA 至 500 mA 之间。另外,MAX481、MAX483 与 MAX487 具有低电流关断模式,仅消耗 0.1 mA。所有器件都工作在 5 V 单电源下。

MAX485 采用单一电源+5 V 工作,额定电流为 300 μA,采用半双工通信方式。它完成将 TTL 电平转换为 RS485 电平的功能。MAX485 芯片的结构和引脚都非常简单,如图 14.1.3 所示,其内部含有一个驱动器和一个接收器,表 14.1.1 为其引脚说明。RO 和 DI 端分别为接收器的输出端和驱动器的输入端,当与单片机连接时只需

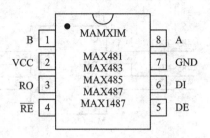

图 14.1.3　MAX485 引脚

分别与单片机的 RXD 和 TXD 相连;$\overline{RE}$ 和 DE 端分别为接收和发送的使能端,当 $\overline{RE}$ 为逻辑 0 时,器件处于接收状态;当 DE 为逻辑 1 时,器件处于发送状态,因为 MAX485 工作于半双工状态,所以只需用单片机的一个引脚来控制这两个引脚;A 端和 B 端分别为接收和发送的差分信号端,当 A 端的电平高于 B 端时,表示发送的数据为 1;当 A 端的电平低于 B 端时,表示发送的数据为 0。与单片机连接时的接线非常简单,只需要一个信号控制 MAX485 的接收和发送;同时在 A 端和 B 端之间加匹配电阻,一般可选 100 Ω 的电阻。

表 14.1.1　MAX485 引脚说明

引　脚	描　述
B	接收器反相输入端和驱动器反相输出端
VCC	正电源
RO	接收器输出。若 A 比 B 大 200 mV,则 RO 为高电平;若 A 比 B 小 200 mV,则 RO 为低电平
$\overline{RE}$	接收器输出使能。当 $\overline{RE}$ 为低电平时,RO 有效;当 $\overline{RE}$ 为高电平时,RO 为高阻状态
DE	驱动器输出使能。当 DE 为低电平时,驱动器输出为高阻状态。当驱动器有效时,器件被用作线驱动器。 而在高阻状态下,若 $\overline{RE}$ 为低电平,则器件被用作线接收器
DI	驱动器输入
GND	地
A	接收器同相输入端和驱动器同相输出端

14.2　实验:简单数据传输

【实验要求】SmartM-M451 系列开发板;通过两块开发板的 485 接口进行数据传输。双方点击触摸屏虚拟按键,发送字符"1"~"9",并能将接收到的数据显示到屏幕中。

第 14 章 RS485

1. 硬件设计

MAX485 硬件电路设计如图 14.2.1 所示。

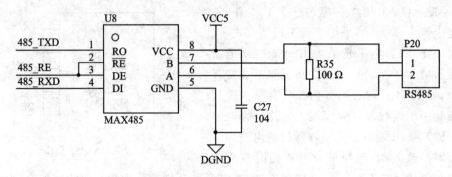

图 14.2.1　MAX485 硬件电路设计

终端电阻是为了消除在通信过程中通信电缆中的信号反射。有两种信号会导致信号反射：阻抗不连续和阻抗不匹配。

阻抗不连续指信号在传输线末端突然遇到电缆阻抗很小甚至没有，而使信号在这个地方引起反射。这种信号反射的原理与光从一种媒质进入另一种媒质要引起反射是类似的。消除这种反射的方法是，必须在电缆的末端跨接一个与电缆特性阻抗同样大小的终端电阻，使电缆的阻抗连续。由于信号在电缆上传输是双向的，因此，在通信电缆的另一端可跨接一个同样大小的终端电阻。

引起信号反射的另一个原因是数据收发器与传输电缆之间的阻抗不匹配。由这个原因引起的反射，主要表现在当通信线路处于空闲方式时，整个网络数据混乱。

要想减弱反射信号对通信线路的影响，通常采用噪声抑制和加偏置电阻的方法。在实际应用中，对于比较小的反射信号，为了简单方便，经常采用加终端电阻的方法，电阻大小一般为 100~120 Ω。

M4 与 MAX485 引脚连接说明如表 14.2.1 所列。

表 14.2.1　M4 与 MAX485 引脚连接

M4	MAX485	描　述
PE9	485_TXD	485 发送数据
PE8	485_RXD	485 接收数据
PB9	485_RE	接收器输出使能

MAX485 接口位置如图 14.2.2 所示。

2. 软件设计

代码位置：\SmartM-M451\代码\进阶\【TFT】【MAX485】【数据收发】。

第 14 章 RS485

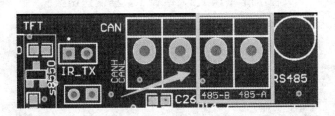

图 14.2.2 MAX485 接口位置

(1) 定义结构体与相应的宏

为了方便数据接收和对 485 芯片进行控制,可定义结构体与相应的宏,代码如下。

程序清单 14.2.1 定义结构体与相应的宏

```
typedef struct _RS485_PACKET
{
    UINT8 Buf[32];
    UINT8 Cnt;

}RS485_PACKET;

/* 等待 485 数据发送结束 */
#define WAIT_RS485_S_END()          {Delayms(1);}

/* 等待 485 数据接收结束 */
#define WAIT_RS485_R_END()          {while(!g_bRS485RxEnd);Delayms(1);}

/* 设置 485 数据接收标志 */
#define SET_RS485_R_FLAG(x)         g_bRS485RxEnd = (x)

/* 使能 485 数据发送 */
#define EN_RS485_S()                PB8 = 1;

/* 使能 485 数据接收 */
#define EN_RS485_R()                PB8 = 0;
```

(2) 编写串口 1 数据发送函数

485 通信是半双工的,也就是在发送数据时禁止接收数据,在接收数据时禁止发送数据。数据发送函数程序清单如下。

第14章 RS485

程序清单14.2.2 串口1数据发送函数

```
/***********************************************
* 函数名称:UART1_Send
* 输入:pBuf          - 发送数据缓冲区
       unNumOfBytes   - 发送字节总数
* 输出:无
* 功能:串口1发送数据
***********************************************/
VOID UART1_Send(UINT8 * pBuf,UINT32 unNumOfBytes)
{
    /* 等待485数据接收结束 */
    WAIT_RS485_R_END();

    /* 使能485数据发送 */
    EN_RS485_S();

    UART_Write(UART1,pBuf,unNumOfBytes);

    /* 等待485数据发送结束 */
    WAIT_RS485_S_END();

    /* 使能485数据接收 */
    EN_RS485_R();
}
```

(3) main函数

在while(1)循环中,调用LcdTouchPoint函数实现触摸屏事件检测,触发对应的虚拟按键实现485数据发送;检测g_StRS485Packet.Cnt标志是否非0,若是非0,则接收到数据时延时一会儿,将所有数据显示到LCD屏幕上,如程序清单14.2.3所列。

程序清单14.2.3 main函数

```
/***********************************************
* 函数名称:main
* 输入:无
* 输出:无
* 功能:函数主体
***********************************************/
int32_t main(void)
{
    UINT32 x = 0,y = 50;
```

```c
UINT32 i = 0;
UINT8   buf[32];

PIX Pix;

PROTECT_REG
(
    /* 系统时钟初始化 */
    SYS_Init(PLL_CLOCK);

    /* 串口1初始化 */
    UART1_Init(9600);

    /* PB8 引脚为输出模式 */
    GPIO_SetMode(PB,BIT8,GPIO_MODE_OUTPUT);
)

/*    LCD 初始化 */
LcdInit(LCD_FONT_IN_FLASH,LCD_DIRECTION_180);
LCD_BL(0);
LcdCleanScreen(BLACK);

/*    SPI Flash 初始化 */
while(disk_initialize(FATFS_IN_FLASH))
{
    Led2(1);Delayms(500);
    Led2(0);Delayms(500);
}

/*    挂载 SPI Flash */
f_mount(0,&g_fs[0]);

/* XPT2046 初始化 */
XPTSpiInit();

/* 显示虚拟按键 */
LcdKeyRst();

/* 显示标题 */
LcdFill(0,0,LCD_WIDTH-1,20,RED);
LcdShowString(55,3,"MAX485 数据传输实验",YELLOW,RED);
```

```c
while(1)
{
    /*  触摸发送数据 */
    if(XPT_IRQ_PIN() == 0)
    {
        /*  处理触摸操作 */
        LcdTouchPoint();
        
    }
    
    /*   485 接收到数据  */
    if(g_StRS485Packet.Cnt)
    {
        Delayms(50);
        
        /*    显示接收到的数据 */
        for(i = 0; i<g_StRS485Packet.Cnt;i ++)
        {
            buf[i] = g_StRS485Packet.Buf[i];
        }
        
        buf[g_StRS485Packet.Cnt] = 0;
        
        g_StRS485Packet.Cnt = 0;
        
        /*  显示接收到的数据 */
        Pix = LcdShowString(x,y,buf,GBLUE,BLACK);
        
        x = Pix.x;
        y = Pix.y;
        
        /*  判断是否要清空数据内容 */
        if(y >= 239)
        {
            x = 0;
            y = 50;
            
            /*  清空接收数据区域 */
            LcdFill(0,50,239,239,BLACK);
        }
        
    }
```

```
        Delayms(1);
    }
}
```

(4) 串口 1 中断服务函数

串口 1 中断服务函数记录 485 接收数据的内容与数目,如程序清单 14.2.4 所列。

程序清单 14.2.4　串口 1 中断服务函数

```
/*******************************************
* 函数名称:UART1_IRQHandler
* 输入:无
* 输出:无
* 功能:串口 1 中断服务函数
*******************************************/
VOID UART1_IRQHandler(VOID)
{
    UINT32 u32IntSts = UART1->INTSTS;

    /*   设置 485 数据接收标志为 FALSE */
    SET_RS485_R_FLAG(FALSE);

    if(u32IntSts & UART_INTSTS_RDAINT_Msk)
    {
        /* 获取所有输入字符 */
        while(UART_IS_RX_READY(UART1))
        {
            /* 从 UART1 的数据缓冲区获取数据 */
            g_StRS485Packet.Buf[g_StRS485Packet.Cnt ++] = UART_READ(UART1);

            if(g_StRS485Packet.Cnt >= sizeof g_StRS485Packet.Buf)
            {
                g_StRS485Packet.Cnt = 0;
            }
        }
    }

    /*   设置 485 数据接收标志为 TRUE */
    SET_RS485_R_FLAG(TRUE);
}
```

第14章 RS485

3. 下载验证

通过 NuLink 仿真下载器将程序下载到两块 SmartM-M451 旗舰板上,并使用连接线将两块开发板的 485 接口连接,上电运行程序的实验界面如图 14.2.3 所示。

图 14.2.3　MAX485 数据传输实验界面

接着点击两套开发板屏幕中的虚拟按键"1"~"9",进行相互的数据收发,如图 14.2.4 和图 14.2.5 所示。

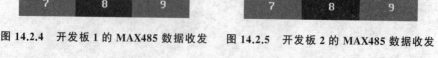

图 14.2.4　开发板 1 的 MAX485 数据收发　　图 14.2.5　开发板 2 的 MAX485 数据收发

第 15 章

CAN

15.1 概述

CAN 是 Controller Area Network 的缩写(以下称为 CAN),是 ISO 国际标准化的串行通信协议。在当前的汽车产业中,出于对安全性、舒适性、方便性、低公害和低成本的要求,各种各样的电子控制系统被开发出来。由于这些系统之间通信所使用的数据类型及对可靠性的要求不尽相同,由多条总线构成的情况又繁多复杂,因此线束的数量也随之增加。为了适应"减少线束的数量""通过多个 LAN 进行大量数据的高速通信"的需要,1986 年德国电气商博世(BOSCH)公司开发出面向汽车的 CAN 通信协议。此后,CAN 通过 ISO 11898 及 ISO 11519 进行了标准化,现在在欧洲已成为汽车网络的标准协议。

现在,CAN 的高性能和可靠性已被认同,并被广泛应用于工业自动化、船舶、医疗设备和工业设备等方面。现场总线是当今自动化领域技术发展的热点之一,被誉为自动化领域的计算机局域网。它的出现为分布式控制系统实现各节点之间实时、可靠的数据通信提供了强有力的技术支持。CAN 控制器根据两根线上的电位差来判断总线电平。总线电平分为显性电平和隐性电平,二者必居其一。发送方通过使总线电平发生变化,将消息发送给接收方。

CAN 协议具有以下特点:

① 多主控制。在总线空闲时,所有单元都可以发送消息(多主控制),而当两个以上的单元同时开始发送消息时,需根据标识符(Identifier,以下称为 ID)来决定优先级。ID 并不表示发送的目的地址,而表示访问总线的消息的优先级。当两个以上的单元同时开始发送消息时,对各消息 ID 的每个位进行逐个仲裁比较,仲裁获胜(被判定为优先级最高)的单元可继续发送消息,仲裁失利的单元则立刻停止发送而进行接收工作。

② 系统的柔软性。与总线相连的单元没有类似于"地址"的信息,因此当在总线上增加单元时,连接在总线上的其他单元的软硬件及应用层都不需要改变。

③ 通信速率较高,通信距离远。速率最高达 1 Mb/s(距离小于 40 m),距离最远可达 10 km(速率低于 5 kb/s)。

④ 具有错误检测、错误通知和错误恢复功能。所有单元都可以检测错误(错误检测功能),检测出错误的单元会立即同时通知其他所有单元(错误通知功能),正在发送消息的单元一旦检测出错误,就会强制结束当前的发送。强制结束发送的单元会不断反复地重新发送此消息直到成功发送为止(错误恢复功能)。

⑤ 故障封闭功能。CAN 可以判断出错误的类型是总线上暂时的数据错误(如外部噪声等),还是持续的数据错误(如单元内部故障、驱动器故障、断线等)。有此功能,当总线上发生持续数据错误时,可将引起此故障的单元从总线上隔离出去。

⑥ 连接节点多。CAN 总线是可同时连接多个单元的总线,可连接的单元总数理论上是没有限制的,但实际上可连接的单元数受总线上的时间延迟及电气负载的限制。降低通信速率,可连接的单元数增加;提高通信速率,可连接的单元数减少。

正是因为 CAN 协议的这些特点,使得 CAN 特别适合工业过程监控设备的互连,因此,越来越受到工业界的重视,并已被公认为最有前途的现场总线之一。CAN 协议经过 ISO 标准化后有两个标准:ISO 11898 标准和 ISO 11519-2 标准。其中 ISO 11898 是针对通信速率为 125 kb/s～1 Mb/s 的高速通信标准,而 ISO 11519-2 则是针对通信速率为 125 kb/s 以下的低速通信标准。

15.2 CAN 协议

15.2.1 总线物理特性

CAN 是在 1986 年由 BOSCH 公司研发的,用于汽车电子,1993 年成为国际标准 ISO 11891-1。CAN 总线除了电源和地线外,还有 2 根线:CAN_H 和 CAN_L,用于串行差分传输。实际接线时注意各有一个 120 Ω 终端电阻,用于避免信号反射,如图 15.2.1 所示。

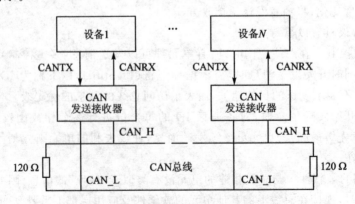

图 15.2.1 CAN 总线电路

CAN 定义了两种状态:显性(dominant)和隐性(recessive),如图 15.2.2 所示。协议也规定显性就是逻辑"0",隐性就是逻辑"1"。因为 CAN 总线采用线"与"的规则进行总线仲裁,即 1&0 = 0,0 胜出,所以 0 为显性。如果 $0.5 < CAN\_H - CAN\_L < 0.9$,则当前总线状态未知。有效的隐性应为 $CAN\_H - CAN\_L < 0.5\ V$,有效的显性应为 $CAN\_H - CAN\_L > 0.9\ V$。

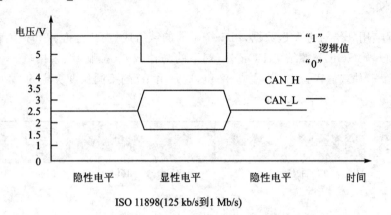

图 15.2.2　CAN 的显性与隐性状态

CAN 总线的通信速率为 1 kb/s～1 Mb/s,1 Mb/s 大概可以传输 40 m,5 kb/s 可以传输 10 km。

15.2.2　冲突检测

CAN 总线是多主机的,所以必须加入冲突检测,方法为 CSMA/CR(冲突检测多路访问/冲突解决)。基本思想是:在任何站点要向总线发送信息时,首先侦听总线上是否有其他站点正在传送信息,如果总线空闲,则可以进行传送;如果侦听到介质上有载波,即有其他站点正在传送信息,则必须等待介质平静之后才能进行传送,从而使信道上的冲突大大减少。CAN 总线以消息的方式传送数据,速率从 1 kb/s 到 1 Mb/s。通过远程帧,可从远程节点请求数据;通过数据帧,发送数据到远程节点。

CAN 总线支持错误检测、错误通知、错误恢复和错误限制。这些错误处理的机制使 CAN 具有一大特点:抗干扰能力很强。有人会将 CAN 与 RS485 比较,认为既然两者都是差分传输的,那么抗干扰能力是不是一样? 其实是不一样的,差别在于出错之后的处理。CAN 检测到错误后,硬件会帮忙处理,而 RS485 需要软件来处理;另外,CAN 的传输距离非常远,5 kb/s 速率可以传输达 10 km。关于错误处理,后面会详细介绍。

15.2.3　帧结构

CAN 有两种帧格式,11 位 ID 和 29 位 ID,也就是发送的 ID 域长度不同,这两种

第 15 章 CAN

帧格式分别称为标准格式和扩展格式。笔者认为是因为 11 位的 ID 不够用,后来扩展到 29 位了。帧类型可以分为数据帧、远程帧、错误帧和超载帧。另外,数据帧和远程帧之间还有帧间隔。下面分别详细介绍。

1. 数据帧

数据帧用来给对方发送数据,由 7 个不同的域组成,支持标准帧和扩展帧。7 个域除了帧起始 SOF 和帧结束 EOF 外,剩下的为仲裁域、控制域、数据域、CRC 校验域和应答域,仲裁域可以是 12 位或 32 位,这是由 ID 的不同长度决定的,如图 15.2.3 所示。

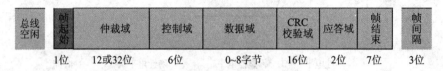

图 15.2.3 数据帧

从图 15.2.4 可以看出,仲裁域的 ID 有 11 位和 29 位两种。

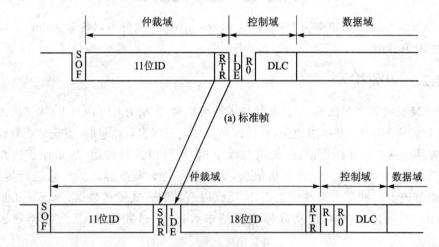

SOF(Start Of Frame):帧起始;
RTR(Remote Transmission Request):远程发送请求;
IDE(Identifier Extension):身份标识符扩展;
SRR(Substitute Remote Request):替代远程请求;
DLC(Data Length Code):数据长度码;
R0,R1:保留位。

图 15.2.4 标准帧和扩展帧

从图 15.2.4 可以看出标准帧与扩展帧的不同。标准帧的 ID 为 11 位,扩展帧的 ID 为 29 位。标准帧的 RTR 对应扩展帧的 SRR 位置,也就是说它们两个位于同一个位置上,只是名字不同而已;而 IDE 位置是一样的。RTR 是区别远程帧和数据帧的标志位,数据帧的 RTR 为 0,远程帧的 RTR 为 1,扩展帧的 SRR 固定为 1。根据线"与"的原则可以看出,标准帧的优先级高于扩展帧的优先级。IDE 位用来标识是否为扩展帧,标准帧的 IDE 为 0,扩展帧的 IDE 为 1。

对于 RTR/SRR,如果为 0 就是标准帧,如果为 1 则可能是远程帧或者是扩展帧。对于 IDE,如果 IDE 是 0 就是标准远程帧,如果是 1 就是扩展帧。扩展帧中 RTR 位置的值决定了是扩展数据帧还是扩展远程帧。RTR 与 IDE 和 SRR 的详细组合如表 15.2.1 所列。

表 15.2.1 帧类型的设置

RTR	IDE	SRR	帧类型
0	X	—	标准数据帧
1	0	—	标准远程帧
1	1	0	扩展数据帧
1	1	1	扩展远程帧

图 15.2.5 详细说明了各个域的长度:
- 帧起始标志 1 位;
- 仲裁域 12 位或 32 位;
- 控制域 6 位;
- 数据域最多 8 字节;
- CRC 校验域 16 位;
- 应答域 2 位;
- 帧结束标志 7 位;
- 3 位的帧间隔。

图 15.2.5 将各个域标注得更清楚:帧起始就是 0;仲裁域包含 11/29 位 ID+标准位(SRR、IDE 或 RTR);控制域主要用来表示后面的数据域长度为多少字节;如果数据域长度非 0,则接下来就是数据域;然后就是 CRC 校验域和应答域;最后是帧结束。从这个帧可以知道,要发送一个 CAN 的帧需要设定的内容包括:ID 域、远程帧/数据帧、扩展帧/标准帧、发送的数据长度,以及要发送的数据。

2. 远程帧

远程帧与数据帧非常类似,只是远程帧没有数据域。远程帧是用来请求对方发送数据用的,远程帧也支持标准帧和扩展帧。将数据帧的 RTR 填 1,然后拿掉数据域就是远程帧。

第 15 章 CAN

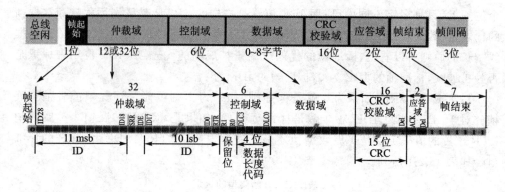

Del：界定符(delimiter)；DLC（Data Length code）：数据长度代码
图 15.2.5　数据帧各个域的长度

3. 错误帧

　　错误帧，顾名思义就是发生错误时发送的帧，不管什么错误都发送这个帧。错误帧的作用不是用来通知其他节点发生了什么错误，而只是通知所有节点发生了错误。错误帧分两个域，即 Error flag 域和分割符。Error flag 域是各个节点发送的 Error flag 的叠加。Error flag 为何会叠加呢？因为当一个节点发现错误时会发送 6 个 Error flag 出来，根据填充原则——不可以有 6 个连续相同的位，所以当其他节点发现填充错误时，也会发送错误帧，这样 Error flag 最多有 12 个。Error flag 有 Passive 和 Acitve 之分，这是因为节点所处的状态不同，处于 Active 的节点，就发送 Active error flag，也就是发 6 个"0"；处于 Passive 状态的节点，就发送 Passive error flag，也就是发 6 个"1"，如图 15.2.6 所示。

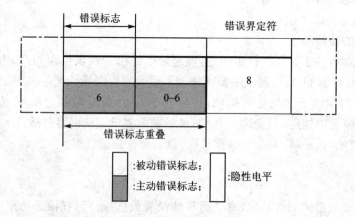

图 15.2.6　错误帧

4. 超载帧

超载帧,顾名思义就是在某个节点来不及处理数据时,希望其他节点慢点发送数据帧或远程帧。另外还有多种情况也可以发送超载帧:在接收端点的帧结束域最后一个位检测到0,判定有节点要抢发,该节点可以发送超载帧来干扰发送。不知道读者是否注意到,超载帧和错误帧的格式是一样的。之所以有两个名字,是因为如果发送的是超载帧,则错误计数不会增加,否则就会增加。错误计数关系到节点的状态变化。超载帧的格式如图 15.2.7 所示。

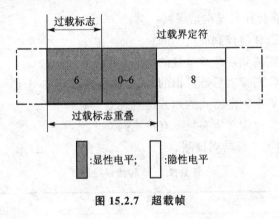

图 15.2.7 超载帧

5. 帧间隔

帧间隔用来间隔数据帧和远程帧,也就是数据帧和数据帧之间、远程帧和远程帧之间、数据帧和远程帧之间都会加入帧间隔。帧间隔的格式如图 15.2.8 所示,有两种格式,一种是3个1,另一种是3+8个1。多出来的8个1表示当节点处于 Passive 状态时发送了帧。为什么呢?因为处于 Passive 状态的节点,其本身错误计数就很多了,所以要减缓它发送的位的数据量。

非 Passive error 的节点可能是前一个帧的接收节点,其帧格式如图 15.2.8 所示。

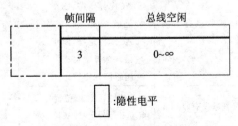

图 15.2.8 非 Passive error 的节点

Passive error 节点可能是前一个帧的发送节点,其帧格式如图 15.2.9 所示。

第15章 CAN

图 15.2.9 Passive error 的节点

15.2.4 错误检测

错误有 5 种,都会导致发送错误帧:
- 位错误,发送和监控到的位不同;
- 填充错误,监测到连续 6 个位的电平相同;
- 校验错误,收到帧之后计算出的 CRC 值与接收到的不同;
- 格式错误,某个固定格式的地方出现无效值;
- 应答错误,发送端在应答域没有检测到 0。

表 15.2.2 所列为 5 种错误检测。

表 15.2.2 5 种错误检测

错误类型	出错条件	出错域	监测单元
Bit Error	发送的位值与监控到的位值不同(填充位和应答位除外)	• 数据帧(SOF~EOF); • 远程帧(SOF~EOF); • 错误帧; • 超载帧	发送单元 接收单元
Stuff Error	监测到 6 个连续的相同电平	• 数据帧(SOF~CRC); • 远程帧(SOF~CRC)	发送单元 接收单元
CRC Error	CRC 的计算结果与收到的值不同	• 数据帧(CRC); • 远程帧(CRC)	接收单元
FORM Error	某个固定格式的位置出现无效位	• 数据帧(CRC 界定符,ACK 界定符,EOF); • 远程帧(CRC 界定符,ACK 界定符,EOF); • 错误帧界定符 • 超载帧界定符	接收单元
ACK Error	发送端在应答域没有收到 0	• 数据帧(ACK 位置); • 远程帧界定符(ACK 位置)	发送单元

仲裁域如果发生 Bit Error,则不算错误,错误计数值不会增加。其他域如果发生 Bit Error,则会导致发送 Active error flag 或者 Passive error flag。仲裁失败后,

要等对方发送完毕（EOF 的 7 位），总线空闲 3 位的时间后才能重传。

15.2.5 错误计数

前面提到节点会有很多状态，例如，Active 或 Passive 状态的节点会根据错误计数值来改变状态，根据不同的错误条件，发送错误计数器 TEC（Transmit Error Counter）和接收错误计数器 REC（Receive Error Counter）会有不同的变化（增加或减少），而 TEC 和 REC 的总数会导致节点状态的改变。CAN 内部错误计数器的增减根据表 15.2.3 的内容决定。

表 15.2.3　错误计数

序　号	错误条件	TEC	REC
1	接收器端在未发送 Active error flag 和 Overload flag 时监测到一个 Bit Error 错误	—	+1
2	发送器端发送 Error flag 时	+8	—
3	发送器端发送 Active error flag 或 Overload flag 时监测到 Bit Error 错误	+8	—
4	接收器端发送 Active error flag 或 Overload flag 时监测到 Bit Error 错误	—	+8
5	一个帧被成功发送之后（取得应答并且直到帧结束时都没有错误）	−1。如果 TEC 的值为 0，则其值不变	—
6	一个帧被成功接收后（直到应答域都没有检测到错误，并成功发送应答位）	—	① 如果 REC 的值为 1~127，则其值减 1；② 如果 REC 的值为 0，则其值为 0；③ 如果 REC 的值大于 127，则其值被设置为 119~127
7	在总线上监测到 128 次连续的 11 个"1"后，允许"Bus off"（总线关闭）的节点变成 Active	将 TEC 的值清零	将 REC 的值清零

15.2.6 错误抑制

一个节点挂到 CAN 总线上之后即处于 Active 状态；当 TEC＞127 或 REC＞127 时导致该节点进入 Passive 状态；当 TEC＞255 时节点处于 Bus off 状态，也就是不允许该节点再往总线上发送信息了;对于处于 Bus off 状态的节点,在监测到 128 次连续的 11 个"1"之后将回到 Active 状态。节点各个状态的改变如图 15.2.10 所示。

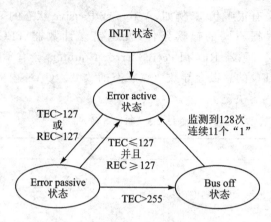

图 15.2.10　节点各个状态的改变

15.2.7　波特率

波特率是 CAN 通信的关键,它决定了每一位占用的时间,如图 15.2.11 所示,波特率分为 4 部分:同步段(SYNC_SEG)、传输延迟段(PROP_SEG)、相位段 1(PHASE_SEG1)、相位段 2(PHASE_SEG2)。采样点落在 PHASE_SEG1 和 PHASE_SEG2 之间最好。

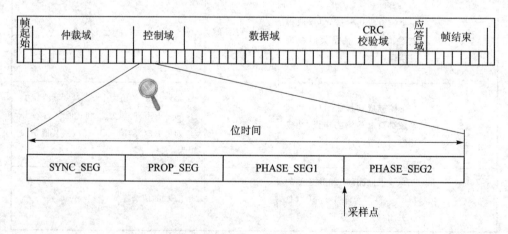

图 15.2.11　波特率

这 4 个段的时间单位称为 tq(time quantum 的缩写),时间长度为 CAN 总线工作频率分之一。同步段的长度固定,为 1 个 tq,传输延迟段为 1~8 个 tq;相位段 1 为 1~8 个 tq;相位段 2 为 1~8 个 tq。位时间为 $X = \text{SYNC\_SEG} + \text{PROP\_SEG} +$

PHASE_SEG1+PHASE_SEG2,X 为 8~25 个 tq。假设希望的波特率为 B,CAN 总线的工作频率为 R,则 $B=R/X$。所以决定波特率的关键有两个:CAN 总线的工作频率和每个位占用的 tq 数即 X 的值。在 4 个段中,满足上述条件的有很多组合,随便挑一个即可。CAN 协议的位时间参数如表 15.2.4 所列。

表 15.2.4　CAN 协议的位时间参数

参　数	范　围	备　注
BRP	1~32	定义时间片的长度 tq
SYNC_SEG	1 tq	固定长度,CAN 总线输入到 APB(Advanced Peripheral Bus)的同步时钟
PROP_SEG	(1~8)tq	补偿物理延时时间
PHASE_SEG1	(1~8)tq	同步功能会将此值暂时延长
PHASE_SEG2	(1~8)tq	同步功能会将此值暂时缩短
SJW	(1~4)tq	不能比任意一个相位缓存段长

注:此表格描述了 CAN 协议要求的最小可编程范围。

例如,CAN 总线的波特率公式如下:

　　　　CAN 传输速率=Fin/[(BPR+1)∗(T1+T2+3)]　(b/s)

其中,Fin 为 ARM 系统时钟,BPR 为系统时钟分频值,T1 为相位段 1 与传输延迟段所占时间之和减 1,T2 为相位段 2 所占时间减 1。

Fin/(BPR+1)是 CAN 总线的工作频率。T1+T2+3 是每个位所占的时间,其中的 3 指除了 T1 减 1 和 T2 减 1 外,还有同步段固定的 1 个 tq,例如,当 CPU 运行于 48 MHz 时,设置 T1=2,T2=3,BPR=5,则

　　　　CAN 的传输速率 = 48 000/(5+1)(2+3+3)=1 000 (kb/s)

CAN 协议中的错误处理部分都由硬件实现了,软件要关心的协议部分就是数据帧、远程帧、ID 的值以及波特率。下面讲解新唐 CAN 的用法。

15.3　新唐 CAN 的特点

新唐的 CAN 与 CAN 2.0 PART A 和 B 规格兼容。内部有 32 个消息对象(Message Object),保存在消息 RAM 中,每个就是一个完整的 CAN 帧。新唐 CAN 的内部结构如图 15.3.1 所示。

CAN 默认有 3 种测试模式:
- 静默模式;
- 环回模式;
- 静默模式与环回模式的组合。

通过图 15.3.2 可以很容易理解静默模式和环回模式。如果静默模式和环回

第15章 CAN

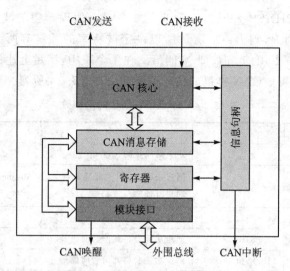

图 15.3.1 新唐 CAN 的内部结构

模式同时使能,则相当于 Tx 和 Rx 线连接到一起,并且不接到 CAN 总线上。

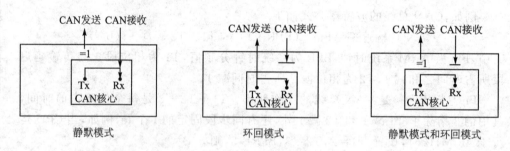

图 15.3.2 3 种测试模式

15.4 实验:CAN 数据收发

【实验要求】基于 SmartM-M451 开发板系列:使用两套 SmartM-M451 旗舰板连接 CAN 接口,实现双方的数据/收发!

1. 硬件设计

CAN 总线的收/发芯片电路设计如图 15.4.1 所示。

VP230 是一个 CAN 总线的收/发芯片,负责报文的收/发工作,CAN_TXD 和 CAN_RXD 引脚连接到 M4 对应的引脚上,如表 15.4.1 所列,可以知道,M4 集成了 CAN 控制器模块(外设)。电路工作时的连接方法是:收/发芯片与 CAN 总线连接,单片机与收/发芯片连接。也就是说,要想真正实现 CAN 通信,一个节点就需要一

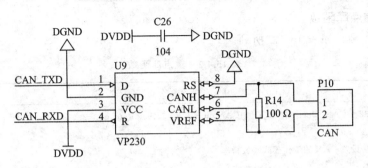

图 15.4.1　CAN 总线的收/发芯片电路设计

个控制器和一个收发器。CAN 通信与 I^2C、SPI 和 UART 等总线不同,简单的通信可能很简单,但是若想实现工程应用,则很复杂,因为其节点通信完全靠软件编程实现。

表 15.4.1　M4 与 CAN 接口引脚连接

M4	VP230	描述
PA12	CAN_TXD	CAN 发送引脚
PA13	CAN_RXD	CAN 接收引脚

CAN 总线的收/发芯片位置如图 15.4.2 所示。

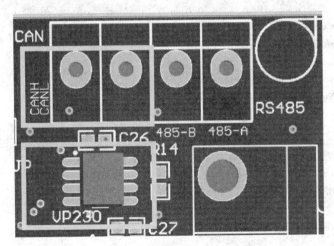

图 15.4.2　CAN 总线的收/发芯片位置

2. 软件设计

代码位置:\SmartM-M451\代码\进阶\【TFT】【CAN 数据发送】。
代码位置:\SmartM-M451\代码\进阶\【TFT】【CAN 数据接收】。

第15章 CAN

(1) 重点库函数

重点库函数如表15.4.2所列。

表15.4.2 重点库函数

序号	函数分析
1	uint32_t CAN_Open(CAN_T * tCAN, uint32_t u32BaudRate, uint32_t u32Mode) 位置:can.c。 功能:设置CAN的工作模式及波特率。 参数: tCAN:指向CAN_T对象。 u32BaudRate:波特率,1~1 000 kHz。 u32Mode:工作模式。 返回:实际工作的波特率
2	void CAN_EnableInt(CAN_T * tCAN, uint32_t u32Mask) 位置:can.c。 功能:使能CAN中断。 参数: tCAN:指向CAN_T对象。 u32Mask:中断掩码。 返回值:无
3	int32_t CAN_Transmit(CAN_T * tCAN, uint32_t u32MsgNum, STR_CANMSG_T * pCanMsg) 位置:can.c。 功能:发送CAN消息。 参数: tCAN:指向CAN_T对象。 u32MsgNum:消息对象号码(0~31)。 pCanMsg:保存接收到的消息。 返回:TRUE/FALSE
4	void CAN_Close(CAN_T * tCAN) 位置:can.c 功能:关闭CAN所有中断。 参数: tCAN:指向CAN_T对象。 返回:无
5	void CAN_CLR_INT_PENDING_BIT(CAN_T * tCAN, uint8_t u32MsgNum) 位置:can.c 功能: tCAN:指向CAN_T对象。 u32MsgNum:消息对象号码(0~31)。 返回:无

续表 15.4.2

序号	函数分析
6	int32_t CAN_SetRxMsg(CAN_T * tCAN,uint32_t u32MsgNum,uint32_t u32IDType,uint32_t u32ID) 位置:can.c 功能: tCAN:指向 CAN_T 对象。 u32MsgNum:消息对象号码(0～31)。 u32IDType:11 位标准帧/29 位扩展帧。 u32ID:ID 号。 返回:无

(2) 设置 CAN 的波特率

设置 CAN 接口时就像设置串口一样需要设置波特率,CAN 设置的最大波特率不能超过 1 Mb/s,这一点一定要注意,调用的函数为 CAN_Open,其返回值为实际设置成功的波特率。设置完成后必须再做一次检查,以确保数据能够正常通信,详细代码如下。

程序清单 15.4.1 设置 CAN 的波特率和工作模式

```
/***********************************
* 函数名称:SelectCANSpeed
* 输入:tCAN           - CAT_T 结构体
       unBaudRate     -波特率
* 输出:无
* 功能:设置 CAN 的波特率和工作模式
***********************************/
VOID SelectCANSpeed(CAN_T * tCAN,UINT32 unBaudRate)
{
    UINT32 unRealBaudRate = 0;

    /* 设置 CAN 的波特率和工作模式 */
    unRealBaudRate = CAN_Open(tCAN,unBaudRate,CAN_NORMAL_MODE);

    /* 检查当前的波特率是否设置成功 */
    BaudRateCheck(unBaudRate,unRealBaudRate);
}
```

(3) CAN 发送消息

CAN 发送消息的代码如下。

第 15 章 CAN

程序清单 15.4.2　CAN 发送消息

```
/*********************************************
* 函数名称:Test_NormalMode_Tx
* 输入:tCAN       -CAT_T 结构体
* 输出:无
* 功能:使用标准模式发送数据帧(用消息 RAM)
*********************************************/
VOID Test_NormalMode_Tx(CAN_T * tCAN)
{
    STR_CANMSG_T tMsg;

    /* 使能 CAN 的中断 */
    CAN_EnableInt(tCAN,CAN_CON_IE_Msk | CAN_CON_SIE_Msk);

    /* 设置 CAN 的优先级 */
    NVIC_SetPriority(CAN0_IRQn,(1 << __NVIC_PRIO_BITS) - 2);

    /* 使能 CAN 的 IRQ 中断 */
    NVIC_EnableIRQ(CAN0_IRQn);

    /*    发送 11 位 ID 的标准帧,包含 2 字节的数据域 */
    tMsg.FrameType = CAN_DATA_FRAME;
    tMsg.IdType    = CAN_STD_ID;
    tMsg.Id        = 0x7FF;
    tMsg.DLC       = 3;
    tMsg.Data[0]   = 'w';
    tMsg.Data[1]   = 'w';
    tMsg.Data[2]   = 'w';
    /*    将信息写到消息对象中,并触发发送 */
    if(CAN_Transmit(tCAN,MSG(0),&tMsg) == FALSE)
    {
        LcdShowString(0,100,"发送 MSG Object 0 失败",RED,BLACK);
    }
    else
    {
        LcdShowString(0,100,"发送 MSG Object 0 成功",GBLUE,BLACK);
    }

    /*    发送 29 位 ID 的扩展帧,包含 5 字节的数据域 */
    tMsg.FrameType = CAN_DATA_FRAME;
    tMsg.IdType    = CAN_EXT_ID;
```

```
tMsg.Id        = 0x12345;
tMsg.DLC       = 5;
tMsg.Data[0]   = 'S';
tMsg.Data[1]   = 'm';
tMsg.Data[2]   = 'a';
tMsg.Data[3]   = 'r';
tMsg.Data[4]   = 't';


/*    将信息写到消息对象中,并触发发送  */
if(CAN_Transmit(tCAN,MSG(1),&tMsg) == FALSE)
{
    LcdShowString(0,130,"发送 MSG Object 1  失败",RED,BLACK);
}
else
{
    LcdShowString(0,130,"发送 MSG Object 1  成功",GBLUE,BLACK);
}


/*    发送 29 位 ID 的扩展帧,包含 4 字节的数据域  */
tMsg.FrameType = CAN_DATA_FRAME;
tMsg.IdType    = CAN_EXT_ID;
tMsg.Id        = 0x7FF01;
tMsg.DLC       = 3;
tMsg.Data[0]   = 'M';
tMsg.Data[1]   = 'c';
tMsg.Data[2]   = 'u';


/*    将信息写到消息对象中,并触发发送  */
if(CAN_Transmit(tCAN,MSG(3),&tMsg) == FALSE)
{
    LcdShowString(0,160,"发送 MSG Object 3  失败",RED,BLACK);
}
else
{
    LcdShowString(0,160,"发送 MSG Object 3  成功",GBLUE,BLACK);
}

/*    延时 1 s 等待中断  */
Delayms(1000);
```

第 15 章 CAN

```
    if(tCAN->ERR == 0)
        printf("\nCheck the receive host received data\n");
    else
        printf("\nCAN bus error!\n");
}
```

(4) CAN 接收消息

CAN 接收消息的代码如下。

程序清单 15.4.3　CAN 接收消息

```
/*********************************************
* 函数名称:Test_NormalMode_Rx
* 输入:tCAN      - CAT_T 结构体
* 输出:无
* 功能:使用标准模式接收数据帧(用消息 RAM)
*********************************************/
VOID Test_NormalMode_Rx(CAN_T *tCAN)
{
    /* 使能 CAN 的中断 */
    CAN_EnableInt(tCAN,CAN_CON_IE_Msk | CAN_CON_SIE_Msk);

    /* 设置 CAN 的优先级 */
    NVIC_SetPriority(CAN0_IRQn,(1 << __NVIC_PRIO_BITS) - 2);

    /* 使能 CAN 的 IRQ 中断 */
    NVIC_EnableIRQ(CAN0_IRQn);

    /* 配置消息对象的 Number 0,接收 ID 为 0x7FF 的标准帧 */
    memset(rrMsg.Data,0,sizeof rrMsg.Data);
    if(CAN_SetRxMsg(tCAN,MSG(0),CAN_STD_ID,0x7FF) == FALSE)
    {
        LcdShowString(0,100,"接收 MSG Object 0  失败",RED,BLACK);
    }
    else
    {
        LcdShowString(0,100,"ID[0x77F]数据:",GBLUE,BLACK);
        LcdShowString(0,120,rrMsg.Data,GBLUE,BLACK);
    }

    /* 配置消息对象的 Number 5,接收 ID 为 0x12345 的扩展帧 */
    memset(rrMsg.Data,0,sizeof rrMsg.Data);
    if(CAN_SetRxMsg(tCAN,MSG(5),CAN_EXT_ID,0x12345) == FALSE)
```

```
        {
            LcdShowString(0,180,"接收 MSG Object 5 失败",RED,BLACK);
        }
        else
        {
            LcdShowString(0,180,"ID[0x12345]数据:",GBLUE,BLACK);
            LcdShowString(0,200,rrMsg.Data,GBLUE,BLACK);
        }

        /*配置消息对象的 Number 31,接收 ID 为 0x7FF01 的扩展帧 */
        memset(rrMsg.Data,0,sizeof rrMsg.Data);
        if(CAN_SetRxMsg(tCAN,MSG(31),CAN_EXT_ID,0x7FF01) == FALSE)
        {
            LcdShowString(0,260,"接收 MSG Object 31 失败",RED,BLACK);
        }
        else
        {
            LcdShowString(0,260,"ID[0x7FF01]数据:",GBLUE,BLACK);
            LcdShowString(0,280,rrMsg.Data,GBLUE,BLACK);
        }
    }
```

(5) CAN 中断服务函数

CAN 处理接收消息的代码如下。

程序清单 15.4.4　CAN 处理接收消息

```
VOID CAN_MsgInterrupt(CAN_T * tCAN,UINT32 unIIDR)
{
    if(unIIDR == 1)
    {
        printf("Msg-0 INT and Callback\n");
        CAN_Receive(tCAN,0,&rrMsg);
        CAN_ShowMsg(&rrMsg);
    }

    if(unIIDR == 5 + 1)
    {
        printf("Msg-5 INT and Callback \n");
        CAN_Receive(tCAN,5,&rrMsg);
        CAN_ShowMsg(&rrMsg);
    }

    if(unIIDR == 31 + 1)
    {
```

第 15 章 CAN

```
        printf("Msg-31 INT and Callback \n");
        CAN_Receive(tCAN,31,&rrMsg);
        CAN_ShowMsg(&rrMsg);
    }
}
```

CAN0 中断服务函数的代码如下。

程序清单 15.4.5　　CAN0 中断服务函数

```
VOID CAN0_IRQHandler(VOID)
{
    UINT32 unIIDRstatus;

    unIIDRstatus = CAN0->IIDR;
    /* 状态中断（错误状态和状态改变） */
    if(unIIDRstatus == 0x00008000)
    {
        /* 接收到数据包,与过滤规则无关 */
        if(CAN0->STATUS & CAN_STATUS_RXOK_Msk)
        {
            CAN0->STATUS &= ~CAN_STATUS_RXOK_Msk;
        }

        /* 发送成功 */
        if(CAN0->STATUS & CAN_STATUS_TXOK_Msk)
        {
            CAN0->STATUS &= ~CAN_STATUS_TXOK_Msk;
        }

        /* 检查错误状态 */
        if(CAN0->STATUS & CAN_STATUS_BOFF_Msk)
        {
            printf("BOFF INT\n");
        }
        else if(CAN0->STATUS & CAN_STATUS_EWARN_Msk)
        {
            printf("EWARN INT\n");
        }
        else if((CAN0->ERR & CAN_ERR_TEC_Msk) != 0)
        {
            printf("Transmit error!\n");
        }
        else if((CAN0->ERR & CAN_ERR_REC_Msk) != 0)
        {
```

```
            printf("Receive error!\n");
    }
}
/* 清除中断挂起位 */
else if((unIIDRstatus >= 0x1)||(unIIDRstatus <= 0x20))
{
    CAN_MsgInterrupt(CAN0,unIIDRstatus);

    CAN_CLR_INT_PENDING_BIT(CAN0,(unIIDRstatus - 1));
}
/* 清除唤醒中断标志位 */
else if(CAN0 ->WU_STATUS == 1)
{
    printf("Wake up\n");

    CAN0 ->WU_STATUS = 0;
}
}
```

3. 下载验证

通过 NuLink 仿真下载器将程序下载到两块 SmartM-M451 旗舰板上,并使用连接线将两块开发板的 CAN 接口连接。作为 CAN 的发送端,使用 3 个消息对象向 CAN 的接收端使用 3 个不同的 ID 发送 3 组数据,分别为"www"、"Smart"、"Mcu",若 CAN 的发送端发送成功,则显示发送成功信息,如图 15.4.3 所示。若 CAN 的接收端成功接收到数据,则显示接收到的信息,如图 15.4.4 所示。

图 15.4.3 CAN 发送数据成功

图 15.4.4 CAN 接收数据成功

第 16 章

蓝牙 2.0 通信

16.1 简 介

蓝牙(Bluetooth)是一种支持设备短距离通信(一般在 10 m 以内)的无线电技术。采用该技术,能在包括移动电话、PDA、无线耳机、笔记本电脑、相关外设等众多设备之间进行无线信息交换,其 LOGO 如图 16.1.1 所示。利用蓝牙技术,能够有效简化移动通信终端设备之间的通信,也能成功简化设备与因特网之间的通信,从而使数据传输变得更加迅速高效,为无线通信拓宽道路。蓝牙采用分散式网络结构及快跳频和短包技术,支持点对点及点对多点通信,工作在全球通用的 2.4 GHz ISM (即工业、科学、医学)频段,其数据传输速率为 1 Mb/s。采用时分双工传输方案实现全双工传输。使用 IEEE 802.15 协议。

图 16.1.1 蓝牙 LOGO

信息时代的最大特点就是能够更加方便快速地传播信息,正是基于这一点,工程技术人员也在努力开发更加出色的信息数据传输方式。

蓝牙,对于手机乃至整个 IT 业而言已经不仅仅是一项简单的技术,而是一种概念。当蓝牙联盟信誓旦旦地对未来前景做着美好憧憬时,整个业界都为之震动。抛开传统连线的束缚,彻底享受无拘无束的乐趣,蓝牙给予人们的承诺足以让人精神振奋。

蓝牙技术是一种无线数据与语音通信的开放性全球规范,它以低成本的近距离无线连接为基础,为固定与移动设备通信环境建立一个特别连接。其程序写在一个 9 mm×9 mm 的微芯片中。

例如,如果把蓝牙技术引入移动电话和膝上型电脑中,就可以去掉移动电话与膝上型电脑之间令人讨厌的连接电缆,而通过无线使其建立通信。打印机、PDA、桌上型电脑、传真机、键盘、游戏操纵杆以及其他所有的数字设备都可以成为蓝牙系统的一部分。除此之外,蓝牙无线技术还为已存在的数字网络和外设提供通用接口以组建一个远离固定网络的个人特别连接设备群。

ISM频带是对所有无线电系统都开放的频带,因此使用其中的某个频段都会遇到不可预测的干扰源。例如某些家电、无绳电话、汽车开门器、微波炉,等等,都可能是干扰源。为此,蓝牙特别设计了快速确认和跳频方案以确保链路稳定。跳频技术是把频带分成若干个跳频信道(hop channel),在一次连接中,无线电收发器按一定的码序列(即一定的规律,技术上叫做"伪随机码",就是"假"的随机码)不断地从一个信道"跳"到另一个信道,只有收发双方是按这个规律进行通信的,而其他的干扰源不可能按同样的规律进行干扰;跳频的瞬时带宽很窄,但通过扩展频谱技术使这个窄频带成百倍地扩展成宽频带,使可能的干扰影响变得很小。

与其他工作在相同频段的系统相比,蓝牙跳频更快,数据包更短,这使得蓝牙比其他系统更稳定。前向纠错FEC(Forward Error Correction)的使用抑制了长距离链路的随机噪声。应用了二进制调频(FM)技术的跳频收发器被用来抑制干扰和防止衰落。

蓝牙基带协议是电路交换与分组交换的结合。在被保留的时隙中可以传输同步数据包,每个数据包以不同的频率发送。一个数据包名义上占用一个时隙,但实际上可以被扩展到占用5个时隙。蓝牙可以支持异步数据信道、多达3个同时进行的同步话音信道,还可以用一个信道同时传送异步数据和同步话音。每个话音信道支持64 kb/s同步话音链路。异步信道可以支持一端最大速率为721 kb/s而另一端速率为57.6 kb/s的不对称连接,也可以支持速率为433.9 kb/s的对称连接。

蓝牙技术可以做些什么呢?

① 有了蓝牙技术连接方式,就可以从家庭办公的线路束缚中解脱出来:
- 保持计算机、电话及PDA上的联系人、日历和信息同步;
- 从计算机向打印机无线发送文件;
- 将鼠标和键盘无线连接至计算机,免去了桌上一堆杂乱的电线;
- 通过连接手机至扬声器召开免提电话会议。

② 有了蓝牙技术连接方式,可以让生活多一份轻松、多一份乐趣:
- 从拍照手机向打印机发送图片,并进行打印;
- 通过无线立体声耳机收听从家庭音响或其他类似音频设备传送的流音乐;
- 通过蓝牙连接从膝上型计算机或手机向媒体查看器发送图片,在电视上查看数码照片;
- 在家庭无线立体声系统内,手机或笔记本电脑可以通过蓝牙连接向无线扬声器传输音频流,使居室充满音乐。

③ 有了蓝牙技术连接方式,就可以在家中自由行走:
- 在进行日常活动时,使用连接至手机或固定电话的无线耳机,就可以随意接听来电。

第16章 蓝牙2.0通信

16.1.1 起 源

1. 哈拉尔蓝牙王

Blatand 在英文里的意思可以被解释为 Bluetooth(蓝牙),因为国王喜欢吃蓝莓,牙龈每天都是蓝色的,所以叫蓝牙。在行业协会筹备阶段,需要一个极具有表现力的名字来命名这项高新技术。行业组织人员,在经过一夜关于欧洲历史和未来无线技术发展的讨论后,有些人认为用 Blatand 国王的名字命名再合适不过了。Blatand 国王曾将挪威、瑞典和丹麦统一起来;他的口齿伶俐,善于交际,就如同这项即将面世的技术。该技术将被定义为允许不同工业领域之间协调工作,保持各个系统领域之间的良好交流,例如允许计算机、手机和汽车行业之间协调工作。名字于是就这么定下来了。

2. 形成背景

蓝牙的创始人是爱立信公司,爱立信早在 1994 年就已进行研发。1997 年,爱立信与其他设备生产商联系,并激发了他们对该项技术的浓厚兴趣。1998 年 2 月,跨国大公司包括诺基亚、苹果、三星组成了一个特别兴趣小组(SIG),他们共同的目标是建立一个全球性的小范围无线通信技术,即蓝牙。蓝牙技术联盟 Bluetooth SIG (Bluetooth Special Interest Group)是一家贸易协会,由电信、计算机、汽车制造、工业自动化和网络行业的领先厂商组成。该小组致力于推动蓝牙无线技术的发展,为短距离连接移动设备制定低成本的无线规范,并将其推向市场。

Bluetooth SIG 的发起公司是 Agere(杰尔)、爱立信、IBM、英特尔、微软、摩托罗拉、诺基亚和东芝。2006 年 10 月 13 日,Bluetooth SIG 宣布联想公司取代 IBM 在该组织中的创始成员位置,并立即生效。通过成为创始成员,联想将与其他业界领导厂商杰尔系统公司、爱立信公司、英特尔公司、微软公司、摩托罗拉公司、诺基亚公司和东芝公司一样拥有蓝牙技术联盟董事会中的一席,并积极推动蓝牙标准的发展。除了创始成员以外,Bluetooth SIG 还包括 200 多家联盟成员公司以及约 6 000 家应用成员企业。

而蓝牙标志的设计取自 Harald Bluetooth 名字中的"H"和"B"两个字母,用古北欧字母来表示,将两者结合起来,就成为了蓝牙的 LOGO(见图 16.1.2)。

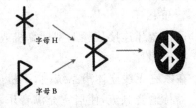

图 16.1.2 蓝牙标志的设计

16.1.2 优　势

1. 全球可用

蓝牙无线技术是在两个设备间进行无线短距离通信的最简单、最便捷的方法,广泛应用于世界各地,可以无线连接手机、便携式计算机、汽车、立体声耳机、MP3 播放器等多种设备。由于有了"配置文件"这一独特概念,蓝牙产品不再需要安装驱动程序软件。此技术现已推出第 4 版规范,并在保持其固有优势的基础上继续发展——小型化无线电、低功率、低成本、内置安全性、稳固、易于使用并具有即时联网功能。其周出货量已超过 500 万件,已安装基站数超过 5 亿个。

蓝牙无线技术规范供全球的成员公司免费使用。许多行业的制造商都积极在其产品中实施此技术,以减少零乱电线的使用,实现无缝连接、流传输立体声,以及传输数据或进行语音通信。蓝牙技术在 2.4 GHz 波段运行,该波段是一种无需申请许可证的工业、科技、医学(ISM)无线电波段。正因如此,使用蓝牙技术不需要支付任何费用。但必须向手机提供商注册使用 GSM 或 CDMA,除了设备费用外,不需要为使用蓝牙技术再支付任何费用。

蓝牙无线技术是当今市场上支持范围最广泛、功能最丰富且安全的无线标准。全球范围内的资格认证程序都可以测试成员的产品是否符合标准。自 1999 年发布蓝牙规范以来,共有超过 4 000 家公司成为蓝牙特别兴趣小组的成员。同时,市场上蓝牙产品的数量也迅速成倍地增长。

2. 设备范围

蓝牙技术得到了空前广泛的应用,集成该技术的产品从手机、汽车到医疗设备,使用该技术的用户从消费者、工业市场到企业,等等,不一而足。低功耗、小体积以及低成本的芯片解决方案使得蓝牙技术甚至可以应用于极微小的设备中。可以在蓝牙产品目录和组件产品列表中查看成员提供的各类产品大全。

3. 易于使用

蓝牙技术是一项即时技术,不要求固定的基础设施,易于安装和设置,不需要电缆即可实现连接。新用户使用亦不费力,只需拥有蓝牙品牌产品,检查可用的配置文件,将其连接至使用同一配置文件的另一蓝牙设备即可。后续的 PIN 码流程如同在 ATM 机器上操作一样简单。外出时,可以随身带上自己的个人局域网(PAN),甚至可以通过蓝牙与其他网络连接。

16.2 工作原理

1. 蓝牙通信的主从关系

蓝牙技术规定当在每一对设备之间进行蓝牙通信时,必须一个为主角色,另一个为从角色,才能进行通信,通信时,必须由主端进行查找,发起配对,建立链路成功后,双方即可收发数据。理论上,一个蓝牙主端设备可同时与 7 个蓝牙从端设备进行通信。一个具备蓝牙通信功能的设备,可以在两个角色之间切换,平时工作在从模式,等待其他主设备来连接,需要时,可以转换为主模式,向其他设备发起呼叫。当一个蓝牙设备以主模式发起呼叫时,需要知道对方的蓝牙地址和配对密码等信息,配对完成后可直接发起呼叫。

2. 蓝牙的呼叫过程

当蓝牙主端设备发起呼叫时,首先是查找,找出周围处于可被查找的蓝牙设备。主端设备找到从端蓝牙设备后,与从端蓝牙设备进行配对,此时需要输入从端设备的 PIN 码,也有设备不需要输入 PIN 码,配对完成后,从端蓝牙设备会记录主端设备的信任信息,此时主端设备即可向从端设备发起呼叫。已配对的设备在下次呼叫时,不再需要重新配对。已配对的设备,如果是作为从端的蓝牙耳机,则也可以发起建链请求;但如果是用做数据通信的蓝牙模块,则一般不发起呼叫。链路建立成功后,主从两端之间即可进行双向的数据或语音通信。在通信状态下,主端和从端设备都可以发起断链操作,断开蓝牙链路。

3. 蓝牙一对一的串口数据传输应用

在蓝牙数据传输应用中,一对一串口数据通信是最常见的应用之一,蓝牙设备在出厂前即提前设好两个蓝牙设备之间的配对信息,主端预存有从端设备的 PIN 码和地址等,两端设备加电即自动建链,透明串口传输,无需外围电路干预。在一对一应用中,从端设备可以被设为处于两种状态,一种是静默状态,即只能与指定的主端通信,而不被其他蓝牙设备查找;另一种是开放状态,也就是既可被指定主端查找,也可被其他蓝牙设备查找。

4. 最大发射功率

蓝牙设备的最大发射功率可分为 3 级:100 mW(20 dB/m)、2.5 mW(4 dB/m)、1 mW(0 dB/m)。当蓝牙设备的功率为 1 mW 时,其传输距离一般为 0.1~10 m。当发射源接近或远离而使蓝牙设备接收到的电波强度改变时,蓝牙设备会自动调整发射功率。当发射功率提高到 10 mW 时,其传输距离可以扩大到 100 m。蓝牙支持点对点和点对多点的通信方式,在非对称连接时,主设备到从设备的传输速率为 721 kb/s,从设备到主设备的传输速率为 57.6 kb/s;在对称连接时,主/从设备之间的传输速率各为 432.6 kb/s。蓝牙标准中规定了在连接状态下有保持模式(Hold Mode)、呼吸模式(Sniff Mode)和休眠模式(Park Mode)3 种电源节能模式,再加上正常的活动模式(Active Mode),一个使用电源管理的蓝牙设备可以处于这 4 种模式并进行切换。按照电能损耗由高到低的排列顺序为:活动模式、呼吸模式、保持模式、休眠模式,其中,休眠模式节能效率最高。蓝牙技术的出现,为各种移动设备和外围设备之间的低功耗、低成本、短距离的无线连接提供了有效途径。

5. 设备连接

虽然制造商对各种设备实施的特定用户接口因设备而异,但首次连接两个设备的一些基本步骤是相同的。用户应保持在安全环境下进行配对。设备建立和断开连接的步骤如下。

(1) 设备充电

如果设备是新的蓝牙设备,则确保在进行连接或打开前已充电。尤其是蓝牙耳机,使用前必须充电。

(2) 设备开机

打开需要配对设备的电源。对于某些设备,如蓝牙无线耳机,设备开机的同时即启动配对过程。

(3) 开启蓝牙功能

在拿到设备时,该设备的蓝牙功能可能已经开启,也可能尚未开启。对于多数计算机,用户需要从控制面板或系统首选项中开启蓝牙射频功能。

(4) 将设备设置为可见

作为安全措施,某些设备可将蓝牙功能设置为关闭、隐藏或可见。在尝试连接设备时,用户应将设备设置为可见,这样彼此才能被发现。完成设备配对后,如果用户担心会被其他设备发现,则可将设备设置为隐藏。

(5) 将两个设备设为连接模式

两个设备都充好电后,打开设备电源并开启蓝牙功能,每个设备都需要初始化通信会话。通常,在两个设备之间连接时,一个设备会作为"主机",而另一个设备则作为"访客"。主机设备是具有用户界面的设备,多数连接设置都将在此进行。一个设备可以是另一个设备的主机,也可以作为其他设备的访客。例如,当手机与无线耳机配对时,该手机就是主机。但是,当手机与膝上型计算机配对时,膝上型计算机就是主机。

(6) 输入密码

在设备彼此发现对方后,用户将被要求在一个或两个设备中输入密码。某些情况下,如连接无线耳机时,密码是由制造商为耳机指定的固定密码。此时,用户需要

第16章　蓝牙2.0通信

在主机设备中输入此指定的密码。用户可在用户手册中找到此密码。在其他情况下,用户可输入他/她自己的密码。在这些情况下,用户将在两个设备中输入密码各一次。强烈建议用户为一次配对过程设定8位字母数字字符密码。输入密码后,设备将彼此验证并完成建立信任连接。

(7) 删除或断开与信任设备的连接

用户应何时删除或断开与信任设备的连接？如果其中一个蓝牙设备丢失或被偷,则应取消以前与该设备配对的所有设备的配对设置。

如何取消配对或删除信任设备？对于手机或计算机之类的设备,用户应进入设备的连接设置,然后查找信任设备列表。用户随后便能选择添加新设备或删除信任设备。突出显示需要删除的设备,然后按删除按钮。键盘或鼠标之类的设备只有一个按钮或开关作为用户接口,因此每次只能连接到一个设备。要删除其原来的信任设备,只需将鼠标或键盘连接到新设备。

16.3　版　本

截至2010年7月,蓝牙共有六个版本 V1.1/1.2/2.0/2.1/3.0/4.0,以通信距离来看,不同版本可再分为 Class A(1)/Class B(2)。

1. 技术解读

版本1.1为最早期的版本,传输速率为 748 k～810 kb/s,因是早期设计,故容易受到同频率产品的干扰,影响通信质量。

版本1.2同样只有 748 k～810 kb/s 的传输速率,但加上了(改善软件)抗干扰跳频功能。

2. 通信距离版本

Class A 用在大功率/远距离的蓝牙产品上,但因成本高和耗电量大,不适合个人通信产品(手机/蓝牙耳机/蓝牙 Dongle,等等)之用,故多用在部分特殊商业用途上,通信距离为 80～100 m 之间。

Class B 是最流行的制式,通信距离在 8～30 m 之间,视产品的设计而定,多用于手机内/蓝牙耳机/蓝牙 Dongle 的个人通信产品上,耗电量和体积较小,方便携带。

无论是1.1还是1.2版本的蓝牙产品,其本身基本可以支持立体声音效的传输要求,但只能以单工方式工作,加上音带频率响应不够,因此并不算是最好的立体声传输工具。

版本2.0是1.2的改良提升版,传输速率为 1.8～2.1 Mb/s,开始支持双工模式,即作语音通信的同时,亦可以传输档案/高像素图片。2.0版当然也支持立体声运作。

应用最为广泛的是蓝牙 2.0+EDR 标准，该标准在 2004 年推出，支持蓝牙 2.0+EDR 标准的产品也于 2006 年大量出现。虽然蓝牙 2.0+EDR 标准在技术上做了大量改进，但从 1.x 标准延续下来的配置流程复杂和设备功耗较大的问题依然存在。为了改善蓝牙技术存在的问题，蓝牙 SIG 组织推出了蓝牙 2.1+EDR 版本的蓝牙技术。

3. 蓝牙 2.1+EDR 版本对蓝牙技术的改进

(1) 改善装置配对流程

由于有许多使用者在进行硬件之间的蓝牙配对时遭遇到许多问题，不管是单次配对还是永久配对，配对的过程与必要操作都过于繁杂。以往在连接过程中，需要利用个人识别码来确保连接的安全性，而改进后的连接方式则会自动使用数字密码来进行配对与连接，举例来说，只要在手机选项中选择了连接特定装置，则在确定之后，手机会自动列出当前环境中可使用的设备，并且自动进行连接。

(2) 引入 NFC 机制

在短距离配对方面，也具备了在两个支持蓝牙的手机之间互相进行配对和进行通信传输的 NFC(Near Field Communication)机制。NFC 是短距离的无线 RFID 技术，在针对 1~2 m 的短距离联机应用上，以电磁波为基础，取代传统无线电传输。由于 NFC 机制掌控了配对的起始侦测，故当范围内的 2 台装置要进行配对传输时，只要简单地在手机屏幕上点选是否接受联机即可。不过要想应用 NFC 功能，系统必须内建 NFC 芯片或具备相关硬件功能。

(3) 更佳的省电效果

蓝牙 2.1 版加入了减速呼吸模式(sniff subrating)功能，透过设定在 2 个装置之间互相确认信号的发送时间间隔来达到节省功耗的目的。一般来说，当 2 个进行连接的蓝牙装置进入待机状态后，蓝牙装置之间仍需要透过相互的呼叫来确定彼此是否仍处于联机状态，当然也因此，蓝牙芯片就必须随时保持在工作状态，即使手机的其他组件都已经进入休眠模式。为了改善这样的状况，蓝牙 2.1 将装置之间相互确认信号的发送时间间隔从旧版的 0.1 s 延长到 0.5 s 左右，如此可以让蓝牙芯片的工作负载大幅降低，也可让蓝牙可以有更多的时间彻底休眠。根据官方的报告，采用此技术之后，蓝牙装置在开启蓝牙联机之后的待机时间可以有效延长 5 倍以上。

4. 技术规范

2009 年 4 月 21 日，蓝牙技术联盟(蓝牙 SIG)正式颁布了新一代标准规范 *Bluetooth Core Specification Version 3.0 High Speed*(《蓝牙核心规范 3.0 版高速》)。蓝牙 3.0 的核心是 Generic Alternate MAC/PHY(AMP)，这是一种全新的交替射频技术，允许蓝牙协议栈针对任一任务动态地选择正确射频。最初被期望用于新规范

第16章 蓝牙2.0通信

的技术包括802.11和UMB,但在新规范中取消了UMB的应用。

作为新版规范,蓝牙3.0的传输速度自然更高,而秘密就在802.11无线协议上。通过集成"802.11 PAL"(协议适应层),蓝牙3.0的数据传输速率提高到了大约24 Mb/s(即可在需要的时候调用802.11 WiFi来实现高速数据传输)。在传输速度上,蓝牙3.0是蓝牙2.0的8倍,可以轻松用于录像机至高清电视、PC至PMP、UMPC至打印机之间的资料传输。

在功耗方面,通过蓝牙3.0高速传送大量数据自然会消耗更多能量,但由于引入了增强电源控制(EPC)机制,再辅以802.11,因此实际空闲功耗会明显降低,蓝牙设备的待机耗电问题有望得到初步解决。

此外,新的规范还具备通用测试方法(GTM)和单向广播无连接数据(UCD)两项技术,并且包括一组HCI指令以获取密钥长度。

据称,配备了蓝牙2.1模块的PC,理论上可以通过升级固件让蓝牙2.1设备也支持蓝牙3.0。

2010年4月20日,蓝牙4.0技术规范已经基本成型,并于2010年7月发布。

蓝牙4.0包括三个子规范,即传统蓝牙技术、高速蓝牙技术和新的低功耗蓝牙技术。蓝牙4.0的改进之处主要体现在三个方面,电池续航时间、节能和设备种类上。它拥有低成本、跨厂商互操作性,3 ms低延迟,100 m以上超长距离,以及AES-128加密等诸多特色。此外,蓝牙4.0的有效传输距离也有所提升。3.0版本的蓝牙的有效传输距离为10 m(约32 ft),而蓝牙4.0的有效传输距离最高可达100 m(约328 ft)。

蓝牙4.0实际是一个三位一体的蓝牙技术,它将三种规范合而为一,分别是传统蓝牙、低功耗蓝牙和高速蓝牙技术,这三个规范可以组合或单独使用。SIG首席技术总监(CTO)葛立表示,全新的蓝牙4.0版本涵盖了三种蓝牙技术,是一个"三融技术",首先蓝牙4.0继承了蓝牙技术无线连接的所有固有优势,同时增加了低耗能蓝牙和高速蓝牙的特点,尤以低耗能技术为核心,大大拓展了蓝牙技术的市场潜力。低耗能蓝牙技术将为以纽扣电池供电的小型无线产品及感测器,进一步开拓医疗保健、运动与健身、保安及家庭娱乐等市场提供新的机会。

蓝牙4.0已经走向了商用,在最新款的Galaxy S4、iPad 4、MacBook Air、Moto Droid Razr、HTC One X,以及台商ACER AS3951系列/Getway NV57系列、ASUS UX21/31系列、iPhone 5S上都已应用了蓝牙4.0技术。虽然很多设备已经使用了蓝牙4.0技术,但是相应的蓝牙耳机却没有及时推出,不能发挥蓝牙4.0应有的优势。不过这个局面已经被蓝牙领导品牌Woowi打破,作为积极参与蓝牙4.0规范制定和修改的厂商,Woowi已于2012年6月率先发布全球第一款蓝牙4.0耳机——Woowi Hero。

16.4 SM-HC05 蓝牙 2.0 模块

16.4.1 简 介

HC05 嵌入式蓝牙串口通信模块(以下简称模块)(见图 16.4.1)具有两种工作模式:命令响应工作模式和自动连接工作模式。在自动连接工作模式下,模块又可分为主(Master)、从(Slave)和回环(Loopback)三种工作角色。当模块处于自动连接工作模式时,将自动根据事先设定的方式进行连接并进行数据传输;当模块处于命令响应工作模式时,能执

图 16.4.1 HC05 蓝牙模块

行所有的 AT 命令,用户可向模块发送各种 AT 指令,为模块设定控制参数或向模块发布控制命令。通过控制模块外部引脚(PIO11)的输入电平,可以实现模块工作状态的动态转换。

16.4.2 AT 指令

HC05 蓝牙串口模块的所有功能都是通过 AT 指令集控制的,在此仅介绍用户常用的几个 AT 指令,详细的指令集请参考"HC05 蓝牙指令集.pdf"文档。

1. 进入 AT 指令状态

有 2 种方法使模块进入 AT 指令状态:

① 上电的同时/上电之前,将 KEY 设置为 VCC,上电后,模块即进入 AT 指令状态。

② 模块上电后,通过将 KEY 接入 VCC,可使模块进入 AT 指令状态。

注:

采用方法①(推荐)进入 AT 指令状态后,模块的波特率为 38 400 b/s(8 位数据位,1 位停止位)。

采用方法②进入 AT 指令状态后,模块的波特率与通信的波特率一致。

2. 指令结构

模块的指令结构为

$$AT+\langle CMD\rangle\langle =PARAM\rangle$$

其中 CMD(指令)和 PARAM(参数)都是可选的,不过切记在发送末尾添加回车符(\r\n),否则模块不响应,比如查看模块版本的命令和结果如下。

串口发送:AT＋VERSION?\r\n
模块回应:＋VERSION:2.0－20100601
OK

3. 常用指令说明及测试

这里通过将模块连接到电脑串口来测试模块的指令。

注意:模块不能与 RS232 串口直接连接!

(1) 修改模块主从指令

指令为 AT＋ROLE＝0 或 1。该指令用来设置模块为从机或主机,并可通过指令"AT＋ROLE?"来查看模块的主从状态。

模块出厂时默认设置为从机,所以,发送指令"AT＋ROLE?"得到的返回值为"＋ROLE:0",发送指令"AT＋ROLE＝1"即可设置模块为主机,模块设置成功后返回 OK 作为应答。

注意: 在串口调试助手中要选中发送新行,这样就会自动发送回车符了。

(2) 设置记忆指令

指令为 AT＋CMODE＝1 时,设置模块可以对任意地址的蓝牙模块进行配对,模块默认设置为该参数。

指令为 AT＋CMODE＝0 时,设置模块为指定地址的蓝牙模块进行配对。如果是先设置模块为任意地址,然后再配对,那么,如果接下去再使用此指令,则模块会记住最后一次配对的地址,下次上电时会一直搜索该地址的模块,直到搜索到为止。

(3) 修改通信波特率指令

指令为 AT＋UART＝〈Param1〉,〈Param2〉,〈Param3〉。该指令用于设置串口波特率、停止位和校验位等。Param1 为波特率,单位为 b/s,可选范围为 4 800、9 600、19 200、38 400、57 600、115 200、230 400、460 800、921 600、1 382 400;Param2 为停止位选择,0 表示 1 位停止位,1 表示 2 位停止位;Param3 为校验位选择,0 表示没有校验位(None),1 表示奇校验(Odd),2 表示偶校验(Even)。

比如发送指令"AT＋UART＝9600,0,0",则设置通信波特率为 9 600,1 位停止位,没有校验位,这也是模块的默认设置。

(4) 修改密码指令

指令为 AT＋PSWD＝〈password〉。该指令用于设置模块的配对密码,password 必须为 4 字节长度。

(5) 修改蓝牙模块名字指令

指令为 AT＋NAME＝〈name〉。该指令用于设置模块的名字,name 为要设置的名字,必须为 ASCII 字符,且最长不能超过 32 个字符。模块默认的名字为"SM-HC05"。比如发送"AT＋NAME＝SM-HC05"即可设置模块名字为"SM-HC05"。

16.5 实验

16.5.1 AT 指令测试

【实验要求】基于 SmartM-M451 系列开发板:用开发板板载的 SM-HC05 蓝牙 2.0 模块测试部分 AT 指令,例如设置配对密码和模块名字。

1. 硬件设计

SM-HC05 蓝牙模块接口电路如图 16.5.1 所示。

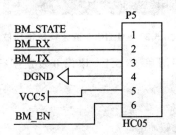

图 16.5.1 SM-HC05 蓝牙模块接口电路

M4 与 SM-HC05 蓝牙模块引脚连接如表 16.5.1 所列。

表 16.5.1 M4 与 SM-HC05 蓝牙模块引脚连接

M4	SM-HC05 蓝牙模块	引脚描述
PA9	BM_STATE	连接状态
PD1	BM_RX	模块数据接收
PD0	BM_TX	模块数据发送
—	DGND	数字地
—	VCC5	5 V 电源输入
PA8	BM_EN	模块使能

SM-HC05 蓝牙模块接口位置如图 16.5.2 所示。

2. 软件设计

代码位置:\SmartM-M451\代码\进阶\【TFT】【SM-HC05】【AT 指令】。

因为 AT 指令是建立在字符串的发送形式之上的,所以必须编写好通过串口 0 发送字符串的函数,并在发送后对模块反馈的数据进行显示或反馈。

(1) 串口 0 发送字符串

串口 0 发送字符串的代码如下。

第16章 蓝牙2.0通信

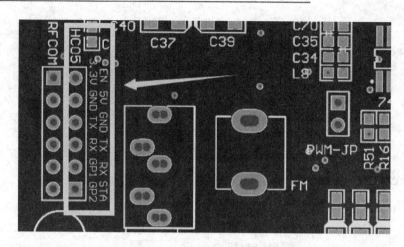

图 16.5.2 SM-HC05 蓝牙模块接口位置

程序清单 16.5.1 串口 0 发送字符串

```
/***********************************************
* 函数名称:Uart0SendStr
* 输入:pBuf      发送数据缓冲区
* 输出:无
* 功能:串口 0 发送字符串
***********************************************/
VOID Uart0SendStr(UINT8 * pBuf)
{
    while(pBuf && * pBuf)
    {
        UART_Write(UART0,pBuf,1);

        pBuf ++;
    }
}
```

(2) 发送 AT 指令

结合 16.4.2 小节有关 AT 指令的交互过程,编写如下 AT 指令的发送程序。

程序清单 16.5.2 发送 AT 指令

```
/***********************************************
* 函数名称:HC05SetCmd
* 输入:pBuf      发送数据缓冲区
* 输出:接收数据缓冲区
* 功能:HC05 发送 AT 指令
***********************************************/
```

```c
UINT8 * HC05SetCmd(UINT8 * pBuf)
{
    STATIC UINT8 buf[32] = {0};
    
    UINT8 i = 0;
    
    /*    清空缓冲区  */
    memset(buf,0,sizeof buf);
    
    /*    发送数据  */
    Uart0SendStr(pBuf);
    
    /*    延时一会儿,等待串口数据接收完成  */
    Delayms(200);
    
    /*    筛选数据  */
    if(g_StBlueToothPacket.Cnt)
    {
        for(i = 0;g_StBlueToothPacket.Buf[i] != '\r' && i<sizeof buf;i ++)
        {
            buf[i] = g_StBlueToothPacket.Buf[i];
        }
        
        g_StBlueToothPacket.Cnt = 0;
        
        memset(&g_StBlueToothPacket,0,sizeof g_StBlueToothPacket);
    }
    
    return buf;
}
```

(3) 主函数

主函数 main 主要实现的是设置 SM-HC05 蓝牙模块的主从角色、查询当前模块角色、查询当前工作状态、查询串口参数、设置配对码和蓝牙模块名字等,并将这些信息显示到 LCD 屏幕上,详细代码如程序清单 16.5.3 所列。

程序清单 16.5.3   main 函数

```
/***********************************************
* 函数名称:main
* 输入:无
* 输出:无
* 功能:函数主体
```

```c
                *****************************************/
INT32 main(void)
{

    PROTECT_REG
    (
    /*  系统时钟初始化 */
    SYS_Init(PLL_CLOCK);

    /*  串口初始化 */
    UART0_Init(9600);

    /*  使能 UART RDA/RLS/Time-out 中断 */
    UART_EnableInt(UART0,UART_INTEN_RDAIEN_Msk);
    )

    GPIO_SetMode(PA,BIT8,GPIO_MODE_OUTPUT);
    GPIO_SetMode(PA,BIT9,GPIO_MODE_INPUT);

    HC05_EN(1);


    SPI0_CS_PIN_RST();

    /*    LED 初始化 */
    LedInit();

    /*    LCD 初始化 */
    while(FALSE == LcdInit(LCD_FONT_IN_FLASH,LCD_DIRECTION_180))
    {
        Led1(1);Led2(1);Led3(1);Delayms(500);
        Led1(0);Led2(0);Led3(0);Delayms(500);

    }

    LCD_BL(0);
    LcdCleanScreen(BLACK);

    /*    XPT2046 初始化 */
    XPTSpiInit();

    while(disk_initialize(FATFS_IN_FLASH))
```

```
        {
            Led1(1);Delayms(500);
            Led1(0);Delayms(500);
        }

        /* 挂载 SPI Flash */
        f_mount(0,&g_fs[0]);


        LcdFill(0,0,LCD_WIDTH - 1,20,RED);
        LcdShowString(40,3,"蓝牙模块 AT 指令集实验",YELLOW,RED);

        LcdShowString(60,280,"www.smartmcu.com",YELLOW,BLACK);
        LcdShowString(120,300,"By Stephen.Wen",GREEN,BLACK);

        while(1)
        {
#if 0
            /* 指令:AT + ROLE = 1  设置模块为主机 */
            LcdShowString(0,20,"指令:AT + ROLE = 1",GBLUE,BLACK);
            LcdShowString(0,40,HC05SetCmd("AT + ROLE = 1\r\n"),YELLOW,BLACK);
            Delayms(1000);
#else
            /* 指令:AT + ROLE = 0  设置模块为从机 */
            LcdShowString(0,20,"指令:AT + ROLE = 0",GBLUE,BLACK);
            LcdShowString(0,40,HC05SetCmd("AT + ROLE = 0\r\n"),YELLOW,BLACK);
            Delayms(1000);
#endif

            /* 指令:AT + ROLE?  查询模块角色 */
            LcdShowString(0,60,"指令:AT + ROLE?",GBLUE,BLACK);
            LcdShowString(0,80,HC05SetCmd("AT + ROLE?\r\n"),YELLOW,BLACK);
            Delayms(1000);


            /* 指令:AT + STATE?  获取蓝牙模块工作状态 */
            LcdShowString(0,100,"指令:AT + STATE?",GBLUE,BLACK);
            LcdShowString(0,120,HC05SetCmd("AT + STATE?\r\n"),YELLOW,BLACK);
            Delayms(1000);


            /* 指令:AT + UART?  查询串口参数 */
            LcdShowString(0,140,"指令:AT + UART?",GBLUE,BLACK);
```

第16章 蓝牙2.0通信

```
            LcdShowString(0,160,HC05SetCmd("AT + UART?\r\n"),YELLOW,BLACK);
            Delayms(1000);

            /* 指令:AT + PSWD = 8888  设置配对码 */
            LcdShowString(0,180,"指令:AT + PSWD = 8888",GBLUE,BLACK);
            LcdShowString(0,200,HC05SetCmd("AT + PSWD = 8888\r\n"),YELLOW,BLACK);
            Delayms(1000);

            /* 指令:AT + NAME = SmartMcu  设置模块名称 */
            LcdShowString(0,220,"指令:AT + NAME = SM - HC05",GBLUE,BLACK);
            LcdShowString(0,240,HC05SetCmd("AT + NAME = SM - HC05\r\n"),YELLOW,BLACK);
            Delayms(1000);

            /* 清除显示区域 */
            LcdFill(0,20,239,LCD_HEIGHT - 1,BLACK);
        }
    }
```

(4) 串口0中断服务函数

串口0中断服务函数实现串口数据的实时接收,并将数据保存到 g_StBlueToothPacket 中。该函数会在程序清单 16.5.2 的发送 AT 指令的 HC05SetCmd 函数中被调用。

程序清单 16.5.4　串口 0 中断服务函数

```
/**********************************************
* 函数名称:UART0_IRQHandler
* 输入:无
* 输出:无
* 功能:串口 0 中断服务函数
**********************************************/
VOID UART0_IRQHandler(VOID)
{
    UINT32 unStatus = UART0 ->INTSTS;

    if(unStatus & UART_INTSTS_RDAINT_Msk)
    {
        /* 获取所有输入字符 */
        while(UART_IS_RX_READY(UART0))
        {
            /*   保存串口 0 接收的数据   */
            g_StBlueToothPacket.Buf[g_StBlueToothPacket.Cnt ++] = UART_READ(UART0);
```

```
        if(g_StBlueToothPacket.Cnt> = sizeof g_StBlueToothPacket.Buf)
        {
            g_StBlueToothPacket.Cnt = 0;
        }
    }
}
```

3. 下载验证

通过 SM-NuLink 仿真器下载程序到 SmartM-M451 旗舰板上,接上 SM-HC05 蓝牙 2.0 模块后,按下 SM-HC05 蓝牙模块板载的 AT 指令使能按键,使能 AT 指令功能。按键位置如图 16.5.3 所示。

程序运行后,循环执行如下操作:设置 SM-HC05 蓝牙模块为从机角色、查询当前模块角色、查询当前工作状态、查询串口参数、设置配对码和蓝牙模块名字等,并显示到 LCD 屏幕上,如图 16.5.4 所示。

图 16.5.3 蓝牙模块的 AT 指令使能按键位置

图 16.5.4 蓝牙模块 AT 指令集实验结果

16.5.2 PC 与蓝牙模块通信

【实验要求】基于 SmartM-M451 系列开发板:使用 PC 自带的蓝牙功能与开发板板载的 SM-HC05 蓝牙 2.0 模块进行数据收发。点击触摸屏上的虚拟按键,发送字符"1"~"9",要求能识别蓝牙的连接状态,能将接收到的蓝牙数据显示到屏幕中。

1. 硬件设计

参考"16.5.1 AT 指令测试"小节的相关内容。

第 16 章 蓝牙 2.0 通信

2. 软件设计

代码位置:\SmartM-M451\代码\进阶\【TFT】【SM-HC05】【数据收发】。

按照实验要求,LCD 屏幕实际显示的界面可以参考如图 16.5.5 所示的布局。标题部分用于显示当前蓝牙的连接状态,中间黑色区域用于显示接收到的蓝牙数据,剩余的区域用于显示 9 个虚拟按键。

(1) 虚拟按键实现蓝牙数据发送

虚拟按键共有 9 个,这里只抽取按键 1 进行讲解,如程序清单 16.5.5 所列,其他虚拟按键代码类同。

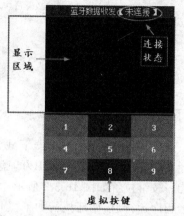

图 16.5.5 蓝牙数据收发实验界面布局

程序清单 16.5.5　LcdKey1 函数

```
/*******************************************
* 函数名称:LcdKey1
* 输入:无
* 输出:无
* 功能:串口 0 发送字符 1
*******************************************/
VOID LcdKey1(VOID)
{
    Uart0SendStr("1");
}
```

LcdKey1 函数调用的是串口 0 发送字符串函数 Uart0SendStr,该函数已经在程序清单 16.5.1 中进行描述,读者可自行参阅,同时根据该函数也可以知道,只要向串口 0 发送数据,SM-HC05 蓝牙模块就会自行将数据以蓝牙的方式向对方发送。

(2) main 函数

main 函数在 while(1)循环中实现对蓝牙连接状态的检测,并将连接状态显示到 LCD 屏幕的标题位置。调用 HC05_STA 函数进行检测,该函数返回的是 PA9 引脚的电平,若为高电平,则蓝牙已连接;若为低电平,则蓝牙已断开。

若 SM-HC05 蓝牙模块接收到数据,则 g_StBlueToothPacket 标志将会被设置,并将 g_StBlueToothPacket.Buf 中的内容显示到屏幕的中间部分。

若 SM-HC05 蓝牙模块要发送数据,则调用 LcdTouchPoint 函数处理触摸屏事件,实现虚拟按键对应的蓝牙数据发送。

main 函数代码如下。

程序清单 16.5.6 main 函数

```c
#define HC05_EN(x)      PA8 = (x)
#define HC05_STA()      PA9


/************************************************
* 函数名称:main
* 输入:无
* 输出:无
* 功能:函数主体
************************************************/
int32_t main(void)
{
    UINT32    x = 0,y = 50;
    UINT32    t = 0;
    BOOL      bIsConnected = FALSE;
    PIX       Pix;

    PROTECT_REG
    (
        /* 系统时钟初始化 */
        SYS_Init(PLL_CLOCK);

        /* 串口初始化 */
        UART0_Init(9600);

        /* 使能 UART RDA/RLS/Time-out 中断 */
        UART_EnableInt(UART0,UART_INTEN_RDAIEN_Msk);
    )

    /* LED 灯初始化 */
    LedInit();

    GPIO_SetMode(PA,BIT8,GPIO_MODE_OUTPUT);
    GPIO_SetMode(PA,BIT9,GPIO_MODE_INPUT);
    HC05_EN(1);

    /* 所有涉及 SPI0 的 CS 引脚恢复为复位状态 */
    SPI0_CS_PIN_RST();

    /*   LCD 初始化 */
    LcdInit(LCD_FONT_IN_FLASH,LCD_DIRECTION_180);
```

```c
/* LCD 背光启动 */
LCD_BL(0);

/* 清屏 */
LcdCleanScreen(BLACK);

/*   SPI Flash 初始化 */
while(disk_initialize(FATFS_IN_FLASH))
{
    Led1(1);Delayms(500);
    Led1(0);Delayms(500);
}

/*   挂载 SPI Flash */
f_mount(FATFS_IN_FLASH,&g_fs[0]);

/* XPT2046 初始化 */
XPTSpiInit();

/* 显示标题 */
LcdFill(0,0,239,20,RED);
LcdShowString(35,3,"蓝牙数据收发【未连接】",YELLOW,RED);

/* 显示虚拟按键 */
LcdKeyRst();

while(1)
{
    /*  实时检查连接状态 */
    if(t++>=5000)
    {
        t=0;

        /*  检查HC05的LED引脚电平,确认当前的连接状态 */
        if(HC05_STA())
        {
            if(!bIsConnected)
            {
                bIsConnected = TRUE;

                LcdShowString(35,3,"蓝牙数据收发【已连接】",YELLOW,RED);
            }
```

```c
            }
            else
            {
                if(bIsConnected)
                {
                    bIsConnected = FALSE;

                    LcdShowString(35,3,"蓝牙数据收发【未连接】",YELLOW,RED);

                }
            }
        }

        if(bIsConnected)
        {
            /*  实时检测是否接收到数据包 */
            if(g_StBlueToothPacket.Cnt)
            {
                Delayms(50);

                g_StBlueToothPacket.Buf[g_StBlueToothPacket.Cnt] = '\0';

                /* 显示接收到的数据 */
                Pix = LcdShowString(x,y,g_StBlueToothPacket.Buf,GBLUE,BLACK);

                /*清空缓冲区 */
                memset(&g_StBlueToothPacket,0,sizeof g_StBlueToothPacket);

                x = Pix.x;
                y = Pix.y;

                /* 超出显示接收数据范围 */
                if(y >= 180)
                {
                    x = 0;
                    y = 50;

                    /* 清空接收数据区域*/
                    LcdFill(0,50,239,199,BLACK);
```

第 16 章 蓝牙 2.0 通信

```
            }
        }
        /* 检测到触摸屏操作 */
        if(XPT_IRQ_PIN() == 0)
        {
            LcdTouchPoint();
        }
    }
}
```

3. 下载验证

通过 SM-NuLink 仿真器下载程序到 SmartM-M451 旗舰板上，接上蓝牙模块后，LCD 的屏幕显示如图 16.5.6 所示，即等待连接状态。

4.《单片机多功能调试助手》简介

打开《单片机多功能调试助手》软件，进入"蓝牙调试"选项卡，单击蓝牙图标，如图 16.5.7 所示。

接着弹出蓝牙调试助手界面，如图 16.5.8 所示。在使用蓝牙调试助手之前，必须保证电脑带有蓝牙设备，如果没有，请自行购买蓝牙适配器。

图 16.5.6 蓝牙数据收发未连接显示界面

使用蓝牙调试助手的步骤如下：

① 单击"枚举"按钮，显示本地的蓝牙设备，名称为"USER-20160305LK"。

② 单击"扫描"按钮，蓝牙调试助手将会扫描周围的蓝牙设备，当扫描到蓝牙设备时，将会显示蓝牙模块的的名称，例如如果扫描到 SM-HC05 蓝牙模块，则在"远程蓝牙设备"列表框中进行显示。

③ 单击"本设备向远程设备发送配对请求"按钮，弹出如图 16.5.9 所示对话框，接着设置配对密码为"8888"，这个配对密码就是在"16.5.1 AT 指令测试"小节中对 SM-HC05 蓝牙模块设置的配对密码，所以这里必须这样设置。设置后单击"确定"按钮退出。

④ 单击"启用串行通讯服务"按钮，若启用成功，则会在电脑的"设备管理器"的"端口（COM 和 LPT）"中找到"Bluetooth 链接上的标准串行（COM10）"，这意味着只要打

第 16 章　蓝牙 2.0 通信

图 16.5.7　《单片机多功能调试助手》的"蓝牙调试"选项卡

图 16.5.8　蓝牙调试助手

第16章 蓝牙2.0通信

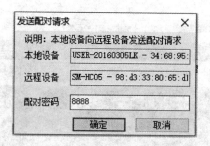

图 16.5.9　设置配对密码

开 COM10 就可以对 SM-HC05 蓝牙模块进行链接与通信,如图 16.5.10 所示。

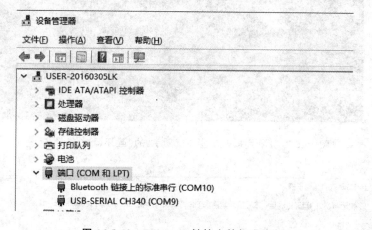

图 16.5.10　Bluetooth 链接上的标准串行

⑤ 返回《单片机多功能调试助手》的主界面,单击"串口调试"标签打开"串口调试"选项卡,可在"端口"下拉列表框中选择 COM10,如图 16.5.11 所示。

⑥ 单击"打开串口"按钮,这时会出现一定的阻塞状态,因为 PC 的蓝牙设备正在与 SM-HC05 蓝牙模块进行密码配对并建立连接,若连接成功,则"打开串口"按钮左侧的图标将变为绿色,如图 16.5.12 所示,同时开发板的 LCD 屏幕标题显示"已连接"信息,如图 16.5.13 所示。

⑦ 如图 16.5.12 所示,在"串口调试"选项卡的"发送区"填入"www.smartmcu.com",单击"发送"按钮,该数据将通过 PC 的蓝牙设备发送到开发板上,并将接收到的数据显示到 LCD 屏幕上,如图 16.5.13 所示。

⑧ 点击开发板屏幕上的虚拟按键"1"~"9",开发板将向 PC 的蓝牙设备发送字符数据,若 PC 成功接收,则显示到"串口调试"选项卡的"接收区"中,如图 16.5.12 所示。

⑨ 要想断开开发板的 SM-HC05 蓝牙模块的连接,操作十分简单,只要单击"关闭串口"按钮即可,若成功断开连接,则开发板的 LCD 屏幕标题显示"未连接"信息,如图 16.5.14 所示。

第 16 章 蓝牙 2.0 通信

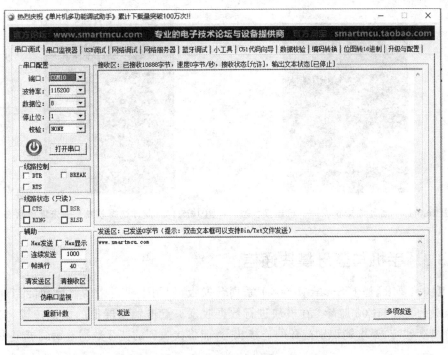

图 16.5.11 新增串行通信端口 COM10

图 16.5.12 《单片机多功能调试助手》的"串口调试"选项卡及数据收发

第 16 章 蓝牙 2.0 通信

图 16.5.13　蓝牙数据收发——已连接状态　　图 16.5.14　蓝牙数据收发——未连接状态

16.5.3　手机与蓝牙模块通信

【实验要求】基于 SmartM-M451 系列开发板：使用手机自带的蓝牙功能与开发板板载的 SM-HC05 蓝牙 2.0 模块进行数据收发。点击触摸屏上的虚拟按键，发送字符"1"～"9"，要求能识别蓝牙的连接状态，能将接收到的蓝牙数据显示到屏幕中。

1. 硬件设计

参考"16.5.1　AT 指令测试"小节的相关内容。

2. 软件设计

代码位置：\SmartM-M451\代码\进阶\【TFT】【SM-HC05】【数据收发】。

本小节的 SmartM-M451 开发板的代码与"16.5.2　PC 与蓝牙模块通信"小节的一样，只是使用的调试工具不同而已，因此代码不做修改。本小节使用 SmartMcu 团队编写的安卓手机《蓝牙调试助手》软件进行实验。

3. 下载验证

通过 SM-NuLink 仿真器下载程序到 SmartM-M451 旗舰板上，接上蓝牙模块后，LCD 的屏幕显示如图 16.5.6 所示，即等待连接状态。

在安卓手机上安装作者提供的"安卓蓝牙调试助手.apk"，当安装完成后，在安卓手机上点击"蓝牙串口"图标，接着点击"连接"按钮，如图 16.5.15 所示。

当点击"连接"按钮后，将搜索周围可用的蓝牙设备，若搜索成功，将显示搜索到的蓝牙设备，例如当前搜索到 SM-HC05 蓝牙模块，如图 16.5.16 所示，接着点击搜索到的 SM-HC05 蓝牙模块并建立连接。如果是第一次建立连接，则按图 16.5.17 配对蓝牙设备，并输入配对密码，然后点击"确定"按钮进行连接。

第 16 章 蓝牙 2.0 通信

图 16.5.15 蓝牙调试助手界面

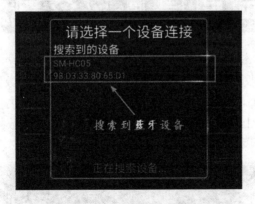

图 16.5.16 搜索周围可用的蓝牙设备

当手机与 SM-HC05 蓝牙模块连接成功后，蓝牙调试助手会显示"蓝牙已连接"的状态信息，如图 16.5.18 所示。

蓝牙连接成功后，可在发送区填写要发送的内容，如填写"www.smartmcu.

第16章 蓝牙2.0通信

图 16.5.17　输入配对密码

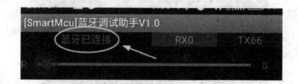

图 16.5.18　蓝牙已连接

com",然后点击"发送"按钮发送蓝牙数据,如图 16.5.19 所示。

图 16.5.19　蓝牙调试助手发送数据

若 SM-HC05 接收到从图 16.5.19 的蓝牙调试助手发来的数据,则将接收到的数据显示到 LCD 屏幕上,如图 16.5.13 所示。

最后点击触摸屏上的虚拟按键"1"~"9"向手机发送蓝牙数据,若蓝牙调试助手成功接收到数据,则显示到接收区中,如图 16.5.20 所示。

图 16.5.20　蓝牙调试助手显示接收到的数据

第 17 章

蓝牙 4.0 通信

17.1 简 介

蓝牙 4.0 是 2012 年的最新蓝牙版本,是 3.0 的升级版;与 3.0 版本相比,它更省电,成本更低,具有 3 ms 低延迟、超长的有效连接距离和 AES-128 加密等特性;通常被用在蓝牙耳机和蓝牙音箱等设备上。

蓝牙技术联盟(蓝牙 SIG)在 2010 年 7 月 7 日宣布正式采纳蓝牙 4.0 核心规范(蓝牙 Core Specification Version 4.0),并启动对应的认证计划。会员厂商可以提交其产品进行测试,通过后将获得蓝牙 4.0 标准认证。该技术拥有极低的运行和待机功耗,使用一粒纽扣电池甚至可连续工作数年之久。

1. 主要特点

蓝牙 4.0 是蓝牙 3.0+HS 规范的补充,专门面向对成本和功耗都有较高要求的无线方案,可广泛用于卫生保健、体育健身、家庭娱乐和安全保障等诸多领域。

它支持两种部署方式:双模式和单模式。在双模式中,低功耗蓝牙功能集成在现有的经典蓝牙控制器中,或者在现有经典蓝牙技术(2.1+EDR/3.0+HS)芯片上增加低功耗堆栈,整体架构基本不变,因此成本增加有限。

单模式面向高度集成、紧凑的设备,使用一个轻量级连接层(link layer)提供超低功耗的待机模式操作、简单设备恢复和可靠的点对多点的数据传输,还能让联网传感器在蓝牙传输中安排好低功耗蓝牙流量的次序,同时还有高级节能和安全加密连接。

2. 技术细节

技术细节体现在以下方面:

① 速度:支持 1 Mb/s 数据传输速率下的超短数据包,最少 8 B,最多 27 B。所有连接都使用蓝牙 2.1 加入减速呼吸模式(sniff subrating)来实现超低工作循环。

② 跳频:使用所有蓝牙规范版本通用的自适应跳频,最大限度地减少了与其他 2.4 GHz ISM 频段无线技术的串扰。

第 17 章 蓝牙 4.0 通信

③ 主控制:更加智能,可以休眠更长时间,只在需要执行动作的时候才被唤醒。
④ 延迟:最短可在 3 ms 内完成连接设置并开始传输数据。
⑤ 范围:提高调制指数,最大范围可超过 100 m(根据不同的应用领域,距离有所不同)。
⑥ 健壮性:所有数据包都使用 24 位 CRC 校验,确保最大限度地抵御干扰。
⑦ 安全:使用 AES-128 CCM 加密算法进行数据包加密和认证。
⑧ 拓扑:每个数据包的每次接收都使用 32 位寻址,理论上可连接数十亿设备;针对一对一连接优化,支持星形拓扑的一对多连接;使用快速连接和断开,数据可以在网状拓扑内转移而无须维持复杂的网状网络。

3. 优 点

蓝牙 4.0 集三种规格于一体,包括传统蓝牙技术、高速技术和低耗能技术,与 3.0 版本相比最大的不同就是低功耗。"4.0 版本的功耗较老版本降低了 90%,更省电,"蓝牙技术联盟大中华区技术事务经理吕荣良表示,"随着蓝牙技术由手机、游戏、耳机、便携电脑和汽车等传统应用领域向物联网、医疗等新领域的扩展,对低功耗的要求会越来越高。4.0 版本强化了蓝牙在数据传输上的低功耗性能。"

低功耗版本使蓝牙技术得以延伸到采用纽扣电池供电的一些新兴市场。蓝牙低耗能技术是基于蓝牙低耗能无线技术核心规范的升级版,为开拓钟表、远程控制、医疗保健及运动感应器等广大新兴市场的应用奠定了基础。这项技术将应用于每年出售的数亿台蓝牙手机、个人电脑及掌上电脑。以最低耗能提供持久的无线连接,有效扩大相关应用产品的覆盖距离,开辟全新的网络服务。低耗能无线技术的特点在于超低的峰期、平均值及待机耗能;使装置配件和人机界面装置(HIDs)具备超低成本和轻巧的特性;更能使手机及个人电脑相关配件的成本降至最低、体积更小;能确保多种设备连接的互操作性。

蓝牙 4.0 在个人健身和健康市场的影响很大。无论是在跑步机上,还是在办公室的小工具中,Fitbit 无线师、耐克公司的新 Fuelband、摩托罗拉的 MOTACTV 和时尚的小米手环都是很好的例子,而且健身手表也承诺使用蓝牙来跟踪体力活动和心率。

另外,蓝牙 4.0 依旧向下兼容,包含经典蓝牙技术规范和最高速度为 24 Mb/s 的高速蓝牙技术规范。三种技术规范可单独使用,也可同时使用。

4. 应 用

这项技术可为制造商及用户提供三种无线连接方式,包括用于多个类别电子消费产品的传统蓝牙技术,用于手机、相机、摄像机、PC 及电视等视讯、音乐及图片传输的高速蓝牙技术,以及用于保健及健康、个人设备、汽车及自动化行业的低功率传感设备和新的网络服务的低耗能蓝牙技术。

蓝牙技术的应用越来越成熟,目前有不少公司推出迷你型便携式蓝牙音箱。蓝牙音箱就是将蓝牙技术应用在传统数码和多媒体音箱上,让使用者可以免除恼人电线的牵绊,自在地以各种方式聆听音乐。自从蓝牙音箱问世以来,随着智能终端的发展,蓝牙音箱受到手机、平板等用户的广泛关注。蓝牙技术让音箱无线化变为可能,国外的索尼(Sony)、创新(Creative),以及国内的漫步者(Edifier)、声德(Sounder)等公司,都纷纷推出许多外形五花八门的"蓝牙音箱",消费者花费 150 元至 3 000 余元不等的价格,就可以让自己拥有超级时尚便捷的蓝牙音箱。

5. 蓝牙 4.0 与 iBeacon 技术

随着苹果、三星等手机制造商纷纷推出基于蓝牙 4.0 技术的移动设备,在 2013 年 9 月苹果公司发布了 iBeacon 技术。ShellBeacon 和 BrightBeacon 在基于 iBeacon 技术,并以蓝牙 4.0 标准为其通信方式的前提下,提供了一整套基于 iBeacon 的技术解决方案和供便于开发的 SDK。

17.2 SM-BLE 蓝牙 4.0 模块

SM-BLE 是 SmartMcu 推出的一款超高性价比的蓝牙 4.0 模块,如图 17.2.1 所示,它采用了 TI 公司的 CC2541 芯片;同时它也是一款高性能、低功耗的蓝牙串口模块,可以与各种带蓝牙功能的电脑、蓝牙主机、手机、PDA、PSP 等智能终端配对,具有成本低、体积小、功耗低、收发灵敏性高等优点,只需配备少许的外围元件就能实现其强大功能。该

图 17.2.1　SM-BLE 蓝牙模块

模块支持非常宽的波特率范围,达到 4 800~1 382 400 b/s,并且模块兼容 5 V 或 3.3 V 单片机系统,可以很方便地与产品进行连接,使用非常灵活、方便,其特性如表 17.2.1 所列。该模块支持 8051/M0/M3/M4 等众多平台,本实验平台为 SmartMcu 系列开发板。

表 17.2.1　SM-BLE 蓝牙模块特性

项　目	说　明
接口特性	TTL,兼容 3.3 V/5 V 单片机系统
支持波特率/(b·s^{-1})	4 800、9 600(默认)、19 200、38 400、57 600、115 200、230 400、460 800、921 600、1 382 400

续表 17.2.1

项目	说明
其他特性	主从一体,指令切换,默认为从机。带状态指示灯,带配对状态输出
通信距离	默认 10 m
工作温度	−40～125 ℃
工作电压	4.5～6 V
工作电流	自动休眠模式下,待机电流为 400 μA～1.5 mA,传输时为 8.5 mA
尺寸	26.9 mm(长)×13 mm(宽)×2.2 mm(高)
质量	3.5 g

注:工作电流与串口通信的频繁程度成正比,单位时间内的数据通信量越大,电流越高;反之,单位时间内的数据通信量越小,电流越低(接近配对未通信的电流)。

17.3 AT 指令

用户可通过串口和蓝牙芯片进行通信,串口使用 Tx 和 Rx 两根信号线,波特率支持 1 200,2 400,4 800,9 600,14 400,19 200,38 400,57 600,115 200 和 230 400 (b/s)。串口默认波特率为 9 600 b/s。

应特别注意的是,当发送 AT 指令时必须回车换行,AT 指令只能在模块未连接状态下才能生效,一旦蓝牙模块与设备连接上,蓝牙模块即进入数据透传模式。

AT 指令详细说明:AT 指令不区分大小写,均以回车、换行字符\r\n 结尾。以下列出了常用的 AT 指令,其余的详细指令请参考"BLE-CC41-A 蓝牙模块 AT 指令集 v2.0.pdf"文件,在此不再赘述。

1. 测试

测试指令如表 17.3.1 所列。

表 17.3.1 测试指令

指令	响应	参数
AT	OK	无

2. 设置主/从角色

设置主/从角色指令如表 17.3.2 所列。

表 17.3.2 设置主/从角色指令

指令	响应	参数
AT+ROLE〈Param〉	+ROLE=〈Param〉 OK	Param：主/从设备，取值为： 0——从设备（默认值）； 1——主设备
AT+ROLE	+ROLE=〈Param〉	

3. 设置波特率

设置波特率指令如表 17.3.3 所列。

表 17.3.3 设置波特率指令

指令	响应	参数
AT+BAUD〈Param〉	OK	
AT+BAUD	+BAUD=〈Param〉 OK	Param：波特率(b/s)，取值（十进制）为： 1—— 1 200； 2—— 2 400； 3—— 4 800； 4—— 9 600（默认值）； 5—— 19 200； 6—— 38 400； 7—— 57 600； 8—— 115 200； 9—— 230 400

4. 设置/查询配对码

设置/查询配对码指令如表 17.3.4 所列。

表 17.3.4 设置/查询配对码指令

指令	响应	参数
AT+PIN〈Param〉	+PIN=〈Param〉 OK	Param：6 位配对码，默认值为 000000
AT+PIN	+PIN=〈Param〉	

第 17 章　蓝牙 4.0 通信

17.4　实　验

17.4.1　AT 指令测试

【实验要求】基于 SmartM-M451 系列开发板：用开发板板载的 SM-BLE 蓝牙 4.0 模块测试部分 AT 指令，例如设置模块的角色与模块名称。

1. 硬件设计

参考"16.5.1　AT 指令测试"小节的相关内容。

2. 软件设计

代码位置：\SmartM-M451\代码\进阶\【TFT】【SM-BLE】【AT 指令】。

软件设计思路与"16.5.1　AT 指令测试"小节的相同。

main 函数主要实现设置 SM-BLE 蓝牙 4.0 模块的主/从角色、查询当前模块角色、查询串口参数、设置配对码和蓝牙模块名称等，并将结果显示到 LCD 屏幕上，详细代码如程序清单 17.4.1 所列。

程序清单 17.4.1　main 函数

```
/*****************************************
* 函数名称:main
* 输入:无
* 输出:无
* 功能:函数主体
*****************************************/
INT32 main(void)
{
    PROTECT_REG
    (
    /* 系统时钟初始化 */
    SYS_Init(PLL_CLOCK);

    /* 串口初始化 */
    UART0_Init(9600);

    /* 使能 UART RDA/RLS/Time-out 中断 */
    UART_EnableInt(UART0,UART_INTEN_RDAIEN_Msk);
    )
```

```c
GPIO_SetMode(PA,BIT8,GPIO_MODE_OUTPUT);
GPIO_SetMode(PA,BIT9,GPIO_MODE_INPUT);

BLE_EN(1);

SPI0_CS_PIN_RST();

/* LED 初始化 */
LedInit();

/*    LCD 初始化  */
while(FALSE == LcdInit(LCD_FONT_IN_FLASH,LCD_DIRECTION_180))
{
    Led1(1);Led2(1);Led3(1);Delayms(500);
    Led1(0);Led2(0);Led3(0);Delayms(500);

}

LCD_BL(0);
LcdCleanScreen(BLACK);

/*    XPT2046 初始化  */
XPTSpiInit();

/*    SPI Flash 初始化  */
while(disk_initialize(FATFS_IN_FLASH))
{
    Led1(1);Delayms(500);
    Led1(0);Delayms(500);
}

/*  挂载 SPI Flash  */
f_mount(FATFS_IN_FLASH,&g_fs[0]);

LcdFill(0,0,LCD_WIDTH-1,20,RED);
LcdShowString(30,3,"蓝牙 4.0 模块 AT 指令集实验",YELLOW,RED);

while(1)
{
#if 0
    /* 指令:AT+ROLE1  设置模块为主机 */
```

```c
        LcdShowString(0,40,"指令:AT+ROLE1",GBLUE,BLACK);
        LcdShowString(0,60,HC05SetCmd("AT+ROLE1\r\n"),YELLOW,BLACK);
        Delayms(1000);
    #else
        /* 指令:AT+ROLE0  设置模块为从机 */
        LcdShowString(0,40,"指令:AT+ROLE0",GBLUE,BLACK);
        LcdShowString(0,60,HC05SetCmd("AT+ROLE0\r\n"),YELLOW,BLACK);
        Delayms(1000);
    #endif

        /* 指令:AT+ROLE  查询模块角色 */
        LcdShowString(0,80,"指令:AT+ROLE",GBLUE,BLACK);
        LcdShowString(0,100,HC05SetCmd("AT+ROLE\r\n"),YELLOW,BLACK);
        Delayms(1000);


        /* 指令:AT+BAUD4  设置串口波特率 */
        LcdShowString(0,120,"指令:AT+BAUD4",GBLUE,BLACK);
        LcdShowString(0,140,HC05SetCmd("AT+BAUD4\r\n"),YELLOW,BLACK);
        Delayms(1000);


        /* 指令:AT+BAUD  查询串口参数 */
        LcdShowString(0,160,"指令:AT+BAUD",GBLUE,BLACK);
        LcdShowString(0,180,HC05SetCmd("AT+BAUD\r\n"),YELLOW,BLACK);
        Delayms(1000);


        /* 指令:AT+PIN000000  设置配对码 */
        LcdShowString(0,200,"指令:AT+PIN888888",GBLUE,BLACK);
        LcdShowString(0,220,HC05SetCmd("AT+PIN888888\r\n"),YELLOW,BLACK);
        Delayms(1000);


        /* 指令:AT+NAMESM-BLE  设置模块名称 */
        LcdShowString(0,240,"指令:AT+NAMESM-BLE",GBLUE,BLACK);
        LcdShowString(0,260,HC05SetCmd("AT+NAMESM-BLE\r\n"),YELLOW,BLACK);
        Delayms(1000);


        /* 清除显示区域 */
        LcdFill(0,20,239,LCD_HEIGHT-1,BLACK);

    }

}
```

3. 下载验证

通过 SM-NuLink 仿真器下载程序到 SmartM-M451 旗舰板上，将 SM-BLE 蓝牙 4.0 模块接到板载的蓝牙接口上。程序运行后，循环执行设置 SM-BLE 蓝牙 4.0 模块为从机角色、查询当前模块角色、查询串口参数、设置配对码和蓝牙模块名称等，并将结果显示到 LCD 屏幕上，如图 17.4.1 所示。

图 17.4.1　AT 指令集测试

17.4.2　苹果/安卓手机蓝牙模块通信

【实验要求】基于 SmartM-M451 系列开发板：使用 PC 自带的蓝牙功能与开发板板载的 SM-BLE 蓝牙 4.0 模块进行数据收发。点击触摸屏上的虚拟按键，发送字符"1"~"9"，要求能够识别蓝牙的连接状态，能将接收到的蓝牙数据显示到屏幕中。

1. 硬件设计

参考"16.5.1　AT 指令测试"小节的相关内容。

2. 软件设计

代码位置：\SmartM-M451\代码\进阶\【TFT】【SM-BLE】【数据收发】。

软件设计思路与"16.5.3　手机与蓝牙模块通信"小节的相同，main 函数的代码如程序清单 17.4.2 所列。

程序清单 17.4.2　main 函数

```
#define BLE_EN(x)      PA8 = (x)
#define BLE_STA()      PA9
```

第 17 章 蓝牙 4.0 通信

```c
/************************************************
* 函数名称:main
* 输入:无
* 输出:无
* 功能:函数主体
************************************************/
int32_t main(void)
{
    UINT32  x = 0,y = 50;
    UINT32  t = 0;
    BOOL    bIsConnected = FALSE;
    PIX     Pix;

    PROTECT_REG
    (
        /* 系统时钟初始化 */
        SYS_Init(PLL_CLOCK);

        /* 串口初始化 */
        UART0_Init(9600);

        /* 使能 UART RDA/RLS/Time-out 中断 */
        UART_EnableInt(UART0,UART_INTEN_RDAIEN_Msk);
    )

    /* LED 灯初始化 */
    LedInit();

    GPIO_SetMode(PA,BIT8,GPIO_MODE_OUTPUT);
    GPIO_SetMode(PA,BIT9,GPIO_MODE_INPUT);
    BLE_EN(1);

    /* 所有涉及 SPI0 的 CS 引脚恢复为复位状态 */
    SPI0_CS_PIN_RST();

    /*   LCD 初始化 */
    LcdInit(LCD_FONT_IN_FLASH,LCD_DIRECTION_180);

    /* 启动 LCD 背光 */
    LCD_BL(0);
```

```
LcdCleanScreen(BLACK);

/*   SPI Flash 初始化  */
while(disk_initialize(FATFS_IN_FLASH))
{
    Led1(1);Delayms(500);
    Led1(0);Delayms(500);
}

/*   SPI Flash 初始化  */
while(disk_initialize(FATFS_IN_FLASH))
{
    Led1(1);Delayms(500);
    Led1(0);Delayms(500);
}

/*   挂载 SPI Flash  */
f_mount(FATFS_IN_FLASH,&g_fs[0]);

LcdFill(0,0,239,20,RED);
LcdShowString(20,3,"SM-BLE 蓝牙数据收发[未连接]",YELLOW,RED);

LcdKeyRst();

/*   XPT2046 初始化  */
XPTSpiInit();

while(1)
{
    /*   实时检查连接状态  */
    if(t++ >= 5000)
    {
        t = 0;

        /*   检查 BLE 的状态引脚电平,确认当前的连接状态  */
        if(BLE_STA())
        {
            if(!bIsConnected)
            {
                bIsConnected = TRUE;

                LcdFill(0,0,239,20,RED);
```

```
                    LcdShowString(20,3,"SM-BLE 蓝牙数据收发[已连接]",YELLOW,RED);
            }
        }
        else
        {
            if(bIsConnected)
            {
                bIsConnected = FALSE;

                LcdFill(0,0,239,20,RED);
                LcdShowString(20,3,"SM-BLE 蓝牙数据收发[未连接]",YELLOW,RED);
            }
        }


    if(bIsConnected)
    {
        /*  实时检测是否接收到数据包 */
        if(g_StBlueToothPacket.Cnt)
        {
            Delayms(50);


            g_StBlueToothPacket.Buf[g_StBlueToothPacket.Cnt] = '\0';

            /* 显示接收到的数据 */
            Pix = LcdShowString(x,y,g_StBlueToothPacket.Buf,GBLUE,BLACK);

            /*清空缓冲区 */
            memset(&g_StBlueToothPacket,0,sizeof g_StBlueToothPacket);

            x = Pix.x;
            y = Pix.y;

            /* 超出显示接收数据范围 */
            if(y >= 180)
            {
                x = 0;
                y = 50;

                /* 清空接收数据区域 */
```

```
                LcdFill(0,50,239,199,BLACK);
            }
        }

        /* 检测到触摸屏操作 */
        if(XPT_IRQ_PIN() == 0)
        {
            LcdTouchPoint();
        }

    }
}
```

3. 下载验证

通过 SM-NuLink 仿真器下载程序到 SmartM-M451 旗舰板上,将 SM-BLE 蓝牙 4.0 模块接到板载的蓝牙接口上。程序运行后的显示界面如图 17.4.2 所示。

(1) 使用苹果手机的蓝牙设备与 SM-BLE 蓝牙 4.0 模块进行通信

实验内容及步骤是:

① 从苹果应用商店下载蓝牙调试工具"Bluetooth BLE Utility"程序,如图 17.4.3 所示。

图 17.4.2 SM-BLE 蓝牙 4.0 模块数据收发实验界面

图 17.4.3 获取蓝牙调试工具

第 17 章　蓝牙 4.0 通信

② 打开 iPhone 的蓝牙功能后，接着打开"Bluetooth BLE Utility"程序，这时就会搜索出 iPhone 周围可用的蓝牙设备，若搜索到 SM-BLE 蓝牙 4.0 模块，则会显示到搜索列表中，如图 17.4.4 所示。

③ 点击图 17.4.4 中搜索到的"SM-BLE"，接着进入如图 17.4.5 所示的界面，显示 BLE 服务列表，同时开发板显示 SM-BLE 蓝牙 4.0 模块"已连接"信息，如图 17.4.6 所示。继续点击 BLE 服务列表中的"FFE0"显示如图 17.4.7 所示的 BLE 字符串列表。

图 17.4.4　用 iPhone 搜索周围可用的蓝牙设备　　图 17.4.5　BLE 服务列表

图 17.4.6　SM-BLE 蓝牙模块已
　　　　　连接上 iPhone

图 17.4.7　BLE 字符串列表

④ 点击图 17.4.7 中的"FFE1"进入图 17.4.8 所示的蓝牙调试助手数据收发界面，在发送区填入"www.smartmcu.com"，并点击"Send"按钮，数据就发送到 SM-BLE 蓝牙 4.0 模块中，并显示在 LCD 屏幕上，如图 17.4.9 所示，点击 LCD 屏幕上的虚拟按键"1"～"9"，SM-BLE 蓝牙 4.0 模块将发送数据给 iPhone，并显示到蓝牙调试助手中，如图 17.4.8 所示。

(2) 使用安卓手机的蓝牙设备与 SM-BLE 蓝牙 4.0 模块进行通信

实验内容及步骤是：

① 在安卓手机上安装作者提供的蓝牙 4.0 调试软件"BLE-CC41-A.apk"，安装完成后运行该软件，并点击"开始扫描"按钮，则搜索到的 SM-BLE 蓝牙 4.0 模块的显

第 17 章　蓝牙 4.0 通信

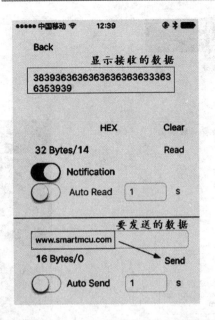

图 17.4.8　iPhone 蓝牙调试助手数据收发界面

示结果如图 17.4.10 所示。

图 17.4.9　SM-BLE 蓝牙 4.0 模块数据收发　　图 17.4.10　搜索手机周围可用的蓝牙设备

② 点击图 17.4.10 中搜索到的"SM-BLE"即可进入数据收发界面，该界面能够显示连接状态、数据内容、信号强度，并能够发送数据，如图 17.4.11 所示。开发板的 SM-BLE 蓝牙 4.0 模块收到数据的显示结果如图 17.4.12 所示。

第 17 章 蓝牙 4.0 通信

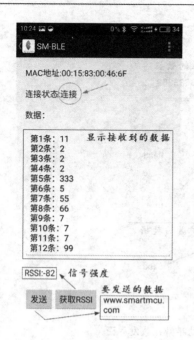

图 17.4.11 安卓手机蓝牙 4.0 调试助手数据收发

图 17.4.12 SM-BLE 蓝牙 4.0 模块数据收发

第18章

无线 2.4 GHz 通信

18.1 概　述

2.4G 无线键鼠套装已经出现有一段时间了，而且一直稳定占据着中低端无线键鼠的市场。蓝牙目前被作为高端无线技术应用在键鼠上的市场份额虽然相对较少，但却不可或缺，因为蓝牙有自己本身相对开放的连接协议，而不像 2.4G 无线那样是通过兑码实现点对点的连接。不过，因为键鼠的身份比较特殊，一台电脑配一套键鼠已经足以应付；而不像 PSP 或手机那样，它们本身就是一个载体，可以利用蓝牙的点对面功能收发数据。因此，就决定了 2.4G 无线技术在键鼠产品上是未来的发展趋势所在。

既然是未来的发展趋势，被用户广泛应用是迟早的事。那些讲究便携、抗干扰和传输距离的 HTPC 用户恰好与 2.4G 无线技术的诸多特点相融合。如今很多知名的键鼠厂商已经把未来的无线技术产品发展方向对准了 2.4G。有了大厂商的带动，相信越来越多的用户会对 2.4G 无线键鼠产品产生浓厚的兴趣。图 18.1.1 是无线鼠标产品示例。

通过作者一直以来对市场大部分品牌资料的收集，发现目前市场中的 2.4G 无线键鼠产品使用的无线收发模块基本都是 NRF24L01 芯片，如图 18.1.2 所示，此款芯片出自挪威著名 IC 芯片公司 Nordic。

图 18.1.1　无线鼠标

图 18.1.2　NRF24L01 无线收发芯片

第18章 无线 2.4 GHz 通信

NRF24L01 是单片射频收发芯片,工作于 2.4～2.5 GHz ISM 频段,工作电压为 1.9～3.6 V,有多达 125 个频道可供选择;SPI 接口通信速率最高可达 10 Mb/s,无线数据传输速率最快可达 2 Mb/s,并且有自动应答和自动再发射功能。与上一代 NRF2401 相比,NRF24L01 的数据传输速率更快,数据写入速度更高,内嵌的功能更完备。芯片能耗非常低,当以 -6 dBm 的功率发射时,工作电流只有 9 mA,接收时的工作电流只有 12.3 mA,其多种低功率工作模式(掉电模式和空闲模式)使节能设计更方便。这就不难发现为什么绝大部分企业甚至像微软、罗技这样的知名键鼠企业都普遍采用 NRF24L01 作为收发芯片的原因了。实验时的无线 2.4 GHz 通信模块如图 18.1.3 所示。

图 18.1.3　SM-NRF24L01 无线 2.4 GHz 通信模块

1. 特　性

NRF24L01 芯片的特性是:

- 是真正的 GFSK 单收发芯片;
- 内置链路层;
- 具有增强型 ShockBurst™ 模式控制器;
- 具有自动应答及自动重发功能;
- 具有地址及 CRC 检验功能;
- 数据传输速率为 1 Mb/s 或 2 Mb/s;
- SPI 接口数据速率为 0～8 Mb/s;
- 有 125 个可选工作频道;
- 有很短的频道切换时间可用于跳频;
- 与 nRF24XX 系列完全兼容;
- 可接受 5 V 电平输入;
- 20 脚 QFN 44 mm 封装;
- 有极低的晶振要求,频率偏差为 60×10^{-6} Hz;
- 使用低成本电感和双面 PCB 板;
- 工作电压为 1.9～3.6 V。

2. 应　用

NRF24L01 芯片可应用于如下产品:

- 无线鼠标、键盘及游戏机操纵杆;
- 无线门禁;

- 无线数据通信；
- 安防系统；
- 遥控装置；
- 遥感勘测；
- 智能运动设备；
- 工业传感器；
- 玩具。

3. 功　能

NRF24L01 是一款工作于世界通用的 2.4～2.5 GHz ISM 频段的单片无线收发器芯片。无线收发器包括：频率发生器、增强型 ShockBurst™ 模式控制器、功率放大器、晶体振荡器、调制器和解调器。其输出功率、频道选择和协议可通过 SPI 接口进行设置。

NRF24L01 有极低的电流消耗，当工作在发射模式下，且发射功率为 −6 dBm 时，其电流消耗为 9.0 mA；当工作在接收模式时，其电流消耗为 12.3 mA。掉电模式和待机模式下的电流消耗更低。NRF24L01 的相关参数如表 18.1.1 所列。

表 18.1.1　NRF24L01 相关参数

参　数	数　值
最低供电电压/V	1.9
最大发射功率/dBm	0
最高数据传输速率/(kb·s^{-1})	2 000
发射模式下的电流消耗(0 dBm)/mA	11.3
接收模式下的电流消耗(2 000 kb/s)/mA	12.3
温度范围/℃	−40～+85
数据传输速率为 1 000 kb/s 下的灵敏度/dBm	−85
掉电模式下的电流消耗/nA	900

NRF24L01 引脚功能及其描述如表 18.1.2 所列。

表 18.1.2　NRF24L01 引脚功能及其描述

引脚	名　称	引脚功能	描　述
1	CE	数字输入	RX 或 TX 模式选择
2	CSN	数字输入	SPI 片选信号
3	SCK	数字输入	SPI 时钟
4	MOSI	数字输入	SPI 数据输入脚
5	MISO	数字输出	SPI 数据输出脚
6	IRQ	数字输出	可屏蔽中断脚

第 18 章 无线 2.4 GHz 通信

续表 18.1.2

引脚	名称	引脚功能	描述
7	VDD	电源	电源(+3 V)
8	VSS	电源	接地(0 V)
9	XC2	模拟输出	晶体振荡器 2 脚
10	XC1	模拟输入	晶体振荡器 1 脚/外部时钟输入脚
11	VDD_PA	电源输出	给 RF 功率放大器提供的+1.8 V 电源
12	ANT1	天线	天线接口 1
13	ANT2	天线	天线接口 2
14	VSS	电源	接地(0 V)
15	VDD	电源	电源(+3 V)
16	IREF	模拟输入	参考电流
17	VSS	电源	接地(0 V)
18	VDD	电源	电源(+3 V)
19	DVDD	电源输出	去耦电路电源正极端
20	VSS	电源	接地(0 V)

NRF24L01 的功能描述如表 18.1.3 所列。

表 18.1.3　NRF24L01 功能描述

模式	PWR_UP*	PRIM_RX*	CE	FIFO 寄存器状态
接收模式	1	1	1	—
发送模式	1	0	1	数据在 TX FIFO 寄存器中
发送模式	1	0	1→0	停留在发送模式直至数据发送完
待机模式 Ⅱ	1	0	1	TX FIFO 为空
待机模式 Ⅰ	1	—	0	无数据传输
掉电模式	0	—	—	—

*:CONFIG 寄存器的控制位。

在不同模式下 NRF24L01 的引脚功能描述如表 18.1.4 所列。

表 18.1.4　NRF24L01 在不同模式下的引脚功能描述

引脚名称	信号方向	发送模式	接收模式	待机模式	掉电模式
CE	输入	高电平保持大于 10 μs	高电平	低电平	—
CSN	输入	SPI 片选,低电平使能			
SCK	输入	SPI 时钟			
MOSI	输入	SPI 串行输入			
MISO	三态输出	SPI 串行输出			
IRQ	输出	中断,低电平使能			

(1) 待机模式

待机模式Ⅰ可在保证快速启动的同时减少系统平均消耗的电流。在待机模式Ⅰ下，晶振可正常工作。在待机模式Ⅱ下，部分时钟缓冲器处于工作模式。当发送端的 TX FIFO 寄存器为空且 CE 为高电平时，进入待机模式Ⅱ。在待机模式期间，寄存器配置字内容保持不变。

(2) 掉电模式

在掉电模式下，NRF24L01 的各功能关闭，保持电流消耗最小。进入掉电模式后，NRF24L01 停止工作，但寄存器内容保持不变。掉电模式由 CONFIG 寄存器中的 PWR_UP 控制位来控制。

(3) 数据包处理方式

RF24L01 有如下几种数据包处理方式：

- ShockBurst™ 模式（与 NRF2401、NRF24E1、NRF2402、NRF24E2 数据传输速率为 1 Mb/s 时相同）；
- 增强型 ShockBurst™ 模式。

(4) ShockBurst™ 模式

在 ShockBurst™ 模式下，NRF24L01 可与成本较低的低速 MCU 相连。高速信号处理是由芯片内部的射频协议处理的，NRF24L01 提供 SPI 接口，数据速率取决于单片机本身的接口速度。ShockBurst™ 模式通过允许与单片机低速通信而在无线部分来为高速通信减小通信的平均消耗电流。

在 ShockBurst™ 接收模式下，当接收到有效的地址和数据时，IRQ 通知 MCU，随后 MCU 可将接收到的数据从 RX FIFO 寄存器中读出。

在 ShockBurst™ 发送模式下，NRF24L01 自动生成前导码及 CRC 校验。数据发送完毕后 IRQ 通知 MCU，减少了 MCU 的查询时间，这也意味着减少了 MCU 的工作量，同时减少了软件的开发时间。NRF24L01 内部有三个不同的 RX FIFO 寄存器（6 个通道共享此寄存器）和三个不同的 TX FIFO 寄存器。

在掉电模式下、待机模式下和数据传输过程中 MCU 可以随时访问 FIFO 寄存器，这就允许 SPI 接口以低速进行数据传送，并可应用于 MCU 硬件上没有 SPI 接口的情况。

(5) 增强型的 ShockBurst™ 模式

增强型的 ShockBurst™ 模式使得双向链接协议执行起来更容易、有效。典型的双向链接为：发送方要求终端设备在接收到数据后有应答信号，以便于发送方检测有无数据丢失。一旦有数据丢失，则通过重新发送功能将丢失的数据恢复。增强型的 ShockBurst™ 模式可以同时控制应答及重发功能而无需增加 MCU 的工作量。

(6) 两种数据双方向的通信方式

如果想在双方向上进行数据通信，则 PRIM_RX 寄存器必须紧随芯片工作模式的变化而变化，处理器必须保证发射源（PTX）和接收源（PRX）端的同步性。在 RX_

第 18 章 无线 2.4 GHz 通信

FIFO 和 TX_FIFO 寄存器中可能同时存有数据。

(7) 自动应答(RX)

自动应答功能减少了外部 MCU 的工作量,并且在鼠标/键盘等应用中也可以不要求硬件一定有 SPI 接口,因此降低了成本,减少了电流消耗。自动应答功能可以通过 SPI 接口对不同的数据通道分别进行配置。

在自动应答功能使能的情况下,在收到有效的数据包之后,系统将进入发送模式并发送确认信号。发送完确认信号后,系统进入正常工作模式(工作模式由 CONFIG 寄存器的 PRIM_RX 控制位和 CE 引脚决定)。

(8) 自动重发功能(ART)(TX)

自动重发功能是针对自动应答系统的发送方。用 SETUP_RETR 寄存器设置启动重发数据的时间长度。在每次发送结束后,系统都会进入接收模式并在设定的时间范围内等待应答信号。在接收到应答信号后,系统转入正常发送模式。如果 TX FIFO 寄存器中没有待发送的数据且 CE 引脚电平为低,则系统将进入待机模式 I。如果没有收到确认信号,则系统返回到发送模式并重发数据直至收到确认信号或重发次数超过设定值(达到最大的重发次数)。在有新的数据发送或 PRIM_RX 寄存器的配置改变时,丢包计数器复位。

(9) 数据包识别和 CRC 校验应用于增强型 ShockBurst™ 模式下

每一包数据都包括两位的 PID(数据包识别)用来识别接收的数据是新数据包还是重发的数据包。PID 识别可以防止接收端的同一数据包多次送入 MCU。发送方每从 MCU 取得一包新数据后,PID 值加一。PID 和 CRC 校验用于接收方识别接收的数据是重发的数据包还是新数据包。如果在链接中有一些数据丢失了,则 PID 值与上一包数据的 PID 值相同。

a. 接收方

接收方将新接收数据包的 PID 值与上一包进行比较。如果 PID 值不同,则认为接收的数据包是新数据包。如果 PID 值与上一包相同,则新接收的数据包有可能与前一包相同。接收方必须再确认 CRC 值是否相等,如果 CRC 值与前一包数据的 CRC 值相等,则认为是同一包数据并将其舍弃。

b. 发送方

每发送一包新的数据,发送方的 PID 值加一。

CRC 校验的长度是通过 SPI 接口进行配置的。一定要注意,CRC 的计算范围包括了整个数据包:地址、PID 和有效数据等。若 CRC 校验错误,则不会接收数据包,这一点是接收数据包的附加要求。

(10) 载波检测

当接收端检测到射频范围内的信号时,将载波检测寄存器的 CD 位置高,否则将 CD 位置低。内部的 CD 信号在写入寄存器之前是经过滤波的,内部 CD 的高电平状态至少保持 128 μs 以上。

在增强型 ShockBurst™ 模式下,只有当发送模块没有成功发送数据时才推荐使用 CD 检测功能。当发送端的发送检测寄存器的位 4～位 7(PLOS_CNT)显示数据包丢失率太高时,可将该寄存器设置为接收模式,并检测 CD 位的值,如果 CD 为高(说明通道出现了拥挤现象),则需要更改通信频道;如果 CD 为低(说明距离超出通信范围),则可保持原有通信频道,但需做其他调整。

(11) 数据通道

当将 NRF24L01 配置为接收模式时,可以接收 6 路不同地址但相同频率的数据,每个数据通道拥有自己的地址,并且可以通过寄存器分别进行配置。

数据通道是通过寄存器 EN_RXADDR 来设置的,默认状态下只有数据通道 0 和数据通道 1 是开启状态。

每一个数据通道的地址都是通过寄存器 RX_ADDR_Px 来配置的。通常情况下不允许不同的数据通道设置完全相同的地址。

数据通道 0 有 40 位可配置地址。数据通道 1～5 的地址为:32 位共用地址＋各自的地址(最低字节)。

图 18.1.4 所示的是数据通道 0～5 的地址设置方法举例。所有数据通道可以设置为多达 40 位,但是数据通道 1～5 的最低位必须不同。

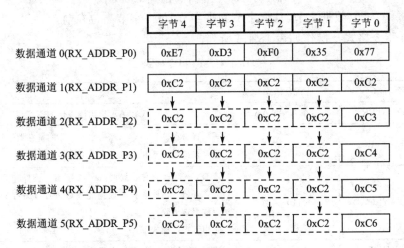

图 18.1.4　数据通道 0～5 的地址设置

当从一个数据通道中接收到数据,并且此数据通道设置为应答方式时,NRF24L01 在收到数据后产生应答信号,此应答信号的目标地址为接收通道地址。

寄存器配置有些是针对所有数据通道的,有些则只针对个别通道。以下设置举例是针对所有数据通道的:

- CRC 使能/禁止;
- CRC 计算;
- 接收地址宽度;

第 18 章 无线 2.4 GHz 通信

- 频道设置；
- 无线数据通信速率；
- LNA 增益；
- 射频输出功率。

(12) 寄存器配置

NRF24L01 的所有配置都在配置寄存器中完成，所有寄存器都是通过 SPI 口进行配置的。

(13) SPI 接口

SPI 接口是标准的接口，其最高数据传输速率为 10 Mb/s。NRF24L01 的大多数寄存器都是可读的。

(14) SPI 指令设置

SPI 接口可能用到的指令在下面有所说明。CSN 引脚为低后，SPI 接口等待执行指令。每一条指令的执行都必须通过一次 CSN 引脚由高到低的变化。

(15) SPI 指令格式

SPI 指令格式是：

〈命令字：每字节由高位到低位〉

〈数据字节：从低字节到高字节，每一字节高位在前〉

SPI 指令格式及操作如表 18.1.5 所列。

表 18.1.5　SPI 指令格式

指令名称	指令格式	操 作
R_REGISTER	000A_AAAA	读配置寄存器。AAAAA 指出读操作的寄存器地址
W_REGISTER	001A_AAAA	写配置寄存器。AAAAA 指出写操作的寄存器地址。只有在掉电模式和待机模式下可操作
R_RX_PAYLOAD	0110_0001	读 RX 寄存器的有效数据：1～32 字节。读操作全部从字节 0 开始。当读取有效数据完成后，FIFO 寄存器中的有效数据被清除。应用于接收模式下
FLUSH_TX	1110_0001	清除 TX FIFO 寄存器，应用于发射模式下
FLUSH_RX	1110_0010	清除 RX FIFO 寄存器，应用于接收模式下。在传输应答信号过程中不应执行此指令。也就是说，若传输应答信号过程中执行此指令，则将使应答信号不能被完整地传输
REUSE_TX_PL	1110_0011	重新使用上一包有效数据。在 CE 为高的过程中，数据包被不断地重新发送。在发送数据包过程中必须禁止数据包的重利用功能
NOP	1111_1111	空操作。可以用来读状态寄存器

R_REGISTER 和 W_REGISTER 指令可能操作单字节或多字节寄存器。当访问多字节寄存器时,首先要读/写的是最低字节的高位。在所有多字节寄存器被写完之前可以结束写 SPI 操作,在这种情况下,没有写完的高字节保持原有内容不变。例如:RX_ADDR_P0 寄存器的最低字节可以通过写一个字节给寄存器 RX_ADDR_P0 来改变。在 CSN 引脚状态由高变低后,可以通过 MISO 引脚来读取状态寄存器的内容。

(16) 中　断

NRF24L01 的中断引脚(IRQ)为低电平触发,当状态寄存器中的 TX_DS、RX_DR 或 MAX_RT 位为高时触发中断。当 MCU 给中断源写"1"时,中断引脚被禁止。通过设置 CONFIG 寄存器的可屏蔽中断位第 4~7 位为高来使中断响应被禁止。默认状态下所有的中断源都是被禁止的。

18.2　实验:数据传输

【实验要求】基于 SmartM-M451 系列开发板:两套开发板基于 NRF24L01 进行数据传输,并通过 LCD 屏显示数据。

1. 硬件设计

NRF24L01 模块接口电路设计如图 18.2.1 所示。

NRF24L01 模块接口位置如图 18.2.2 所示。

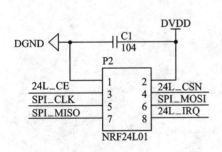
图 18.2.1　NRF24L01 模块接口电路设计

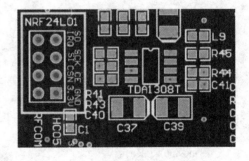
图 18.2.2　NRF24L01 模块接口位置

2. 软件设计

代码位置:\SmartM-M451\代码\进阶\【TFT】【NRF24L01】【数据收发】。

SPI 接口数据读/写的代码如下。

第18章 无线 2.4 GHz 通信

程序清单 18.2.1　SPI 接口数据读/写

```
/******************************************
* 函数名称:RF24L01SpiWriteRead
* 输入:d    -写入字节
* 输出:输出单个字节数据
* 功能:RF24L01-SPI 接口读/写字节
******************************************/
STATIC UINT8 RF24L01SpiWriteRead(UINT8 d)
{
    /* 写入 1 字节数据到 SPI0 数据发送寄存器 */
    SPI_WRITE_TX(SPI0,d);

    /* 等待 SPI0 传输数据完成 */
    while(SPI_IS_BUSY(SPI0));

    /* 返回接收到的数据 */
    return (UINT8)SPI_READ_RX(SPI0);
}
```

设置为发送模式的代码如下。

程序清单 18.2.2　设置为发送模式

```
/******************************************
* 函数名称:RF24L01SetTxMode
* 输入:无
* 输出:无
* 功能:RF24L01 设置为发送模式
******************************************/
VOID RF24L01SetTxMode(VOID)
{
    RF24L01_CE(0);

    /* 配置基本工作模式的参数:PWR_UP,EN_CRC,16BIT_CRC,接收模式,开启所有中断 */
    RF24L01WriteReg(WRITE_REG + CONFIG,0x0e);

    /* CE 为高,10 μs 后启动发送 */
    RF24L01_CE(1);
}
```

设置为接收模式的代码如下。

程序清单 18.2.3　设置为接收模式

```c
/***********************************************
* 函数名称:RF24L01SetRxMode
* 输入:无
* 输出:无
* 功能:RF24L01 设置为接收模式
***********************************************/
VOID RF24L01SetRxMode(VOID)
{
    RF24L01_CE(0);

    /* 配置基本工作模式的参数:PWR_UP,EN_CRC,16BIT_CRC,接收模式 */
    RF24L01WriteReg(WRITE_REG + CONFIG,0x0f);

    /* CE 为高 */
    RF24L01_CE(1);
}
```

接收数据包的代码如下。

程序清单 18.2.4　接收数据包

```c
/***********************************************
* 函数名称:RF24L01RxPacket
* 输入:pucRxBuf - 接收数据缓冲区
* 输出:     1 - 成功
           0 - 失败
* 功能:RF24L01 接收数据包
***********************************************/
UINT8 RF24L01RxPacket(UINT8 * pucRxBuf)
{
    UINT8 ucStatus = 0;

    /* 读取状态寄存器的值 */
    ucStatus = RF24L01ReadReg(RF_STATUS);

    /* 清除 TX_DS 或 MAX_RT 中断标志 */
    RF24L01WriteReg(WRITE_REG + RF_STATUS,ucStatus);

    /* 接收到数据 */
    if(ucStatus & RX_OK)
    {
```

第 18 章 无线 2.4 GHz 通信

```
        /* 读取数据 */
        RF24L01ReadBuf(RD_RX_PLOAD,pucRxBuf,RX_PLOAD_WIDTH);

        /* 清除 RX FIFO 寄存器 */
        RF24L01WriteReg(FLUSH_RX,0xff);

        return 1;
    }

    return 0;
}
```

发送数据包的代码如下。

程序清单 18.2.5　发送数据包

```
/***********************************************
* 函数名称:RF24L01TxPacket
* 输入:pucTxBuf - 发送数据缓冲区
* 输出:    1 - 成功
          0 - 失败
* 功能:RF24L01 发送数据包
***********************************************/
UINT8 RF24L01TxPacket(UINT8 * pucTxBuf)
{
    UINT8 ucStatus,ucTxCount = 5;

    while(ucTxCount -- )
    {
        RF24L01_CE(0);

        /* 写数据到 TX BUF,32 字节 */
        RF24L01WriteBuf(WR_TX_PLOAD,pucTxBuf,TX_PLOAD_WIDTH);

        /* 启动发送 */
        RF24L01_CE(1);

        /* 等待发送完成 */
        while(RF24L01_IRQ() != 0);

        /* 读取状态寄存器的值 */
        ucStatus = RF24L01ReadReg(RF_STATUS);
```

```c
    /* 清除 TX_DS 或 MAX_RT 的中断标志 */
    RF24L01WriteReg(WRITE_REG + RF_STATUS,ucStatus);

    /* 发送完成 */
    if(ucStatus & TX_OK)
    {
        return TX_OK;
    }

    /* 达到最大重发次数 */
    if(ucStatus & MAX_TX)
    {
        /* 清除 TX FIFO 寄存器 */
        RF24L01WriteReg(FLUSH_TX,0xff);
    }

    continue;
}

if(ucStatus & MAX_TX)
{
    return   MAX_TX;
}

return MAX_TX;
}
```

芯片初始化的代码如下。

程序清单 18.2.6　芯片初始化

```c
/*****************************************
* 函数名称:RF24L01Init
* 输入:无
* 输出:   1 - 成功
         0 - 失败
* 功能:RF24L01 初始化
*****************************************/
UINT8 RF24L01Init(VOID)
{
    /* 设置 SPI0 的多功能引脚 */
    SYS->GPB_MFPL &= ~(SYS_GPB_MFPL_PB5MFP_Msk |
                       SYS_GPB_MFPL_PB6MFP_Msk |
                       SYS_GPB_MFPL_PB7MFP_Msk);
```

```
SYS ->GPB_MFPL |= (SYS_GPB_MFPL_PB7MFP_SPI0_CLK |
                   SYS_GPB_MFPL_PB6MFP_SPI0_MISO0 |
                   SYS_GPB_MFPL_PB5MFP_SPI0_MOSI0);


/*   使能 SPI0 硬件时钟 */
CLK_EnableModuleClock(SPI0_MODULE);

SPI_Open(SPI0,           //SPI0
         SPI_MASTER,     //主机模式
         SPI_MODE_0,     //模式 0
         8,              //8 位数据宽度
         9000000);       //速度 9 MHz

/*   取消 SPI0 片选信号自动控制 */
SPI_DisableAutoSS(SPI0);

/*   设置 RF24L01 的 CS、CE 引脚为输出模式 */
GPIO_SetMode(PA,BIT15,GPIO_MODE_OUTPUT);
GPIO_SetMode(PB,BIT10,GPIO_MODE_OUTPUT);

/*   设置 RF24L01 的 IRQ 引脚为输入模式 */
GPIO_SetMode(PD,BIT2,GPIO_MODE_INPUT);

/*   延时一会儿 */
Delayms(1);

RF24L01_CE(0);           //芯片使能
RF24L01_CSN(1);          //禁止 SPI

//   RF24L01_SCK(0);     //SCK 引脚拉低,该引脚必须拉低
Delayms(1);

if(RF24L01Check())
{

    /*   写 TX 节点地址 */
    RF24L01WriteBuf(WRITE_REG + TX_ADDR,
                    (UINT8 *)g_ucRF24L01TxAddr,
                    TX_ADR_WIDTH);
```

```c
            /* 设置 TX 节点地址,主要是为了使能 ACK */
            RF24L01WriteBuf(WRITE_REG + RX_ADDR_P0,
                            (UINT8 *)g_ucRF24L01RxAddr,
                            RX_ADR_WIDTH);

            /* 选择通道 0 的有效数据宽度 */
            RF24L01WriteReg(WRITE_REG + RX_PW_P0,RX_PLOAD_WIDTH);

            /* 使能通道 0 的自动应答 */
            RF24L01WriteReg(WRITE_REG + EN_AA,0x01);

            /* 使能通道 0 的接收地址 */
            RF24L01WriteReg(WRITE_REG + EN_RXADDR,0x01);

            /* 设置自动重发间隔时间:500 μs + 86 μs;最大自动重发次数:10 次 */
            RF24L01WriteReg(WRITE_REG + SETUP_RETR,0x1a);

            /* 设置 RF 通道为 40 */
            RF24L01WriteReg(WRITE_REG + RF_CH,40);

            /* 设置 TX 发射参数,0 db 增益,2 Mb/s,低噪声增益开启 */
            RF24L01WriteReg(WRITE_REG + RF_SETUP,0x0f);

            return 1;
        }

    return 0;
}
```

主函数的代码如下。

程序清单 18.2.7　主函数

```c
/*********************************
* 函数名称:main
* 输入:无
* 输出:无
* 功能:函数主体
*********************************/
int32_t main(void)
{
    UINT32 x = 0,y = 50;
    UINT32 i = 0;
```

```c
    PIX Pix;

    PROTECT_REG
    (
        /*  系统时钟初始化  */
        SYS_Init(PLL_CLOCK);

        /*  串口初始化  */
        UART0_Init(115200);
    )

    /*  LCD 初始化  */
    LcdInit(LCD_FONT_IN_FLASH,LCD_DIRECTION_180);
    LCD_BL(0);
    LcdCleanScreen(WHITE);

    /*   SPI Flash 初始化  */
    while(disk_initialize(FATFS_IN_FLASH))
    {
        Led2(1);Delayms(500);
        Led2(0);Delayms(500);
    }

    /*   挂载 SPI Flash  */
    f_mount(0,&g_fs[0]);

    /*  XPT2046 初始化  */
    XPTSpiInit();

    /*  显示虚拟按键  */
    LcdKeyRst();

    /*  显示标题  */
    LcdFill(0,0,LCD_WIDTH-1,20,RED);
    LcdShowString(10,3,"NRF24L01 数据传输实验",YELLOW,RED);

    /*  初始化 RF24L01  */
    RF24L01Init();

    while(1)
    {
        /*  触摸屏幕发送数据 */
```

```c
        if(XPT_IRQ_PIN() == 0)
        {
            /* 处理触摸操作 */
            LcdTouchPoint();

            /* 设置为接收模式 */
            RF24L01SetRxMode();
        }

        /* 获取数据包 */
        i = RF24L01RxPacket(g_buf);

        if(i)
        {
            g_buf[1] = '\0';

            /* 显示接收到的数据 */
            Pix = LcdShowString(x,y,g_buf,BLACK,WHITE);

            /* 清空缓冲区 */
            memset(g_buf,0,sizeof g_buf);

            x = Pix.x;
            y = Pix.y;

            /* 判断换行操作 */
            if(x >= LCD_WIDTH - 20)
            {
                x = 0;
                y = 50;

                /* 清空接收数据区域 */
                LcdFill(0,50,239,LCD_WIDTH - 40,BLACK);
            }
        }

        Delayms(1);
    }
}
```

第 18 章　无线 2.4 GHz 通信

3. 下载验证

通过 SM-NuLink 仿真器下载程序到两块 SmartM-M451 旗舰板上，将两块 NRF24L01 无线模块分别接到两块开发板板载的 NRF24L01 接口，当程序运行时，开发板显示如图 18.2.3 所示。

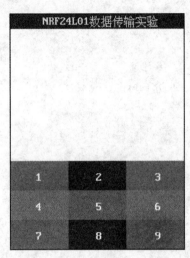

图 18.2.3　NRF24L01 数据传输实验上电显示界面

接着点击两块开发板上屏幕中的虚拟按键"1"～"9"，进行相互的数据收发，结果如图 18.2.4 和图 18.2.5 所示。

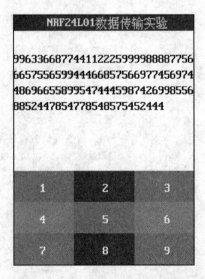

图 18.2.4　开发板 1 数据收发　　　　图 18.2.5　开发板 2 数据收发

18.3 无线串口

伴随着物联网技术的不断发展,各类智能家居硬件如雨后春笋,层出不穷。智能网络和智能家电已越来越多地出现在人们的生活中,如何建立一个高性能、低成本的智能家居系统也已成为当前研究的一个热点问题。目前,这一领域的国际标准尚未成熟,无线组网方案也没有统一。其中,基于 WiFi 和 ZigBee 技术的无线组网方案受到较多的关注。然而,这些技术在协议栈层面并未专门针对智能家居应用进行有效的功能剪裁和优化,因而具有较大的软硬件资源开销和成本代价。如 ZigBee 协议栈应用了 AODVjr 与 Cluster-Tree 相结合的路由算法,以满足各种复杂的动态网络拓扑结构,这对于智能家居中大多数节点位置相对固定、网络拓扑结构相对稳定的实际情况来说,较为冗余。本节设计了一种专用于智能家居领域的无线组网方案,以达到简单、实用的目的。该方案就是使用无线串口来简化编写代码和降低硬件设计成本。图 18.3.1 是智能家居系统的实例。

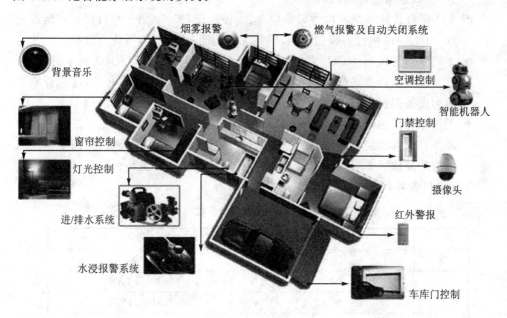

图 18.3.1 智能家居系统

SM-RFCOM 无线串口传输模块是基于无线 2.4G 芯片 Si24R1(完全兼容传统的 NRF24L01)进行空中数据传输的,不需要编写复杂的代码就能轻易实现自动组网功能,可实现 1 个主机与 6 个从机组成星形网络进行多点通信。SM-RFCOM 的外形分为两种,一种可直接连接到单片机上,如图 18.3.2 所示,另一种可直接连接到电脑端,如图 18.3.3 所示。虽然这两者的外形不同,但实现的功能一模一样,只是 USB 外形的 SM-RFCOM-B 虽然方便开发者进行二次开发,但因该 USB 接口实现的是串口

第 18 章　无线 2.4 GHz 通信

通信功能，因此必须安装对应的驱动，对于熟悉上位机的朋友，可自行编写属于自己的开发工具。

图 18.3.2　SM-RFCOM-A 型

图 18.3.3　SM-RFCOM-B 型

SM-RFCOM 模块的特征如下：
- 编程简单，基于优秀的主控芯片，将无线芯片的 SPI 通信变为了串口通信，同时将无线通信复杂的逻辑关系全部交给了主控芯片，开发者只需关注串口的收/发数据格式即可，提高了开发者的效率。
- 无线串口传输模块有两种设备模型：一种连接 PC 端，另一种可以自由地连接到 MCU。虽然设备模型不同，但实现的功能一模一样，可任意选择。
- 无线串口连接到 MCU 端的设备模型还额外提供了 GP1/GP2 两个引脚，可以通过用串口发送命令或无线来控制这两个引脚的高、低电平，这为智能家居的设备控制提供了便利，降低了成本。
- 无线串口传输模块稳定可靠，如串口数据自动容错，自动使能了主控芯片的硬件看门狗功能；同时添加了软件看门狗功能，一旦发生异常，可向串口发送当前的复位状态，以检测出当前的工作电压或工作环境是否合适。

无线串口参数如表 18.3.1 所列。

表 18.3.1　无线串口参数

序号	参数	值
1	工作电压/V	**3.3**
2	工作频段/MHz	2 400～2 525
3	调制方式	GFSK/FSK
4	空中数据传输速率/(b·s^{-1})	250 k/**1 M**/2 M
5	空旷地方的通信距离/m（速率越小，距离越远）	>100
6	增益/dBm	−12/−6/−4/0/1/3/4/**7**
7	串口通信波特率/(b·s^{-1})	**9 600**/19 200/38 400/57 600/115 200

注：表中的黑体部分为无线串口的默认值。

18.4 星形组网

每个模块既可以被设置为从机端,也可以被设置为主机端,但是为了实现自动组网功能,通过图 18.4.1 的星形网络可以知道,主机端必须只有 1 个,从机端可以多达 6 个,同时还要能够实现双向数据收/发。

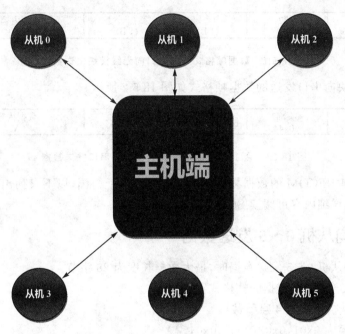

图 18.4.1 星形网络

可通过以下方面来判断收/发数据是否成功。
(1) 数据包格式
通过串口数据包格式来判断应答码,后面 18.5.1 小节将进行介绍。
(2) LED 灯状态
每个 SM-RFCOM 模块都搭载了 1 盏高亮 LED 灯,用于表示当前模块的状态,当发送或接收数据成功时,LED 灯会持续亮 2 s,当没有操作或操作失败时,LED 灯保持闪烁状态。用 LED 灯表示的模块状态如下:
- 模块开机时会进行自检,当自检失败时,LED 灯一直保持灭的状态;当自检成功时,会进入闪烁模式。
- 当模块通过空中传输数据或接收数据成功时,LED 灯会持续亮 1 s,过后进入闪烁模式。
- 当模块通过空中出现大数据的成功传输或接收时,LED 灯会持续高亮,若无数据收/发时,即进入闪烁模式。

18.5 握手协议

SM-RFCOM 模块都是基于串口进行控制的,因此,需要设置特定的握手协议,以进行数据交互。握手协议的具体内容如下。

通过串口向无线模块发送的数据帧格式如图 18.5.1 所示。

头部1 (0xAA)	头部2 (0x55)	命令码 (1 B)	数据长度 (1 B)	数据内容 (N)

图 18.5.1 数据帧格式——串口向无线模块发送数据

无线模块向串口发送的数据帧格式如图 18.5.2 所示。

头部1 (0xBB)	头部2 (0x44)	命令码 (1 B)	数据长度 (1 B)	数据内容 (N)

图 18.5.2 数据帧格式——无线模块向串口发送数据

设置 SM-RFCOM 的数据帧格式多达 10 种,限于篇幅,以下只列出常用的 3 种数据帧格式,详细内容可阅读 SM-RFCOM 使用手册。

18.5.1 向从机 0~5 发送数据

注:当向从机 0~5 发送数据时,最大数据长度为 28 字节。

向从机 0~5 发送数据的帧格式实例如下。

(1) 向从机 0 发送 4 字节数据

数据内容为 0x01,0x02,0x03,0x04。

串口下传:0xAA　0x55　0x00　0x04　0x01　0x02　0x03　0x04。

当发送成功时,串口上传:0xBB　0x44　0x00　0x00。

当发送失败时,串口上传:0xBB　0x44　0xC0　0x00。

(2) 向从机 1 发送 4 字节数据

数据内容为 0x01,0x02,0x03,0x04。

串口下传:0xAA　0x55　0x01　0x04　0x01　0x02　0x03　0x04。

当发送成功时,串口上传:0xBB　0x44　0x01　0x00。

当发送失败时,串口上传:0xBB　0x44　0xC0　0x00。

(3) 向从机 2 发送 4 字节数据

数据内容为 0x01,0x02,0x03,0x04。

串口下传:0xAA　0x55　0x02　0x04　0x01　0x02　0x03　0x04。

当发送成功时,串口上传:0xBB　0x44　0x02　0x00。

当发送失败时,串口上传:0xBB　0x44　0xC0　0x00。

(4) 向从机 3 发送 4 字节数据

数据内容为 0x01,0x02,0x03,0x04。

串口下传:0xAA　0x55　0x03　0x04　0x01　0x02　0x03　0x04。

当发送成功时,串口上传:0xBB　0x44　0x03　0x00。

当发送失败时,串口上传:0xBB　0x44　0xC0　0x00。

(5) 向从机 4 发送 4 字节数据

数据内容为 0x01,0x02,0x03,0x04。

串口下传:0xAA　0x55　0x04　0x04　0x01　0x02　0x03　0x04。

当发送成功时,串口上传:0xBB　0x44　0x04　0x00。

当发送失败时,串口上传:0xBB　0x44　0xC0　0x00。

(6) 向从机 5 发送 4 字节数据

数据内容为 0x01,0x02,0x03,0x04。

串口下传:0xAA　0x55　0x05　0x04　0x01　0x02　0x03　0x04。

当发送成功时,串口上传:0xBB　0x44　0x05　0x00。

当发送失败时,串口上传:0xBB　0x44　0xC0　0x00。

18.5.2　从从机 0～5 获取数据

注:这是 MCU 被动获取接收数据,必须对串口进行实时检测,建议 MCU 端采用中断接收。

以下实例是无线模块主动向串口上传,主机端可以接收从机 0～从机 5 的数据,而从机端只能接收主机端的数据。主机端的默认地址与从机 0 的地址相同。

对于主机端,若接收到从机 0～从机 5 的数据,则将按图 18.5.3 的格式进行接收。

头部1 (0xBB)	头部2 (0x44)	命令码 (1 B) 从机0: 0x70 从机1: 0x71 从机2: 0x72 从机3: 0x73 从机4: 0x74 从机5: 0x75	数据长度 (1 B)	数据内容 (N)

图 18.5.3　数据帧格式——主机端接收数据

对于从机端,若接收到主机数据,则将按图 18.5.4 的格式进行接收。

头部1 (0xBB)	头部2 (0x44)	命令码 (1 B) 主机: 0x70	数据长度 (1 B)	数据内容 (N)

图 18.5.4　数据帧格式——从机端接收数据

18.5.3 设置模块角色

注:SM-RFCOM 最多能实现 1 个主机对 6 个从机进行通信,通信之前必须确保设置好通信频道一致、通信速率一致,同时各从机的角色定位和地址也必须设置好。

设置模块角色的帧格式实例如下。

(1) 设置为主机

串口下传:0xAA　0x55　0x60　0x01　0x00。

当设置成功后,串口上传:0xBB　0x44　0x60　0x00。

(2) 设置为从机 0

串口下传:0xAA　0x55　0x60　0x01　0x01。

当设置成功后,串口上传:0xBB　0x44　0x60　0x00。

(3) 设置为从机 1

串口下传:0xAA　0x55　0x60　0x01　0x02。

当设置成功后,串口上传:0xBB　0x44　0x60　0x00。

(4) 设置为从机 2

串口下传:0xAA　0x55　0x60　0x01　0x03。

当设置成功后,串口上传:0xBB　0x44　0x60　0x00。

(5) 设置为从机 3

串口下传:0xAA　0x55　0x60　0x01　0x04。

当设置成功后,串口上传:0xBB　0x44　0x60　0x00。

(6) 设置为从机 4

串口下传:0xAA　0x55　0x60　0x01　0x05。

当设置成功后,串口上传:0xBB　0x44　0x60　0x00。

(7) 设置为从机 5

串口下传:0xAA　0x55　0x60　0x01　0x06。

当设置成功后,串口上传:0xBB　0x44　0x60　0x00。

18.6　实验:一对多通信

【实验要求】基于 SmartM-M451 系列开发板:将两个 SM-RFCOM-A 型无线串口模块各自连接到开发板的串口 0,且分别设置为从机 0 和从机 5;将 SM-RFCOM-B 型无线串口模块连接到电脑的 USB 接口,同时使用无线串口调试助手实现一对多的数据收/发,并能够通过 LCD 屏显示接收到的数据。

1. 硬件设计

SM – RFCOM 无线串口接口电路设计如图 18.6.1 所示。

SM-RFCOM-A 型无线串口连接 SmartM-M451 旗舰板如图 18.6.2 所示。

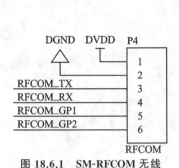

图 18.6.1　SM-RFCOM 无线
串口接口电路设计

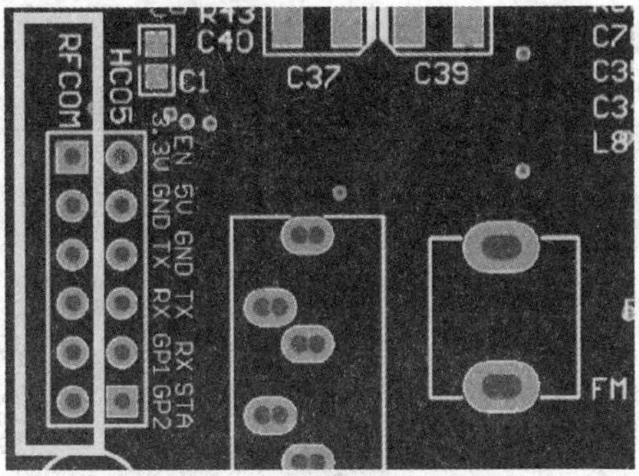

图 18.6.2　SM-RFCOM-A 型无线
串口连接 SmartM-M451 旗舰板

注：SM-RFCOM-A 型需要 3.3 V 供电，若连接到 5 V 上，则会损坏该模块。
一对多通信连接示意图如图 18.6.3 所示。

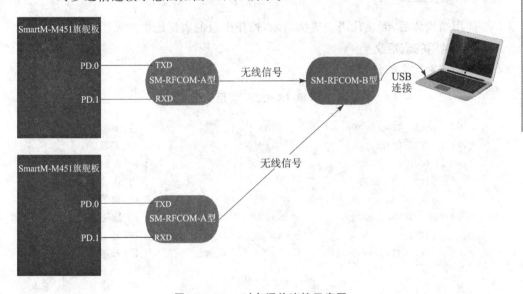

图 18.6.3　一对多通信连接示意图

2. 软件设计

代码位置：\SmartM-M451\代码\进阶\【TFT】【无线串口】。

(1) 定义结构体与共用体

操作 SM-RFCOM 模块的接口是串口，而串口通信遵循一定的数据格式，根据图 18.5.1 和图 18.5.2 的数据帧格式，定义适用于 SM-RFCOM 握手协议的结构体和共用体如程序清单 18.6.1 所列。

第 18 章 无线 2.4 GHz 通信

程序清单 18.6.1 UART_PACKET 类型

```
typedef union _UART_PACKET
{
    struct
    {
        UINT8 m_ucHead1;              //头部 1
        UINT8 m_ucHead2;              //头部 2
        UINT8 m_ucOptCode;            //命令码
        UINT8 m_ucLength;             //数据长度
        UINT8 m_szBuf[28];            //数据内容
    }r;

    UINT8 p[32];

}UART_PACKET;
```

使用结构体后,阅读代码会更加清晰,操作变量的数据也更加灵活。

(2) 常用的宏定义

常用的宏定义的代码如下。

程序清单 18.6.2 常用宏定义

```
#define DCMD_CTRL_HEAD1          0xAA           //下传:头部 1
#define DCMD_CTRL_HEAD2          0x55           //下传:头部 2
#define DCMD_TXD_BAND0           0x00           //下传:通道 0
#define DCMD_TXD_BAND1           0x01           //下传:通道 1
#define DCMD_TXD_BAND2           0x02           //下传:通道 2
#define DCMD_TXD_BAND3           0x03           //下传:通道 3
#define DCMD_TXD_BAND4           0x04           //下传:通道 4
#define DCMD_TXD_BAND5           0x05           //下传:通道 5


#define UACK_CTRL_HEAD1          0xBB           //上传:头部 1
#define UACK_CTRL_HEAD2          0x44           //上传:头部 2
#define UACK_TXD_BAND0           0x00           //上传:通道 0
#define UACK_TXD_BAND1           0x01           //上传:通道 1
#define UACK_TXD_BAND2           0x02           //上传:通道 2
#define UACK_TXD_BAND3           0x03           //上传:通道 3
#define UACK_TXD_BAND4           0x04           //上传:通道 4
#define UACK_TXD_BAND5           0x05           //上传:通道 5


#define UACK_TXD_BANK_FAIL       0xC0           //上传:无线传输数据失败
```

```
#define UACK_SET_BAND_FAIL      0xC1        //上传:设置传输通道失败
#define UACK_SET_SPEED_FAIL     0xC2        //上传:设置传输速率失败
#define UACK_SET_POWER_FAIL     0xC3        //上传:设置传输功率失败
#define UACK_SET_ADDR_FAIL      0xC4        //上传:设置传输地址失败
#define UACK_TST_FAIL           0xC5        //上传:测试模式失败
#define UACK_SET_ROLE_FAIL      0xC6        //上传:设置模块角色失败
```

(3) 编写无线串口收发程序 RFCOM.c

在 RFCOM.c 中，RFCOMSend 函数用于对某通道发送数据，而接收无线串口的数据则通过 UART0_IRQHandler 中断服务函数来捕获，若接收到有效的数据，则 g_bRFRecvEnd 被置 1。RFCOM.c 程序的代码如下。

程序清单 18.6.3　RFCOM.c 收发程序

```c
#include "SmartM_M4.h"

VOLATILE BOOL g_bRFSendEnd = FALSE;
VOLATILE BOOL g_bRFRecvEnd = FALSE;

UART_PACKET g_UnUartPacketDown = {0};
VOLATILE UART_PACKET g_UnUartPacketUp = {0};

/*********************************************
* 函数名称:RFCOMSend
* 输入: ucBand           通道号 0~5
        pbuf             数据缓冲区
        ucNumOfBytes     发送字节数
* 输出:    0    发送成功
           1    发送失败
           0xFF 未知错误
* 功能:无线串口发送数据
*********************************************/
UINT8 RFCOMSend(UINT8 ucBand,UINT8 * pbuf,UINT8 ucNumOfBytes)
{
    UINT32 unRetry = 1000;
    /* 命令帧头部 1 */
    g_UnUartPacketDown.r.m_ucHead1     = 0xAA;
    /* 命令帧头部 2 */
    g_UnUartPacketDown.r.m_ucHead2     = 0x55;
    /* 通道号 */
    g_UnUartPacketDown.r.m_ucOptCode = ucBand;
    /* 发送字节数且不能超过 28 */
    g_UnUartPacketDown.r.m_ucLength = ucNumOfBytes>28? 28:ucNumOfBytes;
```

```c
    /* 复制要发送的数据 */
    memcpy(g_UnUartPacketDown.r.m_szBuf,pbuf,g_UnUartPacketDown.r.m_ucLength);
    /* 向 SmartM-RF 发送数据 */
    UART_Write(UART0,g_UnUartPacketDown.p,ucNumOfBytes + 4);
    /* 等待 SmartM-RF 应答 */
    while(unRetry--)
    {
        /* SmartM-RF 应答 */
        if(g_bRFSendEnd)
        {
            g_bRFSendEnd = FALSE;
            /* 检测到发送失败 */
            if(g_UnUartPacketUp.r.m_ucOptCode == UACK_TXD_BANK_FAIL)
            {
                return 1;
            }
            /* 检测到发送成功 */
            else
            {
                return 0;
            }
        }

        Delayms(1);
    }
    /* 超时,未知错误 */
    return 0xFF;
}
/*------------------------------------------*/
/*                中断服务函数                */
/*------------------------------------------*/

VOLATILE UINT8 g_ucUartDataCount = 0;


/*******************************************
* 函数名称:UART0_IRQHandler
* 输入:无
* 输出:无
* 功能:串口 0 中断服务函数
*******************************************/
void UART0_IRQHandler(void)
{
```

```c
UINT32 unStatus = UART0->INTSTS;

if(unStatus & UART_INTSTS_RDAINT_Msk)
{
    /* 获取所有输入字符 */
    while(UART_IS_RX_READY(UART0))
    {
        /* 从UART1的数据缓冲区获取数据 */
        g_UnUartPacketUp.p[g_ucUartDataCount ++] = UART_READ(UART0);

        if(g_UnUartPacketUp.r.m_ucHead1 == UACK_CTRL_HEAD1)
        {
            /* 是否接收完所有数据 */
            if(g_ucUartDataCount<4 + g_UnUartPacketUp.r.m_ucLength)
            {
                /* 是否有效的数据帧头部2 */
                if(g_ucUartDataCount >= 2 && g_UnUartPacketUp.r.m_ucHead2 !=
                    UACK_CTRL_HEAD2)
                {
                    g_ucUartDataCount = 0;

                    continue;
                }
            }
            else
            {
                if((g_UnUartPacketUp.r.m_ucOptCode >= UACK_TXD_BAND0)
                   &&(g_UnUartPacketUp.r.m_ucOptCode <= UACK_TXD_BAND5))
                {
                    g_bRFSendEnd = TRUE;
                }
                else if((g_UnUartPacketUp.r.m_ucOptCode >= UACK_RXD_BAND0)
                   &&(g_UnUartPacketUp.r.m_ucOptCode <= UACK_RXD_BAND5))
                {
                    g_bRFRecvEnd    = TRUE;
                }

                g_ucUartDataCount = 0;
            }
        }
        else
        {
            g_ucUartDataCount = 0;
```

第18章 无线 2.4 GHz 通信

```
            }
        }
    }
}
```

(4) 完整代码

完整代码如下。

程序清单 18.6.4　完整代码

```c
#include "SmartM_M4.h"

/*----------------------------------------*/
/*                全局变量                */
/*----------------------------------------*/

STATIC FATFS g_fs[2];

/*----------------------------------------*/
/*                  函数                  */
/*----------------------------------------*/
/*******************************************
* 函数名称:LcdKey1
* 输入:b    - 该按键是否按下
* 输出:无
* 功能:LCD 显示 1 键
*******************************************/
STATIC VOID LcdKey1(BOOL b)
{
    if(b)
    {
        RFCOMSend(0,"1",1);
        LcdFill(0,200,79,239,BLACK);
    }

    LcdFill(0,200,79,239,BROWN);

    LcdShowString(35,215,"1",WHITE,BROWN);
}
/*******************************************
* 函数名称:LcdKey2
```

* 输入:b   -该按键是否按下
* 输出:无
* 功能:LCD 显示 2 键
*******************************/
STATIC VOID LcdKey2(BOOL b)
{
    if(b)
    {
        RFCOMSend(0,"2",1);
        LcdFill(80,200,159,239,BLACK);
    }

    LcdFill(80,200,159,239,RED);

    LcdShowString(118,215,"2",WHITE,RED);
}
/******************************
* 函数名称:LcdKey3
* 输入:b   -该按键是否按下
* 输出:无
* 功能:LCD 显示 3 键
*******************************/
STATIC VOID LcdKey3(BOOL b)
{
    if(b)
    {
        RFCOMSend(0,"3",1);
        LcdFill(160,200,239,239,BLACK);
    }

    LcdFill(160,200,239,239,BROWN);

    LcdShowString(200,215,"3",WHITE,BROWN);
}
/******************************
* 函数名称:LcdKey4
* 输入:b   -该按键是否按下
* 输出:无
* 功能:LCD 显示 4 键
*******************************/
STATIC VOID Uart_LcdKey4(BOOL b)
{

```c
    if(b)
    {
        RFCOMSend(0,"4",1);
        LcdFill(0,240,79,279,BLACK);
    }

    LcdFill(0,240,79,279,GREEN);

    LcdShowString(35,255,"4",WHITE,GREEN);
}
/*********************************************
* 函数名称:LcdKey5
* 输入:b   - 该按键是否按下
* 输出:无
* 功能:LCD 显示 5 键
**********************************************/
STATIC VOID Uart_LcdKey5(BOOL b)
{
    if(b)
    {
        RFCOMSend(0,"5",1);
        LcdFill(80,240,159,279,BLACK);
    }

    LcdFill(80,240,159,279,BROWN);

    LcdShowString(118,255,"5",WHITE,BROWN);
}
/*********************************************
* 函数名称:LcdKey6
* 输入:b   - 该按键是否按下
* 输出:无
* 功能:LCD 显示 6 键
**********************************************/
STATIC VOID Uart_LcdKey6(BOOL b)
{
    if(b)
    {
        RFCOMSend(0,"6",1);
        LcdFill(160,240,239,279,BLACK);
    }
```

```
    LcdFill(160,240,239,279,GREEN);

    LcdShowString(200,255,"6",WHITE,GREEN);
}
/*******************************************
* 函数名称:LcdKey7
* 输入:b    - 该按键是否按下
* 输出:无
* 功能:LCD 显示 7 键
*******************************************/
STATIC VOID LcdKey7(BOOL b)
{
    if(b)
    {
        RFCOMSend(0,"7",1);
        LcdFill(0,280,79,319,BLACK);
    }

    LcdFill(0,280,79,319,BROWN);

    LcdShowString(35,295,"7",WHITE,BROWN);
}
/*******************************************
* 函数名称:LCDKey8
* 输入:b    - 该按键是否按下
* 输出:无
* 功能:LCD 显示 8 键
*******************************************/
STATIC VOID LcdKey8(BOOL b)
{
    if(b)
    {
        RFCOMSend(0,"8",1);
        LcdFill(80,280,159,319,BLACK);
    }

    LcdFill(80,280,159,319,RED);

    LcdShowString(118,295,"8",WHITE,RED);
}
/*******************************************
* 函数名称:LcdKey9
```

```
*  输入:b    -该按键是否按下
*  输出:无
*  功能:LCD 显示 9 键
**********************************************/
STATIC VOID LcdKey9(BOOL b)
{
    if(b)
    {
        RFCOMSend(0,"9",1);
        LcdFill(160,280,239,319,BLACK);
    }
    
    LcdFill(160,280,239,319,BROWN);
    
    LcdShowString(200,295,"9",WHITE,BROWN);
}
/*********************************************
*  函数名称:LcdKeyRst
*  输入:无
*  输出:无
*  功能:LCD 复位所有按键状态
**********************************************/
VOID LcdKeyRst(VOID)
{
    LcdKey1(FALSE);
    LcdKey2(FALSE);
    LcdKey3(FALSE);
    LcdKey4(FALSE);
    LcdKey5(FALSE);
    LcdKey6(FALSE);
    LcdKey7(FALSE);
    LcdKey8(FALSE);
    LcdKey9(FALSE);
}



/*********************************************
*  函数名称:main
*  输入:无
*  输出:无
*  功能:函数主体
**********************************************/
```

```c
int32_t main(void)
{
    UINT32 x = 0,y = 50;

    PIX Pix;

    PROTECT_REG
    (
    /* 系统时钟初始化 */
    SYS_Init(PLL_CLOCK);

    /* 串口初始化 */
    UART0_Init(115200);

    /* 使能 UART RDA/RLS/Time-out 中断 */
    UART_EnableInt(UART0,UART_INTEN_RDAIEN_Msk|UART_INTEN_RXTOIEN_Msk);
    )

    /* LED 初始化 */
    LedInit();

    /* LCD 初始化 */
    LcdInit(LCD_FONT_IN_FLASH,LCD_DIRECTION_180);
    LCD_BL(0);
    LcdCleanScreen(BLACK);

    /* SPI Flash 初始化 */
    while(disk_initialize(FATFS_IN_FLASH))
    {
        Led1(1);Delayms(500);
        Led1(0);Delayms(500);
    }

    /* 挂载 SPI Flash */
    f_mount(FATFS_IN_FLASH,&g_fs[0]);

    /* XPT2046 初始化 */
    XPTSpiInit();

    /* 显示虚拟键盘 */
    LcdKeyRst();
```

```
    /* 显示标题 */
    LcdFill(0,0,LCD_WIDTH-1,20,RED);
    LcdShowString(60,3,"无线串口收发实验",YELLOW,RED);

    while(1)
    {
        /* 触摸屏幕发送数据 */
        if(XPT_IRQ_PIN() == 0)
        {
            LcdTouchPoint();
        }

        /* 接收到数据 */
        if(g_bRFRecvEnd)
        {
            g_bRFRecvEnd = FALSE;

            /* 显示接收到的数据 */
            Pix = LcdShowString(x,y,g_UnUartPacketUp.r.m_szBuf,GBLUE,BLACK);

            /* 清空缓冲区 */
            memset(g_UnUartPacketUp.r.m_szBuf,0,sizeof g_UnUartPacketUp.r.m_szBuf);

            x = Pix.x;
            y = Pix.y;

            /* 判断换行操作 */
            if(y >= 150)
            {
                x = 0;
                y = 50;
                /* 清空接收数据区域 */
                LcdFill(0,50,LCD_WIDTH-1,180,BLACK);
            }
        }
    }
}
```

3. 下载验证

通过 SM-NuLink 仿真器将程序下载到两块 SmartM-M451 旗舰板上后，显示的操作界面如图 18.6.4 所示。

第 18 章　无线 2.4 GHz 通信

图 18.6.4　触摸屏操作界面

在 Windows 中打开无线串口调试助手,并打开对应的串口,如图 18.6.5 所示。

图 18.6.5　无线串口操作界面

在无线串口调试助手中,选中"发送通道"为"从机 0",给从机 0 发送数据"www.smartmcu.com:Stephen.Wen";接着选中"发送通道"为"从机 4",也发送数据"www.smartmcu.com:Stephen.Wen",这时两块 SmartM-M451 旗舰板触摸屏上的显示数据如图 18.6.6 所示。

最后点击两块 SmartM-M451 旗舰板触摸屏上的虚拟按键,则对 SM-RFCOM - B 型无线串口发送数据,此时,无线串口调试助手显示来自从机 0 和从机 4 的数据,

第 18 章　无线 2.4 GHz 通信

图 18.6.6　触摸屏显示接收到的数据

如图 18.6.7 所示。

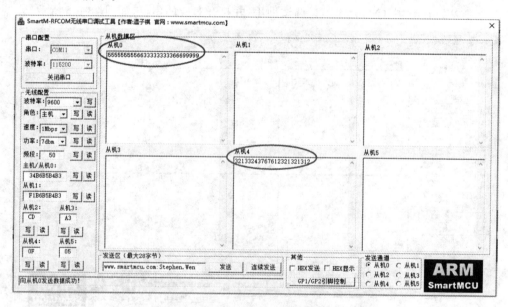

图 18.6.7　无线串口调试助手显示接收到的数据

第 19 章

uIP 与无线 WiFi 网络通信

19.1 uIP 概述

uIP 协议栈是由瑞典计算机科学学院(网络嵌入式系统小组)的 Adam Dunkels 开发的。其源代码用 C 语言编写,并完全公开。

uIP 协议栈去掉了完整的 TCP/IP 中不常用的功能,简化了通信流程,但保留了网络通信必须使用的协议,设计重点放在了 IP/TCP/ICMP/UDP/ARP 这些网络层和传输层协议上,保证了其代码的通用性和结构的稳定性。

由于 uIP 协议栈是专门为嵌入式系统设计的,因此还具有如下优越功能:

① 代码非常少,其协议栈代码不到 6 KB,很方便阅读和移植。

② 占用的内存非常少,RAM 仅占用几百字节。

③ 其硬件处理层、协议栈层和应用层共用一个全局缓存区,不存在数据的复制,且发送和接收都依靠这个缓存区,极大地节省了空间和时间。

④ 支持多个主动连接和被动连接的并发。

⑤ 其源代码中提供一套实例程序:WEB 服务器、WEB 客户端、电子邮件发送程序(SMTP 客户端)、Telnet 服务器、DNS 主机名解析程序等。程序的通用性强,移植时基本不用修改即可通过。

⑥ 对数据的处理采用轮询机制,不需要操作系统的支持。

由于 uIP 对资源的需求少和移植容易,因此大部分的 8 位微控制器都使用过 uIP 协议栈,而且在很多著名的嵌入式产品和项目(如卫星、Cisco 路由器、无线传感器网络)中都在使用 uIP 协议栈。uIP 相当于一个代码库,通过一系列的函数来实现与底层硬件和高层应用程序的通信,对于整个系统来说,其内部的协议组是透明的,从而增强了协议的通用性。uIP 协议栈与系统底层和高层应用之间的关系如图 19.1.1 所示。

从图 19.1.1 可以看出,uIP 协议栈主要提供 2 个函数供系统底层调用:uip_input 和 uip_periodic。另外,与应用程序的联系主要通过 UIP_APPCALL 函数。

当网卡驱动收到一个输入包时,将其放入全局缓冲区 uip_buf 中,包的大小由全局变量 uip_len 约束,同时将调用 uip_input 函数,该函数会根据包首部的协议来处

第 19 章 uIP 与无线 WiFi 网络通信

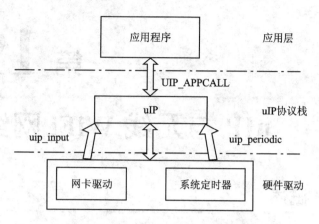

图 19.1.1 uIP 协议栈与系统底层和高层应用之间的关系

理这个包以及在需要时调用应用程序。当 uip_input 函数返回时，一个输出包同样放在了全局缓冲区 uip_buf 中，包的大小值赋给 uip_len。如果 uip_len 是 0，则说明没有包要发送；否则调用底层系统的发包函数将包发送到网络上。

uIP 的周期计时用于驱动所有的 uIP 内部时钟事件。当周期计时被激发时，每一个 TCP 连接都会调用 uIP 的函数 uip_periodic。类似于 uip_input 函数，当 uip_periodic 函数返回时，输出的 IP 包要放到 uip_buf 中，供底层系统根据 uip_len 的大小来决定是否发送。

由于使用 TCP/IP 的应用场景很多，因此应用程序作为单独的模块由用户来实现。uIP 协议栈提供一系列接口函数供用户程序调用，其中大部分函数作为 C 的宏命令来实现，主要是在需要改善速度、代码大小、效率和堆栈时使用。用户需要将应用层的入口程序作为接口提供给 uIP 协议栈，并将这个用户自定义函数定义为宏 UIP_APPCALL。这样，uIP 在接收到底层传来的数据包后，在需要送到上层应用程序处理的地方，调用 UIP_APPCALL。在不需要修改协议栈的情况下可以适配不同的应用程序。

uIP 协议栈提供了很多接口函数，这些函数定义在 uip.h 中，为了减少因函数调用造成的额外支出，大部分接口函数都以宏命令形式实现。uIP 提供的接口函数如下。

程序清单 19.1.1　uIP 提供的接口函数

```
uip_init()              //初始化 uIP 协议栈
uip_input()             //处理输入包
uip_periodic()          //处理周期计时事件
uip_listen()            //开始监听端口
uip_connect()           //连接到远程主机
uip_connected()         //接收到连接请求
```

```
uip_close()              //主动关闭连接
uip_closed()             //连接被关闭
uip_acked()              //发出去的数据被应答
uip_send()               //确认当前连接并发送数据
uip_newdata()            //确认当前连接并收到新的数据
uip_stop()               //告诉对方要停止连接
uip_aborted()            //连接被意外终止
```

19.2 uIP 移植

在 uIP 官网或 SmartMcu 官网(www.smartmcu.com)都可以下载到源码包,默认最新版本为 1.0,如图 19.2.1 所示。其中 apps 文件夹中是 uIP 提供的各种参考代码,本章主要用到其中的 WEB Server 部分;doc 文件夹中是一些 uIP 的使用及说明文件,是学习 uIP 的官方资料;lib 文件夹中是用于内存管理的一些代码,本章没有用到;uip 文件夹中就是 uIP 1.0 的源码了,这里全盘照收;unix 文件夹中提供的是具体的应用实例,要做的移植主要依照该文件夹中的代码。

图 19.2.1 uIP 源码包内容

移植的步骤是:

第一步,实现在 unix/tapdev.c 文件中的三个函数。首先是 tapdev_init 函数。该函数用于初始化网卡(也就是 ENC28J60)。其次是 tapdev_read 函数。该函数用于从网卡读取一包数据,并将读到的数据存放在 uip_buf 中,将数据长度返回给 uip_len。最后是 tapdev_send 函数。该函数用于向网卡发送一包数据,将全局缓冲区 uip_buf 中的数据发送出去(长度为 uip_len)。其实这三个函数就是实现最底层的网卡操作。

第二步,因为 uIP 协议栈需要使用时钟为 TCP 和 ARP 的定时器服务,因此需要 M4 提供一个定时器作为时钟,提供 10 ms 计时(假设 clock-arch.h 中的 CLOCK_CONF_SECOND 为 100),通过 clock-arch.c 中的 clock_time 函数返回给 uIP 使用。

第三步,配置 uip-conf.h 中的宏定义选项。主要用于设置 TCP 的最大连接数、TCP 的监听端口数和 CPU 的大小端模式等,这个可根据自己的需要进行配置。

通过以上3步的修改，基本上完成了uIP的移植。在使用uIP的时候，一般通过如下顺序：

(1) 实现接口函数(回调函数)UIP_APPCALL

该函数是使用uIP最关键的部分，它是uIP与应用程序的接口，必须根据自己的需要在该函数中做各种处理，而做这些处理的触发条件就是程序清单19.1.1中提到的uIP提供的那些接口函数，如uip_newdata、uip_acked、uip_closed，等等。另外，如果是UDP，那么还需要实现UIP_UDP_APPCALL回调函数。

(2) 调用tapdev_init函数初始化网卡

此步先初始化网卡，配置MAC地址，为uIP和网络通信做好准备。

(3) 调用uip_init函数初始化uIP协议栈

此步主要用于uIP自身的初始化，只需直接调用即可。

(4) 设置IP地址、网关和掩码

这一步与在电脑上配置网络差不多，只是这里是通过uip_ipaddr、uip_sethostaddr、uip_setdraddr和uip_setnetmask等函数实现的。

(5) 设置监听端口

uIP根据所设定的不同监听端口，实现不同的服务，比如要想实现WEB Server就监听80端口(浏览器默认的端口是80端口)，凡是发现80端口的数据，都通过WEB Server的APPCALL函数处理。也可以根据自己的需要为WEB Server设置不同的监听端口。不过uIP有本地端口(lport)和远程端口(rport)之分，如果是用做服务器端，则通过监听本地端口(lport)实现；如果是用做客户端，则需要连接远程端口(rport)。

(6) 处理uIP事件

最后，uIP通过uip_polling函数轮询处理uIP事件。该函数必须插入到用户的主循环中(也就是必须每隔一定时间调用一次)。

19.3 uIP层次结构

19.3.1 实现设备驱动与uIP对接的接口程序

实现设备驱动与uIP对接需要的7个接口程序代码如下。

程序清单19.3.1 实现设备驱动与uIP对接需要的7个接口程序

```
#define uip_input()              uip_process(UIP_DATA)

#define uip_periodic(conn)       do {uip_conn = &uip_conns[conn]; \
                                     uip_process(UIP_TIMER); } \
                                 while (0)
```

```
#define uip_conn_active(conn)           (uip_conns[conn].tcpstateflags != UIP_CLOSED)

#define uip_periodic_conn(conn)         do {uip_conn = conn; \
                                            uip_process(UIP_TIMER); } \
                                        while (0)

#define uip_poll_conn(conn)             do {uip_conn = conn; \
                                            uip_process(UIP_POLL_REQUEST); } \
                                        while (0)

#define uip_udp_periodic(conn)          do {uip_udp_conn = &uip_udp_conns[conn]; \
                                            uip_process(UIP_UDP_TIMER); } \
                                        while (0)

#define uip_udp_periodic_conn(conn)     do {uip_udp_conn = conn; \
                                            uip_process(UIP_UDP_TIMER); } \
                                        while (0)
```

下面这个变量在接口中要用到：

```
u8_t uip_buf[UIP_BUFSIZE + 2];
```

上述 7 个接口程序函数及相关变量的功能介绍如下。

(1) #define uip_input()

此函数处理输入的数据包。

当设备从网络上接收到数据包时调用此函数。在调用此函数之前，应将接收到的数据包内容存入 uip_buf 缓冲区中，并将其长度值赋给 uip_len。

以太网内使用的 uIP 需要用到 ARP 协议，因此在调用此函数之前先调用 uIP 的 ARP 代码。

此函数返回时，如果系统有数据要输出，则会直接将数据存入 uip_buf 中，并将其长度值赋给 uip_len。如果没有数据要输出，则 uip_len 值为 0。

使用举例如下。

程序清单 19.3.2 uip_input 函数使用

```
uip_len = tapdev_read(uip_buf);

if(uip_len > 0)
{
    if(BUF->type == htons(UIP_ETHTYPE_IP))
    {
        uip_arp_ipin();
        uip_input();
```

```
            if(uip_len > 0)
            {
                uip_arp_out();
                tapdev_send(uip_buf,uip_len);
            }
        }
        else if(BUF->type == htons(UIP_ETHTYPE_ARP))
        {
            uip_arp_arpin();
            if(uip_len > 0)
            {
                tapdev_send(uip_buf,uip_len);
            }
        }
    }
```

(2) #define uip_periodic(conn)

此函数周期性地处理一个连接,需用到该连接的连接号,conn 为将要轮询的连接号。该函数对一个 uIP 的 TCP 连接进行一些必要的周期性处理(如定时器、轮询等),此函数应该在周期性 uIP 定时器期满消息到来时被调用。不论连接是否被打开,每一个连接都应该调用该函数。

该函数返回时,若缓冲区内有需要被发送出去的数据包等待处理,则将 uip_len 的值置为大于零的数。以太网内使用的 uIP 需要用到 ARP 协议,因此在调用驱动程序之前先调用 uIP 的 ARP 相关函数 uip_arp_out,再调用设备驱动程序将数据包发送出去。

使用举例如下。

程序清单 19.3.3 uip_periodic 函数使用

```
for(uint32_t i = 0; i < UIP_CONNS; i++)
{
    uip_periodic(i);
    if(uip_len > 0)
    {
        uip_arp_out();
        tapdev_send(uip_buf,uip_len);
    }
}
```

(3) #define uip_conn_active(conn)

此函数返回当前 TCP 连接的状态。

(4) #define uip_periodic_conn(conn)

此函数对一个连接进行周期性处理,需用到指向该连接结构体的指针。该函数与 uip_periodic 函数执行的操作基本相同,不同之处在于传入的参数是一个指向 uip_conn 结构体的指针。此函数可用于对某个连接强制进行周期性处理。

(5) #define uip_poll_conn(conn)

此函数请求对特定连接进行轮询。该函数功能与 uip_periodic 函数的基本相同,但是不执行任何定时器处理。它通过轮询来从应用程序得到新数据。

(6) #define uip_udp_periodic(conn)

此函数周期性地处理由连接号指定的连接。此函数的功能基本上与 uip_periodic 函数的相同,区别在于这里处理的是 UDP 连接。其调用方式也与 uip_periodic 函数类似,代码如下。

程序清单 19.3.4　uip_udp_periodic 函数使用

```
for(i = 0; i < UIP_UDP_CONNS; i++)
{
    uip_udp_periodic(i);

    if(uip_len > 0)
    {
        uip_arp_out();
        tapdev_send();
    }
}
```

(7) #define uip_udp_periodic_conn(conn)

此函数周期性地处理一个 UDP 连接,需用到指向该连接结构体的指针。此函数的功能与 uip_periodic_conn 函数的基本相同,只是用来处理的是 UDP 连接。

(8) u8_t uip_buf[UIP_BUFSIZE+2]

此变量为 uIP 数据包缓冲区,长度固定。

uip_buf 数组用于存放接收、发送的数据包。设备驱动程序应将接收到的数据放入缓冲区。发送数据时,设备驱动程序从缓冲区读取链路层的首部和 TCP/IP 首部。链路层头的大小在 UIP_LLH_LEN 中定义。

注: 应用程序数据无须放入该缓冲区中,而是需要设备驱动程序从 uip_appdata 指针所指的地方读取数据。

(9) u16_t uip_len

此变量为全局变量,表示 uip_buf 缓冲区中数据包的长度。当网络设备驱动程序调用 uIP 的输入函数时,uip_len 要被设为传入数据包的大小。当发送数据包时,设备驱动程序通过此变量来确定要发送的数据包的大小。

19.3.2 应用层要调用的函数

应用层要调用的函数包括一些宏定义和函数,它们定义在 uip.h 文件中。
宏定义的代码如下。

程序清单 19.3.5 应用层常调用的宏定义

```
#define uip_outstanding(conn)        ((conn)->len)
#define uip_datalen()                uip_len
#define uip_urgdatalen()             uip_urglen
#define uip_close()                  (uip_flags = UIP_CLOSE)
#define uip_abort()                  (uip_flags = UIP_ABORT)
#define uip_stop()                   (uip_conn->tcpstateflags |= UIP_STOPPED)
#define uip_stopped(conn)            ((conn)->tcpstateflags & UIP_STOPPED)
#define uip_restart()                do {uip_flags |= UIP_NEWDATA; \
                                        uip_conn->tcpstateflags &= ~UIP_STOPPED; \
                                     } while(0)
#define uip_udpconnection()          (uip_conn == NULL)
#define uip_newdata()                (uip_flags & UIP_NEWDATA)
#define uip_acked()                  (uip_flags & UIP_ACKDATA)
#define uip_connected()              (uip_flags & UIP_CONNECTED)
#define uip_closed()                 (uip_flags & UIP_CLOSE)
#define uip_aborted()                (uip_flags & UIP_ABORT)
#define uip_timedout()               (uip_flags & UIP_TIMEDOUT)
#define uip_rexmit()                 (uip_flags & UIP_REXMIT)
#define uip_poll()                   (uip_flags & UIP_POLL)
#define uip_initialmss()             (uip_conn->initialmss)
#define uip_mss()                    (uip_conn->mss)
#define uip_udp_remove(conn)         (conn)->lport = 0
#define uip_udp_bind(conn,port)      (conn)->lport = port
#define uip_udp_send(len)            uip_send((char *)uip_appdata,len)
```

函数的代码如下。

程序清单 19.3.6 应用层常调用的函数

```
void uip_listen(u16_t port);
void uip_unlisten(u16_t port);
struct uip_conn * uip_connect(uip_ipaddr_t * ripaddr,u16_t port);
void uip_send(const void * data,int len);
struct uip_udp_conn * uip_udp_new(uip_ipaddr_t * ripaddr,u16_t rport);
```

上述宏定义和函数的功能介绍如下。

(1) #define uip_outstanding(conn)

此宏检查一个连接是否有特殊的(例如,未答复的)数据。conn 为指向该连接结构体的指针。

(2) #define uip_datalen()

此宏给出在 uip_appdata 缓冲区中当前可用的传入数据的长度。使用此宏前必须先调用 uip_data() 函数查明当前是否有可用的传入数据。

(3) #define uip_urgdatalen()

此宏给出所有已连接的缓冲区外的(紧急数据)数据长度。要使用此宏,应配置 UIP_URGDATA 宏为真。

(4) #define uip_close()

此宏会以一种谨慎的方式关闭当前连接。

(5) #define uip_abort()

此宏中止(重置)当前连接。多用于出现错误导致无法使用 uip_close() 宏的场合。

(6) #define uip_stop()

此宏告诉正在发送数据的主机停止发送。此宏会关闭接收者的窗口,以停止从当前连接接收数据。

(7) #define uip_stopped(conn)

此宏找出先前已经被 uip_stop() 宏停止了的连接。

(8) #define uip_restart()

如果要连接先前被 uip_stop() 宏停止了的连接,则此宏会重启连接。接收者的窗口会被重新打开,并从当前连接开始接收数据。

(9) #define uip_udpconnection()

此宏检查当前连接是否是一个 UDP 连接。

(10) #define uip_newdata()

如果 uip_appdata 指针所指之处有新的应用数据,则此宏就会得到一个非零值,数据的大小可通过 uip_len 变量得到。

(11) #define uip_acked()

若先前发送的数据得到了远程主机的确认信息,则此宏就会得到一个非零值,表示应用程序可以发送新数据了。

(12) #define uip_connected()

如果当前与远程主机建立了连接,则此宏得到一个非零值。这包括两种情形:连接被主动打开(调用 uip_connect() 函数),或者是被动打开(调用 uip_listen() 函数)。

(13) #define uip_closed()

如果连接被远程主机关闭,则此宏返回一个非零值。这时应用程序会做一些必要的清理工作。

第 19 章　uIP 与无线 WiFi 网络通信

(14) #define uip_aborted()

如果连接被远程主机中止(重置),则此宏返回一个非零值。

(15) #define uip_timedout()

如果当前连接是因为多次重传而超时中止,则此宏返回一个非零值。

(16) #define uip_rexmit()

如果先前发送的数据在网络中丢失,则在应用程序重传时,此宏返回一个非零值。应用程序需调用 uip_send()函数来重传与上一次发送的完全一致的数据。

(17) #define uip_poll()

此宏解决连接是否由 uIP 轮询造成的问题。

如果应用程序被调用的原因是当前连接因空闲太久而被 uIP 轮询,则此宏返回一个非零值。该轮询事件可以被用来发送数据,而无须等待远程主机发送数据。

(18) #define uip_initialmss()

此宏获得当前连接的初始最大报文段长度(MSS)。

(19) #define uip_mss()

此宏获得当前连接所能发送的最大报文段长度。该长度由接收者的窗口大小和所连接的 MSS 值计算出来。

(20) #define uip_udp_remove(conn)

此宏移除一个 UDP 连接。conn 指向该连接的 uip_udp_conn 结构体。

(21) #define uip_udp_bind(conn,port)

此宏绑定一个 UDP 连接到本地端口。conn 指向该连接的 uip_udp_conn 结构体,port 为本地端口号,以网络字节序。

(22) #define uip_udp_send(len)

此宏在当前连接上发送长度为 len 的 UDP 数据包。此宏只有在答复一个 UDP 事件(轮询或有新数据)时才可被调用。数据必须提前放入 uip_buf 缓冲区中由 uip_appdata 指针指向的地方。

(23) void uip_listen(u16_t port)

此函数开始监听指定的端口。

由于 port 应该为网络字节序,所以需要用到转换函数 HTONS()或 htons()。

(24) void uip_unlisten(u16_t port);

此函数停止监听指定端口。

(25) struct uip_conn * uip_connect(uip_ipaddr_t * ripaddr,u16_t port);

此函数使用 TCP 协议连接到远程主机。

此函数用来与特定主机上的特定端口建立新的连接,它分配一个新的连接标识符,并将连接的状态转为 SYN_SENT,将重传计时器设置为 0。当该连接在下次被周期性地处理时,将会发送一个 TCP 的 SYN 报文段,这个过程一般在 uip_connet()函数被调用后的 0.5 s 完成。

此函数只有在主动将配置项 UIP_ACTIVE_OPEN 置 1 时可用。

ripaddr 为远程主机的 IP 地址，port 为网络字节序的端口号。此函数返回一个指向新连接的为 uip 连接标识符的指针，当没有连接能被分配时返回 NULL。

(26) void uip_send(const void * data, int len);

此函数在当前连接上发送数据。

此函数用来发送单个 TCP 数据报文段，只有为了事件处理而被 uIP 调用的应用程序才能发送数据。此函数能够发送的数据大小由 TCP 允许的最大数据量决定。uIP 会自动分割数据，以保证发送出去的数据量是合适的。可以通过 uip_mss() 函数来查询 uIP 实际将要发送的数据量。

此函数不保证发送的数据能够到达目的地，如果数据在网络中丢失，则 uip_rexmit() 宏将被置位。应用程序会被调用，并通过此函数来重新发送数据。

(27) struct uip_udp_conn * uip_udp_new(uip_ipaddr_t * ripaddr, u16_t rport);

此函数建立一个新的 UDP 连接。

此函数会自动为新连接分配一个不用的端口，但是在调用此函数之后，还可以通过 uip_udp_bind() 函数重新选择一个端口。

ripaddr 为远程主机（服务器）的 IP 地址，rport 为远程主机网络字节序的端口号。

此函数返回新连接的 uip_udp_conn 结构体指针，当没有连接能被分配时则返回 NULL。

19.3.3 主要结构体

主要结构体的代码如下。

程序清单 19.3.7 uip_conn 结构体

```
struct uip_conn {            //TCP 连接结构体
    uip_ipaddr_t ripaddr;    /**< The IP address of the remote host. */
    u16_t lport;             /**< The local TCP port, in network byte order. */
    u16_t rport;             /**< The local remote TCP port, in network byte order. */
    u8_t rcv_nxt[4];         /**< The sequence number that we expect to receive next. */
    u8_t snd_nxt[4];         /**< The sequence number that was last sent by us. */
    u16_t len;               /**< Length of the data that was previously sent. */
    u16_t mss;               /**< Current maximum segment size for the connection. */
    u16_t initialmss;        /**< Initial maximum segment size for the connection. */
    u8_t sa;                 /**< Retransmission time-out calculation state variable. */
    u8_t sv;                 /**< Retransmission time-out calculation state variable. */
    u8_t rto;                /**< Retransmission time-out. */
    u8_t tcpstateflags;      /**< TCP state and flags. */
    u8_t timer;              /**< The retransmission timer. */
```

第19章 uIP 与无线 WiFi 网络通信

```
    u8_t nrtx;              /**< The number of retransmissions for the last segment sent. */

    /** The application state. */
    uip_tcp_appstate_t appstate;
};

struct uip_udp_conn {            //UDP 连接结构体
    uip_ipaddr_t ripaddr;   /**< The IP address of the remote peer. */
    u16_t lport;            /**< The local port number in network byte order. */
    u16_t rport;            /**< The remote port number in network byte order. */
    u8_t ttl;               /**< Default time-to-live. */

    /** The application state. */
    uip_udp_appstate_t appstate;
};
```

程序清单 19.3.8 uip_stats 结构体

```
    struct uip_stats {                   //统计信息结构体
        struct {
            uip_stats_t drop;        /**< Number of dropped packets at the IP layer. */
            uip_stats_t recv;        /**< Number of received packets at the IP layer. */
            uip_stats_t sent;        /**< Number of sent packets at the IP layer. */
            uip_stats_t vhlerr;      /**< Number of packets dropped due to wrong IP
version or header length. */
            uip_stats_t hblenerr;    /**< Number of packets dropped due to wrong IP
length, high byte. */
            uip_stats_t lblenerr;    /**< Number of packets dropped due to wrong IP
length, low byte. */
            uip_stats_t fragerr;     /**< Number of packets dropped since they were IP
fragments. */
            uip_stats_t chkerr;      /**< Number of packets dropped due to IP checksum
errors. */
            uip_stats_t protoerr;    /**< Number of packets dropped since they were
neither ICMP, UDP nor TCP. */
        } ip;                        /**< IP statistics. */
        struct {
            uip_stats_t drop;        /**< Number of dropped ICMP packets. */
            uip_stats_t recv;        /**< Number of received ICMP packets. */
            uip_stats_t sent;        /**< Number of sent ICMP packets. */
            uip_stats_t typeerr;     /**< Number of ICMP packets with a wrong type. */
        } icmp;                      /**< ICMP statistics. */
```

```
    struct {
        uip_stats_t drop;       /**< Number of dropped TCP segments. */
        uip_stats_t recv;       /**< Number of recived TCP segments. */
        uip_stats_t sent;       /**< Number of sent TCP segments. */
        uip_stats_t chkerr;     /**< Number of TCP segments with a bad checksum. */
        uip_stats_t ackerr;     /**< Number of TCP segments with a bad ACK number. */
        uip_stats_t rst;        /**< Number of recevied TCP RST (reset) segments. */
        uip_stats_t rexmit;     /**< Number of retransmitted TCP segments. */
        uip_stats_t syndrop;    /**< Number of dropped SYNs due to too few connections was avaliable. */
        uip_stats_t synrst;     /**< Number of SYNs for closed ports, triggering a RST. */
    } tcp;                      /**< TCP statistics. */
#if UIP_UDP
    struct {
        uip_stats_t drop;       /**< Number of dropped UDP segments. */
        uip_stats_t recv;       /**< Number of recived UDP segments. */
        uip_stats_t sent;       /**< Number of sent UDP segments. */
        uip_stats_t chkerr;     /**< Number of UDP segments with a bad checksum. */
    } udp;                      /**< UDP statistics. */
#endif /* UIP_UDP */
};
```

程序清单 19.3.9 uip_tcpip_hdr 结构体

```
struct uip_tcpip_hdr {
    /* IPv4 header. */
    u8_t    vhl,
            tos,
            len[2],
            ipid[2],
            ipoffset[2],
            ttl,
            proto;
    u16_t   ipchksum;
    u16_t   srcipaddr[2],
            destipaddr[2];

    /* TCP header. */
    u16_t   srcport,
            destport;
    u8_t    seqno[4],
            ackno[4],
```

```
            tcpoffset,
            flags,
            wnd[2];
    u16_t   tcpchksum;
    u8_t    urgp[2];
    u8_t    optdata[4];
} /* PACK_STRUCT_END */;
```

程序清单 19.3.10 uip_icmpip_hdr 结构体

```
struct uip_icmpip_hdr {
    /* IPv4 header. */
    u8_t    vhl,
            tos,
            len[2],
            ipid[2],
            ipoffset[2],
            ttl,
            proto;
    u16_t   ipchksum;
    u16_t   srcipaddr[2],
            destipaddr[2];

    /* ICMP (echo) header. */
    u8_t    type,icode;
    u16_t   icmpchksum;
    u16_t   id,seqno;
} /* PACK_STRUCT_END */;
```

程序清单 19.3.11 uip_udpip_hdr 结构体

```
struct uip_udpip_hdr {
    /* IP4   header. */
    u8_t    vhl,
            tos,
            len[2],
            ipid[2],
            ipoffset[2],
            ttl,
            proto;
    u16_t   ipchksum;
    u16_t   srcipaddr[2],
            destipaddr[2];
```

```
    /* UDP header. */
    u16_t    srcport,
             destport;
    u16_t    udplen;
    u16_t    udpchksum;
} /* PACK_STRUCT_END */;
```

程序清单 19.3.12 timer 结构体

```
struct timer {                    //定时器结构体
    clock_time_t start;
    clock_time_t interval;
};
```

程序清单 19.3.13 uip_eth_hdr 结构体

```
struct uip_eth_hdr {              //以太网帧头结构体
    struct uip_eth_addr dest;
    struct uip_eth_addr src;
    u16_t              type;
}/* PACK_STRUCT_END */;
```

程序清单 19.3.14 psock 结构体

```
struct psock {                    //原始套接字结构体
    /* Prototheads—one that's using the psock functions,and one that runs inside the psock functions. */
    struct pt       pt,psockpt;
    const u8_t     *sendptr;      /* Pointer to the next data to be sent. */
    u8_t           *readptr;      /* Pointer to the next data to be read. */
    char           *bufptr;       /* Pointer to the buffer used for buffering incoming data. */
    u16_t           sendlen;      /* The number of bytes left to be sent. */
    u16_t           readlen;      /* The number of bytes left to be read. */
    struct psock_buf buf;         /* The structure holding the state of the input buffer. */
    unsigned int bufsize;         /* The size of the input buffer. */
    unsigned char state;          /* The state of the protosocket. */
};
```

19.3.4 uIP 的初始化函数与配置宏定义

初始化函数定义在 uip.h 文件中，包括：
- void uip_init(void);
- void uip_setipid(u16_t id)。

第 19 章　uIP 与无线 WiFi 网络通信

配置宏定义有 7 个，前 6 个定义在 uip.h 文件中，最后 1 个定义在 uip_arp.h 文件中，代码如下。

程序清单 19.3.15　uIP 的初始化函数与配置宏定义

```
#define uip_sethostaddr(addr)      uip_ipaddr_copy(uip_hostaddr,(addr))
#define uip_gethostaddr(addr)      uip_ipaddr_copy((addr),uip_hostaddr)
#define uip_setdraddr(addr)        uip_ipaddr_copy(uip_draddr,(addr))
#define uip_setnetmask(addr)       uip_ipaddr_copy(uip_netmask,(addr))
#define uip_getdraddr(addr)        uip_ipaddr_copy((addr),uip_draddr)
#define uip_getnetmask(addr)       uip_ipaddr_copy((addr),uip_netmask)
#define uip_setethaddr(eaddr)      do {uip_ethaddr.addr[0] = eaddr.addr[0]; \
                                       uip_ethaddr.addr[1] = eaddr.addr[1];\
                                       uip_ethaddr.addr[2] = eaddr.addr[2];\
                                       uip_ethaddr.addr[3] = eaddr.addr[3];\
                                       uip_ethaddr.addr[4] = eaddr.addr[4];\
                                       uip_ethaddr.addr[5] = eaddr.addr[5];}
                                   while(0)
```

以上初始化函数和配置宏定义的功能介绍如下。

(1) void uip_init(void);

此函数为 uIP 协议栈的初始化函数，用来加载 uIP 协议栈。

(2) void uip_setipid(u16_t id);

此函数在加载 uIP 时设置初始的 ip_id。

(3) #define uip_sethostaddr(addr)

此宏设置该主机的 IP 地址。IP 地址被表示成 4 字节的数组。addr 为指向 uip_apaddr_t 类型的 IP 地址的指针。

调用方式为：

```
uip_ipaddr_t ipaddr;
uip_ipaddr(ipaddr,192,168,1,222);
uip_sethostaddr(ipaddr);
```

(4) #define uip_gethostaddr(addr)

此宏获得该主机的 IP 地址。

(5) #define uip_setdraddr(addr)

此宏设置默认路由器的 IP 地址。

(6) #define uip_setnetmask(addr)

此宏设置子网掩码。

(7) #define uip_getdraddr(addr)

此宏获得默认路由器的 IP 地址。addr 为 uip_ipaddr_t 类型的变量，用来存放默认路由器的 IP 地址。

(8) #define uip_getnetmask(addr)

此宏获得子网掩码。

(9) #define uip_setethaddr(eaddr)

此宏指定以太网的 MAC 地址。

ARP 代码需要知道以太网卡的 MAC 地址以回应 ARP 请求,并产生以太网帧头。此宏只能用来为 ARP 代码指明以太网的 MAC 地址,而不能改变以太网卡的 MAC 地址。

19.4 uIP 主程序循环

当所有的初始化和配置等工作完成后,uIP 就不停地在主循环里运行,实际上这个主循环才真正说明了 uIP 的大部分时间在做什么。

uIP 的基本处理流程如图 19.4.1 所示。

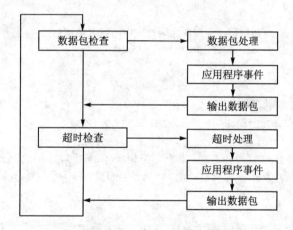

图 19.4.1 uIP 的基本处理流程

主程序循环的代码如下。

程序清单 19.4.1 主程序循环

```
while(1)
{
    //首先 uIP 要不停地读设备,看设备里有没有新的数据出现
    //实际上,只会在这个循环里看到驱动代码,uIP 的其他代码与设备无关
    uip_len = tapdev_read(uip_buf);

    //如果 len>0,则表示设备里有新数据,下面对新数据进行处理
    if(uip_len > 0)
    {
```

```c
            //表示收到的是 IP 数据包
            if(BUF->type == htons(UIP_ETHTYPE_IP))
            {
                //ARP 对收到的 IP 包进行处理,如果收到的 IP 包中的源 IP 地址是本地网络上
                //主机的 IP 地址,则只进行 ARP 缓存表的更新(更新源 IP 地址对应的 MAC 地址)
                //或插入(若表中没有该 IP 地址项,则插入源 IP->MAC 的对应关系)操作
                uip_arp_ipin();

                //调用 uip_process(UIP_DATA)对数据包进行处理
                uip_input();

                //表示数据包处理完后,立即产生了要发送的数据
                if(uip_len > 0)
                {
                    //查看是否需要发送 ARP 请求,并为传出的 ARP 请求或 IP 包添加以太网帧头
                    uip_arp_out();

                    //调用驱动程序发送缓冲区中的以太网帧
                    tapdev_send(uip_buf,uip_len);
                }
            }
            //表示要处理的是 ARP 包(请求或应答)
            else if(BUF->type == htons(UIP_ETHTYPE_ARP))
            {
                //直接进行 ARP 处理。若为应答,则从包中取出需要的 MAC 地址加入 ARP 缓存表;
                //若为请求,则将自己的 MAC 地址打包成一个 ARP 应答,发送给请求的主机
                uip_arp_arpin();

                //表示有 ARP 应答要发送
                if(uip_len > 0)
                {
                    tapdev_send(uip_buf,uip_len);
                }
            }
        }
        //设备里没有新数据,检查周期性定时器是否期满,若期满则进行下面的处理
        else if(timer_expired(&periodic_timer))
        {
            //复位定时器,将开始时间设为当前时间,使重新开始计时
            timer_reset(&periodic_timer);

            for(uint32_t i = 0; i < UIP_CONNS; i++)
```

```
        {
            //对每一个连接进行周期性处理,这里实际上是调用 uip_process(UIP_TIMER)
            //进行处理
            uip_periodic(i);

            //表示缓冲区中有数据要发送
            if(uip_len > 0)
            {
                //查看是否要发送 ARP 请求,为 ARP 请求或 IP 数据包添加以太网帧头
                uip_arp_out();
                tapdev_send(uip_buf,uip_len);
            }
        }
#if UIP_UDP //如果有 UDP 连接,则也对 UDP 连接进行处理
        for(i = 0; i < UIP_UDP_CONNS; i++)
        {
            uip_udp_periodic(i);

            if(uip_len > 0)
            {
                uip_arp_out();
                tapdev_send();
            }
        }
#endif

        //检查 ARP 缓存表中的表项是否到期,若到期则将该表项清 0(表项保存时间为 10 s)
        if(timer_expired(&arp_timer))
        {
            timer_reset(&arp_timer);
            uip_arp_timer();
        }
    }
}
```

由上可知,uIP 在不停地读设备、发数据,同时,当周期性定时器期满时,对定时器进行复位,并对连接和 ARP 表项进行周期性处理操作。

19.5 网络芯片 ENC28J60

芯片选型为 Microchip 公司的 ENC28J60 以太网控制芯片,在此之前,嵌入式系统

开发可选的独立以太网控制器都是为个人计算机系统设计的,如 RTL8019、AX88796L、DM9008、CS8900A、LAN91C111 等。这些器件不仅结构复杂、体积庞大,而且比较昂贵。目前市场上大部分以太网控制器的封装均超过 80 引脚,而符合 IEEE 802.3 协议的 ENC28J60 则只有 28 引脚,它既能提供相应的功能,又可以大大简化相关设计,减小空间。ENC28J60 网络模块(见图 19.5.1) 便于用户快速评估 MCU 接入以太网的方案及应用。相对于其他方案,该模块极为精简。对于没有开放总线的微控制器,虽然有可能采用模拟并行总线的方式连接其他以太网控制器,但不管从效率还是从性能上,都不如采用 SPI 接口或用通用 I/O 口模拟 SPI 接口来连接 ENC28J60 模块的方案。

图 19.5.1　SM-ENC28J60 网络模块

ENC28J60 是带有行业标准串行外接接口的独立以太网控制器,可作为任何配备有 SPI 的控制器的以太网接口。

ENC28J6 符合 IEEE 802.3 的全部规范,采用了一系列包过滤机制,以对传入的数据包进行限制;还提供了一个内部 DMA 模块,以实现快速数据吞吐和硬件支持的 IP 校验和计算。与主控制器的通信通过两个中断引脚和 SPI 实现,数据传输速率高达 10 Mb/s。两个专用的引脚用于连接 LED,以便对网络活动进行演示。

ENC28J60 由七个主要功能模块组成:
- SPI 接口,充当主控制器与 ENC28J60 之间的通信通道。
- 控制寄存器,用于控制和监视 ENC28J60。
- 双端口 RAM 缓冲器,用于接收和发送数据包。
- 判优器,当 DMA、发送和接收模块发出请求时对 RAM 缓冲器的访问进行控制。
- 总线接口,对通过 SPI 接收的数据和命令进行解析。
- MAC(Medium Access Control)模拟,实现符合 IEEE 802.3 标准的 MAC 逻辑。
- PHY(物理层)模块,对双绞线上的模拟数据进行编码和译码。

该器件还包括其他支持模块,诸如振荡器、片内稳压器、电平变换器(提供可以接收 5 V 电压的 I/O 引脚)和系统控制逻辑。由于 ENC28J60 网络芯片有可以接收 5 V 电压的 I/O 引脚,因此可以面向更多工作电压为 5 V 的微控制器,适用性广。该器件具有以下五大特性:

1) 以太网控制器特性:
- 是与 IEEE 802.3 兼容的以太网控制器;

- 集成 MAC 和 10 BASE-T PHY；
- 带有接收器和冲突抑制电路；
- 支持一个带自动极性检测和校正的 10 BASE-T 端口；
- 支持全双工和半双工模式；
- 可编程在发生冲突时自动重发；
- 可编程填充和 CRC 生成；
- 带有最高速度可达 10 Mb/s 的 SPI 接口。

2) 缓冲器特性：
- 带有 8 KB 发送/接收数据包双端口 SRAM；
- 可配置发送/接收缓冲区的大小；
- 带有硬件管理的循环接收 FIFO；
- 可进行字节宽度的随机访问和顺序访问(地址自动递增)；
- 具有用于快速数据传送的内部 DMA；
- 具有硬件支持的 IP。

3) 介质访问控制器(MAC)特性：
- 支持单播、组播、广播数据包；
- 可编程数据包过滤；
- 采用环回模式。

4) 物理层(PHY)特性：
- 采用整形输出滤波器；
- 采用环回模式。

5) 工作特性：
- 有 2 个用来表示连接、发送、接收、冲突和全/半双工状态的可编程 LED 输出；
- 使用有 2 个中断引脚的 7 个中断源；
- 为 25 MHz 时钟；
- 有带可编程预分频器的时钟输出引脚；
- 工作电压范围是 3.14～3.45 V；
- 具有 TTL 电平输入；
- 为 28 引脚的 SPDIP、SSOP、SOIC、QFN 封装。

19.5.1 功能描述

1. 典型的 ENC28J60 接口

ENC28J60 接口如图 19.5.2 所示。

第 19 章　uIP 与无线 WiFi 网络通信

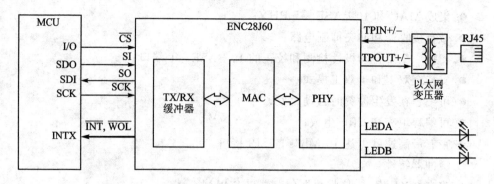

图 19.5.2　ENC28J60 接口

2. ENC28J60 内部结构

ENC28J60 内部结构如图 19.5.3 所示。

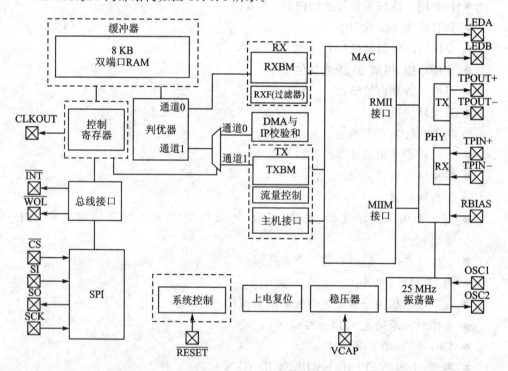

图 19.5.3　ENC28J60 内部结构

3. ENC28J60 的数据存储器构成

ENC28J60 中所有的存储器都是以静态 RAM 方式实现的。ENC28J60 中有三种类型的存储器：

- 控制寄存器；
- 以太网缓冲器；
- PHY 寄存器。

(1) 控制寄存器

控制寄存器类的存储器包含了控制寄存器。它们用于进行 ENC28J60 的配置、控制和状态获取。可以通过 SPI 接口直接读/写这些寄存器。

(2) 以太网缓冲器

以太网缓冲器中包含一个供以太网控制器使用的发送和接收存储空间。主控制器可以使用 SPI 接口对该存储空间的容量进行编程。只可以通过读缓冲器和写缓冲器 SPI 指令来访问以太网缓冲器。

(3) PHY 寄存器

PHY 寄存器用于进行 PHY 模块的配置、控制和状态获取。不可以通过 SPI 接口直接访问这些寄存器，只可通过 MAC 的 MII（Media Independent Interface）访问这些寄存器。

图 19.5.4 显示了 ENC28J60 的数据存储器结构。

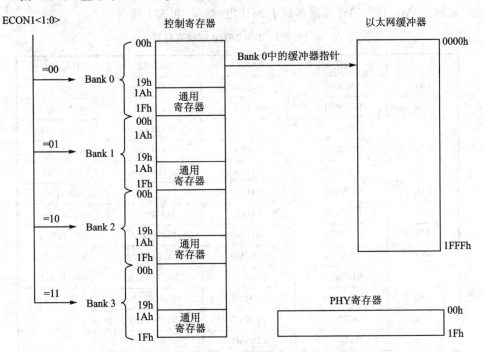

注：存储器区域未按比例显示。为了说明其细节，控制寄存器空间是按比例显示的。

图 19.5.4　ENC28J60 的数据存储器结构

4. ENC28J60 控制寄存器地址分配

控制寄存器提供主控制器与片内以太网控制器逻辑电路之间的主要接口。写这些寄存器可以控制接口操作,而读这些寄存器则允许主控制器监控这些操作。

控制寄存器的存储空间分为 4 个存储区,可用 ECON1 寄存器中的存储区选择位 BSEL1 和 BSEL0 进行选择。每个存储区都是 32 字节长,可用 5 位地址值进行寻址。所有存储区的最后 5 个单元(1Bh~1Fh)都指向同一组寄存器 EIE、EIR、ESTAT、ECON2 和 ECON1,它们是控制和监视器件工作的关键寄存器,由于它们被映射到同一存储空间,因此可以在不切换存储区的情况下很方便地访问它们。有些地址未使用,对这些地址单元执行写操作将会被忽略,而执行读操作都将返回 0。每个存储区中地址为 1Ah 的寄存器都是无效的,不应对此寄存器进行读/写操作,可以读其他无效的寄存器,但不能更改它们的内容。在读/写无效的寄存器时,应该遵守寄存器定义中声明的规则。

ENC28J60 的控制寄存器通常被分为 ETH、MAC、MII 三组寄存器。名称由"E"开头的寄存器都属于 ETH 组。同样,名称由"MA"开头的寄存器都属于 MAC 组,名称由"MI"开头的寄存器都属于 MII 组,如表 19.5.1 所列。

表 19.5.1 ENC28J60 控制寄存器

地 址	BANK0	BANK1	BANK2	BANK3
00h	ERDPTL	EHT0	MACON1	MAADR1
01h	ERDPTH	EHT1	MACON2	MAADR0
02h	EWRPTL	EHT2	MACON3	MAADR3
03h	EWRPTH	EHT3	MACON4	MAADR2
04h	ETXSTL	EHT4	MABBIPG	MAADR5
05h	ETXSTH	EHT5	—	MAADR4
06h	ETXNDL	EHT6	MAIPGL	EBSTSD
07h	ETXNDH	EHT7	MAIPGH	EBSTCON
08h	ERXSTL	EPMM0	MACLCON1	EBSTCSL
09h	ERXSTH	EPMM1	MACLCON2	EBSTCSH
0Ah	ERXNDL	EPMM2	MAMXFLL	MISTAT
0Bh	ERXNDH	EPMM3	MAMXFLH	—
0Ch	ERXRDPTL	EPMM4	—	—
0Dh	ERXRDPTH	EPMM5	MAPHSUP	—
0Eh	ERXWRPTL	EPMM6	—	—
0Fh	ERXWRPTH	EPMM7	—	—
10h	EDMASTL	EPMCSL	—	—

续表 19.5.1

地 址	BANK0	BANK1	BANK2	BANK3
11h	EDMASTH	EPMCSH	MICON	—
12h	EDMANDL	—	MICMD	EREVID
13h	EDMANDH	—	—	—
14h	EDMADSTL	EPMOL	MIREGADR	—
15h	EDMADSTH	EPMOH	—	ECONCON
16h	EDMACSL	EWOLIE	MIWRL	—
17h	EDMACSH	EWOLIR	MIWRH	EFLOCON
18h	—	ERXFCON	MIRDL	EPAUSL
19h	—	EPKTCNT	MIRDH	EPAUSH
1Ah	—	—	—	—
1Bh	EIE	EIE	EIE	EIE
1Ch	EIR	EIR	EIR	EIR
1Dh	ESTAT	ESTAT	ESTAT	ESTAT
1Eh	ECON2	ECON2	ECON2	ECON2
1Fh	ECON1	ECON1	ECON1	ECON1

5. ENC28J60 控制寄存器介绍

ENC28J60 网络芯片涉及的寄存器数目太多，由于篇幅有限，这里不作详解，有需要的读者可以在配套的网上资料中找到 ENC28J60.PDF 中文手册。该手册介绍的 ENC28J60 控制寄存器非常详细，现以 ECON1 以太网控制寄存器为例，对 ENC28J60.PDF 中的详细描述摘录如下：

ECON1：以太网控制寄存器 1

bit 7	bit 6	bit 5	bit 4	bit 3	bit 2	bit 1	bit 0
TXRST	RXRST	DMAST	CSUMEN	TXRTS	RXEN	BSEL1	BSEL0
R/W0	R/W0	R/W0	R/W0	R/W0	R/W0	R/W0	R/W0

bit7：TXRST，发送逻辑复位位：
- 1＝发送逻辑保持在复位状态；
- 0＝正常工作。

bit6：RXRST，接收逻辑复位位：
- 1＝接收逻辑保持在复位状态；
- 0＝正常工作。

bit5：DMAST，DMA 起始和忙碌状态位：

- 1＝正在进行 DMA 复制或检验和操作；
- 0＝DMA 硬件空闲。

bit4：CSUMEN，DMA 校验和使能位：
- 1＝DMA 硬件计算校验和；
- 0＝DMA 硬件复制缓冲存储器。

bit3：TXRTS，发送请求位：
- 1＝发送逻辑正在尝试发送数据包；
- 0＝发送逻辑空闲。

bit2：RXEN，接收使能位：
- 1＝通过当前过滤器的数据包将被写入接收缓冲器；
- 0＝忽略所有接收的数据包。

bit1～0：BSEL1～0，存储区选择位：
- 11＝SPI 访问 Bank3 中的寄存器；
- 10＝SPI 访问 Bank2 中的寄存器；
- 01＝SPI 访问 Bank1 中的寄存器；
- 00＝SPI 访问 Bank0 中的寄存器。

注：R＝可读位，W＝可写位，1＝置 1，0＝清零。

6. ENC28J60 引脚说明

ENC28J60 的引脚说明如表 19.5.2 所列。

表 19.5.2　ENC28J60 引脚说明

引脚名称	引脚号	说　明
VCAP	1	来自内部稳压器的 2.5 V 输出
VSS	2	参考接地端
CLKOUT	3	可编程时钟输出引脚
INT	4	INT 中断输出引脚
WOL	5	LAN 中断唤醒输出引脚
SO	6	SPI 接口的数据输出引脚
SI	7	SPI 接口的数据输入引脚
SCK	8	SPI 接口的时钟输入引脚
CS	9	SPI 接口的片选输入引脚
RESET	10	低电平有效器件复位输入
VSSRX	11	PHY RX 的参考接地端
TPIN−	12	差分信号输入(负向)

续表 19.5.2

引脚名称	引脚号	说明
TPIN+	13	差分信号输入(正向)
RBIAS	14	PHY 的偏置电流引脚
VDDTX	15	PHY TX 的正电源端
TPOUT−	16	差分信号输出(负向)
TPOUT+	17	差分信号输出(正向)
VSSTX	18	PHY TX 的参考接地端
VDDRX	19	PHY RX 的正 3.3 V 电源端
VDDPLL	20	PHY PLL 的正 3.3 V 电源端
VSSPLL	21	PHY PLL 的参考接地端
VSSOSC	22	振荡器的参考接地端
OSC1	23	振荡器输入
OSC2	24	振荡器输出
VDDOSC	25	振荡器的正 3.3 V 电源端
LEDB	26	LEDB 驱动引脚
LEDA	27	LEDA 驱动引脚
VDD	28	正 3.3 V 电源端

19.5.2 SPI 指令集与命令序列

ENC28J60 所执行的操作完全依据外部主控制器通过 SPI 接口发出的命令,这些命令为一个或多个字节的指令,用于访问控制寄存器和以太网缓冲区。指令至少包含一个字节,其中有 3 位操作码和 5 位用于指定寄存器地址的参数,也可能包含多个字节的数据。

ENC28J60 共有 7 条指令。表 19.5.3 显示了所有操作的命令代码。

表 19.5.3 ENC28J60 SPI 指令集

指令名称和助记符	字节 0		字节 1 及后面的字节
	操作码	参 数	数 据
读控制寄存器(RCR)	00H	地址	—
读缓冲器(RCM)	01H	1AH	—
写控制寄存器(WCR)	02H	地址	数据
写缓冲器(WBM)	03H	1AH	数据
位域置 1(BFS)	04H	地址	数据
位域清零(BFC)	05H	地址	数据
系统清零(SC)	07H	1FH	—

ENC28J60 的 SPI 指令集顾名思义就是微控制器通过 SPI 通信来发送指令,以

便对 ENC28J60 进行操作。由于每个 SPI 指令中的命令序列都有所不同,因此有必要在这里分别给出命令序列图。

(1) 读控制寄存器的命令序列(ETH 寄存器)

读控制寄存器的命令序列(ETH 寄存器)如图 19.5.5 所示。

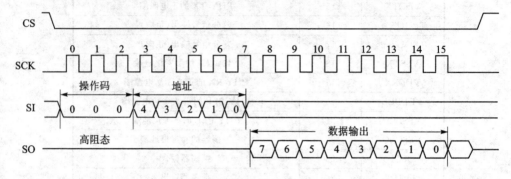

图 19.5.5　读控制寄存器的命令序列(ETH 寄存器)

(2) 读控制寄存器的命令序列(MAC 和 MII 寄存器)

读控制寄存器的命令序列(MAC 和 MII 寄存器)如图 19.5.6 所示。

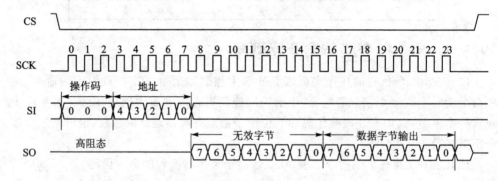

图 19.5.6　读控制寄存器的命令序列(MAC 和 MII 寄存器)

(3) 写控制寄存器的命令序列

写控制寄存器的命令序列如图 19.5.7 所示。

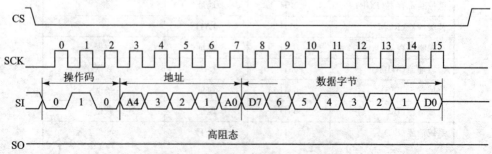

图 19.5.7　写控制寄存器的命令序列

(4) 写缓冲寄存器的命令序列

写缓冲寄存器的命令序列如图 19.5.8 所示。

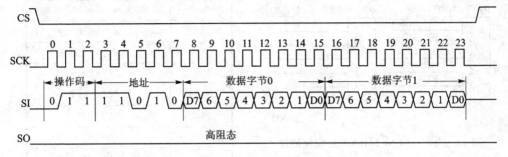

图 19.5.8　写缓冲寄存器的命令序列

(5) 系统命令序列

系统命令序列如图 19.5.9 所示。

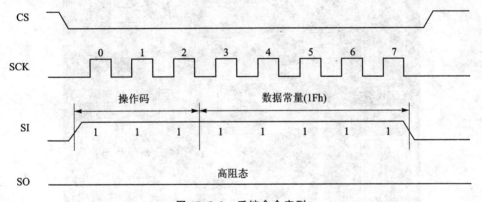

图 19.5.9　系统命令序列

19.6　uIP 实验

19.6.1　TCP 服务器通信

【实验要求】基于 SmartM-M451 系列开发板：使用 uIP 协议栈，可以使用手机或 PC 主动连接到开发板实现 TCP 通信。

1. 硬件设计

SM-ENC28J60 网络模块接口如图 19.6.1 所示。

M4 与 SM-ENC28J60 网络模块引脚连接如表 19.6.1 所列。

第 19 章 uIP 与无线 WiFi 网络通信

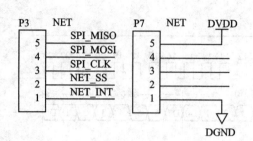

图 19.6.1 SM-ENC28J60 网络模块接口

表 19.6.1 M4 与 SM-ENC28J60 网络模块引脚连接

M4	SM-ENC28J60 网络模块
PB6	SPI_MISO
PB5	SPI_MOSI
PB7	SPI_CLK
PA14	NET_SS
PD3	NET_INT
3.3 V	DVDD
地	DGND

SM-ENC28J60 网络模块接口位置如图 19.6.2 所示。

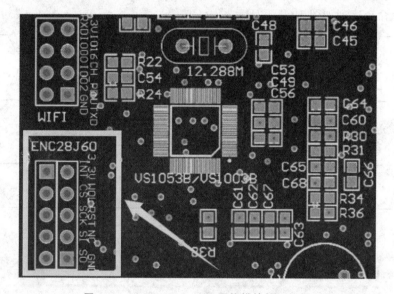

图 19.6.2 SM-ENC28J60 网络模块接口位置

2. 软件设计

代码位置：\SmartM-M451\代码\进阶\【TFT】【网络 TCP 服务器】。

(1) 将文件加入工程中

将与 uIP 相关的文件加入到当前工程中，如图 19.6.3 所示。

(2) 修改函数

修改 uIP 协议栈中 tapdev.c 文件中的 tapdev_init、tapdev_read、tapdev_write 函数，详细代码如下。

第 19 章 uIP 与无线 WiFi 网络通信

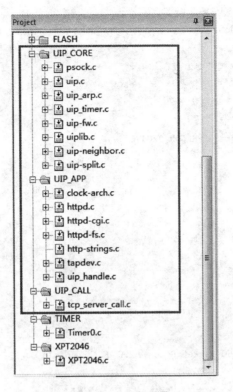

图 19.6.3 工程目录

程序清单 19.6.1 tapdev_init、tapdev_read、tapdev_write 函数

```
STATIC CONST UINT8 g_szMAC[6] = {0x11,0x22,0x33,0x44,0x55,0x66};

/*******************************************
* 函数名称:tapdev_init
* 输入:无
* 输出:0         成功
       1         失败
* 功能:配置网卡硬件,并设置 MAC 地址
*******************************************/
UINT8 tapdev_init(VOID)
{
    UINT8 i;

    /* 初始化 ENC28J60,设置 MAC 地址 */
    if(ENC28J60_Init((UINT8 *)g_szMAC))
        return 1;
```

第 19 章 uIP 与无线 WiFi 网络通信

```
    /* MAC 地址写入缓冲区 */
    for(i = 0; i < 6; i++) uip_ethaddr.addr[i] = g_szMAC[i];

    /* PHLCON:PHY 模块 LED 控制寄存器
        LEDA(绿) = 连接状态
        LEDB(红) = 收发状态
    */
    ENC28J60_PHY_Write(PHLCON,0x0476);

    return 0;
}
/*******************************************
* 函数名称:tapdev_read
* 输入:无
* 输出:返回数据包长度
* 功能:读取一包数据
*******************************************/
UINT16 tapdev_read(VOID)
{
    return  ENC28J60_Packet_Receive(MAX_FRAMELEN,uip_buf);
}
/*******************************************
* 函数名称:tapdev_send
* 输入:无
* 输出:无
* 功能:发送一包数据
*******************************************/
VOID tapdev_send(VOID)
{
    ENC28J60_Packet_Send(uip_len,uip_buf);
}
```

由于篇幅限制,关于网卡芯片的 ENC28J60_Init、ENC28J60_Packet_Receive、ENC28J60_Packet_Send 函数的详细讲解不再赘述,有兴趣的读者可以参见作者出版的《51 单片机 C 语言创新教程》《ARM Cortex-M0 微控制器原理与实践》《ARM Cortex-M0 微控制器深度实战》等书籍。

有一点需要注意,如果读者将多个开发板连接到路由器同时通信,则不同开发板必须设置不同的 MAC 地址,原因在于 TCP/IP 协议规定了一个主机只会有一个 MAC 地址,该地址是由网卡决定的,是固定的。

(3) 设置全局回调函数

在 uip_handle.h 文件中设置好 TCP 应用程序的全局回调函数,当 uIP 事件发生时，UIP_APPCALL 宏会被调用，根据所属端口如 6666 来确定是否执行该宏。UIP_APPCALL 是一个宏定义，要建立好相对应的函数，代码如下。

程序清单 19.6.2　UIP_APPCALL 宏定义

```
#ifndef UIP_APPCALL
#define UIP_APPCALL uip_tcp_handle
#endif
```

通过程序清单 19.6.2 知道，接下来必须定义好 uip_tcp_handle 函数，该函数的原型在 uip_handle.c 文件中。

(4) 定义 uip_tcp_handle 函数

对 uip_tcp_handle 函数添加如下代码。

程序清单 19.6.3　uip_tcp_handle 函数

```
/***********************************************************
* 函数名称:uip_tcp_handle
* 输入:无
* 输出:无
* 功能:TCP 应用接口函数完成 TCP 服务(包括 Server 和 Client)和 HTTP 服务
***********************************************************/
void uip_tcp_handle(void)
{
    /* 本地监听端口 */
    switch(uip_conn->lport)
    {
        /* 端口 6666 */
        case HTONS(6666):TCPServerCall();
            break;
        default:
            break;
    }
    /* 远程连接端口 */
    switch(uip_conn->rport)
    {
        default:
            break;
    }
}
```

uip_tcp_handle 函数用于处理 TCP 的所有事件，实际上是将经过 TCP 所有端口的数据都一一进行处理，在本地监听端口 6666 时调用 TCPServerCall 函数，代码如下。

程序清单 19.6.4　TCPServerCall 函数

```
/***********************************************
* 函数名称:TCPServerCall
* 输入:无
* 输出:无
* 功能:处理 TCP 服务器多项事件
***********************************************/
VOID TCPServerCall(VOID)
{
    struct uip_handle_appstate * s = (struct uip_handle_appstate * )&uip_conn -> appstate;

    /* 连接中止了 */
    if(uip_aborted())
    {
        /* 打印 log */
        uip_log("[TCP SERVER] uip_aborted!\r\n");

        /* 标志没有连接 */
        g_ucTCPServerStatus &= ~(1<<7);
    }

    /* 连接关闭了 */
    if(uip_closed())
    {
        /* 打印 log */
        uip_log("[TCP SERVER] uip_closed\r\n");
        /* 标志没有连接 */
        g_ucTCPServerStatus &= ~(1<<7);
    }

    /* 连接超时了 */
    if(uip_timedout())
    {
        /* 打印 log */
        uip_log("[TCP SERVER] uip_timedout!\r\n");
    }

    /* 连接成功 */
    if(uip_connected())
    {
```

```c
    /* 标志连接成功 */
    g_ucTCPServerStatus |= 1<<7;

    /* 打印 log     */
    uip_log("[TCP SERVER] connected!\r\n");

    s->state = STATE_INFO_SEND;

    /* 回应消息 */
    s->textptr = "SmartM_M451 Board Connected Successfully!\r\n";
    s->textlen = strlen((char *)s->textptr);

    /* 发送 TCP 数据包 */
    uip_send(s->textptr,s->textlen);
}
/* 应答操作 */
if(uip_acked())
{
    /* 表示上次发送的数据成功送达 */
    uip_log("[TCP SERVER] acked!\r\n");

    if(s->state == STATE_INFO_SEND)
    {
        s->state = STATE_INFO_OK;
    }
}


/* 接收到一个新的 TCP 数据包,收到客户端发来的数据 */
if(uip_newdata() && (s->state == STATE_INFO_OK))
{
    /* 还未收到数据 */
    if((g_ucTCPServerStatus & (1<<6)) == 0)
    {
        if(uip_len>199)
        {
            ((UINT8 *)uip_appdata)[199] = 0;
        }

        strcpy((char *)g_szTCPServerBuf,uip_appdata);

        /* 表示收到客户端数据 */
```

```
            g_ucTCPServerStatus |= 1<<6;
        }
    }

    /* 在连接的空闲期间,允许发送数据 */
    if(uip_poll())
    {
        uip_log("[TCP SERVER] uip_poll!\r\n");

        /* 有数据需要发送 */
        if(g_ucTCPServerStatus & (1<<5))
        {
            s->textptr = g_szTCPServerBuf;
            s->textlen = strlen((const char *)g_szTCPServerBuf);

            /* 清除标记 */
            g_ucTCPServerStatus &= ~(1<<5);

            /* 发送 TCP 数据包 */
            uip_send(s->textptr,s->textlen);
        }
    }

    /* 重发操作 */
    if(uip_rexmit())
    {
        /* 发送 TCP 数据包 */
        uip_send(s->textptr,s->textlen);
    }
}
```

(5) 编写 uip_polling 函数

在主循环中必须添加固定的代码 uip_polling 函数,用于实时处理 TCP 协议的报文,代码如下。

程序清单 19.6.5 uip_polling 函数

```
/**********************************************
* 函数名称:uip_polling
* 输入:无
* 输出:无
* 功能:uIP 事件处理函数
注:必须将该函数插入用户主循环并循环调用
```

```c
*******************************************/
VOID uip_polling(VOID)
{
    UINT8 i;

    static struct timer periodic_timer,arp_timer;
    static UINT8 timer_ok = 0;

    if(timer_ok == 0)
    {
        timer_ok = 1;

        /* 创建 1 个 0.5 s 的定时器 */
        timer_set(&periodic_timer,CLOCK_SECOND/2);

        /* 创建 1 个 10 s 的定时器 */
        timer_set(&arp_timer,CLOCK_SECOND*10);
    }

    /* 从网络设备读取一个 IP 包,得到数据长度 uip_len(在 uip.c 中定义) */
    uip_len = tapdev_read();

    /* 有数据 */
    if(uip_len>0)
    {
        /* 处理 IP 数据包(只有校验通过的 IP 包才会被接收) */
        if(BUF ->type == htons(UIP_ETHTYPE_IP))
        {
            /* 去除以太网帧头结构,更新 ARP 表 */
            uip_arp_ipin();

            /* IP 包处理 */
            uip_input();

            /*当上面的函数执行后,如果需要发送数据,则全局变量 uip_len > 0
            需要发送的数据在 uip_buf 中,长度是 uip_len(这 2 个是全局变量)
            */
            /* 需要回应数据 */
            if(uip_len>0)
            {
                /* 加以太网帧头结构,在主动连接时可能要构造 ARP 请求 */
                uip_arp_out();
```

```c
            /* 发送数据到以太网 */
            tapdev_send();
        }
    }
    /* 处理 ARP 报文,是否是 ARP 请求包 */
    else if(BUF ->type == htons(UIP_ETHTYPE_ARP))
    {
        uip_arp_arpin();
        //当上面的函数执行后,如果需要发送数据,则全局变量 uip_len>0
        //需要发送的数据在 uip_buf 中,长度是 uip_len(这 2 个是全局变量)
        //如果需要发送数据,则通过 tapdev_send 函数发送
        if(uip_len>0)
            tapdev_send();
    }
}

/* 0.5 s 定时器超时 */
else if(timer_expired(&periodic_timer))
{
    /* 复位 0.5 s 定时器 */
    timer_reset(&periodic_timer);
    /* 轮流处理每个 TCP 连接,UIP_CONNS 默认是 40 个 */
    for(i = 0;i<UIP_CONNS;i++)
    {
        /* 处理 TCP 通信事件 */
        uip_periodic(i);
        //当上面的函数执行后,如果需要发送数据,则全局变量 uip_len>0
        //需要发送的数据在 uip_buf 中,长度是 uip_len(这 2 个是全局变量)
        if(uip_len>0)
        {
            /* 加以太网帧头结构,在主动连接时可能要构造 ARP 请求 */
            uip_arp_out();
            /* 发送数据到以太网 */
            tapdev_send();
        }
    }
#if UIP_UDP

    /* 轮流处理每个 UDP 连接,UIP_UDP_CONNS 默认是 10 个 */
    for(i = 0;i<UIP_UDP_CONNS;i++)
    {
```

```c
        /* 处理UDP通信事件 */
        uip_udp_periodic(i);

        //当上面的函数执行后,如果需要发送数据,则全局变量 uip_len>0
        //需要发送的数据在 uip_buf 中,长度是 uip_len (这2个是全局变量)
        if(uip_len > 0)
        {
            /* 加以太网帧头结构,在主动连接时可能要构造ARP请求 */
            uip_arp_out();

            /* 发送数据到以太网 */
            tapdev_send();
        }
    }
#endif
    /* 每隔10 s调用1次ARP定时器函数用于定期进行ARP处理,ARP表每10 s更新
一次,旧的条目会被抛弃 */
    if(timer_expired(&arp_timer))
    {
        timer_reset(&arp_timer);
        uip_arp_timer();
    }
}
```

3. 下载验证

通过 SM-NuLink 仿真器下载程序到 SmartM-M451 旗舰板上,将 SM-ENC28J60 网络模块接到开发板的对应接口,使用网线将 PC 与网络模块连接在一起,LCD 屏幕显示如图 19.6.4 所示。

使用单片机多功能调试助手中的"网络调试"功能,在"目的 IP 地址"中输入"192.168.1.168",单击"Ping"按钮,以检查当前开发板是否在线,同时该按钮显示为"取消",若开发板在线,则如图 19.6.5 所示。

当发现开发板在线时,按图 19.6.4 显示的端口号进行填写。"目的端口"为"6666",这个不能有错,若是其他值,则连接开发板会失败;若连接成功,则开发板向 PC 发送"TCP 连接成功! SmartM_M451

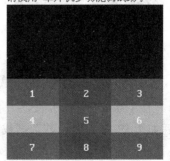

图 19.6.4 TCP 服务器未连接

第 19 章 uIP 与无线 WiFi 网络通信

图 19.6.5 使用 Ping 检查开发板是否在线

Board Connected Successfully!"并显示在单片机多功能调试助手的"接收区",如图 19.6.6 所示,同时开发板显示已连接信息,如图 19.6.7 所示。

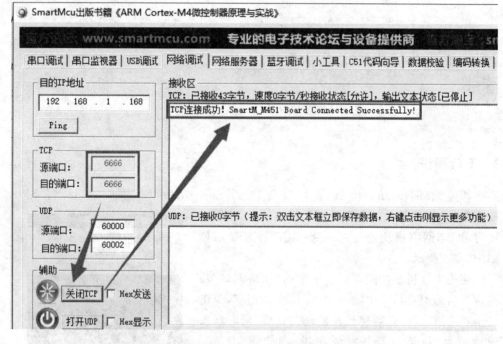

图 19.6.6 单片机多功能调试助手与开发板建立连接

在单片机调试助手的"发送区"填入"www.smartmcu.com",并单击"TCP 发送"按钮,如图 19.6.8 所示,若数据成功发送,则开发板显示接收到的数据,如图 19.6.9 所示。点击开发板屏幕上的虚拟按键,则向 PC 发送字符"1"～"9",如图 19.6.8 所示。

第 19 章　uIP 与无线 WiFi 网络通信

图 19.6.7　开发板显示已连接

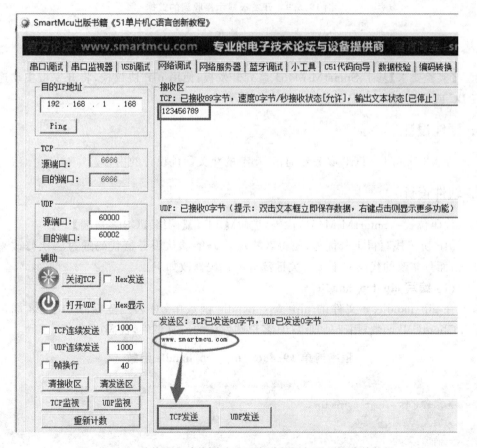

图 19.6.8　单片机多功能调试助手发送数据与显示接收的数据

第 19 章 uIP 与无线 WiFi 网络通信

图 19.6.9　开发板显示接收到的数据

19.6.2　TCP 客户端通信

【实验要求】基于 SmartM-M451 系列开发板：使用 uIP 协议栈，将开发板主动连接 PC 或手机实现 TCP 通信。

1. 硬件设计

参考"19.6.1　TCP 服务器通信"小节的相关硬件设计的内容。

2. 软件设计

代码位置：\SmartM-M451\代码\进阶\【TFT】【网络 TCP 客户端】。

uIP 协议栈写得十分优秀，使得客户端代码能够从服务器代码通过二次修改来获得，而且修改的代码并不多。关键部分的代码修改如下。

(1) 编写 uip_tcp_handle

在 uip_handle.c 文件中的 uip_tcp_handle 函数中，对远程连接端口 8888 添加 TCPClientCall 函数，用于处理 TCP 客户端发生的所有事件，代码如下。

程序清单 19.6.6　uip_tcp_handle 函数

```
/*********************************************************
* 函数名称:uip_tcp_handle
* 输入:无
* 输出:无
* 功能:TCP 应用接口函数完成 TCP 服务(包括 Server 和 Client)和 HTTP 服务
**********************************************************/
```

```
void uip_tcp_handle(void)
{

    /* 本地监听端口 */
    switch(uip_conn->lport)
    {
    /* 端口 80 */
    case HTONS(80):
        /* 添加 http 处理代码 */
        break;
    default:
        break;
    }

    /* 远程连接端口 */
    switch(uip_conn->rport)
    {
    /* 8888 端口 */
    case HTONS(8888):
        TCPClientCall();
        break;
    default:
        break;
    }
}
```

(2) 编写 TCPClientCall 函数

在 tcp_client_call.c 文件中编写 TCPClientCall 函数,实现 TCP 协议的多个事件,如连接中止、连接关闭、数据超时、数据应答、数据发送、数据重发等,详细代码如下。

程序清单 19.6.7　TCPClientCall 函数

```
VOID TCPClientCall(VOID)
{
    struct uip_handle_appstate *s = (struct uip_handle_appstate *)&uip_conn->appstate;

    /* 查明连接是否被另一端中止 */
    if(uip_aborted())
    {
        /* 打印 uIP 日志 */
```

```c
        uip_log("[TCP Client] uip_aborted!\r\n");

        /* 标志没有连接 */
        g_ucTCPClientStatus &= ~(1<<7);

        /* 重新连接到服务器 */
        TCPClientConnect();
    }

    /* 查明连接是否被另一端关闭 */
    if(uip_closed())
    {
        /* 连接关闭了,在服务器关闭时会两次进入这个函数 */

        /* 打印 uIP 日志 */
        uip_log("[TCP Client] uip_closed\r\n");

        /* 标志没有连接 */
        g_ucTCPClientStatus &= ~(1<<7);

        if(s->state != STATE_DISCONNECT)
        {
            s->state = STATE_DISCONNECT;
        }
        else
        {
            TCPClientConnect();
        }
    }

    /* 查明连接是否超时 */
    if(uip_timedout())
    {
        uip_log("[TCP Client] uip_timedout!\r\n");
    }

    /* 查明是否连接上 */
    if(uip_connected())
    {
        /* 收到发送消息确认 */
        g_ucTCPClientStatus |= 1<<7;
```

```c
        uip_log("[TCP Client] connected!\r\n");

        s->state = STATE_TX_MSG;

        /* 回应消息 */
        s->textptr = "SmartMCU-M451 Board Connected Successfully!\r\n";
        s->textlen = strlen((char *)s->textptr);

        /* 发送 TCP 数据包 */
        uip_send(s->textptr,s->textlen);
    }

    /* 查明以前发送的数据是否得到了回应 */
    if(uip_acked())
    {
        /* 表示上次发送的数据成功送达 */
        uip_log("[TCP Client] acked!\r\n");

        if(s->state == STATE_TX_MSG)
        {
            /* 收到发送消息确认 */
            s->state = STATE_TX_MSG_OK;
        }
    }


    /* 查明新传入的数据是否可用 */
    if (uip_newdata() && (s->state == STATE_TX_MSG_OK))
    {
        /* 还未收到数据 */
        if((g_ucTCPClientStatus & (1<<6)) == 0)
        {
            if(uip_len>199)
            {
                ((UINT8 *)uip_appdata)[199] = 0;
            }

            strcpy((char *)g_szTCPClientBuf,uip_appdata);

            /* 表示接收到客户端数据 */
            g_ucTCPClientStatus |= 1<<6;
        }
```

```c
    }

    /* 查明连接是否被 uIP 轮询了 */
    if(uip_poll())
    {
        /* 当前连接空闲轮询 */
        uip_log("tcp_client uip_poll!\r\n");

        if(g_ucTCPClientStatus & (1<<5))
        {
            /* 需要发送数据 */
            s->textptr = g_szTCPClientBuf;

            /* 需要发送数据的长度 */
            s->textlen = strlen((const char *)g_szTCPClientBuf);

            /* 清除标记 */
            g_ucTCPClientStatus &= ~(1<<5);

            /* 发送 TCP 数据包 */
            uip_send(s->textptr,s->textlen);
        }

    }

    /* 查明是否需要将上次传送的数据重新传送 */
    if(uip_rexmit())
    {
        /* 重发 TCP 数据包 */
        uip_send(s->textptr,s->textlen);
    }
}
```

(3) 编写 TCPClientConnect 函数

在 tcp_client_call.c 文件中编写 TCPClientConnect 函数,简化重复调用 uip_addr 和 uip_connect 函数,向远程地址建立连接并设置好通信端口,然后在 main 函数和 TCPClientCall 函数中被调用,代码编写如下:

程序清单 19.6.8　TCPClientConnect 函数

```
VOID TCPClientConnect(VOID)
{
    uip_ipaddr_t ipaddr;

    /*  设置远程 IP 为 192.168.1.188,这个 IP 为服务器 IP,不能设置错误  */
    uip_ipaddr(&ipaddr,192,168,1,188);

    /*  端口为 8888  */
    uip_connect(&ipaddr,htons(8888));
}
```

(4) 编写 main 函数

main 函数调用 uIP 提供的函数 uip_setHostaddr、uip_setdraddr 和 uip_setnetmask 函数设置好本地的 IP、网关及网络掩码,调用 TCPClientConnect 函数连接服务器。接着在 while(1) 循环中检查 g_ucTCPClientStatus 标志位来判断当前的连接状态并接收数据,然后实时显示到 LCD 屏幕中,若有触摸屏被点击,则执行数据发送,代码如下。

程序清单 19.6.9　main 函数

```
int32_t main(VOID)
{
    UINT8 tcp_client_tsta = 0xff;
    BOOL bTCPConnect = FALSE;

    uip_ipaddr_t ipaddr;

    PROTECT_REG
    (
    /*  系统时钟初始化  */
    SYS_Init(PLL_CLOCK);

    UART0_Init(115200);
    )

    Delayms(1000);

    /*    LED 初始化  */
    LedInit();

    /*    LCD 初始化  */
```

```c
LcdInit(LCD_FONT_IN_FLASH,LCD_DIRECTION_180);
LCD_BL(0);
LcdCleanScreen(WHITE);

while(disk_initialize(FATFS_IN_FLASH))
{
    Led1(1);Delayms(500);
    Led1(0);Delayms(500);
}

/*   SD 卡初始化 */
while(disk_initialize(FATFS_IN_SD))
{
    Led2(1);Delayms(500);
    Led2(0);Delayms(500);
}

/*   挂载 SPI Flash*/
f_mount(0,&g_fs[0]);

/*   挂载 SD 卡 */
f_mount(1,&g_fs[1]);

/*   XPT2046 初始化 */
XPTSpiInit();


LcdFill(0,0,LCD_WIDTH-1,20,RED);
LcdFill(0,90,LCD_WIDTH-1,LCD_HEIGHT-1,BLACK);
LcdShowString(20,2,"[UIP]TCP 客户端实验-未连接",YELLOW,RED);
LcdShowString(0,30,"开发板 IP 地址:192.168.1.168",BLUE,WHITE);
LcdShowString(0,50,"开发板端口号:8888",BLUE,WHITE);
LcdShowString(0,70,"请使用[单片机多功能调试助手]",BLUE,WHITE);

/*   初始化 ENC28J60 */
while(tapdev_init())
{
    Led3(1);Delayms(500);
    Led3(0);Delayms(500);
}
```

```c
/* 定时器 0 初始化 */
TIMER0_Init();

/* uIP 初始化 */
uip_init();

/* 设置本地的 IP 地址 */
uip_ipaddr(ipaddr,192,168,1,168);
uip_sethostaddr(ipaddr);

/* 设置网关的 IP 地址(其实就是路由器的 IP 地址) */
uip_ipaddr(ipaddr,192,168,1,1);
uip_setdraddr(ipaddr);

/* 设置网络掩码 */
uip_ipaddr(ipaddr,255,255,255,0);
uip_setnetmask(ipaddr);

/* 通过 TCP 连接服务器 */
TCPClientConnect();

/* 初始化触摸屏键盘 */
LcdKeyRst();

while(1)
{
    /* 处理 uIP 事件,必须放在主程序的循环体中 */
    uip_polling();

    Delayms(1);

    /* 检查 TCP 客户端的状态 */
    if(tcp_client_tsta != g_ucTCPClientStatus)
    {
        /* 检查 TCP 客户端的连接状态 */
        if(g_ucTCPClientStatus & (1<<7))
        {
            if(!bTCPConnect)
            {
                bTCPConnect = TRUE;
                LcdFill(0,0,LCD_WIDTH-1,20,RED);
                LcdShowString(20,2,"[UIP]TCP 客户端实验-已连接",YELLOW,RED);
```

```
                    }
                }
                else
                {
                    if(bTCPConnect)
                    {
                        bTCPConnect = FALSE;
                        LcdFill(0,0,LCD_WIDTH-1,20,RED);
                        LcdShowString(20,2,"[UIP]TCP 客户端实验-未连接",YELLOW,RED);
                    }
                }
                /* 检查TCP客户端的数据接收状态 */
                if(g_ucTCPClientStatus & (1<<6))
                {
                    /* 清除数据显示区部分 */
                    LcdFill(0,90,LCD_WIDTH-1,199,BLACK);

                    /* 显示接收到的数据 */
                    LcdShowString(0,90,"TCP RX 接收数据如下:",YELLOW,BLACK);
                    LcdShowString(0,110,g_szTCPClientBuf,GBLUE,BLACK);

                    g_ucTCPClientStatus &= ~(1<<6);
                }

                tcp_client_tsta = g_ucTCPClientStatus;

            }
            if(bTCPConnect)
            {
                /* 检查触摸动作 */
                if(XPT_IRQ_PIN() == 0)
                {
                    LcdTouchPoint();
                }
            }
        }
    }
}
```

(5) 编写虚拟按键函数

在触摸屏中有 9 个虚拟按键,需实现点击数字键后发送对应的数据,如点击虚拟按键 1,则发送字符"1",其详细代码为如下的 LcdKey1 函数。其他虚拟按键的实现方式与虚拟按键1类似,限于篇幅,在此省略。

程序清单 19.6.10 虚拟按键 1 的函数

```
/**********************************************
* 函数名称:LcdKey1
* 输入:b    - 该按键是否按下
* 输出:无
* 功能:LCD 显示虚拟接键1
**********************************************/
STATIC VOID LcdKey1(BOOL b)
{
    if(b)
    {
        /* 发送数据为字符 1 */
        g_szTCPclientBuf[0] = '1';
        g_szTCPclientBuf[1] = '\0';

        /* 当前有数据需要发送 */
        g_ucTCPClientStatus |= 1<<5;

        LcdFill(0,200,79,239,BLACK);
        Delayms(100);
    }

    LcdFill(0,200,79,239,BROWN);

    LcdShowString(35,215,"1",WHITE,BROWN);
}
```

3. 下载验证

通过 SM-NuLink 仿真器下载程序到 SmartM-M451 旗舰板上,将 SM-ENC28J60 网络模块连接到开发板的对应接口,用网线将 PC 与网络模块连接在一起,LCD 屏幕显示如图 19.6.10 所示。

打开单片机多功能调试助手的"网络服务器",设置服务器的"端口"为 8888,然后作为客户端的 M4 开发板会自动连接服务器,当连接成功后,M4 开发板主动向 PC 发送数据"SmartMCU_M451 Board Connected Successfully!"在"客户端列表"下

图 19.6.10 TCP 客户端未连接

第 19 章 uIP 与无线 WiFi 网络通信

拉列表框中显示当前连接的客户端 IP 地址和端口号,详细如图 19.6.11 所示。

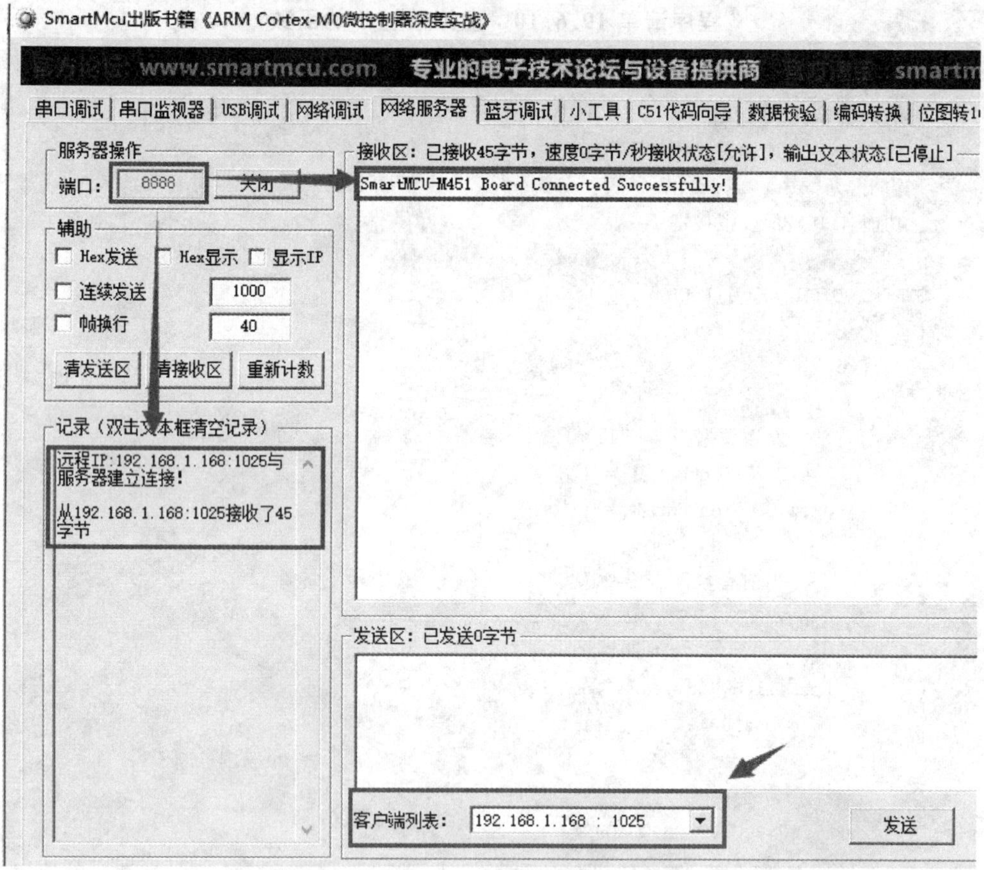

图 19.6.11 服务器界面显示的内容

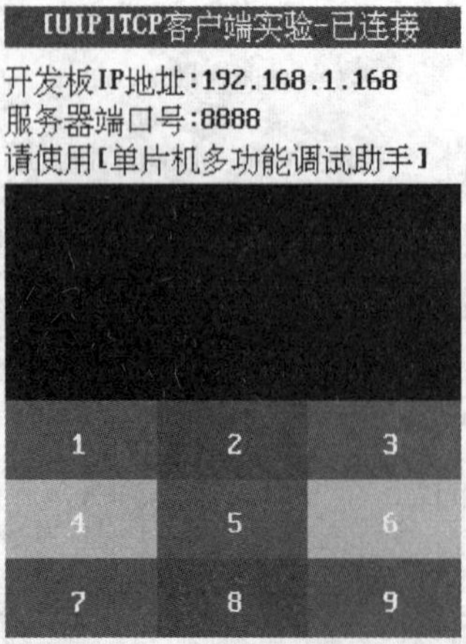

当开发板连接服务器成功时,开发板屏幕界面标题显示"已连接",如图 19.6.12 所示。

在单片机多功能调试助手的"发送区"填入发送数据"www.smartmcu.com",单击"发送"按钮,如图 19.6.13 所示。若发送成功,则 M4 开发板显示接收到的数据,如图 19.6.14 所示。然后点击开发板的虚拟按键"1"~"9",向 PC 发送字符"1"~字符"9"的数据,若发送成功,则单片机多功能调试助手的"接收区"显示接收到的内容,如图 19.6.13 所示。

图 19.6.12 TCP 客户端已连接

第 19 章 uIP 与无线 WiFi 网络通信

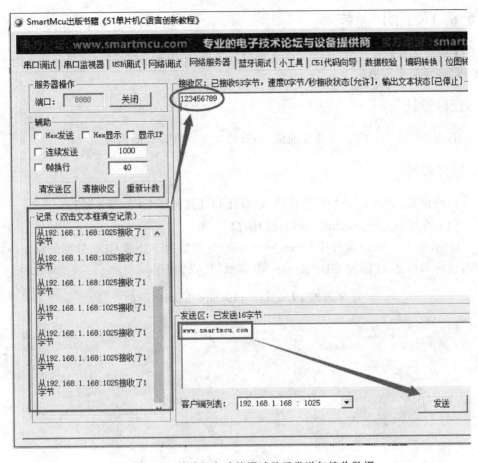

图 19.6.13 单片机多功能调试助手发送与接收数据

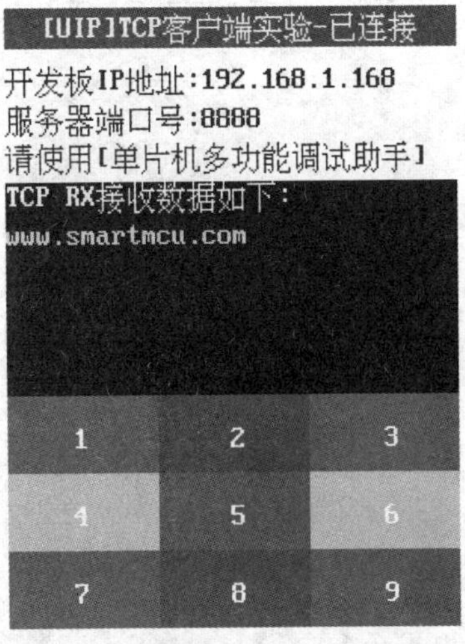

图 19.6.14 TCP 客户端显示接收到的数据

19.6.3 UDP 通信

【实验要求】 基于 SmartM-M451 系列开发板:使用 uIP 协议栈,将开发板主动连接 PC 或手机实现通信。

1. 硬件设计

参考"19.6.1 TCP 服务器通信"小节的相关硬件设计的内容。

2. 软件设计

代码位置:\SmartM-M451\代码\进阶\【TFT】【网络 UDP 服务器】。

(1) 编写 uip_udp_handle 应用接口函数

uip_tcp_handle.c 文件中的 uip_udp_handle 函数用于处理 UDP 数据的收发,对本地监听端口 2222 添加 UDPServerCall 函数,代码如下。

程序清单 19.6.11　uip_udp_handle 函数

```
/*******************************************
* 函数名称:uip_udp_handle
* 输入:无
* 输出:无
* 功能:UDP 应用接口函数
*******************************************/
void uip_udp_handle(void)
{
    /* 本地监听端口 */
    switch(uip_udp_conn->lport)
    {

        /* 监听端口 2222 */
        case HTONS(2222):
            UDPServerCall();
            break;
        default:
            break;
    }

    /* 远程监听端口 */
    switch(uip_udp_conn->rport)
    {
```

```
        default:
            break;
    }
}
```

(2) 编写 UDPServerCall 函数

在 udp_server_call.c 文件中编写 UDPServerCall 函数,实现 UDP 协议的多个事件,如数据发送、数据接收等,详细代码如下。

程序清单 19.6.12   UDPServerCall 函数

```
VOID UDPServerCall(VOID)
{
    struct uip_handle_appstate *s = (struct uip_handle_appstate *)&uip_udp_conn->appstate;

    /* 查明新传入的数据是否可用 */
    if(uip_newdata())
    {
        /* 还未收到数据 */
        if((g_ucUDPServerStatus & (1<<6)) == 0)
        {
            if(uip_len>255)
            {
                ((UINT8 *)uip_appdata)[255] = 0;
            }

            strcpy((char *)g_szUDPServerBuf,uip_appdata);

            /* 表示收到客户端数据 */
            g_ucUDPServerStatus |= 1<<6;
        }
    }

    /* 查明连接是否被 uIP 轮询了 */
    if(uip_poll())
    {
        /* 打印 log */
        uip_log("udp_server uip_poll!\r\n");

        /* 有数据需要发送 */
        if(g_ucUDPServerStatus & (1<<5))
        {
```

```
        s->textptr = g_szUDPServerBuf;
        s->textlen = strlen((const char *)g_szUDPServerBuf);

        g_ucUDPServerStatus &= ~(1<<5);

        /* 清除标记 */
        uip_send(s->textptr,s->textlen);

        /* 发送 UDP 数据包 */
        uip_udp_send(s->textlen);
    }
}
```

(3) 编写 UDPServerConnect 函数

在 udp_server_call.c 文件中编写 UDPServerConnect 函数,简化重复调用 uip_addr 和 uip_udp_bind 函数,并绑定通信端口 2222,然后在 main 函数和 UDPServerCall 函数中被调用,代码编写如下。

程序清单 19.6.13　UDPServerConnect 函数

```
VOID UDPServerConnect(VOID)
{
    uip_ipaddr_t ipaddr;

    static struct uip_udp_conn *c = 0;

    /* 将远程 IP 设置为 255.255.255.255,具体原理见 uip.c 文件的源码 */
    uip_ipaddr(&ipaddr,0xff,0xff,0xff,0xff);

    /* 若已经建立连接则删除连接 */
    if(c != 0)
    {
        uip_udp_remove(c);
    }

    /* 远程端口为 0 ,该端口为保留端口,没有任何用途 */
    c = uip_udp_new(&ipaddr,0);

    if(c)
    {
        /* 绑定端口 2222 */
```

```
            uip_udp_bind(c,HTONS(2222));
    }
}
```

(4) 编写 main 函数

main 函数调用 uIP 提供的函数 uip_setHostaddr、uip_setdraddr 和 uip_setnetmask 设置好本地 IP、网关及网络掩码，调用 UDPServerConnect 函数进行端口绑定。然后在 while(1) 循环中检查 g_ucUDPServerStatus 标志位以判断是否接收数据，并实时显示到 LCD 屏幕中，若有触摸屏被点击，则执行数据发送，代码如下。

程序清单 19.6.14 main 函数

```
/*********************************************
* 函数名称:main
* 输入:无
* 输出:无
* 功能:函数主体
*********************************************/
int32_t main(VOID)
{
    uip_ipaddr_t ipaddr;

    PROTECT_REG
    (
    /*  系统时钟初始化  */
    SYS_Init(PLL_CLOCK);

    /*  串口 0 波特率 115 200 b/s  */
    UART0_Init(115200);
    )

    Delayms(1000);

    /*   LED 初始化  */
    LedInit();

    /*   LCD 初始化  */
    LcdInit(LCD_FONT_IN_FLASH,LCD_DIRECTION_180);
    LCD_BL(0);
    LcdCleanScreen(WHITE);

    /*   SPI Flash 初始化  */
```

```c
while(disk_initialize(FATFS_IN_FLASH))
{
    Led1(1);Delayms(500);
    Led1(0);Delayms(500);
}

/*   SD 卡初始化 */
while(disk_initialize(FATFS_IN_SD))
{
    Led2(1);Delayms(500);
    Led2(0);Delayms(500);
}

/*   挂载 SPI Flash */
f_mount(0,&g_fs[0]);

/*   挂载 SD 卡 */
f_mount(1,&g_fs[1]);


LcdFill(0,0,LCD_WIDTH-1,20,RED);
LcdShowString(50,3,"[UIP]UDP 服务器实验",YELLOW,RED);
LcdShowString(0,30,"开发板 IP 地址:192.168.1.168",BLUE,WHITE);
LcdShowString(0,50,"开发板端口号:2222",BLUE,WHITE);
LcdShowString(0,70,"请使用[单片机多功能调试助手]",BLUE,WHITE);

LcdFill(0,90,LCD_WIDTH-1,LCD_HEIGHT-1,BLACK);

SPI0_CS_PIN_RST();

/*   初始化 ENC28J60 */
while(tapdev_init())
{
    Led3(1);Delayms(100);
    Led3(0);Delayms(100);
}

/*   XPT2046 初始化 */
XPTSpiInit();

/*   定时器 0 初始化 */
TIMER0_Init();
```

```c
/* uIP 初始化 */
uip_init();

/* 设置本地的 IP 地址 */
uip_ipaddr(ipaddr,192,168,1,168);
uip_sethostaddr(ipaddr);

/* 设置网关的 IP 地址(其实就是路由器的 IP 地址) */
uip_ipaddr(ipaddr,192,168,1,1);
uip_setdraddr(ipaddr);

/* 设置网络掩码 */
uip_ipaddr(ipaddr,255,255,255,0);
uip_setnetmask(ipaddr);

/* UDP 服务器初始化,并绑定端口 2222 */
UDPServerConnect();

/* 初始化按键 */
LcdKeyRst();

while(1)
{
    /* 处理 uIP 事件,必须放在主程序的循环体中 */
    uip_polling();


    /* 检查 UDP 客户端的数据接收状态 */
    if(g_ucUDPServerStatus & (1<<6))
    {
        /* 清除数据显示区部分 */
        LcdFill(0,90,LCD_WIDTH-1,199,BLACK);

        /* 显示接收到的数据 */
        LcdShowString(0,90,"UDP RX 接收数据如下:",YELLOW,BLACK);
        LcdShowString(0,110,g_szUDPServerBuf,GBLUE,BLACK);
        g_ucUDPServerStatus &= ~(1<<6);
    }

    /* 检查触摸动作 */
    if(XPT_IRQ_PIN() == 0)
```

第 19 章　uIP 与无线 WiFi 网络通信

```
        {
            LcdTouchPoint();
        }
    }
}
```

(5) 编写虚拟按键函数

在触摸屏中有 9 个虚拟按键,实现点击数字键后发送对应的数据,如点击虚拟按键 1,则发送字符"1",其详细代码为如下的 LcdKey1 函数。其他虚拟按键的实现方式与虚拟按键 1 类似,限于篇幅,在此省略。

程序清单 19.6.15　虚拟按键 1 的函数

```
/***********************************************
* 函数名称:LcdKey1
* 输入:b        - 该按键是否按下
* 输出:无
* 功能:LCD 显示虚拟按键 1
***********************************************/
STATIC VOID LcdKey1(BOOL b)
{
    if(b)
    {
        /* 发送数据为字符 1 */
        g_szUDPServerBuf[0] = '1';
        g_szUDPServerBuf[1] = '\0';

        /* 当前有数据需要发送 */
        g_ucUDPServerStatus |= 1<<5;

        LcdFill(0,200,79,239,BLACK);
        Delayms(100);
    }

    LcdFill(0,200,79,239,BROWN);

    LcdShowString(35,215,"1",WHITE,BROWN);
}
```

3. 下载验证

通过 SM-NuLink 仿真器下载程序到 SmartM-M451 旗舰板上,将 SM-ENC28J60 网络模块连接到开发板的对应接口,用网线将 PC 与网络模块连接在一起,LCD 屏幕显示如图 19.6.15 所示。

使用单片机多功能调试助手,按照图 19.6.16 的提示,输入"目的 IP 地址"为"192.168.1.168","目的端口"为"2222",然后单击"打开 UDP"按钮,并在"接收区"的"UDP"区域显示"UDP 打开成功",如图 19.6.16 所示。

接着在"发送区"填入"www.smartmcu.com",单击"UDP 发送"按钮,如图 19.6.17 所示。开发板将接收到的数据进行显示,如图 19.6.18 所示。然后点击开发板上的虚拟按键 1～9,向 PC 发送字符"1"～字符"9"的数据,若发送成功,则单片机多功能调试助手的"接收区"显示接收到的内容,如图 19.6.17 所示。

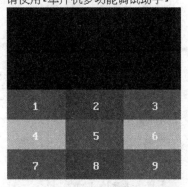

图 19.6.15　UDP 服务器实验界面

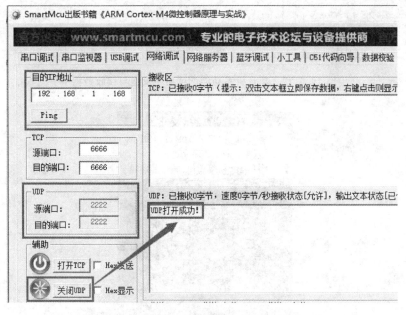

图 19.6.16　单片机多功能调试助手打开 UDP

第 19 章 uIP 与无线 WiFi 网络通信

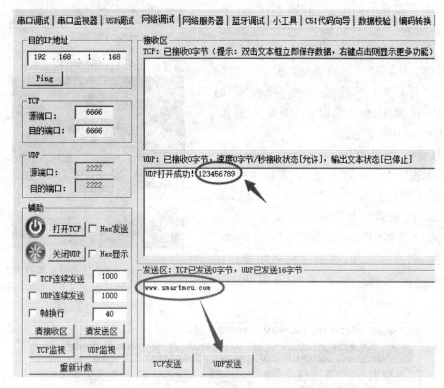

图 19.6.17　单片机多功能调试助手发送与接收数据

图 19.6.18　显示接收到的数据

19.7 WiFi 概述

WiFi 是一种允许电子设备连接到一个无线局域网（WLAN）的技术，通常使用 2.4G UHF 或 5G SHF ISM 射频频段。连接到无线局域网通常是有密码保护的；但也可以是开放的，这样就允许任何在 WLAN 范围内的设备都连接上。WiFi 是一个无线网络通信技术的品牌，由 WiFi 联盟持有，目的是改善基于 IEEE 802.11 标准的无线网络产品之间的互通性。有人把使用 IEEE 802.11 系列协议的局域网称为无线保真，甚至把 WiFi 等同于无线网际网络（WiFi 是 WLAN 的重要组成部分），其标志如图 19.7.1 所示。

图 19.7.1　WiFi 标志

无线网络在无线局域网的范畴指"无线相容性认证"，实质上是一种商业认证，同时也是一种无线联网技术，以前通过网线连接电脑，而 WiFi 则通过无线电波来联网；常见的就是用一个无线路由器，在这个无线路由器电波覆盖的有效范围内都可以采用 WiFi 连接方式联网，如果无线路由器连接了一条 ADSL 线路或其他的上网线路，则该无线路由器又被称为热点。

智能硬件是继智能手机之后的一个科技概念，通过软硬件结合的方式，对传统设备进行改造，进而让其拥有智能化的功能。硬件智能化之后，具备了连接的能力，实现了互联网服务的加载，形成了"云+端"的典型架构，具备了大数据等附加价值，而智能硬件往往都内置无线 WiFi 模块。

随着 WiFi 的日益普及，改造对象可能是电子设备，例如手表、电视和其他电器；也可能是以前没有电子化的设备，例如门锁、茶杯、汽车，甚至房子。智能硬件已经从可穿戴设备延伸到智能电视、智能家居、智能汽车、医疗健康、智能玩具、机器人等领域，比较典型的智能硬件包括 Google Glass、三星 Gear、FitBit、麦开水杯、咕咚手环、Tesla、乐视电视等。

19.8 SM-ESP8266 无线模块

19.8.1 简　介

SM-ESP8266 是 SmartMcu 推出的一款超高性价比的串口 WiFi 模块，如图 19.8.1 所示。该模块板载了 AI-Thinker 公司的 ESP8266 芯片，且支持 51 单片机和 ARM Cortex-M0/M3/M4 等平台。

第 19 章 uIP 与无线 WiFi 网络通信

图 19.8.1 SM-ESP8266 模块

SM-ESP8266 模块采用 LVTTL 与 MCU（或其他串口设备）通信，内置 TCP/IP 协议栈，能够实现串口与 WiFi 之间的转换。

通过 SM-ESP8266 模块，传统的串口设备只需进行简单的串口配置，即可通过 WiFi 网络传输自己的数据。

SM-ESP8266 支持 LVTTL 串口，兼容 3.3 V 和 5 V 单片机，可以很方便地与产品进行连接。模块支持串口转 WiFi STA、串口转 AP 和 WiFi STA＋WiFi AP 的模式，从而可以快速构建串口 WiFi 数据传输方案，方便用户设备使用互联网传输数据。

1. 模块特性

SM-ESP8266 的模块特性如表 19.8.1 所列。

表 19.8.1 SM-ESP8266 的模块特性

名 称	说 明
网络标准	无线标准：IEEE 802.11b、IEEE 802.11g、IEEE 802.11n
无线传输标准	● 802.11b：最高可达 11 Mb/s； ● 802.11g：最高可达 54 Mb/s； ● 802.11n：最高可达 475 Mb/s
频率范围	2.412～2.484 GHz
发射功率	11～18 dbm
通信接口	TTL 电平
天线	板载 PCB 天线
工作温度	－40～125 ℃
工作湿度	10%～90% RH
外形尺寸	14.3 mm×24.8 mm×1 mm

2. 功能特性

SM-ESP8266 的功能特性如表 19.8.2 所列。

表 19.8.2 SM-ESP8266 的功能特性

名称	说明
WiFi 工作模式	● WiFi STA； ● WiFi AP； ● WiFi STA＋WiFi AP
无线安全	● 安全机制：WEP/WPA-PSK/WPA2-PSK； ● 加密类型：WEP64/WEP128/TKIP/AES
用户配置	AT＋指令集，Web 页面为 Android/iOS 终端，Smart Link 智能配置 APP
串口波特率	110～921 600 b/s（默认波特率为 115 200 b/s）
TCP 客户端数	5 个
固件升级	本地串口，OTA 远程升级

3. 电气特性

SM-ESP8266 的电气特性如表 19.8.3 所列。

表 19.8.3 SM-ESP8266 的电气特性

名称	说明
VCC	3.3 V
I/O 驱动能力	最大值 15 mA
功耗	● 持续发送时，平均值为～70 mA，峰值为 200 mA； ● 正常模式时，平均值为～12 mA，峰值为 200 mA； ● 待机时，小于 200 μA

4. 引脚描述

模块引脚分布如图 19.8.2 所示，引脚的详细描述如表 19.8.4 所列。

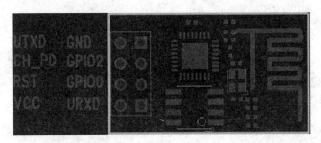

图 19.8.2 模块引脚分布

第 19 章　uIP 与无线 WiFi 网络通信

表 19.8.4　引脚描述

引　脚	描　述
VCC	电源输入 3.3 V
URXD	串口数据接收
GPIO16(RESET)	外部复位信号,低电平复位,高电平工作(默认为高)
GPIO0	1) 默认为 WiFi 状态;WiFi 工作状态指示灯控制信号; 2) 工作模式选择: ● 上拉时为 Flash Boot 工作模式; ● 下拉时为 UART Download 下载模式
CH_PD	1) 高电平时工作; 2) 低电平时关掉模块供电
GPIO2	1) 开机上电时必须为高电平,禁止硬件下拉; 2) 内部默认已拉高
UTXD	串口数据发送
GND	电源地

19.8.2　AT 指令

SM-ESP8266 的 AT 指令格式与蓝牙模块的 AT 指令集格式相同,在此不再赘述,下面只列出常用的指令,更多的 AT 指令详见网上的配套资料。

1. 测试 AT 启动

　　指令格式:AT
　　响应:OK。
　　参数说明:无。

2. 重启模块

　　指令格式:AT+RST
　　响应:OK。
　　参数说明:无。

3. 设置 ESP8266 当前的 WiFi 模式

　　指令格式:AT+CWMODE=〈mode〉
　　响应:OK。
　　参数说明:
　　〈mode〉:WiFi 模式,取值为:

- 1：station 模式；
- 2：softAP 模式；
- 3：softAP+station 模式。

4. 设置 ESP8266 的 station 模式需连接的 AP(无线访问接入点)

指令格式：AT+CWJAP=⟨ssid⟩,⟨pwd⟩[,⟨bssid⟩]

响应：OK。

参数说明：

⟨ssid⟩：字符串参数，为目标 AP 的 SSID；

⟨pwd⟩：字符串参数，密码最长为 64 字节 ASCII 码字符；

[⟨bssid⟩]：字符串参数，为目标 AP 的 bssid(MAC 地址)，一般用于多个 AP 的 SSID 相同的情况，在进行参数设置时需要开启 station 模式，若⟨ssid⟩或⟨pwd⟩中含有特殊符号，例如"，""""或"\"，则需要进行转义，其他字符转义无效。

5. 发送数据长度

指令格式：

1) 单连接时：(+CIPMUX=0)AT+CIPSEND=⟨length⟩

2) 多连接时：(+CIPMUX=1)AT+CIPSEND=⟨link ID⟩,⟨length⟩

3) 如果是 UDP 传输，则可以设置远端 IP 和端口：AT+CIPSEND=[⟨link ID⟩,]⟨length⟩[,⟨remote IP⟩,⟨remote port⟩]

响应：

- 发送指定长度的数据；
- 收到此命令后先换行返回"⟩"，然后开始接收串口数据，当数据长度为 length 时发送数据，回到普通指令模式，等待下一条 AT 指令；
- 如果未建立连接或连接被断开，则返回 ERROR；
- 如果数据发送成功，则返回 SEND OK。

参数说明：

⟨link ID⟩：网络连接 ID 号(取值 0~4)，用于多连接的情况；

⟨length⟩：数字参数，表明发送数据的长度，最大长度为 2 048；

[⟨remote IP⟩]：UDP 传输时设置对端的 IP；

[⟨remote port⟩]：UDP 传输时设置对端的端口。

6. 发送数据内容

指令格式：AT+CIPSEND

响应：

- 收到此命令后先换行返回"⟩"。

- 进入透传模式时发送数据,每包最大 2 048 字节,或者每包数据以 20 ms 间隔区分。
- 当输入单独一包"+++"时,返回普通 AT 指令模式。
- 本指令必须在开启透传模式和单连接情况下使用。
- 若为 UDP 透传模式,则指令"AT+CIPSTART"的参数⟨UDP mode⟩必须为 0。

参数说明:无。

7. 建立 TCP 服务器

指令格式:AT+ CIPSERVER=⟨mode⟩[,⟨port⟩]

响应:OK。

参数说明:

⟨mode⟩:取值为:
- 0:关闭服务器;
- 1:建立服务器。

⟨port⟩:端口号,默认为 333。

示例:
- 在多连接情况下("AT+CIPMUX=1")才能开启 TCP 服务器;
- 创建 TCP 服务器后,自动建立 TCP 服务器监听;
- 当有 TCP 客户端接入时,会自动按顺序占用一个连接 ID。

8. 设置传输模式

指令格式:AT+CIPMODE=⟨mode⟩

响应:
- OK。
- ERROR。

参数说明:

⟨mode⟩:取值为:
- 0:普通传输模式;
- 1:透传模式,仅支持 TCP 单连接。

9. 接收网络数据

指令格式:
1) 单连接时:(+CIPMUX=0)+IPD,⟨len⟩:⟨data⟩
2) 多连接时:(+CIPMUX=1)+IPD,⟨link ID⟩,⟨len⟩:⟨data⟩

响应:

此指令在普通指令模式下有效,ESP8266 接收到网络数据时向串口发送+IPD

和数据。

参数说明:

〈link ID〉: 收到网络连接的 ID 号;

〈len〉: 数据长度;

〈data〉: 收到的数据。

19.9 无线 WiFi 实验: TCP 服务器通信

【实验要求】基于 SmartM-M451 系列开发板: 使用 SM-ESP8266 无线 WiFi, 将手机或 PC 主动连接到开发板实现 TCP 通信。

1. 硬件设计

SM-ESP8266 无线 WiFi 模块接口如图 19.9.1 所示。

M4 与 SM-ESP8266 无线 WiFi 模块引脚连接如表 19.9.1 所列。

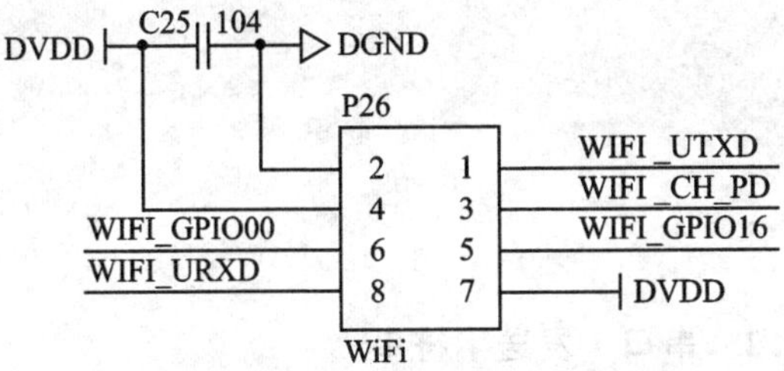

表 19.9.1　M4 与 SM-ESP8266 无线 WiFi 模块引脚连接

M4	SM-ESP8266 无线 WiFi 模块
PE9	WIFI_UTXD
PB12	WIFI_CH_PD
PB14	WIFI_GPIO16
PB13	WIFI_GPIO00
PE8	WIFI_URXD
3.3 V	DVDD
地	DGND

图 19.9.1　SM-ESP8266 无线 WiFi 模块接口

SM-ESP8266 无线 WiFi 模块接口位置如图 19.9.2 所示。

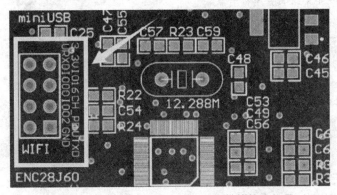

图 19.9.2　SM-ESP8266 无线 WiFi 模块接口位置

2. 软件设计

代码位置：\SmartM-M451\代码\进阶\【TFT】【WiFi 数据传输】。

AT 指令建立在字符串的发送形式上，由于 SM-ESP8266 涉及的 AT 指令的参数较蓝牙模块的 AT 指令复杂，因此必须编写好通过串口 1 发送字符和字符串的函数，以及发送过后对模块反馈的数据进行显示。

(1) 串口 1 发送字符

串口 1 发送字符的代码如下。

程序清单 19.9.1　串口 1 发送字符

```
/************************************************
* 函数名称:ESPWiFi_SendChr
* 输入:c   单个字节数据
* 输出:无
* 功能:向 ESP WiFi 发送单个字符
************************************************/
STATIC VOID ESPWiFi_SendChr(UINT8  c)
{
    UART_Write(UART0,&c,1);
}
```

(2) 串口 1 发送字符串

串口 1 发送字符串的代码如下。

程序清单 19.9.2　串口 1 发送字符串

```
/************************************************
* 函数名称:ESPWiFi_SendStr
* 输入:pStr   字符串
* 输出:无
* 功能:向 ESP WiFi 发送字符串
************************************************/
STATIC VOID ESPWiFi_SendStr(UINT8 * pStr)
{
    while(pStr && * pStr)
    {
        ESPWiFi_SendChr( * pStr);
        pStr++;
    }
}
```

(3) AT 启动测试命令

AT 启动测试命令的代码如下。

程序清单 19.9.3 AT 启动测试命令

```
/*********************************************
* 函数名称:ESPWiFi_TST_CMD
* 输入:无
* 输出:      0        发送成功
              1        发送失败
              0xFF     未知错误
* 功能:向 ESP WiFi 发送"AT"命令
*********************************************/
UINT8 ESPWiFi_TST_CMD(VOID)
{
    UINT32 i = 0;

    g_unESPWiFiPacketCnt = 0;

    memset(g_szESPWiFiPacketBuf,0,sizeof g_szESPWiFiPacketBuf);

    ESPWiFi_SendStr("AT\r\n");

    /* 等待 ESP WiFi 应答 */
    for(i = 0;i<5000;i++)
    {
        Delayms(1);

        /* 检查是否接收到 OK */
        if(g_unESPWiFiPacketCnt)
        {
            if(strstr((UINT8 *)g_szESPWiFiPacketBuf,"OK"))
            {
                return 0;
            }
        }
    }

    /* 超时,未知错误 */
    return 0xFF;
}
```

(4) 配置 AP 参数

配置 AP 参数的代码如下。

程序清单 19.9.4 配置 AP 参数

```c
/************************************************
* 函数名称:ESPWiFi_CWAP_CMD
* 指令:AT + CWSAP = <ssid>,<pwd>,<chl>,<ecn>
* 说明:指令只有在 AP 模式开启后有效,用于配置 AP 参数
        <ssid>:字符串参数,接入点名称
        <pwd>:字符串参数,密码最长 64 字节,ASCII 码字符
        <chl>:通道号
        <ecn>:0 - OPEN,1 - WEP,2 - WPA_PSK,3 - WPA2_PSK,4 - WPA_WPA2_PSK
* 响应:OK
* 测试:成功
************************************************/
UINT8 ESPWiFi_CWAP_CMD(UINT8 * pszSSID, UINT8 * szPassword, UINT8 ucChannel, UINT8 ucSecureType)
{
    UINT32 i = 0;

    g_unESPWiFiPacketCnt = 0;

    memset(g_szESPWiFiPacketBuf,0,sizeof g_szESPWiFiPacketBuf);

    ESPWiFi_SendStr("AT + CWSAP = ");

    ESPWiFi_SendChr('"');
    ESPWiFi_SendStr(pszSSID);
    ESPWiFi_SendChr('"');
    ESPWiFi_SendStr(",");

    ESPWiFi_SendChr('"');
    ESPWiFi_SendStr(szPassword);
    ESPWiFi_SendChr('"');
    ESPWiFi_SendChr(',');

    ucChannel += '0';
    ESPWiFi_SendStr((UINT8 *)&ucChannel);
    ESPWiFi_SendChr(',');

    ucSecureType += '0';
    ESPWiFi_SendStr((UINT8 *)&ucSecureType);
    ESPWiFi_SendStr("\r\n");
```

```c
    /* 等待 ESP WiFi 应答 */
    for(i = 0;i<10000;i++)
    {
        Delayms(1);

        if(g_unESPWiFiPacketCnt)
        {
            if(strstr((UINT8 *)g_szESPWiFiPacketBuf,"OK"))
            {
                return 0;
            }

            if(strstr((UINT8 *)g_szESPWiFiPacketBuf,"ERROR"))
            {
                return 1;
            }
        }
    }
    /* 超时,未知错误 */
    return 0xFF;
}
```

(5) 串口 1 中断服务函数

串口 1 中断服务函数的代码如下。

程序清单 19.9.5　串口 1 中断服务函数

```c
/*******************************************
* 函数名称:UART1_IRQHandler
* 输入:无
* 输出:无
* 功能:串口 1 中断服务函数
*******************************************/
void UART1_IRQHandler(void)
{
    UINT8  d = 0;

    UINT32 unStatus = UART1 ->INTSTS;

    if(unStatus & UART_INTSTS_RDAINT_Msk)
    {
        /* 获取所有输入字符 */
        while(UART_IS_RX_READY(UART1))
```

第19章 uIP 与无线 WiFi 网络通信

```
            {
                /*  从 UART1 的数据缓冲区获取数据  */
                d = UART_READ(UART1);
                //UART_WRITE(UART0,d);
                g_szESPWiFiPacketBuf[g_unESPWiFiPacketCnt ++] = d;
            }
        }
}
```

(6) 主函数

主函数的代码如下。

程序清单 19.9.6   main 函数

```c
/*********************************************
* 函数名称:main
* 输入:无
* 输出:无
* 功能:函数主体
*********************************************/
int32_t main(void)
{
    BOOL    bIsConnected = FALSE;
    UINT8   buf[128] = {0};
    
    PROTECT_REG
    (
        /*  系统时钟初始化  */
        SYS_Init(PLL_CLOCK);
        
        /*  串口 0 初始化  */
        UART0_Init(115200);
        
        /*  串口 1 初始化  */
        UART1_Init(115200);
        
        /*  使能 UART RDA/RLS/Time-out 中断  */
        UART_EnableInt(UART1,UART_INTEN_RDAIEN_Msk | UART_INTEN_RXTOIEN_Msk);
    )
    
    
    /*  LED 灯初始化  */
    LedInit();
```

```c
/* 所有涉及 SPI0 的 CS 引脚都恢复为复位状态 */
SPI0_CS_PIN_RST();

/*    LCD 初始化 */
LcdInit(LCD_FONT_IN_FLASH,LCD_DIRECTION_180);

/* LCD 背光启动 */
LCD_BL(0);

LcdCleanScreen(BLACK);

/*    SPI Flash 初始化 */
while(disk_initialize(FATFS_IN_FLASH))
{
    Led1(1);Delayms(500);
    Led1(0);Delayms(500);
}

/* SD 卡初始化 */
while(disk_initialize(FATFS_IN_SD))
{
    Led2(1);Delayms(500);
    Led2(0);Delayms(500);
}

/* 挂载 SPI Flash 与 SD 卡 */
f_mount(0,&g_fs[0]);

/*    ESP WiFi 初始化 */
while(ESPWiFi_Init(buf))
{
    Led3(1);Delayms(500);
    Led3(0);Delayms(500);
}


LcdFill(0,0,238,20,RED);
LcdShowString(30,3,"WiFi 控制 LED 实验[未连接]",YELLOW,RED);

LcdKeyRst();
```

```c
XPTSpiInit();

Delayms(1000);

memset(buf,0,sizeof buf);

while(1)
{
    /* ESP WiFi 轮询 */
    ESPWiFi_Poll();
    
    /*   检查HC05的LED引脚电平,确认当前连接状态 */
    if(ESPWiFi_ConnectStatus())
    {
        if(!bIsConnected)
        {
            bIsConnected = TRUE;
            
            LcdFill(0,0,238,20,RED);
            LcdShowString(30,3,"WiFi控制LED实验[已连接]",YELLOW,RED);
        }
    }
    else
    {
        if(bIsConnected)
        {
            bIsConnected = FALSE;
            
            LcdFill(0,0,238,20,RED);
            LcdShowString(30,3,"WiFi控制LED实验[未连接]",YELLOW,RED);
            
        }
    }
    
    if(bIsConnected)
    {
        /*   实时检测是否接收到数据包 */
        if(ESPWiFi_Recv(buf))
        {
            /* 清除数据显示区部分 */
            LcdFill(0,40,239,199,BLACK);
```

第 19 章 uIP 与无线 WiFi 网络通信

```
            /* 显示接收到的数据 */
            LcdShowString(0,40,"UDP RX 接收数据如下:",YELLOW,BLACK);
            LcdShowString(0,60,buf,GBLUE,BLACK);

            memset(buf,0,sizeof buf);
        }

    }

    if(XPT_IRQ_PIN() == 0)
    {
        LcdTouchPoint();
    }
  }
}
```

3. 下载验证

通过 SM-NuLink 仿真器下载程序到 SmartM-M451 旗舰板上，接上 SM-ESP8266 无线 WiFi 模块，屏幕显示如图 19.9.3 所示。

(1) PC 与 WiFi 模块通信

打开 Windows 的网络连接，能够搜索到无线网络连接"SmartMcu"，如图 19.9.4 所示。

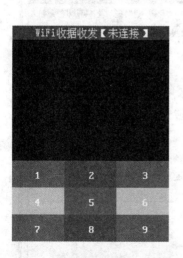

图 19.9.3　WiFi 数据收发未连接界面

图 19.9.4　找到无线网络连接"SmartMcu"

单击无线网络连接"SmartMcu"，连接到该网络，输入网络安全密钥"12345678"，

第19章 uIP 与无线 WiFi 网络通信

如图 19.9.5 所示。

若连接成功,则在"SmartMcu"的无线网络连接处显示"已连接",如图 19.9.6 所示。

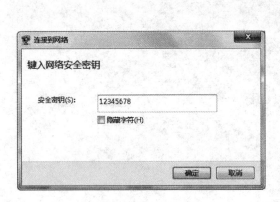

图 19.9.5 输入网络安全密钥

图 19.9.6 无线网络连接"SmartMcu"显示"已连接"

为了检查当前 SM-ESP8266 无线 WiFi 模块的网络功能是否已经有效,可以使用"单片机多功能调试助手"中的"Ping"功能进行检测,默认 SM-ESP8266 的 IP 地址为 192.168.4.1,操作如图 19.9.7 所示。

图 19.9.7 使用 Ping 功能检测网络功能是否有效

第 19 章　uIP 与无线 WiFi 网络通信

接着,"源端口"填入"6666","目的端口"填入"8888",单击"打开 TCP"按钮,若 TCP 连接成功,则"打开 TCP"按钮的文字变为"关闭 TCP",同时其左侧图标变为绿色,并在"接收区"显示"TCP 连接成功"信息,如图 19.9.8 所示。

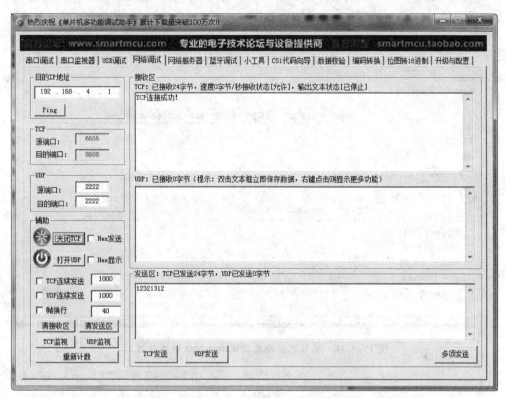

图 19.9.8　TCP 连接 SM-ESP8266 无线 WiFi 模块

当 SM-ESP8266 无线 WiFi 网络模块被连接成功后,在 LCD 屏幕的标题栏上显示"已连接"信息,如图 19.9.9 所示。

若点击开发板触摸屏上的虚拟按键,则向 PC 发送数据,单片机多功能调试助手会将接收到的数据显示在"接收区"中,如图 19.9.10 所示。当开发板成功接收到 PC 发送的数据,则在 LCD 屏幕上进行显示,如图 19.9.11 所示。

(2) 手机与 WiFi 模块通信

使用安卓手机安装 SmartMcu 团队编写的"网络调试助手.apk",然后打开手机 WiFi

图 19.9.9　标题栏显示"已连接"信息

第 19 章　uIP 与无线 WiFi 网络通信

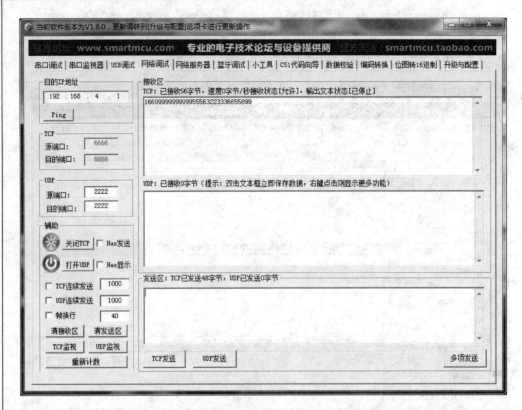

图 19.9.10　单片机多功能调试助手接收数据并显示

图 19.9.11　显示接收到的数据

功能，并连接到无线网络"SmartMcu"，如图 19.9.12 所示。接着，打开安卓手机上的"网络调试助手"，点击"TCP 客户端图标"，在弹出的对话框中填写"IP"为"192.168.4.1"，"端口"为"8888"，然后点击"增加"按钮，如图 19.9.13 所示。

接着可以在发送区输入要发送的数据，点击"发送"按钮即可将数据发送到开发板并显示；同时网络调试助手成功接收到开发板的数据并在接收区中显示，如图 19.9.14 所示。

注：当前 SM-ESP8266 无线 WiFi 网络模块还支持 TCP 客户端、UDP 数据收发，读者可以参考 SM-ESP8266 提供的数据手册进行拓展。

第 19 章　uIP 与无线 WiFi 网络通信

图 19.9.12　手机搜索 WiFi

图 19.9.13　手机 TCP 连接 WiFi

图 19.9.14　手机收发数据

第20章

USB 协议

20.1 概述

USB 是一种支持热插拔的高速串行传输总线,它使用差分信号来传输数据,最高速度可达 480 Mb/s。USB 支持"总线供电"和"自供电"两种供电模式。在总线供电模式下,设备最多可以获得 500 mA 的电流。USB 2.0 被设计为向下兼容的模式,当有全速(USB 1.1)或低速(USB 1.0)设备连接到高速(USB 2.0)主机上时,主机可通过分离传输来支持它们。在一条 USB 总线上可达到的最高传输速度等级由该总线上最慢的"设备"决定,该设备包括主机(HOST)、HUB 和 USB 功能设备(见图 20.1.1)。

图 20.1.1 USB 功能设备

USB 体系包括"主机""设备"和"物理连接"三个部分,如图 20.1.2 所示。其中主机是一个提供 USB 接口及接口管理功能的硬件、软件及固件的复合体,它可以是 PC,也可以是 OTG 设备。一个 USB 系统中仅有一个 USB 主机;设备包括 USB 功能设备和 USB HUB(集线器),最多支持 127 个设备;物理连接即指 USB 的传输线。在 USB 2.0 系统中,要求使用屏蔽的双绞线。

图 20.1.2 USB 体系中的"主机""设备"和物理连接

一个 USB HOST 最多可以同时支持 128 个地址，地址 0 作为默认地址，只在设备枚举期间临时使用，而不能被分配给任何一个设备，因此一个 USB HOST 最多可以同时支持 127 个地址，如果一个设备只占用一个地址，那么可最多支持 127 个 USB 设备。在实际的 USB 体系中，如果要连接 127 个 USB 设备，则必须使用 USB HUB，而 USB HUB 也是需要占用地址的，所以实际可支持的 USB 功能设备的数量小于 127。

USB 体系采用分层的星形拓扑来连接所有的 USB 设备，如图 20.1.3 所示。

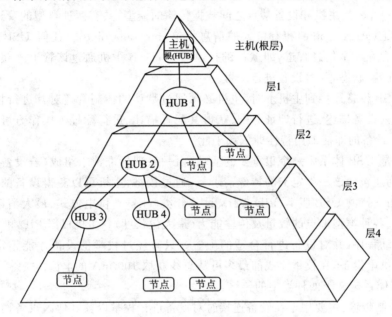

图 20.1.3　USB 的星形拓扑

以主机的根集线器为起点，最多支持 7 层(tier)，也就是说任何一个 USB 系统中最多可以允许 5 个 USB HUB 级联。一个复合设备(compound device)将同时占据两层或更多的层。

根 HUB 是一个特殊的 USB HUB，它集成在主机控制器中，不占用地址。根 HUB 不但实现了普通 USB HUB 的功能，还包括其他一些功能，具体功能在增强型主机控制器的规范中有详细介绍。

复合设备可以占用多个地址。所谓**复合设备**其实就是把多个功能设备通过内置的 USB HUB 组合而成的设备，比如带录音话筒的 USB 摄像头等。

USB 采用轮询的广播机制传输数据，所有的传输都由主机发起，任何时刻整个 USB 体系内仅允许一个数据包传输，即不同物理传输线上看到的数据包都是同一被广播的数据包。

USB 采用"令牌包"—"数据包"—"握手包"的传输机制，在令牌包中指定数据包的去向或来源的设备地址和端点(endpoint)，从而保证只有一个设备对被广播的

第 20 章　USB 协议

数据包/令牌包作出响应。握手包表示传输成功与否。

数据包是 USB 总线上数据传输的最小单位，包括 SYNC、数据及 EOP 三个部分。其中的数据格式针对不同的包有不同的格式，但都以 8 位的 PID 开始。PID 指定了数据包的类型（共 16 种）。令牌包即指 PID 为 IN/OUT/SETUP 的包。

端点是 USB 设备中可以进行数据收发的最小单元，支持单向或双向数据传输。设备支持的端点数量是有限制的，除默认端点外，低速设备最多支持 2 组端点（2 个输入，2 个输出），高速和全速设备最多支持 15 组端点。

管道（pipe）是主机和设备端点之间数据传输的模型，共有两种类型的管道：无格式的流管道（stream pipe）和有格式的信息管道（message pipe）。任何 USB 设备一旦上电就存在一个信息管道，即默认的控制管道，USB 主机通过该管道来获取设备的描述、配置、状态，并对设备进行配置。

当 USB 设备连接到主机上时，主机必须通过默认的控制管道对其进行枚举，并完成获得其设备描述、进行地址分配、获得其配置描述、进行配置等操作方可正常使用。USB 设备的即插即用特性即依赖于此。

枚举是 USB 体系中一个很重要的活动，由一系列标准请求组成（若设备属于某个子类，则还包含该子类定义的特殊请求）。通过枚举，主机可以获得设备的基本描述信息，如支持的 USB 版本、PID、VID、设备分类（class）、供电方式、最大消耗电流、配置数量、各种类型端点的数量及传输能力（最大包长度）。主机根据 PID 和 VID 加载设备驱动程序，并对设备进行合适的配置。只有经过枚举的设备才能正常使用。对于总线供电设备，在枚举完成前最多可从总线获取 100 mA 的电流。

USB 体系定义了四种类型的传输：

- **控制传输**：主要用于在设备连接时对设备进行枚举以及其他因设备而异的特定操作。
- **中断传输**：用于对延迟要求严格和小量数据的可靠传输，如键盘、游戏手柄等。
- **批量传输**：用于对延迟要求宽松和大量数据的可靠传输，如 U 盘等。
- **同步传输**：用于对可靠性要求不高的实时数据传输，如摄像头、USB 音响等。

注意：中断传输并不意味着在传输过程中，设备会先中断主机，继而通知主机启动传输。中断传输也是主机发起的传输，采用轮询的方式询问设备是否有数据发送，若有则传输数据，否则不应答主机。

不同的传输类型在物理上并没有太大的区别，只是在传输机制、主机安排传输任务、可占用 USB 带宽的限制以及最大包长度上有一定的差异。USB 设备通过管道与主机通信，在默认控制管道上接受并处理以下三种类型的请求：

- **标准请求**：一共有 11 个标准请求，如得到设备描述、设置地址、得到配置描述等。所有 USB 设备均应支持这些请求。主机通过标准请求来识别和配置设备。

- 类(class)请求:USB 还定义了若干个子类,如 HUB 类、大容量存储器类等。不同的类又定义了若干类请求,该类设备应该支持这些类请求。设备的所属类在设备描述符中可以得到。
- 厂商请求:这部分请求并不是 USB 规范定义的,而是设备生产商为了实现一定的功能而自己定义的。

USB HUB 提供了一种低成本、低复杂度的 USB 接口扩展方法。HUB 的上行端口面向主机,下行端口面向设备(HUB 或功能设备)。在下行端口上,HUB 提供了设备连接检测和设备移除检测的能力,并给各下行端口供电。HUB 可以单独使能各下行端口,不同端口可以工作于不同的速度等级(高速/全速/低速)。

HUB 由 HUB 重发器(HUB repeater)、转发器(transaction translator)和 HUB 控制器(HUB controller)三部分组成。HUB 重发器是上行端口与下行端口之间的一个协议控制开关,它负责高速数据包的重生与分发。HUB 控制器负责与主机的通信,主机通过 HUB 类请求与 HUB 控制器通信,获得关于 HUB 本身和下行端口的 HUB 描述符,对 HUB 和下行端口进行监控和管理。转发器提供从高速到全速/低速通信的转换能力,通过 HUB 可以在高速主机与全速/低速设备之间进行匹配。HUB 在硬件上支持复位、重启和暂停。

重生与分发指的是 HUB 重发器需要识别从上行(下行)端口上接收到的数据,并分发到下行(上行)端口上。所谓分发主要指从上行端口接收到的数据包需要向所有使能的高速下行端口发送,即广播。

USB 主机在 USB 体系中负责设备连接/移除的检测、主机与设备之间控制流和数据流的管理、传输状态的收集和总线电源的供给。

20.2 数据流模型

USB 体系在实现时采用分层的结构,如图 20.2.1 所示。在主机端,客户端软件(Client SW)不能直接访问 USB 总线,而必须通过 USB 系统软件和 USB 主机控制器来访问 USB 总线,并在 USB 总线上与 USB 设备进行通信。从逻辑上可以将 USB 体系分为功能层、设备层和总线接口层三个层次。其中功能层完成功能级的描述、定义和行为;设备层完成从功能层到总线接口层的转换,把一次功能层的行为转换为一次一次的基本传输;总线接口层处理总线上的位流,完成数据传输的物理层实现和总线管理。图 20.2.1 中的黑色箭头代表真实的数据流,灰色箭头代表逻辑上的通信。

物理上,USB 设备通过分层的星形总线连接到主机上,但在逻辑上 HUB 是透明的,各 USB 设备与主机直接连接,并与主机上的客户端软件形成一对一的关系,如图 20.2.2 所示。

各客户端软件与功能设备之间的通信相互独立,客户端软件通过 USB 设备驱动

第 20 章 USB 协议

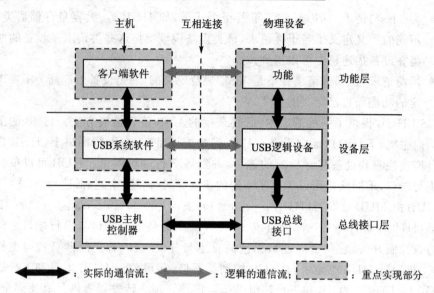

图 20.2.1 USB 体系实现的分层结构

图 20.2.2 USB 设备与应用软件的一对一关系

程序(USBD)发起 IRQ 请求,请求数据传输。主机控制器驱动程序(HCD)接收 IRQ 请求,并解析为 USB 传输和传输事务(transaction),对 USB 系统中的所有传输事务进行任务排定(因为可能同时有多个客户端软件发起 IRQ 请求)。主机控制器(host controller)执行排定的传输任务,在同一条共享的 USB 总线上进行数据包传输,如图 20.2.3 所示。

USB 系统中的数据传输,宏观来看是在主机与 USB 功能设备之间进行的;微观来看是在客户端软件的缓冲区与 USB 功能设备的端点之间进行的。一般来说端点都有缓冲区,可以认为 USB 通信就是客户端软件缓冲区与设备端点缓冲区之间的数据交换,交换的通道称为管道。客户端软件通过与设备之间的数据交换来完成设备的控制和数据传输。通常需要多个管道来完成数据交换,因为同一管道只支持一种类型的数据传输。

一起对设备进行控制的若干管道称为设备(端点)的接口,这就是端点、管道与接口三者的关系。一个 USB 设备可以包括若干个端点,不同的端点以端点编号和方向区分。不同端点可以支持不同的传输类型、访问间隔以及最大数据包大小。除端

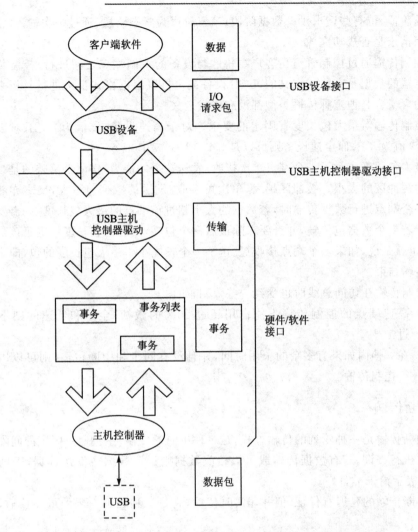

图 20.2.3　主机控制器在同一条共享的 USB 总线上进行数据包传输

点 0 外，所有的端点只支持一个方向的数据传输。端点 0 是一个特殊的端点，它支持双向的控制传输。管道与端点关联，并与关联的端点有相同的属性，如支持的传输类型、最大包长度和传输方向等。

20.3　四种传输类型

1. 控制传输

控制传输是一种可靠的双向传输，一次控制传输可分为三个阶段。第一阶段为从主机到设备的设置事务传输，这个阶段指定了此次控制传输的请求类型；第二阶段为数据阶段,也有些请求没有数据阶段;第三阶段为状态阶段,通过一次输入/输出传输表明请求是否成功完成。

控制传输通过控制管道在客户端软件与设备的控制端点之间进行,控制传输过程中传输的数据是有格式定义的,USB设备或主机可根据格式定义进行解析来获得数据的含义。其他三种传输类型都没有格式定义。

控制传输对最大包长度有固定的要求。对于高速设备,该值为64 B;对于低速设备,该值为8 B;而全速设备则可以是8 B、16 B、32 B或64 B。

最大包长度表示了一个端点单次接收/发送数据的能力,实际上反映的是该端点对应的缓冲区的大小。缓冲区越大,单次可接收/发送的数据包越大,反之亦然。当通过一个端点进行数据传输时,若数据的大小超过该端点的最大包长度,则需要将数据分成若干个数据包传输,并且要求除最后一个包外,所有的包长度均等于该最大包长度,也就是说,如果一个端点接收/发送了一个长度小于最大包长度的包,即意味着数据传输结束。

控制传输在访问总线时也受到一些限制,如:
- 高速端点的控制传输不能占用超过20%的微帧,全速和低速的则不能超过10%。
- 在一帧内如果有多余的未用时间,并且没有同步和中断传输,则可以用来进行控制传输。

2. 中断传输

中断传输是一种轮询的传输方式,是一种单向的传输,主机通过固定的间隔对中断端点进行查询,若有数据传输或可以接收数据则返回数据或发送数据,否则返回NAK,表示尚未准备好。

中断传输的延迟有保证,但并非实时传输,它是一种延迟有限的可靠传输,支持错误重传。

对于高速/全速/低速端点,最大包长度分别可以达到1 024/64/8 B。高速中断传输不得占用超过80%的微帧时间,全速和低速时不得超过90%。中断端点的轮询间隔在端点描述符中定义,全速端点的轮询间隔可以是1～255 ms,低速端点的为10～255 ms,高速端点的为$(2^{interval-1}) \times 125$ μs,其中interval取1～16的值。

除高速、高带宽中断端点外,一个微帧内仅允许一次中断事务传输,高速、高带宽端点最多可以在一个微帧内进行三次中断事务传输,传输高达3 072 B的数据。

所谓单向传输,并不是说该传输只支持一个方向的传输,而是指在某个端点上该传输仅支持一个方向,或输出,或输入。如果需要在两个方向上进行某种单向传输,则需要占用两个端点,分别配置成不同的方向,但可以拥有相同的端点编号。

3. 批量传输

批量传输是一种可靠的单向传输，但延迟没有保证，它尽量利用可以利用的带宽来完成传输，适合数据量较大的传输。低速 USB 设备不支持批量传输，高速批量端点的最大包长度为 512 B，全速批量端点的最大包长度为 8 B、16 B、32 B 或 64 B。

在访问 USB 总线时，批量传输相对其他传输类型具有最低的优先级，USB 主机总是优先安排其他类型的传输，当总线带宽有富余时才安排批量传输。高速的批量端点必须支持 Ping 操作，向主机报告端点的状态，NYET 表示否定应答，没有准备好接收下一个数据包，ACK 表示肯定应答，已经准备好接收下一个数据包。

4. 同步传输

同步传输是一种实时的、不可靠的传输，不支持错误重发机制。只有高速和全速端点支持同步传输，高速同步端点的最大包长度为 1024 B，低速的为 1023 B。

除高速、高带宽同步端点外，一个微帧内仅允许一次同步事务传输，高速、高带宽端点最多可以在一个微帧内进行三次同步事务传输，传输高达 3072 B 的数据。全速同步传输不得占用超过 80% 的微帧时间，高速同步传输不得占用超过 90% 的微帧时间。

同步端点的访问也与中断端点一样，有固定的时间间隔限制。在主机控制器与 USB HUB 之间还有另外一种传输——分离传输(split transaction)，它仅在主机控制器与 HUB 之间执行，通过分离传输，可以允许全速/低速设备连接到高速主机上。分离传输对于 USB 设备来说是透明的、不可见的。

分离传输 顾名思义就是把一次完整的事务传输分成两个事务传输来完成。其原因是高速传输和全速/低速传输的速度不相等，如果使用一次完整的事务来传输，势必会造成较长的等待时间，从而降低高速 USB 总线的利用率。通过将一次传输分成两批，将令牌(和数据)的传输与响应数据(和握手)的传输分开，这样就可以在中间插入其他高速传输，从而提高总线的利用率。

20.4 框 架

在 USB 框架中，规范主要定义了 USB 设备的各种状态、常用操作、USB 设备请求、描述符和设备类等。图 20.4.1 为 USB 设备的状态转移图。

这里重点介绍一下枚举的过程。当设备连接到主机上时，按照以下顺序进行枚举：

① 连接了设备的 HUB 在主机上查询其状态，当改变端点时返回对应的位图，告知主机某个端口状态发生了改变。

② 主机向 HUB 查询该端口的状态，得知有设备连接，并知道了该设备的基本

第 20 章　USB 协议

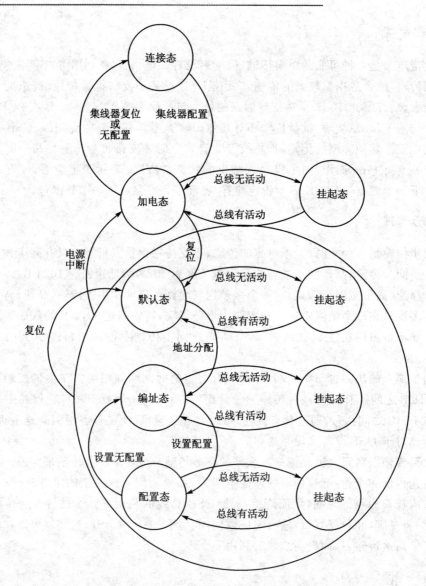

图 20.4.1　USB 设备的状态转移图

特性。

③ 主机等待(至少 100 ms)设备上电稳定,然后向 HUB 发送请求,复位并使能该端口。

④ HUB 执行端口复位操作,复位完成后该端口就被使能了。现在设备进入默认状态,可以从 Vbus 引脚获取不超过 100 mA 的电流。主机可通过地址 0 与其通信。

⑤ 主机通过地址 0 向该设备发送 Get_Device_Descriptor 标准请求,以获取设备

的描述符。

⑥ 主机再次向 HUB 发送请求,复位该端口。

⑦ 主机通过标准请求 Set_Address 给设备分配地址。

⑧ 主机通过新地址向设备发送 Get_Device_Descriptor 标准请求,以获取设备的描述符。

⑨ 主机通过新地址向设备发送其他 Get_Configuration 请求,以获取设备的配置描述符。

⑩ 根据配置信息,主机选择合适的配置,通过 Set_Configuration 请求对设备进行配置。这时设备方可正常使用。

USB 设备的常用操作包括:设备连接、设备移除、设备配置、地址分配、数据传输、设备挂起和设备唤醒等。USB 的请求包括标准请求、类请求和厂商请求三类。所有的请求都通过默认管道发送,按照控制传输的三个阶段进行。首先主机通过一次控制事务传输向设备发送一个 8 B 的设置包,这个包说明了请求的具体信息,如请求类型、数据传输方向、接收目标(device/interface/endpoint 等)。具体定义参考 USB 2.0 规范第 248 页。

USB 标准请求共包括 11 个请求,如清除特性(Clear_Feature)、得到配置(Get_Configuration)、得到描述(Get_Descriptor)、设置地址(Set_Address)等。具体参考 USB 2.0 规范第 250。

20.5 命 令

在 USB 规范中,对命令一词提供的单词为"Request",但这里为了更好地理解主机与设备之间的主从关系,将它定义为"命令"。

所有的 USB 设备都要求对主机发给自己的控制命令作出响应。USB 规范定义了 11 个标准命令,分别是:Clear_Feature、Get_Configuration、Get_Descriptor、Get_Interface、Get_Status、Set_Address、Set_Configuration、Set_Descriptor、Set_Interface、Set_Feature、Synch_Frame。所有 USB 设备都必须支持这些命令(个别命令除外,如 Set_Descriptor、Synch_Frame)。

不同的命令虽然有不同的数据和使用目的,但所有 USB 命令的结构都是一样的,其结构为

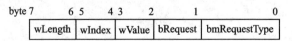

表 20.5.1 所列为 USB 命令的结构说明。

第 20 章 USB 协议

表 20.5.1 USB 命令的结构说明

偏移量	域	大小/B	值	说 明
0	bmRequestType	1	位图	请求特征： ● [7]:传输方向；0＝主机至设备；1＝设备至主机。 ● [6;5]:种类；0＝标准；1＝类；2＝厂商；3＝保留。 ● [4:0]:接收者；0＝设备；1＝接口；2＝端点；3＝其他；4～31 保留
1	bRequest	1	值	命令类型编码值（见"表 20.5.3 USB 标准命令的编码值"）
2	wValue	2	值	根据不同的命令，含义也不同
4	wIndex	2	索引或偏移	根据不同的命令，含义也不同，主要用于传送索引或偏移
6	wLength	2	值	若为数据传送阶段，则此为数据字节数

表 20.5.2 列出了 USB 的 11 种标准命令。

表 20.5.2 USB 的 11 种标准命令

命 令	bmRequest-Type	bRequest	wValue	wIndex	wLength/B	数据
Clear_Feature	00000000B 00000001B 00000010B	CLEAR_FEATURE	特性选择符	0 接口号 端点号	0	无
Get_Configuration	10000000B	GET_CONFIGURATION	0	0	1	配置值
Get_Descriptor	10000000B	GET_DESCRIPTOR	描述表种类（高字节，见表 20.6.2）和索引（低字节）	0 或语言标志	描述表长	描述表
Get_Interface	10000001B	GET_INTERFACE	0	接口号	1	可选设置

续表 20.5.2

命令	bmRequest-Type	bRequest	wValue	wIndex	wLength/B	数据
Get_Status	10000000B	GET_STATUS	0	0(返回设备状态)	2	设备状态
	10000001B			接口号（对象是接口时）		接口状态
	10000010B			端点号（对象是端点时）		端点状态
Set_Address	00000000B	SET_ADDRESS	设备地址	0	0	无
Set_Configuration	00000000B	SET_CONFIGURATION	配置值（高字节为0,低字节表示要设置的配置值）	0	0	无
Set_Descriptor	00000000B	SET_DESCRIPTOR	描述表种类（高字节,见表20.6.2）和索引（低字节）	0 或语言标志	描述表长	描述表
Set_Feature	00000000B	SET_FEATURE	特性选择符（1 表示设备,0 表示端点）	0	0	无
	00000001B			接口号		
	00000010B			端点号		
Set_Interface	00000001B	SET_INTERFACE	可选设置	接口号	0	无
Synch_Frame	100000010B	SYNCH_FRAME	0	端点号	2	帧号

表 20.5.2 中的 bRequest 为命令编码值，其定义如表 20.5.3 所列。

表 20.5.3　USB 标准命令的编码值

bRequest	值
GET_STATUS	0
CLEAR_FEATURE	1
为将来保留	2
SET_FEATURE	3
为将来保留	4
SET_ADDRESS	5
GET_DESCRIPTOR	6
SET_DESCRIPTOR	7
GET_CONFIGURATION	8
SET_CONFIGURATION	9
GET_INTERFACE	10
SET_INTERFACE	11
SYNCH_FRAME	12

20.6　USB 描述符

USB 协议为 USB 设备定义了一套描述设备功能和属性的有固定结构的描述符，包括标准描述符即设备描述符、配置描述符、接口描述符、端点描述符和字符串描述符，另外还有非标准描述符，如类描述符。USB 设备通过这些描述符向 USB 主机汇报设备的各种各样属性，主机通过访问这些描述符来对设备进行类型识别和配置，并为其提供相应的客户端驱动程序。

USB 设备通过描述符反映自己的设备特性。USB 描述符由以特定格式排列的一组数据结构组成。

在 USB 设备枚举过程中，主机端的协议软件需要解析从 USB 设备读取的所有描述符信息。在 USB 主机向设备发送读取描述符的请求后，USB 设备将所有描述符以连续的数据流方式传输给 USB 主机。主机从第一个读到的字符开始，根据双方规定好的数据格式，顺序解析读到的数据流。

USB 描述符包括标准描述符、类描述符和厂商特定描述符 3 种形式。任何一种设备都必须有 USB 标准描述符（除字符串描述符可选外）。

在 USB 1.X 中，规定了 5 种标准描述符：设备描述符（device descriptor）、配置描述符（configuration descriptor）、接口描述符（interface descriptor）、端点描述符（endpoint descriptor)和字符串描述符(string descriptor)。

每个 USB 设备只有一个设备描述符,而一个设备中可以包含一个或多个配置描述符,即 USB 设备可以有多种配置。设备的每一个配置中又可以包含一个或多个接口描述符,即 USB 设备可以支持多种功能(接口),接口的特性通过描述符提供。

在 USB 主机访问 USB 设备的描述符时,USB 设备依照设备描述符、配置描述符、接口描述符、端点描述符、字符串描述符的顺序将所有描述符传给主机。一个设备至少要包含设备描述符、配置描述符和接口描述符,如果 USB 设备没有端点描述符,则它仅仅是用默认管道与主机进行数据传输。

一个 USB 设备只有一个设备描述符,设备描述符里定义了该设备有多少种配置,每种配置对应着不同的配置描述符;而在配置描述符中又定义了该配置里有多少个接口,每个接口有对应的接口描述符;在接口描述符里又定义了该接口有多少个端点,每个端点对应一个端点描述符;端点描述符定义了端点的大小和类型,等等。由此可以看出,USB 的描述符之间的关系是一层一层的,最上一层是设备描述符,下面是配置描述符,再下面是接口描述符,再下面是端点描述符。在获取描述符时,先获取设备描述符,然后再获取配置描述符,根据配置描述符中的配置集合长度,一次将配置描述符、接口描述符、端点描述符一起读回,其中还有可能获取设备序列号、厂商字符串、产品字符串等,详细关系如图 20.6.1 所示。

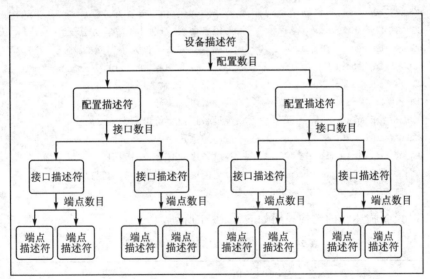

图 20.6.1 各描述符之间的关系

下面从软件的角度来看看这些描述符的详细定义。描述符定义中包含若干成员字段(以下定义取自 Windows 系统,Linux 下的命名稍有区别,但成员字段内容一致),这些字段都有一个用小写字母表示的前缀,它们所表示的意思如下:

b:表示一个字节,为 8 位;

w:表示一个字,为16位;
bm:表示按位寻址;
bcd:表示采用BCD码;
i:表示索引值。

20.6.1 设备描述符

设备描述符给出了USB设备的一般信息,包括对设备及在设备配置中起全程作用的信息,有制造商标识号ID、产品序列号、所属设备类号、默认端点的最大包长度和配置描述符的个数等。一个USB设备必须有且仅有一个设备描述符。设备描述符是当设备连接到总线上时USB主机所读取的第一个描述符,它包含了14个字段,共18字节,结构如下。

程序清单20.6.1 设备描述符

```
typedef struct _USB_DEVICE_DESCRIPTOR {
    UCHAR   bLength;                //该描述符结构体的大小(18字节)
    UCHAR   bDescriptorType;        //描述符类型(本结构体中固定为0x01)
    USHORT  bcdUSB;                 //USB版本号
    UCHAR   bDeviceClass;           //设备类代码(由USB官方分配)
    UCHAR   bDeviceSubClass;        //子类代码(由USB官方分配)
    UCHAR   bDeviceProtocol;        //设备协议代码(由USB官方分配)
    UCHAR   bMaxPacketSize0;        //端点0的最大包大小(有效大小为8,16,32,64)
    USHORT  idVendor;               //生产厂商编号(由USB官方分配)
    USHORT  idProduct;              //产品编号(制造厂商分配)
    USHORT  bcdDevice;              //设备出厂编号
    UCHAR   iManufacturer;          //设备厂商字符串索引
    UCHAR   iProduct;               //产品描述字符串索引
    UCHAR   iSerialNumber;          //设备序列号字符串索引
    UCHAR   bNumConfigurations;     //当前速度下能支持的配置数量
} USB_DEVICE_DESCRIPTOR, * PUSB_DEVICE_DESCRIPTOR;
```

USB设备描述符的结构说明如表20.6.1所列。

表20.6.1 USB设备描述符的结构说明

偏移量	域	大小/B	值	说明
0	bLength	1	数字	此描述符的字节数长度
1	bDescriptorType	1	常量	描述符的类型(此处应为0x01,即设备描述符)
2	bcdUSB	2	BCD码	USB版本号(BCD码)

续表 20.6.1

偏移量	域	大小/B	值	说 明
4	bDeviceClass	1	类	设备类码： ● 如果此域的值为 0，则一个设置下每个接口指出它自己的类，各个接口各自独立工作。 ● 如果此域的值处于 1～FEH 之间，则设备在不同的接口上支持不同的类，并且这些接口可能不能独立工作。此值指出了这些接口集体的类定义。 ● 如果此域的值设为 FFH，则此设备的类由厂商定义
5	bDeviceSubClass	1	子类	子类代码，这些码值的具体含义根据 bDeviceClass 域决定： ● 若 bDeviceClass 域为 0，则此域也须为零； ● 若 bDeviceClass 域为 FFH，则此域的所有值保留
6	bDeviceProtocol	1	协议	协议码，这些码值视 bDeviceClass 和 bDeviceSubClass 的值而定： ● 如果此设备支持设备类相关的协议，则此码标志了设备类的值。 ● 如果此域的值为 0，则此设备不支持设备类相关的协议，然而，可能它的接口支持设备类相关的协议。 ● 如果此域的值为 FFH，则此设备使用厂商定义的协议
7	bMaxPacketSize0	1	数字	端点 0 的最大包大小(仅 8,16,32,64 为合法值)
8	idVendor	2	ID	厂商标志(由 USB-IF 组织赋值)
10	idProduct	2	ID	产品标志(由厂商赋值)
12	bcdDevice	2	BCD 码	设备发行号(BCD 码)
14	iManufacturer	1	索引	描述厂商信息的字符串描述符的索引值
15	iProduct	1	索引	描述产品信息的字符串描述符的索引值
16	iSerialNumber	1	索引	描述设备序列号信息的字符串描述符的索引值
17	bNumConfigurations	1	数字	可能的配置描述符数目

表 20.5.1 中的 bDescriptorType 为描述符的类型，其含义可查表 20.6.2(此表也适用于标准命令 Get_Descriptor 中的 wValue 域高字节的取值含义)。

第20章 USB 协议

表 20.6.2 USB 描述符的类型值

类 型	描述符	描述符值
标准描述符	设备描述符(device descriptor)	0x01
	配置描述符(configuration descriptor)	0x02
	字符串描述符(string descriptor)	0x03
	接口描述符(interface descriptor)	0x04
	端点描述符(endpoint descriptor)	0x05
类描述符	集线器类描述符(hub descriptor)	0x29
	人机接口类描述符(HID)	0x21
厂商自定义描述符		0xFF

表 20.6.1 中的设备类码 bDeviceClass 可查表 20.6.3。

表 20.6.3 设备的类别(bDeviceClass)

值(十六进制)	说 明
0x00	接口描述符中提供类的值
0x02	通信类
0x09	集线器类
0xDC	用于诊断用途的设备类
0xE0	无线通信设备类
0xFF	厂商自定义的设备类

表 20.6.4 列出了一个 USB 鼠标的设备描述符的实例,供大家分析参考。

表 20.6.4 一种鼠标的设备描述符实例

域	值(十六进制)
bLength	0x12
bDescriptorType	0x01
bcdUSB	0x0110
bDeviceClass	0x00
bDeviceSubClass	0x00
bDeviceProtocol	0x00
bMaxPacketSize0	0x08
idVendor	0x045E(微软公司)
idProduct	0x0047
bcdDevice	0x300
iManufacturer	0x01
iProduct	0x03
iSerialNumber	0x00
bNumConfigurations	0x01

20.6.2 配置描述符

配置描述符中包含了描述符的长度(属于此描述符的所有接口描述符和端点描述符的长度之和)、供电方式(自供电/总线供电)和最大耗电量等。如果主机发出 USB 标准命令 Get_Descriptor 要求得到设备的某个配置描述符,那么除了此配置描述符以外,此配置所包含的所有接口描述符和端点描述符都将提供给 USB 主机。配置描述符结构体共 9 字节,其结构如下。

程序清单 20.6.2 配置描述符

```
typedef struct _USB_CONFIGURATION_DESCRIPTOR {
    UCHAR  bLength;                //该描述符结构体的大小
    UCHAR  bDescriptorType;        //描述符类型(本结构体中固定为 0x02)
    USHORT wTotalLength;           //此配置返回的所有数据大小
    UCHAR  bNumInterfaces;         //此配置的接口数量
    UCHAR  bConfigurationValue;    //Set_Configuration 命令所需要的参数值
    UCHAR  iConfiguration;         //描述该配置的字符串的索引值
    UCHAR  bmAttributes;           //供电模式的选择
    UCHAR  MaxPower;               //设备从总线提取的最大电流
} USB_CONFIGURATION_DESCRIPTOR, * PUSB_CONFIGURATION_DESCRIPTOR;
```

USB 配置描述符的结构说明如表 20.6.5 所列。

表 20.6.5 USB 配置描述符的结构说明

偏移量	域	大小/B	值	说明
0	bLength	1	数字	此描述符的字节数长度
1	bDescriptorType	1	常量	配置描述符类型(此处为 0x02)
2	wTotalLength	2	数字	此配置信息的总长(包括配置、接口、端点、设备类及厂商自定义的描述符)
4	bNumInterfaces	1	数字	此配置所支持的接口个数
5	bConfigurationValue	1	数字	在 SetConfiguration() 请求中作为参数来选定此配置
6	iConfiguration	1	索引	描述此配置的字符串的索引

续表 20.6.5

偏移量	域	大小/B	值	说 明
7	bmAttributes	1	位图	配置特性： D[7]：保留（设为1）； D[6]：自给电源； D[5]：远程唤醒 D[4:0]：保留（设为1）。 一个既有总线电源又有自给电源的设备会在MaxPower域指出需要从总线获取的电量，并设置 D[6] 为1。运行期间的实际电源模式可由GetStatus(DEVICE) 请求得到
8	MaxPower	1	毫安量	在此配置下的总线电源耗费量，以 2 mA 为一个单位，最大值为 500 mA

表 20.6.6 是一种硬盘的配置描述符实例。

表 20.6.6 硬盘的配置描述符实例

域	值（十六进制）	域	值（十六进制）
bLength	0x09	bConfigurationValue	0x01
bDescriptorType	0x02	iConfiguration	0x00
wTotalLength	0x1F	bmAttributes	0x0C
bNumInterfaces	0x01	MaxPower	0x32

20.6.3 接口描述符

配置描述符中包含了一个或多个接口描述符，这里的"接口"并不是指物理存在的接口，在这里把它称为"功能"更容易理解，例如一个设备既有录音的功能又有扬声器的功能，则这个设备至少就有两个"接口"。

如果一个配置描述符不止支持一个接口描述符，并且每个接口描述符都有一个或多个端点描述符，那么在响应 USB 主机的配置描述符命令时，USB 设备的端点描述符总是紧跟在相关的接口描述符后面，作为配置描述符的一部分被返回。接口描述符不可直接用 Set_Descriptor 和 Get_Descriptor 命令来存取。

如果一个接口仅使用端点 0，则接口描述符以后就不再返回端点描述符，并且此接口表现的是一个控制接口的特性，它使用与端点 0 相关联的默认管道进行数据传输。在这种情况下，bNumEndpoints 域应被设置为 0。接口描述符在说明端点个数时并不把端点 0 计算在内。

接口描述符结构体共 9 字节，其结构如下：

第 20 章 USB 协议

程序清单 20.6.3　接口描述符

```
typedef struct _USB_INTERFACE_DESCRIPTOR {
    UCHAR bLength;                  //该描述符结构体的大小
    UCHAR bDescriptorType;          //接口描述符的类型编号(0x04)
    UCHAR bInterfaceNumber;         //该接口的编号
    UCHAR bAlternateSetting;        //备用的接口描述符编号
    UCHAR bNumEndpoints;            //该接口使用的端点数,不包括端点 0
    UCHAR bInterfaceClass;          //接口类型
    UCHAR bInterfaceSubClass;       //接口子类型
    UCHAR bInterfaceProtocol;       //接口遵循的协议
    UCHAR iInterface;               //描述该接口的字符串索引值
} USB_INTERFACE_DESCRIPTOR, * PUSB_INTERFACE_DESCRIPTOR;
```

USB 接口描述符的结构说明如表 20.6.7 所列。

表 20.6.7　USB 接口描述符的结构说明

偏移量	域	大小/B	值	说　明
0	bLength	1	数字	此描述符的字节数长度
1	bDescriptorType	1	常量	接口描述符类型(此处应为 0x04)
2	bInterfaceNumber	1	数字	接口号,当前配置支持的接口数组索引(从零开始)
3	bAlternateSetting	1	数字	可选设置的索引值
4	bNumEndpoints	1	数字	此接口使用的端点数量,如果是零,则说明此接口只用默认控制管道
5	bInterfaceClass	1	类	接口所属的类值： ● 零值为将来的标准保留； ● 如果此域的值设为 FFH,则此接口类由厂商说明； ● 所有其他的值由 USB 说明保留
6	bInterfaceSubClass	1	子类	子类码,这些值的定义视 bInterfaceClass 域而定： ● 如果 bInterfaceClass 域的值为零,则此域的值必须为零； ● bInterfaceClass 域的值不为 FFH,则所有值由 USB 保留
7	bInterfaceProtocol	1	协议	协议码,这些值的定义视 bInterfaceClass 和 bInterfaceSubClass 域的值而定,如果一个接口支持设备类相关的请求,则此域的值指出了设备类说明中所定义的协议
8	iInterface	1	索引	描述此接口的字符串的索引值

第 20 章　USB 协议

表 20.6.7 中的 bInterfaceClass 字段表示接口所属的类别，USB 协议根据功能将不同的接口划分成不同的类，其具体含义如表 20.6.8 所列。

表 20.6.8　USB 协议定义的接口类别(bInterfaceClass)

类　别	值(十六进制)
音频类	0x01
CDC 控制类	0x02
人机接口类(HID)	0x03
物理类	0x05
图像类	0x06
打印机类	0x07
大数据存储类	0x08
集线器类	0x09
CDC 数据类	0x0A
智能卡类	0x0B
安全类	0x0D
诊断设备类	0xDC
无线控制器类	0xE0
特定应用类(包括红外的桥接器等)	0xFE
厂商自定义的设备	0xFF

20.6.4　端点描述符

端点是设备与主机之间进行数据传输的逻辑接口，除配置使用的端点 0(控制端点，一般一个设备只有一个控制端点)为双向端口外，其他均为单向。端点描述符描述了数据的传输类型、传输方向、数据包大小和端点号(也可称为端点地址)等。

除了描述符中描述的端点外，每个设备必须要有一个默认的控制型端点，地址为 0，它的数据传输为双向，而且没有专门的描述符，只是在设备描述符中定义了它的最大包长度。主机通过此端点向设备发送命令，获得设备的各种描述符的信息，并通过它来配置设备，端点描述符结构共 7 字节，其结构体如下。

程序清单 20.6.4　端点描述符

```
typedef struct _USB_ENDPOINT_DESCRIPTOR {
    UCHAR  bLength;                //端点描述符的字节数大小(7 字节)
    UCHAR  bDescriptorType;        //端点描述符类型编号(0x05)
    UCHAR  bEndpointAddress;       //端点地址及输入/输出属性
    UCHAR  bmAttributes;           //端点的传输类型属性
    USHORT wMaxPacketSize;         //端点收、发的最大包大小
```

```
    UCHAR    bInterval;                    //主机查询端点的时间间隔
} USB_ENDPOINT_DESCRIPTOR, * PUSB_ENDPOINT_DESCRIPTOR;
```

USB 端点描述符的结构说明如表 20.6.9 所列。

表 20.6.9 USB 端点描述符的结构说明

偏移量	域	大小/B	值	说　明
0	bLength	1	数字	此描述符的字节数长度
1	bDescriptorType	1	常量	端点描述符类型(此处应为 0x05)
2	bEndpointAddress	1	端点	此描述符所描述的端点的地址和方向： D[3:0]:端点号； D[6:4]:保留，为零； D[7]:方向(如果是控制端点，则忽略)，取值为： 0:输出端点(主机到设备)； 1:输入端点(设备到主机)
3	bmAttributes	1	位图	此域的值描述的是在 bConfigurationValue 域所指的配置下端点的特性。 D[1:0]:传送类型，取值为： 00:控制传送； 01:同步传送； 10:批传送； 11=中断传送。 所有其他的位都保留
4	wMaxPacketSize	2	数字	此域的值表示当前配置下此端点能够接收或发送的最大数据包的大小。 对于实际传输，此值用于为每帧的数据净负荷预留时间。在实际运行时，管道可能不完全需要预留的带宽，实际带宽可由设备通过一种非 USB 定义的机制汇报给主机。
6	bInterval	1	数字	此域的值表示周期数据传输端点的时间间隙。此域的值对于批传送的端点及控制传送的端点无意义。对于同步传送的端点，此域必须为 1，表示周期为 1 ms。对于中断传送的端点，此域值的范围为 1～255 ms

表 20.6.10 是一种鼠标的端点描述符的实例，该端点是一个中断端点。

表 20.6.10　一种鼠标的端点描述符实例

域	值（十六进制）
bLength	0x07
bDescriptorType	0x05
bEndpointAddress	0x81
bmAttributes	0x03
wMaxPacketSize	0x04
bInterval	0x0A

20.6.5　字符串描述符

字符串描述符是一种可选的 USB 标准描述符，描述了如制造商、设备名称或序列号等信息。如果一个设备无字符串描述符，则其他描述符中与字符串有关的索引值都必须为 0。字符串使用的是 UNICODE 编码。

主机请示得到某个字符串描述符时一般分成两步：首先主机向设备发出 USB 标准命令 Get_Descriptor，其中所使用的字符串的索引值为 0，设备返回一个字符串描述符，此描述符的结构如下。

程序清单 20.6.5　字符串描述符

```
typedef struct _USB_STRING_DESCRIPTOR {
    UCHAR bLength;                    //字符串描述符的字节数
    UCHAR bDescriptorType;            //字符串描述符类型编号(0x03)
    WCHAR bString[N];                 //UNICODE 字符串
} USB_STRING_DESCRIPTOR, * PUSB_STRING_DESCRIPTOR;
```

USB 字符串描述符（响应主机请求时返回的表示语言 ID 的字符串描述符）的说明如表 20.6.11 所列。

表 20.6.11　USB 字符串描述符（响应主机请求时返回的表示语言 ID 的字符串描述符）说明

偏移量	域	大小/B	值	说　明
0	bLength	1	N+2	此描述符的字节数长度
1	bDescriptorType	1	常量	字符串描述符类型（此处应为 0x03）
2	wLANGID[0]	2	数字	语言标识（LANGID）码 0
⋮	⋮	⋮	⋮	⋮
N	wLANGID[x]	2	数字	语言标识（LANGID）码 x

该字符串描述符双字节的语言 ID 数组 wLANGID[0]～wLANGID[x]指明了设备支持的语言。主机根据自己需要的语言，再次向设备发出 USB 标准命令 Get_

Descriptor，指明所要求得到的字符串的索引值和语言。这次设备返回的是用UNICODE编号的字符串描述符，其结构说明如表 20.6.12 所列。

表 20.6.12　USB 字符串描述符的结构说明

偏移量	域	大小/B	值	说　明
0	bLength	1	N+2	此描述符的字节数(bString 域的数值 N+2)
1	bDescriptorType	1	常量	字符串描述符类型(此处应为 0x03)
2	bString	N	数字	用 UNICODE 编码的字符串

表 20.6.12 中的 bString 域为设备实际返回的用 UNICODE 编码的字符串流，大家在编写设备端硬件驱动时需要将字符串转换为 UNICODE 编码，可以通过单片机多功能调试助手中的"编码转换"功能，将需要的字符串转换成 UNICODE 格式，图 20.6.2 是转换界面。

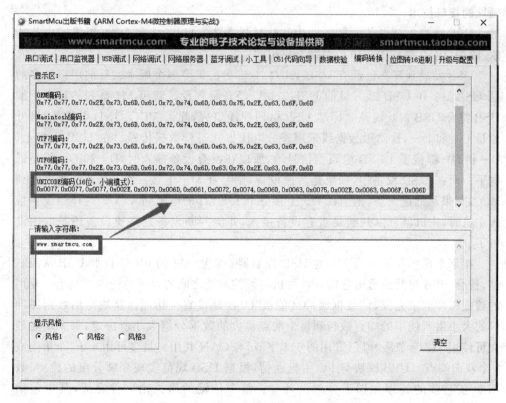

图 20.6.2　单片机多功能调试助手的编码转换

第 21 章

USB 设备通信

21.1 概 述

USB,是英文 Universal Serial BUS(通用串行总线)的缩写,而其中文简称为"通串线,是一个外部总线标准,用于规范电脑与外部设备的连接和通信,是应用在 PC 领域的接口技术。

USB 接口支持设备的即插即用和热插拔功能。USB 是在 1994 年年底由英特尔、康柏、IBM、微软等多家公司联合提出的。

USB 发展到现在已经有 USB 1.0/1.1/2.0/3.0 等多个版本。目前用得最多的是 USB 1.1 和 USB 2.0,目前 USB 3.0 已经开始普及。新唐 M4 系列芯片自带的 USB 符合 USB 2.0 规范。标准 USB 由四根线组成,除了 VCC、GND 引脚外,另外的是 D+和 D−,这两根数据线采用差分电压方式进行数据传输。在 USB 主机上,D−和 D+都接了 15 kΩ 电阻到信号地,所以在没有设备接入时,D+和 D−均是低电平。而在 USB 设备中,如果是高速设备,则会在 D+上接一个 1.5 kΩ 的电阻到 VCC;如果是低速设备,则会在 D−上接一个 1.5 kΩ 的电阻到 VCC。这样当设备接入主机时,主机就可以判断是否有设备接入,并能判断设备是高速设备还是低速设备了。

接下来简单介绍新唐 M4 的 USB 控制器。新唐 M4 的 MCU 自带 USB 从控制器,符合 USB 规范的通信连接;PC 主机与微控制器之间的数据传输通过共享一专用的数据缓冲区来完成,该数据缓冲区能被 USB 外设直接访问。这块专用数据缓冲区的大小由所使用的端点数目和每个端点最大的数据分组大小所决定,每个端点最大可使用 512 字节缓冲区(专用的 512 字节,与 CAN 共用),最多可用于 16 个单向或 8 个双向端点。USB 模块与 PC 主机通信,根据 USB 规范实现令牌分组的检测、数据发送/接收的处理和握手分组的处理。整个传输的格式由硬件完成,其中包括 CRC 的生成和校验。每个端点都有一个缓冲区描述块,描述该端点使用的缓冲区地址、大小和需要传输的字节数。当 USB 模块识别出一个有效的功能/端点的令牌分组时,(如果需要传输数据并且端点已配置)随之发生相关的数据传输。USB 模块通过一个内部的 16 位寄存器实现端口与专用缓冲区的数据交换。在所有数据传输完成后,如果需要,则根据传输的方向发送或接收适当的握手分组。在数据传输结束时,USB 模块将触发与端点相关的中断,并通过读状态寄存器和/或者利用不同的中断来处理。

USB 的中断映射单元将可能产生中断的 USB 事件映射到三个不同的 NVIC 请求线上:

- USB 低优先级中断(通道 20):可由所有 USB 事件(正确传输、USB 复位等)触发。固件在处理中断前应当首先确定中断源。
- USB 高优先级中断(通道 19):仅能由同步和双缓冲批量传输的正确传输事件触发,目的是保证最大的传输速率。
- USB 唤醒中断(通道 42):由 USB 挂起模式的唤醒事件触发。

USB 设备框图如图 21.1.1 所示。

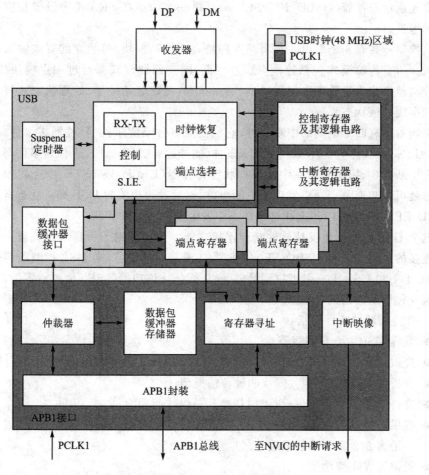

图 21.1.1 USB 设备框图

第 21 章 USB 设备通信

21.2 特 征

本器件带一组 USB 2.0 全速设备控制收发器,其与 USB 2.0 全速设备规范兼容,并支持控制/批量/中断/同步四种传输类型。

在此设备控制器中有两个主要接口：APB 总线和 USB 总线。USB 总线来自于 USB 硬件收发器。

对于 APB 总线,CPU 可以通过该总线来设置相应的控制寄存器。控制器中还有一个 512 字节的内部 SRAM 作为数据缓冲区,CPU 通过 APB 总线或串行接口引擎 SIE(Serial Interface Engine)对 SRAM 读/写来进行数据传输。在使用过程中,用户需要先通过寄存器(USBD_BUFSEGx)对每一个端点在 SRAM 中设置相应的有效起始地址。

该控制器共有 8 个端点。每个端点都是一个控制模块,可独立配置成输入或输出模式。所有传输模式包括控制/批量/中断/同步四种模式都通过端点模块传输。端点控制模块也用于管理数据流同步、端点状态、端点起始地址、处理状态和每个端点的数据缓冲区状态。

控制器中有四个不同的中断事件,它们是无事件唤醒事件、器件插拔事件、USB 事件(如 IN ACK、OUT ACK)和 BUS 事件(如挂起、恢复等)。以上任何事件都会导致一个中断产生,用户只需在中断事件状态寄存器(USBD_INTSTS)中查找相关事件标志就可以知道哪个端点发生了中断事件,然后查找相关的 USB 端点状态寄存器(USBD_EPSTS)就可以知道在这个端点中发生了何种中断事件。

这个 USB 控制器也支持软件断开连接功能。该功能用于仿真从设备与主设备断开连接的过程。如果 USBD_SE0 寄存器的 SE0 位被置位,则 USB 控制器将强迫把 USB_D+ 和 USB_D− 引脚拉到低电平,从而禁止该功能。SE0 位被清零后,主设备将再次枚举所插入的 USB 设备。

USB 控制器的特性包括：
- 兼容 USB 2.0 全速规范;
- 提供包括 4 种不同中断事件(唤醒、插拔、USB、总线)在内的一个中断向量;
- 支持控制、批量、中断、同步四种传输类型;
- 支持当总线闲置 3 ms 以上时切换到总线挂起功能;
- 提供可配置为控制/批量/中断/同步四种传输模式的 8 个通信端点,以及一个最大 512 字节的数据缓冲区;
- 提供远程唤醒功能。

21.3 功能描述

1. 串行接口引擎（SIE）

SIE 是设备控制器的前端，用于处理大部分的 USB 包协议。SIE 的主要工作是向上发送信号到事务处理层，它所处理的工作包括：
- 包识别，事务排序；
- 对 SOF、EOP、RESET、RESUME 信号的检测与产生；
- 时钟/数据分离；
- NRZI 数据编解码和位填充；
- CRC 校验的生成和检测（仅对 Token 和 Data）；
- 包 ID（PID）的产生和检测/解码；
- 串—并/并—串转换。

2. 端点控制

控制器中共有 8 个端点，每个端点都可以配置成控制、批量、中断或同步传输模式，这四种模式所对应的传输过程都是通过端点控制器来完成的。该控制器也用于管理数据流同步、端点状态控制、当前端点起始地址、当前事务状态，以及每个端点的数据缓冲区状态。

3. 数字锁相环（DPLL）

USB 数据的传输频率是 12 MHz，DPLL 使用来自时钟控制器的 48 MHz 时钟源来锁定 RXDP 和 RXDM 上的输入数据。12 MHz 的频率时钟也是由 DPLL 转换而来。

4. VBUS 去抖检测

USB 设备有可能经常在主机上被插拔。当 USB 设备从主机上被拔下后，为了监测到它的状态，设备控制器提供了一个硬件去抖 USB VBUS 检测中断，来避免 USB 插拔时的抖动问题。USB 设备插拔操作 10 ms 后会产生一个 VBUS 检测中断，用户可通过读的内容来得知 USB 设备的插拔状态。寄存器 USBD_VBUSDET 的 VBUSDET 标志位反映了 USB 总线没有去抖动情况下的当前状态。如果 VBUSDET 位为 1，则表示 USB 总线被插入。如果用户通过轮询该标志位来检测 USB 的状态，则需要通过软件来做去抖动。

第 21 章　USB 设备通信

5. 中断控制

USB 控制器带有一个 USB 中断向量,该中断包含了 4 个中断事件(唤醒事件、插拔事件、USB 事件、BUS 事件),其中唤醒中断事件(NEVWK)发生在当系统从掉电低功耗模式中唤醒时(低功耗模式在掉电控制寄存器 CLK_PWRCTL 中进行了定义)。插拔中断事件(VBUSDET)用于对 USB 设备进行插拔检测。USB 中断事件用于告知 MCU 产生了一些 USB 请求,如 IN ACK、OUT ACK 等。BUS 中断事件用来告知 MCU 产生了总线事件,如挂起、恢复等。当需要用到这些中断时,必须在 USB 设备控制器的中断使能控制寄存器(USBD_INTEN)中打开相应位。

当系统在掉电模式下被唤醒后,如果 20 ms 内没有其他 USB 中断事件发生,则发生唤醒中断。系统进入掉电后,如果 USB 唤醒功能使能,则 USB_VBUS、USB_D+ 和 USB_D− 引脚上的任何变化都可以唤醒 MCU。如果这个变化不是有意而为的,那么只有唤醒中断会发生。若 USB 唤醒超过 20 ms 后仍没有其他 USB 中断事件发生,则唤醒中断将发生。图 21.3.1 为唤醒中断的控制流程。

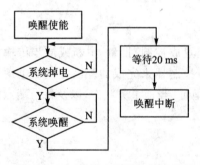

图 21.3.1　唤醒中断的控制流程

USB 中断事件用于告知 MCU 在 USB 总线上所发生的事件,MCU 可以读取 EPSTS 位(寄存器 USBD_EPSTS[31:8])和 EPEVT7~0 位(寄存器 USBD_INTSTS[23:16])的内容来知道 USB 当前的状态,以便进行下一步操作。与 USB 中断事件一样,BUS 中断事件用于告知 MCU 一些 BUS 事件,如 USB 复位、挂起、超时溢出和总线恢复等。用户可以通过读 USBD_ATTR 寄存器的内容来知道 USB 总线的状态。

6. 省　电

在一些特殊情况下,比如挂起,用户可以通过写 0 到寄存器 USBD_ATTR[4] 位来手动禁止 PHY(指解决特殊物理层的芯片)以便省电。

7. 缓存控制

USB 控制器中共有 512 字节的 SRAM,8 个端点可以共享这些缓存。在 USB 模块功能被使能前,应先在缓冲区寄存器中配置每个端点的有效起始地址。缓冲区控制模块就是用于控制每个端点的有效起始地址和它所分配的 SRAM 缓冲区的大小(在 USBD_MXPLDx 寄存器中定义),如图 21.3.2 所示,在 USBD_BUFSEGx 和 USBD_MXPLDx 寄存器中分别定义了各个端点缓冲区的起始地址和大小。例如,如果寄存器 USBD_BUFSEG0 被设置为 0x08,寄存器 USBD_MXPLD0 被设置为

0x40,那么端点 0 所分配的缓冲区的大小就是从 USBD_BA+0x108 开始,到 USBD_BA+0x148 结束(注意:USBD 的 SRAM 起始地址是从 USBD_BA+0x100 开始的)。

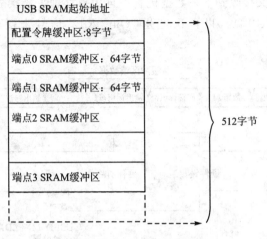

图 21.3.2　端点 SRAM 结构图

8. 与 USB 外设通信处理

用户可以通过中断或轮询寄存器 USBD_INTSTS 的方式来监测 USB 的数据通信。当通信发生时,寄存器 USBD_INTSTS 被硬件置位,并向 CPU 发出一个中断请求(如果相关中断打开),或者也可以不使用中断方式,而采用轮询寄存器 USBD_INTSTS 相应位的方法来获取事件信息。以下是使用中断方式的控制流程。

当 USB 主机向设备控制器请求数据时,用户需要预先把相关数据放到指定端点的缓冲区。填充完数据后,用户需要将实际数据长度写到寄存器 USBD_MXPLDx 中。一旦该寄存器数据被写入,控制器内部信号"In_Rdy"就会被设置,当接收到主机发来的输入令牌信号后,缓冲区数据会被立即传送出去。需要注意的是,在指定数据发送完成后,"In_Rdy"信号会由硬件自动清除,如图 21.3.3 所示。

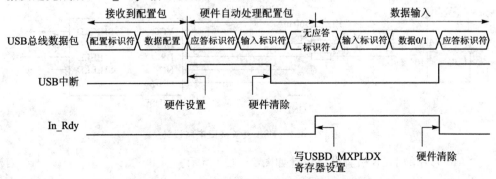

图 21.3.3　USB 主机向设备控制器发送请求信号

第 21 章　USB 设备通信

相应的,当 USB 主机想要发送数据到从设备控制器的输出端点时,硬件会把数据填充到指定的端点缓冲区中。在通信完成后,硬件会在端点对应的寄存器 USBD_MXPLDx 中自动记录数据长度,并清除"Out_Rdy"信号,这将会避免在用户没有取走当前数据时硬件又接收到下一数据包。一旦用户处理了这次通信,则由软件设置寄存器 USBD_MXPLDx,以再次产生"Out_Rdy"信号来接收下一次通信,如图 21.3.4 所示。

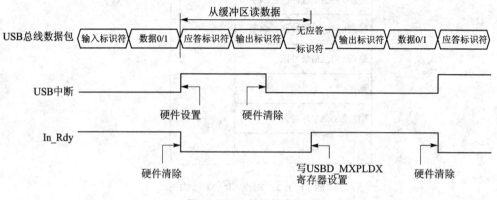

图 21.3.4　数据输出图

21.4　实　验

21.4.1　USB 鼠标

【实验要求】基于 SmartM-M451 系列开发板:将开发板通过 USB 接口连接到电脑的 USB 接口,作为 USB 鼠标使用。

1. 硬件设计

USB 设备接口电路设计如图 21.4.1 所示。

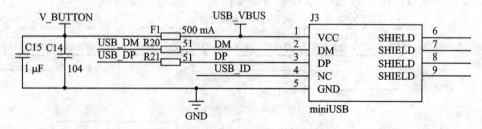

图 21.4.1　USB 设备接口电路设计

M4 芯片的 USB 引脚电路设计如图 21.4.2 所示。

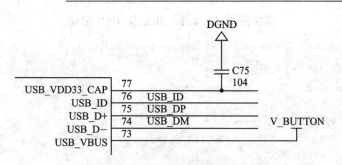

图 21.4.2　M4 芯片的 USB 引脚电路设计

USB 设备接口位置如图 21.4.3 所示。

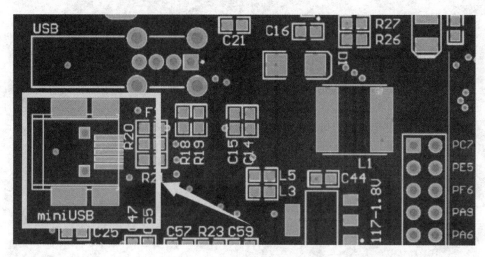

图 21.4.3　USB 设备接口位置

2. 软件设计

代码位置：\SmartM-M451\代码\进阶\【TFT】【USB 模拟鼠标】。

(1) 在新建工程中添加 USB 相关代码

在新建的工程中添加关键的 USB 相关代码，相关代码包括 USB 鼠标的枚举、数据收发、USB 设备的初始化等功能的代码，如图 21.4.4 所示。

(2) 初始化 USB 设备

初始化 USB 设备包含初始化 USB 的时钟、端点属性、描述符，以及对标准请求命令的处理，详细代码如下。

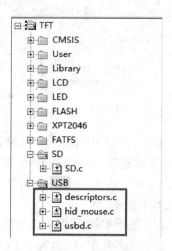

图 21.4.4　工程目录

第21章 USB设备通信

程序清单21.4.1 初始化USB设备

```
/*********************************************
* 函数名称:HID_MouseInit
* 输入:无
* 输出:无
* 功能:USB设备初始化
*********************************************/
VOID HID_MouseInit(VOID)
{
    PROTECT_REG
    (
    /* 使能USB时钟 */
    CLK_EnableModuleClock(USBD_MODULE);

    /* 设置USB模块时钟源并进行3分频,USB时钟频率 = PLL/3 = 24 MHz */
    CLK_SetModuleClock(USBD_MODULE,0,CLK_CLKDIV0_USB(3));

    /* 使能USB 3.3 V低压差线性稳压器 */
    SYS->USBPHY = SYS_USBPHY_LDO33EN_Msk;

    /* 打开USB设备,并传入描述符信息和标准请求命令处理函数 */
    USBD_Open(&gsInfo,HID_ClassRequest,NULL);

    /* 设置USB设备端点0/1/2的属性 */
    HID_Init();

    /* 启动USB设备 */
    USBD_Start();

    /* 使能USB中断 */
    NVIC_EnableIRQ(USBD_IRQn);
    )
}
```

在调用USBD_Open函数时,必须传入描述符gsInfo,当前描述符包括设备描述符、配置描述符、字符串描述符和报告描述符。HID_ClassRequest函数用于处理各种USB命令请求,详细内容可见descriptors.c与hid_mouse.c文件,由于篇幅限制,在此不作赘述。

(3) 基于USB端点2发送数据

在M4芯片中,USB拥有512字节的专用SRAM(见图21.3.2),内部端点0至端点7共享这部分缓冲区。

第 21 章　USB 设备通信

在 USB 模块功能被使能前,应先在缓冲区寄存器中配置每个端点的有效起始地址。缓冲区控制模块就是用于控制每个端点的有效起始地址和它所分配的 SRAM 缓冲区的大小(在 USBD_MXPLDx 寄存器中定义),而在当前实验中,EP2(端点 2) 的缓冲区大小被设置为 8 字节,若要通过 EP2 发送数据,则缓冲区地址获取如下。

程序清单 21.4.2　获取 USB 端点 2 的缓冲区地址

```
INT8 * buf = (INT8 *)(USBD_BUF_BASE + USBD_GET_EP_BUF_ADDR(EP2));
```

接着设置要发送数据的长度,默认将 buf 缓冲区中 4 字节的数据进行发送,发送成功后,等待 g_u8EP2Ready 被置 1,代码如下。

程序清单 21.4.3　使用端点 2 发送数据

```
buf[0] &= ~((1<<1)|(1<<0));

/* 清除端点 2 状态标志位,表示当前完成上一次 USB 数据通信,可进入发送数据状态 */
g_u8EP2Ready = 0;

/* 设置端点 2 有效数据长度为 4 字节,并立即进行数据发送 */
USBD_SET_PAYLOAD_LEN(EP2,4);

/* 等待 USB 数据发送完成 */
while(g_u8EP2Ready == 0);
```

(4) 发送鼠标移动和左右键状态

鼠标发送给 PC 的数据每次 4 字节,在此分别命名为 BYTE1、BYTE2、BYTE3、BYTE4,每字节的功能如下:

- BYTE1,各位含义是:
  位 7:1 表示 Y 坐标的变化量超出 −255~255 的范围;0 表示没有溢出。
  位 6:1 表示 X 坐标的变化量超出 −255~255 的范围;0 表示没有溢出。
  位 5:Y 坐标变化的符号位,1 表示负数,即鼠标向下移动。
  位 4:X 坐标变化的符号位,1 表示负数,即鼠标向左移动。
  位 3:恒为 1。
  位 2:1 表示中键按下。
  位 1:1 表示右键按下。
  位 0:1 表示左键按下。
- BYTE2:X 坐标变化量,与 BYTE1 的位 4 组成 9 位符号数,负数表示向左移,正数表示向右移。用补码表示变化量。
- BYTE3:Y 坐标变化量,与 BYTE1 的位 5 组成 9 位符号数,负数表示向下移,正数表示向上移。用补码表示变化量。

第 21 章 USB 设备通信

- BYTE4:滚轮变化。

最后结合触摸屏的操作实现鼠标的移动和左右键状态的发送,代码如下。

程序清单 21.4.4 发送鼠标移动和左右键状态

```
/*********************************************
* 函数名称:LcdTouchPoint
* 输入:无
* 输出:无
* 功能:获取屏幕触摸
*********************************************/
VOID LcdTouchPoint(VOID)
{
STATIC
    PIX Pix_bak = {120,160};

    PIX Pix;

    INT8 * buf = (INT8 *)(USBD_BUF_BASE + USBD_GET_EP_BUF_ADDR(EP2));

    /* 初始化 buf[0]~buf[3] */
    buf[0] = 1<<3;
    buf[1] = 0;
    buf[2] = 0;

    if(XPTPixGet(&Pix) == TRUE)
    {
        Pix = XPTPixConvertToLcdPix(Pix);

        if(LcdGetDirection() == LCD_DIRECTION_180)
        {
            Pix.x = LCD_WIDTH  - Pix.x;
            Pix.y = LCD_HEIGHT - Pix.y;
        }

        /* 绘制当前坐标 */
        if(Pix.y>30 && Pix.y<250)
        {
            if(memcmp((UINT8 *)&Pix_bak,(UINT8 *)&Pix,sizeof Pix))
            {
                /* 清除上次在 LCD 屏幕显示移动的点 */
                LcdFill(Pix_bak.x,Pix_bak.y,Pix_bak.x + 20,Pix_bak.y + 20,WHITE);
```

```c
        buf[0] &= ~((1<<4)|(1<<5));

        /* 鼠标向左移动 */
        if(Pix.x < Pix_bak.x)
        {
            buf[0] |= 1<<4;
        }

        /* 鼠标向下移动 */
        if(Pix.y < Pix_bak.y)
        {
            buf[0] |= 1<<5;
        }

        /* 鼠标 x 坐标偏移量 */
        buf[1] = Pix.x - Pix_bak.x;

        /* 鼠标 y 坐标偏移量 */
        buf[2] = Pix.y - Pix_bak.y;

        /* 备份上一次坐标信息 */
        Pix_bak = Pix;

        /* 在 LCD 屏幕显示移动的点 */
        LcdFill(Pix.x,Pix.y,Pix.x+20,Pix.y+20,BRRED);
    }

}

/* 判断左右键是否按下 */
if(Pix.y>280 && Pix.y<319)
{
    if(Pix.x>0 && Pix.x<120)
    {
        /* LCD 屏虚拟左键显示按下状态 */
        Hid_MouseLeftKey(TRUE);

        /* 左键按下 */
        buf[0] |= 1<<0;
    }

    if(Pix.x>120 && Pix.x<239)
```

第 21 章　USB 设备通信

```
            {
                /* LCD 屏虚拟左键显示松开状态 */
                Hid_MouseRightKey(TRUE);
                
                /* 右键按下 */
                buf[0] |= 1<<1;
            }
        }
        
        /* 清除端点 2 状态标志位,表示当前完成上一次 USB 数据通信,可进入发送数据状态 */
        g_u8EP2Ready = 0;
        
        /* 设置端点 2 有效数据长度为 4 字节,并立即进行数据发送 */
        USBD_SET_PAYLOAD_LEN(EP2,4);
        
        /* 等待 USB 数据发送完成 */
        while(g_u8EP2Ready == 0);
        
        
        /* 再一次发送 HID 鼠标数据,用于左右键的松开 */
        buf[0] &= ~((1<<1) | (1<<0));
        
        /* 清除端点 2 状态标志位,表示当前完成上一次 USB 数据通信,可进入发送数据状态 */
        g_u8EP2Ready = 0;
        
        /* 设置端点 2 有效数据长度为 4 字节,并立即进行数据发送 */
        USBD_SET_PAYLOAD_LEN(EP2,4);
        
        /* 等待 USB 数据发送完成 */
        while(g_u8EP2Ready == 0);
    }
}
```

(5) 主函数

主函数的代码如下。

程序清单 21.4.5　main 函数

```
/**********************************************
* 函数名称:main
* 输入:无
```

* 输出:无
* 功能:函数主体
**/
```c
int32_t main(void)
{

    PROTECT_REG
    (
        /* 系统时钟初始化 */
        SYS_Init(PLL_CLOCK);

        /* 串口初始化 */
        UART0_Init(115200);
    )

    /* LCD 初始化 */
    LcdInit(LCD_FONT_IN_FLASH,LCD_DIRECTION_180);
    LCD_BL(0);
    LcdCleanScreen(WHITE);

    /* SPI Flash初始化 */
    while(disk_initialize(FATFS_IN_FLASH))
    {
        Led1(1);Delayms(500);
        Led1(0);Delayms(500);
    }

    /* XPT2046 初始化 */
    XPTSpiInit();

    /* 挂载 SPI Flash */
    f_mount(0,&g_fs[0]);

    /* USB设备初始化 */
    HID_MouseInit();

    /* 显示标题 */
    LcdFill(0,0,LCD_WIDTH-1,20,RED);
    LcdShowString(70,2,"模拟HID鼠标实验",YELLOW,RED);

    /* 显示左右键 */
    Hid_MouseLeftKey(FALSE);
```

第21章 USB设备通信

```
        Hid_MouseRightKey(FALSE);

        while(1)
        {
            /* 检测触摸操作 */
            if(XPT_IRQ_PIN() == 0)
            {
                LcdTouchPoint();
            }
        }
}
```

3. 下载验证

(1) 开发板显示

通过SM-NuLink仿真器下载程序到SmartM-M451旗舰板上,使用USB线将PC与开发板连接,屏幕显示如图21.4.5所示。

图 21.4.5 模拟 HID 鼠标

观察图21.4.5,屏幕底部显示绿色的左键和蓝色的右键,当触摸屏幕时,指尖下会有一个橙色方块跟随指尖的游走来控制PC中鼠标的移动。当点击左键或右键时,能够实现像PC中左键或右键的功能,请读者自行体验。

(2) 枚举数据分析

如果需要分析用开发板模拟HID鼠标向PC传输的数据,可以在PC上运行USB-lyzer软件,用于分析USB协议,各位读者可以自行安装。当运行该软件时,在作者电脑的"Device Tree"(设备树)窗口中识别出"Port3:USB输入设备",不同的电脑识别出的结果可能不同,请读者注意,同时在该输入设备下面显示的名字为"HID-compliant mouse",如图21.4.6所示。要想正确选择到开发板枚举后的USB设备,关键是要熟悉USB协议,当在开发板上进行USB枚举时,需要正确设置好厂商ID、设备ID和制造商名称,这些信息代码分布在hid_mouse.h和descriptors.c文件中。

在hid_mouse.h文件中定义了厂商ID为0x0416、设备ID为0xB001,代码如下:

第 21 章 USB 设备通信

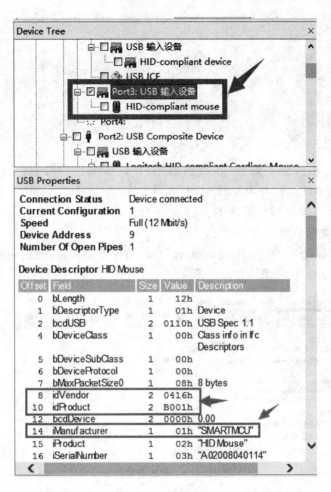

图 21.4.6 用 USBlyzer 软件分析 USB 设备信息

程序清单 21.4.6 设置厂商 ID 与设备 ID

```
/* Define the vendor id and product id */
#define USBD_VID        0x0416      //厂商 ID
#define USBD_PID        0xB001      //设备 ID
```

在 descriptors.c 文件中定义了制造商名称为"SMARTMCU",代码如下。

程序清单 21.4.7 设置制造商名称

```
const uint8_t gu8VendorStringDesc[] =
{
    18,
    DESC_STRING,
    'S',0,
```

第 21 章　USB 设备通信

```
    'M',0,
    'A',0,
    'R',0,
    'T',0,
    'M',0,
    'C',0,
    'U',0,
};
```

从图 21.4.6 可以了解到，在当前的 USB 设备属性中，厂商 ID(idVendor) 为 0x0416，设备 ID(idProduct) 为 0xB001，制造商名称(iManufacturer)为"SMARTMCU"，与程序清单 21.4.6 和程序清单 21.4.7 完全吻合。

(3) 传输数据分析

单击 USBlyzer 软件中"Start capture"启动捕捉数据按钮，捕捉到的数据将会出现在右边的列表框中，如图 21.4.7 所示。

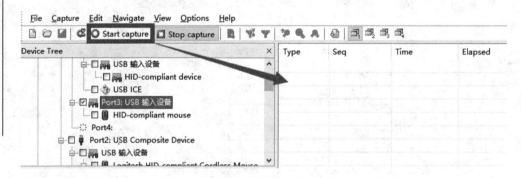

图 21.4.7　启动捕捉数据

当点击触摸屏的左键，接着又点击触摸屏的右键时，捕捉到左键按下的 USB 传输数据如图 21.4.8 所示；捕捉到左键释放的 USB 传输数据如图 21.4.9 所示。

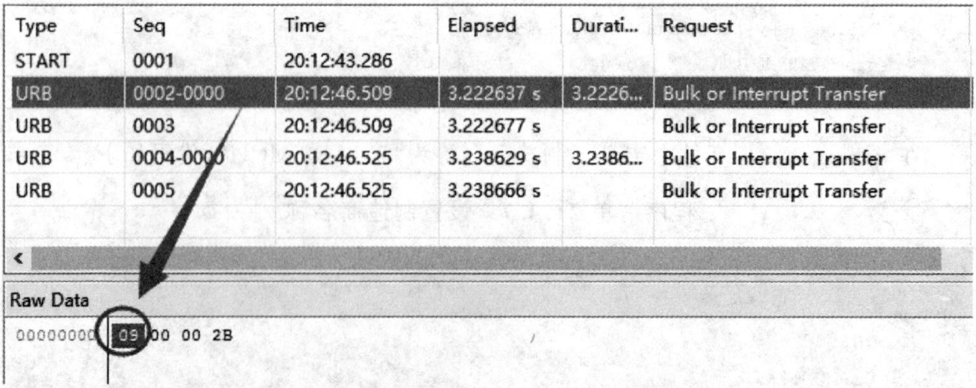

图 21.4.8　捕捉到左键按下的 USB 传输数据

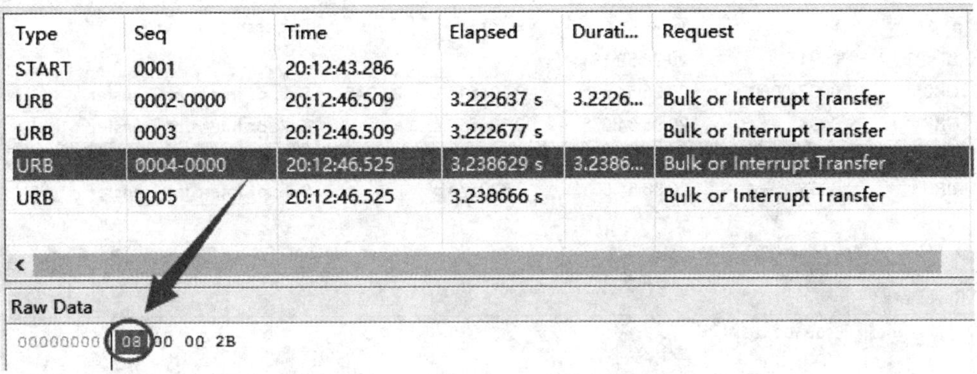

第 21 章　USB 设备通信

Type	Seq	Time	Elapsed	Durati...	Request
START	0001	20:12:43.286			
URB	0002-0000	20:12:46.509	3.222637 s	3.2226...	Bulk or Interrupt Transfer
URB	0003	20:12:46.509	3.222677 s		Bulk or Interrupt Transfer
URB	0004-0000	20:12:46.525	3.238629 s	3.2386...	Bulk or Interrupt Transfer
URB	0005	20:12:46.525	3.238666 s		Bulk or Interrupt Transfer

Raw Data
00000000　08 00 00 2B

图 21.4.9　捕捉到左键释放的 USB 传输数据

从图 21.4.8 可以看到,捕捉到左键按下的 USB 传输数据为"09 00 00 2B",根据程序清单 21.4.4 进行分析,发送数据必须为 4 字节,发送数据长度与 USBlyzer 捕获到的数据长度吻合。要想判断左键是否被按下,需要检查发送的第一个字节的最低位,若第一个字节的最低位为 1,则左键被按下,如图 21.4.8 显示了捕捉到的数据为"09 00 00 2B";若第一个字节的最低位为 0,则左键被释放,如图 21.4.9 显示了捕捉到的数据为"08 00 00 2B"。

如果鼠标右键被按下,则 M4 通过 USB 传输的数据为"0A 00 00 2B",验证图如图 21.4.10 所示。如果鼠标右键被释放,则 M4 通过 USB 传输的数据为"08 00 00 2B",验证图如图 21.4.11 所示。

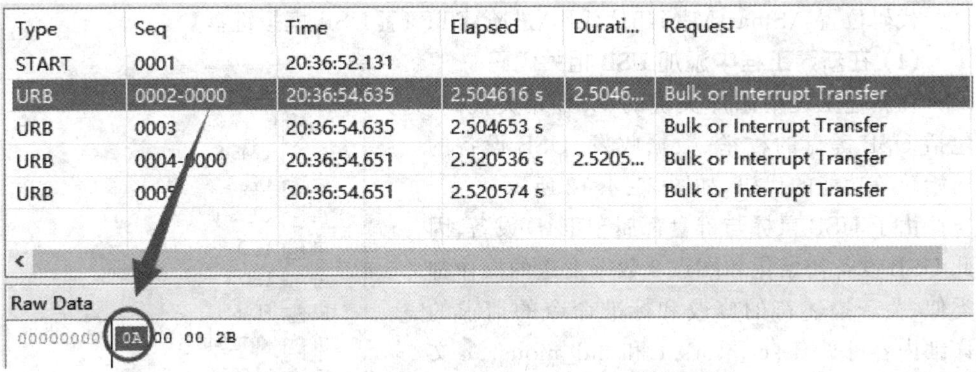

Type	Seq	Time	Elapsed	Durati...	Request
START	0001	20:36:52.131			
URB	0002-0000	20:36:54.635	2.504616 s	2.5046...	Bulk or Interrupt Transfer
URB	0003	20:36:54.635	2.504653 s		Bulk or Interrupt Transfer
URB	0004-0000	20:36:54.651	2.520536 s	2.5205...	Bulk or Interrupt Transfer
URB	0005	20:36:54.651	2.520574 s		Bulk or Interrupt Transfer

Raw Data
00000000　0A 00 00 2B

图 21.4.10　捕捉到右键按下的 USB 传输数据

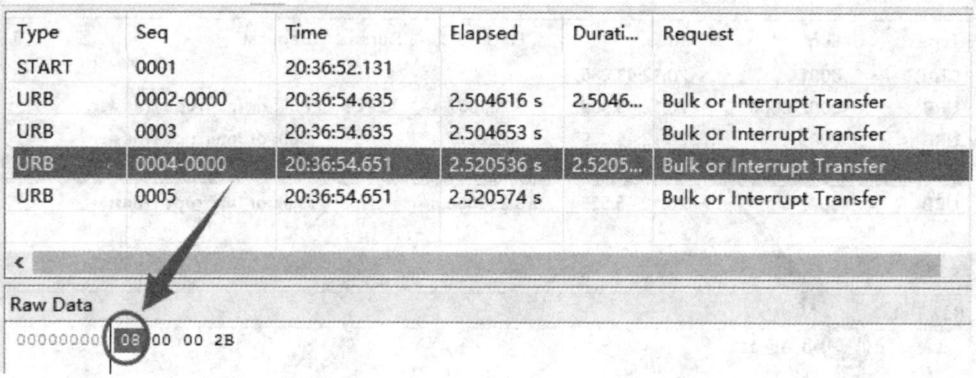

第 21 章 USB 设备通信

图 21.4.11 捕捉到右键释放的 USB 传输数据

21.4.2 USB 键盘

【实验要求】基于 SmartM-M451 系列开发板：将开发板通过 USB 接口连接到电脑的 USB 接口，作为 USB 键盘使用，并通过触摸屏的虚拟键盘实现对电脑的文字输入。

1. 硬件设计

参考"21.4.1 USB 鼠标"小节的相关硬件设计内容。

2. 软件设计

代码位置：\SmartM-M451\代码\进阶\【TFT】【USB 模拟键盘】。

（1）在新建工程中添加 USB 相关代码

在新建工程中添加关键的 USB 相关代码，包括 USB 键盘的枚举、数据收发、USB 设备的初始化等功能的代码，如图 21.4.12 所示。

由于 USB 鼠标与键盘都属于 HID 设备，因此 USB 设备初始化和端点 2 数据发送的操作都类似，关于描述符的修改和标准命令的请求的详细内容可见 descriptors.c 和 hid_mouse.c 文件，由于篇幅限制，在此不作赘述。

（2）按键扫描码

键盘发送给 PC 的数据每次 8 字节，在此分别命名为 BYTE1、BYTE2、BYTE3、BYTE4、BYTE5、BYTE6、BYTE7、BYTE8，每字节的功能如下：

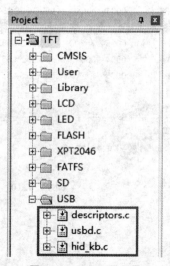

图 21.4.12 工程目录

- BYTE1，各位含义是：

  位 7:Right GUI 键是否被按下，按下为 1。

  位 6:Right Alt 键是否被按下，按下为 1。

  位 5:Right Shift 键是否被按下，按下为 1。

  位 4:Right Control 键是否被按下，按下为 1。

  位 3:Left GUI 键是否被按下，按下为 1。

  位 2:Left Alt 键是否被按下，按下为 1。

  位 1:Left Shift 键是否被按下，按下为 1。

  位 0:Left Control 键是否被按下，按下为 1。

- BYTE2：保留。
- BYTE3～BYTE8：普通按键。

虽然现在知道了这 8 字节的功能，但要想知道键盘上每个按键代表的数值，还必须参照配套的网上资料提供的"USB HID to PS2 Scan Code 对照表.pdf"进行查阅。当前的 USB 键盘实验会在触摸屏上显示 9 个数字的虚拟按键 0～9，对应的扫描码如表 21.4.1 所列。

表 21.4.1　USB 键盘扫描码

按　键	按下值	释放值
1	0x1E	0
2	0x1F	
3	0x20	
4	0x21	
5	0x22	
6	0x23	
7	0x24	
8	0x25	
9	0x26	

综上所述，如果按下键 1，则通过 USB 端点 2 发送的 8 字节数据为"00 00 1E 00 00 00 00 00"，释放按键发送的 8 字节数据为"00 00 00 00 00 00 00 00"。

(3) 虚拟按键

虚拟按键在屏幕上显示为 9 个，每个按键都有相应的函数。由于这些函数代码类似，因此在有限的章节内只给出按键 1 的处理函数，代码如下。

程序清单 21.4.8　虚拟按键

```
/*****************************************
* 函数名称:LcdKey1
```

```
* 输入:b    - 该按键是否按下
* 输出:无
* 功能:LCD 显示按键 1,并发送 USB 按键扫描值
******************************************/
VOID LcdKey1(BOOL b)
{
    if(b)
    {
        /* 将 g_pHidUsbEP2buf 清零 */
        g_u8EP2Ready = 0;
        memset(g_pHidUsbEP2buf,0,8);

        /* 填入按键 1 扫描值 */
        g_pHidUsbEP2buf[2] = 0x1E;

        /* 设置 USB 端点 2 发送数据长度为 8 字节,并进入发送数据状态 */
        USBD_SET_PAYLOAD_LEN(EP2,8);

        /* 等待 USB 端点 2 数据发送完成 */
        while(g_u8EP2Ready == 0);
        g_u8EP2Ready = 0;

        /* 按键释放 */
        g_pHidUsbEP2buf[2] = 0x0;

        /* 设置 USB 端点 2 发送数据长度为 8 字节,并进入发送数据状态 */
        USBD_SET_PAYLOAD_LEN(EP2,8);

        /* 等待 USB 端点 2 数据发送完成 */
        while(g_u8EP2Ready == 0);
        g_u8EP2Ready = 0;

        /* 按键显示为黑色 */
        LcdFill(0,200,79,239,BLACK);
        Delayms(50);
    }

    /* 恢复按键原始颜色 */
    LcdFill(0,200,79,239,BROWN);

    /* 显示数字 */
    LcdShowString(35,215,"1",WHITE,BROWN);
}
```

结合上述代码,再处理触摸屏中的 9 个虚拟按键的事件代码如下。

第 21 章　USB 设备通信

程序清单 21.4.9　处理触摸屏事件

```
/******************************************
* 函数名称:LcdTouchPoint
* 输入:无
* 输出:无
* 功能:处理触摸屏事件
******************************************/
VOID LcdTouchPoint(VOID)
{

    PIX Pix;

    if(XPTPixGet(&Pix) == TRUE)
    {
        Pix = XPTPixConvertToLcdPix(Pix);

        if(LcdGetDirection() == LCD_DIRECTION_180)
        {
            Pix.x = 240 - Pix.x;
            Pix.y = 320 - Pix.y;
        }

        if(Pix.x>0 && Pix.x<=79)
        {

            if(Pix.y>=200 && Pix.y<=239)LcdKey1(TRUE);
            if(Pix.y>=240 && Pix.y<=279)LcdKey4(TRUE);
            if(Pix.y>=280 && Pix.y<=319)LcdKey7(TRUE);
        }

        if(Pix.x>=80 && Pix.x<=159)
        {

            if(Pix.y>=200 && Pix.y<=239)LcdKey2(TRUE);
            if(Pix.y>=240 && Pix.y<=279)LcdKey5(TRUE);
            if(Pix.y>=280 && Pix.y<=319)LcdKey8(TRUE);
        }

        if(Pix.x>=160 && Pix.x<=239)
        {
```

第21章 USB设备通信

```
                if(Pix.y>=200 && Pix.y<=239)LcdKey3(TRUE);
                if(Pix.y>=240 && Pix.y<=279)LcdKey6(TRUE);
                if(Pix.y>=280 && Pix.y<=319)LcdKey9(TRUE);
            }
        }
    }
}
```

(4) 主函数

主函数的代码如下。

程序清单 21.4.10   main 函数

```
/*********************************************
* 函数名称:main
* 输入:无
* 输出:无
* 功能:函数主体
*********************************************/
INT32 main(void)
{

    PROTECT_REG
    (
        /* 系统时钟初始化 */
        SYS_Init(PLL_CLOCK);

        /* 串口初始化 */
        UART0_Init(115200);
    )

    /* LCD 初始化 */
    LcdInit(LCD_FONT_IN_FLASH,LCD_DIRECTION_180);
    LCD_BL(0);
    LcdCleanScreen(WHITE);

    /* XPT2046 初始化 */
    XPTSpiInit();

    /* SD 卡初始化 */
```

```
while(disk_initialize(0))
{
    Led1(1);Delayms(500);
    Led1(0);Delayms(500);
}

/* 挂载 SD 卡 */
f_mount(0,&g_fs);

/* USB 键盘初始化 */
HID_KeyBoardInit();

/* 显示标题 */
LcdFill(0,0,LCD_WIDTH-1,20,RED);
LcdShowString(70,2,"模拟 HID 键盘实验",YELLOW,RED);

/* 显示所有虚拟按键 */
LcdKeyRst();

g_u8EP2Ready = 1;

while(1)
{
    /* 处理触摸屏事件 */
    if (XPT_IRQ_PIN() == 0)
    {
        LcdTouchPoint();
    }
}
```

3. 下载验证

(1) 开发板显示

通过 SM-NuLink 仿真器下载程序到 SmartM-M451 旗舰板上，使用 USB 线将 PC 与开发板连接，屏幕显示如图 21.4.13 所示。

接着在 PC 中新建一个文本文档并打开，如图 21.4.14 所示。

然后点击触摸屏上的虚拟按键，按顺序点击"123456789"，这时在 PC 中新建的文本文档中将显示"123456789"这 9 个数字，如图 21.4.15 所示。

第 21 章 USB 设备通信

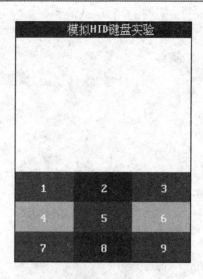

图 21.4.13 屏幕显示模拟 HID 键盘

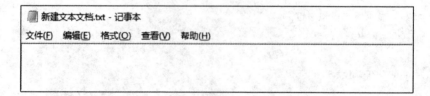

图 21.4.14 新建文本文档

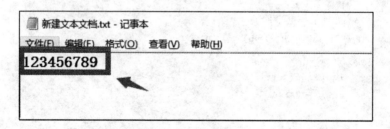

图 21.4.15 新建的文本文档将显示"123456789"

(2) 枚举数据分析

如果需要分析开发板模拟 HID 键盘向 PC 传输的数据,则可以在 PC 上运行 USBlyzer 软件来分析 USB 协议。当运行该软件时,在作者电脑的"Device Tree" (设备树)窗口中识别出"Port3:USB 输入设备",不同的电脑识别出的结果可能不同, 同时在该输入设备下面显示的名字为"HID Keyboard Device",如图 21.4.16 所示。当 在开发板上进行 USB 枚举时,需要正确设置好厂商 ID、设备 ID 和制造商名称,这些 信息代码分布在 hid_kb.h 和 descriptors.c 文件中。

在 hid_kb.h 文件中定义了厂商 ID 为 0x0416、设备 ID 为 0xB001,代码如下:

第 21 章 USB 设备通信

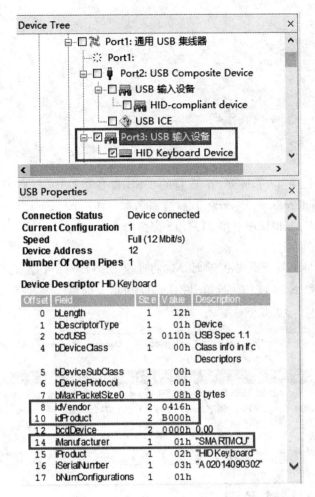

图 21.4.16 用 USBlyzer 软件分析 USB 设备信息

程序清单 21.4.11 设置厂商 ID 与设备 ID

```
/* Define the vendor id and product id */
#define USBD_VID        0x0416
#define USBD_PID        0xB000
```

在 descriptors.c 文件中定义了制造商名称为 "SMARTMCU",代码如下:

程序清单 21.4.12 设置制造商名称

```
/*!<USB Vendor String Descriptor */
const uint8_t gu8VendorStringDesc[] =
{
    18,
    DESC_STRING,
```

第 21 章　USB 设备通信

```
        'S',0,
        'M',0,
        'A',0,
        'R',0,
        'T',0,
        'M',0,
        'C',0,
        'U',0,
};
```

从图 21.4.16 可以了解到，在当前的 USB 设备属性中，厂商 ID(idVendor) 为 0x0416，设备 ID(idProduct) 为 0xB000，制造商名称（iManufacturer）为"SMARTMCU"，与程序清单 21.4.11 和程序清单 21.4.12 完全吻合。

(3) 数据分析

当点击触摸屏上的虚拟按键"1"时，M4 将通过 USB 传输 8 个字节到 PC 中，第 3 个字节 0x1E 则为数字 1 的扫描码，如图 21.4.17 所示。虚拟按键"1"松开时向 USB 发送的数据如图 21.4.18 所示。

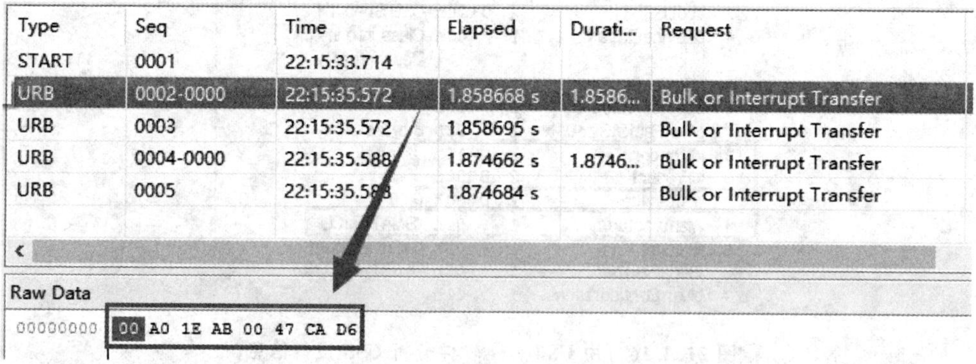

Type	Seq	Time	Elapsed	Durati...	Request
START	0001	22:15:33.714			
URB	0002-0000	22:15:35.572	1.858668 s	1.8586...	Bulk or Interrupt Transfer
URB	0003	22:15:35.572	1.858695 s		Bulk or Interrupt Transfer
URB	0004-0000	22:15:35.588	1.874662 s	1.8746...	Bulk or Interrupt Transfer
URB	0005	22:15:35.588	1.874684 s		Bulk or Interrupt Transfer

Raw Data
00000000　00 A0 1E AB 00 47 CA D6

图 21.4.17　虚拟按键"1"按下时向 USB 发送的数据

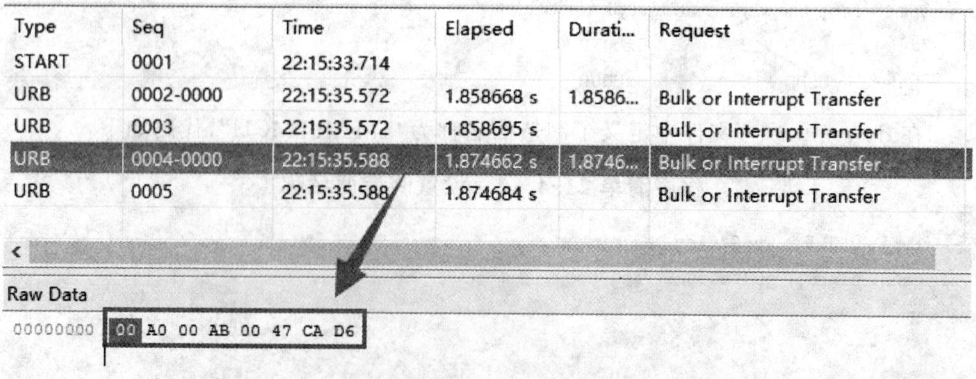

Type	Seq	Time	Elapsed	Durati...	Request
START	0001	22:15:33.714			
URB	0002-0000	22:15:35.572	1.858668 s	1.8586...	Bulk or Interrupt Transfer
URB	0003	22:15:35.572	1.858695 s		Bulk or Interrupt Transfer
URB	0004-0000	22:15:35.588	1.874662 s	1.8746...	Bulk or Interrupt Transfer
URB	0005	22:15:35.588	1.874684 s		Bulk or Interrupt Transfer

Raw Data
00000000　00 A0 00 AB 00 47 CA D6

图 21.4.18　虚拟按键"1"松开时向 USB 发送的数据

21.4.3 USB 闪存盘

【实验要求】基于 SmartM-M451 系列开发板：将开发板通过 USB 接口连接到电脑的 USB 接口，作为 USB 闪存盘使用。存储介质既可以选择为 SD 卡，也可以选择为板载的 SPI Flash。

1. 硬件设计

参考"21.4.1 USB 鼠标"小节的相关硬件设计内容。

2. 软件设计

USB 闪存盘实现的协议与 HID 鼠标和键盘的有所不同，因此有必要了解一下 USB 大容量存储设备类（USB Mass Storage device Class），简称 MSC。

MSC 是一种计算机和移动设备之间的传输协议，它允许一个通用串行总线（USB）设备来访问作为主机的计算设备，使两者之间进行文件传输。

USB 大容量存储设备类包括通信协议定义和通用串行总线运行的计算。该标准规定了各种存储设备的接口。计算机通过该标准可连接的设备包括：

- 移动硬盘；
- 移动光驱；
- U 盘；
- SD、TF 等储存卡读卡器；
- 数码相机；
- 各种数字音频播放器和便携式媒体播放器；
- 智能卡阅读器；
- 掌上电脑；
- 手机。

对 MSC 设备的访问协议，因其通用性和操作简单使其成为移动设备上最常见的文件传输协议，访问 USB MSC 设备并不需要任何特定的文件系统，相反，它提供了一个可用于访问任何硬盘驱动器的简单的界面来读/写接口。用户使用操作系统可以把 MSC 设备像本地硬盘一样格式化，并可以用他们喜欢的任何文件系统格式化它，当然也可以创建多个分区。

MSC 设备中的固件（firmware）或硬件（hardware）必须要实现下面这些功能：

- 检测和响应通用的 USB 请求和 USB 总线上的事件。
- 检测和响应来自 USB 设备的关于信息或动作的 USB 大容量请求。
- 检测和响应从 USB 传输中获得的 SCSI 命令。这些业界标准的命令用来获得状态信息、控制设备操作、从存储介质块中读取（read block）和向其写入（write block）数据。

第 21 章　USB 设备通信

- 设备如果想向存储介质中创建/读取/写入文件或文件夹,就会涉及文件系统,这时还要实现对应的文件系统。嵌入式系统中常见的文件系统有 FAT16 或 FAT32 格式。

在新唐官方提供的源代码中,默认带有将 M4 内部的 Data Flash 枚举为 USB 闪存盘,大家可以基于该代码进行二次修改,将 descriptors.c 和 MassStorage.c 文件添加到新建的工程中,并支持 SD 设备,工程创建后的截图如图 21.4.19 所示。

在 MassStorage.c 文件中修改 3 处位置,实现对 SPI Flash 或 SD 卡的容量识别和数据读/写操作。

代码位置:\SmartM-M451\代码\进阶\【TFT】【USB 模拟 U 盘】。

(1) MSC_Init 函数

该函数像 USB HID 鼠标或键盘一样,对 USB 设备端点属性进行配置。另外,MSC 类设备需要在初始化时向 USB 主机端提交其扇区总数目,并对 g_TotalSectors 变量进行正确的设置。SD 卡与 SPI Flash 各自的设置步骤代码如下。

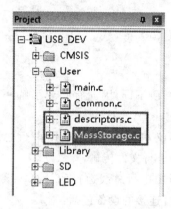

图 21.4.19　工程目录

程序清单 21.4.13　设置闪存盘容量

```
if(g_DrvType == FATFS_IN_FLASH) g_TotalSectors = SPI_FLASH_SIZE/512;
if(g_DrvType == FATFS_IN_SD) g_TotalSectors = SD_GetSectorCount();
```

(2) MSC_ReadMedia 函数

该函数用于实现对 MSC 类设备读取数据。SD 卡与 SPI Flash 各自的设置步骤代码如下。

程序清单 21.4.14　对 MSC 类设备读取数据

```
void MSC_ReadMedia(uint32_t addr,uint32_t size,uint8_t * buffer)
{
    if(g_DrvType == FATFS_IN_SD)
    {
        /*1.读取对应扇区的数据*/
        SD_ReadDisk(g_szBuf,addr/512,1);

        /*2.复制对应的数据到 buffer 中,addr & 0x1FF 等同于 addr % 512*/
        memcpy(buffer,&g_szBuf[addr&0x1FF],size);
    }

    if(g_DrvType == FATFS_IN_FLASH)
```

```
        SpiFlashRead(buffer,addr,size);
}
```

(3) MSC_WriteMedia 函数

该函数用于实现对 MSC 类设备写入数据。SD 卡与 SPI Flash 各自的设置步骤代码如下。

程序清单 21.4.15 对 MSC 类设备写入数据

```
void MSC_WriteMedia(uint32_t addr,uint32_t size,uint8_t * buffer)
{
    if(g_DrvType == FATFS_IN_SD)
    {
        /* 1.读取对应扇区的数据 */
        SD_ReadDisk(g_szBuf,addr/512,1);

        /* 2.将 buffer 中对应的数据复制到 g_szBuf 中,addr & 0x1FF 等同于 addr % 512 */
        memcpy(&g_szBuf[addr&0x1FF],buffer,size);

        /* 3.向对应的扇区写入数据 */
        SD_WriteDisk(g_szBuf,addr/512,1);
    }

    if(g_DrvType == FATFS_IN_FLASH)
        SpiFlashWrite(buffer,addr,size);
}
```

(4) 主函数

主函数的代码如下。

程序清单 21.4.16 主函数

```
int32_t main(void)
{
    PIX Pix;

    PROTECT_REG
    (
        /* 系统时钟初始化 */
        SYS_Init(PLL_CLOCK);

        /* 串口初始化 */
        UART0_Init(115200);
```

第 21 章 USB 设备通信

```c
    /* 使能 USB 模块时钟 */
    CLK_EnableModuleClock(USBD_MODULE);
    
    /* 选择 USB 时钟源 */
    CLK_SetModuleClock(USBD_MODULE,0,CLK_CLKDIV0_USB(3));
    
    /* 使能 USB 内部 3.3 V 带隙电压 */
    SYS->USBPHY = SYS_USBPHY_LDO33EN_Msk;
}

/* LCD 初始化 */
LcdInit(LCD_FONT_IN_FLASH,LCD_DIRECTION_180);
LCD_BL(0);
LcdCleanScreen(BLACK);

/* SPI Flash 初始化 */
while(disk_initialize(FATFS_IN_FLASH))
{
    Led1(1);Delayms(500);
    Led1(0);Delayms(500);
}

/* XPT2046 初始化 */
XPTSpiInit();

/* 挂载 SPI Flash */
f_mount(0,&g_fs[0]);

/*  显示标题 */
LcdFill(0,0,LCD_WIDTH-1,20,RED);
LcdShowString(85,2,"模拟 U 盘实验",YELLOW,RED);


LcdFill(80,100,159,139,GREEN);
LcdShowString(100,110,"FLASH",YELLOW,GREEN);

LcdFill(80,200,159,239,BLUE);
LcdShowString(112,215,"SD",YELLOW,BLUE);

/* 选择模拟 U 盘存储器为 SPI Flash 或 SD 卡 */
while(1)
```

```c
{
    if(XPT_IRQ_PIN() == 0)
    {
        if(XPTPixGet(&Pix) == TRUE)
        {
            Pix = XPTPixConvertToLcdPix(Pix);

            if(LcdGetDirection() == LCD_DIRECTION_180)
            {
                Pix.x = 240 - Pix.x;
                Pix.y = 320 - Pix.y;
            }

            if(Pix.x>80 && Pix.x<159)
            {
                if(Pix.y>100 && Pix.y<140)
                {
                    g_DrvType = FATFS_IN_FLASH;
                }

                if(Pix.y>200 && Pix.y<240)
                {
                    g_DrvType = FATFS_IN_SD;
                }

                if(g_DrvType != 0xFF)
                    break;
            }
        }
    }
}

/* 显示模拟U盘存储器为SPI Flash或SD卡 */
LcdFill(0,300,LCD_WIDTH-1,LCD_HEIGHT-1,BROWN);

if(g_DrvType == FATFS_IN_FLASH)
    LcdShowString(0,302,"模拟U盘存储器为SPI FLASH",YELLOW,BROWN);

if(g_DrvType == FATFS_IN_SD)
    LcdShowString(0,302,"模拟U盘存储器为SD卡",YELLOW,BROWN);

/* 打开USB设备,并传入描述符信息和标准请求命令处理函数 */
```

第 21 章　USB 设备通信

```
    USBD_Open(&gsInfo, MSC_ClassRequest, NULL);

    /* 传入设置 USB 配置描述符请求回调函数的地址 */
    USBD_SetConfigCallback(MSC_SetConfig);

    /* 设置 USB 设备端点 0/1/2/3 的属性 */
    MSC_Init();

    /* 启动 USB 设备 */
    USBD_Start();

    /* 使能 USB 中断 */
    NVIC_EnableIRQ(USBD_IRQn);

    while(1)
    {
        /* 处理 MSC 类设备的所有命令请求 */
        MSC_ProcessCmd();
    }
}
```

3. 下载验证

(1) 选择 SPI Flash 作为存储器

通过 SM-NuLink 仿真器下载程序到 SmartM-M451 旗舰板上，用 USB 线将 PC 与开发板连接，屏幕显示如图 21.4.20 所示。

SmartM-M451 旗舰板默认存储器既可以选择板载的 SPI Flash（W25Q64），也可以选择外置的 SD 卡。若使用板载的 SPI Flash 作为模拟 U 盘存储器，则点击屏幕上的"FLASH"虚拟按键，选择成功后会在屏幕底部显示出当前选中的存储器，如图 21.4.21 所示。

接着，模拟 U 盘被成功枚举，在电脑的设备管理器的"磁盘驱动器"下面新添加了"SmartMcu USB Mass Storage USB Device"，如图 21.4.22 所示，同时可在"我的电脑"中发现新的磁盘驱动器，并显示当前磁盘驱动器的容量，如图 21.4.23 所示。

双击进入图示的"H:"盘，会发现常用的字库存储在"H:"盘下的 FONT 目录中，如图 21.4.24 所示。

这样，当以后更新 SPI Flash 的字库或内容时，可直接从电脑复制相应的文件到 SPI Flash 中，比用 SD 卡更新 SPI Flash 更方便。

第 21 章　USB 设备通信

图 21.4.20　模拟 U 盘存储器选择界面　　图 21.4.21　当前模拟 U 盘存储器为"SPI FLASH"

图 21.4.22　设备管理器显示"SmartMcu USB Mass Storage USB Device"

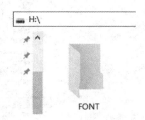

图 21.4.23　电脑识别到的模拟 U 盘(SPI Flash)　　图 21.4.24　"H:"盘下的 FONT 目录

(2) 选择 SD 卡作为存储器

选择 SD 卡作为存储器的操作步骤与选择 SPI Flash 作为存储器的步骤基本相同，当 Smart-M451 旗舰板重新上电复位后，点击"SD"虚拟按键，选择成功后会在

第 21 章　USB 设备通信

屏幕底部显示当前选中的存储器,如图 21.4.25 所示。

在"我的电脑"中可发现新的磁盘驱动器,并显示当前磁盘驱动器的容量,如图 21.4.26 所示。

(3) 枚举数据分析

在 PC 上运行 USBlyzer 软件，可以在设备树(Device Tree)窗口中看到 M4 开发板模拟的 U 盘被识别为"Port3:USB 大容量存储设备",名字为"SmartMcu USB Mass Storage USB Device",并且在 USB 属性(USB Properites)窗口中显示制造商为"SMARTMCU"如图 21.4.27 所示。

图 21.4.25　模拟 U 盘存储器为 SD 卡

图 21.4.26　电脑识别到的模拟 U 盘(SD 卡)

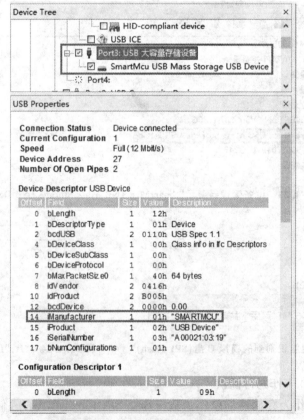

图 21.4.27　枚举识别到的 USB 设备

21.4.4 USB 转串口

【实验要求】基于 SmartM-M451 系列开发板:将开发板通过 USB 接口连接到电脑的 USB 接口,作为 USB 转串口使用。使用单片机多功能调试助手的串口功能实现 PC 与开发板之间的数据收发。

1. 硬件设计

参考"21.4.1 USB 鼠标"小节的相关硬件设计内容。

2. 软件设计

代码位置:\SmartM-M451\代码\进阶\【TFT】【USB 模拟串口】。

(1) 在新建工程中添加 USB 相关代码

在新建的工程中添加关键的 USB 相关代码,相关代码包括 USB 串口的枚举、数据收发、USB 设备的初始化等功能的代码,如图 21.4.28 所示。

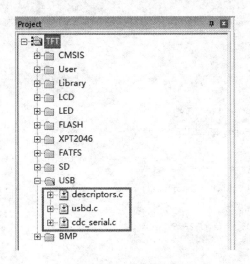

图 21.4.28 工程目录

(2) 编写 USB 接收/发送函数

当批量端点输出数据时,gi8BulkOutReady 变量会被置 1,gu32RxSize 变量按照接收到的数据长度被设置,并将数据保存到 gpu8RxBuf 中,详见 cdc_serial.c 文件中的 EP3_Handler 函数,代码如程序清单 21.4.17 所列。

程序清单 21.4.17 批量端点输出数据

```
void EP3_Handler(void)
{
    /* 批量端点输出 */
```

第 21 章 USB 设备通信

```
        gu32RxSize = USBD_GET_PAYLOAD_LEN(EP3);
        gpu8RxBuf = (uint8_t *)(USBD_BUF_BASE + USBD_GET_EP_BUF_ADDR(EP3));

        /* 批量输出标志位置 1 */
        gi8BulkOutReady = 1;
}
```

利用程序清单 21.4.17 中的 EP3_Handler 函数,可以获得 USB 接收到的数据,接着可将接收到的数据显示到 LCD 屏幕上,并通过 USB 接口返发到 PC 中,代码如程序清单 21.4.18 所列。

程序清单 21.4.18　VCOM_TransferData 函数

```
void VCOM_TransferData(void)
{
STATIC
    UINT32 x = 0,y = 50;
STATIC
    PIX Pix;

    int32_t i;

    /* 检查是否接收到 USB 数据 */
    if(gi8BulkOutReady && gu32RxSize)
    {
        /* 清空缓冲区 */
        memset(comTbuf,0,sizeof comTbuf);
        comTtail = 0;
        for(i = 0; i < gu32RxSize; i++)
        {

            comTbuf[i] = gpu8RxBuf[i];

            if(i == ((sizeof comTbuf) - 1))
                break;
        }

        /* 显示接收到的数据 */
        Pix = LcdShowString(x,y,comTbuf,GBLUE,BLACK);

        x = Pix.x;
```

```
            y = Pix.y;

            /* 判断换行操作 */
            if(y >= 300)
            {
                x = 0;
                y = 50;
                /* 清空接收数据区域 */
                LcdFill(0,50,LCD_WIDTH - 1,LCD_HEIGHT - 1,BLACK);
            }

            __set_PRIMASK(1);
            comTbytes = gu32RxSize;
            __set_PRIMASK(0);

            /* 清零接收数据大小 */
            gu32RxSize = 0;

            /* 清除批量输出标志位 */
            gi8BulkOutReady = 0;

            /* 准备接收下一个批量输出的数据包 */
            USBD_SET_PAYLOAD_LEN(EP3,EP3_MAX_PKT_SIZE);

            /* 将接收到的数据返发到 PC 中 */
            USBD_MemCopy((uint8_t *)(USBD_BUF_BASE + USBD_GET_EP_BUF_ADDR(EP2)),
                         (uint8_t *)comTbuf,
                         comTbytes);
            USBD_SET_PAYLOAD_LEN(EP2,comTbytes);
            comTbytes = 0;
        }
    }
```

(3) main 函数

在 main 函数的 while(1)循环中实现对 VCOM_TransferData 函数的轮询,实时监测当前是否接收到 USB 数据,若接收到,则进行下一步处理,代码如程序清单 21.4.19 所列。

第 21 章　USB 设备通信

程序清单 21.4.19　main 函数

```
INT32 main(void)
{

    PROTECT_REG
    (
        /*  系统时钟初始化 */
        SYS_Init(PLL_CLOCK);

        /* 串口初始化 */
        UART0_Init(115200);

        /* 使能 USB 模块时钟 */
        CLK_EnableModuleClock(USBD_MODULE);

        /* 选择 USB 时钟源为 PLL 的 3 分频 = 72 MHz/3 = 24 MHz */
        CLK_SetModuleClock(USBD_MODULE,0,CLK_CLKDIV0_USB(3));

        /* 使能 USB 为 3.3 V 内部带隙电压 */
        SYS->USBPHY = SYS_USBPHY_LDO33EN_Msk;
    )

    /* LCD 初始化 */
    LcdInit(LCD_FONT_IN_FLASH,LCD_DIRECTION_180);
    LCD_BL(0);
    LcdCleanScreen(BLACK);

    /* XPT2046 初始化 */
    XPTSpiInit();

    /* SPI Flash 初始化 */
    while(disk_initialize(FATFS_IN_FLASH))
    {
        Led1(1);Delayms(500);
        Led1(0);Delayms(500);
    }

    /* 挂载 SPI Flash */
    f_mount(0,&g_fs[0]);

    /* 显示标题 */
```

```
    LcdFill(0,0,LCD_WIDTH - 1,20,RED);
    LcdShowString(70,2,"模拟串口实验",YELLOW,RED);

    USBD_Open(&gsInfo,VCOM_ClassRequest,NULL);

    /* 端点配置 */
    VCOM_Init();
    USBD_Start();
    NVIC_EnableIRQ(USBD_IRQn);

    while(1)
    {
        VCOM_TransferData();
    }
}
```

3. 下载验证

(1) 开发板显示

通过 SM-NuLink 仿真器下载程序到 SmartM-M451 旗舰板上,用 USB 线将 PC 与开发板连接,屏幕显示如图 21.4.29 所示。

(2) 安装驱动

若系统没有安装 USB 转串口驱动,则默认会提示安装驱动,这时要选择图 21.4.30 中的驱动进行安装。

驱动安装成功后,在设备管理器中显示当前的 USB 转串口设备及能够通信的端口号,如图 21.4.31 中的端口号为 COM8。

图 21.4.29　模拟串口实验界面

名称	修改日期	类型	大小
nuvotoncdc.cat	2015/9/4 16:32	安全目录	8 KB
NuvotonCDC.inf	2015/9/4 16:32	安装信息	2 KB
readme.txt	2015/9/4 16:32	文本文档	1 KB

图 21.4.30　USB VCOM 驱动安装文件

(3) 数据通信

在 PC 上打开单片机多功能调试助手软件,设置打开的串口为 COM8、波特率为

第 21 章 USB 设备通信

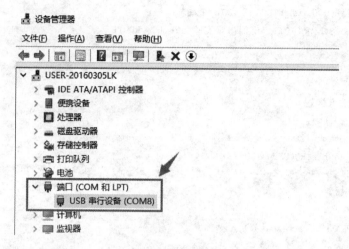

图 21.4.31 设备管理器识别到的 USB 转串口设备

115 200 b/s 等参数,接着在发送区输入"www.smartmcu.com",并单击"发送"按钮,这时在接收区会显示开发板返发回来的数据,如图 21.4.32 所示。

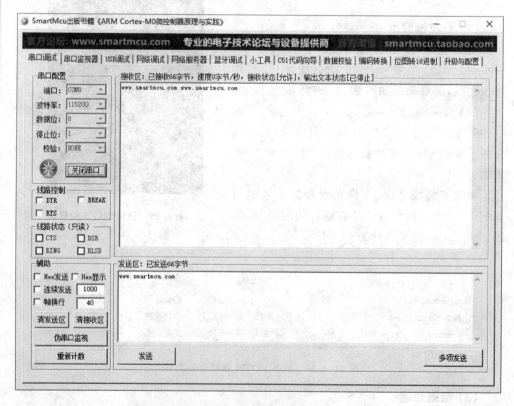

图 21.4.32 单片机多功能调试助手的发送与接收

开发板的 LCD 屏幕上显示 USB 接收到的数据,如图 21.4.33 所示。

(4) 枚举数据分析

在 PC 上运行 USBlyzer 软件,可以在设备树(Device Tree)窗口中看到 M4 开发板模拟的串口被识别为"Port3:USB 串行设备(COM8)",并且在 USB 属性(USB Properites)窗口中显示制造商为"SMARTMCU",如图 21.4.34 所示。

图 21.4.33 显示 USB 接收到的数据

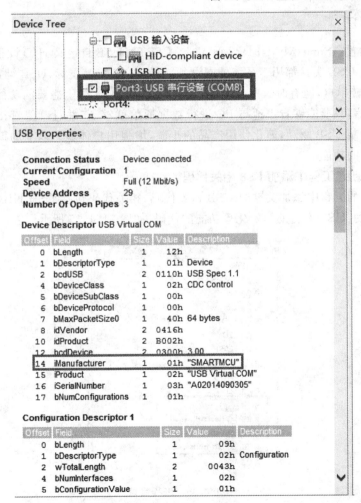

图 21.4.34 枚举识别到的 USB 设备

第 21 章 USB 设备通信

21.4.5 USB 数据收发

【实验要求】基于 SmartM-M451 系列开发板:将开发板通过 USB 接口连接到电脑的 USB 接口,使用单片机调试助手的 USB 调试功能实现与开发板进行数据收发。可以通过开发板触摸屏上的虚拟键盘实现向 PC 端发送数据,并将 PC 端发送的数据显示到开发板的屏幕上。

1. 硬件设计

参考"21.4.1 USB 鼠标"小节的相关硬件设计内容。

2. 软件设计

代码位置:\SmartM-M451\代码\进阶\【TFT】【USB 自定义 HID 设备】。

以上的 USB 实验都用于系统外围设备,例如实现 USB 鼠标、USB 键盘、USB 闪存盘、USB 转串口,但有时这些并不是自己想要的功能,实际上想要的功能只是纯粹的 USB 通信,只要能够自由地与 PC 进行数据通信就够了,并且希望直接与电脑通信而不用安装 USB 驱动,简化使用产品的步骤,增强用户体验。以上的期望正是本实验要实现的功能。

(1) 在新建工程中添加 USB 相关代码

在新建的工程中添加关键的 USB 相关代码,相关代码包括 USB HID 设备的枚举、数据收发、USB 设备的初始化等功能的代码,如图 21.4.35 所示。

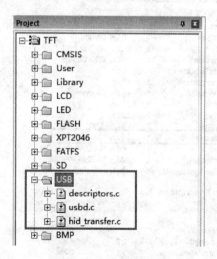

图 21.4.35 工程目录

(2) 虚拟按键

虚拟按键在屏幕上显示为 9 个,每个按键都有相应的函数,由于这些函数的代码类似,因此在有限的章节中只给出按键1的处理函数,代码如下。

程序清单 21.4.20　虚拟按键

```
/*************************************
* 函数名称:LcdKey1
* 输入:b    -该按键是否按下
* 输出:无
* 功能:LCD 显示按键1,并发送 USB 按键扫描值
*************************************/
VOID LcdKey1(BOOL b)
{
    /* 获取端点2的发送缓冲区 */
    g_pHidUsbEP2buf = (UINT8 *)(USBD_BUF_BASE + USBD_GET_EP_BUF_ADDR(EP2));

    if(b)
    {
        /* 将 g_pHidUsbEP2buf 清零 */
        g_u8EP2Ready = 0;
        memset(g_pHidUsbEP2buf,'1',EP2_MAX_PKT_SIZE);

        /* 设置 USB 端点2的发送数据长度为64字节,并进入发送数据状态 */
        USBD_SET_PAYLOAD_LEN(EP2,EP2_MAX_PKT_SIZE);

        /* 等待数据发送完成 */
        while(g_u8EP2Ready == 0);
        g_u8EP2Ready = 0;

        /* 按键显示为黑色 */
        LcdFill(0,200,79,239,BLACK);
        Delayms(50);
    }

    /* 恢复按键原始颜色 */
    LcdFill(0,200,79,239,BROWN);

    /* 显示数字 */
    LcdShowString(35,215,"1",WHITE,BROWN);
}
```

(3) 显示接收到的数据

当开发板接收到 USB 数据时,g_u8EP3Ready 变量会被置1,若置1,则获取端点3缓冲区中的数据内容,并将该内容进行显示,详细代码如程序清单 21.4.21 所列。

第 21 章　USB 设备通信

程序清单 21.4.21　判断并显示接收到的数据

```
/* 检查端点 3 是否接收到数据,若接收到数据则进行显示 */
if(g_u8EP3Ready)
{
    g_u8EP3Ready = 0;

    /* 获取 PC 发来的数据 */
    ptr = (uint8_t *)(USBD_BUF_BASE + USBD_GET_EP_BUF_ADDR(EP3));

    /* 显示接收到的数据 */
    Pix = LcdShowString(x,y,ptr,GBLUE,BLACK);

    x = Pix.x;
    y = Pix.y;

    /* 判断是否要清空数据内容 */
    if(y>=170)
    {
        x = 0;
        y = 50;

        /* 清空接收数据区域 */
        LcdFill(0,50,239,200,BLACK);
    }
}
```

(4) 主函数

main 函数实现的是 USB 设备的初始化,如果触摸屏被点击,则处理触摸屏事件,并向 PC 发送 64 字节数据。若接收到 PC 发来的数据,则显示到屏幕中,代码如程序清单 21.4.22 所列。

程序清单 21.4.22　主函数

```
INT32 main(void)
{
    UINT8  *ptr;

    UINT32 x = 0,y = 50;

    PIX    Pix;
```

```c
/* 获取 PC 发来的数据 */
ptr = (UINT8 *)(USBD_BUF_BASE + USBD_GET_EP_BUF_ADDR(EP3));

PROTECT_REG
(
    /* 系统时钟初始化 */
    SYS_Init(PLL_CLOCK);

    /* 串口初始化 */
    UART0_Init(115200);

    /* 使能 USB 时钟 */
    CLK_EnableModuleClock(USBD_MODULE);

    /* 设置 USB 模块时钟源并进行 3 分频,USB 时钟频率 = PLL/3 = 24 MHz */
    CLK_SetModuleClock(USBD_MODULE,0,CLK_CLKDIV0_USB(3));

    /* 使能 USB 3.3 V 低压差线性稳压器 */
    SYS->USBPHY = SYS_USBPHY_LDO33EN_Msk;
)

g_pHidUsbEP2buf = (UINT8 *)(USBD_BUF_BASE + USBD_GET_EP_BUF_ADDR(EP2));

/* LCD 初始化 */
LcdInit(LCD_FONT_IN_FLASH,LCD_DIRECTION_180);
LCD_BL(0);
LcdCleanScreen(BLACK);

/* XPT2046 初始化 */
XPTSpiInit();

/* SPI Flash 初始化 */
while(disk_initialize(FATFS_IN_FLASH))
{
    Led1(1);Delayms(500);
    Led1(0);Delayms(500);
}

/* 挂载 SPI Flash */
f_mount(0,&g_fs[0]);

/* 显示标题 */
```

第 21 章 USB 设备通信

```c
LcdFill(0,0,LCD_WIDTH - 1,20,RED);
LcdShowString(25,2,"USB 自定义 HID 设备数据收发",YELLOW,RED);

/* 显示所有虚拟按键 */
LcdKeyRst();

/* 打开 USB 设备,传入描述符信息和标准请求命令处理函数 */
USBD_Open(&gsInfo,HID_ClassRequest,NULL);

/* 设置 USB 设备端点 0/1/2/3 的属性 */
HID_Init();

/* 启动 USB 设备 */
USBD_Start();

/* 使能 USB 中断 */
NVIC_EnableIRQ(USBD_IRQn);

while(1)
{
    /* 处理触摸屏事件 */
    if (XPT_IRQ_PIN() == 0)
    {
        LcdTouchPoint();
    }

    /* 检查端点 3 是否接收到数据,若接收到数据则进行显示 */
    if(g_u8EP3Ready)
    {
        g_u8EP3Ready = 0;

        /* 获取 PC 发来的数据 */
        ptr = (uint8_t *)(USBD_BUF_BASE + USBD_GET_EP_BUF_ADDR(EP3));

        /* 显示接收到的数据 */
        Pix = LcdShowString(x,y,ptr,GBLUE,BLACK);

        x = Pix.x;
        y = Pix.y;

        /* 判断是否要清空数据内容 */
        if(y >= 170)
```

```
            {
                x = 0;
                y = 50;

                /* 清空接收数据区域 */
                LcdFill(0,50,239,200,BLACK);
            }
        }
    }
}
```

3. 下载验证

通过 SM-NuLink 仿真器下载程序到 SmartM-M451 旗舰板上,用 USB 线将 PC 与开发板连接,屏幕显示如图 21.4.36 所示。

在 PC 中运行单片机多功能调试助手,并选择"USB 调试"功能,单击"查找 USB"按钮,则在右侧的接收区中显示检测到的所有"HID_USB 设备",而本开发板的 USB 设备名字为"HID SmartMcu",如图 21.4.37 所示。

图 21.4.36 屏幕显示虚拟按键

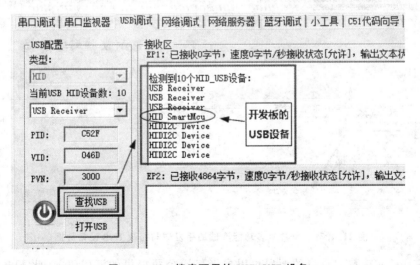

图 21.4.37 搜索可用的 HID_USB 设备

在"当前 USB HID 设备数:10"下拉列表框中选择"HID SmartMcu"设备,选中后单击"打开 USB"按钮,若打开成功,则在接收区中显示当前 USB 设备的相关属

第 21 章 USB 设备通信

性,如图 21.4.38 所示。

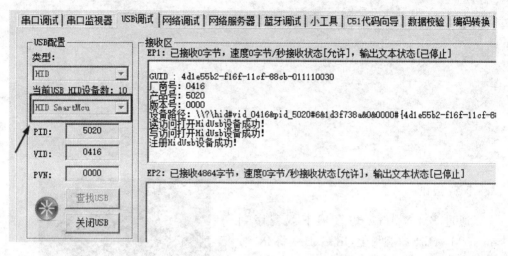

图 21.4.38 打开"HID SmartMcu"USB 设备

在发送区输入数据"www.smartmcu.com",并单击"端点 2/HID 发送"按钮,如图 21.4.39 所示。若数据发送成功,则在开发板的屏幕上将显示接收到的数据,如图 21.4.40 所示。若点击触摸屏上的虚拟按键,则向 PC 发送 64 字节数据,如图 21.4.39 所示。

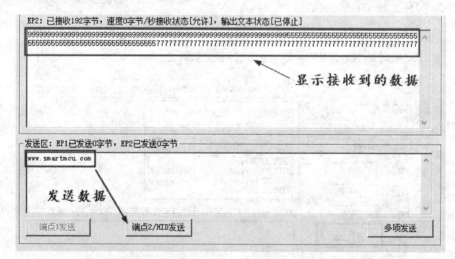

图 21.4.39 单片机多功能调试助手发送与接收 USB 设备数据

注:PC 实现数据收发的源码可以参考新唐公司提供的源代码,在此不再赘述,文件清单如图 21.4.41 所示。

USB 接口能够模拟更多的设备,例如打印机、声卡、CDROM 等,但限于篇幅,请参考新唐公司提供的代码,代码目录如图 21.4.42 所示。

USB自定义HID设备数据收发
www.smartmcu.com www.smartmcu.
com www.smartmcu.com www.smart
mcu.com www.smartmcu.com www.s
martmcu.com www.smartmcu.com w
ww.smartmcu.com www.smartmcu.c
om
1
2
3
4
5
6
7
8
9

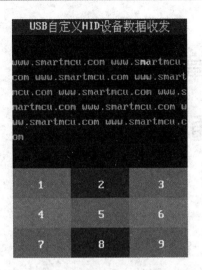

图 21.4.40 触摸屏显示接收到的数据

« USBD_HID_Transfer › WindowsTool › HIDTransferTest
Debug
HID.hpp
hid.lib
hidpi.h
hidsdi.h
HIDTransferTest.aps
HIDTransferTest.cpp
HIDTransferTest.h
HIDTransferTest.rc
HIDTransferTest.vcproj
HIDTransferTest.vcxproj
HIDTransferTest.vcxproj.filters
HIDTransferTest.vcxproj.user
hidusage.h
ReadMe.txt
Resource.h
stdafx.cpp
stdafx.h

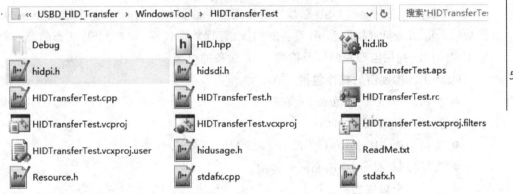

图 21.4.41 PC 实现数据收发的源码文件名

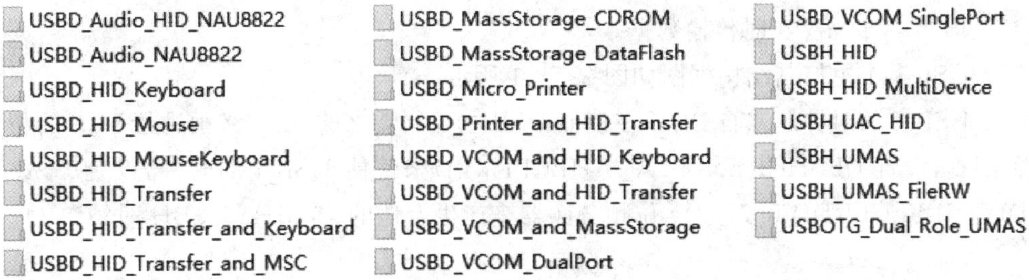

USBD_Audio_HID_NAU8822
USBD_Audio_NAU8822
USBD_HID_Keyboard
USBD_HID_Mouse
USBD_HID_MouseKeyboard
USBD_HID_Transfer
USBD_HID_Transfer_and_Keyboard
USBD_HID_Transfer_and_MSC
USBD_MassStorage_CDROM
USBD_MassStorage_DataFlash
USBD_Micro_Printer
USBD_Printer_and_HID_Transfer
USBD_VCOM_and_HID_Keyboard
USBD_VCOM_and_HID_Transfer
USBD_VCOM_and_MassStorage
USBD_VCOM_DualPort
USBD_VCOM_SinglePort
USBH_HID
USBH_HID_MultiDevice
USBH_UAC_HID
USBH_UMAS
USBH_UMAS_FileRW
USBOTG_Dual_Role_UMAS

图 21.4.42 更多 USB 接口模拟设备的代码目录

第 22 章

USB 主机通信

22.1 概 述

新唐 M453VG6AE 芯片带有 USB 1.1 主机控制器(USBH),支持开放式主机控制器接口 OHCI(Open Host Controller Interface)规范,主机控制器寄存器用来管理设备和 USB 总线数据传输。USBH 集成了一个根集线器和一个 USB 端口,有一个 DMA 用来在系统内存和 USB 总线之间传送实时数据,端口有电源控制和过电流检测功能。USBH 负责检测 USB 设备的插拔、管理数据传输、收集 USB 状态信息、激活 USB 总线、提供电源控制以及检测 USB 设备的电流。

USB 主机控制器的特性包括:
- 支持 USB 总线规范 1.1;
- 支持 OHCI 规范 1.0;
- 支持全速(12 Mb/s)及低速(1.5 Mb/s) USB 设备;
- 支持控制、批量、中断和同步传输;
- 支持一个集成的根集线器;
- 支持一个 USB 主/从机共用的端口(OTG 功能);
- 支持电源控制及端口过电流检测;
- 支持 DMA 实时传输数据。

USB 1.1 主控制结构框图如图 22.1.1 所示。

USBH 的时钟源来自 PLL,在使能 USB 主控制器之前,用户必须进行 PLL 的相关配置,设置 USBHCKEN(CLK_AHBCLK[4])来使能 USBH 的时钟,设置 USBDIV(CLK_CLKDIV0[7:4])4 位预分频器来产生合适的 48 MHz USBH 时钟。

第 22 章 USB 主机通信

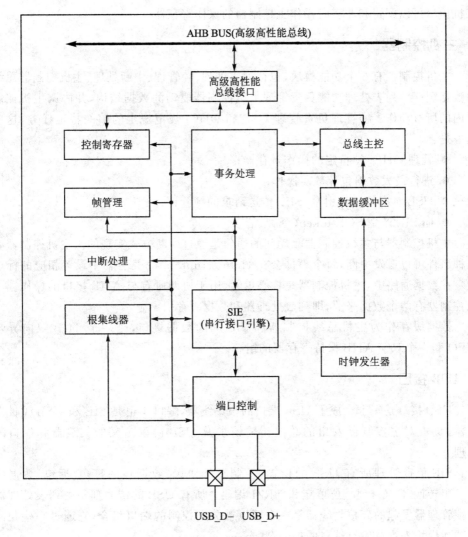

图 22.1.1 USB 1.1 主控制器结构框图

22.2 功能描述

1. AHB 接口

OHCI 主控制器通过 AHB 总线接入系统,并要求同时支持主/从总线操作。当主控制器作为主机时,其负责在 AHB 总线上对端点描述符(ED)和传输描述符(TD)进行传输,以及负责内存与片上数据缓存之间的数据传输。当主控制器作为从机时,其负责监控 AHB 总线上的数据命令,并决定何时回应这些命令。通过 AHB 总线的

第22章 USB主机通信

从机接口可以配置和非实时操作主控制器的操作寄存器。

2. 主机控制器

主机控制器有5个功能模块,包括列表处理、帧管理、中断处理、主机控制器总线和数据缓存。列表处理功能负责管理主机控制器驱动的数据结构,并协调主机控制器内的所有动作。帧管理负责管理USB和OHCI规范规定的帧的特定任务,这些任务是:

- 管理OHCI帧特定的操作寄存器;
- 进行最大数据包计数器操作;
- USB对串行接口引擎(SIE)传送请求的帧验证;
- 向SIE产生SOF token(令牌)请求。

主机控制器与主机控制器驱动间的通信是通过中断方式实现的。主机控制器有几种事件可以触发中断,每个事件会在HcInterruptStatus寄存器中设置相应的标志位。在数据通路中,主机控制器是核心单元,用于协调所有与AHB接口的操作。主机控制器有两个数据来源,即列表处理器和数据缓存引擎。

数据缓存作为主机总线控制器和SIE间的数据接口,是一个64 B双向异步FIFO和一个双字AHB保持寄存器的组合。

3. USB接口

USB接口是一个集成了USB端口的根集线器,端口1也是SIE和USB时钟发生器,负责对主控制器发出的总线传输请求及USB协议定义的集线器和端口的管理。

SIE负责管理所有USB的传输、控制总线协议、数据包的打包/拆包、数据的并—串转换、CRC校验、位填充和NRZI编码。所有USB的传输都是由列表处理器和帧管理器发起的。根集线器是一个可以被分别控制的端口集合,它通过一些相同的功能模块来维持所有端口的控制/状态。

22.3 实验:简易音乐播放器

【实验要求】基于SmartM-M451系列开发板:将U盘接到M4旗舰板上,点击触摸屏实现对U盘歌曲的播放。

1. 硬件设计

USB母口插座电路设计如图22.3.1所示。

M4引脚连接如图22.3.2所示。USB母口插座位置如图22.3.3所示。

第 22 章　USB 主机通信

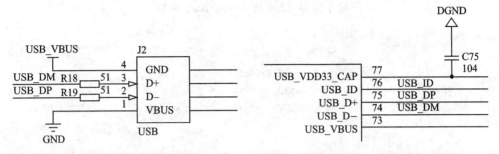

图 22.3.1　USB 母口插座电路设计　　　图 22.3.2　M4 引脚连接

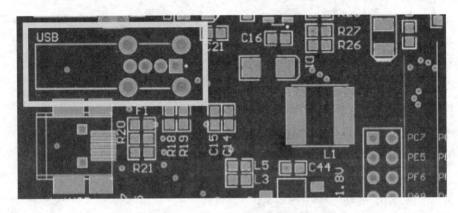

图 22.3.3　USB 母口插座位置

2. 软件设计

代码位置：\SmartM-M451\代码\进阶\【TFT】【播放 U 盘歌曲】。

(1) 新建工程

移植新唐官方 USB HOST 代码到新建工程中,如图 22.3.4 所示。

限于篇幅和 USB OHCI 协议的复杂度,有兴趣的读者可以自行阅读,在此不作详解。

(2) 添加函数

在原有实验提供的 FAT 文件系统中,在 diskio.c 文件中为 USB 的数据读/写添加如下相应函数。

a. disk_read 函数

disk_read 函数的代码如下。

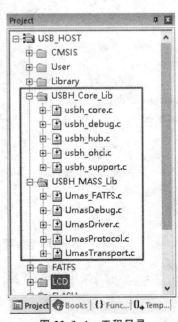

图 22.3.4　工程目录

第22章 USB主机通信

程序清单 22.3.1 disk_read 函数

```
DRESULT disk_read (
BYTE drv,                /* 物理驱动器编号(0..) */
BYTE * buff,             /* 存储读数据缓冲区 */
DWORD sector,            /* 扇区地址 */
BYTE count               /* 读取扇区的数目(1..255) */
)
{
    /* 判断对哪个物理驱动器读取数据 */
    switch(drv)
    {
        case FATFS_IN_USB:/* U盘 */
        {
            res = usbh_umas_read(buff,sector,count);

        }break;

        ...       //代码省略

}
```

b. disk_write 函数

disk_write 函数的代码如下。

程序清单 22.3.2 disk_write 函数

```
DRESULT disk_write (
BYTE drv,                /* 物理驱动器编号(0..) */
const BYTE * buff,       /* 被写入数据缓冲区 */
DWORD sector,            /* 扇区地址（LBA） */
BYTE count               /* 写入扇区的数目(1..255) */
)
{
    /* 判断对哪个物理驱动器写入数据 */
    switch(drv)
    {

        case FATFS_IN_USB :/* U盘 */
        {
            res = usbh_umas_write((UINT8 * )buff,sector,count);
        }
```

```
        ...               //代码省略
}
```

c. disk_ioctl 函数

disk_ioctl 函数的代码如下。

程序清单 22.3.3　disk_ioctl 函数

```
DRESULT disk_ioctl (
BYTE drv,               /* 物理驱动器编号（0..）*/
BYTE ctrl,              /* 控制码 */
void * buff             /* 发送与接收控制数据缓冲区 */
)
{
    DRESULT res;

    if(drv == FATFS_IN_USB)
    {
        return usbh_umas_ioctl(ctrl,buff);
    }

        ...       //代码省略
}
```

(3) 主函数

在 main 函数中执行 PLL 初始化, 倍频到 96 MHz, HCLK 时钟为 PLL 时钟的 2 分频; 初始化 USB 设备工作于 HOST 模式; 对音频播放芯片 VS1053、LCD、触摸屏芯片等进行一系列初始化; 在 while(1) 循环中执行音乐播放, 并对触摸屏事件进行处理。main 函数代码如下。

程序清单 22.3.4　main 函数

```
INT32 main(VOID)
{

    UINT8 buf[64] = {0};

    PROTECT_REG
    (
        /* 使能外部晶振 */
        CLK_EnableXtalRC(CLK_PWRCTL_HXTEN_Msk);

        /* 等待外部晶振稳定 */
        CLK_WaitClockReady(CLK_STATUS_HXTSTB_Msk);
```

```c
    /* 选择 HCLK 时钟源为外部晶振 */
    CLK_SetHCLK(CLK_CLKSEL0_HCLKSEL_HXT,CLK_CLKDIV0_HCLK(1));

    /* 设置 PLL 进入掉电模式 */
    CLK->PLLCTL |= CLK_PLLCTL_PD_Msk;

    /* 设置 PLL 频率为 96 MHz */
    /* PLL = 12 MHz x (0x2E + 2)/(1 + 2) x 0.5 = 96 MHz */
    CLK->PLLCTL = 0x422E;

    /* 等待 PLL 时钟稳定 */
    CLK_WaitClockReady(CLK_STATUS_PLLSTB_Msk);

    /* 选择 HCLK 时钟源为 PLL */
    CLK->CLKSEL0 &= (~CLK_CLKSEL0_HCLKSEL_Msk);
    CLK->CLKSEL0 |= CLK_CLKSEL0_HCLKSEL_PLL;

    /* 更新系统内核时钟 */
    SystemCoreClockUpdate();

    PllClock        = PLL_CLOCK;                       // PLL
    SystemCoreClock = PLL_CLOCK / 2;                   // HCLK
    CyclesPerUs     = SystemCoreClock / 1000000;       // For SYS_SysTickDelay()

    /* 配置 USB 为主机模式,并使能内部 3.3 V 低压差线性稳压器 */
    SYS->USBPHY = 0x101;

    /* 对 USB 时钟进行 2 分频 */
    CLK->CLKDIV0 = (CLK->CLKDIV0 & ~CLK_CLKDIV0_USBDIV_Msk) | (1 << CLK_
                    CLKDIV0_USBDIV_Pos);

    /* 使能 USB HOST 时钟 */
    CLK->AHBCLK |= CLK_AHBCLK_USBHCKEN_Msk;
)

/* 将串口 0 初始化为 115 200 b/s */
UART0_Init(115200);

/* USB Host 初始化 */
```

```c
USBH_Open();

/* USB 大容量设备类初始化 */
USBH_MassInit();

/* 延时一会儿 */
Delayms(100);

/* 执行 USB Host 设备状态事件 */
USBH_ProcessHubEvents();

/* 复位所有共用 SPI0 接口的片选引脚 */
SPI0_CS_PIN_RST();

/* 挂载 SPI Flash、SD、USB */
disk_initialize(FATFS_IN_FLASH);
disk_initialize(FATFS_IN_SD);
disk_initialize(FATFS_IN_USB);
f_mount(0,&g_fs[0]);
f_mount(1,&g_fs[1]);
f_mount(2,&g_fs[2]);

/* XPT2046 初始化 */
XPTSpiInit();


/* LCD 初始化 */
LcdInit(LCD_FONT_IN_FLASH,LCD_DIRECTION_180);
LCD_BL(0);
LcdCleanScreen(BLACK);

/* 显示标题 */
LcdFill(0,0,LCD_WIDTH-1,20,RED);
LcdShowString(40,2,"音乐播放器实验[U 盘]",YELLOW,RED);

/* 显示虚拟按键 */
LcdKeyLeft(FALSE);
LcdKeyRight(FALSE);
LcdKeyAdd(FALSE);
LcdKeyReduce(FALSE);

/* 查找 MP3 文件 */
```

```c
        g_unMusicTotal = MP3FoundFile();
        
        if(g_unMusicTotal)
        {
            sprintf(buf,"当前有%d首歌曲",g_unMusicTotal);
            LcdShowString(0,60,buf,GBLUE,BLACK);
        }
        else
        {
            LcdShowString(0,60,"没有发现任何歌曲!",GBLUE,BLACK);
        }
        
        sprintf(buf,"当前音量:%d",g_unVolumeCur);
        LcdShowString(0,100,buf,GBLUE,BLACK);
        
        /* 音频通道切换初始化 */
        AudioSelect_Init();
        AudioSelect_Set(AUDIO_MP3);
        
        /* VS1053B初始化成功 */
        VS_Init();
        
        
        /* 定时器0每1s产生100次中断,即10 ms中断一次 */
        TIMER_Open(TIMER0,TIMER_PERIODIC_MODE,100);
        TIMER_EnableInt(TIMER0);
        
        /* 使能定时器0中断 */
        NVIC_EnableIRQ(TMR0_IRQn);
        
        /* 启动定时器0 */
        TIMER_Start(TIMER0);
        
        while(1)
        {
            if(g_unMusicCur < g_unMusicTotal)
            {
                /* 显示正在播放的歌曲 */
                LcdFill(0,60,LCD_WIDTH-1,80,BLACK);
                memset(buf,0,sizeof buf);
                sprintf(buf,"正在播放%s",g_szMP3Tbl[g_unMusicCur]);
                LcdShowString(0,60,buf,GBLUE,BLACK);
```

```c
        /* 选择要播放的歌曲 */
        memset(buf,0,sizeof buf);
        sprintf(buf,"2:/Music/%s",g_szMP3Tbl[g_unMusicCur]);

        if(0 == MP3PlayFile(buf))
        {
            g_unMusicCur ++;

        }
        g_unPlayCtrl = PLAY_CTRL_NONE;
    }
    else
    {
        g_unMusicCur = 0;
    }


    /* 是否有触摸屏事件 */
    if(g_bTouchEvent)
    {
        g_bTouchEvent = FALSE;

        /* 停止定时器 0 */
        TIMER_Stop(TIMER0);

        /* 处理触摸屏事件 */
        LcdTouchPoint();

        /* 启动定时器 0 */
        TIMER_Start(TIMER0);

    }
}
```

(4) 定时器 0 中断服务函数 TMR0_IRQHandler

在定时器 0 中断服务函数中,每 200 ms 进行 USB Host 设备状态事件处理,每 10 ms 扫描触摸屏状态引脚,代码如下。

程序清单 22.3.5 定时器 0 中断服务函数

```c
VOID TMR0_IRQHandler(VOID)
{
STATIC
```

```
            UINT32 unCount = 0;

            if(unCount ++ >= 20)
            {
                unCount = 0;

                /* 执行 USB Host 设备状态事件 */
                USBH_ProcessHubEvents();
            }

            if(TIMER_GetIntFlag(TIMER0) == 1)
            {

                /* 是否有触摸屏事件 */
                if(XPT_IRQ_PIN() == 0)
                {
                    g_bTouchEvent = TRUE;
                }

                /* 清除定时器 0 标志位 */
                TIMER_ClearIntFlag(TIMER0);
            }
        }
```

3. 下载验证

通过 SM-NuLink 仿真器下载程序到 SmartM-M451 旗舰板上,将 U 盘接到开发板的 USB 母口插座上,同时 U 盘的 Music 文件夹中必须包含可以播放的 MP3 文件,将耳机接入板载的绿色耳机接口,屏幕显示当前播放的歌曲,底部显示歌曲切换和音量控制,如图 22.3.5 所示。

图 22.3.5 音乐播放器控制界面

第 23 章

FreeRTOS 嵌入式操作系统

物联网把 FreeRTOS 嵌入式操作系统推到了风口浪尖,各家 MCU 芯片公司的开发板、SDK 开发套件都移植到 FreeRTOS 上了。著名的智能手表 Pebble OS 的内核使用了 FreeRTOS,博通的 WICED WiFi SDK 也推荐使用 FreeRTOS。瑞典嵌入式开发工具公司 Atollic 的副总裁 Magnus Unemyr 最近采访了 FreeRTOS 的创始人 Richard Barry。两人谈论的话题涉及 FreeRTOS 的历史和未来的发展,Richard Barry 还特别阐述了对物联网(IoT)、实时操作系统(RTOS)和嵌入式开发工具以及嵌入式产业未来发展的理解。

对于显微镜下的嵌入式产业,为什么半导体大佬对它趋之若鹜? 与 FreeRTOS 创始人——Richard Barry 的谈话记录如下。

问:什么精神鼓励你开发了 FreeRTOS?

答:开发 FreeRTOS 的想法来自大约 10 多年前我经历的一个服务项目,我的一个任务是选择一个合适的 RTOS。当时可以选择的一个 RTOS 已经使用在该公司的商业产品中了,但是版税极为昂贵。而且,我们的应用仅仅需要一个很小的 RTOS 解决方案,一个大的、商业的 RTOS 在我们这个项目中一点也没有价值,所以我转而去寻找一个适合的开源的 RTOS。然而令我失望的是,因为没有好的文档,开源软件的学习周期太长了,而且还没有技术支持,软件的质量也难以令人满意。最终我只好推荐了一个商业的、没有产品版税的 RTOS。

当项目结束的时候,我开始思考,是不是有很多人经历了同样的寻找过程呢? 我想应该有数以千计的人吧。因为我是一个极客,所以就开始自己开发一个解决方案,从中也找到了乐趣。当最初的 FreeRTOS 版本发布之后,很明显我的预想是正确的,的确有数以千计的工程师在寻找这种解决方案。

之后,我就更正式地安排和计划这项工作。首先我把使用开源的免费软件的风险列了出来,比如质量、知识产权侵权和技术支持问题,接着制定了一个可以减少以上风险的 FreeRTOS 开发和发行的模式。举三个例子吧,FreeRTOS 遵守 MISRA 规范,进而可以保证产品的质量,使用 FreeRTOS 没有知识产权侵权的风险,而且可以通过社区和专业公司提供技术支持。可以这样说,FreeRTOS 基本上就是一个商业 RTOS,但是完全免费,这也就是今天人们看到 FreeRTOS 如此受到欢迎的原因。

第 23 章　FreeRTOS 嵌入式操作系统

MISRA 汽车工业软件可靠性联会是一家在欧洲的跨国汽车工业协会，其成员包括了大部分欧美汽车生产商。MISRA C Coding Standard 旨在帮助汽车厂商开发安全的、高可靠性的嵌入式软件。这一标准中包括了 127 条 C 语言编码标准，如果能够完全遵守这些标准，那么你的 C 代码就是易读、可靠、可移植和易于维护的。

问：请介绍一下目前的 FreeRTOS 以及应用情况。

答：FreeRTOS 有许多应用，我会说事实胜于雄辩。现在，在 EE time 杂志的每篇嵌入式操作系统市场研究报告中，FreeRTOS 都是名列前茅。对 FreeRTOS 网址的搜索和对其软件的下载也呈现逐年快速递增的趋势，当然在某一段时间内，它会在一定高度上呈现平稳增长的态势。我们很高兴地看到 FreeRTOS 正在进入一些新兴市场，这个市场的产品过去没有采用我们的技术。毫无疑问，FreeRTOS 是目前世界上最广泛使用的一种 RTOS。

问：你对现在嵌入式和工具产业的评价是什么？

答：我本人主要关注的是物联网（IoT）市场，即使有人说这个市场被宣传得有些言过其实，但是可以肯定的是，嵌入式市场因为物联网的发展而变得越发重要起来，这样嵌入式工具市场也会更加受到重视。

事实上，即使我们不谈物联网，产品的智能化也将把产业带入快速发展的阶段。与我们过去所经历的阶段相比较，硬件设计的门槛在大大降低，这一点在 ARM 市场中尤为明显。工具的门槛也在降低，除非你有一个好的卖点，否则软件和硬件的价格都将受到市场的打压。

在物联网领域有许多关于物联网技术和产业缺少标准的声音，每次当我看到一个新的方案发布，并宣称解决了物联网市场的碎片问题的时候，我不禁暗暗发笑。物联网市场还没有成熟，一个方案就可以解决碎片化的问题，这现实吗？这些方案反而会加重市场的碎片化。我相信市场发展到某个阶段，一定会有一些统一的标准，但问题是：谁将是赢家，谁将是输家，还很难断定。

问：未来几年产业的最大挑战是什么？

答：有许多话题我可以谈，其中的许多报刊媒体已经论述过了，这里就没有必要再重复了。我想要特别强调的是：从趋势来看，哪些技能对于未来一代的工程师才是最重要的呢？比如说写 Java 代码和掌握 Linux 内核是非常重要的技能，但是这并不是嵌入式工程师所拥有的唯一技能。我看到这样的现象，在使用 Linux 和 Java 技术研发一个应用解决方案时，在开发中出了一点小问题就举步维艰，因为工程师根本不了解问题出在哪里。我理解软件需要抽象化的思维，市场需要更快速的开发周期，但对我而言，仅仅是为了某一个驱动程序而使用一个很大规模的软件是一个错误决定，还不如自己开发呢。或许我与时代脱节了，我已经不再年轻。我的看法是，与其采用更大规模的处理器解决技能落后的问题，不如在设计上进行创新，如果这样做的话还不用增加硬件的资源。

第 23 章　FreeRTOS 嵌入式操作系统

问：Eclipse 和 GCC 已经是行业标准，它们给开发者带来了什么好处呢？

答：GCC 有优点也有缺点，互联网上总是充斥着争论，赞成和反对之声都有。但是有一点是肯定的，花时间学习 GCC 是值得的，因为 GCC 支持广泛的处理器，这样，你掌握的这个技能可以应用到更多的项目和更多的硬件平台上。

市场对 Eclipes 广泛的认可让关于学习 Eclipse 的争论的声音变得小了，同样的道理，你们可以继续争论下去，但是市场认可了 Eclipse，使得学会使用 Eclipse 技能在你的职业生涯中将不断受益。

见到很多情况是将 Eclipse 和 GCC 放在一起，构成了一个来自外部世界的、你熟悉和放心的环境，让你可以开始你的开发工作。Eclipse 还有几个其他的优点：第一，Eclipse 社区写了很多插件，比如支持管理功能。第二，基于 Eclipse 的方案很多，可以把你的代码集成到项目中 Eclipse/GCC 的开发环境里。Atollic TrueSTUDIO 是一个需要额外收费的解决方案，对于专业的开发者，这个额外收费的解决方案会带来效率的大幅提高。收费解决方案会提供一个软件安装包、产品的稳定性和技术支持，以及更加重要的适合一系列调试软件的接口。

许多年前，当我第一次使用 Eclipse 的时候，它的使用方式还让我颇费了番周折。今天，当我看到新的毕业生需要使用某款不是 Eclipse 的 IDE 时，他们也要纠结一番，因为学生们已经习惯了 Eclipse。

问：RTOS 和嵌入式中间件的发展趋势是什么？

答：应用更加复杂、具有连接性和丰富的用户界面，这些将促使 RTOS 市场的增长。当然，市场和客户依然需要许多的教育工作——化解对 RTOS 的根深蒂固的误解。比如上周有人告诉我的一种误解，有人认为如果他们将 RTOS 引入其设计中，RTOS 将消耗许多 CPU 时间。实际上正好相反，使用了 RTOS，系统将会支持一种复杂的事件驱动的设计方式，CPU 只在处理实际产生效率的任务时才运行，而其他时间并没有执行任务。而在以前没有 RTOS 的时候，CPU 在状态没有改变或者在查询一个输入是否改变的时候，一直处于运行状态。

与主流的软件市场一样，在嵌入式系统中，免费和开源的 RTOS 平台是大势所趋。这种趋势在物联网系统中尤为强烈，因为在物联网边缘网络中的设备只是整个系统价值链中很小的一部分。

FreeRTOS 是嵌入式系统开源 RTOS 的领导者，我们期待随着物联网的快速发展，FreeRTOS 将成为其中的重要成员。FreeRTOS 不是唯一高质量的、免费和值得信赖的 RTOS，但是 FreeRTOS 的商业模式非常清晰，完全没有知识产权和后期授权的问题。可以这样说，无论你使用哪种处理器，无论它的提供者是谁，FreeRTOS 都是一个真正的跨平台的解决方案。

RTOS 是物联网的重要支撑软件，安全问题尤为关键，构建一个安全的物联网系统对于 RTOS 的架构和系统应用来说都将带来挑战和机遇。

第 23 章　FreeRTOS 嵌入式操作系统

问：能就你的未来计划讲几句吗？

答：当然，我还不能告诉你我的全部计划，但是你应该已经看到，我们已经有自己的 TCP/IP 协议——称为 FreeRTOS+TCP 和 FAT 文件系统——称为 FreeRTOS+FAT。

我们的目标是将 FreeRTOS 的价值观也带给这些中间件模块，这样，它们也是免费的，可以获得支持，当然也没有任何知识产权的风险，让你放心使用。我们选择自己提供的几个模块是有下面几个原因的：网络和存储媒介的驱动程序，它们与硬件没有直接的关联，许多 RTOS 的应用都会用到 TCP/IP 和 FAT 文件系统。其他企业和个人将他们的 TCP/IP 和 FAT 集成到 FreeRTOS 的应用里面来，这已经由来已久了。长期以来一直有一个问题困扰着我们，我们很愿意为 FreeRTOS 提供免费的技术支持，但是我们无法免费支持其他的中间件，不管它是免费的，还是商业的软件，假如它无法在 FreeRTOS 上运行，就很难让我们提供免费支持。提供我们自己的 TCP/IP 和 FAT 就避免了这些问题，这些软件我们自己熟悉，也已经与 FreeRTOS 集成好了，我们可以提供更好的支持。当然 TCP/IP 软件在物联网平台中的重要意义更是不言而喻的。

不同的多任务系统有着不同的侧重点。以工作站和桌面电脑为例：

早期的处理器非常昂贵，所以那时的多任务用于实现在单处理器上支持多用户。这类系统中的调度算法侧重于让每个用户"公平共享"处理器时间。

随着处理器功能越来越强大，价格却更便宜，所以每个用户都可以独占一个或多个处理器。这类系统的调度算法则设计为让用户可以同时运行多个应用程序，而计算机也不会显得反应迟钝。例如某个用户可能同时运行了一个字处理程序、一个电子表格、一个邮件客户端和一个 WEB 浏览器，并且期望每个应用程序在任何时候都能对输入有足够快的响应时间。

桌面电脑的输入处理可以归类为"软实时"。为了保证用户的最佳体验，计算机对每个输入的响应都应当限定在一个恰当的时间范围内——但是，如果响应时间超出了限定范围，也不会让人觉得这台电脑无法使用。比如说，键盘操作必须在键按下后的某个时间内做出明确的提示；但如果按键提示超出了这个时间，则会使得这个系统看起来响应太慢，而不至于说这台电脑不能使用。仅仅从单处理器运行多线程这一点来说，实时嵌入式系统中的多任务与桌面电脑的多任务从概念上来讲是相似的。但实时嵌入式系统的侧重点却不同于桌面电脑——特别是当嵌入式系统期望提供"硬实时"行为的时候。

硬实时功能必须在给定的时间限制之内完成——如果无法做到即意味着整个系统的绝对失败。汽车的安全气囊触发机制就是一个硬实时功能的例子。安全气囊在撞击发生后的给定时间限制内必须弹出。如果响应时间超出了这个时间限制，就会使驾驶员受到伤害，而这原本是可以避免的。

大多数嵌入式系统不仅能满足硬实时要求，也能满足软实时要求。

在 FreeRTOS 中,每个执行线程都被称为"任务"。在嵌入式社区中,对此并没有一个公允的术语,但笔者更喜欢用"任务"而不是"线程",因为从以前的经验来看,线程具有更多的特定含义。

23.1　FreeRTOS 特色

作为一个轻量级的操作系统,FreeRTOS 提供的功能包括:任务管理、时间管理、信号量、消息队列、内存管理、记录功能等,可基本满足较小系统的需要。FreeRTOS 内核支持优先级调度算法,每个任务都可根据重要程度的不同而被赋予一定的优先级,CPU 总是让处于就绪态的、优先级最高的任务先运行。FreeRTOS 内核同时支持轮换调度算法,系统允许不同的任务使用相同的优先级,在没有更高优先级任务就绪的情况下,同一优先级的任务共享 CPU 的使用时间。

FreeRTOS 的内核可根据用户需要设置为可剥夺型内核或不可剥夺型内核。当 FreeRTOS 被设置为可剥夺型内核时,处于就绪态的高优先级任务能剥夺低优先级任务的 CPU 使用权,这样可保证系统满足实时性的要求;当 FreeRTOS 被设置为不可剥夺型内核时,处于就绪态的高优先级任务只有等当前运行任务主动释放 CPU 的使用权后才能获得运行,这样可提高 CPU 的运行效率。FreeRTOS 对系统任务的数量没有限制。

23.2　任务管理

23.2.1　任务函数

任务是用 C 语言函数实现的。唯一特别的只是任务的函数原型,其必须返回 void,而且带有一个 void 指针参数。函数原型如下。

程序清单 23.2.1　任务函数原型

```
void TASK_A(void * pdata);
```

每个任务都是在自己权限范围内的一个小程序。其具有程序入口,通常会运行在一个死循环中,不会退出。一个典型的任务结构如程序清单 23.2.2 所列。FreeRTOS 任务不允许以任何方式从实现函数中返回——它们绝不能有一条"return"语句,也不能执行到函数末尾。如果一个任务不再需要,可以显式地将其删除,这也在程序清单 23.2.2 中得到展现。一个任务函数可以用来创建若干个任务——创建出的任务均是独立的执行实例,拥有属于自己的栈空间,以及属于自己的自动变量(栈变量),即任务函数本身定义的变量。

第23章 FreeRTOS 嵌入式操作系统

程序清单 23.2.2 任务函数内部

```
void TASK_A(void * pdata)
{
    /* 可以像普通函数一样定义变量。用这个函数创建的每个任务实例都有一个属于自
       己的 iVarialbleExample 变量。但如果 iVariableExample 被定义为 static,则这一
       点不成立——这种情况下只存在一个变量,所有的任务实例将会共享这个变量
    */

    int iVariableExample = 0;

    /* 任务通常实现在一个死循环中 */
    while(1)
    {
        /* 完成任务功能的代码将放在这里 */
    }

    /* 如果任务的具体实现会跳出上面的死循环,则此任务必须在函数运行完之前删除。
       传入 NULL 参数表示删除的是当前任务 */
    vTaskDelete(NULL);
}
```

vTaskDelayUntil()函数

vTaskDelayUntil()函数类似于 vTaskDelay()函数。与后面的实例 4 中演示的一样,函数 vTaskDelay()的参数用来指定任务从调用 vTaskDelay()到切出阻塞态的整个过程中包含多少个心跳周期。任务保持在阻塞态的时间量由 vTaskDelay()的入口参数指定,但任务离开阻塞态的时刻实际上是相对于 vTaskDelay()被调用的那一刻。而 vTaskDelayUntil()的参数就是用来指定任务离开阻塞态进入就绪态那一刻的精确心跳计数值。API 函数 vTaskDelayUntil()可用于实现一个固定执行周期的需求(当需要让任务以固定频率周期性地执行时)。由于调用此函数的任务解除阻塞的时间是绝对时刻,因此相对于调用时刻的相对时间更精确(即比调用 vTaskDelay()可以实现更精确的周期性)。vTaskDelayUntil()函数原型如下,其参数说明如表 23.2.1 所列。

程序清单 23.2.3 vTaskDelayUntil()函数原型

```
void vTaskDelayUntil(portTickType * pxPreviousWakeTime,
                     portTickType xTimeIncrement);
```

第 23 章　FreeRTOS 嵌入式操作系统

表 23.2.1　vTaskDelayUntil( )函数的参数

参数名	描　述
pxPreviousWakeTime	此参数命名时假定 vTaskDelayUntil( )用于实现某个任务以固定频率周期性地执行。这种情况下此参数保存了任务上一次离开阻塞态（被唤醒）的时刻，这个时刻被用作一个参考点来计算该任务下一次离开阻塞态的时刻。 此参数指向的变量值会在 API 函数 vTaskDelayUntil( )调用过程中被自动更新，应用程序除了第一次初始化该变量外，通常都不要修改它的值。程序清单 23.2.4 展示了此参数的使用方法
xTimeIncrement	此参数命名时同样是假定 vTaskDelayUntil( )用于实现某个任务以固定频率周期性地执行——这个频率就是由此参数指定的。 此参数的单位是心跳周期，可以使用常量 portTICK_RATE_MS 将毫秒转换为心跳周期

下面的转换任务实例使用了 vTaskDelayUntil( )函数。

在某些时候，多个任务是周期性任务，但是使用 vTaskDelay( )无法保证它们具有固定的执行频率，因为多个任务退出阻塞态的时刻是相对于调用 vTaskDelay( )的时刻。而通过调用 vTaskDelayUntil( )来代替 vTaskDelay( )，把这些任务进行转换，可以解决这个潜在的问题。实例代码如下。

程序清单 23.2.4　实现一个固定执行周期任务

```
void vTaskFunction(void * pdata)
{
    char * pcTaskName;
    portTickType xLastWakeTime;

    pcTaskName = (char *) pdata;

    /* 变量 xLastWakeTime 需要被初始化为当前心跳计数值。说明一下，这是该变量唯一
       一次被显式赋值。之后，xLastWakeTime 将在函数 vTaskDelayUntil( )中被自动更新
     */
    xLastWakeTime = xTaskGetTickCount();

    /* 死循环 */
    while(1)
    {
        /* 打印任务名字 */
        vPrintString(pcTaskName);
```

```
        /* 本任务将精确地以 250 ms 为周期执行。与 vTaskDelay()函数一样,时间值是
           以心跳周期为单位的,可以使用常量 portTICK_RATE_MS 将毫秒转换为心跳周
           期。变量 xLastWakeTime 会在 vTaskDelayUntil()中被自动更新,因此不需要应
           用程序进行显示更新
        */
        vTaskDelayUntil(&xLastWakeTime,(250/portTICK_RATE_MS));
    }
}
```

23.2.2　基本任务状态

应用程序可以包含多个任务。如果运行应用程序的微控制器只有一个核(core),那么在任意给定时间,实际上只会有一个任务被执行。这就意味着一个任务可以有一个或两个状态,即运行状态和非运行状态。首先考虑这种最简单的模型,但请牢记其实是过于简单,稍后将会看到非运行状态实际上又可划分为若干个子状态。当某个任务处于运行态时,处理器就是在执行它的代码。当一个任务处于非运行态时,该任务进入休眠,它的所有状态都被妥善保存,以便在下一次调度器决定让它进入运行态时才可以恢复执行。当任务恢复执行时,其将精确地从离开运行态时正准备执行的那一条指令开始执行,如图 23.2.1 所示。

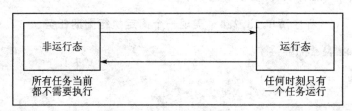

图 23.2.1　顶层任务状态及状态转移

任务从非运行态转移到运行态被称为"切换入或切入(switched in)"或"交换入(swapped in)"。相反,任务从运行态转移到非运行态被称为"切换出或切出(switched out)"或"交换出(swapped out)"。FreeRTOS 的调度器是能让任务切入、切出的唯一实体。

23.2.3　任务创建

xTaskCreate()函数

创建任务使用 FreeRTOS 的 API 函数 xTaskCreate(),这可能是所有 API 函数中最复杂的函数,但不幸的是,这也是第一个要遇到的 API 函数。大家必须首先掌控任务,因为它们是多任务系统中最基本的组件。本书中的所有实例程序都会用到 xTaskCreate()函数,所以会有大量的例子可以参考。此函数的原型代码如下,其参

数说明如表 23.2.2 所列。

程序清单 23.2.5　xTaskCreate( )函数原型

```
portBASE_TYPE xTaskCreate(pdTASK_CODE pvTaskCode,
                    const signed portCHAR * const pcName,
                    unsigned portSHORT usStackDepth,
                    void * pdata,
                    unsigned portBASE_TYPE uxPriority,
                    xTaskHandle * pxCreatedTask);
```

表 23.2.2　xTaskCreate( )函数的参数与返回值

参数名	描述
pvTaskCode	任务只是永不退出的 C 函数,实现时通常是一个死循环。此参数是一个指向任务的实现函数的指针(效果上仅仅是函数名)
pcName	此参数是具有描述性的任务名,不会被 FreeRTOS 使用,而只是单纯地用于辅助调试。识别一个具有可读性的名字总是比通过句柄来识别容易得多。应用程序可以通过定义常量 config_MAX_TASK_NAME_LEN 来定义任务名的最大长度——包括"\0"结束符,如果传入的字符串长度超过了这个最大值,则字符串将会被自动截断
usStackDepth	当创建任务时,内核会为每个任务分配属于任务自己的唯一状态。此参数值用于告诉内核为它分配多大的栈空间。这个值指定的是栈空间可以保存多少个字(word),而不是多少个字节(byte)。比如说,如果是 32 位宽的栈空间,传入的此参数的值为 100,则将会分配 400 字节的栈空间(100×4 B)。栈深度乘以栈宽度的结果千万不能超过一个 size_t 类型变量所能表达的最大值。 应用程序通过定义常量 configMINIMAL_STACK_SIZE 来决定空闲任务所用的栈空间大小。在 FreeRTOS 为微控制器架构提供的 Demo 应用程序中,赋予此常量的值是对所有任务的最小建议值。如果你的任务会使用大量栈空间,那么就应当赋予一个更大的值。没有任何简单的方法可以决定一个任务到底需要多大的栈空间。计算出来虽然是可能的,但大多数用户会先简单地赋予一个自认为合理的值,然后利用 FreeRTOS 提供的特性来确认分配的空间既不欠缺也不浪费
pdata	任务函数接受一个指向 void 的指针(void *)。此参数的值即是传递到任务中的值
uxPriority	此参数指定任务执行的优先级。优先级的取值范围可以从最低优先级 0 到最高优先级(configMAX_PRIORITIES−1)。configMAX_PRIORITIES 是一个由用户定义的常量。优先级号并没有上限(除了受限于采用的数据类型和系统的有效内存空间),但最好使用实际需要的最小数值以避免内存浪费。如果此参数的值超过了(configMAX_PRIORITIES−1),将会导致实际赋给任务的优先级被自动封顶到最大合法值
pxCreatedTask	此参数用于传出任务的句柄。这个句柄将在 API 调用中对该创建出来的任务进行引用,比如改变任务优先级,或者删除任务。如果应用程序中不会用到这个任务的句柄,则此参数可以被设为 NULL

第 23 章 FreeRTOS 嵌入式操作系统

续表 23.2.2

参数名	描 述
返回值	有两个可能的返回值： ① pdTRUE，表明任务创建成功。 ② errCOULD_NOT_ALLOCATE_REQUIRED_MEMORY，由于内存堆空间不足，FreeRTOS 无法分配足够的空间来保存任务的结构数据和任务栈，因此无法创建任务

实例 1：创建任务。

代码位置：SmartM-M451\代码\FreeRTOS\Demo\1。

本例演示创建并启动两个任务的必要步骤。这两个任务只是周期性地打印输出字符串，采用原始的空循环方式来产生周期延迟。两个任务在创建时都指定了相同的优先级，并且在实现上除输出的字符串外也是完全一样的。程序清单 23.2.6 和程序清单 23.2.7 是这两个任务对应的实现代码。

程序清单 23.2.6　第一个任务的实现代码

```
VOID vTask1(VOID * pdata)
{
    CONST CHAR * pcTaskName = "Task 1 is running\r\n";

    UINT32 i;

    /* 与大多数任务一样，该任务处于一个死循环中 */
    while(1)
    {
        /* 打印当前运行的任务 */
        printf(pcTaskName);

        /* 延迟，以产生一个周期 */
        for(i = 0; i < 0x1000000; i++)
        {
            /* 这个空循环是最原始的延迟实现方式。在循环中不做任何事情。
               后面的实例程序将采用 Delayms 函数代替这个原始空循环
            */
        }
    }
}
```

第23章 FreeRTOS 嵌入式操作系统

程序清单 23.2.7 第二个任务的实现代码

```
VOID vTask2(VOID * pdata)
{
    CONST CHAR * pcTaskName = "Task 2 is running\r\n";

    UINT32 i;

    /* 与大多数任务一样,该任务处于一个死循环中 */
    while(1)
    {
        /* 打印当前运行的任务 */
        printf(pcTaskName);

        /* 延迟,以产生一个周期 */
        for(i = 0; i < 0x1000000; i++)
        {
            /* 这个空循环是最原始的延迟实现方式。在循环中不做任何事情。
               后面的实例程序将采用 Delayms 函数代替这个原始空循环
            */
        }
    }
}
```

main()函数只是简单地创建这两个任务,然后启动调度器,具体实现代码参见程序清单 23.2.8。

程序清单 23.2.8 main()函数启动任务

```
INT32 main(VOID)
{
    PROTECT_REG
    (
        /* 系统时钟初始化 */
        SYS_Init(PLL_CLOCK);

        /* 串口 0 初始化 */
        UART0_Init(115200);
    )

    /* 创建第一个任务。需要说明的是一个实用的应用程序中应当检测函数 xTaskCreate()
       的返回值,以确保任务创建成功
    */
```

第23章 FreeRTOS 嵌入式操作系统

```
    xTaskCreate(vTask1,            /* 指向任务函数的指针 */
    (signed portCHAR *)"Task 1",   /* 任务的文本名字,只会在调试中用到 */
    64,                            /* 栈深度——大多数小型微控制器使用的值会比此
                                      值小得多 */
    NULL,                          /* 没有任务参数 */
    1,                             /* 此任务运行在优先级1上 */
    NULL);                         /* 不会用到任务句柄 */

    /* 创建第二个任务,与任务1都运行在优先级1上 */
    xTaskCreate(vTask2,(signed portCHAR *)"Task 2",64,NULL,1,NULL);

    /* 启动调度器,任务开始执行 */
    vTaskStartScheduler();

    /* 如果一切正常,main()函数不应该执行到这里。
       但如果执行到这里,很可能是内存堆空间不足导致空闲任务无法创建
    */
    while(1);

    return 0;
}
```

本例的运行输出如图 23.2.2 所示。

图 23.2.2 实例 1 的运行输出

从图 23.2.2 可以看到两个任务在同时运行,但实际上这两个任务运行在同一个处理器上,所以不可能会同时运行。事实上这两个任务都迅速进入和退出运行态。由于这两个任务运行在同一个处理器上,所以会平等地共享处理器时间。真实的执行流程如图 23.2.3 所示。

图 23.2.3 中底部的箭头表示从 t_1 起始的运行时刻。实线段表示在每个时间点

第 23 章　FreeRTOS 嵌入式操作系统

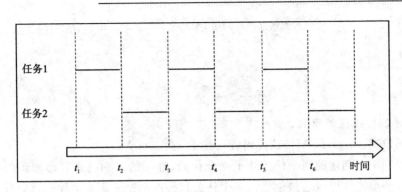

图 23.2.3　实际的执行流程

上正在运行的任务。比如 t_1 与 t_2 之间运行的是任务 1。在任何时刻只可能有一个任务处于运行态。所以一个任务进入运行态后（切入），另一个任务就会进入非运行态（切出）。

main()函数在启动调度器之前先完成这两个任务的创建。当然也可以从一个任务中创建另一个任务。可以先在 main()函数中创建任务 1，然后在任务 1 中创建任务 2，如果需要这样做，则任务 1 的代码就应当修改成程序清单 23.2.9 所列的样子。这样，在调度器启动之后，任务 2 还没有被创建，但是整个程序运行的输出结果还是相同的。

程序清单 23.2.9　在一个任务中创建另一个任务——在调度器启动之后

```
VOID vTask1(VOID * pdata)
{
    CONST CHAR * pcTaskName = "Task 1 is running\r\n";

    UINT32 i;

    /* 创建第二个任务,与任务 1 都运行在优先级 1 上 */
    xTaskCreate(vTask2,(signed portCHAR * )"Task 2",64,NULL,1,NULL);

    /* 与大多数任务一样,该任务处于一个死循环中 */
    while(1)
    {
        /* 打印当前运行的任务 */
        printf(pcTaskName);

        /* 延迟,以产生一个周期 */
        for(i = 0; i < 0x1000000; i++)
        {
            /* 这个空循环是最原始的延迟实现方式。在循环中不做任何事情。
```

```
            后面的实例程序将采用Delayms函数代替这个原始空循环
            */
        }
    }
}
```

实例2:使用任务参数。

代码位置:SmartM-M451\代码\FreeRTOS\Demo\2。

在实例 1 中创建的两个任务几乎完全相同,唯一的区别就是打印输出的字符串不同。这种重复性可以通过创建同一个任务代码的两个实例来去除。这时任务参数就可以用来传递各自打印输出的字符串了。

程序清单 23.2.10 包含了实例 2 中用到的唯一一个任务函数代码(vTaskFunction)。这个任务函数代替了实例 1 中的两个任务函数(vTask1()与 vTask2())。这个函数的任务参数被强制转化为 char * 类型以得到任务需要打印输出的字符串。

程序清单 23.2.10　用于创建两个任务实例的任务函数

```c
void vTaskFunction(void * pdata)
{
    CONST CHAR * pcTaskName = (CHAR * )pdata;

    UINT32 i;

    /* 与大多数任务一样,该任务处于一个死循环中 */
    while(1)
    {
        /* 打印当前运行的任务 */
        printf(pcTaskName);

        /* 延迟,以产生一个周期 */
        for(i = 0; i < 0x1000000; i++)
        {
            /* 这个空循环是最原始的延迟实现方式。在循环中不做任何事情。
               后面的实例程序将采用Delayms函数代替这个原始空循环
            */
        }
    }
}
```

尽管现在只有一个任务实现代码(vTaskFunction()),但是它却可以创建多个任务实例。每个任务实例都可以在 FreeRTOS 调度器的控制下单独运行。传递给 API

函数 xTaskCreate()的参数 pvPrameters 用于传入字符串文本,如程序清单 23.2.11 所列。

程序清单 23.2.11　main()函数实现代码

```
/* 定义将要通过任务参数传递的字符串。
   定义为 const,且不是在栈空间上,以保证任务执行时也有效
*/
STATIC CONST CHAR * g_szTextForTask1 = "Task 1 is running\r\n";
STATIC CONST CHAR * g_szTextForTask2 = "Task 2 is running\r\n";

INT32 main(VOID)
{

    PROTECT_REG
    (
        /* 系统时钟初始化 */
        SYS_Init(PLL_CLOCK);

        /* 串口 0 初始化 */
        UART0_Init(115200);
    )

    /* 创建第一个任务。需要说明的是,一个实用的应用程序中应当检测函数
       xTaskCreate()的返回值,以确保任务创建成功 */
    xTaskCreate(vTask1,                 /* 指向任务函数的指针 */
    (signed portCHAR *)"Task 1",        /* 任务的文本名字,只会在调试中用到 */
    64,                                 /* 栈深度——大多数小型微控制器使用的值会比
                                           此值小得多 */
    (VOID *)g_szTextForTask1,           /* 任务参数 */
    1,                                  /* 此任务运行在优先级 1 上 */
    NULL);                              /* 不会用到任务句柄 */

    /* 创建第二个任务,与任务 1 都运行在优先级 1 上 */
    xTaskCreate(vTask2,
    (signed portCHAR *)"Task 2",
    64,
    (VOID *)g_szTextForTask2,
    1,
    NULL);

    /* 启动调度器,任务开始执行 */
```

```
            vTaskStartScheduler();

    /*  如果一切正常,main()函数不应该执行到这里。
        但如果执行到这里,很可能是内存堆空间不足导致空闲任务无法创建
    */
    while(1);


    return 0;
}
```

实例 2 的运行输出结果与实例 1 的完全相同,参见图 23.2.2。

23.2.4 任务的优先级

xTaskCreate()函数的参数 uxPriority 为创建的任务赋予了一个初始优先级。这个优先级可以在调度器启动后通过调用 vTaskPrioritySet()函数来修改。

应用程序在文件 FreeRTOSConfig.h 中设定的、在编译时配置为常量 configMAX_PRIORITIES 的值,即是最多可具有的优先级数目。FreeRTOS 本身并没有限定这个常量的最大值,但这个值越大,内核花销的内存空间越多,所以总是建议将此常量设为能够用到的最小值。

对于如何为任务指定优先级,FreeRTOS 并没有强加任何限制。任意数量的任务都可以共享同一个优先级——以保证最大的设计弹性。当然,如果需要的话,也可以为每个任务指定唯一的优先级(就如同某些调度算法要求的那样),但这不是强制的要求。

低优先级号表示任务的优先级低,**优先级号 0 表示最低优先级**。有效的优先级号范围从 0 到(configMAX_PRIORITES−1)。

调度器保证总是在所有可运行的任务中选择具有最高优先级的任务,并使其进入运行态。如果被选中的优先级上具有不止一个任务,则调度器会让这些任务轮流执行,这种行为方式在之前的例子中可以明显看出来。两个测试任务被创建在同一个优先级上,并且一直是可运行的。所以每个任务都执行一个"时间片",任务在时间片起始时刻进入运行态,在时间片结束时刻又退出运行态,图 23.2.4 中 t_1 与 t_2 之间的时段就等于一个时间片。

要想能够选择下一个运行的任务,则调度器需要在每个时间片的结束时刻运行自己本身,而一个称为心跳(tick,有些地方称为时钟滴答,本书中一律称为时钟心跳)中断的周期性中断就用于此目的。时间片的长度通过心跳中断的频率进行设定,心跳中断的频率由文件 FreeRTOSConfig.h 中在编译时配置为常量 configTICK_RATE_HZ 进行配置。比如,如果 configTICK_RATE_HZ 设为 100(Hz),则时间片长度为 10 ms。

需要说明的是,在 FreeRTOS API 函数调用中指定的时间总是以心跳中断为单位的。常量 portTICK_RATE_MS 用于将以心跳为单位的时间值转化为以毫秒为单位的时间值。有效精度依赖于系统的心跳频率。心跳计数(tick count)值表示的是从调度器启动开始计数,一直记录的心跳中断的次数,并假定心跳计数器不会溢出。用户程序在指定延迟周期时不必考虑心跳计数的溢出问题,因为在内核中对时间的连贯性进行了管理。图 23.2.4 显示了心跳中断的执行过程。

图 23.2.4 中圆圈的部分表示内核本身在运行。实线箭头表示从任务到中断,再从中断到另一个任务的执行顺序。

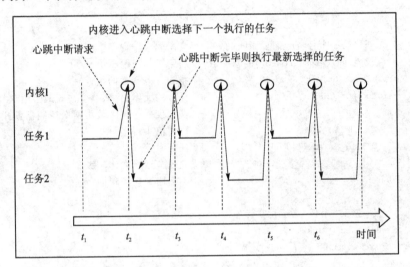

图 23.2.4 对执行流程进行扩展以显示心跳中断的执行

实例 3:优先级实验。

代码位置:SmartM-M451\代码\FreeRTOS\Demo\3。

调度器总是在可运行的任务中选择具有最高优先级的任务,并使其进入运行态。到目前为止的实例程序中,两个任务都创建在相同的优先级上,所以这两个任务轮番进入和退出运行态。本例将改变实例 2 中其中一个任务的优先级,看一下到底会发生什么。现在第一个任务创建在优先级 1 上,第二个任务创建在优先级 2 上。创建这两个任务的代码参见程序清单 23.2.12。这两个任务的实现函数没有任何改动,还是通过空循环产生延迟来周期性地打印输出字符串。

程序清单 23.2.12 两个任务创建在不同的优先级上

```
/* 定义将要通过任务参数传递的字符串。
   定义为 const 类型,且不在栈空间上,以保证任务执行时也有效
*/
STATIC CONST CHAR * g_szTextForTask1 = "Task 1 is running\r\n";
STATIC CONST CHAR * g_szTextForTask2 = "Task 2 is running\r\n";
```

第 23 章　FreeRTOS 嵌入式操作系统

```
INT32 main(VOID)
{

    PROTECT_REG
    (
        /* 系统时钟初始化 */
        SYS_Init(PLL_CLOCK);

        /* 串口 0 初始化 */
        UART0_Init(115200);
    )

    /* 创建第一个任务。需要说明的是一个实用的应用程序中应当
       检测函数 xTaskCreate()的返回值,以确保任务创建成功 */
    xTaskCreate(vTask1,                 /* 指向任务函数的指针 */
    (signed portCHAR * )"Task 1",       /* 任务的文本名字,只会在调试中用到 */
    64,                                 /* 栈深度——大多数小型微控制器使用的值会
                                           比此值小得多 */
    (VOID * )g_szTextForTask1,          /* 任务参数 */
    1,                                  /* 此任务运行在优先级 1 上 */
    NULL);                              /* 不会用到任务句柄 */

    /* 创建第二个任务,运行在优先级 2 上 */
    xTaskCreate(vTask2,
    (signed portCHAR * )"Task 2",
    64,
    (VOID * )g_szTextForTask2,
    2,
    NULL);

    /* 启动调度器,任务开始执行 */
    vTaskStartScheduler();

    /* 如果一切正常,main()函数不应该执行到这里。
       但如果执行到这里,很可能是内存堆空间不足导致空闲任务无法创建
    */
    while(1);

    return 0;
}
```

图 23.2.5 是实例 3 的运行结果。

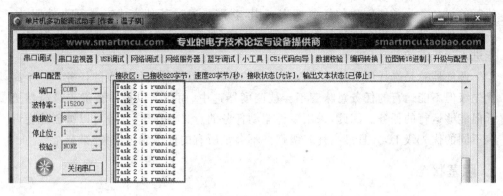

图 23.2.5 两个测试任务运行在不同的优先级上

调度器总是选择具有最高优先级的可运行任务来执行。任务 2 的优先级比任务 1 的高，并且总是可运行，因此任务 2 是唯一一个一直处于运行态的任务。而任务 1 不可能进入运行态，所以不可能输出字符串。这种情况称为任务 1 被任务 2"饿死（starved）"了。

任务 2 之所以总是可运行，是因为其不会等待任何事情——它要么在空循环里打转，要么往终端打印字符串。这两个任务的执行流程如图 23.2.6 所示。

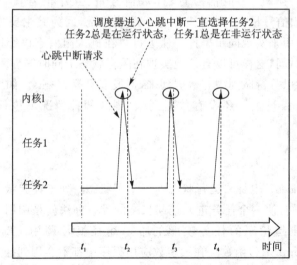

图 23.2.6 当一个任务的优先级比另一个任务的优先级高时的执行流程

23.2.5 非运行状态

到目前为止所有用到的实例中，创建的每个任务都只顾不停地处理自己的事情而没有其他任何事情需要等待——由于它们不需要等待，所以总是能够进入运行态。这种"不停处理"类型的任务限制了其有用性，因为它们只可能被创建在最低优先级上。如果它们运行在其他任何优先级上，那么比它们优先级更低的任务将永远没有执行的机会。为了使创建的任务切实有用,就需要通过某种方式来进行事件驱动。一个事件驱动任务只会在事件发生后触发工作(处理),而在事件还没有发生时是不能进入运行态的。

调度器总是选择所有能够进入运行态的任务中具有最高优先级的任务。一个高优先级但不能运行的任务意味着不会被调度器选中,而代之以另一个优先级虽然更低但能够运行的任务。因此,采用事件驱动任务的意义就在于,任务可以被创建在许多不同的优先级上,并且最高优先级任务不会把所有的低优先级任务"饿死"。

1. 阻塞状态

如果一个任务正在等待某个事件,则称这个任务处于"阻塞态(blocked)"。阻塞态是非运行状态的一个子状态。

任务可以进入阻塞态以等待以下两种不同类型的事件:
- 定时(时间相关)事件。这类事件可以是延迟到期或是绝对时间到点,比如,某个任务可以进入阻塞态以延迟 10 ms。
- 同步事件。这类事件源于其他任务或中断的事件。比如,某个任务可以进入阻塞态以等待队列中有数据到来。同步事件囊括了所有范围内的事件类型。FreeRTOS 的队列、二值信号量、计数信号量、互斥信号量(recursive semaphore,也称为递归信号量,本文一律称为互斥信号量,因为其主要用于实现互斥访问)和互斥量都可用来实现同步事件。任务可以在进入阻塞态以等待同步事件时指定一个等待超时时间,这样可以有效地实现在阻塞状态下同时等待两种类型的事件。比如,某个任务可以等待队列中有数据到来,但最多只等 10 ms。如果 10 ms 内有数据到来,或者 10 ms 过去了还没有数据到来,则这两种情况下该任务都将退出阻塞态。

2. 挂起状态

"挂起(suspended)"也是非运行状态的一个子状态。处于挂起状态的任务对调度器而言是不可见的。使一个任务进入挂起状态的唯一办法就是调用 vTaskSuspend()函数;而把一个挂起状态的任务唤醒的唯一途径就是调用 vTaskResume()或 vTaskResumeFromISR()函数。在大多数应用程序中都不会用到挂起状态。

3. 就绪状态

如果任务处于非运行状态,但既没有阻塞也没有挂起,则这个任务处于"就绪(ready,准备或就绪)"状态。处于就绪态的任务能够被运行,但只是"准备"运行,而当前尚未运行。

4. 完整的状态转移图

图 23.2.7 包含了本节描述的非运行状态的子状态。到目前为止所有实例程序中创建的任务都还没有用到阻塞状态和挂起状态，而仅仅是在就绪状态和运行状态之间转移——图 23.2.7 中以粗线进行醒目提示。

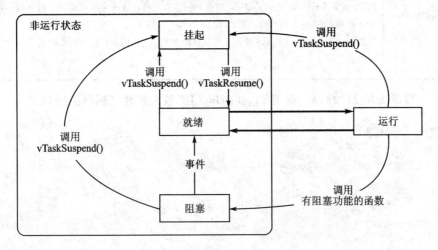

图 23.2.7　完整的状态转移图

实例 4：利用阻塞态实现延迟。

代码位置：SmartM-M451\代码\FreeRTOS\Demo\4。

在之前的实例中，所有创建的任务都是"周期性"的——它们延迟一个周期时间，打印输出字符串，再一次延迟，如此周而复始。而产生延迟的方法也相当原始地使用了空循环——不停地查询并递增一个循环计数直至计到某个指定值。实例 3 明确地指出了这种方法的缺点。一直保持在运行态中执行空循环可能会将其他任务"饿死"。

其实以任何方式的查询都不仅仅只是低效，还有各种其他方面的缺点。在查询过程中，任务实际上并没有做任何有意义的事情，但它依然会耗尽很多处理时间，对处理器周期造成浪费。实例 4 通过调用 vTaskDelay() 函数来代替空循环，以便对上述"不良行为"进行纠正。vTaskDelay() 的函数原型见程序清单 23.2.13，其参数说明如表 23.2.3 所列；而新的任务实现则见程序清单 23.2.14。

程序清单 23.2.13　vTaskDelay() 函数原型

```
void vTaskDelay(portTickType xTicksToDelay);
```

第 23 章 FreeRTOS 嵌入式操作系统

表 23.2.3 vTaskDelay( )函数的参数

参数名	描　述
xTicksToDelay	此参数表示延迟多少个心跳周期。调用该延迟函数的任务将进入阻塞态,经延迟指定的心跳周期数后,再转移到就绪态。 例如,当某个任务调用 vTaskDelay(100)函数时,心跳计数值为 10000,则该任务将一直保持在阻塞态,直到心跳计数计到 10 100。 常数 portTICK_RATE_MS 可用来将以毫秒为单位的时间值转换为以心跳周期为单位的时间值

程序清单 23.2.14　调用 vTaskDelay( )函数来代替空循环实现延迟

```
VOID vTask1(VOID * pdata)
{
    CONST CHAR * pcTaskName = (CHAR *)pdata;

    /* 死循环 */
    while(1)
    {
        /* 打印当前运行的任务 */
        printf(pcTaskName);

        /* 调用 vTaskDelay()函数以让任务在延迟期间保持在阻塞态。
           延迟时间以心跳周期为单位,常量 portTICK_RATE_MS 可用来在毫秒和心跳周
           期之间相互转换。
           本例设定 500 ms 的循环周期
        */
        vTaskDelay(500/portTICK_RATE_MS);
    }
}
VOID vTask2(VOID * pdata)
{
    CONST CHAR * pcTaskName = (CHAR *)pdata;

    /* 死循环 */
    while(1)
    {
        /* 打印当前运行的任务 */
        printf(pcTaskName);
```

```
    /* 调用 vTaskDelay()函数以让任务在延迟期间保持在阻塞态。
       延迟时间以心跳周期为单位,常量 portTICK_RATE_MS 可用来在毫秒和心跳周
       期之间相互转换。
       本例设定 500 ms 的循环周期
    */
    vTaskDelay(500/portTICK_RATE_MS);
  }
}
```

尽管两个任务还是创建在不同的优先级上,但现在两个任务都可以得到执行。实例 4 的运行输出结果如图 23.2.8 所示。

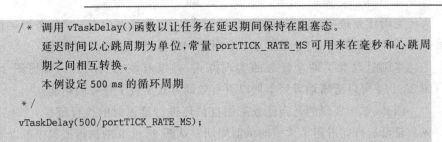

图 23.2.8　实例 4 的运行输出结果

图 23.2.9 所示的执行流程可以解释为什么此时不同优先级的两个任务竟然都可以得到执行。为了简便,图中忽略了内核自身的执行时间。

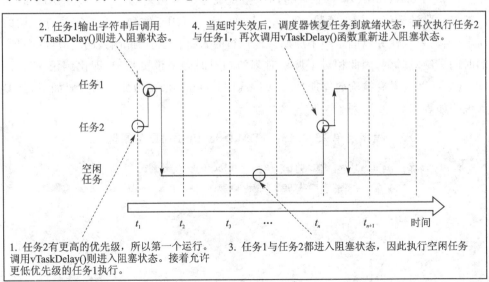

图 23.2.9　用 vTaskDelay( )函数代替空循环后的执行流程

空闲任务是在调度器启动时自动创建的,以保证至少有一个任务可运行(至少有一个任务处于就绪态)。后续章节会对空闲任务进行更详细的描述。

本例只改变了两个任务的实现方式,并没有改变其功能。对比图 23.2.9 和图 23.2.4 可以清晰地看到本例以更有效的方式实现了任务的功能。

图 23.2.4 展现的是当任务采用空循环进行延迟时的执行流程——结果就是任务总是可运行并占用了大量的机器周期。从图 23.2.9 的执行流程中可以看到,任务在整个延迟周期内都处于阻塞态,而只在完成实际工作的时候才占用处理器的时间(本例中任务的实际工作只是简单地打印输出一条信息)。

在图 23.2.9 所示的情形中,任务离开阻塞态后,仅仅执行了一个心跳周期的一个片段,然后又再次进入阻塞态,所以大多数时间都没有一个应用任务可运行(即没有应用任务处于就绪态),因此也没有应用任务可以被选择进入运行态,在这种情况下,空闲任务得以执行。空闲任务可以获得的执行时间量,是系统处理能力裕量的一个度量指标。同样参照图 23.2.7 的状态转移图,其中的粗线条表示实例 4 中任务的状态转移过程。现在每个任务在返回就绪态之前,都会经过阻塞状态。

5. vTaskDelayUntil( )函数

vTaskDelayUntil()函数类似于 vTaskDelay()函数。与实例中演示的一样,函数 vTaskDelay()的参数用来指定从任务调用 vTaskDelay()到切出阻塞态的整个过程中包含多少个心跳周期。任务保持在阻塞态的时间量由 vTaskDelay()的入口参数指定,但任务离开阻塞态的时刻实际上是相对于 vTaskDelay()被调用的那一时刻。vTaskDelayUntil()的参数就是用来指定任务离开阻塞态进入就绪态那一时刻的精确心跳计数值。API 函数 vTaskDelayUntil()可用于实现一个固定执行周期的需求(当需要让任务以固定频率周期性地执行时)。由于调用此函数的任务解除阻塞的时间是绝对时刻,因此相对于调用时刻的相对时间来说更精确(即比调用 vTask-Delay()可以实现更精确的周期性)。vTaskDelayUntil()函数原型的代码如下,其参数说明如表 23.2.4 所列。

程序清单 23.2.15　vTaskDelayUntil( )函数原型

```
void vTaskDelayUntil(portTickType * pxPreviousWakeTime,
                    portTickType xTimeIncrement);
```

第 23 章　FreeRTOS 嵌入式操作系统

表 23.2.4　vTaskDelayUntil 函数参数

参数名	描述
pxPreviousWakeTime	此参数命名时假定 vTaskDelayUntil()用于实现某个任务以固定频率周期性地执行。在这种情况下,此参数保存了任务上一次离开阻塞态(被唤醒)的时刻,这个时刻被用作一个参考点来计算该任务下一次离开阻塞态的时刻。 此参数指向的变量值会在 API 函数 vTaskDelayUntil()调用过程中被自动更新,应用程序除了第一次初始化该变量外,通常都不要修改它的值
xTimeIncrement	此参数命名时同样是假定 vTaskDelayUntil()用于实现某个任务以固定频率周期性地执行——这个频率就是由此参数指定的。此参数的单位是心跳周期,可以使用常量 portTICK_RATE_MS 将毫秒转换为心跳周期

实例 5:转换实例任务使用 vTaskDelayUntil()函数。

代码位置:SmartM-M451\代码\FreeRTOS\Demo\5。

实例 4 中的两个任务是周期性任务,但是使用 vTaskDelay()函数无法保证它们具有固定的执行频率,因为这两个任务退出阻塞态的时刻是相对于调用 vTaskDelay()的时刻。通过调用 vTaskDelayUntil()函数来代替 vTaskDelay()函数,把这两个任务进行转换,以解决不能保证任务固定的执行频率这个潜在的问题。实例代码如下。

程序清单 23.2.16　使用 vTaskDelayUntil( )函数实现任务

```
VOIDvTaskFunction(VOID * pdata)
{
    portTickType xLastWakeTime;

    CONST CHAR * pcTaskName = (CONST CHAR *)pdata;


    /* 变量 xLastWakeTime 需要被初始化为当前心跳计数值。
       说明一下,这是该变量唯一一次被显式地赋值。
       之后,xLastWakeTime 将在函数 vTaskDelayUntil()中被自动更新。
    */
    xLastWakeTime = xTaskGetTickCount();

    /* 死循环 */
    while(1)
    {
        /* 打印当前执行的任务. */
        printf(pcTaskName);
```

第 23 章 FreeRTOS 嵌入式操作系统

```
    /* 本任务将精确地以 500 ms 为周期执行。
       与 vTaskDelay()函数一样,时间值是以心跳周期为单位的,
       可以使用常量 portTICK_RATE_MS 将毫秒转换为心跳周期。
       变量 xLastWakeTime 会在函数 vTaskDelayUntil()中被自动更新,
       因此不需要应用程序进行显式更新
    */
    vTaskDelayUntil(&xLastWakeTime,(500/portTICK_RATE_MS));
    }
}
```

实例 5 的运行输出与实例 4 的完全相同,如图 23.2.8 所示。

23.2.6 空闲任务及空闲任务钩子函数

在实例 4 中创建的任务大部分时间都处于阻塞态,在这种状态下,所有的任务都不可运行,所以也不能被调度器选中。但处理器总是要执行代码的,所以至少要有一个任务处于运行态。为了保证这一点,当调用 vTaskStartScheduler()函数时,调度器会自动创建一个空闲任务,该函数的部分代码如下。

程序清单 23.2.17　vTaskStartScheduler()函数

```
VOID vTaskStartScheduler(VOID)
{
    portBASE_TYPE xReturn;

    /* 添加空闲任务,并设置为最低优先级 */
#if (INCLUDE_xTaskGetIdleTaskHandle == 1)
    {
        /* 创建空闲任务,并保存其句柄到 xIdleTaskHandle 变量中,当用户获取空闲任
           务句柄时可调用 xTaskGetIdleTaskHandle()函数
        */
        xReturn = xTaskCreate(prvIdleTask,
                              (signed char *)"IDLE",
                              tskIDLE_STACK_SIZE,
                              (void *) NULL,
                              (tskIDLE_PRIORITY | portPRIVILEGE_BIT),
                              &xIdleTaskHandle);
    }
#else
    {
        /* 创建空闲任务且不保存其句柄 */
        xReturn = xTaskCreate(prvIdleTask,
                              (signed char *)"IDLE",
```

```
                            tskIDLE_STACK_SIZE,
                            (void *) NULL,
                            (tskIDLE_PRIORITY | portPRIVILEGE_BIT),
                            NULL);
    }
#endif /* INCLUDE_xTaskGetIdleTaskHandle */

    ...//省略代码
}
```

1. 空闲任务

空闲任务是一个非常短小的循环,与最早的实例任务十分相似,总是可以运行,同时拥有最低优先级(优先级 0)以保证其不会妨碍具有更高优先级的应用任务进入运行态。当然,没有任何限制说不能把应用任务创建在与空闲任务相同的优先级上,如果需要的话,同样可以与空闲任务一起共享优先级。

运行在最低优先级可以保证一旦有更高优先级的任务进入就绪态时,空闲任务能够立即切出运行态,这一点可以从图 23.2.9 的 t_n 时刻看出来,当任务 2 退出阻塞态时,空闲任务立即切换出来以让任务 2 执行。任务 2 被看作是抢占(pre-empted)了空闲任务。抢占是自动发生的,并不需要通知被抢占的任务。

2. 空闲任务钩子函数

通过空闲任务钩子(hook,或称回调,call-back)函数可以直接在空闲任务中添加与应用程序相关的功能。空闲任务钩子函数会被空闲任务每循环一次就自动调用一次。通常空闲任务钩子函数被用于:
- 执行低优先级、后台或需要不停处理的功能代码。
- 测出系统处理裕量(空闲任务只会在所有其他任务都不运行时才有机会执行,所以测出空闲任务占用的处理时间就可以清楚地知道系统还有多少富余的处理时间)。
- 将处理器配置到低功耗模式——提供一种自动省电方法,使得在没有任何应用功能需要处理时系统自动进入省电模式。

3. 空闲任务钩子函数的实现限制

空闲任务钩子函数必须遵从以下规则:
① 绝不能阻塞或挂起。空闲任务只会在其他任务都不运行时才会被执行(除非有应用任务共享空闲任务的优先级),以任何方式阻塞空闲任务都可能导致没有任务能够进入运行态!
② 如果应用程序用到了 vTaskDelete() 函数,则空闲任务钩子函数必须能够尽

第 23 章　FreeRTOS 嵌入式操作系统

快返回。因为在任务被删除后,空闲任务负责回收内核资源。如果空闲任务一直运行在钩子函数中,则无法进行回收工作。

空闲任务钩子函数必须具有程序清单 23.2.18 所列的函数名和函数原型。

程序清单 23.2.18　空闲任务钩子函数原型

```
void vApplicationIdleHook(void);
```

实例 6:定义一个空闲任务钩子函数。

代码位置:SmartM - M451\代码\FreeRTOS\Demo\6。

实例 4 调用的带阻塞性质的 vTaskDelay()函数会产生大量的空闲时间,在这期间空闲任务会得到执行,因为两个应用任务均处于阻塞态。本例通过空闲任务钩子函数来使用这些空闲时间。具体源代码如程序清单 23.2.19 所列。

程序清单 23.2.19　一个非常简单的空闲任务钩子函数

```
/* 声明变量 g_unIdleCycleCount 记录空闲任务钩子函数执行的次数 */
STATIC UINT32 g_unIdleCycleCount = 0UL;

/* 空闲任务钩子函数必须命名为 vApplicationIdleHook(),无参数也无返回值。*/
void vApplicationIdleHook(void)
{
    /* 记录空闲任务钩子函数执行的次数 */
    g_unIdleCycleCount ++;
}
```

FreeRTOSConfig.h 文件中的配置常量 configUSE_IDLE_HOOK 必须定义为 1,这样空闲任务钩子函数才会被调用。程序清单 23.2.20 对应用任务实现函数进行了少量修改,用于打印输出变量 ulIdleCycleCount 的值。

程序清单 23.2.20　实例任务用于打印输出变量 ulIdleCycleCount 的值

```
void vTaskFunction(void * pdata)
{
    portTickType xLastWakeTime;

    /* 变量 xLastWakeTime 需要被初始化为当前心跳计数值。
       说明一下,这是该变量唯一一次被显式地赋值。
       之后,xLastWakeTime 将在函数 vTaskDelayUntil()中被自动更新。
    */
    xLastWakeTime = xTaskGetTickCount();

    /* 死循环 */
```

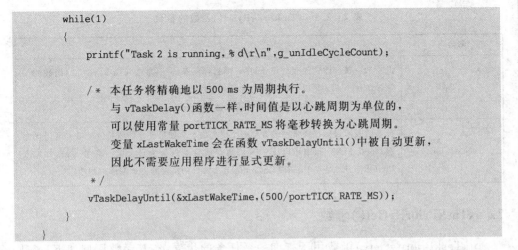

实例 6 的输出结果如图 23.2.10 所示。从图中可以看出空闲任务钩子函数在应用任务的每次循环过程中被调用了（非常）接近 83 万次。

图 23.2.10　实例 6 的运行输出结果

23.2.7　改变任务优先级

以下两个函数可以对任务优先级进行操作。

1. vTaskPrioritySet()函数

API 函数 vTaskPriofitySet()可用于在调度器启动后改变任何任务的优先级，其函数原型如下，函数的参数说明如表 23.2.5 所列。

程序清单 23.2.21　vTaskPrioritySet()函数原型

```
void vTaskPrioritySet(xTaskHandle pxTask,unsigned portBASE_TYPE uxNewPriority);
```

第 23 章　FreeRTOS 嵌入式操作系统

表 23.2.5　vTaskPrioritySet( )函数的参数

参数名	描述
pxTask	此参数为被修改优先级的任务句柄（即目标任务）——参考 xTaskCreate( )函数的参数 pxCreatedTask 以了解如何得到任务句柄方面的信息。 任务可以通过传入 NULL 值来修改自己的优先级
uxNewPriority	此参数表示目标任务将被设置到哪个优先级上。如果设置的值超过了最大可用优先级（configMAX_PRIORITIES－1），则会被自动封顶为最大值。常量 configMAX_PRIORITIES 是在 FreeRTOSConfig.h 头文件中设置的一个编译时的选项

2. uxTaskPriorityGet( )函数

uxTaskPriorityGet( )函数用于查询一个任务的优先级,其函数原型如下,函数的参数说明如表 23.2.6 所列。

程序清单 23.2.22　uxTaskPriorityGet( )函数原型

```
unsigned portBASE_TYPE uxTaskPriorityGet(xTaskHandle pxTask);
```

表 23.2.6　uxTaskPriorityGet( )函数参数及返回值

参数名	描述
pxTask	此参数为被查询任务的句柄（目标任务）,参考 xTaskCreate( )函数的参数 pxCreatedTask 以了解如何得到任务句柄方面的信息。 任务可以通过传入 NULL 值来查询自己的优先级
返回值	被查询任务的当前优先级

实例 7：改变任务优先级。

代码位置：SmartM－M451\代码\FreeRTOS\Demo\7。

调度器总是在所有就绪态任务中选择具有最高优先级的任务,并使其进入运行态。本例即是通过调用 vTaskPrioritySet( )函数来改变两个任务的相对优先级,以达到对调度器这一行为的演示。

在不同的优先级上创建两个任务,这两个任务都没有调用任何会令其进入阻塞态的 API 函数,所以这两个任务要么处于就绪态,要么处于运行态——在这种情形下,调度器选择具有最高优先级的任务来执行。

实例 7 具有以下行为：

- 任务 1（程序清单 23.2.23）被创建在最高优先级上,以保证其可以最先运行。任务 1 首先打印输出两个字符串,然后将任务 2（程序清单 23.2.24）的优先级提升到自己之上。
- 任务 2 一旦拥有最高优先级便启动执行（进入运行态）。由于任何时候只可能有一个任务处于运行态,所以当任务 2 运行时,任务 1 处于就绪态。
- 任务 2 打印输出一个信息,然后把自己的优先级设回低于任务 1 的初始值。
- 任务 2 降低自己的优先级意味着任务 1 又成为具有最高优先级的任务,所以任务 1 重新进入运行态,任务 2 被强制切入就绪态。

程序清单 23.2.23 任务 1 的实现代码

```
void vTask1(void * pdata)
{
    unsigned portBASE_TYPE uxPriority;

    /* 本任务会比任务 2 更先运行,因为本任务创建在更高的优先级上。
       任务 1 和任务 2 都不会阻塞,所以两者要么处于就绪态,要么处于运行态。
       查询本任务当前运行的优先级——传递一个 NULL 值表示"返回我自己的优先级"
    */
    uxPriority = uxTaskPriorityGet(NULL);

    while(1)
    {
        /* 打印当前执行的任务. */
        printf("Task1 is running\r\n");

        /* 把任务 2 的优先级设置到高于任务 1 的优先级,会使任务 2 立即得到执行
           (因为任务 2 现在是所有任务中具有最高优先级的任务)。
           注意调用 vTaskPrioritySet()时用到的任务 2 的句柄
        */
        printf("Now to raise the Task2 priority\r\n");

        vTaskPrioritySet(g_xTask2Handle,(uxPriority + 1));

        /* 本任务只会在其优先级高于任务 2 时才会得到执行。
           因此,当此任务运行到这里时,任务 2 必然已经执行过了,
           并且将其自身的优先级设置回比任务 1 更低的优先级
        */

        /* 调用 vTaskDelay()函数以让任务在延迟期间保持在阻塞态。
           延迟时间以心跳周期为单位,常量 portTICK_RATE_MS 用来在毫秒和心跳周期之间相换转换。
           本例设定 500 ms 的循环周期
        */
        vTaskDelay(500/portTICK_RATE_MS);
    }
}
```

程序清单 23.2.24　任务 2 的实现代码

```
void vTask2(void * pdata)
{
    unsigned portBASE_TYPE uxPriority;

    /* 任务 1 比本任务更先启动,因为任务 1 创建在更高的优先级上。
       任务 1 和任务 2 都不会阻塞,所以两者要么处于就绪态,要么处于运行态。
       查询本任务当前运行的优先级,传递一个 NULL 值表示"返回我自己的优先级"
    */
    uxPriority = uxTaskPriorityGet(NULL);

    while(1)
    {
        /* 当任务运行到这里时,任务 1 必然已经运行过了,则将本任务的优先级设置到
           高于任务 1 的优先级 */
        printf("Task2 is running\r\n");

        /* 将自己的优先级设置回原来的值。传递 NULL 句柄值意味着"改变我自己的优
           先级"。
           把自己的优先级设置到低于任务 1 的优先级使得任务 1 立即得到执行,接着任
           务 1 抢占本任务 */
        printf("Now to lower the Task2 priority\r\n");

        vTaskPrioritySet(NULL,(uxPriority - 1));

        /* 调用 vTaskDelay()函数以让任务在延迟期间保持在阻塞态。
           延迟时间以心跳周期为单位,常量 portTICK_RATE_MS 用来在毫秒和心跳周期
           之间相换转换。
           本例设定 1 000 ms 的循环周期
        */
        vTaskDelay(1000/portTICK_RATE_MS);
    }
}
```

任务在查询和修改自己的优先级时,并没有使用一个有效的句柄——而是用 NULL 来代替。只有在某个任务需要引用其他任务的时候才会用到任务句柄。比如,若任务 1 想要改变任务 2 的优先级,为了让任务 1 能够使用任务 2 的句柄,则在任务 2 被创建时,其句柄就被获得并保存下来,就像程序清单 23.2.25 的注释中重点提示的那样。

第23章 FreeRTOS 嵌入式操作系统

程序清单 23.2.25　main()函数实现代码

```
/* 声明变量用于保存任务 2 的句柄。*/
xTaskHandle g_xTask2Handle;

INT32 main(VOID)
{
    PROTECT_REG
    (
        /* 系统时钟初始化 */
        SYS_Init(PLL_CLOCK);

        /* 串口 0 初始化 */
        UART0_Init(115200);
    )

    /* 创建第一个任务。需要说明的是，在一个实用的应用程序中应当检测函数
       xTaskCreate()的返回值，以确保任务创建成功 */
    xTaskCreate(vTask1,                        /* 指向任务函数的指针 */
        (signed portCHAR *)"Task 1",           /* 任务的文本名字,只会在调试中用到 */
        64,                                    /* 栈深度——大多数小型微控制器使用的值会
                                                  比此值小得多 */
        NULL,                                  /* 没有任务参数 */
        2,                                     /* 此任务运行在优先级 2 上 */
        NULL);                                 /* 不会用到任务句柄 */

    /* 创建第二个任务,运行在优先级 1 上 */
    xTaskCreate(vTask2,(signed portCHAR *)"Task 2",64,NULL,1,NULL);

    /* 启动调度器,任务开始执行 */
    vTaskStartScheduler();

    /* 如果一切正常,main()函数不应该执行到这里。
       但如果执行到这里,则很可能是内存堆空间不足导致空闲任务无法创建
    */
    while(1);

    return 0;
}
```

图 23.2.11 展示了实例 7 的执行流程,当前运行输出结果如图 23.2.12 所示。

第 23 章　FreeRTOS 嵌入式操作系统

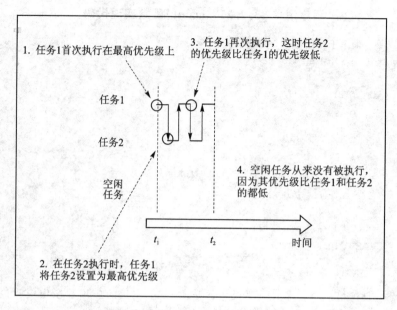

图 23.2.11　实例 7 的执行流程

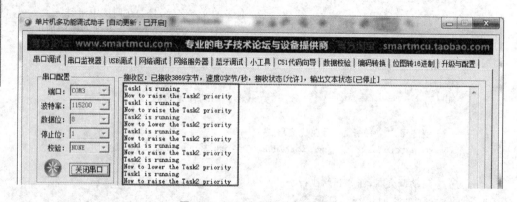

图 23.2.12　实例 7 的输出结果

23.2.8　删除任务

vTaskDelete( )函数

任何任务都可以使用 API 函数 vTaskDelete( )删除自己或其他任务。任务被删除后就不复存在了,也不会再进入运行态。空闲任务的责任是将分配给已删除任务的内存释放掉。因此有一点很重要,那就是使用 vTaskDelete( )函数的任务千万不能把空闲任务"饿死"。需要说明一点,只有内核为任务分配的内存空间才会在任务被删除后自动回收,而任务自己占用的内存或资源则需要由应用程序自己显式地释放。vTaskDelete( )函数原型的代码如下,其参数说明如表 23.2.7 所列。

程序清单 23.2.26 vTaskDelete() 函数原型

```
void vTaskDelete(xTaskHandle pxTaskToDelete);
```

表 23.2.7 vTaskDelete() 函数的参数

参数名	描 述
pxTaskToDelete	此参数为被删除任务的句柄(目标任务)。参考 xTaskCreate() 函数的参数 pxCreatedTask 以了解如何得到任务句柄方面的信息。 任务可以通过传入 NULL 值来删除自己

实例 8：删除任务。

代码位置：SmartM-M451\代码\FreeRTOS\Demo\8。

这是一个非常简单的范例，其行为如下：

任务 1 由 main() 函数创建在优先级 1 上。当任务 1 运行时，以优先级 2 创建任务 2。因为任务 2 具有最高优先级，所以会立即得到执行。main() 函数的源代码参见程序清单 23.2.27，任务 1 的实现代码参见程序清单 23.2.28。

任务 2 什么也没做，只是删除自己。可以通过传递 NULL 值给 vTaskDelete() 函数来删除自己，但是为了进行纯粹的演示，传递的是任务本身的句柄。任务 2 的实现源代码见程序清单 23.2.29。

当任务 2 被自己删除之后，任务 1 成为最高优先级的任务，所以继续执行，调用 vTaskDelay() 函数阻塞一小段时间。当任务 1 进入阻塞状态后，空闲任务得到了执行的机会。空闲任务会释放内核为已删除的任务 2 分配的内存。任务 1 离开阻塞态后，再一次成为就绪态中具有最高优先级的任务，因此会抢占空闲任务，再一次创建任务 2，如此往复 5 次，5 次过后，就只剩下任务 1 在运行！

程序清单 23.2.27 main() 函数的实现

```
INT32 main(VOID)
{
    PROTECT_REG
    (
    /*  系统时钟初始化  */
    SYS_Init(PLL_CLOCK);

    /*  串口 0 初始化  */
    UART0_Init(115200);
    )

    /*  创建第一个任务。需要说明的是，在一个实用的应用程序中应当检测函数
        xTaskCreate() 的返回值，以确保任务创建成功
    */
```

第23章　FreeRTOS 嵌入式操作系统

```c
    xTaskCreate(vTask1,                    /* 指向任务函数的指针 */
                (signed portCHAR *)"Task 1",   /* 任务的文本名字,只会在调试中用到 */
                64,                        /* 栈深度——大多数小型微控制器使用的
                                              值会比此值小得多 */
                NULL,                      /* 无任务参数 */
                1,                         /* 此任务运行在优先级1上 */
                NULL);                     /* 不会用到任务句柄 */

    /* 启动调度器,任务开始执行 */
    vTaskStartScheduler();

    /* 如果一切正常,main()函数不应该执行到这里。
       但如果执行到这里,则很可能是内存堆空间不足导致空闲任务无法创建
    */
    while(1);

    return 0;
}
```

程序清单 23.2.28　任务 1 的实现代码

```c
VOID vTask1(VOID * pdata)
{
    UINT32 count = 0;

    while(1)
    {
        printf("Task1 is running\r\n");

        count ++;

        if(count <= 5)
        {
            /* 创建任务2,运行在优先级2上,比任务1具有更高优先级 */
            xTaskCreate(vTask2,
                        (signed portCHAR *)"Task 2",
                        64,
                        NULL,
                        2,
                        &g_xTask2Handle);

        }
```

```
    /* 因为任务 2 具有最高优先级,所以在任务 1 运行到这里时,任务 2 已经完成执
       行,删除了自己。
       任务 1 得以执行,延迟 1 000 ms。
    */
    vTaskDelay(1000/portTICK_RATE_MS);
    }
}
```

程序清单 23.2.29 任务 2 的实现代码

```
VOID vTask2(VOID * pdata)
{
    while(1)
    {
        /* 任务 2 什么也没做,只是删除自己。删除自己可以传入 NULL 值,
           这里为了演示,还是传入其自己的句柄
        */
        printf("Task2 is running and now to delete itself\r\n");

        /* 删除任务 2 */
        vTaskDelete(g_xTask2Handle);
    }
}
```

实例 8 的执行流程如图 23.2.13 所示,其运行结果如图 23.2.14 所示。

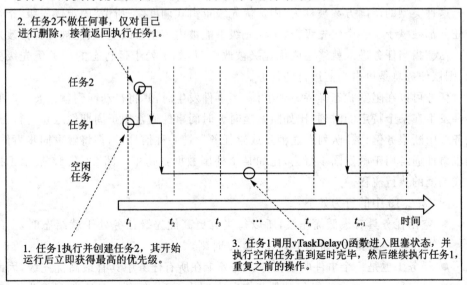

图 23.2.13 实例 8 的执行流程

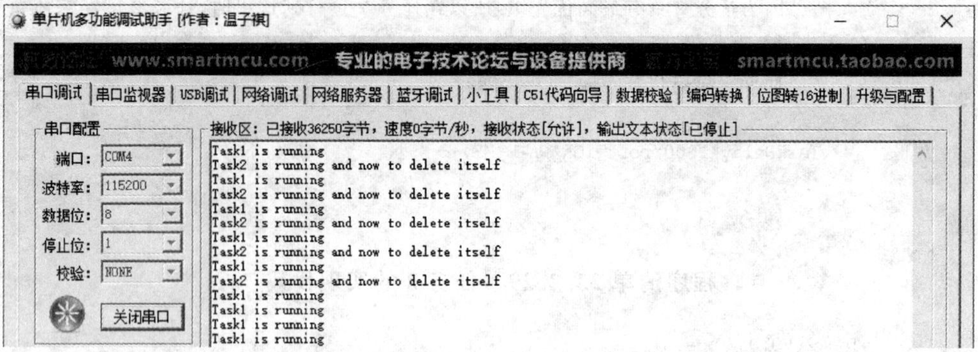

第 23 章 FreeRTOS 嵌入式操作系统

图 23.2.14 实例 8 的输出结果

23.2.9 调度算法概述

1. 固定优先级抢占式调度

以上的实例程序演示了 FreeRTOS 在何时以何种方式选择一个什么样的任务来执行,即根据以下任务属性来选择要执行的任务:
- 每个任务都赋予了一个优先级。
- 每个任务都可以存在于一个或多个状态。
- 在任何时候都只有一个任务可以处于运行态。

调度器总是从所有处于就绪态的任务中选择具有最高优先级的任务来执行。

这种类型的调度方案被称为"固定优先级抢占式调度"。所谓"固定优先级"指每个任务都被赋予了一个优先级,这个优先级不能被内核本身改变(只能被任务修改)。"抢占式"指当任务进入就绪态或优先级被改变时,如果处于运行态的任务优先级更低,则该任务总是抢占当前运行的任务。

任务可以在阻塞状态等待一个事件,当事件发生时,其将自动回到就绪态。时间事件发生在某个特定的时刻,比如阻塞超时。时间事件通常用于周期性或超时行为。任务或中断服务例程往队列发送消息或给任务发送一种信号量,都将触发同步事件。同步事件通常用于触发同步行为,比如某个外围数据到达了。图 23.2.15 展示了抢占式调度的执行流程。

图 23.2.15 中的行为如下:
- 空闲任务具有最低优先级,所以每当有更高优先级任务处于就绪态时,空闲任务就会被抢占,如图中 t_3、t_5 和 t_9 时刻。
- 任务 1 也是一个事件驱动任务。任务 1 在所有任务中具有最高优先级,因此可以抢占系统中的任何其他任务。在图中看到,任务 1 的事件只发生在 t_{10} 时刻,此时任务 1 抢占了任务 2。只有当任务 1 在 t_{11} 时刻再次进入阻塞态之

第 23 章　FreeRTOS 嵌入式操作系统

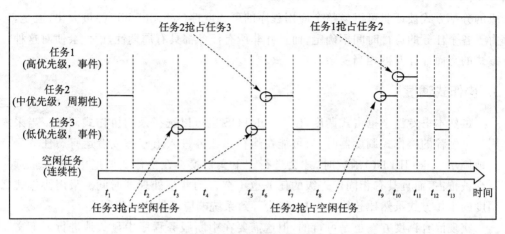

图 23.2.15　某应用程序采用抢占式调度方式的执行流程

后,任务 2 才有机会继续完成处理。

- 任务 2 是一个周期性任务,其优先级高于任务 3 但低于任务 1。根据周期间隔,任务 2 期望在 t_1、t_6 和 t_9 时刻执行。在 t_6 时刻任务 3 处于运行态,但是任务 2 相对具有更高的优先级,所以会抢占任务 3,并立即得到执行。在任务 2 完成处理后,在 t_7 时刻任务 2 返回阻塞态,同时,任务 3 得以重新进入运行态,继续完成处理。任务 3 在 t_8 时刻进入阻塞状态。
- 任务 3 是一个事件驱动任务。其工作在一个相对较低的优先级上,但优先级高于空闲任务。其大部分时间都在阻塞态等待其关心的事件。每当事件发生时,其就从阻塞态转移到就绪态。FreeRTOS 中的所有任务之间的通信机制(队列、信号量等)都可通过这种方式发送事件以及让任务解除阻塞。事件在 t_3、t_5 以及 t_9 至 t_{12} 之间的某个时刻发生。发生在 t_3 和 t_5 时刻的事件可以立即被处理,因为在这些时刻,任务 3 在所有可运行任务中的优先级最高。发生在 t_9 至 t_{12} 之间某个时刻的事件不会得到立即处理,需要一直等到 t_{12} 时刻,因为具有更高优先级的任务 1 和任务 2 尚在运行,只有到了 t_{12} 时刻,这两个任务进入阻塞态后,才使得任务 3 成为具有最高优先级的就绪态任务。

2. 选择任务优先级

从图 23.2.15 可以看到优先级的分配是如何从根本上影响应用程序行为的。作为一种通用规则,完成硬实时功能的任务优先级会高于完成软实时功能的任务优先级。但其他一些因素,如执行时间和处理器利用率,都必须纳入考虑范围,以保证应用程序不会超过硬实时的需求限制。

单调速率调度 RMS(Rate Monotonic Scheduling)是一种常用的优先级分配技术,其根据任务周期性执行的速率来分配一个唯一的优先级,具有最高周期执行频率的任务赋予最高优先级,具有最低周期执行频率的任务赋予最低优先级。这种优先级的分配方式被证明可以使整个应用程序的可调度性(schedulability)最大化；但是，由于各个任务的运行时间不确定，而且并非所有任务都具有周期性，因此会使对这种方式的全面计算变得相当复杂。

3. 协作式调度

虽然本书专注于抢占式调度，但 FreeRTOS 也可以选择采用协作式调度。当采用一个纯粹的协作式调度器时，只可能在运行态任务进入阻塞态或者运行态任务显式地调用 taskYIELD() 函数时，才会进行上下文切换。在协作式调度中，任务永远不会被抢占，而且具有相同优先级的任务也不会自动共享处理器时间。采用协作式调度的工作方式虽然比较简单，但可能会导致系统响应不够快的问题。

实现混合调度方案也是可行的，但这需要在中断服务程序中显式地进行上下文切换，从而允许同步事件产生抢占行为，但时间事件却不行。这样做的结果是得到了一个没有时间片机制的抢占式系统。或许这正是人们所期望的，因为获得了效率，并且这也是一种常用的调度器配置方式。

23.3 队列管理

23.3.1 概述

基于 FreeRTOS 的应用程序是由一组独立的任务构成的——每个任务都是具有独立权限的小程序，这些独立的任务之间很可能会通过相互通信来提供有用的系统功能。

FreeRTOS 中的所有通信与同步机制都是基于队列实现的。本章期望读者了解以下内容：
- 如何创建一个队列；
- 队列如何管理其数据；
- 如何向队列发送数据；
- 如何从队列接收数据；
- 队列阻塞是什么意思。

本章仅涵盖任务之间的通信。

1. 数据存储

队列可以保存有限个具有确定长度的数据单元。队列可以保存的最大单元数被称为队列的"深度"。在创建队列时需要设定其深度和每个单元的大小。通常情况下，队列被作为 FIFO(先进先出)使用，即数据从队列尾写入，从队列首读出。当然，从队列首写入也是可能的。

往队列写入数据是通过字节复制把数据存储到队列中;从队列读出数据是把队列中的数据复制出来后删除。图 23.3.1 展现了队列的写入与读出过程,以及读/写操作对队列中数据的影响。

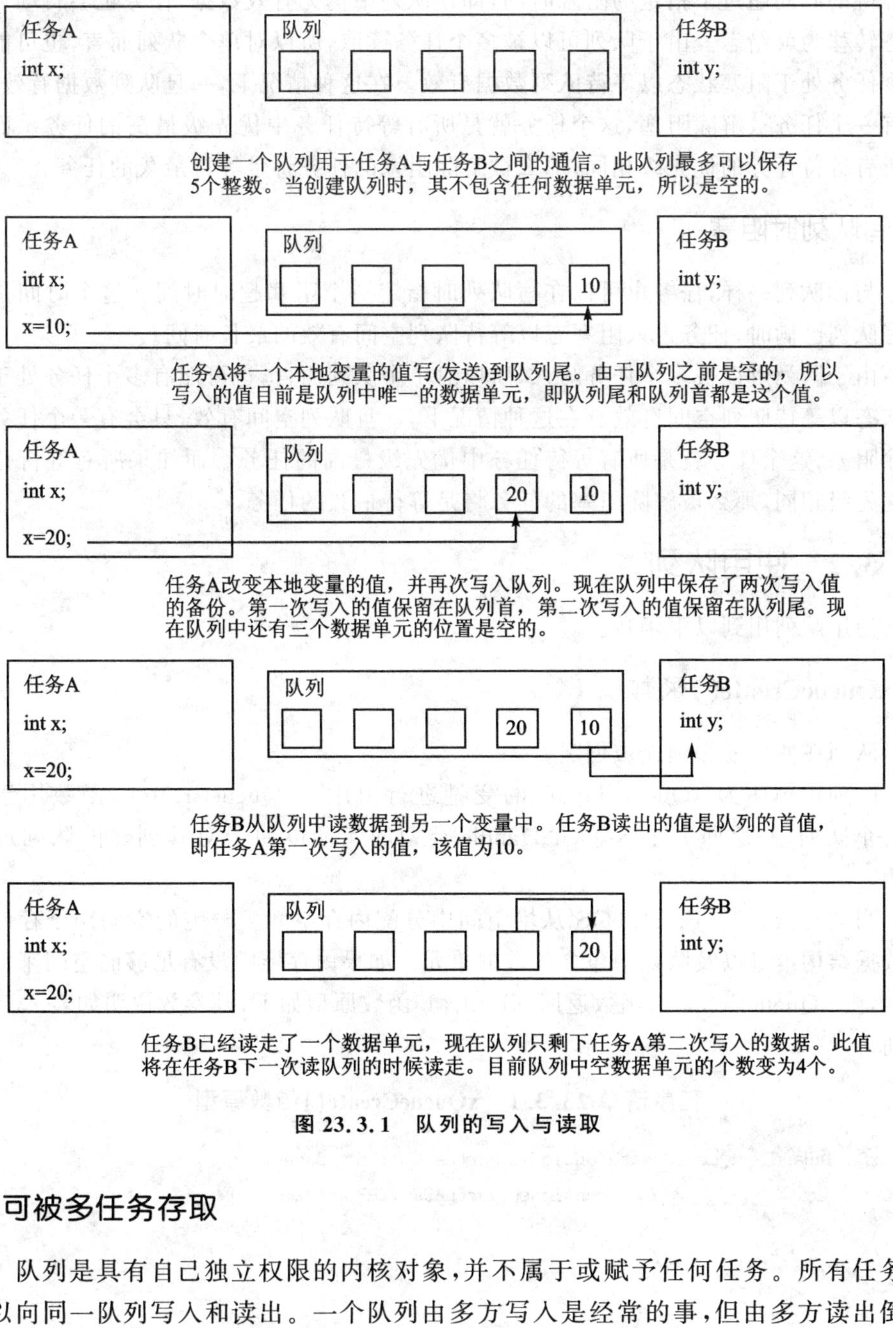

| 任务A
int x; | 队列
□ □ □ □ □ | 任务B
int y; |

创建一个队列用于任务A与任务B之间的通信。此队列最多可以保存5个整数。当创建队列时,其不包含任何数据单元,所以是空的。

| 任务A
int x;
x=10; | 队列
□ □ □ □ 10 | 任务B
int y; |

任务A将一个本地变量的值写(发送)到队列尾。由于队列之前是空的,所以写入的值目前是队列中唯一的数据单元,即队列尾和队列首都是这个值。

| 任务A
int x;
x=20; | 队列
□ □ □ 20 10 | 任务B
int y; |

任务A改变本地变量的值,并再次写入队列。现在队列中保存了两次写入值的备份。第一次写入的值保留在队列首,第二次写入的值保留在队列尾。现在队列中还有三个数据单元的位置是空的。

| 任务A
int x;
x=20; | 队列
□ □ □ 20 10 | 任务B
int y; |

任务B从队列中读数据到另一个变量中。任务B读出的值是队列的首值,即任务A第一次写入的值,该值为10。

| 任务A
int x;
x=20; | 队列
□ □ □ □ 20 | 任务B
int y; |

任务B已经读走了一个数据单元,现在队列只剩下任务A第二次写入的数据。此值将在任务B下一次读队列的时候读走。目前队列中空数据单元的个数变为4个。

图 23.3.1 队列的写入与读取

2. 可被多任务存取

队列是具有自己独立权限的内核对象,并不属于或赋予任何任务。所有任务都可以向同一队列写入和读出。一个队列由多方写入是经常的事,但由多方读出倒很少遇到。当某个任务试图读一个队列时,其可以指定一个阻塞超时时间。在这段时间中,如果队列为空,则该任务保持阻塞状态以等待队列数据有效。当其他任务或中断服务程序往其等待的队列中写入了数据,则该任务自动由阻塞态转移为就绪态。当等待的时间超过了指定的阻塞时间,即使队列中仍无有效数据,任务也会自动从阻塞态转移为就绪态。由于队列可以被多个任务读取,所以对单个队列而言,也可能有多个任务处于阻塞状态以等待队列数据有效。在这种情况下,一旦队列数据有效,只会有一个任务被解除阻塞,这个任务就是所有等待任务中优先级最高的任务。而如果所有等待任务的优先级相同,那么被解除阻塞的任务将是等待最久的任务。

3. 写队列时阻塞

与读队列一样,任务也可以在写队列时指定一个阻塞超时时间。这个时间是当被写队列已满时,任务进入阻塞态以等待队列空间有效的最长时间。

由于队列可以被多个任务写入,所以对单个队列而言,也可能有多个任务处于阻塞状态以等待队列空间有效。在这种情况下,一旦队列空间有效,只会有一个任务被解除阻塞,这个任务就是所有等待任务中优先级最高的任务。而如果所有等待任务的优先级相同,那么被解除阻塞的任务将是等待最久的任务。

23.3.2 使用队列

使用队列用到以下函数。

1. xQueueCreate()函数

队列在使用前必须先被创建。

队列由声明为 xQueueHandle 的变量进行引用。xQueueCreate()函数用于创建一个队列,并返回一个 xQueueHandle 类型的句柄以便于对其创建的队列进行引用。

当创建队列时,FreeRTOS 从堆空间中分配内存空间。分配的空间用于存储队列数据结构本身以及队列中包含的数据单元。如果内存堆中没有足够的空间来创建队列,则 xQueueCreate()函数返回 NULL,其函数原型如下,其参数说明如表 23.3.1 所列。

程序清单 23.3.1 xQueueCreate()函数原型

```
xQueueHandle xQueueCreate(unsigned portBASE_TYPE uxQueueLength,
                          unsigned portBASE_TYPE uxItemSize);
```

表 23.3.1　xQueueCreate()函数参数与返回值

参数名	描述
uxQueueLength	队列能够存储的最大单元数,即队列深度
uxItemSize	队列中数据单元的长度,以字节为单位
返回值	NULL 表示没有足够的堆空间分配给队列而导致创建失败。 非 NULL 值表示队列创建成功。此返回值应当保存下来,以作为操作此队列的句柄

2. xQueueSendToBack()函数与 xQueueSendToFront()函数

如同函数名称字面意思所期望的那样,xQueueSendToBack()函数用于将数据发送到队列尾,xQueueSendToFront()函数用于将数据发送到队列首。xQueueSend()函数完全等同于 xQueueSendToBack()函数。但切记不要在中断服务程序中调用 xQueueSendToFront()或 xQueueSendToBack()函数。系统提供中断安全版本的 xQueueSendToFrontFromISR()函数和 xQueueSendToBackFromISR()函数用于在中断服务程序中实现相同的功能。xQueueSendToFront()和 xQueueSendToBack()函数原型如下,它们的参数说明如表 23.3.2 所列。

程序清单 23.3.2　xQueueSendToFront()函数原型

```
portBASE_TYPE xQueueSendToFront(xQueueHandle xQueue,
                                const void * pvItemToQueue,
                                portTickType xTicksToWait);
```

程序清单 23.3.3　xQueueSendToBack()函数原型

```
portBASE_TYPE xQueueSendToBack(xQueueHandle xQueue,
                               const void * pvItemToQueue,
                               portTickType xTicksToWait);
```

表 23.3.2　xQueueSendToFront()函数与 xQueueSendToBack()函数的参数及返回值

参数名	描述
xQueue	目标队列的句柄。这个句柄即是调用 xQueueCreate()函数创建该队列时的返回值
pvItemToQueue	发送数据的指针。其指向将要复制到目标队列中的数据单元。由于在创建队列时设置了队列中数据单元的长度,所以会从该指针指向的空间复制对应长度的数据到队列的存储区域

第 23 章　FreeRTOS 嵌入式操作系统

续表 23.3.2

参数名	描　　述
xTicksToWait	阻塞超时时间。如果在发送时队列已满,这个时间即是任务处于阻塞态等待队列空间有效的最长等待时间。 如果把此参数设为 0,并且队列已满,则 xQueueSendToFront()和 xQueueSendTo-Back()函数均会立即返回。 阻塞时间是以系统心跳周期为单位的,所以绝对时间取决于系统心跳频率。常量 portTICK_RATE_MS 可用来把心跳时间单位转换为毫秒时间单位。 如果把此参数设置为 portMAX_DELAY,并且在 FreeRTOSConfig.h 文件中设定 INCLUDE_vTaskSuspend 的值为 1,那么阻塞等待将没有超时限制
返回值	有两个可能的返回值: ① pdPASS。返回 pdPASS 只会有一种情况,那就是数据被成功发送到队列中。如果设定了阻塞超时时间(即 xTicksToWait 非 0),则在函数返回之前任务将被转移到阻塞态以等待队列空间有效——如果在超时到来前能够将数据成功写入到队列,则函数会返回 pdPASS。 ② errQUEUE_FULL。如果由于队列已满而无法将数据写入,则返回 errQUEUE_FULL。如果设定了阻塞超时时间(即 xTicksToWait 非 0),则在函数返回之前任务将被转移到阻塞态以等待队列空间有效。但如果直到超时也没有其他任务或中断服务程序读取队列而腾出空间,则函数返回 errQUEUE_FULL

3. xQueueReceive( )函数与 xQueuePeek( )函数

xQueueReceive()函数用于从队列中接收(读取)数据单元。接收到的单元同时会从队列中删除。xQueuePeek()函数也是从队列中接收数据单元,不同的是它并不从队列中删除接收到的单元。xQueuePeek()函数从队列首接收到数据后,不会修改队列中的数据,也不会改变数据在队列中的存储顺序。切记不要在中断服务程序中调用 xQueueRceive()和 xQueuePeek()函数,它们的函数原型如下,其参数说明如表 23.3.3 所列。

程序清单 23.3.4　xQueueReceive( )函数原型

```
portBASE_TYPE xQueueReceive(xQueueHandle xQueue,
                            const void * pvBuffer,
                            portTickType xTicksToWait);
```

程序清单 23.3.5　xQueuePeek( )函数原型

```
portBASE_TYPE xQueuePeek(xQueueHandle xQueue,
                         const void * pvBuffer,
                         portTickType xTicksToWait);
```

表 23.3.3　xQueueReceive( )函数与 xQueuePeek( )函数的参数与返回值

参数名	描述
xQueue	被读队列的句柄。这个句柄即是调用 xQueueCreate( )函数创建该队列时的返回值
pvBuffer	接收缓存指针。其指向一段内存区域,用于接收从队列中复制来的数据。数据单元的长度在创建队列时就已经被设定,所以该指针指向的内存区域大小应当足够保存一个数据单元
xTicksToWait	阻塞超时时间。如果在接收时队列为空,则这个时间是任务处于阻塞状态以等待队列数据有效的最长等待时间。如果把此参数设为 0,并且队列为空,则 xQueueRecieve( )函数与 xQueuePeek( )函数均会立即返回。阻塞时间是以系统心跳周期为单位的,所以绝对时间取决于系统的心跳频率。常量 portTICK_RATE_MS 可用来把心跳时间单位转换为毫秒时间单位。如果把此参数设置为 portMAX_DELAY,并且在 FreeRTOSConfig.h 文件中设定 INCLUDE_vTaskSuspend 的值为 1,那么阻塞等待将没有超时限制
返回值	有两个可能的返回值: ① pdPASS。只有一种情况会返回 pdPASS,那就是成功地从队列中读到数据。如果设定了阻塞超时时间(即 xTicksToWait 非 0),则在函数返回之前任务将被转移到阻塞态以等待队列数据有效——如果在超时到来前能够从队列中成功读取数据,则函数会返回 pdPASS。 ② errQUEUE_FULL。如果在读取时由于队列已空而没有读到任何数据,则将返回 errQUEUE_FULL。如果设定了阻塞超时时间(即 xTicksToWait 非 0),则在函数返回之前任务将被转移到阻塞态以等待队列数据有效。但如果直到超时也没有其他任务或是中断服务程序往队列中写入数据,则函数返回 errQUEUE_FULL

4. uxQueueMessagesWaiting( )函数

uxQueueMessagesWaiting( )函数用于查询队列中当前有效数据单元的个数。切记不要在中断服务程序中调用此函数。应当在中断服务程序中使用其中断安全版本 uxQueueMessagesWaitingFromISR( )函数。uxQueueMessagesWaiting( )函数原型如下,其参数说明如表 23.3.4 所列。

程序清单 23.3.6　uxQueueMessagesWaiting( )函数原型

```
unsigned portBASE_TYPE uxQueueMessagesWaiting(xQueueHandle xQueue);
```

表 23.3.4　uxQueueMessagesWaiting( )函数的参数及返回值

参数名	描述
xQueue	被查询队列的句柄。这个句柄即是调用 xQueueCreate( )函数创建该队列时的返回值
返回值	当前队列中保存的数据单元的个数。返回 0 表示队列为空

第23章 FreeRTOS嵌入式操作系统

实例9：读队列时阻塞。

代码位置：SmartM－M451\代码\FreeRTOS\Demo\9。

本实例创建一个队列，由多个任务往队列中写数据，以及从队列中把数据读出。这个队列创建出来后保存在 unsigned int 型的数据单元中。往队列中写数据的任务没有设定阻塞超时时间，但进行了 500 ms 的延时，而读队列的任务则设定了超时时间为 1 s。往队列中写数据的任务的优先级低于读队列任务的优先级，这意味着队列中永远不会保持超过一个的数据单元，因为一旦有数据被写入队列，读队列任务立即解除阻塞，抢占写队列任务，并从队列中接收数据，同时将数据从队列中删除——队列再一次变为空队列。

程序清单 23.3.7 展现了写队列任务的实现代码。这个任务创建了两个实例，一个不停地往队列中写数值 0x12345678，另一个不停地往队列中写数值 0xabcdef88。任务的入口参数被用来为每个实例传递各自的写入值。

程序清单 23.3.7　写队列任务实现代码

```
VOID TASK_QueueSender(VOID * pdata)
{
    UINT32 unValueToSend;

    portBASE_TYPE xStatus;

    unValueToSend = 要写入的数值;          /* 0x12345678 或 0xabcdef88 */

    /* 与大多数任务一样,本任务也处于一个死循环中 */
    while(1)
    {
        /* 往队列中发送数据:
            第一个参数是要写入的队列的句柄。队列在调度器启动之前已经被创建,所
            以先于此任务执行。
            第二个参数是被发送数据的缓冲区地址,本例中即变量 unValueToSend 的
            地址。
            第三个参数是阻塞超时时间,当队列满时,任务转入阻塞状态以等待队列空间
            有效。
        */
        xStatus = xQueueSendToBack(g_xQueue,&unValueToSend,0);

        if(xStatus != pdPASS)
        {
            /* 发送操作由于队列满而无法完成 */
```

```
            printf("Could not send to the queue.\r\n");
        }

        /* 延时 500 ms */
        vTaskDelay(500/portTICK_RATE_MS);
    }
}
```

程序清单 23.3.8 展现了读队列任务的实现代码。读队列任务设定了 500 ms 的阻塞超时时间,所以任务会进入阻塞态以等待队列数据有效。一旦队列中的数据单元有效,或者即使队列数据无效但等待时间超过 1 s,则此任务也会被解除阻塞。本例中永远不会出现 500 ms 超时,因为有两个任务在不停地往队列中写数据。

程序清单 23.3.8 读队列任务实现代码

```
VOID TASK_QueueReceiver(VOID * pdata)
{

    /* 声明变量,用于保存从队列中接收到的数据。*/
    UINT32 unReceivedValue;
    portBASE_TYPE xStatus;

    CONST portTickType xTicksToWait = 1000 / portTICK_RATE_MS;

    /* 死循环 */
    while(1)
    {

        /* 从队列中接收数据:
           第一个参数是被读取的队列的句柄。队列在调度器启动之前已经被创建,所
           以先于此任务执行。
           第二个参数是保存接收到的数据的缓冲区地址,本例中即变量 lReceivedValue
           的地址。此变量类型与队列数据单元的类型相同,所以有足够的大小来存储
           接收到的数据。
           第三个参数是阻塞超时时间,当队列为空时,任务转入阻塞状态以等待队列数
           据有效。
        */
        xStatus = xQueueReceive(g_xQueue,&unReceivedValue,xTicksToWait);

        if(xStatus == pdPASS)
        {
```

```
            /* 成功读出数据,打印出来。*/
            printf("Received = %x\r\n",unReceivedValue);
        }
        else
        {
            /* 等待 1 s 也没有收到任何数据。必然存在错误,因为发送任务在不停地往
               队列中写入数据 */
            printf("Could not receive from the queue\r\n");
        }
    }
}
```

程序清单 23.3.9 包含了 main() 函数的实现代码,其在启动调度器之前创建了一个队列和三个任务。尽管对任务优先级的设计使得队列实际上在任何时候都不可能有多于一个的数据单元,但本例代码还是创建了一个可以保存最多 5 个 long 型值的队列。

程序清单 23.3.9　main() 函数的实现代码

```
/* 声明一个类型为 xQueueHandle 的变量,用于保存队列句柄,以便三个任务都可以引用此
队列 */
STATIC xQueueHandle g_xQueue ;
INT32 main(VOID)
{
    PROTECT_REG
    (
        /* 系统时钟初始化 */
        SYS_Init(PLL_CLOCK);

        /* 串口 0 初始化 */
        UART0_Init(115200);
    )

    /* 创建的队列用于保存最多 5 个值,每个数据单元都有足够的空间来存储一个
       unsigned int 型变量 */
    g_xQueue = xQueueCreate(5,sizeof(UINT32));

    /* 创建队列发送任务 A */
    xTaskCreate(TASK_QueueSender_A,               /* 指向任务函数的指针 */
```

```
    (signed portCHAR *)"Task Queue Sender A",   /* 任务的文本名字,只会在调试中用到
                                                    */
    64,                                          /* 栈深度——大多数小型微控制器使
                                                    用的值会比此值小得多 */
    NULL,                                        /* 无任务参数 */
    1,                                           /* 此任务运行在优先级1上 */
    NULL);                                       /* 不会用到任务句柄 */

    /* 创建队列发送任务B */
    xTaskCreate(TASK_QueueSender_B,              /* 指向任务函数的指针 */
    (signed portCHAR *)"Task Queue Sender B",   /* 任务的文本名字,只会在调试中用到
                                                    */
    64,                                          /* 栈深度——大多数小型微控制器使
                                                    用的值会比此值小得多 */
    NULL,                                        /* 无任务参数 */
    1,                                           /* 此任务运行在优先级1上 */
    NULL);                                       /* 不会用到任务句柄 */

    /* 创建队列接收任务,与队列发送任务在同一个优先级上 */
    xTaskCreate(TASK_QueueReceiver,
    (signed portCHAR *)"Task Queue Receiver",
    64,
    NULL,
    2,
    NULL);

    /* 启动调度器,任务开始执行 */
    vTaskStartScheduler();

    /* 如果一切正常,main()函数不应该执行到这里。
       但如果执行到这里,则很可能是内存堆空间不足导致空闲任务无法创建
    */
    while(1);

    return 0;
}
```

图 23.3.2 为实例 9 的执行流程,图 23.3.3 为实例 9 的输出结果。

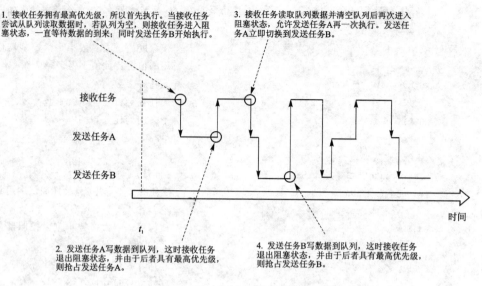

图 23.3.2 实例 9 的执行流程

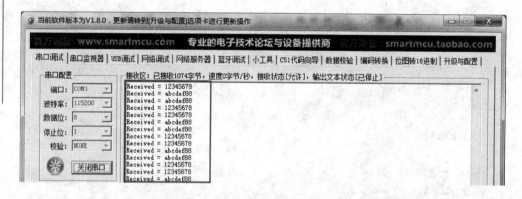

图 23.3.3 实例 9 的输出结果

23.3.3 复合数据类型的数据传输

一个任务从单个队列中接收来自多个发送源的数据是经常的事。通常接收方收到数据后,需要知道数据的来源,并根据数据的来源决定下一步如何处理。一个简单的方式就是利用队列来传递结构体,结构体成员中就包含了数据信息和来源信息,图 23.3.4 对用队列传输结构体的方案进行了展现。

从图 23.3.4 可以看出:

- 创建一个队列用于保存类型为 st_data 的结构体数据单元。结构体成员包括一个数据值和一个表示数据含义的编码,两者合为一个消息可以一次性发送到队列中。

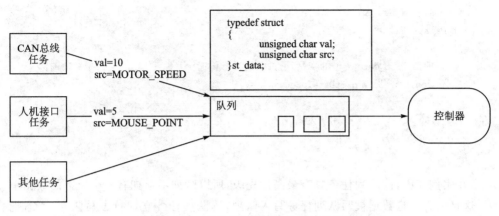

图 23.3.4 用队列传输结构体的一种情形

- 中央控制任务用于完成主要的系统功能,其必须对队列中传来的数据和其他系统状态的改变做出响应。
- CAN 总线任务用于封装 CAN 总线的接口功能。当 CAN 总线任务收到并解码一个消息后,其将把解码后的消息数据放到 st_data 结构体中发往控制任务。结构体的 src 成员用于让中央控制任务知道该数据用来做什么。从图中的描述可以看出,该数据表示电机速度。结构体的 val 成员可以让中央控制任务知道电机的实际速度值。
- 人机接口(HMI)任务用于对所有的人机接口功能进行封装。设备操作员可能通过各种方式进行命令输入和参数查询,人机接口任务需要对这些操作进行检测并解析。当接收到一个新的命令后,人机接口任务通过 st_data 结构体将命令发送到中央控制任务。结构体的 src 成员用于让中央控制任务知道该数据用来做什么。从图中的描述可以看出,该数据表示一个新的鼠标参数设置。结构体的 val 成员可以让中央控制任务知道具体的设置值。

实例 10:写队列时阻塞/往队列发送结构体。

代码位置:SmartM-M451\代码\FreeRTOS\Demo\10。

实例 10 与实例 9 类似,只是写队列任务与读队列任务的优先级交换了,即读队列任务的优先级低于写队列任务的优先级;并且本例中的队列用于在任务间传递结构体数据,而非传递简单的长整型数据。程序清单 23.3.10 展示了要用到的结构体定义。

程序清单 23.3.10 定义用队列传递的数据结构体,并声明此类型的两个变量

```
/* 定义队列传递的结构体类型 */
typedef struct
{
    unsigned char val;
```

```
    unsigned char src;
}st_data;

/* 声明两个 st_data 类型的变量,通过队列进行传递 */
static const st_data g_StDataToSend[2] =
{
    {100,'A'},    /* 用于发送任务 A */
    {200,'B'}     /* 用于发送任务 B */
};
```

在实例 9 中,读队列任务具有最高优先级,所以队列不会拥有一个以上的数据单元,这是因为一旦数据被写队列任务写入队列,读队列任务立即抢占写队列任务,把刚写入的数据单元读走。在实例 10 中,写队列任务具有最高优先级,所以队列在正常情况下一直处于满状态,这是因为一旦读队列任务从队列中读走一个数据单元,某个写队列任务就会立即抢占读队列任务,把刚刚读走的位置重新写入,之后便又转入阻塞态以等待队列空间有效。

程序清单 23.3.11 和程序清单 23.3.12 是写队列任务的实现代码。写队列任务指定了 500 ms 的阻塞超时时间,以便在队列满时转入阻塞态以等待队列空间有效。进入阻塞态后,一旦队列空间有效,或者等待时间超过 1 s 而队列空间仍无效,则写队列任务将解除阻塞。本例中永远不会出现 500 ms 超时的情况,因为读队列任务(见程序清单 23.3.13)在不停地从队列中读出数据从而腾出队列数据空间。

程序清单 23.3.11 队列发送任务 A

```
/***********************************************
* 函数名称:TASK_QueueSender_A
* 输入:pdata      传入参数
* 输出:无
* 功能:队列发送任务 A
***********************************************/
VOID TASK_QueueSender_A(VOID * pdata)
{
    portBASE_TYPE xStatus;

    /* 获取传入参数 */
    st_data * st = (st_data *)pdata;

    /* 与大多数任务一样,本任务也处于一个死循环中 */
    while(1)
    {
```

```c
        /* 往队列发送数据:
            第一个参数是要写入的队列的句柄。队列在调度器启动之前已经被创建,所
            以先于此任务执行。
            第二个参数是被发送数据的缓冲区地址,本例中即变量 pdata 的地址。
            第三个参数是阻塞超时时间,当队列满时,任务转入阻塞态以等待队列空间
            有效
        */
        xStatus = xQueueSendToBack(g_xQueue,st,0);

        if(xStatus != pdPASS)
        {
            /* 发送操作由于队列满而无法完成 */
            printf("Could not send to the queue.\r\n");
        }


        /* 延时 500 ms */
        vTaskDelay(500/portTICK_RATE_MS);
    }
}
```

程序清单 23.3.12　队列发送任务 B

```c
/*******************************************
* 函数名称:TASK_QueueSender_B
* 输入:pdata    传入参数
* 输出:无
* 功能:队列发送任务 B
*******************************************/
VOID TASK_QueueSender_B(VOID * pdata)
{

    portBASE_TYPE xStatus;

    /* 获取传入参数 */
    st_data * st = (st_data *)pdata;

    /* 与大多数任务一样,本任务也处于一个死循环中 */
    while(1)
    {
        /* 往队列发送数据:
            第一个参数是要写入的队列的句柄。队列在调度器启动之前已经被创建,所
            以先于此任务执行。
```

第23章　FreeRTOS 嵌入式操作系统

```
        第二个参数是被发送数据的缓冲区地址,本例中即变量pdata的地址。
        第三个参数是阻塞超时时间,当队列满时,任务转入阻塞态以等待队列空间
    有效
    */
    xStatus = xQueueSendToBack(g_xQueue,st,0);

    if(xStatus != pdPASS)
    {
        /* 发送操作由于队列满而无法完成——这必然存在错误,因为本例中的队
           列不可能满 */
        printf("Could not send to the queue\r\n");
    }


    /* 延时 500 ms */
    vTaskDelay(500/portTICK_RATE_MS);
  }
}
```

程序清单 23.3.13　队列接收任务

```
/*******************************************
* 函数名称:TASK_QueueReceiver
* 输入:pdata     传入参数
* 输出:无
* 功能:队列接收任务
********************************************/
VOID TASK_QueueReceiver(VOID * pdata)
{

    /* 声明变量,用于保存从队列中接收到的数据 */
    st_data st;

    portBASE_TYPE xStatus;

    CONST portTickType xTicksToWait = 1000 / portTICK_RATE_MS;

    /* 死循环 */
    while(1)
    {

        /* 从队列中接收数据:
           第一个参数是被读取的队列的句柄。队列在调度器启动之前已经被创建,所
           以先于此任务执行。
```

                第二个参数是保存接收到的数据的缓冲区地址,本例中即变量 st 的地址。此
            变量类型与队列数据单元类型相同,所以有足够的大小来存储接收到的数据。
                第三个参数是阻塞超时时间,当队列为空时,任务转入阻塞态以等待队列数据
            有效
            */
            xStatus = xQueueReceive(g_xQueue,&st,xTicksToWait);

            if(xStatus == pdPASS)
            {
                /* 判断接收数据的发送者 */
                if(st.src == 'A')
                    printf("From Sender_A,val = %d\r\n",st.val);

                if(st.src == 'B')
                    printf("From Sender_B,val = %d\r\n",st.val);
            }
            else
            {
                /* 等待 1 s 也没有收到任何数据 */
                printf("Could not receive from the queue\r\n");
            }
        }
    }
```

主函数 main() 与实例 9 比起来只是做了微小的改动。创建的队列可以保存 5 个 st_data 类型的数据单元,并且交换了写队列任务与读队列任务的优先级。本例 main() 函数的实现代码参见程序清单 23.3.14。

### 程序清单 23.3.14 main()函数

```
/*********************************
* 函数名称:main
* 输入:无
* 输出:零值
* 功能:函数主体
*********************************/
INT32 main(VOID)
{
    PROTECT_REG
    (
        /* 系统时钟初始化 */
        SYS_Init(PLL_CLOCK);
```
```

```
    /* 串口 0 初始化 */
    UART0_Init(115200);
)

/* 创建的队列用于保存最多 5 个值,每个数据单元都有足够的空间来存储一个 struct
   st 型变量 */
g_xQueue = xQueueCreate(5,sizeof(st_data));

/* 创建队列发送任务 A */
xTaskCreate(TASK_QueueSender_A,              /* 指向任务函数的指针 */
(signed portCHAR *)"Task Queue Sender A",    /* 任务的文本名字,只会在调试中用
                                                到 */
64,                                          /* 栈深度——大多数小型微控制器
                                                使用的值会比此值小得多 */
(void *)&g_StDataToSend[0],                  /* 任务参数 */
1,                                           /* 此任务运行在优先级 2 上 */
NULL);                                       /* 不会用到任务句柄 */

/* 创建队列发送任务 B */
xTaskCreate(TASK_QueueSender_B,              /* 指向任务函数的指针 */
(signed portCHAR *)"Task Queue Sender B",    /* 任务的文本名字,只会在调试中用
                                                到 */
64,                                          /* 栈深度——大多数小型微控制器
                                                使用的值会比此值小得多 */
(void *)&g_StDataToSend[1],                  /* 任务参数 */
1,                                           /* 此任务运行在优先级 2 上 */
NULL);                                       /* 不会用到任务句柄 */

/* 创建队列接收任务,与队列发送任务在同一个优先级上 */
xTaskCreate(TASK_QueueReceiver,
(signed portCHAR *)"Task Queue Receiver",
64,
NULL,
1,
NULL);

/* 启动调度器,任务开始执行 */
vTaskStartScheduler();

/* 如果一切正常,main()函数不应该执行到这里。
   但如果执行到这里,很可能是内存堆空间不足导致空闲任务无法创建
*/
```

```
    while(1);

    return 0;
}
```

写队列任务在每次循环中都主动进行任务切换,所以两个数据会被轮番写入队列中。图 23.3.5 展示了实例 10 代码运行的输出结果。

图 23.3.5　实例 10 的输出结果

图 23.3.6 表述的是当写队列任务优先级高于读队列任务优先级时,各任务的执行顺序。对图 23.3.6 的更详细解释请参见表 23.3.5。

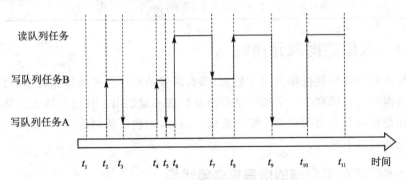

图 23.3.6　实例 10 的执行流程

表 23.3.5　图 23.3.6 的要点解释

时　刻	描　述
t_1	写队列任务 A 得到执行,并往队列中发送数据
t_2	从写队列任务 A 切换到写队列任务 B。写队列任务 B 往队列中发送数据
t_3	从写队列任务 B 又切回写队列任务 A。写队列任务 A 再次将数据写入队列,导致队列满

续表 23.3.5

时刻	描述
t_4	从写队列任务 A 切换到写队列任务 B
t_5	写队列任务 B 试图往队列中写入数据。但由于队列已满,所以写队列任务 B 转入阻塞态以等待队列空间有效。这使得写队列任务 A 再次得到执行
t_6	写队列任务 A 试图往队列中写入数据。但由于队列已满,所以写队列任务 A 也转入阻塞态以等待队列空间有效。此时写队列任务均处于阻塞态,这才使得被赋予最低优先级的读队列任务得以执行
t_7	读队列任务从队列读取数据,并把读出的数据单元从队列中移出。一旦队列空间有效,写队列任务 B 立即解除阻塞,并且因为其具有更高优先级,所以抢占读队列任务。写队列任务 B 又往队列中写入数据,填充到刚刚被读队列任务腾出的存储空间,使得队列再一次变满。写队列任务 B 发送完数据后便调用 taskYIELD() 函数,但写队列任务 A 尚处于阻塞态,所以写队列任务 B 并未被切换出去,继续执行
t_8	写队列任务 B 试图往队列中写入数据。但队列已满,所以写队列任务 B 转入阻塞态。两个写队列任务再一次同时处于阻塞态,所以读队列任务得以执行
t_9	读队列任务从队列读取数据,并把读出的数据单元从队列中移出。一旦队列空间有效,写队列任务 A 立即解除阻塞,并且因为其具有更高优先级,所以抢占读队列任务。写队列任务 A 又往队列中写入数据,填充到刚刚被读队列任务腾出的存储空间,使得队列再一次变满。写队列任务 A 发送完数据后便调用 taskYIELD() 函数,但写队列任务 B 尚处于阻塞态,所以写队列任务 A 并未被切换出去,继续执行
t_{10}	写队列任务 A 试图往队列中写入数据。但队列已满,所以写队列任务 A 转入阻塞态。两个写队列任务再一次同时处于阻塞态,所以读队列任务得以执行

23.3.4 大型数据单元传输

如果队列存储的数据单元尺寸较大,那么最好是利用队列来传递数据的指针,而不是对数据本身在队列上一字节一字节地复制进或复制出。传递指针无论是在处理速度上还是在内存空间的利用上都更有效。但是,当利用队列传递指针时,一定要十分小心地做到以下两点:

1. 指针指向的内存空间的所有权必须明确

当任务间通过指针共享内存时,应该从根本上保证不会有任意两个任务同时修改共享内存中的数据,或者以其他行为方式使得共享内存数据无效或产生一致性问题。原则上,共享内存在其指针发送到队列之前,其内容只允许被发送任务访问;共享内存指针从队列中被读出之后,其内容亦只允许被接收任务访问。

2. 指针指向的内存空间必须有效

如果指针指向的内存空间是动态分配的，则只应该有一个任务负责对其进行内存释放。当这段内存空间被释放之后，就不应该有任何一个任务再访问这段空间。切忌用指针访问任务栈上分配的空间，因为当栈帧发生改变后，栈上的数据将不再有效。

23.4 中断管理

嵌入式实时系统需要对整个系统环境产生的事件做出反应。举个例子，以太网外围部件收到了一个数据包（事件），需要送到 TCP/IP 协议栈进行处理（反应）。更复杂的系统需要处理来自各种源头产生的事件，这些事件对处理时间和响应时间都有不同的要求。在各种情况下，都需要做出合理的判断，以达到最佳事件处理的实现策略，这些情况包括：

① 事件如何被检测到？通常采用中断方式，但是事件输入也可以通过查询获得。

② 什么时候采用中断方式？中断服务程序（ISR）中的处理量有多大？ISR 外的任务量有多大？通常情况下，ISR 执行的时间越短越好。

③ 事件如何通知到主程序（这里指非 ISR 程序和非 main() 程序）代码？这些代码要如何架构才能最好地适应异步处理？

FreeRTOS 并没有为设计人员提供具体的事件处理策略，但提供了一些特性使得设计人员采用的策略可以得到实现，而实现方式不仅简单，还具有可维护性。必须说明的是，只有以"FromISR"或"FROM_ISR"结束的 API 函数或宏才可以用在中断服务程序中。

本章期望能清晰地告诉读者以下事情：

- 哪些 FreeRTOS 的 API 函数可以在中断服务程序中使用。
- 延迟中断方案是处何实现的。
- 如何创建和使用二值信号量和计数信号量。
- 二值信号量和计数信号量之间的区别是什么。
- 如何利用队列在中断服务程序中把数据传入/传出。
- 一些 FreeRTOS 移植中采用的中断嵌套模型是什么。

23.4.1 延迟中断处理

延迟中断处理可以采用二值信号量同步的方式进行。二值信号量可以在某个特殊的中断发生时，使任务解除阻塞，相当于使任务与中断同步。这样就可以使中断事件处理量大的工作在同步任务中完成，而在中断服务程序（ISR）中只快速处理少部分工作。因此,可以说中断处理是被"推迟(deferred)"到了另一个"处理(handler)"任务中。

如果某个中断的处理要求特别紧急,则其延迟处理任务的优先级可以设为最高,以保证延迟处理任务随时都能抢占系统。这样,延迟处理任务就成为 ISR 退出后第一个要执行的任务,在时间上紧接着 ISR 执行,就相当于所有的处理都是在 ISR 中完成的一样。这种方案展现在图 23.4.1 中。

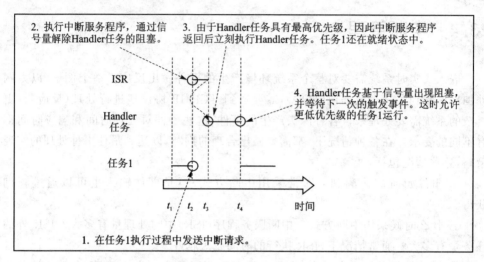

图 23.4.1　中断某个任务,并返回到另一个任务

延迟处理任务对一个信号量进行带阻塞性质的"take"调用,意思是进入阻塞态以等待事件发生。当事件发生后,ISR 对同一个信号量进行"give"操作,使得延迟处理任务解除阻塞,从而事件在延迟处理任务中得到相应的处理。从概念上讲,"获取(taking,意思是'带走',但按通常的说法译为'获取')"和"给出(giving)"信号量在不同的应用场合有不同的含义。在经典的信号量术语中,获取信号量等同于一个 P() 操作,而给出信号量则等同于一个 V() 操作。

P 源自荷兰语的 Parsseren,即英语的 Pass;V 源自荷兰语的 Verhoog,即英语的 Increment。P(S)/V(S) 操作是信号量的两个原子操作,S 为信号量 Semaphore,相当于一个标志,可以代表一个资源、一个事件,等等,初始值视应用场合而定。P(S)/V(S) 原子操作有如下行为:

```
P(S):S = S-1
IF (S <= 0) THEN 将本线程加入 S 的等待队列
V(S):S = S + 1
IF (S > 0) THEN 唤醒某个等待线程
```

P/V 操作的意义是:可以用信号量及 P/V 操作来实现进程的同步/互斥。P/V 操作属于进程的低级通信。

使用 P/V 操作实现进程互斥时应该注意的是：

① 每个程序中用户实现互斥的 P/V 操作必须成对出现，先做 P 操作，进临界区，后做 V 操作，出临界区。若有多个分支，则要认真检查其成对性。

② P/V 操作应分别紧靠临界区的头尾部，临界区的代码应尽可能短，不能有死循环。

③ 互斥信号量的初值一般为 1。

在 P/V 操作中断同步的情形下，信号量可以看作是一个深度为 1 的队列。这个队列由于最多只能保存一个数据单元，所以其不为空就为满（即所谓的"二值"）。延迟处理任务在调用 xSemaphoreTake()函数时，等效于带阻塞时间地读取队列，如果队列为空的话，则任务进入阻塞态。当事件发生后，ISR 简单地通过调用 xSemaphoreGiveFromISR()函数放置一个令牌（信号量）到队列中，使得队列成为满状态；同时也使得延迟处理任务切出阻塞态，并移除令牌，使得队列再次为空。当任务处理完成后，再次读取队列，发现队列为空，又进入阻塞态，等待下一次事件发生。整个流程在图 23.4.2 中有所展现。如图所示，中断给出信号量，甚至是在信号量第一次被获取之前就给出；而任务在获取信号量之后再也不给回来。这就是为什么说这种情况与读/写队列相似；同时，这也经常给大家造成迷惑，因为这种情形与其他信号量的使用场合大不相同，在其他场合下，当任务获得（take）了信号量之后，必须要给（give）回来。

与延迟中断处理相关的函数如下。

1. vSemaphoreCreateBinary()函数

在 FreeRTOS 中，各种信号量的句柄都存储在 xSemaphoreHandle 类型的变量中。在使用信号量之前，必须先创建它。创建二值信号量使用 API 函数 vSemaphoreCreateBinary()（信号量的 API 函数实际上是由一组宏实现的，而不是函数。本书中在提及这些宏时都简单地以函数相称），代码如下，其参数说明如表 23.4.1 所列。

程序清单 23.4.1　vSemaphoreCreateBinary()函数原型

```
void vSemaphoreCreateBinary(xSemaphoreHandle xSemaphore)
```

表 23.4.1　vSemaphoreCreateBinary()函数的参数

参数名	描述
xSemaphore	创建的信号量。需要说明的是，vSemaphoreCreateBinary()函数在实现上是一个宏，所以信号量变量应该直接传入，而不是传地址

第 23 章 FreeRTOS 嵌入式操作系统

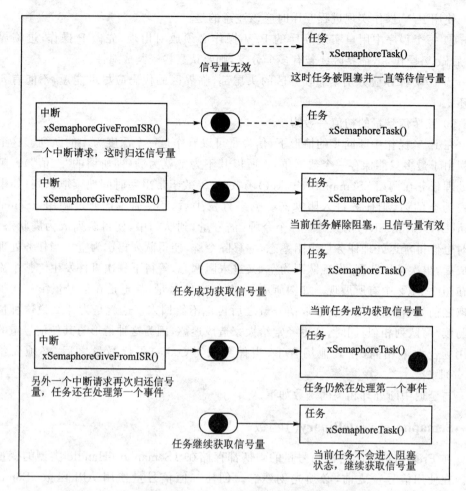

图 23.4.2 使用一个二值信号量实现任务与中断同步

2. xSemaphoreTake()函数

"带走(taking)"一个信号量意思是"获取(obtain)"或"接收(receive)"一个信号量。只有当信号量有效时才可以被获取。在经典信号量术语中，调用 xSemaphoreTake()函数等同于进行一次 P()操作。除了互斥信号量(Recursive Semaphore，直译为递归信号量，但按通常的说法则译为互斥信号量)以外，所有类型的信号量都可以通过调用函数 xSemaphoreTake()来获取。但 xSemaphoreTake()函数不能在中断服务程序中被调用，其函数原型如下，函数参数及返回值如表 23.4.2 所列。

程序清单 23.4.2   xSemaphoreTake()函数原型

portBASE_TYPE xSemaphoreTake(xSemaphoreHandle xSemaphore,portTickType xTicksToWait);

第 23 章　FreeRTOS 嵌入式操作系统

表 23.4.2　xSemaphoreTake 函数参数及返回值

参数名	描　述
xSemaphore	获取得到的信号量。信号量由定义为 xSemaphoreHandle 类型的变量引用。信号量在使用前必须先创建
xTicksToWait	阻塞超时时间。任务进入阻塞态以等待信号量有效的最长时间。 如果 xTicksToWait 为 0,则 xSemaphoreTake()函数在信号量无效时会立即返回。 阻塞时间是以系统心跳周期为单位的,所以绝对时间取决于系统的心跳频率。常量 portTICK_RATE_MS 可用来把心跳时间单位转换为毫秒时间单位。 如果把 xTicksToWait 设置为 portMAX_DELAY,并且在 FreeRTOSConig.h 文件中设定 INCLUDE_vTaskSuspend 的值为 1,那么阻塞等待将没有超时限制
返回值	有两个可能的返回值: ① pdPASS。只有一种情况会返回 pdPASS,那就是成功获得信号量。如果设定了阻塞超时时间(即 xTicksToWait 非 0),那么在函数返回之前,任务将被转移到阻塞态以等待信号量有效。如果在超时到来前信号量变为有效,则可被成功获取,并返回 pdPASS。 ② pdFALSE。未能获得信号量。如果设定了阻塞超时时间(即 xTicksToWait 非 0),则在函数返回之前,任务将被转移到阻塞态以等待信号量有效。但直到超时,信号量也没有变为有效,所以不会获得信号量,因此返回 pdFALSE

3. xSemaphoreGiveFromISR()函数

除互斥信号量外,FreeRTOS 支持的其他类型的信号量都可通过调用 xSemaphoreGiveFromISR()函数给出。

xSemaphoreGiveFromISR()函数专用于中断服务程序中,其函数原型如下,函数参数与返回值如表 23.4.3 所列。

程序清单 23.4.3　xSemaphoreGiveFromISR()函数原型

```
portBASE_TYPE xSemaphoreGiveFromISR(xSemaphoreHandle xSemaphore,
                                    portBASE_TYPE *pxHigherPriorityTaskWoken);
```

表 23.4.3　xSemaphoreGiveFromISR()函数参数与返回值

参数名	描　述
xSemaphore	给出的信号量。信号量由定义为 xSemaphoreHandle 类型的变量引用。信号量在使用前必须先创建

第 23 章 FreeRTOS 嵌入式操作系统

续表 23.4.3

参数名	描述
pxHigherPriorityTaskWoken	对某个信号量而言,可能有不止一个任务处于阻塞态在等待其有效。调用 xSemaphoreGiveFromISR() 函数会让信号量变为有效,所以会让其中一个等待着的任务切出阻塞态。如果调用 xSemaphoreGiveFromISR() 函数使得一个任务解除阻塞,并且这个任务的优先级高于当前任务(也就是被中断的任务),那么 xSemaphoreGiveFromISR() 函数会在自己内部将变量 *pxHigherPriorityTaskWoken 设为 pdTRUE。如果 xSemaphoreGive-FromISR() 函数将此值设为 pdTRUE,则在中断退出前应当进行一次上下文切换,这样才能保证中断直接返回到就绪态任务里优先级最高的任务中
返回值	有两个可能的返回值: ① pdPASS。表示 xSemaphoreGiveFromISR() 函数调用成功。 ② pdFAIL。如果信号量已经有效,且无法给出,则返回 pdFAIL

实例 11:利用二值信号量对任务和中断进行同步。

代码:SmartM-M451\FreeRTOS\【FreeRTOS】【二值信号量】。

本例在中断服务程序中使用一个二值信号量使任务从阻塞态中切换出来——在效果上等同于使任务与中断同步。一个简单的周期性任务用于每隔 500 ms 实现 LED 灯闪烁,其实现代码如下。

程序清单 23.4.4 每 500 ms 实现 LED 灯闪烁

```
/*********************************************
* 函数名称:TASK_Led1
* 输入:pdata      传入参数
* 输出:无
* 功能:任务 - Led1 闪烁
*********************************************/
VOID TASK_Led1(VOID * pdata)
{
    /* 消除编译警告信息 */
    (VOID) pdata;

    /* 为了保证对 PORTA 寄存器的访问不被中断,将访问操作放入临界区,进入临界区 */
    taskENTER_CRITICAL();

    printf("SmartM - M451 Led1 Task is running ...\r\n");

    /* 已经完成对 printf 的访问,可以安全地离开临界区 */
    taskEXIT_CRITICAL();
```

```c
    while(1)
    {
        PB8 = 1;
        
        /* 延时 500 ms */
        vTaskDelay(500);
        
        PB8 = 0;
        
        /* 延时 500 ms */
        vTaskDelay(500);
    }
}
```

程序清单 23.4.5 展现的是延迟处理任务的具体实现——此任务通过使用二值信号量来与软件中断同步。这个任务在每次循环中打印输出一个信息,这样做的目的是可以在程序执行的输出结果中直观地看出任务与中断的执行流程。

程序清单 23.4.5　延迟处理任务的实现代码(此任务与中断同步)

```c
/*******************************************
* 函数名称:TASK_UartRecv
* 输入:pdata  输入参数
* 输出:无
* 功能:任务 - 串口数据接收处理
********************************************/
VOID TASK_UartRecv(VOID * pdata)
{
    UINT8 d;
    
    /* 消除编译警告信息 */
    (VOID) pdata;
    
    /* 为了保证对 PORTA 寄存器的访问不被中断,将访问操作放入临界区,进入临界区 */
    taskENTER_CRITICAL();
    
    printf("TASK_UartRecv is running \r\n");
    
    /* 已经完成对 printf 的访问,可以安全地离开临界区 */
    taskEXIT_CRITICAL();
    
    while(1)
    {
```

第 23 章　FreeRTOS 嵌入式操作系统

```
    /* 获取信号量 */
    if(xSemaphoreTake(g_vSemaphore,portMAX_DELAY) == pdTRUE)
    {
        printf("Semaphore get from uart ok\r\n");
    }
}
```

程序清单 23.4.6 展现的是中断服务程序,这才是真正的中断处理程序。这段代码做的事情非常少,仅仅给出一个信号量,以使延迟处理任务解除阻塞。注意这里是如何使用参数 pxHigherPriorityTaskWoken 的。这个参数在调用 xSemaphore-GiveFromISR()函数前被设置为 pdFALSE,如果在调用完成后被设置为 pdTRUE,则需要进行一次上下文切换。

程序清单 23.4.6　串口 0 的中断服务程序

```
/*********************************
* 函数名称:UART0_IRQHandler
* 输入:无
* 输出:无
* 功能:串口中断服务程序
*********************************/
VOID UART0_IRQHandler(VOID)
{
    UINT8    d        = 0xFF;
    UINT32   unStatus = UART0->INTSTS;

    portBASE_TYPE xHigherPriorityTaskWoken = pdFALSE;

    if(unStatus & UART_INTSTS_RDAINT_Msk)
    {
        /* 获取所有输入字符 */
        while(UART_IS_RX_READY(UART0))
        {
            /* 从 UART0 的数据缓冲区获取数据 */
            d = UART_READ(UART0);

            /* 在中断中发送信号量 */
            xSemaphoreGiveFromISR(g_vSemaphore,&xHigherPriorityTaskWoken);
        }
    }
}
```

main()函数很简单,只是创建二值信号量及任务,设置中断服务程序,然后启动调度器。具体实现参见程序清单 23.4.7。

程序清单 23.4.7   main()函数

```
/***********************************
* 函数名称:main
* 输入:无
* 输出:零值
* 功能:函数主体
***********************************/
INT32 main(VOID)
{
    PROTECT_REG
    (
        /* 系统时钟初始化 */
        SYS_Init(PLL_CLOCK);

        /* 串口 0 初始化 */
        UART0_Init(115200);

        /* 使能 UART RDA/RLS/Time-out 中断 */
        UART_EnableInt(UART0,UART_INTEN_RDAIEN_Msk);
    )

    /* PB8 引脚设置为输出模式 */
    GPIO_SetMode(PB,BIT8,GPIO_MODE_OUTPUT);

    /* 创建任务:Led1 闪烁 */
    xTaskCreate(TASK_Led1,(signed portCHAR *) "TASK_Led1",
            configMINIMAL_STACK_SIZE,NULL,1,NULL);

    /* 创建任务:串口数据接收处理 */
    xTaskCreate(TASK_UartRecv,(signed portCHAR *) "TASK_UartRecv",
            configMINIMAL_STACK_SIZE,NULL,1,NULL);

    /* 创建 P/V 信号量 */
    vSemaphoreCreateBinary(g_vSemaphore);

    /* 检查信号量是否创建成功 */
    if(g_vSemaphore == NULL)
    {
```

```
        printf("Create Semaphore Fail.Program not run\r\n");

        while(1);
    }

    printf("FreeRTOS is starting...\n");

    /* 启动 FreeRTOS 任务调度 */
    vTaskStartScheduler();

    return 0;
}
```

实例 11 的输出结果(见图 23.4.3)和期望的一样,当串口 0 的中断服务程序接收到串口数据时,调用 xSemaphoreGiveFromISR()函数发送信号量,接着在 TASK_UartRecv()函数中调用 xSemaphoreTake()函数获取信号量,从而实现延迟处理任务在中断产生后立即被执行。

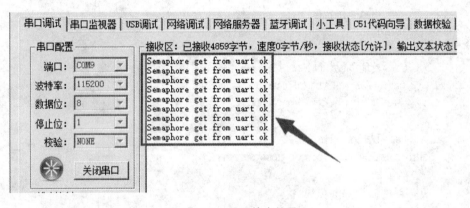

图 23.4.3　显示输出结果

23.4.2　计数信号量

23.4.1 小节的实例 11 演示了一个二值信号量被用于使任务与中断同步。整个执行流程可以描述为:
① 产生中断。
② 启动中断服务程序,给出信号量以使延迟处理任务解除阻塞。
③ 当中断服务程序退出时,延迟处理任务得到执行。延迟处理任务要做的第一件事便是获取信号量。
④ 延迟处理任务完成中断事件处理后,试图再次获取信号量——如果此时信号量无效,则任务将切入阻塞态等待事件发生。

在中断以相对较慢的频率发生的情况下,上面描述的流程是足够而完美的。但是,如果在延迟处理任务完成上一个中断事件的处理之前,新的中断事件又发生了,这等效于将新的事件锁存在二值信号量中,使得延迟处理任务在处理完上一个事件之后,就立即可以处理新的事件。也就是说,延迟处理任务在两次事件处理之间不会有进入阻塞态的机会,因为信号量中锁存有一个事件,所以当 xSempaphoreTake() 函数被调用时,信号量立即有效。这种情形展现在图 23.4.4 中。从图可以看到,一个二值信号量最多只可以锁存一个中断事件。在锁存的事件还未被处理之前,如果又有中断事件发生,那么后续发生的中断事件将会丢失。然而,如果用计数信号量来代替二值信号量,那么,这种丢中断的情形将可以避免。就如同把二值信号量看作只有一个数据单元的队列,把计数信号量看作深度大于 1 的队列。任务其实对队列中存储的具体数据并不感兴趣——它只关心队列是空还是非空。

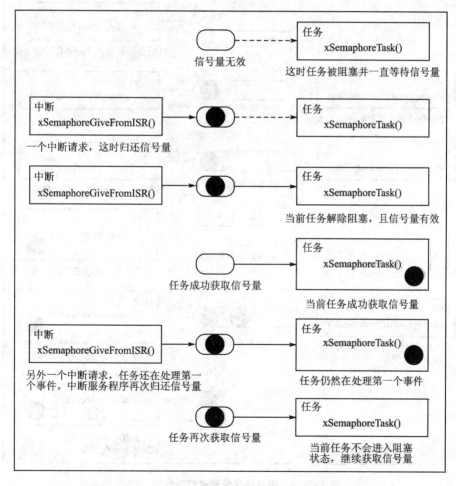

图 23.4.4　一个二值信号量最多只能锁存一个中断事件

第 23 章　FreeRTOS 嵌入式操作系统

计数信号量每次被给出(given)时,其队列中的另一个空间将会被使用。队列中的有效数据单元个数就是信号量的"计数(count)"值。

计数信号量有以下两种典型用法。

1. 事件计数

在这种用法中,当每次事件发生时,中断服务程序都会"给出(give)"信号量——信号量在每次被给出时,其计数值加 1。延迟处理任务每处理一个任务都会"获取(take)"一次信号量——信号量在每次被获取时,其计数值减 1。信号量的计数值其实就是已发生事件的数量与已处理事件的数量之差。这种机制可以参考图 23.4.5。用于事件计数的计数信号量,在被创建时其计数值被初始化为 0。

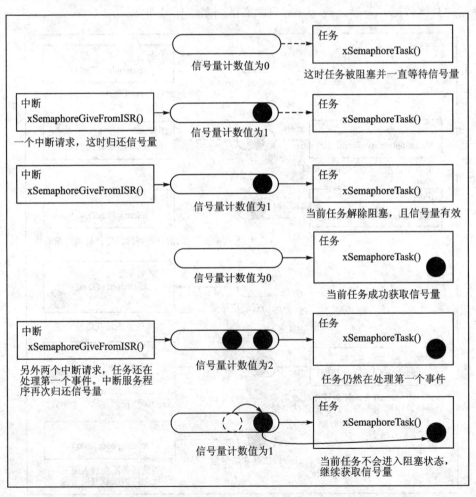

图 23.4.5　使用计数信号量对事件"计数"

2. 资源管理

在这种用法中,信号量的计数值用于表示可用资源的数量。一个任务要获取资源的控制权,其必须先获得信号量——使信号量的计数值减 1。若计数值减至 0,则表示没有可用资源。当任务利用资源完成工作后,将给出(归还)信号量——使信号量的计数值加 1。

用于资源管理的信号量,在创建时其计数值被初始化为可用资源的总数。

3. xSemaphoreCreateCounting()函数

FreeRTOS 中所有种类的信号量句柄都由声明为 xSemaphoreHandle 类型的变量保存。信号量在使用前必须先被创建。可以使用 xSemaphoreCreateCounting() 函数来创建一个计数信号量,其参数与返回值如表 23.4.4 所列。

表 23.4.4 xSemaphoreCreateCounting()函数的参数与返回值

参数名	描述
uxMaxCount	最大计数值。如果把计数信号量类比于队列的话,则 uxMaxCount 值就是队列的最大深度。 如果此信号量用于对事件计数或锁存事件的话,则 uxMaxCount 就是可锁存事件的最大数量。 如果此信号量用于对一组资源的访问进行管理的话,则 uxMaxCount 应当设置为所有可用资源的总数
uxInitialCount	信号量的初始计数值。如果此信号量用于事件计数的话,则 uxInitialCount 应当设置为 0——因为当信号量被创建时,还没有事件发生。 如果此信号量用于资源管理的话,则 uxInitialCount 应当等于 uxMaxCount——因为当信号量被创建时,所有的资源都是可用的
返回值	如果返回 NULL 值,则表示堆上的内存空间不足,因此 FreeRTOS 会因无法为信号量结构分配内存而导致信号量创建失败。 如果返回非 NULL 值,则表示信号量创建成功。此值应当被保存起来作为该信号量的句柄

实例 12:利用计数信号量对任务和中断进行同步。

代码:SmartM-M451\FreeRTOS\【FreeRTOS】【计数信号量】。

实例 12 用计数信号量代替二值信号量对例 11 的实现进行了改进。修改 main() 函数,用调用 xSemaphoreCreateCounting() 函数代替对 xSemaphoreCreateBinary() 函数的调用。调用方法如程序清单 23.4.8 所列。

第 23 章　FreeRTOS 嵌入式操作系统

程序清单 23.4.8　xSemaphoreCreateCounting( )函数调用

```
/* 在信号量使用之前必须先创建。本例中创建了一个计数信号量。此信号量的最大计数
   值为10,初始计数值为 0 */
g_vSemaphore = xSemaphoreCreateCounting(10,0);
```

程序清单 23.4.9 使用 xSemaphoreCreateCounting( )函数创建一个计数信号量是为了模拟多个事件高频率发生,并修改中断服务程序,使得在每次中断中多次"给出(give)"信号量,同时将每个事件都锁存到信号量的计数值中。主函数及修改后的中断服务程序如程序清单 23.4.9 所列。

程序清单 23.4.9　主函数及中断服务程序实现代码

```
INT32 main(VOID)
{
    PROTECT_REG
    (
        /* 系统时钟初始化 */
        SYS_Init(PLL_CLOCK);
        /* 串口 0 初始化 */
        UART0_Init(115200);
        /* 使能 UART RDA/RLS/Time-out 中断 */
        UART_EnableInt(UART0,UART_INTEN_RDAIEN_Msk);
    )
    /* PB8 引脚设置为输出模式 */
    GPIO_SetMode(PB,BIT8,GPIO_MODE_OUTPUT);
    /* 创建任务:Led1 闪烁 */
    xTaskCreate(TASK_Led1,(signed portCHAR *)"TASK_Led1",configMINIMAL_STACK_SIZE,NULL,1,NULL);
    /* 创建任务:串口数据接收处理 */
    xTaskCreate(TASK_UartRecv,(signed portCHAR *)"TASK_UartRecv",configMINIMAL_STACK_SIZE,NULL,1,NULL);

    g_vSemaphore = xSemaphoreCreateCounting(10,0);

    /* 检查信号量是否创建成功 */
    if(g_vSemaphore == NULL)
    {
        printf("Create Semaphore Fail,Program not run\r\n");

        while(1);
    }
    printf("FreeRTOS is starting...\n");
```

```c
    /* 启动 FreeRTOS 任务调度 */
    vTaskStartScheduler();

    return 0;
}
/*******************************************
* 函数名称:UART0_IRQHandler
* 输入:无
* 输出:无
* 功能:串口中断服务程序
*******************************************/
VOID UART0_IRQHandler(VOID)
{
    UINT8    d          = 0xFF;
    UINT32   unStatus   = UART0->INTSTS;

    portBASE_TYPE xHigherPriorityTaskWoken = pdFALSE;

    if(unStatus & UART_INTSTS_RDAINT_Msk)
    {
        /* 获取所有输入字符 */
        while(UART_IS_RX_READY(UART0))
        {
            /* 从 UART0 的数据缓冲区获取数据 */
            d = UART_READ(UART0);

            /* 在中断中发送信号量,发送 3 次,模拟高频率中断 */
            xSemaphoreGiveFromISR(g_vSemaphore,&xHigherPriorityTaskWoken);
            xSemaphoreGiveFromISR(g_vSemaphore,&xHigherPriorityTaskWoken);
            xSemaphoreGiveFromISR(g_vSemaphore,&xHigherPriorityTaskWoken);
        }
    }
}
```

TASK_Led1()与 TASK_UartRecV()函数都使用实例 11 的代码,内容保持不变。图 23.4.6 展示了实例 12 的输出结果。从图中可以看到,在每次中断发生后,延迟处理任务处理了中断生成的全部三个事件(模拟出来的),这些事件被锁存到信号量的计数值中,以使得延迟处理任务可以对它们依序进行处理。

第 23 章　FreeRTOS 嵌入式操作系统

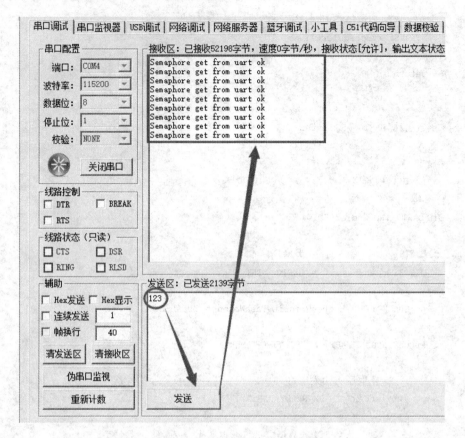

图 23.4.6　实例 12 的运行结果

23.4.3　在中断服务程序中使用队列

xQueueSendToFrontFromISR()函数、xQueueSendToBackFromISR()函数和 xQueueReceiveFromISR()函数分别是 xQueueSendToFront()函数、xQueueSendToBack()函数和 xQueueReceive()函数的中断安全版本，专门用于中断服务程序中。

信号量用于事件通信；而队列不仅可以用于事件通信，还可以用于传递数据。xQueueSendToFrontFromISR()函数(函数原型见程序清单 23.4.10，参数和返回值见表 23.4.5)、xQueueSendToBackFromISR()函数和 xQueueSendFromISR()函数完全等同于 xQueueSendToBackFromISR()函数(函数原型见程序清单 23.4.11，参数和返回值见表 23.4.5)。

程序清单 23.4.10　xQueueSendToFrontFromISR()函数原型

```
portBASE_TYPE xQueueSendToFrontFromISR(xQueueHandle xQueue,
                                       void * pvItemToQueue,
                                       portBASE_TYPE * pxHigherPriorityTaskWoken);
```

程序清单 23.4.11　xQueueSendToBackFromISR( )函数原型

```
portBASE_TYPE xQueueSendToBackFromISR(xQueueHandle xQueue,
                                     void * pvItemToQueue,
                                     portBASE_TYPE * pxHigherPriorityTaskWoken);
```

表 23.4.5　xQueueSendToFrontFromISR( )函数和 xQueueSendToBackFromISR( )函数的参数及返回值

参数名	描　述
xQueue	目标队列的句柄。这个句柄即是调用 xQueueCreate( )函数创建该队列时的返回值
pvItemToQueue	发送数据的指针。其指向将要复制到目标队列中的数据单元。由于在创建队列时设置了队列中数据单元的长度,所以会从该指针指向的空间复制对应长度的数据到队列的存储区域
pxHigherPriorityTaskWoken	对某个队列而言,可能有不止一个任务处于阻塞态在等待其数据有效。调用 xQueueSendToFrontFromISR( )函数或 xQueueSendToBackFromISR( )函数会使队列数据变为有效,所以会让其中一个等待任务切出阻塞态。如果调用这两个 API 函数使得一个任务解除阻塞,并且这个任务的优先级高于当前任务(也就是被中断的任务),那么 API 函数会在其内部将变量 * pxHigherPriorityTaskWoken 设为 pdTRUE。如果这两个 API 函数都将此值设为 pdTRUE,则在中断退出前应当进行一次上下文切换,这样才能保证中断直接返回到就绪态任务里优先级最高的任务中
返回值	有两个可能的返回值: ① pdPASS。只会有一种情况,那就是数据被成功发送到队列中。 ② errQUEUE_FULL。如果由于队列已满而无法将数据写入,则将返回 errQUEUE_FULL

实例 13:利用计数信号量对任务和中断进行同步。

代码位置:SmartM-M451\FreeRTOS\【FreeRTOS】消息队列】。

在作者编写的 FreeRTOS 的大多数演示应用程序中都包含一个简单的 UART 驱动,其通过队列将字符传递到发送中断程序中,同样也使用队列将字符从接收中断程序中传递出来。发送或接收的每个字符都通过队列单独传递。这些 UART 驱动的这种实现方式只是单纯为了演示如何在中断中使用队列。实际上,利用队列传递单个字符是极其低效的,特别是在波特率较高时,所以并不建议将这种方式用在产品代码中。在实际应用中可以采用下述更有效的方式:

① 将接收到的字符先缓存到内存中。当接收到一个传输完成的消息,或者检测到传输中断后,可使用信号量使某个任务解除阻塞,这个任务将对字符缓存进行处理。

第23章 FreeRTOS嵌入式操作系统

② 在中断服务程序中直接解析接收到的字符,然后通过队列将解析后经解码得到的命令发送给处理任务(与图23.3.4中描述的方式类似)。这种技术仅适用于数据流能够快速解析的场合,这样,整个数据解析工作才可以放在中断服务程序中完成。

在串口0中断服务程序中,将接收到的数据通过调用 xQueueSendToFront-FromISR()函数发送到消息队列中,如程序清单23.4.12所列。

程序清单23.4.12　串口0中断服务程序写队列任务实现代码

```
/************************************************
* 函数名称:UART0_IRQHandler
* 输入:无
* 输出:无
* 功能:串口中断服务程序
************************************************/
VOID UART0_IRQHandler(VOID)
{
    UINT8    d        = 0xFF;
    UINT32   unStatus = UART0->INTSTS;

    portBASE_TYPE xHigherPriorityTaskWoken = pdFALSE;

    if(unStatus & UART_INTSTS_RDAINT_Msk)
    {
        /* 获取所有输入字符 */
        while(UART_IS_RX_READY(UART0))
        {
            /* 从 UART0 的数据缓冲区获取数据 */
            d = UART_READ(UART0);

            /* 通过消息队列发送数据 */
            xQueueSendToFrontFromISR(g_vQueue,&d,&xHigherPriorityTaskWoken);
        }
    }
}
```

另一个任务将接收从中断服务程序发出的字符串指针。此任务在读队列时被阻塞,直至队列中有消息到来,并将接收到的字符串打印输出。其实现代码参见程序清单23.4.13。

程序清单 23.4.13　串口数据接收处理

```c
/***************************************
* 函数名称:TASK_UartRecv
* 输入:pdata 输入参数
* 输出:无
* 功能:任务-串口数据接收处理
***************************************/
VOID TASK_UartRecv(VOID * pdata)
{
    UINT8 buf[64];

    signed portBASE_TYPE  rt;

    /* 消除编译警告信息 */
    (VOID) pdata;

    while(1)
    {
        memset(buf,0,sizeof buf);

        /* 等待队列接收到的数据 */
        rt = xQueueReceive(g_vQueue,buf,portMAX_DELAY);

        if(rt == pdPASS)
        {
            /* 通过 UART0 对外写数据 */
            UART_Write(UART0,buf,strlen(buf));
        }

        if(rt == errQUEUE_EMPTY)
        {
            printf("errQUEUE_EMPTY");

        }
    }
}
```

程序清单 23.4.13 实现了字符串接收任务,其接收来自串口 0 中断服务程序的字符串,并和往常一样打印输出。main()函数创建队列和任务,然后启动调度器,其代码见程序清单 23.4.14。

程序清单 23.4.14 main( )函数实现

```
/***********************************
 * 函数名称:main
 * 输入:无
 * 输出:零值
 * 功能:函数主体
 ***********************************/
INT32 main(VOID)
{
    PROTECT_REG
    (
    /* 系统时钟初始化 */
    SYS_Init(PLL_CLOCK);

    /* 串口 0 初始化 */
    UART0_Init(115200);
    )

    /* 将 PB8 引脚设置为输出模式 */
    GPIO_SetMode(PB,BIT8,GPIO_MODE_OUTPUT);

    /* 创建任务:Led1 闪烁 */
    xTaskCreate(TASK_Led1,(signed portCHAR *) "TASK_Led1",configMINIMAL_STACK_SIZE,
NULL,1,NULL);

    /* 创建任务:串口数据接收处理 */
    xTaskCreate(TASK_UartRecv,(signed portCHAR *) "TASK_UartRecv",configMINIMAL_
STACK_SIZE,NULL,1,NULL);

    /* 创建队列深度为 64 字节,每个队列单元占用 1 字节 */
    g_vQueue = xQueueCreate(64,sizeof(char));

    /* 检查队列是否创建成功 */
    if(g_vQueue == NULL)
    {
        printf("Create Queue Fail,Program not run\r\n");

        while(1);
    }

    printf("FreeRTOS is starting...\n");
```

第 23 章　FreeRTOS 嵌入式操作系统

```
    /* 使能 UART RDA/RLS/Time-out 中断 */
    UART_EnableInt(UART0,UART_INTEN_RDAIEN_Msk);

    /* 启动 FreeRTOS 任务调度 */
    vTaskStartScheduler();

    return 0;
}
```

实例 13 的运行输出结果参见图 23.4.7。在单片机调试助手的"串口调试"选项卡中的发送区输入"www.smartmcu.com"并单击"发送"按钮，若队列成功接收数据，则将接收到的数据进行显示。

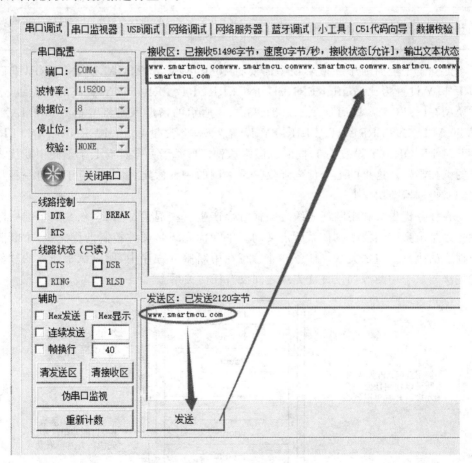

图 23.4.7　实例 13 的运行输出结果

23.4.4 中断嵌套

在最新的 FreeRTOS 移植中允许中断嵌套。中断嵌套需要在 FreeRTOSConfig.h 文件中定义由表 23.4.6 详细列出的一个或两个常量。

表 23.4.6 控制中断嵌套的常量

常 量	描 述
configKERNEL_INTERRUPT_PRIORITY	设置系统心跳时钟的中断优先级。如果在移植中没有使用常量 configMAX_SYSCALL_INTERRUPT_PRIORITY,那么需要调用中断安全版本。FreeRTOS API 的中断都必须运行在此优先级上
configMAX_SYSCALL_INTERRUPT_PRIORITY	设置中断安全版本。FreeRTOS API 可以运行的最高中断优先级

建立一个全面的中断嵌套模型需要将 configMAX_SYSCALL_INTERRUPT_PRIRITY 设置为比 configKERNEL_INTERRUPT_PRIORITY 更高的优先级,这种模型在图 23.4.8 中有所展示。图 23.4.8 所示的情形假定将常量 configMAX_SYSCALL_INTERRUPT_PRIRITY 设置为 3,将常量 configKERNEL_INTERRUPT_PRIORITY 设置为 1,同时也假定这种情形基于一个具有七个不同中断优先级的微控制器。这里的七个优先级仅仅是本例的一种假定,并非对应于任何一种特定的微控制器架构。

在任务优先级和中断优先级之间常常会产生一些混淆。图 23.4.8 所示的中断优先级是由微控制器架构体系所定义的。中断优先级是硬件控制的优先级,中断服务程序的执行会与之关联。任务并非运行在中断服务程序中,所以赋予任务的软件优先级与赋予中断源的硬件优先级之间没有任何关系。

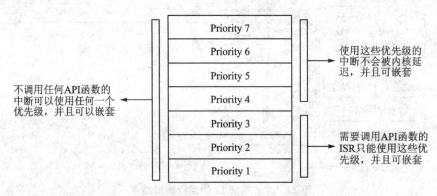

图 23.4.8 中断控制常量影响中断嵌套行为

如图 23.4.8 所示,可以发现:

① 处于中断优先级 1 到 3(含)的中断会被内核或处于临界区的应用程序阻塞执行,但是它们可以调用中断安全版本 FreeRTOS API 函数。

② 处于中断优先级 4 及以上的中断不受临界区影响,所以其不会被内核的任何行为阻塞,可以立即得到执行——这是由微控制器本身对中断优先级的限定所决定的。

③ 通常对时间精度严格的功能(如电机控制)会使用高于 configMAX_SYSCALL_INTERRUPT_PRIRITY 的优先级,以保证调度器不会对其中断响应时间造成抖动。

④ 不需要调用任何 FreeRTOS API 函数的中断,可以自由地使用任意优先级。

对 ARM Cortex-M4 用户的一点提示:

Cortex-M4 使用低优先级号数值表示逻辑上的高优先级中断,这显得不是那么直观,很容易被忘记。如果想对某个中断赋予低优先级,则必须使用一个高优先级号的数值,千万不要给它指定优先级号 0(或者其他低优先级号数值),因为这将会使得这个中断在系统中拥有最高优先级——如果这个优先级高于 configMAX_SYSCALL_INTERRUPT_PRIRITY,则将很可能导致系统崩溃。

Cortex-M4 内核的最低优先级为 255,但是不同的 Cortex-M4 处理器厂商实现的优先级位数不同,而各自的配套库函数也使用了不同方式来支持中断优先级。

23.5 资源管理

23.5.1 基本概念

在多任务系统中存在着一种潜在的风险,即当一个任务仍在使用某个资源,但还没完全结束对该资源的访问时,便被切出运行态,使得该资源处于非一致或不完整的状态。如果此时有另一个任务或中断来访问该资源,则会导致数据损坏或其他类似的错误。以下是这种情况的一些例子。

1. 访问外设

考虑如下情形,有两个任务都试图往一个 LCD 中写数据:
- 任务 A 运行,并往 LCD 中写字符串"Hello world"。
- 任务 A 被任务 B 抢占,但此时字符串刚输出到"Hello w"。
- 任务 B 往 LCD 中写"Abort,Retry,Fail?"然后进入阻塞态。
- 任务 A 从被抢占处继续执行,完成剩余的字符输出——"orld"。

现在 LCD 显示的是被破坏了的字符串"Hello wAbort,Retry,Fail?orld"。

2. 读-改-写操作

程序清单 23.5.1 展现的是一段 C 代码和与其等效的 ARM 汇编代码。可以看出，PORTA 中的值先从内存读到寄存器，在寄存器中完成修改，然后再写回内存。这就是所谓的读-改-写操作。

程序清单 23.5.1　读-改-写操作过程实例

```
155: PORTA |= 0x01;
------------------------------------------
0x00000264 481C LDR R0,[PC,#0x0070]   ; 获取 PORTA 寄存器地址到 R0
0x00000266 6801 LDR R1,[R0,#0x00]     ; 读取 PORTA 寄存器值到 R1
0x00000268 2201 MOV R2,#0x01          ; 将立即数 1 给到 R2
0x0000026A 4311 ORR R1,R2             ; R1 位"或"R2
0x0000026C 6001 STR R1,[R0,#0x00]     ; R1 的值回写到 PORTA 寄存器
```

这是一个"非原子"操作，因为完成整个操作需要不止一条指令，所以操作过程可能被中断。考虑如下情形，两个任务都试图更新一个名为 PORTA 的内存映射寄存器：

- 任务 A 把 PORTA 的值加载到寄存器中——整个流程的读操作。
- 在任务 A 完成整个流程的改和写操作之前，被任务 B 抢占。
- 任务 B 完整地执行了对 PORTA 的更新流程，然后进入阻塞态。
- 任务 A 从被抢占处继续执行。其修改了一个 PORTA 的备份，这其实只是寄存器在任务 A 回写到 PORTA 之前曾经保存过的值。

任务 A 更新并回写了一个过期的 PORTA 寄存器值。在任务 A 获得备份与更新回写之间，任务 B 又修改了 PORTA 的值。而之后任务 A 对 PORTA 的回写操作覆盖了任务 B 对 PORTA 进行的修改结果，效果上等同于破坏了 PORTA 寄存器的值。

以上虽然是以一个外围设备寄存器为例，但是整个情形同样适用于全局变量的读-改-写操作。

3. 变量的非原子访问

更新结构体的多个成员变量，或者更新的变量长度超过了架构体系的自然长度（比如，更新一个 16 位机上的 32 位变量）均是非原子操作的例子。如果这样的操作被中断，则可能导致数据损坏或丢失。

4. 函数重入

如果一个函数可以安全地被多个任务调用，或者在任务和中断中均可调用，则称这个函数是可重入的。

每个任务都单独维护自己的栈空间及其自身在内存寄存器组中的值。如果一个函数除了访问自己栈空间上分配的数据或内核寄存器中的数据外,不会访问其他任何数据,则这个函数就是可重入的。程序清单 23.5.2 是一个可重入函数的实例,而程序清单 23.5.3 则是一个不可重入函数的实例。

程序清单 23.5.2　可重入函数实例

```
long fun1(long lVar1)
{
    long Var2;
    Var2 = lVar1 + 100;

    return Var2;
}
```

程序清单 23.5.3　不可重入函数实例

```
long Var1;

long fun2(void)
{
    static long lState = 0;
    long sum;

    switch(lState)
    {
    case 0 : sum = Var1 + 10;
        lState = 1;
        break;
    case 1 : sum = Var1 + 20;
        lState = 0;
        break;
    }
}
```

5. 互　斥

当访问一个被多个任务共享,或者被任务和中断共享的资源时,需要采用"互斥"技术来保证数据在任何时候都保持一致性。这样做的目的是要确保任务从开始访问资源时就具有排他性,直至该资源再次恢复到完整状态。

FreeRTOS 提供了多种特性用以实现互斥,但是最好的互斥方法(如果可能的话,任何时候都应如此)还是通过精心设计应用程序,尽量不要共享资源,或者每个资

第 23 章 FreeRTOS 嵌入式操作系统

源都通过单任务来访问。

本章期望读者了解以下内容：
① 为什么，以及在什么时候有必要进行资源管理与控制？
② 什么是临界区？
③ 互斥是什么意思？
④ 挂起调度器有什么意义？
⑤ 如何使用互斥量？
⑥ 如何创建与使用守护任务？
⑦ 什么是优先级反转，以及优先级继承是如何减小（但不是消除）其影响的？

23.5.2 临界区与挂起调度器

1. 基本临界区

基本临界区指宏 taskENTER_CRITICAL() 与 taskEXIT_CRITICAL() 之间的代码区间，程序清单 23.5.4 是一段范例代码。Critical Sections（临界区）也被称作 Critical Regions。

程序清单 23.5.4　使用临界区对寄存器的访问进行保护

```
/* 为了保证对 PORTA 寄存器的访问不被中断，将访问操作放入临界区。进入临界区 */
taskENTER_CRITICAL();

/* 在 taskENTER_CRITICAL() 与 taskEXIT_CRITICAL() 之间不会切换到其他任务。中断
    可以执行，也允许嵌套，但只是针对优先级高于 configMAX_SYSCALL_INTERRUPT_
    PRIORITY 的中断——而且这些中断不允许访问 FreeRTOS API 函数
 */
PORTA |= 0x01;

/* 已经完成了对 PORTA 的访问，因此可以安全地离开临界区了 */
taskEXIT_CRITICAL();
```

本书采用的范例工程使用了一个名为 printf() 的函数，用于往标准输出设备（当前为串口 0）写字符串。printf() 被多个不同的任务调用，所以理论上此函数在实现中应当使用一个临界区来对标准输出进行保护。printf() 函数再次封装如程序清单 23.5.5 所列。

程序清单 23.5.5　printf() 函数的保护

```
void printf_str(const portCHAR * pstr)
{
    /* 使用临界区这种原始的方法实现互斥 */
```

```
    taskENTER_CRITICAL();
    {
        printf("%s",pstr);
    }
    /* 退出临界区 */
    taskEXIT_CRITICAL();
}
```

临界区是提供互斥功能的一种非常原始的实现方法。临界区的工作仅仅是简单地把中断全部关掉，或者关掉优先级在 configMAX_SYSCAL_INTERRUPT_PRIORITY 及以下的中断——依赖于具体使用的 FreeRTOS 移植。抢占式上下文切换只可能在某个中断中完成，所以调用 taskENTER_CRITICAL() 的任务可以在中断关闭的时段一直保持运行态，直到退出临界区。

临界区必须只占有很短的时间，否则会反过来影响中断响应的时间。在每次调用 taskENTER_CRITICAL() 之后，必须尽快地配套调用一个 taskEXIT_CRITICAL()。从这个角度来看，对标准输出的保护不应当采用临界区(如程序清单 23.5.5 所列)，因为写终端在时间上会是一个相对较长的操作，特别是在其库函数中没有关中断的情况下。本章中的实例代码会探索其他解决方案。

临界区嵌套是安全的，因为内核维护着一个嵌套深度计数。临界区只会在嵌套深度为 0 时，即在为每个之前调用的 taskENTER_CRITICAL() 都配套调用了 taskEXIT_CRITICAL() 之后才会真正退出。

2. 挂起(锁定)调度器

也可以通过挂起调度器来创建临界区。挂起调度器有些时候也被称为锁定调度器。基本临界区可以保护一段代码区间不被其他任务或中断打断；而挂起调度器实现的临界区只可以保护一段代码区间不被其他任务打断，因为在这种方式下，中断是使能的。

如果一个临界区太长而不适合简单地采用关中断的方法来实现，则可以考虑采用挂起调度器的方式；但是唤醒(resuming 或 un-suspending)调度器却是一个相对较长的操作。所以评估哪种是最佳方式需要结合实际情况。

与挂起调度器操作相关的函数如下。

(1) vTaskSuspendAll()函数

vTaskSuspendAll()函数原型的代码如下。

程序清单 23.5.6　vTaskSuspendAll()函数原型

```
void vTaskSuspendAll(void);
```

通过调用 vTaskSuspendAll()来挂起调度器。挂起调度器可以停止上下文切换而不用关中断。如果某个中断在调度器挂起过程中要求进行上下文切换,则这个请求也会被挂起,直到调度器被唤醒后才会得到执行。

在调度器处于挂起状态时,不能调用 FreeRTOS API 函数。

(2) xTaskResumeAll()函数

xTaskResumeAll()函数原型的代码如下,其返回值说明如表 23.5.1 所列。

程序清单 23.5.7　xTaskResumeAll()函数原型

```
portBASE_TYPE xTaskResumeAll(void);
```

表 23.5.1　xTaskResumeAll()函数返回值

参数名	描　述
返回值	在调度器挂起过程中,上下文切换请求也会被挂起,直到调度器被唤醒后才会得到执行。如果一个被挂起的上下文切换请求在本函数返回前得到执行,则本函数返回 pdTRUE。在其他情况下,本函数返回 pdFALSE

嵌套调用 vTaskSuspendAll()函数和 xTaskResumeAll()函数是安全的,因为内核维护着一个嵌套深度计数。调度器只会在嵌套深度计数为 0 时才会被唤醒,即在为每个之前调用的 vTaskSuspendAll()函数都配套调用了 xTaskResumAll()函数之后。程序清单 23.5.8 展示了实际使用的 printf_str()函数的实现代码。这种实现方式即是通过挂起调度器的方式来保护终端输出。

程序清单 23.5.8　printf_str()函数

```
void printf_str(const portCHAR * pstr)
{
    /* 挂起调度器 */
    vTaskSuspendScheduler();
    {
        printf("%s",pstr);
    }

    /* 恢复调度器 */
    xTaskResumeScheduler();
}
```

23.5.3　互斥量

互斥量是一种特殊的二值信号量,用于控制在两个或多个任务间访问共享资源。单词 MUTEX(互斥量)源于"MUTual EXclusion"。在用于互斥的场合,互斥量从概念上可看作是与共享资源关联的令牌。一个任务想要合法地访问资源，必须先成功地得到（take）该资源对应的令牌（成为令牌持有者）。

令牌持有者完成资源使用后必须马上归还（give）令牌。只有归还了令牌，其他任务才可能成功持有，也才可能安全地访问该共享资源。一个任务除非持有了令牌，否则不允许访问共享资源。

虽然互斥量与二值信号量之间具有很多相同的特性，但图23.5.1展示的情形（互斥量用于互斥功能）完全不同于图23.4.2展示的情形（二值信号量用于同步）。两者间的最大区别在于信号量在被获得之后所发生的事情：

- 用于互斥的信号量必须归还。
- 用于同步的信号量通常是完成同步之后便被丢弃，不再归还。

这种机制纯粹是工作于应用程序的作者所制定的规则之下。任务并不是任何时候都可以毫无理由地访问资源，这已是所有任务都遵循的规则，除非它们能成为互斥量的持有者。

1. xSemaphoreCreateMutex()函数

互斥量是一种信号量。FreeRTOS中所有种类的信号量句柄都保存在类型为xSemaphoreHandle的变量中。互斥量在使用前必须先创建。创建一个互斥量型的信号量需要使用xSemaphoreCreateMutex()函数，其函数原型代码如下，其返回值说明如表23.5.2所列。

程序清单23.5.9　xSemaphoreCreateMutex()函数原型

```
xSemaphoreHandle xSemaphoreCreateMutex(void)
```

表23.5.2　xSemaphoreCreateMutex()函数返回值

参数名	描述
返回值	如果返回NULL则表示互斥量创建失败。原因是内存堆空间不足导致FreeRTOS无法为互斥量结构分配数据空间。如果返回非NULL值则表示互斥量创建成功。返回值应当保存起来作为该互斥量的句柄

实例14：利用互斥量实现对printf()函数的保护，多任务轮流输出字符串。

代码位置：SmartM-M451\FreeRTOS\【FreeRTOS】【互斥量】。

本实例将创建两个任务，在实现上使用互斥量代替基本临界区来对标准输出进行控制。任务1的代码如程序清单23.5.10所列，任务2的代码如程序清单23.5.11所列。本实例的主函数代码如程序清单23.5.12所列。

第 23 章 FreeRTOS 嵌入式操作系统

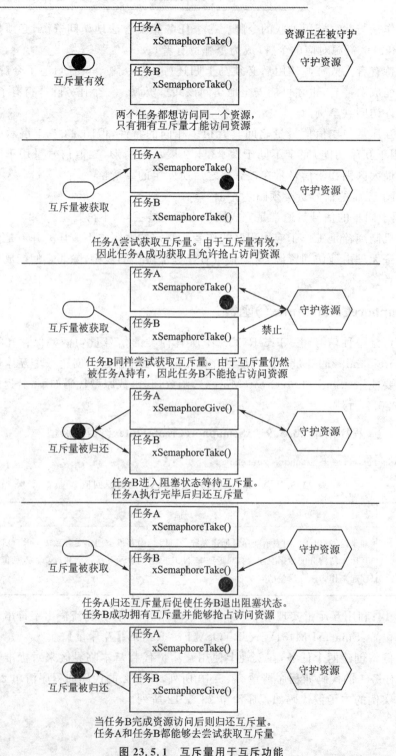

图 23.5.1 互斥量用于互斥功能

程序清单 23.5.10　TASK_PrintfString1( )函数

```
/*********************************************
* 函数名称:TASK_PrintfString1
* 输入:pdata  输入参数
* 输出:无
* 功能:任务1:字符串打印
*********************************************/
VOID TASK_PrintfString1(VOID * pdata)
{

    while(1)
    {
        /* 等待互斥量 */
        xSemaphoreTake(g_vMutex,portMAX_DELAY);
        {
            printf("I am Task 1\r\n");


        }
        /* 释放互斥量 */
        xSemaphoreGive(g_vMutex);

        /* 延时 500 ms */
        vTaskDelay(500);
    }
}
```

程序清单 23.5.11　TASK_PrintfString2( )函数

```
/*********************************************
* 函数名称:TASK_PrintfString2
* 输入:pdata  输入参数
* 输出:无
* 功能:任务2:字符串打印
*********************************************/
VOID TASK_PrintfString2(VOID * pdata)
{
    while(1)
    {
        /* 等待互斥量 */
        xSemaphoreTake(g_vMutex,portMAX_DELAY);
        {
            printf("I am Task 2\r\n");
```

第23章 FreeRTOS 嵌入式操作系统

```
        }

        /* 释放互斥量 */
        xSemaphoreGive(g_vMutex);


        /* 延时 500 ms */
        vTaskDelay(500);
    }
}
```

程序清单 23.5.12　main( )函数

```
/*******************************************
* 函数名称:main
* 输入:无
* 输出:零值
* 功能:函数主体
*******************************************/
INT32 main(VOID)
{
    PROTECT_REG
    (
        /* 系统时钟初始化 */
        SYS_Init(PLL_CLOCK);

        /* 串口0初始化 */
        UART0_Init(115200);
    )

    /* 创建互斥量 */
    g_vMutex = xSemaphoreCreateMutex();

    if(g_vMutex == NULL)
    {
        printf("create mutex fail,program not to run...\r\n");

        while(1);;
    }
```

```
    /* 创建任务 1:字符串打印 */
    xTaskCreate(TASK_PrintfString1,
                (signed portCHAR *) "TASK_PrintfString1",
                configMINIMAL_STACK_SIZE,
                NULL,
                1,
                NULL);

    /* 创建任务 2:字符串打印 */
    xTaskCreate(TASK_PrintfString2,
                (signed portCHAR *) "TASK_PrintfString2",
                configMINIMAL_STACK_SIZE,
                NULL,
                2,
                NULL);

    printf("FreeRTOS is starting...\n");

    /* 启动 FreeRTOS 任务调度 */
    vTaskStartScheduler();

    return 0;
}
```

图 23.5.2 为实例 14 的运行输出结果,可以发现任务之间实现了互斥,打印数据没有出现相互干扰,达到了互斥的效果。

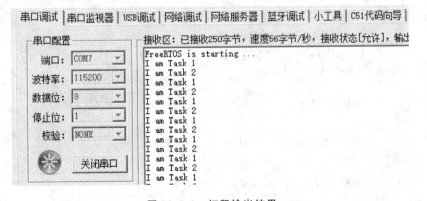

图 23.5.2　打印输出结果

实例 14 的执行流程如图 23.5.3 所示。

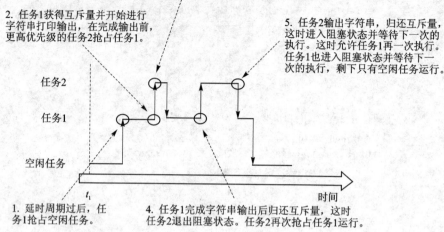

图 23.5.3 实例 14 可能出现的执行结果

2. 优先级反转

图 23.5.3 同时也展现出采用互斥量提供互斥功能的潜在缺陷之一。在这种可能的执行流程描述中,高优先级的任务 2 竟然必须等待低优先级的任务 1 放弃对互斥量的持有权。高优先级任务被低优先级任务阻塞推迟的行为被称为"优先级反转"。这是一种不合理的行为方式,如果把这种行为再进一步放大,当高优先级任务正等待信号量时,一个介于两个任务优先级之间的中等优先级任务开始执行——这就导致当一个高优先级任务在等待一个低优先级任务时,低优先级任务却无法执行!这种最坏的情形在图 23.5.4 中进行展示。

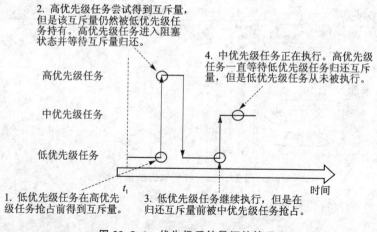

图 23.5.4 优先级反转最坏的情况

优先级反转可能会产生重大问题。但是在一个小型的嵌入式系统中,通常可以在设计阶段就通过规划好资源的访问方式来避免出现这个问题。

3. 优先级继承

FreeRTOS 中的互斥量与二值信号量十分相似——唯一的区别就是互斥量自动提供了一个基本的"优先级继承"机制。优先级继承是使优先级反转的负面影响达到最小化的一种方案——其并不能修正优先级反转带来的问题,而仅仅是减小了由优先级反转带来的影响。优先级继承使得系统行为的数学分析更为复杂,所以如果可以避免的话,并不建议在系统实现时对优先级继承有所依赖。

优先级继承是暂时将互斥量持有者的优先级提升至所有等待此互斥量的任务所具有的最高优先级。持有互斥量的低优先级任务"继承"了等待互斥量的任务的优先级,这种机制在图 23.5.5 中进行了展示。互斥量持有者在归还互斥量时,优先级会自动设置为其原来的优先级。

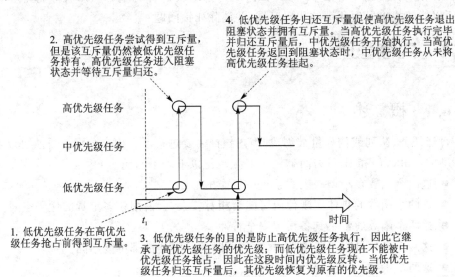

图 23.5.5 优先级继承使得对优先级的影响最小化

由于最好是优先考虑避免优先级反转,并且因为 FreeRTOS 本身是面向内存有限的微控制器,所以只实现了最基本的互斥量的优先级继承机制,这种实现假定一个任务在任意时刻只会持有一个互斥量。

4. 死　锁

死锁(deadlock)是利用互斥量提供互斥功能的另一个潜在缺陷。死锁有时候会被更戏剧性地称为"deadly embrace(抱死)"。当两个任务都在等待被对方持有的资源时,两个任务都无法再继续执行,这种情况就被称为死锁。考虑如下情形,任务 A

与任务 B 都需要获得互斥量 X 和互斥量 Y 以完成各自的工作:
① 任务 A 执行,并成功获得了互斥量 X。
② 任务 A 被任务 B 抢占。
③ 任务 B 成功获得了互斥量 Y,之后又试图获取互斥量 X——但互斥量 X 已经被任务 A 持有,所以对任务 B 无效。任务 B 选择进入阻塞态以等待互斥量 X 被释放。
④ 任务 A 得以继续执行。其试图获取互斥量 Y——但互斥量 Y 已经被任务 B 持有而对任务 A 无效。任务 A 也选择进入阻塞态以等待互斥量 Y 被释放。

这种情形的最终结局是,任务 A 在等待一个被任务 B 持有的互斥量,而任务 B 也在等待一个被任务 A 持有的互斥量。死锁于是发生,因为两个任务都不可能再执行下去了。

与优先级反转一样,避免死锁的最好方法是在设计阶段就考虑到这种潜在风险,这样设计出来的系统应该就不会出现死锁的情况了。于实践经验而言,对于一个小型嵌入式系统,死锁并不是一个大问题,因为系统设计者对整个应用程序都非常清楚,所以能够找出发生死锁的代码区域,并消除死锁问题。

23.6 内存管理

23.6.1 概 述

每当任务、队列或信号量被创建时,内核都需要进行动态内存分配。虽然可以调用标准的 malloc() 和 free() 库函数,但必须承担以下若干问题:
- 这两个函数在小型嵌入式系统中可能不可用。
- 这两个函数的具体实现代码可能会相对较大,会占用较多宝贵的代码空间。
- 这两个函数通常不具备线程安全特性。
- 这两个函数具有不确定性,每次调用时的时间开销都可能不同。
- 这两个函数会产生内存碎片。
- 这两个函数会使链接器的配置复杂。

不同的嵌入式系统具有不同的内存配置和时间要求,所以单一的内存分配算法只可能适合部分应用程序。因此,FreeRTOS 将内存分配作为可移植层面(相对于基本的内核代码部分而言),使得不同的应用程序可以提供适合自身的具体实现。

当内核请求内存时,其调用 pvPortMalloc() 而不是直接调用 malloc();当释放内存时,调用 vPortFree() 而不是直接调用 free()。pvPortMalloc() 具有与 malloc() 相同的函数原型,vPortFree() 具有与 free() 相同的函数原型。

FreeRTOS 自带三种 pvPortMalloc() 和 vPortFree() 的实现范例,这三种方式会在本章描述。FreeRTOS 的用户可以选用其中一种,也可以采用自己的内存管理方式。

这三个范例对应三个源文件:heap_1.c,heap_2.c,heap_3.c。

这三个文件放在目录 FreeRTOS\Source\Portable\MemMang 中。早期版本的 FreeRTOS 所采用的原始内存池和内存块分配方案已经被移除了,因为定义内存块和内存池的大小需要对它们有深入的理解。

在小型嵌入式系统中,通常是在启动调度器之前创建任务、队列和信号量。这种情况表明,动态分配内存只会出现在应用程序真正开始执行实时功能之前,而且内存一旦分配就不会再释放。这就意味着选择内存分配方案时不必考虑一些复杂的因素,比如确定性与内存碎片等,而只需要从性能上考虑,比如代码大小和简易性。

本章期望使读者了解以下内容:
- FreeRTOS 在什么时候分配内存?
- FreeRTOS 提供的三种内存分配方案范例。

23.6.2 内存分配方案范例

1. heap_1.c

heap_1.c 实现了一个非常基本的 pvPortMalloc()版本,而且没有实现 vPortFree()。如果应用程序不需要删除任务、队列或信号量,则就具有使用 heap_1.c 的潜质。heap_1.c 总是具有确定性。

这种分配方案是将 FreeRTOS 的内存堆空间看作一个简单的数组。当调用 pvPortMalloc()时,又将数组简单地细分为更小的内存块。

数组的总大小(单位为字节)在文件 FreeRTOSConfig.h 中由 configTOTAL_HEAP_SIZE 变量定义。以这种方式定义一个巨型数组会使整个应用程序看起来耗费了很多内存——即使是在数组没有进行任何实际分配之前,需要为每个创建的任务在堆空间上分配一个任务控制块(TCB)和一个栈空间。图 23.6.1 展示了 heap_1.c 如何在任务创建时细分这个简单的数组。从图 23.6.1 中可以看到:
- A 表示数组在没有任何任务创建时的情形,这里整个数据是空的。
- B 表示数组在创建了一个任务后的情形。
- C 表示数组在创建了三个任务后的情形。

2. heap_2.c

heap_2.c 也使用了一个由 configTOTAL_HEAP_SIZE 变量定义大小的简单数组。不同于 heap_1.c 的是,heap_2.c 采用了一个最佳匹配算法来分配内存,并且支持内存释放。由于声明了一个静态数组,所以会使整个应用程序看起来耗费了很多内存——即使在数组没有进行任何实际分配之前。最佳匹配算法保证 pvPortMalloc()会使用最接近请求大小的空闲内存块。比如,考虑以下情形:
- 堆空间中包含了三个空闲内存块,分别为 5 字节、25 字节和 100 字节大小。

第 23 章　FreeRTOS 嵌入式操作系统

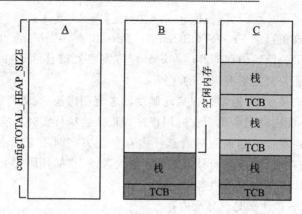

图 23.6.1　每次创建任务后的内存分配情况

- 调用 pvPortMalloc() 以请求分配 20 字节大小的内存空间。匹配请求字节数的最小空闲内存块是具有 25 字节大小的内存块——所以 pvPortMalloc() 会将这个 25 字节块再分为一个 20 字节块和一个 5 字节块，然后返回一个指向 20 字节块的指针。剩下的 5 字节块则保留下来，留待以后调用 pvPortMalloc() 时使用。heap_2.c 并不会把相邻的空闲块合并成一个更大的内存块，所以会产生内存碎片——如果分配和释放的总是相同大小的内存块，则内存碎片就不会成为一个问题。heap_2.c 适用于那些重复创建和删除具有相同栈空间任务的应用程序。

图 23.6.2 展示了在任务创建、删除和再创建的过程中，最佳匹配算法是如何工作的。从图 23.6.2 可以看出：

- A 表示数组在创建了三个任务后的情形。数组的顶部还剩余一个大空闲块。
- B 表示数组在删除了一个任务后的情形。顶部的大空闲块保持不变，并多出了两个小的空闲块，分别是被删除任务的 TCB 和任务栈。
- C 表示数组在又创建了一个任务后的情形。创建一个任务会调用两次 pvPortMalloc()，一次是分配 TCB，另一次是分配任务栈（调用 pvPortMalloc() 发生在 xTaskCreate() 函数内部）。每个 TCB 都具有相同的大小，所以最佳匹配算法可以确保之前被删除任务占用的 TCB 空间被重新分配用作新任务的 TCB 空间。新建任务的栈空间与之前被删除任务的栈空间大小相同，所以最佳匹配算法会保证之前被删除任务占用的栈空间会被重新分配用作新任务的栈空间。数组顶部的大空闲块依然保持不变。heap_2.c 虽然不具备确定性，但是比大多数标准库实现的 malloc() 和 free() 更有效率。

3. heap_3.c

heap_3.c 简单地调用了标准库函数 malloc() 和 free()，但是通过暂时挂起调度器使得函数调用具备了线程安全特性。其实现代码参见程序清单 23.6.1，此时的内

第 23 章 FreeRTOS 嵌入式操作系统

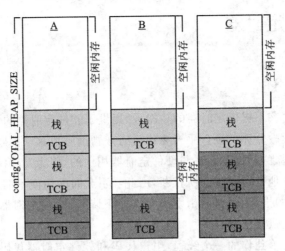

图 23.6.2 创建和删除任务后的内存分配情况

存堆空间大小不受 configTOTAL_HEAP_SIZE 变量的影响,而由链接器的配置决定。

程序清单 23.6.1 heap_3.c 的实现代码

```c
void * pvPortMalloc(size_t xWantedSize)
{
    void * pvReturn;
    vTaskSuspendAll();
    {
        pvReturn = malloc(xWantedSize);
    }
    xTaskResumeAll();
    return pvReturn;
}

void vPortFree(void * pv)
{
    if(pv != NULL)
    {
        vTaskSuspendAll();
        {
            free(pv);
        }
        xTaskResumeAll();
    }
}
```

第 23 章 FreeRTOS 嵌入式操作系统

23.7 软件定时器

23.7.1 概　述

FreeRTOS 内核不提供定时器的功能,却提供了软件定时器的任务进程,这对于有些定时器资源比较紧张的硬件平台来说可有效帮助解决这一问题。但同时需要注意的是,软件定时器的精度是无法与硬件定时器相比的,因为在软件定时器的定时过程中极有可能被其他任务或进程所打断,由此会引起时间精度不准确的问题(作者实验测定,随着时间的推移,定时器精度确实有所下降)。软件定时器本质上是一个周期性的任务或单次执行任务。

软件定时器是单独作的一个线程,用户代码和软件定时器代码通过定时器命令队列(timer command queue)来进行通信和交流,每当用户根据个人需要对软件定时器作相关的操作后,FreeRTOS 内核都会向此队列发送命令,同时软件定时器进程也会从这个共用队列中提取命令,并作出相关的操作。

其他 FreeRTOS 的软件定时器功能的适用性并不是很高,最简单的应用如官方所说,就是在指定的时间间隔内调用回调函数(callback function)。关于回调函数,一定要注意不要尝试在回调函数中引用类似于 vTaskDelay()函数或 vTaskDelayUntil()函数等的阻塞函数,否则会严重影响软件定时器的精度和可靠性。同样,软件定时器还可配置于单次模式(one-shot)或自动重载模式(auto-reload),具体做法与微控制器硬件定时器的做法相差不大。软件定时器也具有在运行过程中重设置(resetting a timer)的功能,相对来说功能还算是比较全面的。

1. 宏配置

软件定时器的使用需要在 FreeRTOSConfig.h 文件中先配置,需要注意的是优先级和堆栈,这几个数据要根据具体情况具体设置,如程序清单 23.7.1 所列。

程序清单 23.7.1 软件定时器宏配置

```
#define configUSE_TIMERS 1                      //使能软件定时器
#define configTIMER_TASK_PRIORITY 1             //确定软件定时器进程的优先级(根据具体应
                                                //用而定,不要设得过低,否则精度会随之下降)
#define configQueue_LENGTH 10                   //定时器命令队列(timer command queue)长度
#define configTIMER_TASK_STACK_DEPTH 512        //分配给软件定时器任务的内存大小
```

2. 使用 API 函数

以下 API 函数都可在应用层调用,具体的函数参数和使用请参考官网的文档说

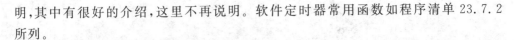

明，其中有很好的介绍，这里不再说明。软件定时器常用函数如程序清单 23.7.2 所列。

程序清单 23.7.2　软件定时器常用函数

```
xTimerCreate();
xTimerIsTimerActive();
xTimerStart();
xTimerStop();
xTimerChangePeriod();
xTimerDelete();
xTimerReset();
xTimerStartFromISR();
xTimerStopFromISR();
xTimerChangePeriodFromISR();
xTimerResetFromISR();
xTimerGetTimerID();
xTimerGetTimerDaemonTaskHandle();
```

23.7.2　例　程

实例 15：利用软件定时器实现 SmartM-M451 旗舰板的 3 盏 LED 灯交错地闪烁。

代码位置：SmartM-M451\FreeRTOS\【FreeRTOS】软件定时器】。

代码实现过程简单，在 main() 函数中调用 xTimerCreate() 函数创建软件定时器，且使用 xTimerStart() 函数启动定时器，如程序清单 23.7.3 所列。

程序清单 23.7.3　main() 函数

```
/***********************************
* 函数名称:main
* 输入:无
* 输出:零值
* 功能:函数主体
***********************************/
INT32 main(VOID)
{
    UINT32 unTimerID = 0;

    PROTECT_REG
    (
        /* 系统时钟初始化 */
        SYS_Init(PLL_CLOCK);
```

```
        /* 串口0初始化 */
        UART0_Init(115200);
    )

    /* 将PB8、PE1、PE2引脚设置为输出模式 */
    GPIO_SetMode(PB,BIT8,GPIO_MODE_OUTPUT);
    GPIO_SetMode(PE,BIT1 | BIT2,GPIO_MODE_OUTPUT);

    /* 创建软件定时器
        定时间隔:100 ms
        自动重载:是
        回调函数:TASK_LED
    */
    g_hTimer = xTimerCreate("xTimer",100,1,&unTimerID,xTIMER_LED);

    /* 启动软件定时器 xTimer */
    xTimerStart(g_hTimer,100);

    printf("FreeRTOS is starting...\n");

    /* 启动FreeRTOS任务调度 */
    vTaskStartScheduler();

    return 0;
}
```

被系统软件定时器回调的函数为 xTIMER_LED(),在该函数中实现 3 盏 LED 灯的交错闪烁,如程序清单 23.7.4 所列。

程序清单 23.7.4 软件定时器执行 LED 灯闪烁

```
/*********************************************
* 函数名称:xTIMER_LED
* 输入:pdata     传入参数
* 输出:无
* 功能:软件定时器执行 LED 灯闪烁
**********************************************/
VOID xTIMER_LED(VOID * pdata)
{
    STATIC UINT32 unCount = 0;

    PB8 ^= 1;
```

```
    unCount ++ ;

    if(unCount % 5 == 0)
        PE1 ^= 1;

    if(unCount % 10 == 0)
        PE2 ^= 1;
}
```

23.8 错误排查

23.8.1 概述

本章主要是为刚接触 FreeRTOS 的用户指出那些新手通常容易遇到的问题。这里把最主要的篇幅放在栈溢出和栈溢出的监测上,因为与栈相关的问题是过去几年遇到的最多的问题。对于其他一些比较常见的问题,本章简要地以 FAQ(问答)的形式给出可能的原因和解决方法。

printf-stdarg.c

当调用标准 C 库函数时,栈空间使用量可能会急剧上升,特别是对 I/O 和字符串处理函数,比如 sprintf()。在 FreeRTOS 的下载包中有一个名为 printf-stdarg.c 的文件,该文件实现了一个栈效率优化版的小型 sprintf(),可用来代替标准 C 库函数版本。在大多数情况下,这样做可以使得调用 sprintf()及相关函数的任务对栈空间的需求量小很多。printf-stdarg.c 的源代码开放,但是为第三方所有。所以此源代码的许可证独立于 FreeRTOS。具体的许可证条款包含在该源文件的起始部分。

23.8.2 栈溢出

FreeRTOS 提供了多种特性来辅助跟踪调试与栈相关的问题。

1. uxTaskGetStackHighWaterMark()函数

每个任务都独立维护自己的栈空间,栈空间的总量在任务创建时进行设定。uxTaskGetStackHighWaterMark()函数主要用来在查询指定任务的运行历史时,其栈空间还差多少就要溢出,这个值被称为栈空间的"高水线(high water mark)"。uxTaskGetStackHighWaterMark()函数原型的代码如下,其参数和返回值的说明如表 23.8.1 所列。

第23章 FreeRTOS 嵌入式操作系统

程序清单 23.8.1　uxTaskGetStackHighWaterMark()函数原型

```
unsigned portBASE_TYPE uxTaskGetStackHighWaterMark(xTaskHandle xTask);
```

表 23.8.1　uxTaskGetStackHighWaterMark()函数的参数和返回值

参数名	描　述
xTask	被查询任务的句柄——欲知如何获得任务句柄,请参见 API 函数 xTaskCreate()的参数 pxCreatedTask。 如果传入 NULL 句柄,则任务查询的是自身栈空间的高水线
返回值	任务栈空间的实际使用量会随着任务执行和中断处理过程而上下浮动。uxTaskGetStack-HighWaterMark()返回从任务启动执行开始的运行历史中,栈空间具有的最小剩余量,这个值就是栈空间使用达到最深时剩下的未使用的栈空间。该值越接近 0,这个任务离栈溢出就越近

2. 运行时栈监测

(1) 概　述

FreeRTOS 包含两种运行时栈监测机制,由 FreeRTOSConfig.h 中的配置常量 configCHECK_FOR_STACK_OVERFLOW 控制。这两种方法都会增加上下文切换开销。

栈溢出钩子函数(或称回调函数)由内核在监测到栈溢出时调用。要使用栈溢出钩子函数,需要进行以下配置:

- 在 FreeRTOSConfig.h 中把 configCHECK_FOR_STACK_OVERFLOW 常量设为 1 或 2。
- 提供钩子函数的具体实现,采用程序清单 23.8.2 所列的函数名和函数原型。

程序清单 23.8.2　栈溢出钩子函数原型

```
void vApplicationStackOverflowHook(xTaskHandle * pxTask,signed portCHAR * pcTaskName);
```

栈溢出钩子函数只是为了使跟踪调试栈空间的错误更容易,但无法在栈溢出时对其进行恢复。函数的入口参数传入了任务句柄和任务名,但任务名很可能在溢出时已经遭到破坏。

栈溢出钩子函数还可以在中断的上下文中进行调用。某些微控制器在检测到内存访问错误时会产生错误异常,很可能在内核调用栈溢出钩子函数之前就触发了错误异常中断。

(2) 方法 1

当将常量 configCHECK_FOR_STACK_OVERFLOW 设置为 1 时选用方法 1。当任务被交换出去时,该任务的整个上下文被保存到它自己的栈空间中。这时任务栈的使用应当达到了一个峰值。当 configCHECK_FOR_STACK_OVERFLOW 设为1时，内核会在任务上下文保存后检查栈指针是否还指向有效栈空间。一旦检测到栈指针的指向已经超出任务栈的有效范围，栈溢出的钩子函数就会被调用。

方法1具有较快的执行速度，但栈溢出有可能发生在两次上下文保存之间，这种情况不会被监测到。

(3) 方法2

当将常量 configCHECK_FOR_STACK_OVERFLOW 设为2时选用方法2。方法2在方法1的基础上进行了一些补充。

当创建任务时，在任务栈空间中预置了一个标记。方法2会检查任务栈的最后20字节，查看预置在这里的标记数据是否被覆盖，如果最后20字节的标记数据与预设值不同，则栈溢出钩子函数会被调用。

方法2不如方法1的执行速度快，但仅仅测试20字节相对来说也是很快的。这种方法应该可以监测到任何时候发生的栈溢出，虽然在理论上可能漏掉一些情况，但这些情况几乎是不可能发生的。

23.8.3 其他常见错误

问题：在一个 Demo 应用程序中增加了一个简单的任务，导致应用程序崩溃。

答：任务创建时需要在内存堆中分配空间。许多 Demo 应用程序定义的堆空间大小只够用于创建 Demo 任务，所以当任务创建完成后，就没有足够的剩余空间来增加其他任务、队列或信号量了。空闲任务是在 vTaskStartScheduler() 调用中自动创建的。如果由于内存不足而无法创建空闲任务，则 vTaskStartScheduler() 会直接返回。在调用 vTaskStartScheduler() 后加上一条空循环（for(;;)）可使这种错误更加容易调试。如果要添加更多的任务，则可以增加内存堆空间的大小，或者删掉一些已存在的 Demo 任务。

问题：在中断中调用一个 API 函数，导致应用程序崩溃。

答：除了后缀为"FromISR"的函数名的 API 函数，千万不要在中断服务程序中调用其他 API 函数。

问题：有时候应用程序会在中断服务程序中崩溃。

答：需要做的第一件事是检查中断是否导致了栈溢出。

在不同的移植平台和不同的编译器上，中断的定义和使用方法是不尽相同的，所以，需要做的第二件事是检查在中断服务程序中使用的语法、宏和调用约定是否符合 Demo 程序的文档描述，以及是否与 Demp 程序中提供的中断服务程序范例相同。

当应用程序工作在 ARM Cortex-M4 上，且需要确定给中断指派的优先级时，使用了低优先级号数值来表示逻辑上的高优先级中断，但因为这种方式不太直观，所以很容易忘记。一个比较常见的错误就是，在优先级高于 configMAX_SYSCALL_INTERRUPT_PRIORITY 的中断中调用了 FreeRTOS API 函数，从而导致应用程序崩溃。

第 23 章　FreeRTOS 嵌入式操作系统

问题：临界区无法正确嵌套。

答：除了 taskENTER_CRITICA()函数和 taskEXIT_CRITICAL()函数外，千万不要在其他地方修改控制器的中断使能位或优先级标志。这两个函数维护了一个嵌套深度计数，所以只有当所有的嵌套调用都退出后计数值才会为 0，也才会使能中断。

问题：在调度器启动前应用程序就崩溃了。

答：如果一个中断会产生上下文切换，则这个中断不能在调度器启动之前使能。这同样适用于那些需要读/写队列或信号量的中断。在调度器启动之前，不能进行上下文切换。还有一些 API 函数不能在调度器启动之前调用。在调用 vTaskStartScheduler()函数之前，最好限定只使用创建任务、队列和信号量的 API 函数。

问题：在调度器挂起时调用 API 函数导致应用程序崩溃。

答：调用 vTaskSuspendAll()函数使得调度器挂起，而唤醒调度器则调用 xTaskResumeAll()函数。千万不要在调度器挂起时调用其他 API 函数，否则将导致应用程序崩溃。

问题：编译函数原型为 pxPortInitialiseStack()的函数时导致编译失败。

答：每种移植都需要定义一个对应的宏，以把正确的内核头文件加入到工程中。如果编译函数原型为 pxPortInitialiseStack()的函数时出错，则基本上可以确定是因为没有正确定义相应的宏。

23.9　FreeRTOSConfig.h

FreeRTOS 内核是高度可定制的，可使用配置文件 FreeRTOSConfig.h 进行定制。每个 FreeRTOS 应用都必须包含这个头文件，用户根据实际应用来裁剪定制 FreeRTOS 内核。这个配置文件是针对用户程序的，而非内核，因此配置文件一般放在应用程序目录下，而不要放在 RTOS 内核源码目录下。

在下载的 FreeRTOS 文件包中，每个演示例程都有一个 FreeRTOSConfig.h 文件。有些例程的配置文件是比较旧的版本，可能不会包含所有有效选项。如果没有在配置文件中指定某个选项，那么 RTOS 内核会使用默认值。典型的 FreeRTOSConfig.h 配置文件定义代码如下所列，随后会说明里面的每一个参数。

程序清单 23.9.1　FreeRTOSConfig.h 配置文件定义

```
#ifndef FREERTOS_CONFIG_H
#define FREERTOS_CONFIG_H

/* Here is a good place to include header files that are required across
your application */
#include "something.h"
```

```c
#define configUSE_PREEMPTION                    1
#define configUSE_PORT_OPTIMISED_TASK_SELECTION 0
#define configUSE_TICKLESS_IDLE                 0
#define configCPU_CLOCK_HZ                      72000000
#define configTICK_RATE_HZ                      250
#define configMAX_PRIORITIES                    5
#define configMINIMAL_STACK_SIZE                128
#define configTOTAL_HEAP_SIZE                   10240
#define configMAX_TASK_NAME_LEN                 16
#define configUSE_16_BIT_TICKS                  0
#define configIDLE_SHOULD_YIELD                 1
#define configUSE_TASK_NOTIFICATIONS            1
#define configUSE_MUTEXES                       0
#define configUSE_RECURSIVE_MUTEXES             0
#define configUSE_COUNTING_SEMAPHORES           0
#define configUSE_ALTERNATIVE_API               0/* Deprecated! */
#define configQUEUE_REGISTRY_SIZE               10
#define configUSE_QUEUE_SETS                    0
#define configUSE_TIME_SLICING                  0
#define configUSE_NEWLIB_REENTRANT              0
#define configENABLE_BACKWARD_COMPATIBILITY     0
#define configNUM_THREAD_LOCAL_STORAGE_POINTERS 5

/* Hook function related definitions. */
#define configUSE_IDLE_HOOK                     0
#define configUSE_TICK_HOOK                     0
#define configCHECK_FOR_STACK_OVERFLOW          0
#define configUSE_MALLOC_FAILED_HOOK            0

/* Run time and task states gathering related definitions */
#define configGENERATE_RUN_TIME_STATS           0
#define configUSE_TRACE_FACILITY                0
#define configUSE_STATS_FORMATTING_FUNCTIONS    0

/* Co-routine related definitions */
#define configUSE_CO_ROUTINES                   0
#define configMAX_CO_ROUTINE_PRIORITIES         1

/* Software timer related definitions */
#define configUSE_TIMERS                        1
#define configTIMER_TASK_PRIORITY               3
#define configTIMER_QUEUE_LENGTH                10
```

第 23 章　FreeRTOS 嵌入式操作系统

```
    #define configTIMER_TASK_STACK_DEPTH                configMINIMAL_STACK_SIZE

    /* Interrupt nesting behaviour configuration */
    #define configKERNEL_INTERRUPT_PRIORITY             [dependent of processor]
    #define configMAX_SYSCALL_INTERRUPT_PRIORITY        [dependent on processor and application]
    #define configMAX_API_CALL_INTERRUPT_PRIORITY       [dependent on processor and application]

    /* Define to trap errors during development */
    #define configASSERT((x))       if((x) == 0) vAssertCalled(__FILE__,__LINE__)

    /* FreeRTOS MPU specific definitions */
    #define configINCLUDE_APPLICATION_DEFINED_PRIVILEGED_FUNCTIONS 0

    /* Optional functions - most linkers will remove unused functions anyway */
    #define INCLUDE_vTaskPrioritySet                1
    #define INCLUDE_uxTaskPriorityGet               1
    #define INCLUDE_vTaskDelete                     1
    #define INCLUDE_vTaskSuspend                    1
    #define INCLUDE_xResumeFromISR                  1
    #define INCLUDE_vTaskDelayUntil                 1
    #define INCLUDE_vTaskDelay                      1
    #define INCLUDE_xTaskGetSchedulerState          1
    #define INCLUDE_xTaskGetCurrentTaskHandle       1
    #define INCLUDE_uxTaskGetStackHighWaterMark     0
    #define INCLUDE_xTaskGetIdleTaskHandle          0
    #define INCLUDE_xTimerGetTimerDaemonTaskHandle  0
    #define INCLUDE_pcTaskGetTaskName               0
    #define INCLUDE_eTaskGetState                   0
    #define INCLUDE_xEventGroupSetBitFromISR        1
    #define INCLUDE_xTimerPendFunctionCall          0

    /* A header file that defines trace macro can be included here */

    #endif /* FREERTOS_CONFIG_H */
```

1. configUSE_PREEMPTION

当 configUSE_PREEMPTION 为 1 时，RTOS 使用抢占式调度器；为 0 时，RTOS 使用协作式调度器（时间片）。

注：在多任务管理机制下，操作系统可分为抢占式和协作式两种。协作式操作系

统是任务主动释放 CPU 后,切换到下一个任务。任务切换的时机完全取决于正在运行的任务。

2. configUSE_PORT_OPTIMISED_TASK_SELECTION

某些运行 FreeRTOS 的硬件有两种方法选择下一个要执行的任务:通用方法和特定于硬件的方法(以下简称"特殊方法")。

通用方法具有如下特点:
- 当 configUSE_PORT_OPTIMISED_TASK_SELECTION 设置为 0 时,可能硬件不支持这种方法。
- 可用于所有 FreeRTOS 支持的硬件。
- 完全用 C 实现,效率略低于特殊方法。
- 不强制要求限制最大可用优先级数目。

特殊方法具有如下特点:
- 并非所有硬件都支持。
- 必须将 configUSE_PORT_OPTIMISED_TASK_SELECTION 设置为 1。
- 依赖一个或多个特定架构的汇编指令(一般是类似计算前导零(CLZ)的指令)。
- 比通用方法更高效。
- 一般强制限定最大可用优先级数目为 32。

3. configUSE_TICKLESS_IDLE

当设置 configUSE_TICKLESS_IDLE 为 1 时使能低功耗 tickless 模式,当设置为 0 时保持系统节拍(tick)中断一直运行。

通常情况下,FreeRTOS 通过回调空闲任务钩子函数(需要设计者自己实现),并在空闲任务钩子函数中设置微处理器进入低功耗模式来达到省电的目的。因为系统要响应系统节拍中断事件,因此使用这种方法会周期性地退出、再进入低功耗状态。如果系统节拍中断的频率过快,则大部分电能和 CPU 时间会消耗在进入和退出低功耗状态上。

FreeRTOS 的 tickless 空闲模式会在空闲周期时停止周期性系统节拍中断。停止周期性系统节拍中断可使微控制器长时间处于低功耗模式。移植层需要配置外部唤醒中断,当唤醒事件到来时,将微控制器从低功耗模式唤醒。微控制器唤醒后,会重新使能系统节拍中断。由于微控制器在进入低功耗后,系统节拍计数器是停止的,但又需要知道这段时间能折算成多少次系统节拍中断周期,这就需要有一个不受低功耗影响的外部时钟源,即微处理器处于低功耗模式时它也是在计时的,这样在重启系统节拍中断时就可以根据这个外部计时器计算出一个调整值并写入 RTOS 系统节拍计数器变量中。

第 23 章　FreeRTOS 嵌入式操作系统

4. configUSE_IDLE_HOOK

当将 configUSE_IDLE_HOOK 设置为 1 时使用空闲钩子(idle hook，类似于回调函数)，为 0 时忽略空闲钩子。

当 RTOS 调度器开始工作后，为了保证至少有一个任务在运行，空闲任务被自动创建，占用最低优先级(0 优先级)。对于已经删除的 RTOS 任务，空闲任务可以释放分配给它们的堆栈内存。因此，在应用时应该注意，当使用 vTaskDelete() 函数时要确保空闲任务获得一定的处理器时间。除此之外，空闲任务没有其他特殊的功能，因此可以任意剥夺空闲任务的处理器时间。

应用程序也可能与空闲任务共享同一个优先级。

空闲任务钩子是一个函数，该函数由用户来实现，RTOS 规定了函数的名字和参数，这个函数在每个空闲任务周期都会被调用。

要创建一个空闲钩子函数需要做两件事：
① 设置 FreeRTOSConfig.h 文件中的 configUSE_IDLE_HOOK 为 1；
② 定义一个函数，函数名和参数代码如下所列。

程序清单 23.9.2　空闲钩子函数

```
void vApplicationIdleHook(void);
```

这个钩子函数不可以调用会引起空闲任务阻塞的 API 函数(例如：vTaskDelay()、带有阻塞时间的队列和信号量函数)，在钩子函数内部允许使用协程。

使用空闲钩子函数设置 CPU 进入省电模式是很常见的情况。

5. configUSE_MALLOC_FAILED_HOOK

每当一个任务、队列或信号量被创建时，内核都使用一个名为 pvPortMalloc() 的函数来从堆中分配内存。官方的下载包中包含 5 个简单的内存分配策略，分别保存在源文件 heap_1.c、heap_2.c、heap_3.c、heap_4.c 或 heap_5.c 中。仅当使用这五个简单策略之一时，宏 configUSE_MALLOC_FAILED_HOOK 才有意义。

如果定义并正确配置了 malloc() 失败钩子函数，则该函数会在 pvPortMalloc() 函数返回 NULL 时被调用。只有 FreeRTOS 在响应内存分配请求并发现堆内存不足时才会返回 NULL。

如果宏 configUSE_MALLOC_FAILED_HOOK 设置为 1，那么必须定义一个 malloc() 失败钩子函数；如果宏 configUSE_MALLOC_FAILED_HOOK 设置为 0，则 mallo()失败钩子函数不会被调用，即便是已经定义了该函数。malloc()失败钩子函数的函数名和原型代码必须如下所列。

程序清单 23.9.3　malloc( )失败钩子函数

```
void vApplicationMallocFailedHook(void);
```

6. configUSE_TICK_HOOK

当将 configUSE_TICK_HOOK 设置为 1 时使用时间片钩子(tick hook)，为 0 时忽略时间片钩子。

注：时间片中断可以周期性地调用一个被称为钩子函数(回调函数)的应用程序。时间片钩子函数(tick hook function)可以很方便地实现一个定时器功能。

只有在 FreeRTOSConfig.h 中的 configUSE_TICK_HOOK 设置为 1 时才可以使用时间片钩子。一旦此值设置为 1，就要定义时间片钩子函数，其函数名和参数代码如下所列。

程序清单 23.9.4　时间片钩子函数

```
void vApplicationTickHook(void);
```

由于 vApplicationTickHook( )函数在中断服务程序中被执行，因此该函数必须非常短小，不能大量使用堆栈，不能调用以"FromISR"或"FROM_ISR"结尾的 API 函数。

在 FreeRTOSVx.x.x\FreeRTOS\Demo\Common\Minimal 文件夹下的 crhook.c 文件中有使用时间片钩子函数的范例。

7. configCPU_CLOCK_HZ

此宏写入实际的 CPU 内核的时钟频率，也就是 CPU 指令的执行频率，通常称为 Fcclk。配置此值是为了正确地配置系统节拍中断周期。

8. configTICK_RATE_HZ

此宏定义 RTOS 系统节拍中断的频率，即一秒中断的次数，每次中断 RTOS 都会进行任务调度。

系统节拍中断用来测量时间，因此，越高的测量频率意味着可测到越高的分辨率时间。但是，高的系统节拍中断频率也意味着 RTOS 内核占用更多的 CPU 时间，因此会降低效率。RTOS 演示例程使用的系统节拍中断频率都是 1 000 Hz，比实际使用的要高(实际使用时不用这么高的系统节拍中断频率)，这是为了测试 RTOS 内核。

多个任务可以共享一个优先级，RTOS 调度器为相同优先级的任务分享 CPU 时间，在每一个 RTOS 系统节拍中断到来时进行任务切换。高的系统节拍中断频率会降低分配给每一个任务的"时间片"持续时间。

9. configMAX_PRIORITIES

此宏配置应用程序有效的优先级数目。任何数量的任务都可以共享一个优先级,使用协程可以单独给予任务优先权。参见宏 configMAX_CO_ROUTINE_PRIORITIES 的信息。

在 RTOS 内核中,每个有效的优先级都会消耗一定量的 RAM,因此此宏的值不要超过实际应用所需要的优先级数目。

任务优先级简介:

每一个任务都会被分配一个优先级,优先级值在 0~(configMAX_PRIORITIES-1)之间。低优先级数表示低优先级任务。由于空闲任务的优先级为 0(tskIDLE_PRIORITY),因此它是最低优先级任务。

FreeRTOS 调度器将确保处于就绪状态(ready)或运行状态(running)的高优先级任务比同样处于就绪状态的低优先级任务优先获取处理器时间。换句话说,处于运行状态的任务永远是高优先级任务。而处于就绪状态的相同优先级的任务则使用时间片调度机制来共享处理器时间。

10. configMINIMAL_STACK_SIZE

此宏定义空闲任务使用的堆栈大小。通常此值不应小于对应处理器演示例程文件 FreeRTOSConfig.h 中定义的数值。

就像 xTaskCreate() 函数的堆栈大小参数一样,堆栈大小不是以字节为单位而是以字为单位的,比如在 32 位架构下,栈大小为 100 表示栈内存占用 400 字节的空间。

11. configTOTAL_HEAP_SIZE

此宏定义 RTOS 内核总计可用的有效的 RAM 大小。仅在使用官方下载包中附带的内存分配策略时,才有可能用到此值。每当创建任务、队列、互斥量、软件定时器或信号量时,RTOS 内核都会分配 RAM,这里的 RAM 都属于 configTOTAL_HEAP_SIZE 指定的内存区。

12. configMAX_TASK_NAME_LEN

在调用任务函数时,需要设置描述任务信息的字符串,本宏用来定义该字符串的最大长度。这里定义的长度包括字符串结束符 '\0'。

13. configUSE_TRACE_FACILITY

当将 configUSE_TRACE_FACILITY 设置为 1 时表示启动可视化跟踪调试,并会激活一些附加的结构体成员和函数。

14. configUSE_STATS_FORMATTING_FUNCTIONS（V7.5.0 新增）

当将宏 configUSE_TRACE_FACILITY 和 configUSE_STATS_FORMATTING_FUNCTIONS 设置为 1 时会编译 vTaskList() 和 vTaskGetRunTimeStats() 函数。如果将这两个宏的任意一个设置为 0，则上述两个函数都不会被编译。

15. configUSE_16_BIT_TICKS

此宏定义系统节拍计数器的变量类型，即定义 portTickType 是表示 16 位变量还是 32 位变量。

定义 configUSE_16_BIT_TICKS 为 1 意味着 portTickType 代表 16 位无符号整型，为 0 意味着 portTickType 代表 32 位无符号整型。

使用 16 位类型可以大大提高 8 位和 16 位架构微处理器的性能，但这也限制了最大时钟计数为 65 535 个"Tick"。因此，如果"Tick"的频率为 250 Hz(4 ms 中断一次)，则对于任务最大延时或阻塞时间，16 位计数器是 262 s，而 32 位是 17 179 869 s。

16. configIDLE_SHOULD_YIELD

此宏控制任务在空闲优先级中的行为。仅在满足下列条件后才会起作用：
- 使用抢占式内核调度；
- 用户任务使用空闲优先级。

对于通过时间片共享处理器时间的同一个优先级的多个任务，如果共享时间片任务的优先级大于空闲任务的优先级，并假设没有更高优先级的任务，则这些任务应该获得相同的处理器时间。

但如果多个任务共享空闲优先级，则情况会稍微有些不同。当 configIDLE_SHOULD_YIELD 为 1，且其他共享空闲优先级的用户任务就绪时，空闲任务立刻让出 CPU，用户任务运行，这样就确保了能快速响应用户任务。但处于这种模式下也会有不良的效果(取决于自己程序的需要)，描述如下。

图 23.9.1 描述了四个处于空闲优先级的任务，任务 A、B 和 C 是用户任务，任务 I 是空闲任务。上下文切换周期性地发生在 t_0、t_1、…、t_6 时刻。当用户任务运行时，空闲任务立刻让出 CPU，但是，空闲任务已经消耗了当前时间片中的一定时间。这样的结果就是空闲任务 I 和用户任务 A 共享一个时间片。用户任务 B 和用户任务 C 因此获得了比用户任务 A 更多的处理器时间。该问题可通过下面方法避免：
- 如果合适的话，将处于空闲优先级的各个单独的任务放置到空闲钩子函数中；
- 创建的用户任务的优先级大于空闲任务的优先级；
- 设置 configIDLE_SHOULD_YIELD 为 0；

设置 configIDLE_SHOULD_YIELD 为 0 将阻止空闲任务为用户任务让出

CPU，直到空闲任务的时间片结束。这样可以确保所有处在空闲优先级的任务分配到相同多的处理器时间，但是，这样做是以分配给空闲任务更高比例的处理器时间为代价的。

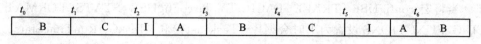

图 23.9.1　多个任务共享空闲优先级

17. configUSE_TASK_NOTIFICATIONS（V8.2.0 新增）

设置宏 configUSE_TASK_NOTIFICATIONS 为 1（或不定义宏 configUSE_TASK_NOTIFICATIONS）将开启任务通知功能，有关的 API 函数也会被编译。设置宏 configUSE_TASK_NOTIFICATIONS 为 0 则关闭任务通知功能，与该功能相关的 API 函数也不会被编译。默认时该功能是开启的。开启后，每个任务多增加 8 B RAM。

任务通知功能是一个很有用的特性，也是 FreeRTOS 的一大亮点。

每个 RTOS 任务具有一个 32 位的通知值，RTOS 任务通知相当于直接向任务发送一个事件，接收到通知的任务可以解除任务的阻塞状态（因等待任务通知而进入了阻塞状态）。相对于以前必须分别创建队列、二进制信号量、计数信号量或事件组的情况，使用任务通知显然更灵活。更好的是，相比于使用信号量解除任务阻塞的速度，使用任务通知可以快 45 %（使用 GCC 编译器，-o2 优化级别）。

18. configUSE_MUTEXES

将 configUSE_MUTEXES 设置为 1 表示使用互斥量，设置为 0 表示忽略互斥量。读者应该了解在 FreeRTOS 中互斥量与二进制信号量的区别。

简单来说，互斥量与二进制信号量的区别是：
- 互斥型信号量必须是同一个任务申请，同一个任务释放，其他任务释放无效。
- 二进制信号量是一个任务申请成功后，可以由另一个任务释放。
- 互斥型信号量是二进制信号量的子集。

19. configUSE_RECURSIVE_MUTEXES

将 configUSE_RECURSIVE_MUTEXES 设置为 1 表示使用递归互斥量，设置为 0 表示不使用。

20. configUSE_COUNTING_SEMAPHORES

将 configUSE_COUNTING_SEMAPHORES 设置为 1 表示使用计数信号量，设置为 0 表示不使用。

21. configUSE_ALTERNATIVE_API

将 configUSE_ALTERNATIVE_API 设置为 1 表示使用"替代"队列函数（"alternative" queue functions），设置为 0 表示不使用。替代队列函数在 queue.h 头文件中有详细描述。

注："替代"队列函数已经被弃用，在新的设计中不要使用它！

22. configCHECK_FOR_STACK_OVERFLOW

每个任务都需要维护自己的栈空间，在任务创建时，系统会自动分配给任务所需要的栈内存，内存分配的大小由创建任务函数（xTaskCreate()）的其中一个参数指定。堆栈溢出是设备运行不稳定的最常见原因，因此 FreeeRTOS 提供了两个可选机制来辅助检测和改正堆栈溢出，通过配置宏 configCHECK_FOR_STACK_OVERFLOW 来为不同的常量使用不同的堆栈溢出检测机制。

注意，这个选项仅适用于内存映射未分段的微处理器架构。并且，在 RTOS 检测到堆栈溢出发生之前，一些处理器可能先产生故障（fault）或异常（exception）以反映堆栈使用的恶化。如果宏 configCHECK_FOR_STACK_OVERFLOW 没有设置为 0，则用户必须提供一个栈溢出钩子函数，这个钩子函数的函数名和参数必须如下所列。

程序清单 23.9.5 栈溢出钩子函数

```
void vApplicationStackOverflowHook(TaskHandle_t xTask,signed char * pcTaskName);
```

参数 xTask 和 pcTaskName 为堆栈溢出任务的句柄和名字。请注意，如果溢出非常严重，则这两个参数的信息也可能是错误的！在这种情况下，可以直接检查 pxCurrentTCb 变量。

推荐仅在开发或测试阶段使用栈溢出检测，因为堆栈溢出检测会增大上下文切换的开销。

任务切换出去后，该任务的上下文环境被保存到自己的堆栈空间，这时很可能堆栈的使用量达到了最大（最深）值。此时，RTOS 内核会检测堆栈指针是否还指向有效的堆栈空间。如果堆栈指针指向了有效堆栈空间以外的地方，则堆栈溢出钩子函数会被调用。

采用栈溢出钩子函数的方法速度很快，但是不能检测到所有堆栈溢出的情况（比如，堆栈溢出没有发生在上下文切换时）。设置 configCHECK_FOR_STACK_OVERFLOW 为 1 会使用这种方法。

另一个堆栈溢出的检测方法是，当首次创建堆栈时，在堆栈区中填充一些已知值（标记）。当任务切换时，RTOS 内核会检测堆栈最后的 16 B 内容，以确保标记数据没有被覆盖。如果这 16 B 有任何一个被改变，则调用栈溢出钩子函数。

这个方法虽然比第一种方法要慢,但也相当快了。它能有效捕捉堆栈溢出事件(即使堆栈溢出没有发生在上下文切换时),但是理论上它也不能百分之百地捕捉到所有堆栈溢出(比如当堆栈溢出的值与标记值相同时,当然,这种情况发生的概率极小)。

使用第二种方法需要设置 configCHECK_FOR_STACK_OVERFLOW 为 2。

23. configQUEUE_REGISTRY_SIZE

队列记录有两个目的,都涉及 RTOS 内核的调试:
- 队列记录允许在调试 GUI 中使用一个队列的文本名称来简单识别队列;
- 队列记录包含调试器需要的每一个记录队列和信号量的定位信息。

除了进行内核调试外,队列记录没有其他任何目的。

configQUEUE_REGISTRY_SIZE 定义可以记录的队列和信号量的最大数目。如果想用 RTOS 内核调试器来查看队列和信号量的信息,则必须先将这些队列和信号量进行注册,只有注册后的队列和信号量才可以使用 RTOS 内核调试器查看。可查看 API 参考手册中的 vQueueAddToRegistry() 函数和 vQueueUnregisterQueue() 函数来获得更多信息。

24. configUSE_QUEUE_SETS

将 configUSE_QUEUE_SETS 设置为 1 使能队列集功能(可以阻塞、挂起到多个队列和信号量),设置为 0 取消队列集功能。

25. configUSE_TIME_SLICING(V7.5.0 新增)

默认情况下(宏 configUSE_TIME_SLICING 未定义或设置为 1),FreeRTOS 使用基于时间片的优先级抢占式调度器,这意味着 RTOS 调度器总是运行处于最高优先级的就绪任务,并且,在每个 RTOS 系统节拍中断发生时,调度器在相同优先级的多个任务间进行任务切换。而如果宏 configUSE_TIME_SLICING 设置为 0,则 RTOS 调度器虽然仍总是运行处于最高优先级的就绪任务,但是当 RTOS 系统节拍中断发生时,相同优先级的多个任务之间不再进行任务切换。

26. configUSE_NEWLIB_REENTRANT(V7.5.0 新增)

如果宏 configUSE_NEWLIB_REENTRANT 设置为 1,则每一个创建的任务都会被分配一个 newlib(一个嵌入式 C 库)reent 结构。

27. configENABLE_BACKWARD_COMPATIBILITY

头文件 FreeRTOS.h 包含一系列 #define 宏定义,用来映射版本 V8.0.0 和其之前版本的数据类型名字。这些宏可以确保在 RTOS 内核升级到 V8.0.0 或以上版本时,之前的应用代码不需做任何修改。在 FreeRTOSConfig.h 文件中设置宏 configENABLE_BACKWARD_COMPATIBILITY 为 0 会去掉这些宏定义,并且需要用户确认升级之前的应用没有用到这些名字。

28. configNUM_THREAD_LOCAL_STORAGE_POINTERS

此宏设置每个任务的线程本地存储的指针数组的大小。

线程本地存储允许应用程序在任务的控制块中存储一些值,每个任务都有自己独立的储存空间。vTaskSetThreadLocalStoragePointer()函数用于向指针数组中写入值,pvTaskGetThreadLocalStoragePointer()函数用于从指针数组中读取值。

比如,许多库函数都包含一个叫作 errno 的全局变量。某些库函数使用 errno 变量返回库函数的错误信息,应用程序检查这个全局变量来确定发生了哪些错误。在单线程应用中,将 errno 定义为全局变量是可以的;但是在多线程应用中,每个线程(任务)都必须具有自己独有的 errno 值,否则,一个任务可能会读取到另一个任务的 errno 值。

FreeRTOS 提供了一个灵活的机制,使得应用程序可以使用线程本地存储指针来读/写线程本地存储的值。

29. configGENERATE_RUN_TIME_STATS

设置宏函数 configGENERATE_RUN_TIME_STATS 为 1 使能运行时间统计功能。一旦将其设置为 1,则下面两个宏函数必须被定义:

- portCONFIGURE_TIMER_FOR_RUN_TIME_STATS 宏函数:用户程序需要提供一个基准时钟函数来完成初始化基准时钟功能,这个函数要被定义到宏函数 portCONFIGURE_TIMER_FOR_RUN_TIME_STATS 上。这是因为运行时间统计需要一个其频率比系统节拍中断的频率还要高的基准定时器,否则,统计可能不精确。基准定时器的中断频率要比系统节拍中断频率快 10~100 倍。基准定时器中断频率越快,统计越精准,但能统计的运行时间也越短(比如,基准定时器 10 ms 中断一次,则 8 位无符号整型变量可以统计到 2.55 s;但如果是 1 s 中断一次,则 8 位无符号整型变量可以统计到 255 s)。

- portGET_RUN_TIME_COUNTER_VALUE 宏函数:用户程序需要提供一个返回基准时钟当前"时间"的函数,这个函数要被定义到宏函数 portGET_RUN_TIME_COUNTER_VALUE 上。

举一个例子,假如配置了一个定时器,每 10 ms 中断一次,在定时器中断服务程序中简单地使长整型变量 ulHighFrequencyTimerTicks 自增,那么上面提到的两个宏函数如下(可以在 FreeRTOSConfig.h 中添加):

程序清单 23.9.6　运行时间统计相关函数

```
extern volatile unsigned long ulHighFrequencyTimerTicks;
#define portCONFIGURE_TIMER_FOR_RUN_TIME_STATS() (ulHighFrequencyTimerTicks = 0UL)
#define portGET_RUN_TIME_COUNTER_VALUE() ulHighFrequencyTimerTicks
```

30. configUSE_CO_ROUTINES

将 configUSE_CO_ROUTINES 设置为 1 表示使用协程，设置为 0 表示不使用协程。如果使用协程，则必须在工程中包含 croutine.c 文件。

注：协程（co-routines）主要用于资源非常受限的嵌入式系统（RAM 非常少）中，通常不会用于 32 位微处理器。

在当前嵌入式硬件环境下不建议使用协程，FreeRTOS 的开发者早已经停止开发协程。

31. configMAX_CO_ROUTINE_PRIORITIES

此宏定义应用程序协程的有效优先级数目，任何数目的协程都可以共享一个优先级。使用协程可以单独分配给任务优先级。参见宏 configMAX_PRIORITIES 的信息。

32. configUSE_TIMERS

此宏设置为 1 时表示使用软件定时器，设置为 0 时表示不使用软件定时器。

33. configTIMER_TASK_PRIORITY

此宏设置软件定时器服务/守护进程的优先级。

34. configTIMER_QUEUE_LENGTH

此宏设置软件定时器命令队列的长度。

35. configTIMER_TASK_STACK_DEPTH

此宏设置软件定时器服务/守护进程任务的堆栈深度。

36. configKERNEL_INTERRUPT_PRIORITY 和 configMAX_SYSCALL_INTERRUPT_PRIORITY

这是移植和应用 FreeRTOS 出错最多的地方，所以需要打起精神仔细读懂。

对于 Cortex-M0/M3/M4、PIC24、dsPIC、PIC32、SuperH 和 RX600 硬件设备，需要设置宏 configKERNEL_INTERRUPT_PRIORITY，用来设置 RTOS 内核自己的

中断优先级；对于 PIC32、RX600 和 Cortex-M 硬件设备，需要设置宏 configMAX_SYSCALL_INTERRUPT_PRIORITY，用来设置可以在中断服务程序中安全调用 FreeRTOS API 函数的最高中断优先级。

对于仅需要设置宏 configKERNEL_INTERRUPT_PRIORITY 的硬件设备（也就是宏 configMAX_SYSCALL_INTERRUPT_PRIORITY 不会用到），config-KERNEL_INTERRUPT_PRIORITY 用来设置 RTOS 内核自己的中断优先级。调用 API 函数的中断，必须运行在这个优先级上；不调用 API 函数的中断，可以运行在更高的优先级上，所以这些中断不会被因 RTOS 内核活动而延时。

对于宏 configKERNEL_INTERRUPT_PRIORITY 和宏 configMAX_SYSCALL_INTERRUPT_PRIORITY 都需要设置的硬件设备，configKERNEL_INTERRUPT_PRIORITY 用来设置 RTOS 内核自己的中断优先级，因为 RTOS 内核中断不允许抢占用户使用的中断，因此这个宏一般定义为硬件最低优先级。configMAX_SYSCALL_INTERRUPT_PRIORITY 用来设置可以在中断服务程序中安全调用 FreeRTOS API 函数的最高中断优先级。当程序的优先级小于或等于这个宏所代表的优先级时，程序可以在中断服务程序中安全地调用 FreeRTOS API 函数；当程序的优先级大于这个宏所代表的优先级时，表示 FreeRTOS 无法禁止这个中断，在这个中断服务程序中绝不可以调用任何 API 函数。

通过设置 configMAX_SYSCALL_INTERRUPT_PRIORITY 的优先级级别高于 configKERNEL_INTERRUPT_PRIORITY 可实现完整的中断嵌套模式，这意味着 FreeRTOS 内核不能完全禁止中断，即使在临界区也不能，这对于分段内核架构的微处理器是有利的。请注意，当一个新中断发生后，某些微处理器架构会（在硬件上）禁止中断，这意味着在从硬件响应中断到 FreeRTOS 重新使能中断之间的这段短暂时间内，中断是不可避免地被禁止的。

不调用 API 函数的中断可以运行在比 configMAX_SYSCALL_INTERRUPT_PRIORITY 高的优先级上，这些级别的中断不会被 FreeRTOS 禁止，因此不会因为执行 RTOS 内核而被延时。

例如：若一个微控制器有 8 个中断优先级别，则 0 表示最低优先级，7 表示最高优先级（Cortex-M3 和 Cortex-M4 内核的优先级数和优先级别正好与此相反，后续文章会专门介绍它们）。当下面两个宏分别为 4 和 0 时，图 23.9.2 描述了每一个优先级别可以做和不可以做的事件：

- configMAX_SYSCALL_INTERRUPT_PRIORITY=4；
- configKERNEL_INTERRUPT_PRIORITY=0。

这些宏允许非常灵活的中断处理。在系统中可以像其他任务一样为中断处理任务分配优先级，这些任务通过一个相应的中断来唤醒。中断服务程序（ISR）的内容应尽可能精简——仅用于更新数据，然后唤醒高优先级任务。由于在 ISR 退出后直接运行被唤醒的任务，因此中断处理（根据中断获取的数据进行的相应处理）在时间

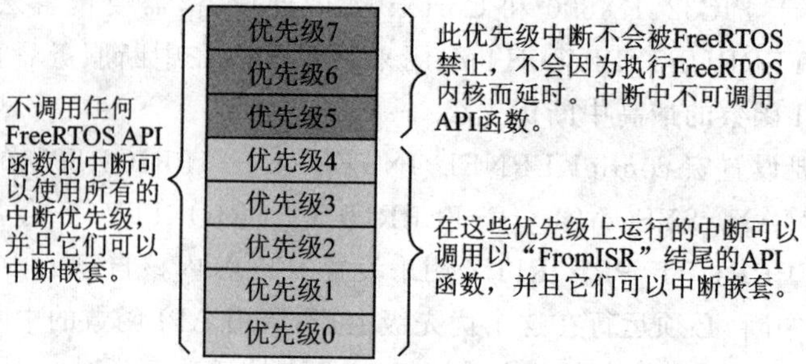

```
                 ┌─ 优先级7 ┐  此优先级中断不会被FreeRTOS
                 │  优先级6 │  禁止,不会因为执行FreeRTOS
  不调用任何      │  优先级5 │  内核而延时。中断中不可调用
  FreeRTOS API   ├─────────┤  API函数。
  函数的中断可    │  优先级4 │
  以使用所有的    │  优先级3 │  在这些优先级上运行的中断可以
  中断优先级,     │  优先级2 │  调用以"FromISR"结尾的API
  并且它们可以    │  优先级1 │  函数,并且它们可以中断嵌套。
  中断嵌套。      └─ 优先级0 ┘
```

图 23.9.2 不同的优先级和不同的中断处理

上是连续的,就好像是 ISR 在完成这些工作。这样做的好处是当中断处理任务执行时,所有中断都可以处在使能状态。

中断、中断服务程序(ISR)和中断处理任务是三件事:当中断来临时会进入中断服务程序,中断服务程序做必要的数据收集(更新),之后唤醒高优先级任务。这个高优先级任务在中断服务程序结束后立即执行,它可能是其他任务,也可能是中断处理任务,如果是中断处理任务,那么就可以根据中断服务程序中收集的数据做相应处理。

configMAX_SYSCALL_INTERRUPT_PRIORITY 宏有着更深一层的意义:在优先级介于 RTOS 内核中断优先级(等于 configKERNEL_INTERRUPT_PRIORITY)和 configMAX_SYSCALL_INTERRUPT_PRIORITY 之间的中断允许全嵌套中断模式,并允许调用 API 函数;大于 configMAX_SYSCALL_INTERRUPT_PRIORITY 的优先级中断绝不会因为执行 RTOS 内核而被延时。

运行在大于 configMAX_SYSCALL_INTERRUPT_PRIORITY 的优先级中断是不会被 RTOS 内核所屏蔽的,因此也不受 RTOS 内核功能的影响。该特性主要用于非常高的实时需求中,比如执行电机转向。但是,在这类中断的中断服务程序中绝不可以调用 FreeRTOS 的 API 函数。

为了使用这个方案,应用程序必须遵循以下规则:调用 FreeRTOS API 函数的任何中断都必须与 RTOS 内核处于同一优先级(由宏 configKERNEL_INTERRUPT_PRIORITY 设置)上,或者小于或等于由宏 configMAX_SYSCALL_INTERRUPT_PRIORITY 定义的优先级。

37. configMAX_API_CALL_INTERRUPT_PRIORITY

宏 configMAX_API_CALL_INTERRUPT_PRIORITY 和 configMAX_SYSCALL_INTERRUPT_PRIORITY 是等价的,前者是后者的新名字,用于更新的移植层代码。

注意,在中断服务程序中仅可以调用以"FromISR"结尾的 API 函数。

38. configASSERT

此宏表示断言，用于在调试时检查传入的参数是否合法。在 FreeRTOS 内核代码的关键点处都会调用 configASSERT(x)函数，如果参数 x 为 0，则会抛出一个错误，该错误很可能是由传递给 FreeRTOS API 函数的无效参数引起的。定义 configASSERT()有助于在调试时发现错误；但是，定义 configASSERT()也会增大应用程序的代码量，增长运行时间。推荐在开发阶段使用这个断言宏。

举一个例子，若想把非法参数所在的文件名和代码行数打印出来，则可以先定义一个函数 vAssertCalled()，该函数有两个参数，分别接收触发 configASSERT()宏的文件名和该宏所在的行，然后通过显示屏或串口输出。代码如下：

程序清单 23.9.7　configASSERT()宏

```
#define configASSERT((x))    if((x) == 0) vAssertCalled(__FILE__, __LINE__)
```

这里__FILE__和__LINE__是大多数编译器预定义的宏，分别表示代码所在的文件名(字符串格式)和行数(整型数)。这个例子看起来虽然很简单，但由于要把整型数__LINE__转换成字符串再显示，所以在效率和实现上都不能让人满意。但可以使用 C 标准库 assert()函数的实现方法，这样函数 vAssertCalled()只需要接收一个字符串形式的参数即可(推荐仔细研读下面的代码并理解其中的技巧)：

程序清单 23.9.8　修改 configASSERT()宏

```
#define STR(x)   VAL(x)
#define VAL(x)   #x
#define configASSERT(x)   ((x)?(void)0:xAssertCalld(__FILE__ ":" STR(__LINE__) " " #x"\n"))
```

这里稍微讲解一下，由于内置宏__LINE__是整型数而不是字符串型的，因此把它转化成字符串需要一个额外的处理层。宏 STR 和宏 VAL 正是用来辅助完成这个转化的。宏 STR 用整型行号替换__LINE__，宏 VAL 将这个整型行号字符串化。忽略宏 STR 和 VAL 中的任何一个，只能得到字符串"__LINE__"，这不是大家想要的。

这里使用三目运算符"?:"来代替参数判断语句 if，使得可以接受任何参数或表达式，代码也更紧凑，更重要的是代码优化度更高，因为如果参数恒为真，则在编译阶段就可以去掉不必要的输出语句。

39. 以"INCLUDE"起始的宏

以"INCLUDE"起始的宏允许用户在不编译那些应用程序并不需要的实时内核组件(函数)的情况下，也可确保嵌入式系统中的 RTOS 占用最少的 ROM 和 RAM。

每个宏以下面的形式出现：

第 23 章 FreeRTOS 嵌入式操作系统

INCLUDE_FunctionName

其中的 FunctionName 表示一个自己可以控制是否编译的 API 函数。如果想要使用该函数，则将该宏设置为 1，如果不想使用，则将该宏设置为 0。比如，对于 API 函数 vTaskDelete()，可以有以下两种设置宏的方法，代码如下：

程序清单 23.9.9　允许编译器编译 vTaskDelete() 函数

```
#define INCLUDE_vTaskDelete      1
```

该宏表示希望使用 vTaskDelete() 函数，并允许编译器编译该函数。

程序清单 23.9.10　禁止编译器编译 vTaskDelete() 函数

```
#define INCLUDE_vTaskDelete      0
```

该宏表示禁止编译器编译该函数。

23.10　Cortex-M 内核注意事项

在阅读本节之前，有两个定义在 FreeRTOSConfig.h 中的宏，必须先了解它们的含义：

- configKERNEL_INTERRUPT_PRIORITY；
- configMAX_SYSCALL_INTERRUPT_PRIORITY。

FreeRTOS 与 Cortex-M 内核可谓是绝配，以至于使移植和使用 FreeRTOS 都变得更加简单。根据 FreeRTOS 官方反馈，在 Cortex-M 内核上使用 FreeRTOS 的大多数的问题点是由不正确的优先级设置引起的。该问题的出现也在意料之中，因为尽管 Cortex-M 内核的中断模式非常强大，但对于那些使用传统中断优先级架构的工程师来说，Cortex-M 内核的中断机制也有点笨拙（或者说使用起来比较烦琐），并且违反直觉（这主要是因为 Cortex-M 中断优先级的数值越大，其所代表的优先级反而越小）。本节将描述 Cortex-M 的中断优先级机制，并描述怎样结合 RTOS 内核进行使用。

说明：虽然 Cortex-M 内核的优先级方案看上去比较复杂，但每一个官方发布的 FreeRTOS 接口包（在 FreeRTOSV7.2.0\FreeRTOS\Source\portable 文件夹中，一般名为 port.c）内都会有正确配置的演示例程作为参考。

23.10.1　有效优先级

1. Cortex-M 硬件详述

首先需要清楚了解有效优先级的总数，这取决于微控制器制造商如何使用 Cortex 内核。因此，并不是所有的 Cortex-M 内核微处理器都具有相同的中断优先级别。

Cortex-M 构架自身最多允许 256 级可编程优先级（优先级配置寄存器最多 8 位，所以优先级范围为 0x00～0xFF），但是绝大多数微控制器制造商只使用其中的一部分优先级。比如，TI Stellaris Cortex-M3 和 Cortex-M4 微控制器使用优先级配置寄存器的 3 个位，可提供 8 级优先级；再如，NXP LPC17xx Cortex-M3 微控制器使用优先级配置寄存器的 5 个位，可提供 32 级优先级。

2. 应用到 RTOS

RTOS 中断嵌套方案将有效的中断优先级分为两组：一组可通过 RTOS 临界区进行屏蔽；另一组不受 RTOS 的影响，永远都是使能的。宏 configMAX_SYSCALL_INTERRUPT_PRIORITY 在 FreeRTOSConfig.h 中进行配置，用来定义两组中断优先级的边界。逻辑优先级高于此值的中断不受 RTOS 的影响。最优值取决于微控制器所使用的优先级配置寄存器的位数。

23.10.2 与数值相反的优先级值和逻辑优先级设置

1. Cortex-M 硬件详述

有必要先解释一下优先级值和逻辑优先级。在 Cortex-M 内核中，假如有 8 级优先级，则说优先级值是 0～7，但数值最大的优先级 7 却代表着最低的逻辑优先级。很多使用传统中断优先级架构的工程师会觉得这样比较绕，违反直觉。以下内容提到的优先级要仔细区分是优先级值还是逻辑优先级。

在 Cortex-M 内核中，一个中断的优先级值越低，其逻辑优先级就越高。比如，中断优先级值为 2 的中断可以抢占中断优先级值为 5 的中断，但反过来则不行。换句话说，中断优先级 2 比中断优先级 5 的优先级更高。

这是 Cortex-M 内核最容易使人犯错之处，因为大多数的非 Cortex-M 内核微控制器的中断优先级表述是与此相反的。

2. 应用到 RTOS

以"FromISR"结尾的 FreeRTOS 函数具有中断调用保护功能（执行这些函数会进入临界区），但即使是这些函数，也不可以被逻辑优先级高于 configMAX_SYSCALL_INTERRUPT_PRIORITY（宏 configMAX_SYSCALL_INTERRUPT_PRIORITY 定义在头文件 FreeRTOSConfig.h 中）的中断服务程序调用。因此，任何使用 RTOS API 函数的中断服务程序的中断优先级数值都大于或等于宏 configMAX_SYSCALL_INTERRUPT_PRIORITY 的值，这样就能保证中断的逻辑优先级等于或低于 configMAX_SYSCALL_INTERRUPT_PRIORITY。

默认情况下 Cortex 中断有一个数值为 0 的优先级。大多数情况下，0 代表最高

第23章 FreeRTOS 嵌入式操作系统

优先级。因此,绝对不可以在优先级为0的中断服务程序中调用 RTOS API 函数。

23.10.3 Cortex-M 内部优先级概述

1. Cortex-M 硬件详述

Cortex-M 内核的中断优先级寄存器是以最高位(MSB)对齐的。比如,如果使用3位来表达优先级,则这3个位位于中断优先级寄存器的 bit5、bit6、bit7;剩余的 bit0～bit4 可以设置为任何值,但为了兼容,最好将它们都设置为1。

Cortex-M 优先级寄存器最多有8位,如果一个微控制器只使用了其中的3位,那么这3位是以最高位对齐的,如图 23.10.1 所示。

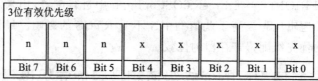

图 23.10.1 Cortex-M 优先级寄存器示例1

例如,某微控制器只使用了优先级寄存器中的3位,则图 23.10.2 展示了优先级数值5(二进制101B)是怎样在优先级寄存器中存储的。如果优先级寄存器中将未使用的位置1,则图 23.10.2 也展示了为什么可以将数值5(二进制 0000 0101B)看成数值191(二进制 1011 1111B)。

3位有效优先级,以下优先级可以是5或191							
1	0	1	1	1	1	1	1
Bit 7	Bit 6	Bit 5	Bit 4	Bit 3	Bit 2	Bit 1	Bit 0

图 23.10.2 Cortex-M 优先级寄存器示例2

再如,某微控制器只使用了优先级寄存器中的4位,则图 23.10.3 展示了优先级数值5(二进制101B)是怎样在优先级寄存器中存储的。如果优先级寄存器中将未使用的位置1,则图 23.10.3 也展示了为什么可以将数值5(二进制 0000 0101B)看成数值95(二进制 0101 1111B)。

2. 应用到 RTOS

上面已经描述,那些在中断服务程序中调用 RTOS API 函数的中断的逻辑优先级必须低于或等于 configMAX_SYSCALL_INTERRUPT_PRIORITY(低逻辑优先级意味着高优先级数值)。

Bit 7	Bit 6	Bit 5	Bit 4	Bit 3	Bit 2	Bit 1	Bit 0
0	1	0	1	1	1	1	1

4位有效优先级，以下优先级可以是5或95

图 23.10.3 Cortex-M 优先级寄存器示例 3

ARM Cortex-M 微控制器软件接口标准 CMSIS 以及不同的微控制器供应商提供了可以设置某个中断优先级的库函数。某些库函数的参数使用最低位对齐，某些库函数的参数可能使用最高位对齐，所以，在使用时应该查阅库函数的应用手册进行正确设置。可以在 FreeRTOSConfig.h 中设置宏 configMAX_SYSCALL_INTERRUPT_PRIORITY 和 configKERNEL_INTERRUPT_PRIORITY 的值。这两个宏需要根据 Cortex-M 内核自身的情况进行设置，且要以最高有效位对齐。比如，若某微控制器使用中断优先级寄存器中的 3 位，则设置宏 configKERNEL_INTERRUPT_PRIORITY 的值为 5，其代码如下。

程序清单 23.10.1　中断优先级

```
#define  configKERNEL_INTERRUPT_PRIORITY   (5<<(8-3))
```

宏 configKERNEL_INTERRUPT_PRIORITY 用来指定 RTOS 内核使用的中断优先级，因为 RTOS 内核不可以抢占用户任务，因此该宏一般设置为硬件支持的最小优先级。对于 Cortex-M 硬件，RTOS 使用 PendSV 和 SysTick 硬件中断，在函数 xPortStartScheduler()（该函数在 port.c 中，由启动调度器函数 vTaskStartScheduler() 调用）中，将 PendSV 和 SysTick 硬件中断优先级寄存器设置为宏 configKERNEL_INTERRUPT_PRIORITY 指定的值。

有关代码（位于 port.c 中）如下：

程序清单 23.10.2　PendSV 和 SysTick 硬件中断优先级

```
/* PendSV 优先级设置寄存器地址为 0xe000ed22
   SysTick 优先级设置寄存器地址为 0xe000ed23 */
#define portNVIC_SYSPRI2_REG    (*((volatile uint32_t *)0xe000ed20))

#define portNVIC_PENDSV_PRI     (((uint32_t)configKERNEL_INTERRUPT_PRIORITY) << 16UL)
#define portNVIC_SYSTICK_PRI    (((uint32_t)configKERNEL_INTERRUPT_PRIORITY) << 24UL)
/* ... */
/* 确保 PendSV 和 SysTick 为最低优先级中断 */
portNVIC_SYSPRI2_REG |= portNVIC_PENDSV_PRI;
portNVIC_SYSPRI2_REG |= portNVIC_SYSTICK_PRI;
```

23.10.4 临界区

1. Cortex-M 硬件详述

RTOS 内核使用 Cortex-M 内核的 BASEPRI 寄存器来实现临界区(注：BASEPRI 为优先级屏蔽寄存器，优先级数值大于或等于该寄存器的中断都会被屏蔽，优先级数值越大，逻辑优先级越低，但是当 BASEPRI 寄存器的值为零时不屏蔽任何中断)。这允许 RTOS 内核可以只屏蔽一部分中断，因此可以提供一个灵活的中断嵌套模式。

那些需要在中断调用时保护的 API 函数，FreeRTOS 使用寄存器 BASEPRI 实现中断保护临界区。当进入临界区时，将寄存器 BASEPRI 的值设置为 configMAX_SYSCALL_INTERRUPT_PRIORITY；当退出临界区时，将寄存器 BASEPRI 的值设置为 0。很多 Bug 反馈都提到，当退出临界区时不应该将 BASEPRI 寄存器设置为 0，而应该恢复它之前的状态(之前的状态不一定是 0)。但是 Cortex-M NVIC 决不允许一个低优先级中断抢占当前正在执行的高优先级中断，不管 BASEPRI 寄存器中是什么值。与进入临界区前先保存 BASEPRI 的值，退出临界区时再恢复其值的方法相比，退出临界区时将 BASEPRI 寄存器设置为 0 的方法可以获得更快的执行速度。

2. 应用到 RTOS Kernel

RTOS 内核通过写 configMAX_SYSCALL_INTERRUPT_PRIORITY 的值到 BASEPRI 寄存器的方法来创建临界区。中断优先级 0(具有最高的逻辑优先级)不能被 BASEPRI 寄存器屏蔽，因此，绝不可以将 configMAX_SYSCALL_INTERRUPT_PRIORITY 设置为 0。

23.11 编码标准及风格指南

23.11.1 编码标准

FreeRTOS 的核心源代码遵从 MISRA 编码标准。该标准篇幅稍长，可以在 MISRA 官方网站花少量钱买到，这里不再复制任何标准。

FreeRTOS 源代码不符合 MISRA 标准的项目如下：
- 有两个 API 函数有多个返回点。MISRA 编码标准强制规定：一个函数在其结尾应该有单一的返回点。
- 指针算数运算。在创建任务时，为了兼容 8、16、20、24、32 位总线，不可避免地使用了指针算数运算。MISRA 编码标准强制规定：指针的算术运算只能用在指向数组或数组元素的指针上。
- 默认情况下,跟踪宏为空语句,因此不符合 MISRA 的规定。MISRA 编码标准强制规定:预处理指令在句法上应该是有意义的。

FreeRTOS 可以在很多不同编译器中编译,其中的一些编译器比同类具有更高级的特性。由于这个原因,FreeRTOS 不使用任何非 C 语言标准的特性或语法。但一个例外情况是头文件 stdint.h。在文件夹 FreeRTOS/Source/include 下包含一个叫作 stdint.readme 的文件,如果自己的编译器不提供 stdint 类型的定义,则可以将 stdint.readme 文件重命名为 stdint.h。

23.11.2 命名规则

RTOS 内核和演示例程源代码使用以下规则。

1. 变　量

变量的使用规则是:
- uint32_t 类型的变量使用前缀 ul,这里"u"表示"unsigned","l"表示"long";
- uint16_t 类型的变量使用前缀 us,这里"u"表示"unsigned","s"表示"short";
- uint8_t 类型的变量使用前缀 uc,这里"u"表示"unsigned","c"表示"char";
- 在 stdint.h 文件中未定义的变量类型,在定义该类型变量时需要加上前缀 x,比如用 BaseType_t 和 TickType_t 定义的变量要加上前缀 x。
- 在 stdint.h 文件中未定义的无符号变量类型,在定义该类型变量时要加上前缀 ux,比如用 UBaseType_t 定义的变量要加上前缀 ux。
- 枚举类型变量使用前缀 e;
- 指针类型变量在类型基础上附加前缀 p,比如指向 uint16_t 的指针变量前缀为 pus;
- 与 MISRA 编码校准一致,char 类型变量仅被允许保存 ASCII 字符,前缀为 c;
- 与 MISRA 编码校准一致,char * 类型变量仅允许指向 ASCII 字符串,前缀为 pc。

2. 函　数

函数的使用规则是:
- 文件作用域范围的函数前缀为 prv;
- API 函数的前缀为它们的返回值类型,当返回空时,前缀为 v;
- API 函数名字起始部分为该函数所在的文件名。比如 vTaskDelete()函数定义在文件 tasks.c 中,并且该函数返回空。

3. 宏

宏的使用规则是：
- 宏的名字的起始部分为该宏定义所在的文件名的一部分。比如 configUSE_PREEMPTION 定义在 FreeRTOSConfig.h 文件中。
- 除了前缀，宏余下的字母全部为大写，两个单词间用下划线("_")隔开。

23.11.3 数据类型

只有 stdint.h 和 RTOS 自己定义的数据类型可以使用，但也有如下例外情况：
- char：与 MISRA 编码标准一致，char 类型变量仅允许保存 ASCII 字符；
- char *：与 MISRA 编码标准一致，char * 类型变量仅允许指向 ASCII 字符串。当标准库函数期望一个 char * 参数时，这样做可以消除一些编译器警告；特别是考虑到有些编译器将 char 类型当作 signed 类型，还有些编译器将 char 类型当作 unsigned 类型。

有三种类型会在移植层定义，它们是：
- TickType_t：如果 configUSE_16_BIT_TICKS 为非零（条件为真），则 TickType_t 定义为无符号 16 位类型。如果 configUSE_16_BIT_TICKS 为零（条件为假），则 TickType_t 定义为无符号 32 位类型。注：32 位架构的微处理器应设置 configUSE_16_BIT_TICKS 为零。
- BaseType_t：用来定义微处理器架构效率最高的数据类型。比如，在 32 位架构处理器上，BaseType_t 应该定义为 32 位类型。在 16 位架构处理器上，BaseType_t 应该定义为 16 位类型。如果 BaseType_t 定义为 char，则对于函数返回值，一定确保使用的是 signed char，否则可能造成负数错误。
- UbaseType_t：这是一个无符号 BaseType_t 类型。

23.11.4 风格指南

缩进：缩进使用制表符，一个制表符等于 4 个空格。

注释：注释单行不超过 80 列，特殊情况除外。不使用 C++ 风格的双斜线(//)注释。

布局：FreeRTOS 的源代码被设计为尽可能地易于查看和阅读。

附录 A

开发板实物照片

SmartM-M451 旗舰板的实物照片如图 A.1.1 所示。SmartM-M451 旗舰板元器件布局(正面)的实物照片如图 A.1.2 所示。SmartM-M451 旗舰板元器件布局(背面)的实物照片如图 A.1.3 所示。

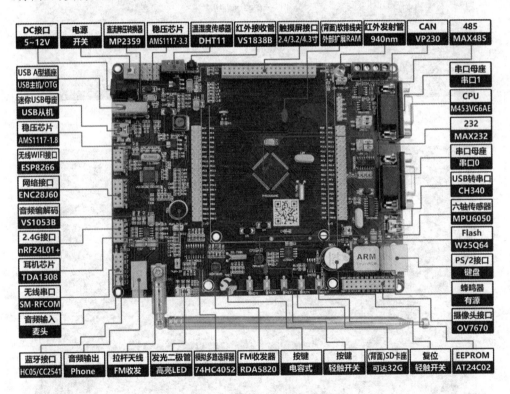

图 A.1.1 SmartM-M451 旗舰板

附录 A 开发板实物照片

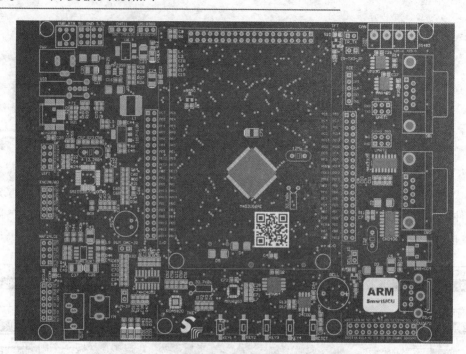

图 A.1.2　SmartM-M451 旗舰板元器件布局（正面）

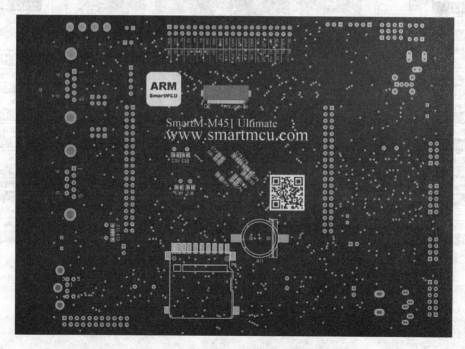

图 A.1.3　SmartM-M451 旗舰板元器件布局（背面）

附录 B

姊妹篇

本书的姊妹篇——前篇书名为《ARM Cortex-M4 微控制器原理与实践》，如图 B.1.1 所示。

图 B.1.1 《ARM Cortex-M4 微控制器原理与实践》

附录 C

单片机多功能调试助手

《单片机多功能调试助手》软件界面如图 C.1.1 所示。

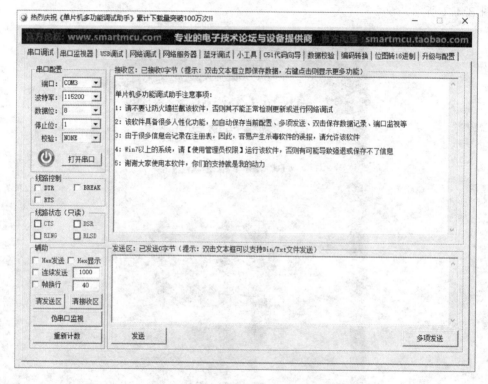

图 C.1.1 《单片机多功能调试助手》软件界面

单片机多功能调试助手是一款多功能调试软件,它不仅含有强大的串口调试功能,而且其强大之处还在于支持 USB 数据收发、网络数据收发、8051 单片机代码生成、蓝牙数据收发、数码管字形码生成、进制转换、点阵生成、校验(奇偶校验/校验和/CRC 冗余循环校验)、位图转十六进制等功能,同时还带有自动升级功能,使读者手上的调试助手永远是最新的。

温馨提示:调试工具推荐使用《单片机多功能调试助手》软件,若是 Windows 7 或 Windows 8 以上的操作系统,请使用管理员权限运行该软件。

附录 D

综合实验界面

综合实验主界面如图 D.1.1 所示。

图 D.1.1 综合实验主界面

综合实验将该书籍章节中的大部分实验整合到了一个工程中,并特意制作了美观的手机/平板界面,每个功能都有相应的 APP 图标,功能的实现都非常美观,但基于篇幅的限制,在此不给出每个功能的演示界面,请读者自行下载综合实验代码到开发板中进行体会。

参考文献

[1] 温子祺. 51单片机C语言创新教程[M]. 北京:北京航空航天大学出版社,2011.
[2] 温子祺. ARM Cortex-M0微控制器原理与实践[M]. 北京:北京航空航天大学出版社,2013.
[3] 温子祺. ARM Cortex-M0微控制器深度实战[M]. 北京:北京航空航天大学出版社,2014.
[4] 温子祺. ARM Cortex-M4微控制器原理与实践[M]. 北京:北京航空航天大学出版社,2016.
[5] Joseph Yiu. ARM Cortex-M3与Cortex-M4权威指南. 3版. 北京:清华大学出版社,2015.